谨以此书献给

一百三十载栉风沐雨、砥砺奋进的

武汉大学

GeoScience Café

GeoScience Café

系列自主开放式学术交流活动记录

我的科研故事

第六卷

陈佳晟 王雪琴 王妍 许梦子 等 编

图书在版编目(CIP)数据

我的科研故事.第六卷/陈佳晟等编.—武汉:武汉大学出版社,2023.11
GeoScience Café 系列自主开放式学术交流活动记录
ISBN 978-7-307-24006-3

Ⅰ.我… Ⅱ.陈… Ⅲ. 测绘—遥感技术—研究报告 Ⅳ.P237

中国国家版本馆 CIP 数据核字(2023)第 178374 号

责任编辑:杨晓露　　责任校对:李孟潇　　版式设计:马　佳

出版发行:**武汉大学出版社**　(430072　武昌　珞珈山)
(电子邮箱:cbs22@ whu.edu.cn 网址:www.wdp.com.cn)
印刷:武汉中科兴业印务有限公司
开本:787×1092　1/16　印张:31.25　字数:702 千字
版次:2023 年 11 月第 1 版　2023 年 11 月第 1 次印刷
ISBN 978-7-307-24006-3　定价:120.00 元

编 委 会

序　一

测绘遥感信息工程国家重点实验室研究生自主组织和开展的GeoScience Café活动，至今已经举办三百余期。这是一件很有价值、很有意义的事情！

学术交流，是学术研究工作的一个重要环节。我们提倡走出去向国内外同行学习，也要重视和加强内部学术交流。研究生在导师的指导下开展读书、交流、实践和创新活动，会产生无数经验与体会，加以总结，都是宝贵的财富；加以分享，更有巨大的价值。我们高兴地看到，实验室研究生自主搭建GeoScience Café这样一个交流平台，把学术交流活动很好地开展起来，并得到坚持。

今天，GeoScience Café编撰了《我的科研故事》文集，将此活动的部分精彩报告录音整理成文字，编辑成册，正式出版。这是一件很有意义的工作，不仅可以让更多的人了解、分享研究生和他们老师的创新成果，也会鼓舞同学们更好地组织和开展GeoScience Café活动，让优良学风不断得到发扬。

任何时代，青年人都是最为活跃、最能创新、最有希望的群体。祝愿同学们珍惜大好青春年华，以苦干加巧干的精神去浇灌人生的理想之花，为实现中华民族伟大复兴的“中国梦”贡献一份力量！

李德仁

序 二

测绘遥感信息工程国家重点实验室是测绘遥感地理信息科学研究的国家队，也是高层次人才培养的重要基地。

学术交流，是科学研究的基本方式，也是人才培养的重要平台。

实验室一直积极倡导并支持研究生开展学术交流活动。以前，这种交流主要停留在各研究团队内部，自从 2009 年 GeoScience Café 活动开展以来，情况有了很大改变。实验室层面的研究生学术交流活动得到持续、稳定、有效推进，而且完全是由研究生自主组织和开展起来的，值得点赞！

记得 GeoScience Café 活动第一期，有一个简短的开幕式，同学们邀请我参加。当时，作为实验室主任，我讲了一些希望，也表示大力支持。数年过去了，我们欣慰地看到，此项活动得到顺利开展。许多研究生同学作为特邀报告人走上这个最实在的讲坛，介绍各自的研究进展，分享宝贵的经验和心得。无数同学参与其中，既有启发和借鉴，也深受感染和鼓舞。GeoScience Café 活动因此也产生辐射力，形成具有一定影响力的品牌。

一项事情，贵在做对，难在坚持。GeoScience Café 活动从一开始就立足于研究生群体，组织者来自研究生同学，报告人来自研究生同学，参与者也来自研究生同学。活动坚持了开放和包容的理念，秉持了服务和分享的精神，赢得了关注，凝聚了力量，取得了成效；在推进过程中，并非没有遇到困难，但在包括实验室领导、组织者、报告人等在内的各方支持和努力下，活动得到顺利推进，相信今后还会做得更好！

希望这套文集的出版，能让更多同仁和学子分享到实验室研究生及其导师所创造的价值，并让可贵的学术精神得到更好的传播和弘扬！

龚健雅

序　三

“谈笑间成就梦想”是 GeoScience Café 这个学生交流平台的真实写照。我曾在欧美高校和研究机构工作 30 余年，像这样一个充满激情、百花齐放、中西合璧的学生交流平台，实属首见。每周五的科研故事丰富多彩，深深吸引着年轻的学子们。我也曾多次参与 GeoScience Café 活动，被很多年轻科学家富有激情的科研故事所吸引，感觉自己也成了他们中的一员，充满了活力。

自 2009 年以来，GeoScience Café 举办了三百余期。在这个吸引了上万人次的学术交流平台中，大家高谈前沿探索，激荡争鸣浪潮，碰撞思想火花。在这个平台上，掀起过对很多学科前沿问题的讨论，发出过很多不同的声音，去伪存真，凝聚思想，推动了测绘遥感领域的学术交流，现在这里已经成为很多年轻科学家的精神家园。

经过 GeoScience Café 组织人员的多年努力，GeoScience Café 已经发展为一个比较完善的平台，不仅拥有了含 6000 余成员的 QQ 群，还发展了微信公众号和网络直播平台。网络直播平台的推出让交流突破了时空的限制，受到了国内外相关学科年轻学者的欢迎，直播人气值经常达到 1500 以上。为了让更多人受益，GeoScience Café 组织人员在 2016 年 10 月出版了 GeoScience Café 学术交流的报告文集《我的科研故事(第一卷)》，图书里面饱含质朴的语言、鲜活的例子和腾腾的热血，受到了师生们的热烈欢迎。在大家的鼓舞下，GeoScience Café 组织人员以更高的效率分别在 2017 年、2018 年、2019 年和 2021 年推出了《我的科研故事(第二卷)》、《我的科研故事(第三卷)》、《我的科研故事(第四卷)》和《我的科研故事(第五卷)》，我看了很是喜欢!

GeoScience Café 的特点体现在其日益扩大的影响力上，在学术交流和各项社团活动丰富多彩的今天，GeoScience Café 仍然能吸引成千上万的忠实“粉丝”，不能不说是大家努力和智慧的结晶。从成立之初，GeoScience Café 就以解决年轻科学家的交流问题为己任，促进科学思想、科学经验、科学方法和科学知识的传播和发展；此外，

GeoScience Café 又做到了时时结合新时代信息传播的特点，与年轻科学家对学术交流、思想争鸣的需求相呼应，我想这就是 GeoScience Café 受欢迎的主要原因吧！

作为实验室的领导，我想跟 GeoScience Café 的组织人员和报告人说，你们的坚持和努力没有白费，请大家继续坚定目标、求是拓新、汇聚思想，把 GeoScience Café 办好，让她继续陪伴广大年轻科学家一起成长、一起积淀、一路同行！

陈锐志

序 四

恰逢武汉大学130周年校庆之际，GeoScience Café 系列文集《我的科研故事（第六卷）》欣然面世。GeoScience Café 系列文集呈现了测绘遥感信息工程国家重点实验室科学研究和人才培养的一个独特视角，记载了测绘遥感信息工程国家重点实验室学术社团十多年以来的精彩报告和洞见，展示了测绘遥感信息工程国家重点实验室领导和师生持之以恒追求卓越的理念，凝聚了众多学者和研究生们的辛勤劳动和智慧结晶。

GeoScience Café 系列文集《我的科研故事》创造了一个分享思想、交流学术、探讨未来的聚集地。每一卷文集都记录了富有启发性的讨论，是研究者思想碰撞的集合。这一卷新的文集《我的科研故事（第六卷）》也不例外。它汇集了测绘遥感地理信息领域内老师们的多篇特邀报告、研究生的经典报告以及10篇“星湖咖啡屋”经历分享，内容精彩，视角独特。文集的内容展现了科学研究者的经历与喜悦、挑战与突破、精神世界和追求，更是 GeoScience Café 社团成员持之以恒追求卓越的印证。

作为测绘遥感信息工程国家重点实验室的主任，我非常荣幸地为我们的 GeoScience Café 文集《我的科研故事（第六卷）》撰写序言。我要感谢所有在 GeoScience Café 中分享过自己科研故事的人和社团的全体成员，是你们的辛勤付出让这些故事得以呈现在我们面前。我期待大家能够从这些故事中获得启示和灵感，让我们一起在 GeoScience Café 中享受科学的魅力和思考的乐趣，期待更多的精彩故事在未来的日子里诞生。

杨必胜

目录

1 智者箴言：GeoScience Café 特邀报告

编者按：《易经》有言："仰以观于天文，俯以察于地理，是故知幽明之故。"在过去的一年中，GeoScience Café 有幸邀请到远可洞察时局、探索学术前沿，近则因材施教、灌溉桃李心智的七位智者分享宝贵经验。七次活动，不仅有胡瑞敏教授分享优秀研究生成长培养计划的真知灼见，牛小骥教授剖析惯性导航在地球空间信息技术中的时空传递作用，而且有方志祥教授畅谈时空GIS 角度下的公共卫生事件思考，李诗颖老师直击焦虑的本质，引领大家爱与接纳自己，还有黄昕、邹滨、李熙三位老师在各自领域深耕厚植的学者由浅入深地介绍城市遥感应用、大气污染暴露评估、夜光遥感发展与应用。我们仰视着智者们"欲穷千里目，更上一层楼"的探索精神，体悟他们"传道授业，诲人不倦"的拳拳之心。

1.1 如何成为一名优秀的研究生

（胡瑞敏）

摘要：珞珈杰出学者，武汉大学计算机学院胡瑞敏教授做客 GeoScience Café 第 306 期，带来题为“如何成为一名优秀的研究生”的报告。本期报告，胡瑞敏教授结合自己多年的科研和教学经历，从教育的本质、如何开展高质量的研究、研究生阶段身份的转变等方面分享了许多真知灼见。

【报告现场】

主持人：各位同学、各位老师，大家晚上好！我是本次活动的主持人董明玥，欢迎来到 GeoScience Cafe 第 306 期的现场，今天我们非常有幸邀请到了来自武汉大学计算机学院的胡瑞敏老师，让我们用热烈的掌声欢迎胡老师！胡瑞敏老师是“珞珈杰出学者”、二级教授、国务院政府特殊津贴获得者，现任国家网络安全 2030 重大专项计划专家组成员，担任国家重点研发计划和重大科技专项首席专家，曾获第五届中国青年科技奖、第七届中国青年科技创新奖、湖北省十大杰出青年奖和湖北省科学技术进步奖等多项奖励。曾任武汉大学计算机学院、国家网络安全学院院长，先后指导研究生获“互联网+”金奖、智慧城市大赛特等奖、移动终端大赛一等奖、CCF（China Computer Federation，中国计算机学会）优秀博士论文奖、ACM（Association for Computing Machinery，计算机协会）中国优秀博士论文奖和中国图形图像学会优秀博士论文提名奖等诸多奖项。下面让我们有请胡老师（图 1.1.1）。

胡瑞敏：感谢测国重的热情邀请，让我有机会就“如何成为一名优秀的研究生”这个主题与大家交流。我听说在座的很多同学是今年（2021 年）刚入学的新生，对这个话题应该也是比较感兴趣的，那么我就这些年在这方面的一些工作和思考跟大家做分享与讨论。

首先我给大家汇报一下这些年我在学生培养中取得的成绩。我们曾取得教育部第一届研究生智慧城市大赛的特等奖，教育部研究生移动终端大赛预赛第一名（共有 650 支队伍参赛）、决赛一等奖（这个比赛没有设置特等奖）的成绩，我们还获得过全国“互联网+”大赛的金奖——团体第一名。我们也有多名学生先后获得了湖北省优秀博士论文，中国计算机协会 CCF 优秀博士论文——这也是目前武汉大学计算机学院唯一一个获得了 CCF 优秀博士论文的成功案例。此外，我还有五名学生在读期间就获得了国家自然科学基金。今年我有两个学生获得了优青（海外）项目，他们也才刚满三十岁，现在已经是武汉大学的教

图 1.1.1 胡瑞敏教授作报告

授了。所以在过去几十年的学生培养当中，我们还是有很多成功的经验和失败的教训可以与大家交流和探讨的。

1. 教育的本质

我们谈论如何培养或成为优秀的研究生，首先要讨论一个话题，就是“教育是什么?”我们看看国际专家是怎么说的。世界著名的未来学家、《大趋势》作者约翰·奈斯比特曾说：“教育的本质就是发现人性的本质，鼓励和激发他们的灵魂和心智。”一般大家认为教育就是学习。我问了很多学生“为什么要读研究生?”，他们都说希望多学点知识。但是约翰·奈斯比特说学习知识并不是最核心的，那最核心的是什么呢？是点燃激情。要让我们的同学对某一方面的研究、某一方面的工作、某一方面的创造和贡献充满热情，这是一个比较高的要求。爱因斯坦也曾说：“大学教育的价值不在于记住很多事实，而是训练大脑会思考。”我们再来看看国内的专家是怎么说的，原浙江大学校长竺可桢说：“教育的本质绝不仅是造就多少专家，如工程师、医生之类，而尤在乎养成公忠坚毅、能担当大任、主持风会、转移国运的领导人才。”所以对于这个问题，并没有标准的答案。

我们回顾了这些国际上著名的科学家和教育家对教育的理解和认识，再来看一看传统教育和今天的教育有什么不同。针对这些问题的分析，是同学们思考自己应该如何学习、如何努力成为一个合格、优秀的科研工作者的重要基础。

首先，传统教育是趋同的。大家都经历过中小学教育，那时题目都有标准答案，我们知识点学完了，题目都做对了，就以为什么都懂了。但是在这样日复一日的教育当中，我们的同学们就被抹杀了个性和灵气。而现代教育强调的是什么？它强调每一位同学都是这个世界上独一无二的个体，都能够做出一番与众不同的事业，就看你愿不愿意。我想确实是这样的，从几十年的学生培养经验来看，每个同学其实都是不一样的，但是在我们传统的观念下，针对很多同学的教育不成功的一个重要原因可能是：他没有认识到自己独特的优势，然后对自己失去了信心。

第二点是传统教育强调实用性，而现在的教育强调兴趣导向，给同学们提供更多的选择和可能性。其实这个和我们刚才讲的第一个问题道理相同，每个人都是独立的个体，要找到自己的长项，学会扬长避短。我们在谈研究生教育不同于本科和中小学教育的时候，常会说研究生教育实际上是要培养高端人才，尤其是武汉大学作为国内一流大学，要成为国际一流大学，更要培养国际一流的科学家。要成为一流科学家的条件有很多，我认为很重要的两点是有好奇心和想象力，因为没有好奇心和想象力，就无法创新。

第三点是传统教育强调知识的积累，即强调你所掌握的知识量。比如对于“世界上最高的山是哪座”这一问题，我们通常让学生记住答案，但是几十年过去了，我们发现其实这样做没有太大意义。还有更重要的一点，知识随着教育过程而增加了以后，还有一定的副作用，如果你不对知识加以特别地区分和思考，你的好奇心会随着知识的增加而下降——我们知道好奇心最强的是小孩，很多人年纪大了，觉得对这个世界一目了然了，就完全没有求知欲了。所以，好奇心和想象力是需要保护的珍贵能力，是我们创新的动力源泉。

再来说学习方法的不同。不仅仅是中小学，即便是现在的很多大学，仍然停留在填鸭式的教育阶段，即用课堂灌输知识，然后再通过各种考试来检验你是否学会了。但是我们去看看国际一流大学，比如斯坦福、MIT(Massachusetts Institute of Technology，麻省理工学院)等，这些大学在制定的最新规划中，无一例外地强调了新型的学习方式。比如项目式的学习，通过一个项目让学生在研究中学习、研究中进步。我经常跟我的学生讲，本科生看绩点、看排名，研究生不看这些，大家关心的是你的成果和贡献，所以我们需要项目式的学习、团队合作式的学习、多学科融合式的学习、问题导向式的学习、体验式的学习和人工智能的学习，等等，这都是现代的教育方式。

传统教育强调举轻若重，设立了许多条条框框，最后结果是我们的小孩谨小慎微，不敢挑战权威。上课的时候我经常跟同学们说坐到前排来——前排都没人坐，都坐在第二排。还有些学生不敢跟老师交流，因为害怕自己讲错了，我总是跟他们说讲错了不是很正常吗？不要说学生会犯错，老师也一样会犯错。即便是说错了，大家一起讨论清楚，然后改正过来不就很好吗？相反，现代教育强调举重若轻，要用平常心来对待重大的事情。那么如何保持一颗平常心呢？现代教育强调要学会享受快乐。学习是个从不会到会，从未知到已知的过程，这个过程有它独特的快乐，而感受快乐的能力是需要培养的。

当然还有一点就是要培养更高的价值取向。过去评价一个学生好不好，更多的是看他的学习成绩怎么样，在教育过程中我们会要求学生学习的知识更深更广。但是这在我们今天看来是远远不够的，我们要培养学生更高的价值取向。读研究生到底为了什么？养家糊口吗？我想最起码一流大学的研究生不应该只是为了养家糊口，我们应该思考，在解决了基本的温饱问题以后，我们更应该做什么？应该追求真理，应该改变世界，让世界变得更加美好。

在对传统教育和现代教育进行了对比以后，我们又回到这个主题，就是教育的本质是什么？我个人的观点是：教育最重要的应该是要给学生带来面向未知世界的梦想、勇气和智慧。我们作为老师，当然需要传授既有的知识，但教育远不止于此。教育的核心是什么？是点燃激情，让学生面对未知的世界，敢于去探索，善于去探索，这就是我们应该去追求的目标(图 1.1.2)。北京大学渠敬东教授说："教育要回归学生的健康。真正的教育，是可能影响一个人一生的教育，并不在于你选择了什么专业，而在于你在一个好学校，遇到了你一生中发自内心觉得需要仿效的典范和崇敬的榜样。"我觉得他讲得非常好。

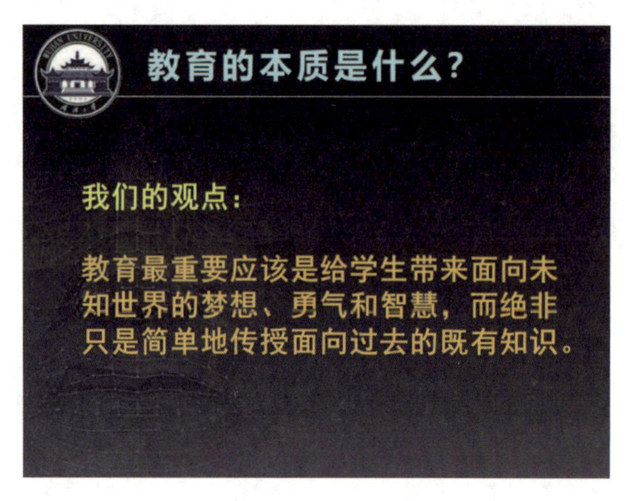

图 1.1.2　教育的本质

我们探讨教育的本质是什么，其实是希望大家通过这些话题去思考，要成为一名优秀的研究生，应该怎么样去适应新的教育观点，怎么样才能让你成为一个充满激情的人，成为一个能够为了改变世界、让这个世界变得更加美好而去努力学习和工作的人。

2. 学生成长三大要素

接下来我们来看学生成长的三大要素。为什么有的学生发展得好，有的学生发展得不好，这个并不完全由于他们的智商存在差别——甚至可以说智商的影响非常小。

1) 兴趣：做出高质量研究成果的关键

(1) 选题——赢在起跑线上

我发现很多同学关于选题没有任何的想法，老师说什么就选什么，老师可能有一个大的方向，让他选一个小的方向，他就随随便便选了一个小方向——这种情况我碰到过很多，我觉得这种情况就是输在了起跑线上。那么我们应该怎么去选题呢？1995 年我们做了国内的第一个可视电话，理念是“让亲人在你身边”；2010 年我们选择的题目是“让世界变得更清晰”，这个做的是图像和视频的超分辨率分析；2015 年我们说“让声音在任意位置响起来”，我们做了一个 3D 系统，感兴趣的同学也可以到我们实验室去亲身体验一下。整体来说，我们现在做的研究在国内、国际上都基本处在领先的位置。所以说，选题应该只做在未来 5~10 年内有价值、有趣、有品位的工作。

选题有三种模式(图 1.1.3)，一是学科前沿——当前国际研究的热点；二是国家重大需求——承担国家重大项目或其中的一个部分；三是国民经济主战场——解决民生问题。我们选题时还应该知道它的输出是什么，是理论贡献、实践意义，还是方法创新？如果在选题时这些一个都沾不上边，我想大家还是要慎重。

图 1.1.3 科研选题

此外选题还有量力而行的三个原则，第一个是看有没有研究条件，比如我们这个专业方向，如果没有数据集，工作就会很难做。第二个是课题难度，如果难度太大，工作也是很难做出成果的。第三个就是可能产生的影响力，如果它既有研究条件，难度也是你能够承受的，那么在多个选择当中，你应该尽可能选择影响力大的工作。

(2)调研——走在正确的路上

我们选题做完了就要调研，也就是看论文。一般同学看文章就是随便看文章，感兴趣、看得懂，他就看。但其实开卷不一定有益，我们调研一定要依托权威机构、权威学者、权威文献，不要随便拿着一篇文章就读。这就好比当你碰到困难时，走出了实验室的大楼，然后在马路上随便找到一个人就说，打扰一下，我这有点困难，你帮我提点建议。大家知道这是笑话，那么你随便看论文也是一个笑话，时间有限，应该只看与自己研究密切相关的“最美的风景”。

调研离不开阅读文献，但是并不是所有同学都知道怎么去读文献。读文献分为三个阶段，同时也是三个层次(图 1.1.4)。第一个阶段叫“一般式阅读”，看这篇文章“是什么”。具体包括 5 点：这篇文章讲的是什么问题？方法的输入和输出是什么？问题性质是什么，它为什么重要？文章证明了什么假设？它的代码和数据是否可以拿到？这 5 点中只要有一点没搞清楚，就可以说这篇文章等于没读过。第二个阶段是“积极性阅读”，就是说这篇文章不光是看了，还要看懂。怎么知道你看懂了没有呢？其实就要弄清楚这篇文章的内容是否正确，否则你就是没看懂。怎么知道这篇文章写得对不对呢？这里也包括五点：这篇文章的核心观点是什么？论文贡献是否有意义？实验是如何设计的？实验所依据的数据集是什么？理论和实验验证的逻辑正确吗？第三个阶段当然要求更高一些了，我们叫作“创造式阅读”。“创造式阅读”包括这样几点：论文存在的问题和局限是什么？问题的成因是什么？接下去我们可以做什么？有哪些与这篇文章相关的研究？这一领域有哪些关键人物？我们下一步的工作计划是什么？按照这样的步骤去阅读一篇文章，它才能够真正为你所用，成为你成长道路上的有机组成部分。

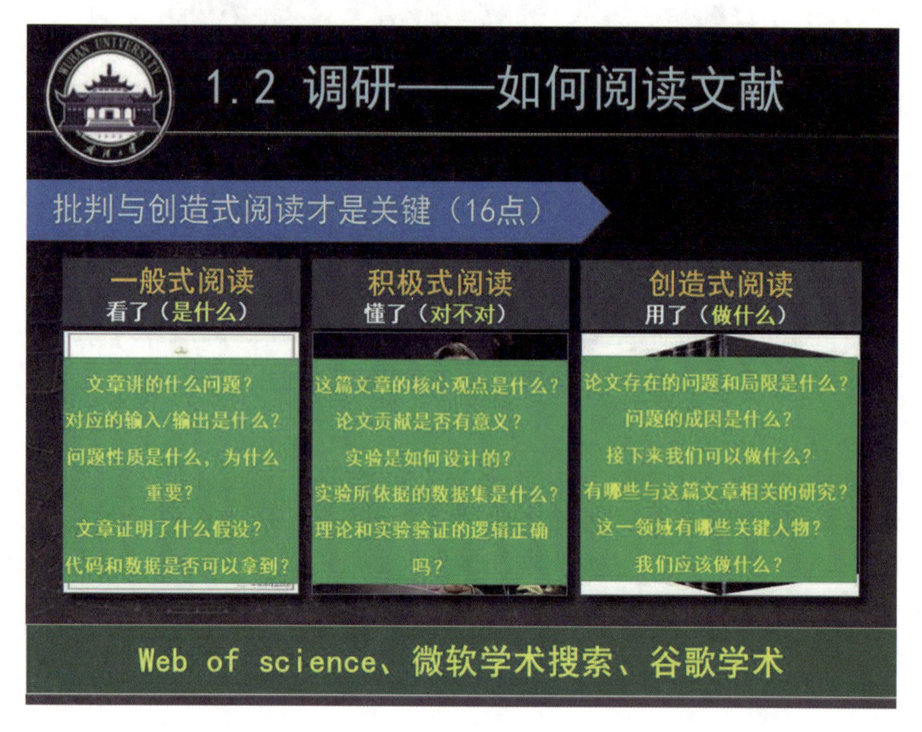

图 1.1.4　如何阅读文献

下面我来讲一讲怎么写综述。首先选题要明确，问题要清晰。在研究背景下提出一个问题，看看这个问题国际上都是怎么做的，然后收集相关的资料。引用的文献应当是权威的、近期的、并且跟你的研究主题密切相关的。我发现有些同学，特别是新生，不知道综述要输出什么。综述是围绕着特定的研究方向，针对国内外最新研究成果及发展动态等开展的资料的收集、整理、分析等工作，介绍该领域主要研究流派的代表性成果，以及领域内尚未解决的问题，结论应重点指出未来的热点问题、假设及其研究价值，领域内的重要文献不能遗漏。我还要强调一点，综述是你未来研究点选择的关键，大的研究方向是老师定的，但你要从哪个点切入，一定是完成一项非常好的调研综述以后才能更好地确定。

综述将伴随着科研活动的全过程，我不要求大家的综述一步到位，而是会让学生在前一两个月看 10 篇文献，然后基于这 10 篇文献写一个综述，并在第一年提交综述报告。基本上到了第二年，你对你研究方向的整体发展就会全部清楚了，这个时候就可以发表综述论文了。我会要求学生最起码在国内中文权威期刊上发表，最好是在国际权威期刊上发表。

(3)破题——要与巨人同行

调研工作完成后就可以开始研究工作了。我们强调要从问题开始，问题是什么？问题是现在没有解决的，关于客观世界的现象规律、运行机理的知识。问题要小题大做，要做得深入，要聚焦。这个时候一定要有国际参照性，所有的工作必须是在明确国际学科前沿的基础上再去另辟蹊径。另辟蹊径有两种类型，第一种是问题拓展，就是在前人的基础上做进一步的拓展。第二种是方法创新，在核心指标上要有所提升。这方面有很多学习的渠道，像知乎、博客、各个媒体公众号、各种顶会的热点、Workshop 的专家报告，还有国际上该研究方向顶级的课题组的最新研究进展等。

这里会遇到一个问题，有很多学生经常问我，老师我很想去做，但是做了一定研究之后发现我还有些不足，比如我还有一些技术方法没掌握，是不是要先把这些东西全都学会了再开展工作？我的观点不是这样的，千万不要把所有的能力都具备了，再开展工作。研究生的工作、研究生的学习与本科生完全不一样，要在研究中学习，在研究中进步。那么在能力不够的情况下怎么办？你可以找人合作，你不是没有数据集吗？不是不会软件开发吗？都可以找人。但是找人有一个前提，你要有价值，你要能够对你的合作者有贡献，如果你什么都没有的话，很难找到好的合作者。当然你不是凭空做研究，你首先得让你的研究具有那么一点点的价值，并且不要等到你什么都懂了以后再去开展工作，要在开展过程中学习，比如你可以先给有经验的师兄师姐打下手。

(4)科学研究的方法论与研究规范

要成为独当一面的合格的科研工作者，就要了解科学研究的方法论。我发现我们很多同学并不知道科学研究的方法论。大家有没有想过，人类有史以来就在探索世界，但是近代科学只有 400 年的历史，为什么在这 400 年中科学技术发生了突飞猛进的发展呢？根本原因是这 400 年内有了新的科学研究的方法论。在近代科学之前，关于这个世界是什么的问题，人们一直在头脑中进行思辨，但是不同人想出来的结果是不一样的，而且谁也说服不了彼此，这是因为他们没有与自然世界进行互动，也就是说他们所想的理论是没有在实践当中得到验证的。之后有了对客观世界的观察和记录，就是最初的测量，人们便得到了关于世界的一些信息，并且认为这些信息是客观的。不同的人可以有不同的观点，但是不同的人应该在同一个客观的观察下进行比较。

那么方法论是什么？第一，明确科学问题，要围绕具体的社会进步需求和行业升级改造任务，提出需要解决的科学问题是什么。什么是科学问题？就是关于客观世界的规律和机理的知识，当我们还不知道这个知识的时候，它就变成了问题，这个问题就是科学的问题。第二，分析事物的现象，即通过观察与该问题相关的事物的表征现象，思考其内在的关联关系或者规律。第三，提出科学的猜想，即提出关于事物现象规律的猜想。第四，设计合理的测试方案来证明或证伪该猜想，得到证明的规律就形成了新的科学知识。

经常有同学跟我说，老师我这个方法效果很好，但是我没掌握理论，不知道怎样表达，您能帮我拔高一下它吗？你为什么认为这个方法效果好？因为你对客观世界的理解和认识，比那个效果不好的人更好，那么这些理解和认识就是你的猜想，你验证了吗？你做了完备性验证吗？所以根本的原因在于这个同学不了解科学研究的方法论，也不清楚科学与技术的区别。简单来讲，科学是用钱换知识，投资钱去进行研究，然后把它变成世界的新知识。技术是什么？技术是用知识换钱，就是利用人类已知的关于这个世界的知识去解决实际当中的问题，所以科学和技术是完全不一样的。那么什么是科学的方法呢？就是能够获得这个世界目前还未知的知识的方法，大家可以思考一下你做的工作在多大程度上符合我们的方法论。

做科学研究还要符合国际上的研究工作规范。我们在研究中有测试方法、有实验材料、有数据处理，这些都要符合国际规范。符合国际规范有三个层次：第一个层次，如果你做的工作有国际标准，那么你的测试和数据处理方法等，就都要遵循国际标准；第二个层次，如果你的工作比较新，没有国际标准，但是此前有学者做过相关研究，那么你就要引用国际上最新文献的测试方法、数据处理方法等来作为自己的规范；第三个层次，如果你的研究工作以前没有人做过，你就要用符合常识与逻辑的方式，去制定关于测试方法、实验材料和数据处理方法的规范。

(5)论文写作

我们做出了好的工作后怎么去写论文？如图 1.1.5 所示，第一，你需要保证你整个文章的论证逻辑是严密的，你的结论是用符合国际科学研究规范的方式得到的，要反复推敲论证整个过程，做到正确可信，这是解决“对和不对”的问题；第二，你需要保证你的故事是完整的，也就是解决读者“懂还是不懂”的问题，就算你文章的论证逻辑严密无误，故事讲得稀里糊涂也没有用，故事的场景设定也十分重要，不能写成一个实验报告；第三，论文内容可不可信，论文写作的表达要规范，引用要正确。

什么叫好的工作？我引用一下谷歌科学家 Eric Jang 的话，他关于顶会评审的录用标准提出了四点要求：第一点，全文逻辑正确，要带来新的贡献。具体讲就是必须给出算法有效的令人信服的证据，而不能仅仅是一个更好的结果。第二点，要有适当引用和足够的基准差异。某些审稿人会直接拒收未充分说明先前研究或与先前研究区别不足的论文。第

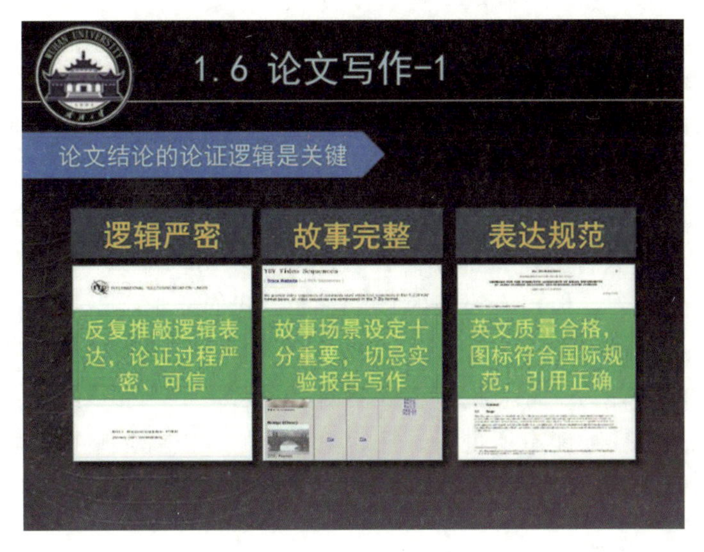

图 1.1.5 论文写作

三点，问题要足够困难，结果要出乎意料。因为更困难的问题更接近真实的场景。比如说，如果你的数据集很简单，审稿人会认为你做了太多的简化，在实际场景没法用。当然他们也知道研究是一步一步来的，所以你从事的工作如果与过去的工作相比更困难，就意味着它和实际情况更接近。同时审稿人也更愿意接受带来惊喜的、特别是违背直觉的结果。第四点，工作要激动人心。我们之前讲要做有品位的工作，就是你的选题一看就可以激动人心，实验结果也至少有部分能达到当前最佳。但有的审稿人认为，仅仅结果比原来好或是有一点小的改进，但讲不清楚其中的道理，仍然是不可接收的。你不仅要证明是你提出的改进方法使实验结果变好了，并且还应给出完备性证明，即证明指标的提升不是由其他因素导致的。今天我刚看到一篇文章说，国际上对顶刊、顶会的最佳论文会提出更高的要求——需要进行敏感性分析。当一些数据受到干扰的时候，你的结论还成立吗？这就是敏感性分析。对论文的要求越来越严格，实际上也就是要求我们科学研究所得出的结论要更加可信。

我们再来看看拒稿的原因，大家也想想自己有没有出现过这样的问题。一是文章的原创性太低：大肆宣扬创新性但无实质的新颖性贡献；二是引言写得不好：综述不全面，没有逻辑，研究问题不清楚；三是研究设计有缺陷：错误的研究模型和设计，潜在变量控制不佳，样本量太小，数据的收集方法有误；四是数据收集过程模糊：文章讲不清楚数据怎么来的，实验过程不可复制；五是研究结果可信度低：包括数据不足，测量的可信度、效度低，报告不准确或不一致，解释草率，效应量低，显著性低；六是讨论和结论非常薄弱，这是我们初入门的同学经常犯的错误，这个时候知识储备不足，往往只解释积极的结果，实际上明显可以看出实验结果还有一些问题，但是他从来不说也不分析是什么原因导致了错误和没有原理支持的结论，不加批判地接受，以至讨论和结论与研究结果不一致。这些都是审稿人拒稿的原因。

论文被拒是成长的必经之路。我跟我的学生讲过，文章要早点投递出去，因为投之前老师无论讲多少都没有用，不到那个阶段是无法感受的。当你把文章投出去，你会收到审稿人的意见，当你阅读了这些意见再去修改的时候，你会发现其实很多地方老师早就讲过，但是你只有在这个时候才会意识到这些问题，才会去努力改正，所以这是需要实践的。因此大家一定要有良好的心态，大多数顶会的命中率不到 20%。要仔细研读审稿意见。有些同学说审稿人什么都不懂，写的东西不对。那么审稿人说的对不对呢？大部分情况下不完全对，但也有对的时候。然而，我们要学会站在审稿人的角度去想问题，思考为什么你的论文会让他提出这些问题和意见。一定要从反馈意见中学习，进而提高自己的科研能力，你总说审稿人不对，自己是不会进步的，只有发现自己不对的地方并加以改进，才能有所进步。最后很重要的一点就是坚持，彩虹都在风雨之后，坚持一定会有收获。

2)信心：成长的标志

(1)博士阶段的心态变化

我们看，这张曲线(图 1.1.6)告诉我们博士从入学到毕业会走过什么样的心路历程。

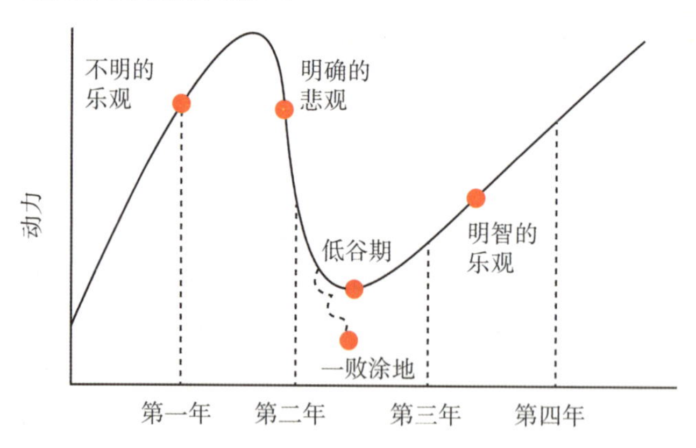

图 1.1.6　博士阶段的心态变化

（图片来源：https：//www. sohu. com/a/355637590_ 692685）

刚入学的时候非常兴奋，一切都是新的，会想“我在研究重大的问题，我这个问题研究出来可能获大奖”，这是第一个阶段。过了半年发现不是这么回事啊，他觉得陷入了迷失，会觉得做这个工作看不到任何结果，为什么？因为这里面好像有太多的问题都搞不定了，这叫知情的悲观，这是第二个阶段。第三个阶段是坠入深渊，项目对他来说失去了魅力，还总是会徘徊在无穷无尽的小事中，抱怨自己是一个失败者。我们现在看到读博士让很多学生身心俱疲，少数同学最后放弃了，大多数同学从挫折中走了出来，这叫知情的乐观，接受了现实，达到了毕业标准。

(2)培养阶段化

我发现我们的同学对短期结果往往期望值过高，对自己的长期进步又经常估计不足。这就要求我们对学生进行分阶段的培养(图 1.1.7)。

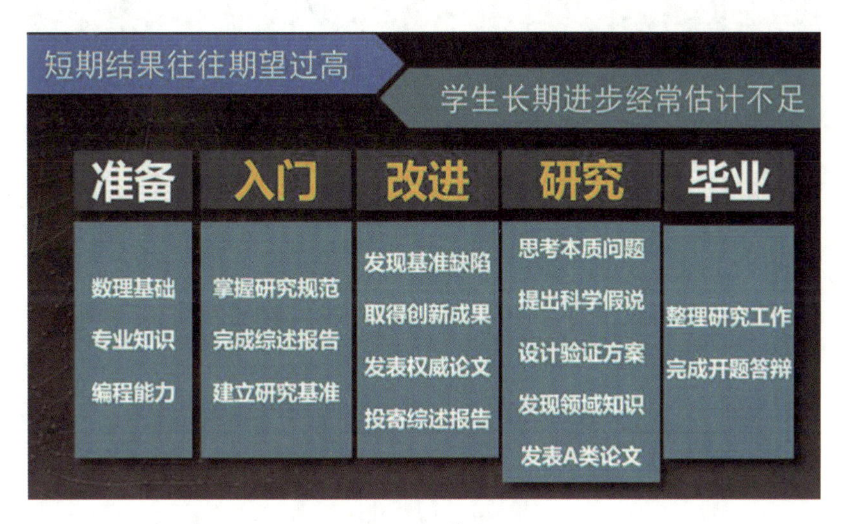

图 1.1.7 培养阶段化

研究生的培养实际上可分为三个阶段。第一个阶段是入门阶段。在这个阶段中，第一应掌握研究规范，第二完成综述报告，第三建立研究基准。什么是建立研究基准？就是把在这个研究方向目前国际上做得最好的研究重现出来，把测试平台全部搭好，对比分析现有方法的优劣，为下一阶段的创新打下基础。

第二个阶段是改进：发现基准缺陷，取得创新成果，发表权威论文，投寄综述报告。这个时候你采用的是改进法，要看到基准中存在的问题然后去改进它——人家开荒你捡漏，这就是第二个阶段。

第三个阶段是研究：思考本质问题，提出科学假设，设计验证方案，发现领域知识，发表 A 类文章，也就是要做原创性的研究。

最后就是整理研究工作，完成开题答辩。研究生每个阶段的目标是不一样的。入门始于集成而非创新，基础知识都没掌握，谈创新是不可能的，明确的入门目标才有力量。所以我制定了刚入学的前 12 周要求(图 1.1.8)，让我们入门的同学尽快进入状态。

(3)基础薄弱的学生如何入门

对于基础薄弱的同学，我为他们专门制定了一个入门的路线(图 1.1.9)。

首先有研发任务，根据研发任务明确研究问题，与导师讨论。有了研究问题，根据研究问题选择 30 篇泛读文献，按照“相关”“权威”“近期”三原则选取，选好后阅读这 30 篇

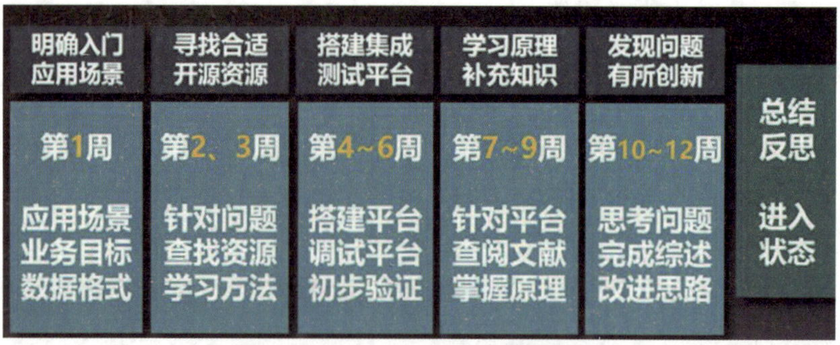

明确入门
应用场景
寻找合适
开源资源
搭建集成
测试平台
学习原理
补充知识
发现问题
有所创新
第1周
应用场景
业务目标
数据格式
第2、3周
针对问题
查找资源
学习方法
第4~6周
搭建平台
调试平台
初步验证
第7~9周
针对平台
查阅文献
掌握原理
第10~12周
思考问题
完成综述
改进思路
总结
反思
进入
状态

图 1.1.8 快速入门方法——目标驱动

1. 研发任务
2.明确研究问题
3.选择30篇泛读文献（通过标题和摘要，按相关、权威、近期三原则选取，选中后增加阅读正文背景介绍和结论部分内容）
4.选择1~2篇前沿文献（同时满足当年、源码、公开数据集三条件）
5.追溯权威综述
6.追溯起点文献
7.追溯权威博士/硕士论文
8.辅助教材
9.前沿复现
10. 综述报告

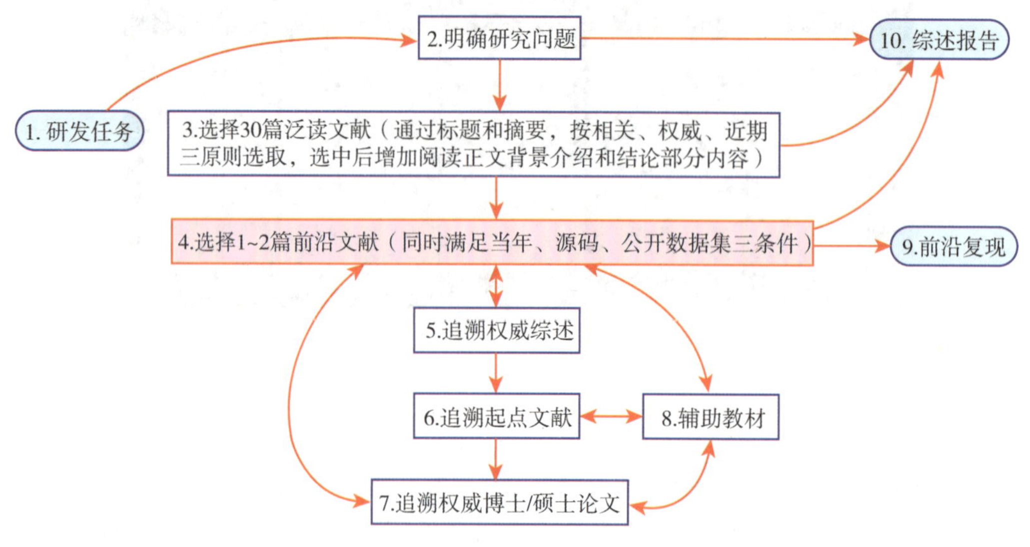

图 1.1.9 基础薄弱的学生如何入门

文献，只读标题和摘要，不要看正文，大致知道它是干什么的就可以了。在这 30 篇文献中再优选 1~2 篇前沿文献，同时满足“当年发表”“拥有源码”“包括公开数据集”这三个条件。在获得最新的源码和公开数据的基础上，复现 1~2 篇文献。如果这个时候还是读不懂文章，看不懂源码怎么办？那就应该追溯权威综述，通过权威综述找到这个方向的起点文献，即最先提出来这个研究方向的文献。因为最新的文章往往会把它的创新点讲得比较清楚，但是对于研究背景和它所依据的之前的工作，并不会说得很清楚，所以有同学目前读不懂也很正常。这个时候就要找起点文献，如果起点文献还是看不懂怎么办？找相关的博士、硕士论文，然后再去找教材，对照着起点文献进行阅读，这些资料一般讲得非常清楚。通过这些方式将起点文献的问题搞清楚以后，再重新回到当前这个问题，完成对前沿文献的复现工作。这个过程是不能跨越的，你只有将前沿文献复现了，才能说自己入门了。

(4)实验结果不理想怎么办

很多同学初期的实验结果不理想，跟我说效果不好怎么办，我跟他讲，研究工作不就是面对效果不好的情况吗？初步实验结果不好是大概率事件。我们该怎么办？第一，将实验结果分为“好”和“不好”的两类，可能有3000个样本可以，7000个样本不行，你就把它们分开，分开以后你观察这两个样本产生的条件有什么共同之处和不同之处？通过条件差别，你就会发现为什么不好。不好就说明我们的某种假设是不正确的，而好的恰恰说明我们的假设在这个分时期当中是成立的，这个时候怎么办呢？请你对场景进行细分，并且调整你的假设，什么是调整假设？就是调整你的思路和方法，放弃黑白两极化的错误认识，不要一看到效果不好就觉得进展不下去了，我们要从不好的最初结果当中发展出强大的逻辑推导。

(5)循序渐进

我们也要循序渐进(图1.1.10)，防止不当目标导致的浮躁与沮丧。人生的旅程就是如此，大量的时间中我们处于迷茫的状态，其实成长就在那几个瞬间，所以不用太担心这个过程当中会出现问题，我们正是通过发现问题和解决问题而不断成长，而且一旦发现问题了，某种意义上就是一种进步。过去有很多同学到毕业的时候才发现有些技能没学到，比如有的同学都博士毕业了，还不知道怎么设计实验方案，因为他做的工作都是改进型的工作，人家实验方案怎么设计他就怎么做，无非是数据不一样。因此当他碰到一个新问题的时候，完全不知道怎么设计。所以遇到问题是好事，一定要想办法解决，坚持就是胜利，在解决过程中你能收获很多。当你在很长的时间里一无所获的时候，挫折忍受力是让你坚持下去的重要因素，有时候研究结果很糟糕，你不得不完全推倒重来，审稿人会拒绝你的一些论文，这是一个博士生的宿命，你必须咬牙坚持下去。那怎么坚持呢？可以和其他同学交流，和导师交流，降低对短期目标的期待。想一想并不只有你一个人处于这种境遇，大家都这样，实在不行还可以写博客，分享一下自己的痛苦，这样可以转移自己的负面情绪，重新点燃坚持的信心。大家还应从固定型思维转变为成长型思维，更灵活地看待

图1.1.10 循序渐进

人生中的挑战。我认为科研中最重要的心灵品质是信心，没有任何比信心更重要。我曾经有个学生，他发了A类论文后进步神速，所以说信心再怎么强调都不过分。

3)信念：成长的标志

我问过很多同学，你为什么来读研究生？有的同学说，我是来学知识的，当时我没有评价。在这里我可以讲，如果你只知道需要好好学习却不知道为什么学习，你来学校读书就是逃避目标和责任。你的目标是什么？你毕业的时候能不能争取实现？比如说优秀博士论文或是优秀硕士论文。你毕业几年后，希望自己能够取得什么样的成果？所以我们讲使命是什么？使命就是令我无憾的经历，就是我这辈子必须得做的事，这就是使命。明白了使命，你在挫折面前就无须抱怨，面临挑战时可以内心不乱，碰到诱惑时仍然能坚定自己的信念。所以我们说一定要加强使命感，每个人都要想清楚，你要想成为一名优秀的研究生，什么是你必须做的事情？这样我们才不会迷失初心。

实现梦想的力量是无穷的，我们说要激发学生的梦想，要让他们从依赖外在的动机转向寻找内在的动机。这个过程我们可以借助榜样的力量，在过去一二十年我做了很多尝试，比如学生发了高质量论文会给予奖励。我们还有一个学生的荣誉墙，这个荣誉墙不是学生发表了好文章就能上的，而是要做到这个档次上的第一人我们才让他上墙，所以我们奖励的是每一个第一次的创造者，培养学生勇争第一。我们还非常强调“以赛促学”，俗话说人不能闭门造车，我会要求我的学生积极参加国际一流赛事，激发他们代表国家去挑战国际同行的勇气和责任，用外部的检验来激发他前进的步伐。例如我带领学生参加了历届的国际视频大数据比赛，我们的多项成果位列全球第一。

信念的关键在于立志与坚持。王阳明说过：“志不立，天下无可成之事。”你对未来立下的愿景可以让你的今天变得更加真实，凭借着使命感受每天每时每刻的工作意义，塑造你生活的不是你偶然做的一两件事，而是你一贯坚持做的事情。

3. 研究生阶段的转变

下面我来讲研究生阶段要有的三个转变。

第一个是角色的转变。很多同学说研究生刚入学的时候，发现自己最大的不足就是知识的不足，这也不会那也不会。其实这都不可怕，你既然都读研究生了，通过了层层考试，我相信你智商没问题，相信你的知识结构也没问题。知识的储备不足不重要，最重要的是什么？是认知能力，就是知道什么是重要的，什么是不重要的；知道什么是对的，什么是不对的。一个人不可能取得超越他认知能力的成就，所以你要知道提升你的认知能力是最为重要的。刚入学时的学生都存在着认知偏差，所以一定要多与导师沟通。你认为不重要的老师可能认为很重要，你认为没有问题的时候，老师可能不仅认为有很大的问题，还认为你搞不定。在你发表A类文章之前，老师怎么说你就怎么做，否则前面就是浪费时间，因为知识是无穷的，没有策略性的自学效率太低，甚至南辕北辙，等你发了A类文章以后，再给你更大的学术自由空间。这就是研究生和大学生的不同。

第二个是任务的转变。要学会建立批判性思维，从负面的实验结果中转变为对目标任务的思考，培养自己强大的逻辑分析能力。不同于本科阶段课程导向的任务，研究生阶段面临的任务往往更复杂，难度也更大，要多与团队成员商量，多与导师沟通。

第三个是态度的转变。研究生阶段你会面临太多的挑战，会疲惫和沮丧。根据我多年观察学生的经验，我可以告诉大家，只有小步快走才能有效对冲疲惫，就是说你一定不能止步不前，你一定要用一系列小的成功来激励自己。我们刚才讲的那个同学发了A类论文后短短几个月取得了巨大的进步，其实是一样的道理，他整个人兴奋起来了以后，任何小的疲惫都不算什么。所以不要一开始期望太大，要积小胜为大胜，学会选择在有限时间内完成有限目标，避免被中学完美主义的思维所绑架。

4. 杰出人才应具备的特质

杰出人才要有什么特质？第一，是好奇心最重要，你有了好奇心，你有了探索精神，你喜欢这件事，才会有花功夫去做这件事的激情。然后我们需要有洞察力，什么叫洞察力？知道哪些事更重要、哪些文献更重要、哪些动态更重要，这叫洞察力。第二要有想象力，没有想象力就什么都跟在别人后面走，没有创造。第三要有执行力，所以概括起来就是“一心三力”：好奇心、洞察力、想象力和执行力。

研究生必须具备什么样的基本素质，我也概括了一下：第一是开展高水平的科学研究的能力；第二是书写和展示研究成果的能力；第三是撰写各类项目申请书的能力；还有很重要的一点，就是学术社交能力。我遇到一个学生，能够做到通过游轮航行，用一年时间和全世界最优秀的学生一起学习，这没有学术社交能力是不行的。当然，我们的研究生还要具备指导他人的能力，例如高年级学生要负责指导低年级学生。

人才有三个层次，我们大家探讨一下。第一个层次是掌握专业的知识和工具，熟悉常规模型和算法，会选择合适的模型进行应用；第二个层次是能根据数据特点对模型进行精准改造，深入了解理论方法，灵活选择优化策略；第三个层次是能将一个新的实际问题转换为目标函数，这种人才往往是一个团队的定海神针。这是在告诉大家从底层到高层，从具体的技术工具使用到系统的思维设计。

5. 总结

世界上的成长模式无穷无尽，今天我只是给大家做一个分享，我讲的并不一定都是对的或者有效的，大家也不能靠简单重复别人的经历来实现自己的成长。俗话说，条条大路通罗马。努力不应是一句空话，失败者大多知道成功的方法，但是只有成功者去做。作为一名优秀的学生，时间的付出是最基本的要求，所以我要问一下大家，你每天有多少时间用在科研上，如果你用的时间很少，那么我想说你与优秀的距离稍微远了一点。

我们认为杰出人才应该具备国际视野、人文情怀、领导力、学术创新能力以及社会沟通与社会服务能力。我知道每个同学都是心高气傲的，正如我一开始说的，每个同学都是这个社会上独一无二的个体，如果你愿意，都会有美好的未来。我知道有一个学生，他本科是一个三本院校，后来他在读研究生时，非常努力，现在已经拿到了国家基金委优秀青年基金，结题获得了优秀，如果不出意外，马上就会成为国家杰出青年基金获得者。通过这个例子说明什么呢？你的决心和意志很关键。当然还有一点就是完全靠他自己肯定也不行，你能走多远，还要看你和谁同行。

每个人都觉得自己聪明出众，最后却活出了千姿百态。这个世界从来不缺少完美的计划，而是缺少说干就干的行动力，一念即起的执行力才是一个人最了不起的才华，行动起来，你想要的生活才会奔你而来。你所渴望的改变，如果没有从现在开始，也许永远都不会开始。什么是成功？二十几岁的时候给优秀的人工作，三十几岁的时候跟优秀的人合作，四十几岁的时候找优秀的人给你工作，五十几岁的时候把别人变成优秀的人，这就是成功。我今天的分享就到这里，谢谢大家。

【互动交流】

主持人：非常感谢胡老师精彩的分享。下面是我们的互动环节，有问题的同学可以向胡老师提问。

提问人一：老师您好，我是刚入学的博士新生，您刚刚提到写综述的问题，我想问您关于综述的一些想法。举个例子，现在我要写一个关于室内定位的综述，但室内定位有很多个小方向，如 Wi-Fi、蓝牙、声音定位，等等，每个小方向都有很多文章，那么我在看这些文章的时候，是应该倾向于把摘要跟题目看完以后就过呢？还是说要把正文细节再研读一下呢？

胡瑞敏：写综述需要“一览群山小”，看看在这一个主题下有哪些重要的分支，当分支特别多时，我们就要选最重要的，也就是主流的，或者最有可能变成主流的。然后在每个分支里面，我们要去选有代表性的文章，其中主流的方法和思路是什么，然后在这个基础上再来比较和分析，指出一个综述的方向：未来哪些方向最有前景，过去这么多年主要的变化是什么？哪些问题尚未解决？你认为哪些问题最难最重要？哪些问题最有可能率先得到解决？你写出了这样的文章，在认知和逻辑都很好的前提下，就是对这个学科重要的贡献。为什么？我原来可能认为这个方向有价值，但经过你的综述与分析对比，发现另外一个方向更重要，我可能就改变了未来研究点的选择。

提问人二：老师您好，我是大四的学生，前一段时间刚刚获得推免资格，目前已经确定了方向，选择了导师。您刚才的演讲给了我很多的启发，我记得我大一的时候，看到有的同学非常有条理、有逻辑，而自己当时比较忙，没有时间思考，走了很多弯路，然后我想问一下您对大四这个阶段的发展有什么建议吗？

胡瑞敏：我认为首先你要明确你未来的目标。你现在既然已经确定了方向和导师，那就应该早一点进入到科学活动中去，开始培养自己科学研究的能力。这个要看你导师的安排，但是你得先让导师知道你当前的现状是怎么样，这样他才能够给出一个更加科学合理的建议。

再就是你说你的逻辑能力不够，这个是需要练习的。我让我的学生收集了几百篇文章，把研究生阶段的各类问题分到不同的方向，全部罗列编成非常厚的一本书，在这个过程中逻辑思维就得到了锻炼。另外在各种交流活动中做报告也是一样的。当时我拿到国家重点研发计划，要主持这个项目，我们的 PPT 改了 100 多遍，把答辩提纲做得非常的清楚，看过的人都觉得非常好。所以我认为大家可以多参加这种学术交流活动，有意识地培养这方面的能力，一定是可以得到提升的。

（主持人：董明玥；摄影：张崇阳、林欣创；录音稿整理：董明玥；校对：凌朝阳、陈佳晟）

1.2　时空 GIS 与公共卫生事件
——第八届青年地理信息科学论坛一讲

（方志祥）

摘要：2020 年 6 月 6 日，第八届青年地理信息科学论坛，暨 GeoScience Café 第 258 期报告由“GeoScience Café 和 GIS 青年一代”(微信群)联合主办。裴韬、方志祥、黄昕、邹滨、关庆锋五位来自不同院校的青年科学家，受邀进行报告。本文选自论坛多场报告其中一讲——“时空 GIS 与公共卫生事件”。该报告中，武汉大学教授方志祥从疫情防控中各类人群和组织的需求出发，以人群分布流动、群体心理状况地域性分析、疫情趋势预测、物资保障方案等为实例，介绍了时空 GIS 在科学防治疫情中的作用以及 GIS 抗“疫”相关研究的前景。

【报告现场】

方志祥：先简要自我介绍一下，我是武汉大学测绘遥感信息工程国家重点实验室的方志祥，同时我也担任中国地理信息产业协会与方法工作委员会委员、中国城市科学研究会高级会员和城市大数据创业委员会会员以及 ACM SIG Spatial China 创会委员。目前已经发表 100 多篇文章，2018 年获得了湖北省的科技进步二等奖，2019 年获得了教育部的科技进步二等奖，并担任了 *Environment and Planning B*：*Urban Analytics and City Science*、*Remote Sensing*、*Smart Cities*、《武汉大学信息学报(信息科学版)》、《地球信息科学学报》等期刊的特辑特约主编。

我今天汇报的题目是“时空 GIS 与公共卫生事件”。目前，我国疫情形势已经得到了初步的控制，武汉已经恢复正常秩序。在这个时候，我们要反过来思考，我们 GIS 专业在面对疫情时到底能干什么，能够做出什么贡献，又应该从什么角度去提升地理信息科学对公共卫生的贡献，同时，从 GIS 的理论体系角度去思考，我们今后的研究应该怎样做。

在汇报之前，我先介绍一下我们的团队。2020 年农历正月初八，我组建了新冠肺炎疫情防控地理信息联合研究组，成员主要来自四家单位，包括武汉大学的我的团队、武汉理工大学计算机学院的熊盛武教授团队、深圳大学的涂伟副教授团队、武汉市交通发展战略研究院的郑猛主任。在 2 月至 5 月期间，研究组每天晚上 8 点准时例会，一起讨论研究思路和成果，一起思考如何为疫情防控做出我们自己的努力。在这里，我首先对他们表示感谢！

这次报告主要分五个方面进行介绍：

(1)责任：科学对抗疫情；

(2)需求：时空 GIS 理论与技术；

(3)实践：支撑疫情防控；

(4)挑战：时空 GIS 抗疫方向；

(5)GISer：创新、创新、再创新。

1. 责任：科学对抗疫情

面对突如其来的新冠疫情，首先我们必须感谢医护工作者，在抗疫一线，他/她们无私奉献，舍命相护，正是他/她们的日夜奋战，自我牺牲，为我们筑起了安全的防护线。这些美丽的背影、空旷的街道以及全国人民喊出的武汉加油，都将被载入史册，并在史册上书写重重的一笔。

在疫情暴发时，大众急需科学的应对方法。早在 2020 年 1 月 23 日，武汉大学专家和湖北省疾控部门就出版了《新冠肺炎预防手册》，随后，2020 年 2 月 3 日，北京的一些单位也出版了《新冠肺炎暴露风险防范手册》，以科普的方式，从医学和公共卫生角度，告诉大家如何正确地防护，特别是口罩防护，这有效降低了病毒的传播风险。但是直到 2020 年 5 月底，*Science* 上才有文章提到，口罩具有减少疫情传播的作用。国外在这方面的认识时间过长，一定程度耽搁了控制疫情的时机。从这个事情可以看出，在突发的疫情面前，科学是非常重要的。我们既需要科学地认知病毒，还要知道如何科学地应对病毒。

总体上来说，疫情包括初期、中期、后期、末期几个过程。在疫情的初期，我们需要科学地判断什么是新的传染病，这主要是医学领域的工作；在确定新传染病出现后，如何进行科学的应急防控，则是我们地理信息工作者可以参与的工作：在防控过程中，如何做到精准地识别病人和全盘收治病人，如何调查密切接触的感染者，如何对于患者和健康人群进行药品与日常生活物质的保障，即如何全盘科学地进行应急的保障，是疫情中期的主要难点问题，各级政府在此方面有很大需求；而随着疫情的缓和，在疫情后期，如何科学地做到复工复学，又是各级政府所面临的一大问题；最后，在疫情结束后，还要考虑如何长期有效地防护和警惕疫情的反扑，为未来作有效准备。这些不同阶段的不同问题，都需要科学的认识与应对。

具体而言，我们从居民、医院、政府等三个方面对用户需求进行了总结：

(1)居民角度：

如何安全地购买生活物资和药品？

如何在生活中安全地保护自我？

如何自我调节心理，避免不必要的恐慌和心理负担？

(2)医院角度：

如何顺利治疗病人？

如何做到医护人员的有效防护？

如何筹措和保障医疗救治的物资？

(3)政府层面：

需要知道病人和与病人有接触的人都在哪里？

如何做到收治全部人员？

如何做到各种物资的基本保障？

这些问题都与我们地理信息科学所关注的核心要素 Who，Where，What，How 密切相关。归结起来，就是如何做到精准、科学和按需。要科学认知和应对新冠疫情，需要在病理、人员流动、组织系统和舆情引导等方面下很大的工夫，从整体上来说，这些方面的工作需要医学、地理、公共管理、新闻传播等学科的通力合作，为政府和人民的集体防控提供急需的科学方案。

周成虎院士总结了新冠疫情中 GIS 大数据技术的十大应对方向，包括：疫情大数据信息系统快速构建、面向问题的大数据快速汇聚、疫情跨尺度动态地图便捷制作、病毒空间大数据溯源与轨迹时空比对、病毒空间传播速度与规模预测、疫情空间风险划分与防控级别选择、医疗物资供需空间动态平衡、物资供应与运输风险评估、人口流动与空间分布快速估算、社会情绪的空间传播与探测等。这一总结是比较全面的。

2. 需求：时空 GIS 理论与技术

我们从时空 GIS 出发，将 Who、Where、What、How 的疫情地理信息问题初步总结为多类空间的精准识别、时空过程的科学组织、物资和信息的按需配置三个基础方面，从而为居民、医院、政府和公益机构提供具有精确、科学、按需三个核心特性的技术支持。

在精准性方面，需要构建多空间人群活动精准识别与快速响应的方法与技术架构，比如：人的活动空间精确定位，特别是感染者曾经到过的地方；物理空间轨迹的高精度复原和比对，搜索可能被感染的人群；个人空间之间的交互评估，判断个人的暴露风险；社交空间被感染者的呼救信息，准确掌握现实工作中遗漏的病人信息；心理问题也是疫情过程中一个非常重要的问题，直接影响群众的身心健康和行为活动，需要准确了解不同疫情情况下的不同群体的心理健康状况；舆情动态也是疫情期间的重要关注点，大家跟外界没有接触，如何快速跟踪舆情和定位问题，对有效疏导舆论有重要意义。总体上来讲，多空间中人群活动的精准识别与快速响应，是构建有效疫情防控方案的重要基础。当然，还需要处理好隐私保护的问题，数据分析只能用于公共用途，过程中要避免泄露个人隐私。

在科学性方面，城市交通组织、定点隔离组织、社区抗疫组织、抗疫产业复工、复工复产复学，都需要科学的预测来帮助政府做出合理、有效的决策；需要大规模时空过程与资源优化来支撑疫情防控的组织和高效保障。具体来说，包括疫情动态预测：这对政府准备极限状况下的防治准备具有重要指导意义；人群应对疫情的群体性空间行为模拟和预测：这能有效支撑、精准布防组织；疫情防控政策的模拟仿真：针对不同政策条件，采取模拟仿真的方式，能够获取到一些指导防控的参考边界条件；防控措施具有多阶段特性：通过预测和仿真，科学决策各阶段的实施范围、实施时间区间和政策实施顺序，具有科学的时空过程特性；最后，还需要结合多源数据，评估措施政策实施的效果，为下一步工作方案做指导。

在按需方面，需要构建以人为本的人群时空需求动态服务，实现物资与信息的按需动态配置，具体包括：疫情舆情动态时空可视化，可以供政府、公众及时了解发展态势；周边疫情与同行感染风险查询，为公众提供准确的暴露风险评估手段；日常生活物资保障，关闭离汉通道期间受影响的群体非常多，需要及时收集群众的需求，并提供及时的物资保障基本的生活；疫情期间受影响较大的一个群体是慢性病患者，如何及时保障他们的购药和看病需求是个难题；为此，需要构建安全有效的物流服务保障体系和在线医疗服务保障体系，来满足群众的基本需求。这个方面的能力仍亟待后续提升。

3. 实践：支撑疫情防控

下面介绍一下我们利用时空 GIS 理论与方法所开展的一些工作。我们主要的工作重点在武汉市，毕竟我们身处武汉，同时这里也是抗疫最前线。我们的研究工作主要包括：城市人群分布和流动性分析、群体心理状况分析、疫情趋势预测、超市与药品物资保障方案、生活物资时空配送物流方案优化等方面。

在具体介绍我们的工作之前，我先简要梳理一下其他 GIS 研究者的工作。其中做得最多的就是疫情地图和信息可视化。我们当初判断这个方面做的人会非常多，所以一开始就没有做这个；个人轨迹跟踪这一块，我们一开始也计划做，但是由于疫情期间对数据管控特别严格，无法开展实施。其实疫情过后来看，我们的确需要检讨这一块的政策，据我了解，有不少院士提议开放数据给研究者，他们做出了不少努力。再就是决策需要疫情风险评估与模拟，防控措施的决策等科学决策方法，这个方面，一般是与疾控中心联系比较密切的学者开展得更多。针对个人和公众服务这块，个人风险查询、舆情准确回应、疾病心理辅导方面，也有学者开展了一系列的工作，并取得了一定的成效。

下面我来具体介绍一下我们团队在支撑疫情防控方面开展的工作。

(1)城市人群分布与流动

我们第一个工作就是分析武汉市人群分布与流动，这个工作的意义在于掌握防控工作的薄弱环节在哪里。

在这项研究中，我们通过 2019 年 12 月 10 日到 2020 年 2 月 15 日的手机数据，得到了交通小区尺度的人口分布状况。分析结果显示，其一，在人口数量方面，武汉市人口数量在 2019 年 12 月期间为 1300 万人左右。2020 年 1 月，受春运影响，武汉市人口总量逐渐下降，在 1 月 24 日人口数量降至约 900 万人，城市中心区域人口数量下降非常明显。

其二，在空间交互次数方面，2019 年 12 月各个 TAZ(Traffic Analysis Zone，交通分析区间)的空间交互总量在 1300 万次上下起伏，春运开始(2020 年 1 月 10 日)后，空间交互总量出现了小幅度的下降，在 1200 万次左右徘徊，造成这个现象的原因可能是 1 月 10 日前后，武汉市各大高校以及部分企业开始放假。人口的减少导致不同 TAZ 间的交互数量出现了小幅度下降，但是在 2020 年 1 月 20 日晚，钟南山院士首次确认出现人传人的现象后，TAZ 间的空间交互总量出现了一定程度的下降，从 1000 万下降到 790 万左右，说明人们有意识通过减少空间交互来避免感染。随后，武汉市政府出台了一系列管控措施，包括关闭离汉通道、暂停公共交通和出租车、限制私家车上路、关闭小区等，进一步导致了各个 TAZ 之间空间交互总量的逐渐下降，并在 1 月 26 日达到最低(86 万次左右)。

通过手机数据，我们可以更好地用不同交通小区内的人口密度以及空间交互次数，计算得到武汉市内 1218 个交通小区内的人群日均交互次数。随着管控措施的不断升级，各个交通小区的日均接触次数出现了明显的下降(图 1.2.1)。在第一阶段和第二阶段，分别有 816 个和 771 个交通小区的人群日均接触此时大于 10 次，而进入第三阶段后，所有交通小区的人群日均接触次数明显减少。

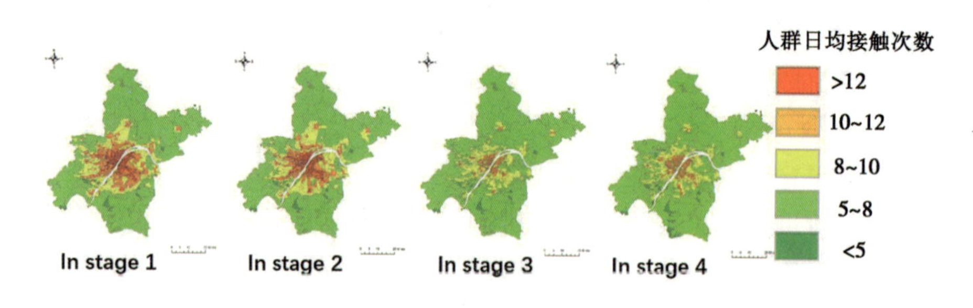

图 1.2.1　交通小区级别的人群日均接触次数

利用人群日均交互次数，我们进一步推估出疫情发展过程 TAZ 患者的分布。前期由于患者数量较少，存在病人的 TAZ 数量也较少的情况，随着病毒不断加速扩散，受到感染的 TAZ 数量从 2019 年 12 月 31 日开始不断增加，空间扩散效应明显，由当天的 7 个 TAZ 增加到 2020 年 2 月 4 日 882 个 TAZ。1 月 21 日，该传染病在空间上进一步扩散，有 698 个 TAZ 出现患者，超过 10 个患者的 TAZ 数量达到 60 个，并且有 3 个 TAZ 出现 50 个以上的确诊病例，武汉三镇出现明显的空间聚集效应；1 月 28 日之后，空间扩散速度开始变慢，共有 804 个 TAZ 出现病例，但病情严重的小区不断增多，已经覆盖大部分武汉 TAZ 区域，有 8 个 TAZ 超过 100 例确诊病人，并且主要分布在汉口地区；截至 2 月 4 日，超过 100 例病人的 TAZ 开始由汉口地区向其他地区扩展，汉阳地区和武昌地区开始出现超过 100 例病人的 TAZ，总数达到 44 个，占比约 3.9%(图 1.2.2)。

为验证推估的正确性，我们收集了 2020 年 1 月 1 日至 30 日，共 2413 个社区发布的疫情公告，公告中出现确诊患者的社区都在推估存在疫情的 TAZ 中，并占推估 TAZ 的 72.7%，说明本模型能够较好推估疫情在 TAZ 间的时空扩散特征。本方法能比较有效地推估细粒度空间之间的传染病传播，对正确认识细粒度空间的人群交互对传染病时空扩散影响机制，增强宏观上流行病学模型的空间可解释性具有一定科学意义。这项研究工作成果的论文发表在《武汉大学学报(信息科学版)》。

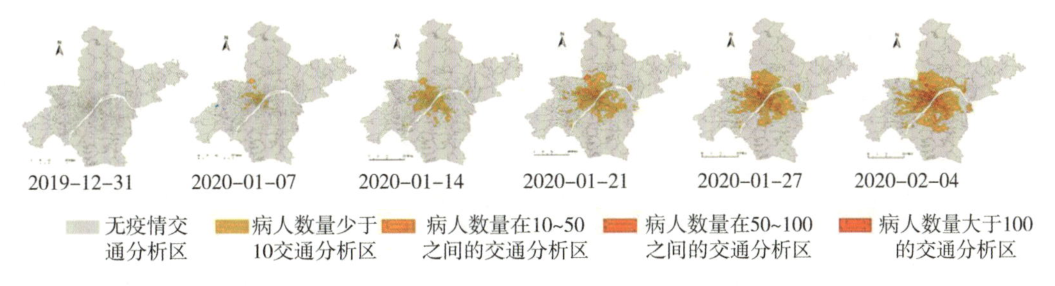

图 1.2.2　交通小区级别的疫情时空扩散过程

(2) 群体心理状况的地域性分析

第二个方面的工作是群体心理分析。我们参与薛志东教授的"积极预防新冠肺炎问卷调查"的工作，研究的重点在于发掘湖北地区，特别是武汉市居民与其他省市居民在疫情预防、行动、心理上的差异。有一些群友参与了问卷调查的工作，问卷涉及的内容比较多，包括：家庭主要预防措施、对于家庭积极预防的主观感觉、最近 14 天出门情况、积极增强人体免疫力抵抗病毒感染的措施、主要锻炼方法、主要营养、采用中医或传统方法预防、在家期间出现的症状、服用的药物、在家自觉隔离的感受、对疫情的防控态度以及最大的困扰等。这里给出了疫情期间"自春节以来，你会选择哪些词最能代表你的心情"的调查结果，其中担忧占 37.4%，恐慌占 11.35%，乐观和自信所占比例也比较高(图 1.2.3)。

我们针对武汉市的问卷调查心理状况做了一些分析，认为疫情期间身体健康状况、不能出门以及家庭食品物资问题可能是影响居民情绪的主要原因。根据武汉小区疫情综合指标，小区可以分为 4 个大类，其中：

①综合情况严重 & 小区环境复杂 339 个，14.0%，比例最小；分布较集中。主要分布在：江汉区与江岸区的交界处、武昌区的沿江区域与洪山区的中心区域；

②综合情况严重 & 小区环境简单 443 个，18.2%，比例较小；主要分布在长江西北侧，较为集中覆盖了硚口区、东西湖区、黄陂区与江岸区的大部分小区；

③综合情况缓和 & 小区环境复杂 712 个，29.3% ，比例较大；主要分布在长江东南侧，较集中；分布在洪山区与武昌区的边界，与青山区靠近以上两区的边界位置；

④综合情况缓和 & 小区环境简单 936 个，38.5%，比例最大；分布较分散，在蔡甸区、汉阳区、武昌区、洪山区、青山区、江夏区内均有较多数量的小区分布。并且是蔡甸区、江夏区、汉阳区的主要小区类型。

四类小区的聚集特征显著，且各类之间有着明显的边界。其中，东西湖区、黄陂区、硚口区、汉阳区、江夏区、江汉区、青山区、蔡甸区的小区类型结构较简单(类型少，各类型较集中)。江岸区、洪山区与武昌区的小区类型结构较为复杂，各类型小区的分布交错，较分散。基于小区各个类别的分布，武汉市被划分为 4 个区域，其边界与武汉市水系、行政区划、地铁线路之间有很强的空间关联(图 1.2.4)。

选项	小计	比例
A. 恐慌	223	11.35%
B. 悲观	99	5.04%
C. 乐观	630	32.08%
D. 担忧	735	37.42%
E. 无助	142	7.23%
F. 失控	47	2.39%
G. 自信	393	20.01%
H. 愉快	268	13.65%
I. 愤怒	117	5.96%
G. 绝望	35	1.78%
K. 平静	824	41.96%
H. 空虚	217	11.05%
I. 希望	847	43.13%

图 1.2.3　积极预防新冠肺炎问卷调查结果(部分)

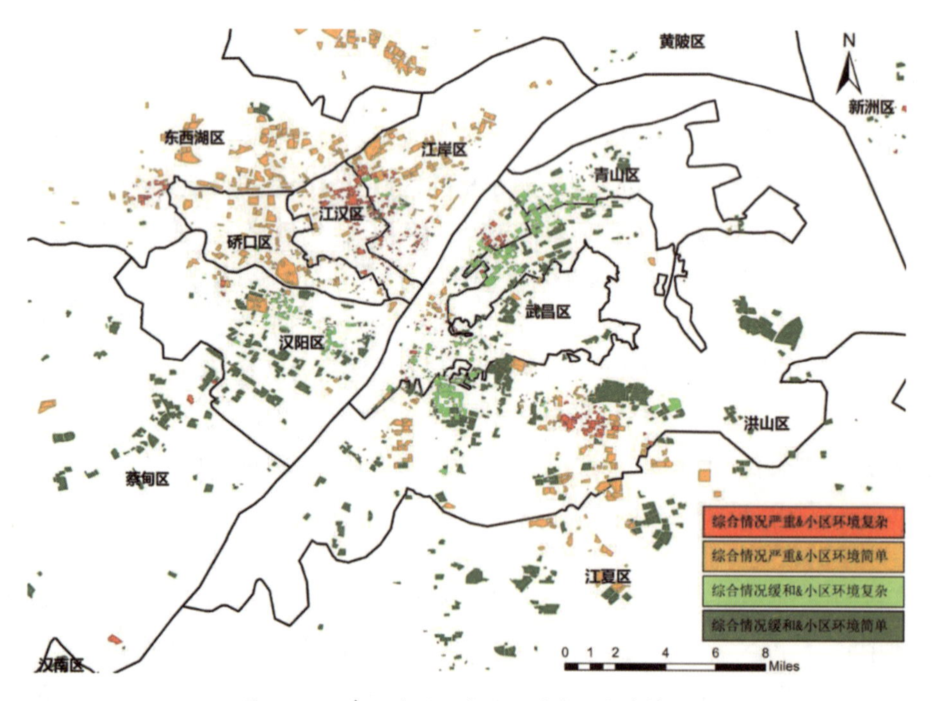

图 1.2.4　武汉地区四类小区的空间分布情况

我们结合小区的疫情综合情况与邻里环境对小区进行二次分类，有利于疫情后期小区的"针对性""个性化"管理，为小区的逐步开放，以及疫情后的稳固与维护工作提供支撑。

(3)疫情趋势的预测分析

传统统计学意义上的流行病学模型在评估和预测传染病动态的时候受限于稀疏的传染病数据和不可预测的传染病控制措施，其拟合过程非常依赖于传染病传播特征分析和人群动态交互的准确建模。流行病学模型往往偏重传染病传播特征分析来进行推估，无法集成人群动态交互建模结果。然而，人群动态交互对传染病传播具有显著的影响，不能忽视。所以，我们利用 SEIQR (Susceptible-Exposed-Infectious-Quarantined-Recovered，易感-暴露-感染-隔离-恢复)模型，把基于手机数据获取的人口分布和空间交互的时空动态考虑进模型，提出了一种基于城市每天空间交互的新型冠状病毒肺炎传播动态估计方法。我们预测 3 月 24 日左右，疫情基本能得到控制，后来的疫情统计验证了这个结论。我们预测的结果同官方公布数据和帝国理工预测数据进行了对比，比官方的数据稍多，比帝国理工预估的要少。结合现在疫情统计数据来看，我们的结果还是比较准确的。

结合我们的预测模型，我们对四种情形下的疫情结果进行了分析(图 1.2.5)，分别是：情形一，关闭公共交通；情形二，火神山、雷神山、方舱医院等措施启用；情形三，关闭小区；情形四，所有的措施；在提前或者推迟 3 天、5 天、7 天情况下的疫情结果。

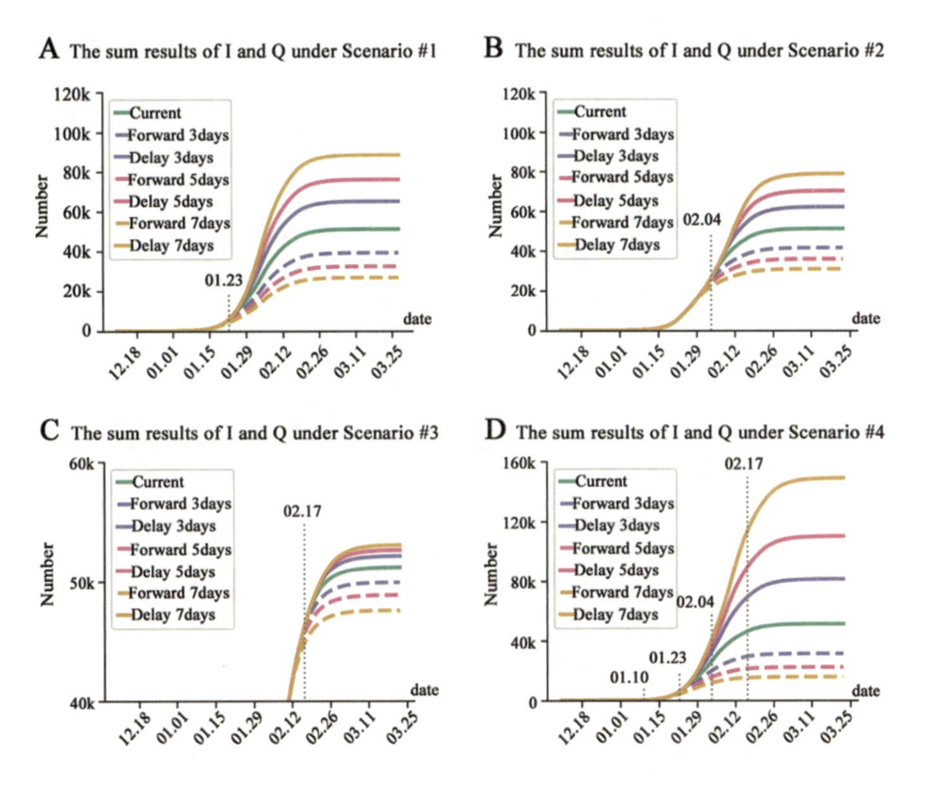

图 1.2.5 四种情形提前或延后对于病例数量的影响

我们的模型预估结果表明：所有措施提前 3 天，能减少 38%的病人；提前 5 天能减少 56%的病人；提前 7 天能减少 69%的病人；但是如果推后 3 天，就会增加 58%的病人；推后 5 天，增加 115%的病人；推迟 7 天，将增加 191%的病人。当然，这些分析在现在的情况下已经没有意义，但是当初这些分析对疫情防控来说，有一定的借鉴意义。

(4)购药保障方案研究

第四个方面的工作是药店对小区的慢性病患者的购药保障方案。我们根据手机数据和建筑物轮廓数据，构建了人口推算的方法，在此基础上研究了传染病防控下的市民慢性病药品购买周期优化方法。考虑到慢性病患者可能仅患一种慢性病，也可能同时患有多种慢性病，这导致他们对药品的需求不同。第一，我们根据患病类型将患者分为 7 类，然后从病理学角度，通过条件概率估算各类患者的人数以及其分布情况，结果同官方公布的数据相当。第二，我们基于小区和药店的空间分布特征，构建了购药人流分配网络模型，也就是说，把药店与其购药人群建立了较好的对应关系。通过小区与药店之间的共享单车数据来做距离与流量的建模，构建人流分配后的网络(图 1. 2. 6)。在此基础上，利用排队论和离散事件仿真相结合的方法，我们最终得到最优的药品购买周期。在这个最优周期下，93. 7%的小区购药需求完全得到满足，在其余小区中，未满足的购药人数仅为患者总数的 0. 4‰。87. 7%的药店将处于繁忙状态，药店需要做好轮换班工作，仍有约 5%的药店由于远离居民区而处于空闲状态。

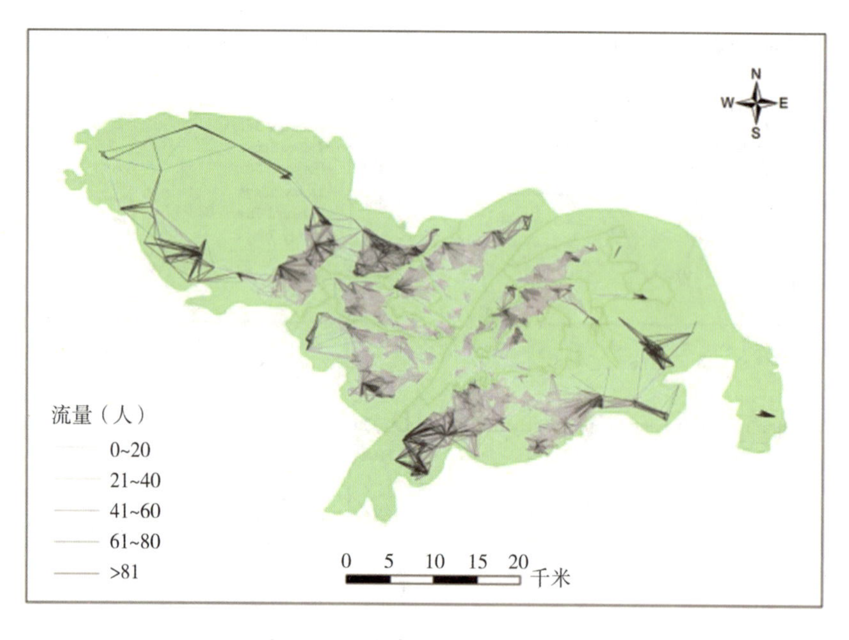

图 1. 2. 6 购药人流分配网络模型

(5)超市保障方案研究

第五项研究是超市对小区的生活物资保障服务方案。对于这一问题，我们提出了一种在疫情控制下的超市服务社区的离散多目标优化模型，降低分配方案的交叉感染风险并提高社区的服务覆盖率，同时提高社区的服务率。该方法重新定义了粒子群算法中的算子，并引进结合差分演化思想的学习策略提高算法的性能。相对于传统的遗传算法和粒子群算法，本算法性能有一定改善。关于这个问题，由于时间关系，不进行展开介绍。

(6)生活物资的时空物流方案研究

我们把社区与超市之间的对应关系建立好了之后，就需要生活物资的时空物流的配送方案。居家期间，怎样有效地将居民生活的物资配送到小区，进而保证居民的基本物质生活物资是非常关键的。换言之，我们需要构建科学的物流保障措施。由于未知感染者的存在，在物资配送过程中依然存在病毒传播的风险。配送员在小区之间流动，一旦感染即成为病毒在小区之间传播的介质，造成小区之间的交叉感染。

根据武汉的疫情防控经验，在疫情期间，政府部门和企业通过构建在线网络平台收集居民物资需求，组织专用车辆和志愿者将物资配送到小区进行装卸货。我们结合小区级别的疫情分布数据，包括确诊、疑似和发热的病人数量，构建小区风险度量方法，并构建配送网络病毒传播动力学模型，提出了顾及病毒传播风险配送方案优化的框架(图 1.2.7)；根据超市与小区之间的优化关系，设计估计病毒传播风险的路径优化模型，求解得到优化后的配送时空路径方案(图 1.2.8)。与基于路径距离的路径优化相比，考虑了传播的模型之后，病毒传播的风险降低了 48%，路径的长度增加了 23%。

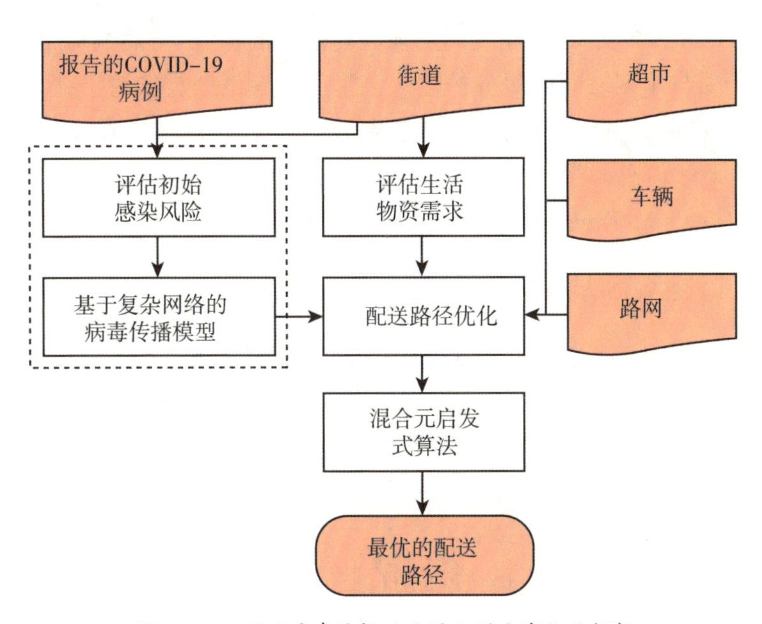

图 1.2.7　顾及病毒传播风险的配送方案优化框架

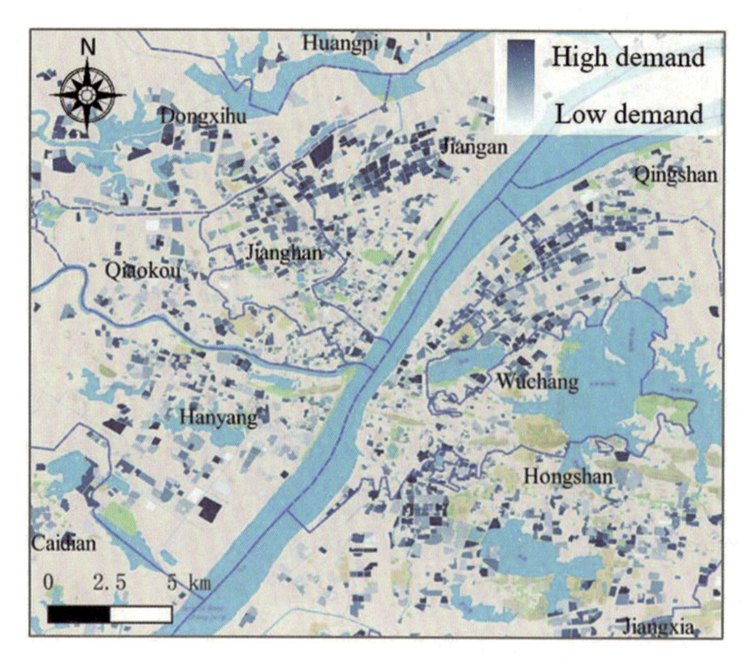

图 1.2.8 配送方案结果

(7)疫情防控建议报告

通过疫情期间的努力工作，我们产出了一些初步成果，并且提出了一些专家建议，包括：1 月 23 日通过武汉大学上报了“利用位置大数据对感染者群体的精准识别与防控服务”的建议；1 月 26 日提交了“疫情期间加强农村防控的建议”；后续对生活物资的保障，也形成超市和药店与小区之间的服务的建议，附上武汉市的具体清单共 80 多页。此外，我们还针对疫情期间的研究成果做了一些总结，中文文章已经在《武汉大学学报(信息科学版)》发表，《地球信息科学学报》录用。英文文章投稿了 *Applied Soft Computing*、*IEEE Transactions on Intelligent Transportation Systems* 等期刊。

4. 挑战：时空 GIS 抗疫研究方向

下面我简要介绍一下时空 GIS 抗疫的研究方向。总体而言，我们在时空 GIS 有效抗疫领域还有一些需要研究的方向。这些方向都需要通过公共卫生学、临床医学、地理学、公共管理学等多学科交叉，探索科学化的疫情动态监测、精准防控、准确预测与有效应对等方面的理论与方法，来逐步深化研究。具体包括：

(1)大数据支持下的疫情动态监测；

(2)多源时空数据融合下的疫情精准防控；

(3)不完备数据下的疫情空间传播与预测模型；

(4)疫情地理信息平台与高效可视分析；

(5)面向疫情应急指挥的地理决策模型与分析方法；

(6)多源大数据支持下的疫情风险评估及模拟。

这也是我们 GIS 工作者应该做的贡献，特别要发展能在抗疫一线发挥作用、应用于应急指挥的定理、决策模型，分析方法和平台，为将来的公共卫生事件做准备。

为了呼吁大家积极开展这方面的研究工作，我们在《地球信息科学学报》设立了专刊“全球新型冠状病毒肺炎(COVID-19)疫情动态的时空建模与可视化决策分析”(图 1.2.9)，由我、中科院地理所裴韬研究员、中科院先进技术研究院的尹凌副研究员担任编辑客座主编。欢迎大家积极投稿，在该领域进行多学科的、有益的科学探讨，把论文写在祖国的大地上。

图 1.2.9　《地球信息科学学报》“全球新型冠状病毒肺炎(COVID-19)疫情动态的时空建模与可视化决策分析”专刊

5. GISer：创新、创新、再创新

经过这次疫情，大家应该都对生命的意义和价值深有领悟。结合我们的研究工作，我们仍然需要坚守为人民服务的宗旨，实现大我和小我的有机统一，积极培养和挖掘我们的研究兴趣，立足于原创的思维，沉下心来，尽量避免跟风式研究，要勇于探索未知方向和领域，以学科发展为担当、国家发展为己任、谋求服务人民的幸福生活目标。我们需要不断努力，创新、创新、再创新。

当然创新过程有挫折，这也在所难免，我们需要继续努力。美丽的风景不一定是在顶峰，其实沿途风景很美，虽然比较俗套，但是希望给大家带来一丝正能量。

最后，感谢 GeoScience Café 的邀请，我的报告就到这里，大家可以提问，也可在未来线下了解交流，谢谢大家。

【互动交流】

提问人一：请问，实验所用的数据是通过什么方式获取的？数据量有多大？能否共享？

方志祥：我们实验数据中主要的一部分来源于手机数据，这需要同几大通信行业的运营商联系；在将我们的需求定义清楚后，请求他们的协助，从而将这方面的信息处理好。而另一部分数据，包括疫情发布的数据、建筑物的数据、共享单车的数据，则有着不同的获取渠道。例如共享单车的数据，我们向一个合作伙伴申请获得了比较丰富的一些交通方面的数据，为我们的分析研究提供了帮助。

（主持人：方志祥；录音稿整理：彭宏睿；校对：董佳丹、王昕）

1.3 城市遥感影像解译的方法和应用
——第八届青年地理信息科学论坛二讲

（黄 昕）

摘要：武汉大学的黄昕教授做客第八届青年地理信息科学论坛，带来题为“城市遥感影像解译的方法和应用”的报告。本期报告，黄昕教授阐述了城市遥感的研究背景与意义，介绍了城市遥感解译的方法，分享了城市遥感在全球测图和城市环境监测中的应用。

【报告现场】

主持人：欢迎大家参加第八届青年地理信息科学论坛，我是本次论坛的主持人方志祥，来自武汉大学，本次论坛我们邀请了武汉大学的黄昕教授、中南大学的邹滨教授、中国地质大学(武汉)的关庆锋教授和我一同来给大家分享地理信息科学、地理时空数据挖掘、时空 GIS、城市遥感、健康 GIS 和时空计算智能等方面的研究，对几位专家的到来表示感谢。接下来的汇报人是武汉大学的黄昕教授，他报告的题目是《城市遥感影像解译的方法和应用》。黄昕教授获得“全国百篇优秀博士学位论文”，入选中组部“万人计划”青年拔尖人才，长期从事遥感影像的处理和应用，已经在 *Remote Sensing of Environment*、*Environmental Science & Technology*、*ISPRS* 等杂志上发表论文 170 多篇，谷歌引用 10000 余次，担任 *Remote Sensing of Environment*、*IEEE JSTARS*、*IEEE GRSL*、*Remote Sensing*、《遥感学报》、《武汉大学学报(信息科学版)》等期刊的副主编/编委，获得美国摄影测量与遥感协会 2010 年最佳论文奖(Boeing 奖)、美国摄影测量与遥感协会 2018 年 John I. Davidson 主席奖，还获得过 4 次省部级的一等奖。下面请黄昕教授给我们汇报。

黄昕：各位老师和同学，我是来自武汉大学遥感信息工程学院和测绘遥感信息工程国家重点实验室的黄昕，我汇报的题目是《城市遥感影像解译的方法和应用》，本次汇报主要分为以下几方面内容：

(1)研究背景；

(2)城市遥感解译；

(3)城市遥感应用。

1. 研究背景

我们知道全球有超过 54%的人口生活在不足地表面积 3%的城市当中，而且近年来日益受到关注的城市病也给我们带来了很多困扰。我国的城市人口产业和能源消耗是高度集中的，给城市环境带来了巨大的压力，也导致噪声、水质、空气、热岛等污染问题。因此，精确、智能、全方位的城市环境监测是当前我国环境保护和社会发展的迫切需要。近年来，全球的卫星产业发展迅猛，能够获取高分辨率、密集时序、多视角、全谱段的遥感数据，为城市遥感应用翻开了新的篇章(图 1.3.1)。

具体来看，卫星遥感数据的第一个关键词是空间细节，比如 IKONOS，WorldView 以及我国的高分系列卫星，它们的空间分辨率达到了米级甚至亚米级，可以聚焦城市场景的高清细节；第二个关键词是密集时序，像 GF-4，Planet Labs 还有 Landsat 和哨兵等都具备高重访周期，可以监测城市的精密变化，提供时间维度的信息；第三个关键词是立体观测，如资源 3 号和高分 7 号等卫星，它们能够提供同轨或异轨的多视角成像，可以用来描述城市的三维和立体景观。最后一个关键词是多源信息，包括夜间灯光、高光谱、雷达等多源数据，它们能够提供全谱段的遥感监测，所以我们需要利用这些城市遥感的多源信息。

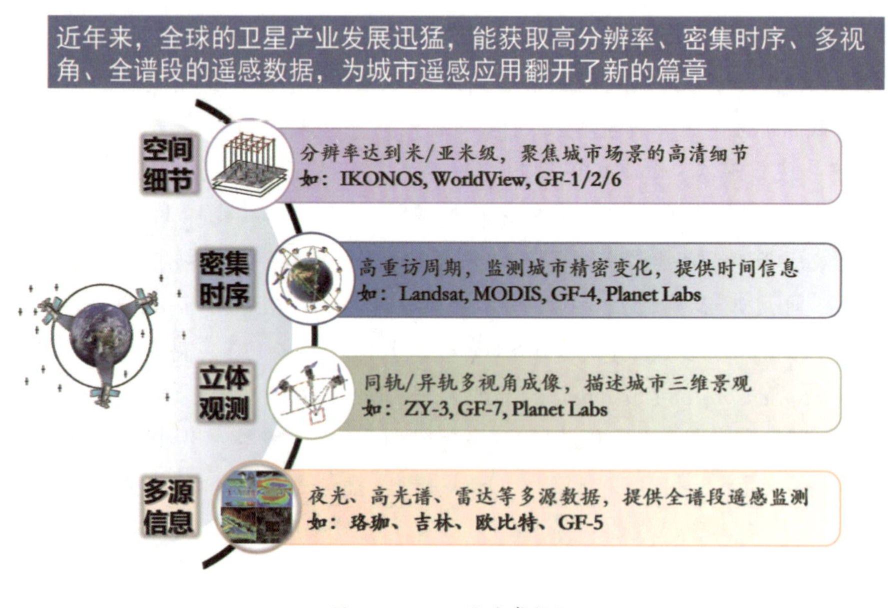

图 1.3.1 卫星遥感数据

另一方面，虽然成像技术有了进展，成像方式日益丰富，但遥感影像解译的方法却面临巨大的问题和挑战。比如在空间细节方面，如果用传统的影像解译方法来考虑光谱特征，就无法充分利用以上丰富的空间细节；在密集时序方面，我们缺少对城市时间与物候特征的挖掘；在立体观测方面，传统方法采用平面单角度的成像模式，没有利用多视角特征，会导致地表三维场景分析能力的不足；在多源信息方面，急需发展信息融合、智能学习的新型解译方法，从而充分利用城市遥感的全谱段信息。

基于以上背景，我们提出了城市遥感解译与应用的基本研究框架(图 1.3.2)。首先是从遥感解译的方法与理论体系入手，针对空间细节问题，我们提取了遥感影像的形状、纹理、对象、卷积、语义信息等；针对立体观测模式，我们提出了一系列多角度的城市三维特征的表达方法；针对密集时序，我们提出了时间维度的特征提取方法；针对多源信息，我们采用机器学习和信息融合的手段。基于这些城市遥感影像解译的方法，我们进行了一系列城市遥感以及城市环境遥感的典型应用，包括对城市区域的提取，以及城市环境的一些基本要素，包括土地、湿地、热岛、生态服务、城市噪声等方面的分析。

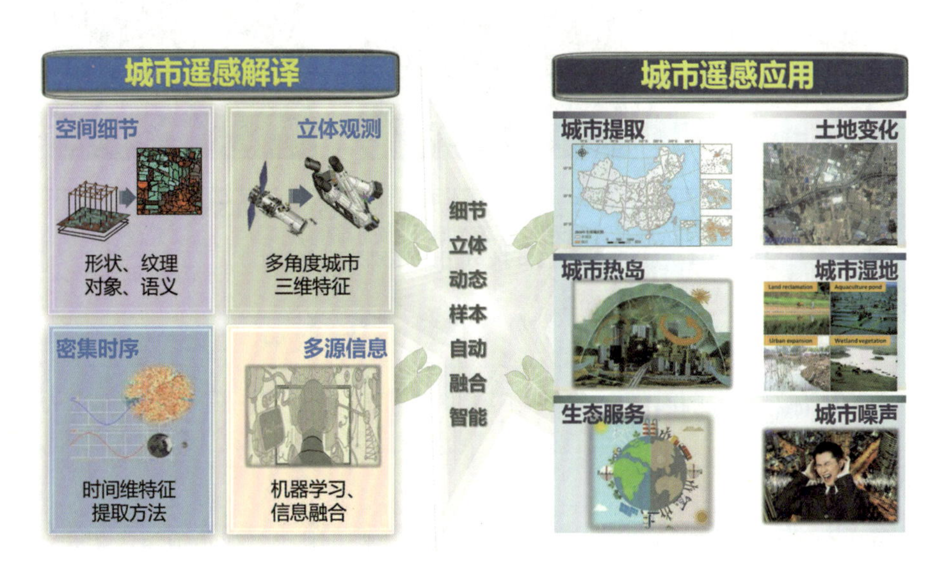

图 1.3.2 城市遥感研究思路

2. 城市遥感解译

接下来向各位老师和同学汇报城市遥感解译的方法部分，也就是我们的理论基础。

1) 空间细节：形态特征

第一个方面按照空间细节这个观点来展开(图 1.3.3)，我们提出了形态学房屋指数(MBI)和阴影指数(MSI)等原创的形态学特征推理模型，能够建立特征和目标之间的联系，准确、自动地从高分辨率影像中提取房屋、阴影、水体、舰船等相关目标。

我们提出的这个模型得到了欧盟联合研究中心(JRC)全球居民区制图项目首席科学家Pesaresi 研究员的高度评价。针对空间细节问题，我们进一步挖掘相应的特征，提出了自适应面向对象的影像处理方法，构建了光谱、形态和对象的多层特征模型，形成了一种高分辨率影像特征处理的框架。具体而言，我们采用基于机器学习的方法来处理上述光谱、纹理、对象特征，并在不同的层面考虑不同的特征提取模式。例如在光谱和结构层面，分别提取它的光谱概率和形状结构概率，再利用边界和规则来进一步优化影像的解译，以减少影像处理的不确定性。我们可以根据不同的任务来自适应学习多源特征的权重，从而解

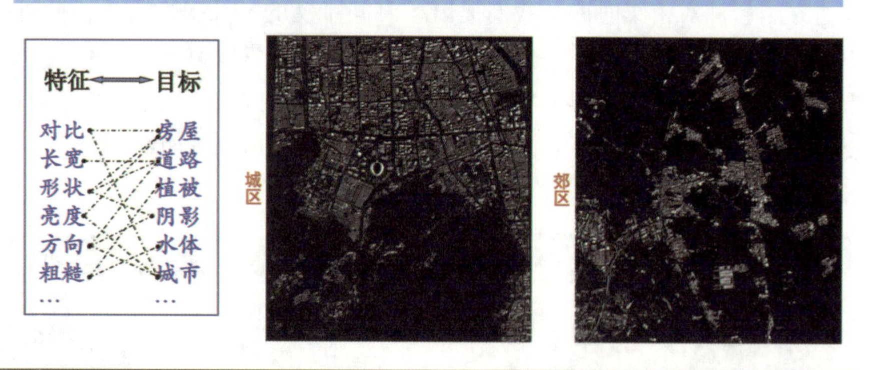

图 1.3.3　城市遥感解译——空间细节

决机器学习中特征和目标的匹配问题。

2）立体观测：多角度特征

针对第二个关键词：立体观测（图 1.3.4）。我们基于国产多视角卫星，提出了系列多角度特征，利用地物在多角度遥感影像上的几何或辐射差异，提取城市的三维信息，以解决复杂目标和场景识别的难题。

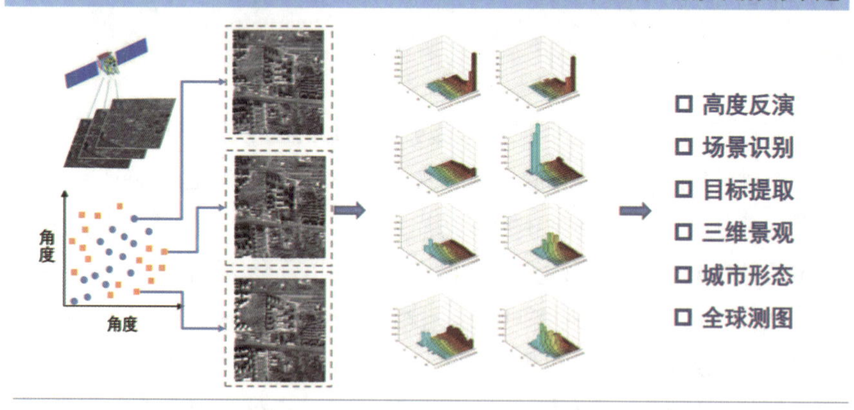

图 1.3.4　城市遥感解译——立体观测

首先，我们提出了角度差异特征(ADF)，它通过结合数据特征和标签等形成多层次的角度特征，用来描述不同角度之间的差异性，体现出不同垂直目标的特点。我们需要提取城市目标的多角度辐射差异：在特征和结构上，我们要提取多角度形态和结构的差异；在场景和标签上，我们提取空间排列的差异。将我们提取出的 ADF 特征和传统的 nDSM 算法和属性形态学算法进行对比，会发现我们的方法可以得到更高的城市目标提取精度。

其次，nDSM 算法是基于立体的多角度匹配，对于一些密度较高，或者基底面积较小的高层房屋，在多角度匹配的时候会出现一定的误差。出现这种误差时，在 nDSM 上就很难捕获到房屋的高度信息。所以我们针对这个缺点做出了改进，使得我们的 ADF 算法可以很好地解决这种匹配问题。最终实验结果表明，我们提出的 ADF 算法能够针对高层建筑进行目标提取，它的准确度与 nDSM 算法相比有了显著提升。进一步，我们提出了多视角灰度共生张量，它也是一种针对多视角遥感卫星影像的特征，能够通过单视角纹理和跨视角或者多视角纹理来补充多视角影像中的特征变化模式。具体见图 1.3.5，在单视角的模式，即传统的平面观测模式下，较矮的目标和较高的目标之间纹理模式差异并不是特别明显，但是对于跨视角的模式，可以看出矮目标和高目标之间却有非常明显的纹理空间差异性，我们正是利用这种差异性来识别不同的三维结构和模式。

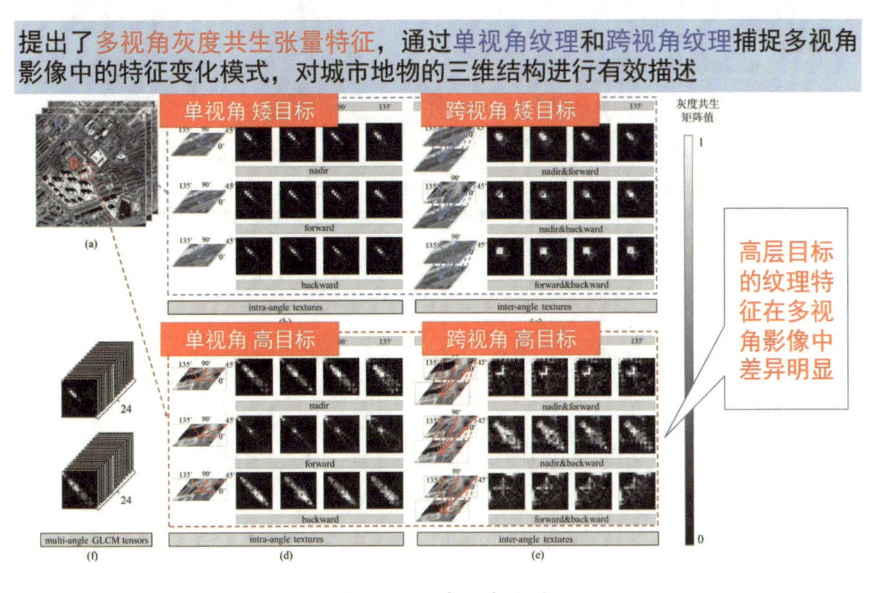

图 1.3.5　多视角张量

最后，我们通过三维卷积神经网络 M^2-3DCNN 来进一步充分利用多光谱和多角度信息，通过双流网络来融合多光谱和多视角的灰度共生张量，实现城市目标的精细分类。将我们的深度网络方法、ADF 方法以及没有深度网络方法的多视角张量进行对比可以发现，精度呈递增模式。

3) 密集时序：缺失修复

第三个关键词是密集时序(图 1.3.6)。我们在遥感影像中利用多时序或者密集时序时通常会面临的一个难点问题，即云的污染、云的阴影污染以及条带的缺失。所以通常来讲有两种使用密集时序的方式：一种是错误的容忍，比如随机森林、决策树等方法，它可能具备一定的错误容忍机制；另外一种是错误的恢复。我们这里提出了一种错误恢复的 MCCR(Matrix Completion Collaborative Representation)的分类方法，它能够充分利用密集时序的信息去恢复云污染、条带缺失等影像的局部错误，实现高精度的城市土地覆盖监测。

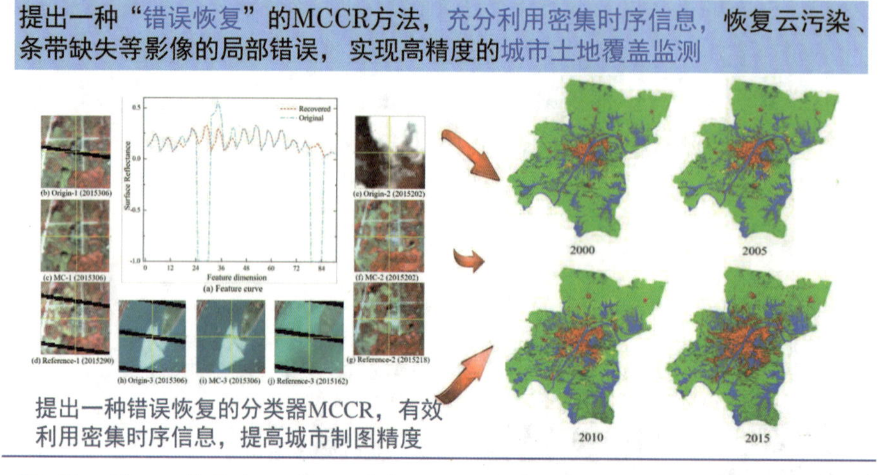

Hu Ting, **Huang Xin***. A novel co-training approach for urban land cover mapping with unclear Landsat time series imagery. *Remote Sensing of Environment*, 2018, 217: 144-157.

图 1.3.6 城市遥感解译——密集时序

然后，我们将多角度的影像引入密集时序，也就是除了时序特征以外，我们进一步形成了三维立体结构的密集时序，从而实现新增建构筑物的精确变化监测。这种方法在自然资源的变化监测项目中发挥了重要的作用。我们知道，关于房屋的构建，不仅会产生二维空间纹理模式的变化，同时也会产生三维高度的变化。所以我们正是基于这一特点，采用了多角度密集时序的分析方法来解决这个问题。同时这种解决方法带来的好处是不仅可以判断变化，还可以确定变化的时间，因为密集时序的观测使其能够精准地给出新增建构筑物的发生时间。这对非法建筑或者新增建构筑物的督查起到了非常好的辅助作用。

4) 多源信息：昼夜融合

第四个关键词是多源信息(图 1.3.7)。这里举一个例子——昼夜融合。夜间灯光遥感目前受到比较多的关注，尤其是我国自主生产、自主发射的吉林系列以及珞珈系列夜光卫星，目前能提供分辨率非常高的夜间灯光影像。我们在这里具体提出的是一种融合高分辨率的“光谱—角度—亮度”信息，它可以描述昼夜的城市形态，从而实现城市的土地利用或者功能区的精准识别。当然城市的空间可能还有更多的信息，这里仅从这三个维度来表示。

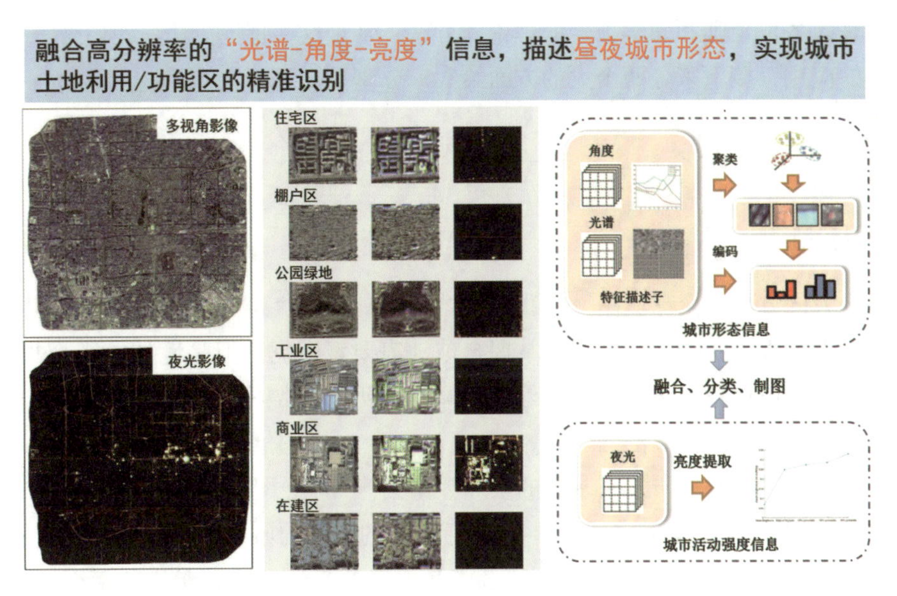

图 1.3.7 城市遥感解译——多源信息

图 1.3.8 的右上角部分为各特征的贡献度情况。我们可以看到，最大的特征贡献来自于光谱，也就是日间影像。第二大的贡献来自亮度，这在一定程度上说明亮度确实可以有

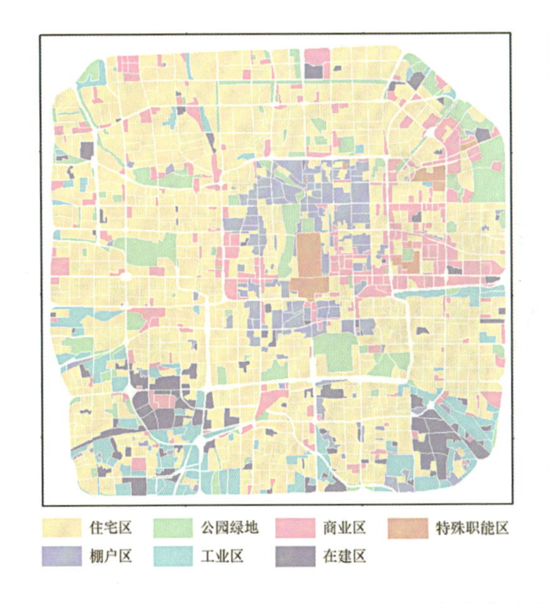

特征贡献度

	光谱	角度	亮度
住宅区	19	25	56
棚户区	38	47	15
公园绿地	53	25	22
工业区	44	31	25
商业区	3	7	90
在建区	44	31	25
总计	38	28	34

总体精度

光谱	光谱+角度	光谱+角度+亮度
80.31%	84.16%	90.53%

图 1.3.8 城市遥感解译——多源信息

效促进对城市功能区的识别以及较好反映人类活动的强度分布。第三个是角度，也就是垂直结构的模式。从总体精度来看，如果仅采用夜间影像的光谱特征，可以实现 80%的精度，随着角度特征的加入，精度可以达到 84%，随着亮度特征的加入，可以进一步将精度提升至 90%以上。

以上是向各位老师和同学报告的理论和方法。基于这些理论方法，我们做了一系列的城市遥感的应用，接下来分两个大的方面给大家分享。

3. 城市遥感应用

1) 全球测图

第一个大的方面是全球测图。在我国的“一带一路”和“走出去”等战略的实施以及全球变化的研究过程中，迫切需要我们掌握全球地表要素数据。但是境外的测绘非常困难，境外数据相对来说比较缺乏，进行境外的采样和验证也非常困难，所以我们急需开展全球测图和境外地表要素提取方法的研究。

基于这个背景，我们研发了多级的全球数据集(产品)(图 1.3.9)。首先在 250m 等级上，我们通过 MODIS 卫星生成了全球 2001 年至今的年度的城区动态监测产品。接下来在 30m 等级，我们通过 Landsat 存档数据以及哨兵数据等，实现了全球 1972 年至今的不透水面动态监测。接下来我们通过 2m 空间分辨率的国产资源三号卫星，实现了对全球居民区全自动的提取，这里主要是针对“一带一路”沿线等全球 100 多个城市。

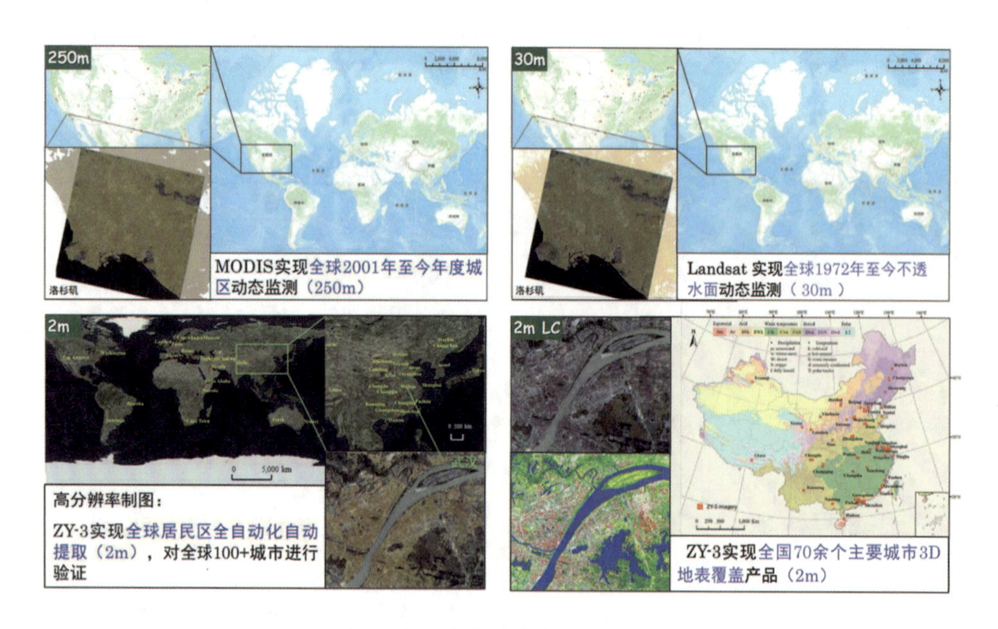

图 1.3.9 城市遥感多级系列产品

基于分辨率为 2m 的资源三号卫星，我们可以进一步进行地表覆盖、城市利用或者功能区划分。目前，我们基于资源三号生产了全国 70 余个主要城市的三维地表覆盖的数据集或者产品。首先展开介绍一下 250m 的城市区域提取，我们采用自适应的分类方案，基于自动生成的多时序训练样本，生产了 2001 年至 2018 年的全球年度城区产品。经过全球 135 个随机选取的城市进行验证，年度精度在 83%～92%，可以看出，我们的产品是优于同等级的、也就是同分辨率的 MODIS 和欧盟的制图产品，而且我们的方案在每个年度基本都能实现最高的提取精度，这是一些局部的城市结果的展示(图 1.3.10)。

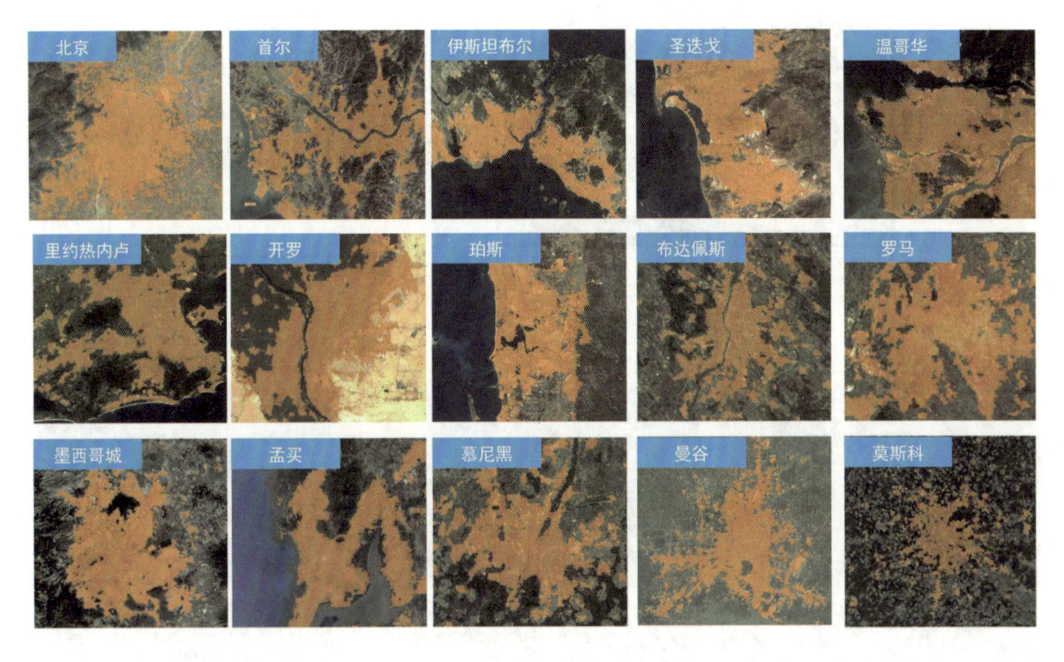

图 1.3.10　城市提取产品(250m)

接下来将分辨率进一步提升至 30m，主要基于 Landsat 和哨兵的数据，我们通过自动生成的多时序样本库，生产了 1972 年到 2019 年的年度全球 30m 年城区产品。这里需要说明的是，在 1972 年到 1985 年，由于数据的缺失，我们只生产了两期的产品，也就是只利用了 1972 年到 1977 年与 1978 年到 1984 年这两期的数据来综合生产。我们采用自选的样本和两个第三方样本的方式来进行精度验证，其中自选样本是通过全球 270 个城市产生的随机独立的 12 万个样本点，两个第三方样本库，包含资源三号的全球城区总共接近 9 万个参考样本，以及 GRUMP(全球城乡制图项目)全球居民区的样本。经过测试发现我们产品的精度高于目前的同类产品。如图 1.3.11 中右上角图形所示，我们的产品缺失率要远小于数据缺失率，这主要是通过利用时空后处理算法填充实现的。如图 1.3.12 所示是我们数据集的一些局部放大的显示。我们已发布了 30m 全球不透水面数据集 GISA，可以开放下载使用。

最后是两米分辨率的等级，它的主要数据来自我国的资源三号多视角卫星。在具体实现上，它将前面提出的 MBI 算法扩展为多角度 MBI 算法，也就是多角度房屋指数 MABI，

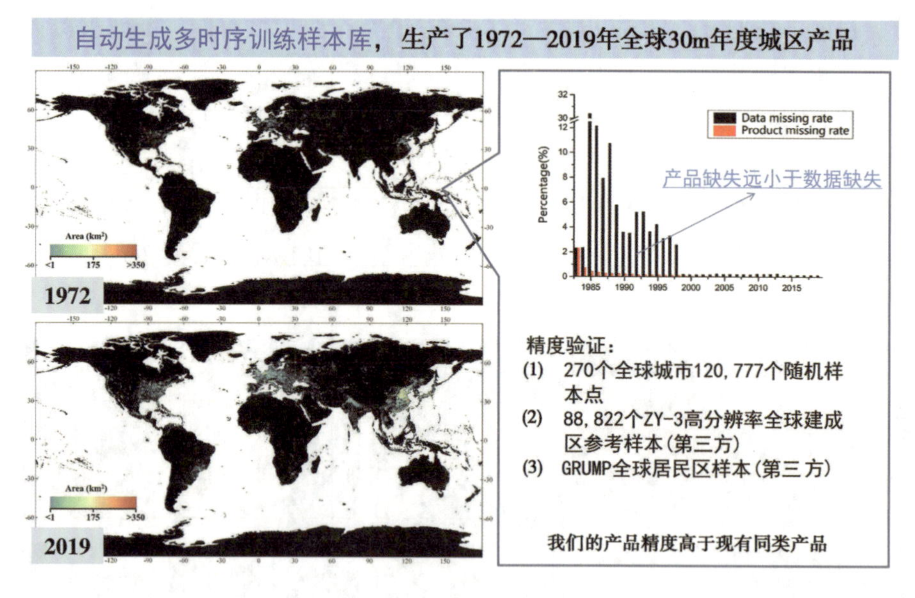

图 1.3.11 城市提取(30m)

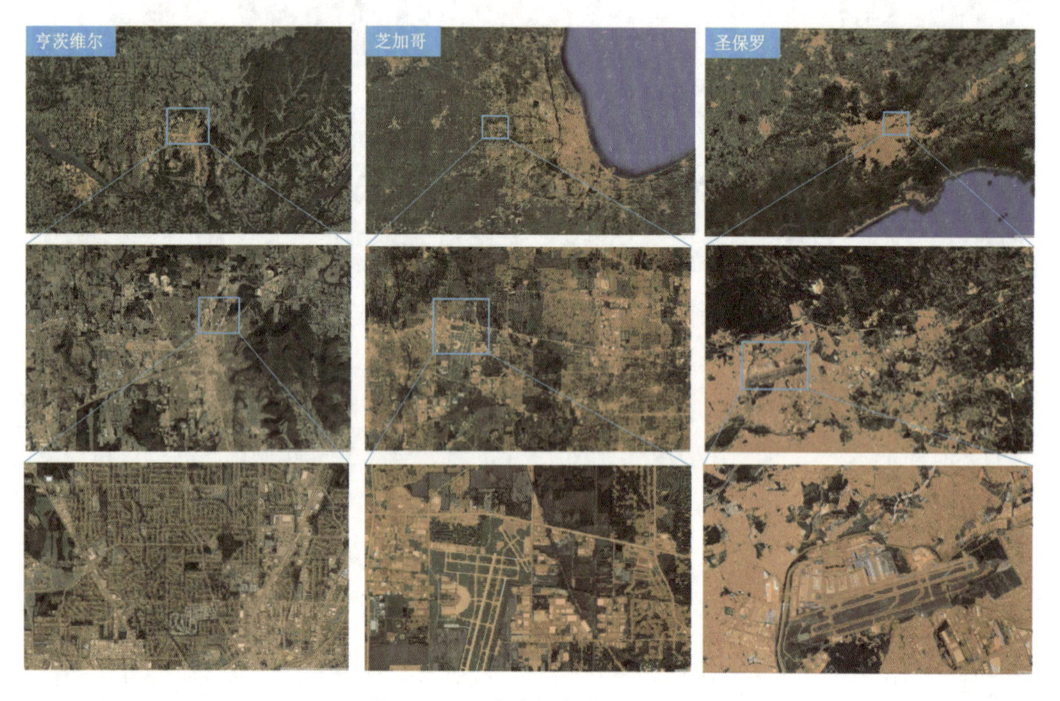

图 1.3.12 城市提取产品(30m)

优点是可以解决暗/小房屋群的遗漏问题，实现全球居民区的自动提取。目前我们已对全球 100 个城市(主要是“一带一路”沿线的城市)进行了提取和精度验证。目前通过 100 万个随机独立样本点验证，在全自动化处理的前提下，它的精度在 80%~95%。

如图 1.3.13 所示，将我们的产品和现有的产品，也就是欧空局的 GHSL(全球人类定居层）和 GUF（全球城市足迹）进行对比（其中 GUF 是目前分辨率较高的城区产品，它的分辨率在 10～12m），可以看出我们的产品能够更好地区分居民区、道路以及土壤，当然主要是因为我们国家资源三号卫星拥有更高的空间分辨率和多视角观测的模式，所以它可以保留更多的细节。通过图 1.3.13 中多层次的散点图可以看到，在所有的精度指标上，我们生产的产品或数据集都显著地优于欧盟的 GUF 数据集。

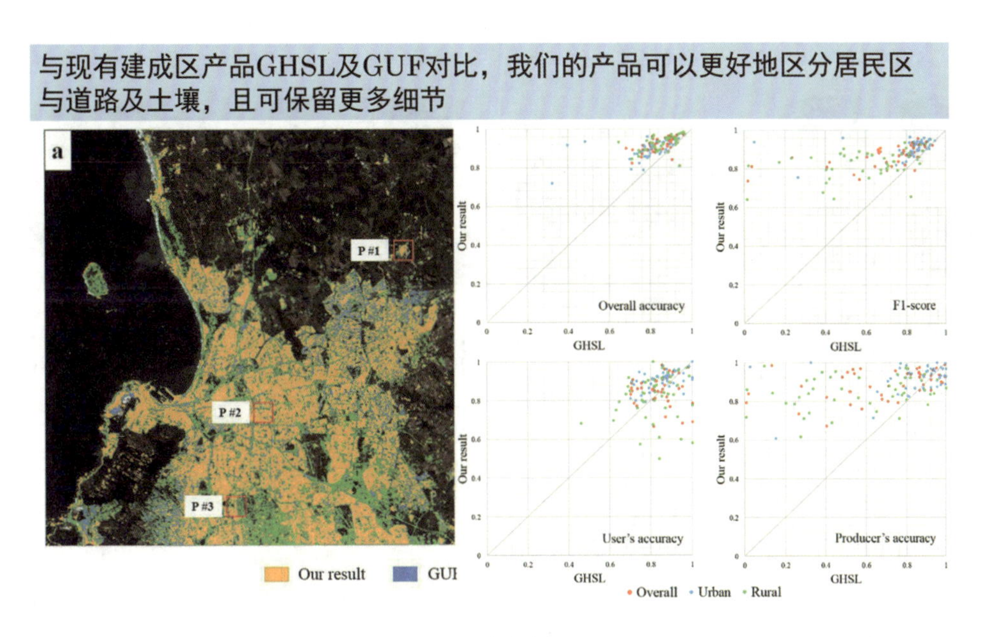

图 1.3.13 城市提取（2m）

如图 1.3.14 所示是我们产品的局部展示，可以看到无论是对于比较密集的房屋，还是分散或独立的房屋都有比较好的提取效果。

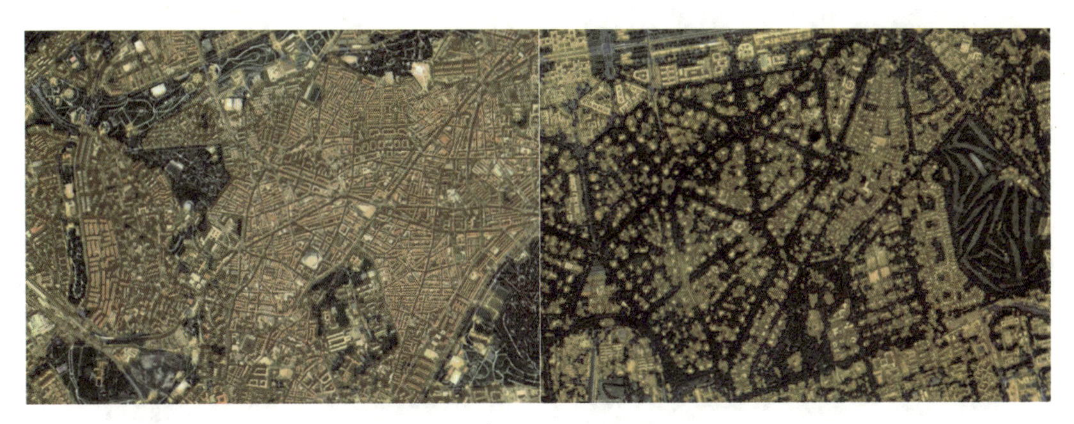

图 1.3.14 城市提取产品局部图（2m）

基于以上方法我们可以得到整个城市的区域数据，然后进入城市区域，可以进一步得到地表覆盖甚至是城市的功能区数据。基于我国的资源三号影像，我们生产了全国 70 余个主要城市的三维地表覆盖数据集，通过 300 万个独立样本点验证，它的总体精度在 90% 左右，每栋房屋的高度精度在 5m 左右。这个数据集可以为城市的土地监测、景观分析、城市热岛、城市微气候、洪水、空气噪声等领域的城市应用提供高清的三维参数。接下来我们利用这个数据集做了一系列的城市环境的实验或者应用。如图 1.3.15 所示是相关产品的一些局部结果和展示。

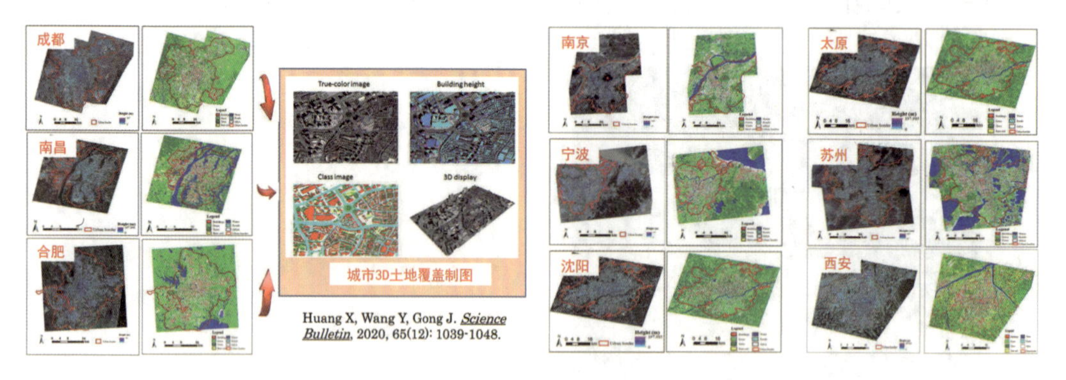

图 1.3.15　城市地表分类(2m)

和现有的中分辨率土地利用产品 GLUD(China Land Use Dataset，中国土地利用数据集)相比，我们可以看到高分辨率的产品(左图)能够得到明显比中分辨率的土地覆盖产品(右图)更精细的空间细节和更细致的内部形态和结构(图 1.3.16)。

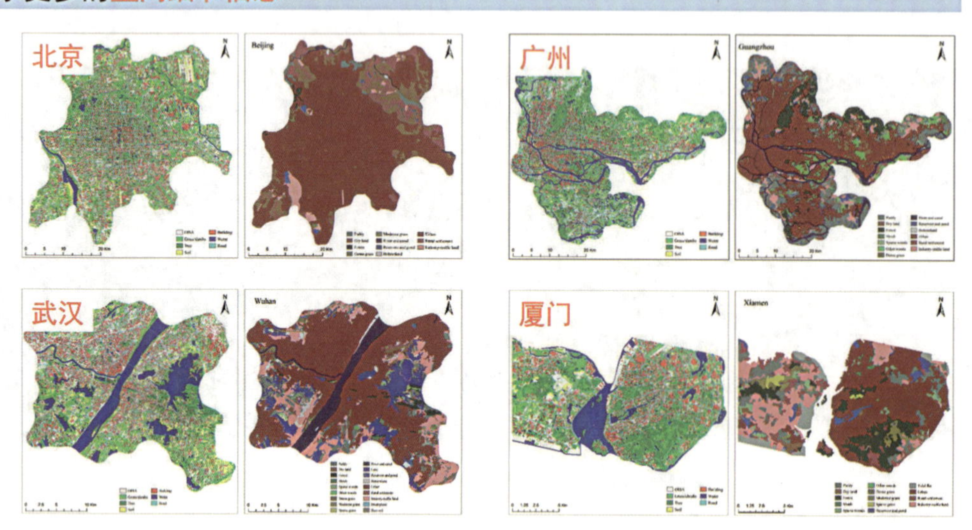

图 1.3.16　城市地表分类空间细节(2m)

2)城市环境监测

接下来就是第二个应用，基于上述数据集和方法，我们做了一系列关于城市环境遥感的监测工作，包括土地、湿地、热岛、噪声等。基于多视角的资源三号影像，我们提出了基于样本迁移的多时序影像变化检测框架，实现了高分辨率城市土地的微小变化监测(图1.3.17)。具体方案是我们基于第一个时序的样本，把分类结果中不变、可靠且具有代表性的样本，迁移到第二个时序中进行分类。这一迁移策略使我们得到的多时序制图精度能够稳定在85%以上，而且这也解决了多时序甚至密集时序的样本选择问题。

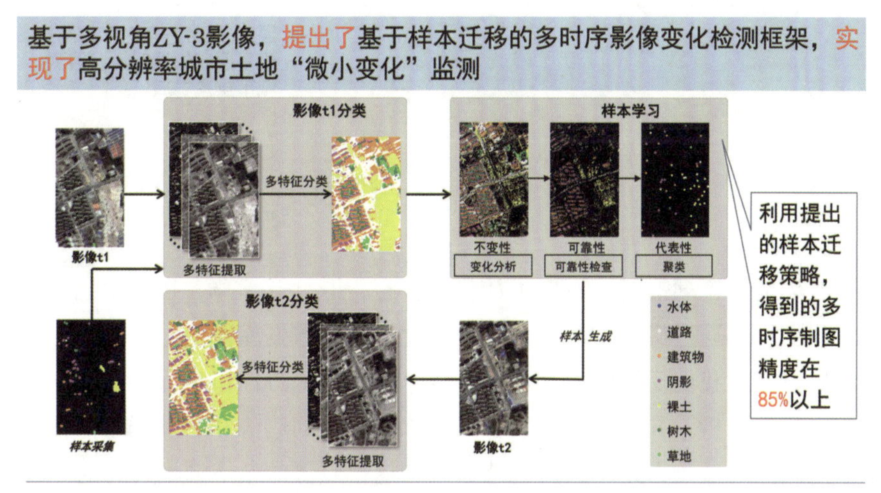

Huang Xin et al, Multi-level monitoring of subtle urban dynamics for megacities of China using high-resolution multi-view satellite imagery., *Remote Sensing of Environment*, 2017, 196, 56-75.

图 1.3.17 城市环境监测：土地

这一方法已用于城市土地遥感的监测，包括房屋的拆建、城中村、城市容量变化以及不透水层和房屋密度的监测等。同时这种方法也可以用于多时序房屋三维监测(图1.3.18)，我们知道在房屋的三维监测中，如果要想精度更高，可能需要LiDAR(激光雷达)等测量手段的介入，但是LiDAR影像的缺点第一是价格比较昂贵，第二是覆盖的范围不是特别大，另外它的更新也是一个问题。所以通过这种多视角的卫星观测方式，我们可以很便捷地实现多时序的三维监测。对这一问题，我们集成了资源三号卫星的多时序角度信息，通过不同时期的影像和地图的变化检测来更新房屋的三维信息，从而实现大范围城市建筑物的三维变化检测。

以上是土地方面的应用，接下来介绍城市湿地方面的应用。这是一个比较典型的案例，传统的湖泊变化数据库通常只给出了湖泊面积的增大或者减小，而我们用机器学习的方法获取了长江中下游湖泊40年的变化数据库，明确了人类活动和自然因素的相对贡献，评价了其对生态环境和生物多样性的影响。遥感大数据的介入和机器学习方法的兴起，使

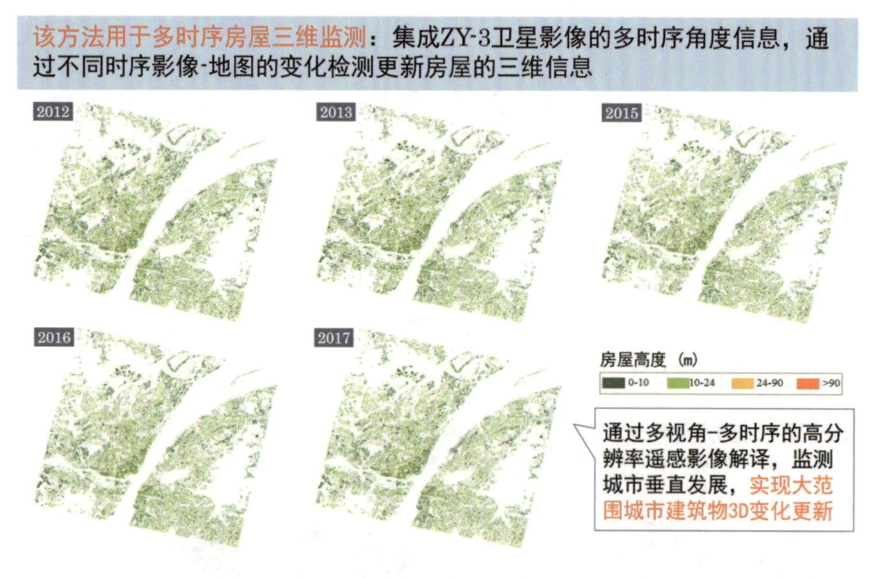

图 1.3.18　多时序三维房屋监测

得我们可以明确地知道湖泊究竟变成了什么——它是退化成了草，还是围湖养殖，还是变成了耕地？我们可以通过机器学习的方法来构建这样的数据库。

关于湿地方面，我们反演了南水北调中线工程水源地丹江口水库的水质参数，对其进行了长期、定量的分析，并且得到了其多时序水质变化的趋势和驱动因素。传统的水质监测方法是采用站点的监测方式，通过遥感手段和这个点源的站点监测进行时空融合，我们可以获取时空连续的水质监测数据，以对水源地水质历史变化和趋势预测进行模拟。

下一个是关于城市热岛方面。近几年来城市热浪愈发汹涌，包括欧洲、北美以及我国都出现了非常严重的城市热浪，它对于城市宜居性和居民的健康都有非常显著的影响。所以我们系统分析了全国 320 多个城市的形态和城市热岛的定量关系，揭示了近十几年来中国城市热岛的时空变化趋势和驱动因素。这里展开一下，比如我们发现了中国城市热岛强度与城市景观的组成和结构存在显著的相关性，与季节、昼夜以及气候等因素也存在一定关联。同时我们发现大多数城市的热岛效应呈增强的趋势，而且增强的速率和季节、昼夜及地理位置等因素有关。

然后是高清的地表覆盖产品。我们可以将城市热岛产生的原因分析扩展到高分辨率，并扩展到三维城市结构。所以我们研究了城市高清地表覆盖，它的二维和三维景观以及它的城市功能区对地表温度的复杂影响。我们发现，地表温度和城市二维、三维景观都是显著相关的，其中三维景观的影响要强于二维景观，三维景观中房屋的高度和天空开阔度的影响最为显著。通过对不同功能区进行分析，我们发现住宅区和工业区是城市的主要热源，而植被的比例(不是植被的空间配置)是最重要的降温因素，并且这个因素在不同功能区的表现是不一样的。

基于我国的高清地表覆盖产品，我们进一步分析了树木草地和不透水面对地表温度的影响和定量关系，发现了一个比较有趣的现象：当城市的不透水面占比大于60%的时候，它的升温效应要强于草地的冷却效应。类似地，当不透水面的比例大于70%的时候，它的升温效应要强于树木的冷却效应。对比这两个数字，我们可以发现树木其实具备更好的生态降温功能。这个也比较容易理解，因为树木具有更强的蒸散发作用。另外通过地区的差异分析，我们发现干旱和半干旱地带的阈值要高于温带和热带，这可能和背景气候以及植被类型有关。同时我们发现高等级城市的阈值要低于低等级城市，这是什么意思呢？就是在城市等级比较高、经济发达、人口比较聚集的地区可能只需要比较小的不透水面比例，就能产生明显的城市升温效应（热岛效应）。

另一个方面是关于城市环境的噪声。同样基于我国的高清地表覆盖产品，我们首次通过遥感和地理信息数据建立了城市形态与环境和道路噪声的关系模型。这里需要强调的是，我们没有具体利用遥感手段去监测噪声，只是通过实际的噪声数据以及遥感得到的二维和三维的城市景观数据进行了噪声传播的模拟。

最后是关于城市空气。我们知道 $PM_{2.5}$在过去的几年里受到非常多的关注，近期的臭氧也是一个比较令人头疼的空气污染问题。基于我们的地表覆盖产品，我们研究了 $PM_{2.5}$的规律，提出了一个叫“$PM_{2.5}$岛”的概念，类似于城市热岛，“$PM_{2.5}$岛”有从城区到城郊的$PM_{2.5}$浓度逐渐下降的现象。我们定义了它的强度和范围，并且发现从2000年到2015年间，我国有84%的城市有明显的“$PM_{2.5}$岛”现象，其空间模式有很大的差异，且强度在大部分范围内都有明显的下降趋势。我们认为原因可能是城市植被的增加以及城郊土地覆盖和利用差异的加大，造成了城乡在土地利用上的梯度。

这些就是我们主要的一些应用案例。以上是我的汇报，感谢各位同学和老师的倾听。

【互动交流】

主持人：非常感谢黄昕教授给我们作品精彩的报告。下面是我们的互动环节，有问题的同学可以向黄老师提问。

提问人一：如何权衡目标的精细提取与数据量？

黄昕：这是一个很好的问题，因为现在大家如果要发文章的话，数据量一般都不是特别大，所以我认为目标提取的效率是一个很大的问题。比如我们要做深度学习，那么可能就很难去做大范围的实验。如果我们又需要得到很大范围的空间统计，那么也许就不能采用很复杂的算法。这同样也是我们正在思考的一个问题，但到目前为止也没有得到非常好的解决，只能是基于目前更好的云计算平台，或者利用更先进的高性能计算技术，使我们能够用更多的算力来解决更复杂或者更大范围的目标提取问题。

提问人二：目前的研究有没有应用于疫情的防控？

黄昕：我们目前做了一些有关的研究。通过研究城市三维的地表景观和确诊病例的关系，我们发现了一些规律，比如不同的小区配置可能会有不同的人员活动模式，它进而会影响到确诊病例的个数。有关的研究我们目前还在进一步地深化。

提问人三：夜间灯光数据的获取方式，这些产品可以公开获取吗？

黄昕：我们通过购买的方式来获取夜间灯光的数据。据我所知也有一些可以公开获取的数据，比如我们武汉大学的珞珈一号卫星。另外这些产品数据会在我们的公众号或者主页上逐渐公开。

提问人四：哨兵数据的处理方法，以及基于全球制图采取什么算法。哨兵数据的处理方法应该是根据它公布的标准的流程，包括前面的辐射几何等这些校正，那么全球制图采取了什么算法？

黄昕：在这个 PPT 里我没有详细地来讲，它主要是基于现有的一些产品来得到可靠的样本，当然对于这个样本我们前期有通过一些论文专门来讨论它的自动获取方法和局部分类方式。比如说我们将全球分成了 1000 多个格网，每个格网内部都会采用不同的样本和分类算法，以这种局部最优化的方式来进行全球制图。最后我们会采用时空后处理的方式，对全球制图的产品进行平滑，以得到更连续更可靠的结果。

（主持人：方志祥；录音稿整理：熊曦柳；校对：魏敬钰、凌朝阳）

1.4　大气污染暴露时空建模与服务
——第八届青年地理信息科学论坛三讲

（邹　滨）

摘要： 中南大学的邹滨教授做客第8届青年地理信息科学论坛，带来题为"大气污染暴露时空建模与服务"的报告。报告将在剖析国内外大气污染暴露评估方法研究进展的基础上，重点围绕大气污染暴露时空精细测量目标，介绍报告人团队在点、面尺度大气污染暴露时空建模、风险评估预警以及地理信息服务平台研发等方面的成果。

【报告现场】

主持人： 下一位报告人是来自中南大学的邹滨教授，邹滨教授是教育部青年长江学者、中南大学地球科学与信息物理学院副院长，同时是教育部重点实验室副主任，全国高校GIS创新人物，入选了首批全国高校黄大年式教师团队，获得全国地理信息科技进步特等奖一项，全国测绘科技进步二等奖两项，湖南省首届科技创新奖一项、湖南省科技进步二等奖一项等奖励，主持国家重点研发计划课题，国家自然科学基金等项目30余项，发表论文100余篇，出版著作6部，获得国家发明专利与计算机软件著作权40项。邹院长报告的题目是《大气污染暴露时空建模与服务》，下面我们把时间交给邹教授。

邹滨： 谢谢方教授的介绍，也谢谢同学们的到场。现在开始我们的报告，虽然"大气污染暴露"这个标题看起来是研究环境的，但实际上是研究GIS的，只不过做的是交叉学科，是与环境公共卫生研究的结合。

我的报告主要有三个目的，首先是达到宣传的效果，向大家科普大气污染暴露的相关知识；其次是推动健康GIS方向的发展，希望有更多的老师和同学们对这个主题感兴趣；最后，是想听听大家的意见，探索我们的工作在全国其他地方是否有更多应用的可能。

首先是第一个方面——大气污染。谈及大气污染大家都怕，为什么这么说？全球疾病负担报告(2017年)显示(如图1.4.1所示)，空气污染是排在第五位的过早死亡致死因素。什么是过早死亡？假设某人寿命为80岁，因为空气污染只活到70岁，寿命缩短了10年。大气污染是第五致死因素，如果把空气污染再详细化分解到室外大气污染，中国人死亡率在这方面排第四位，中国每年的过早死亡人口大约在100万，不同的模型、不同的团队，得出的结果有一定差异。

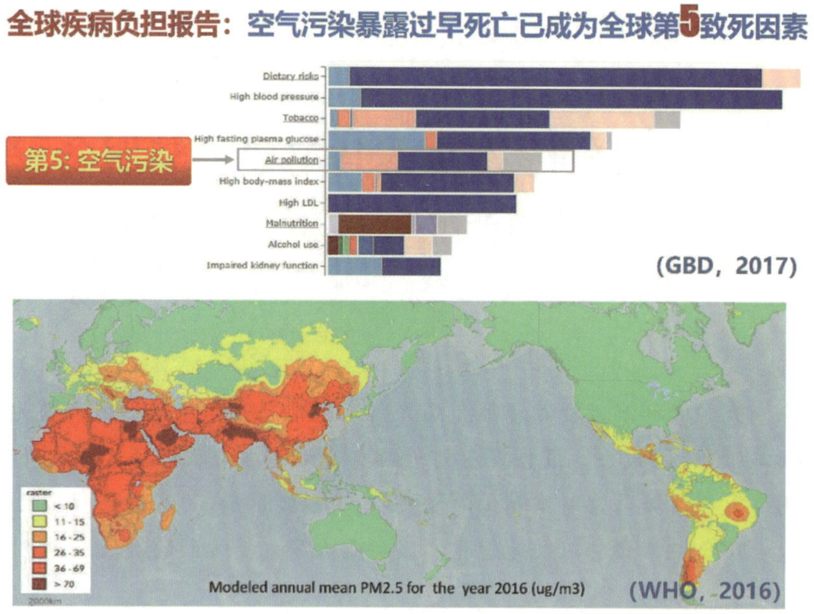

全球疾病负担报告：空气污染暴露过早死亡已成为全球第5致死因素
Dietary risks
High blood pressure
Tobacco
High fasting plasma glucose
第5：空气污染
Air pollution
High body-mass index
High LDL
Malnutrition
Alcohol use
Impaired kidney function
(GBD，2017)
raster
< 10
11-15
16-25
26-35
36-69
> 70
Modeled annual mean PM2.5 for the year 2016 (ug/m3)
(WHO，2016)

图 1.4.1 空气污染暴露过早死亡成为全球第 5 致死因素

由此，大气污染这一主题成为国内外居民共同担忧的问题。*Nature*、*Science* 等期刊刊登了很多这方面的论文(图 1.4.2)。全球各大广播电台也经常关注，我们国家也非常关心，因为空气污染关乎老百姓的生存。所以从这个角度来说，国务院和我们的总书记一直在反复强调加强大气污染防治的问题。目前看来，如何防治大气污染已经成为我国环境治

PNAS
Air pollution and life expectancy in China and beyond
Science
nature
Cleaning China's air
英国广播电视台
BBC
NEWS
What is China doing to tackle its air pollution?
CBS NEWS
美国哥伦比亚广播电视
Record Beijing air pollution forces warning from China officials to keep kids indoors
中国大气污染问题目前已成为国际顶级学术刊物与世界知名新闻媒体密切关注的热点与焦点问题！

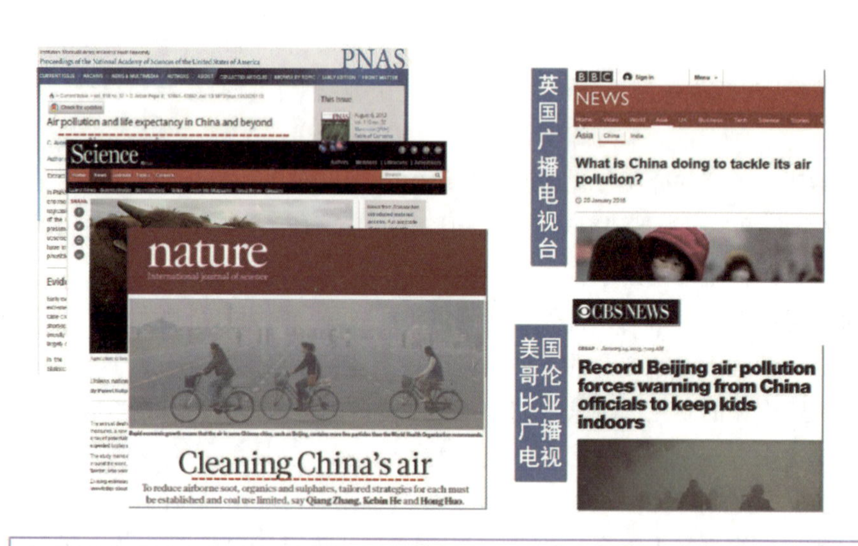

图 1.4.2 大气污染问题受到学术界大量关注

理中的重大任务，也是重要的民生工程(图 1.4.3)，是我们要努力的方向！

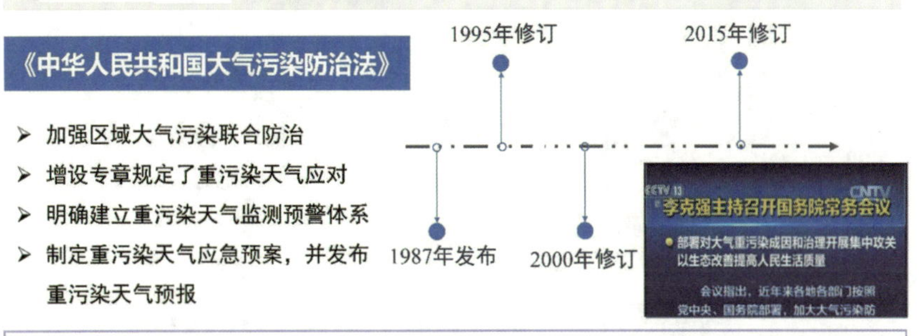

图 1.4.3　我国大气污染防治的国家策略

大气污染物由哪些物质组成？主要的污染物还是 $PM_{2.5}$(图 1.4.4)。所谓 $PM_{2.5}$，是指大气中直径小于或等于 2.5μm 的颗粒物，一粒沙子的直径是它的 120 倍。如果是一根头

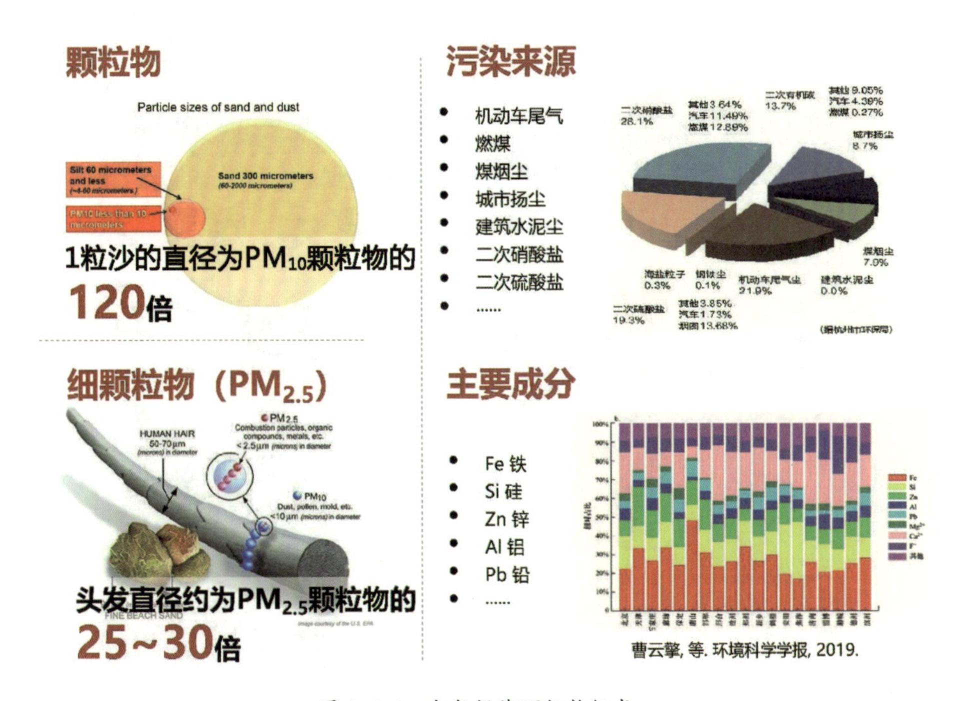

图 1.4.4　大气污染颗粒物组成

发丝，它的直径大约是 $PM_{2.5}$ 直径的 25～30 倍。为什么它能够对人类身体健康造成损害呢？因为它的成分可能有毒。我们先前开玩笑说，可能北京的颗粒物有京味，湖南的颗粒物有辣椒味。这就是 $PM_{2.5}$ 成分有差异的体现。若这些有毒成分通过人的呼吸进入血液中，就会导致心脑血管等方面的疾病(图 1.4.5)。

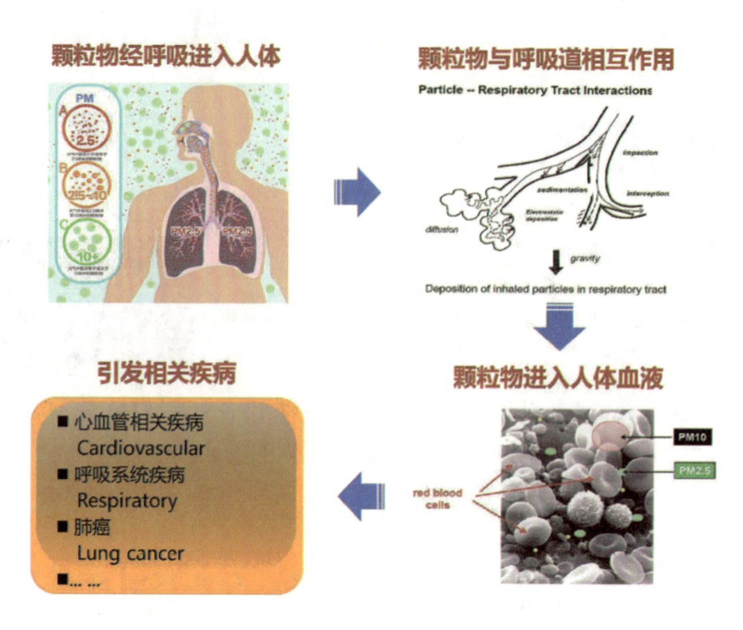

图 1.4.5　大气污染颗粒物对人体健康的影响

下面就是今天要讲的主题——大气污染暴露。如图 1.4.6 所示，首先是污染源排放造

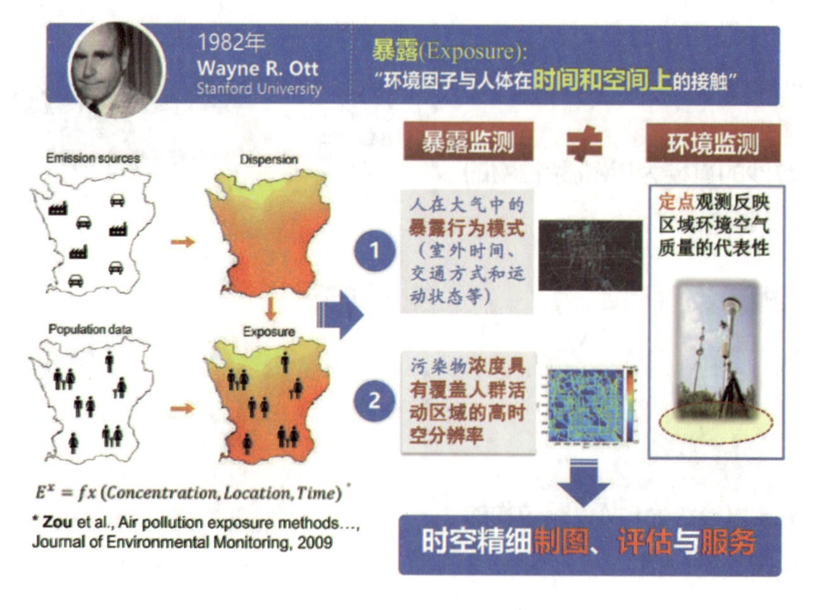

图 1.4.6　大气污染暴露的概念

成污染，如果人在被污染的区域活动，无论动还是不动都会吸进污染物，吸进污染的过程就是暴露的过程。所以从这个角度讲，要想规避污染，首先就得知道哪里有污染。并且知道得越详细越好，空间上越精准越好。其次，不到有污染的地方去，这就需要“躲”，即规避。实现规避的前提是准确地评估所在污染区域的暴露量有多大，虽然现在有环境监测，但是环境监测和暴露监测还是有所不同。

针对评估人在暴露过程中到底吸入多少污染物这一问题，我们团队中有来自环境专业背景的、也有来自公共卫生专业背景的，同学们也使用不同的方法对此展开过测量估计。图1.4.7展示了大气污染暴露测量的方法和瓶颈。在空气污染严重的时候，我们团队的同学也会带着仪器外出测量，如果出行时沿途测量了途经地的空气质量浓度，以及人体呼吸参数等数据，就可以估算出人体吸入的污染物量，这就是个体暴露移动测量。

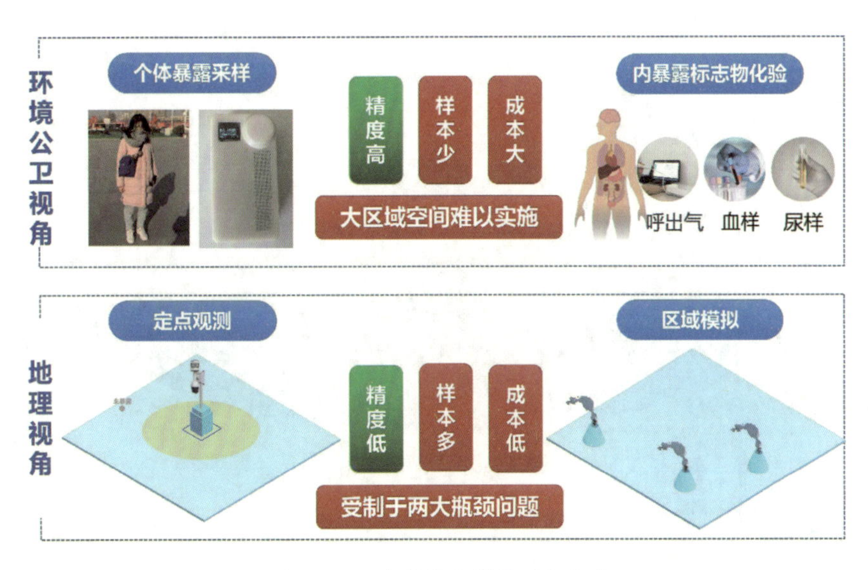

图1.4.7 大气污染暴露测量方法

内暴露标志物化验，不仅需要在外面测量空气质量的浓度，还需要抽血化验，测量人体呼出的气体等标志物指标。若将前面的个体暴露移动测量定义为外暴露监测，这些化验则是内暴露测定，判断人体受到了多强的空气污染暴露。当然用这种方法测得的数据样本是有限的，且成本太大。所以地理研究人员一直在考虑能否从点或面上去量化污染程度的时空差异。

因此，从点出发的思路被提出。比如以观测站点为中心去评估一定范围内的区域污染强度。这种想法挺好，也是国外早期常用的暴露测量方法。但在没有观测点的地方，是否可以模拟出区域面上暴露的效果呢？即凡是在某个区域内活动的人，都能知道自己的污染暴露情况，无须通过人为测量。这样的思路确实也是可行的，能获得的样本还会比较多，成本也会比较低，当然精度也低。毕竟什么样的付出就有什么样的收获！但精度太低是不行的，我们就得去找原因，为什么会低？

首先谈定点观测的问题。在定点暴露评估过程中，所依赖的空气质量监测站点的空间代表性常常不足，有时密密麻麻有 1000 多个站点，但是仔细分析后发现有的站点间距却大于 1 千米，而有的站点间距超过 300 千米。如此大的间距差异，测量到的污染情况肯定不一样。你现在待在家里听报告，你们家门口和你家门前的那条马路，或者离你家远一点的公园，或者某一个工地，污染可能都是不一样的。因此常规地面站点密度低、分布不均、数据有缝的缺点导致其难以真正揭示城市内大气污染时空异质性。而在基于定点的空气污染暴露评估中，国际上早先主流做法都以站点为中心做缓冲(图 1.4.8)。认为受体(即人体)落在这个缓冲圈里面就受到了暴露，在圈外则没有暴露，这就是暴露二值化。这种做法虽然简单，但至少存在两个问题，一是缓冲圈内本就存在差异，二是圈外没有点、没有监测站的地方无法测量。所以，这种基于点做缓冲得到的暴露结果很可能有很大的差异。

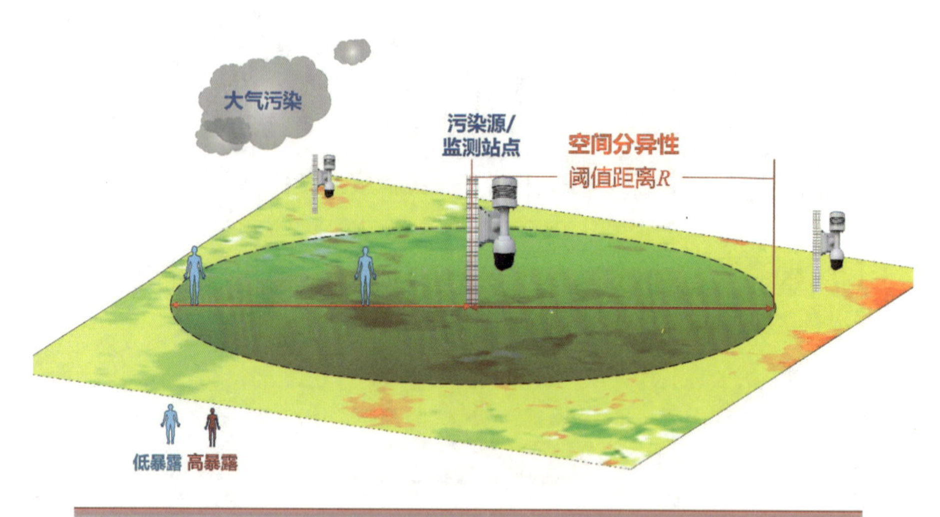

图 1.4.8　定点观测原理问题

因此，有人提出基于点的评估不行，应该用基于面的分析。比如三角形的面是基于三个点的监测数据进行插值，同时加入其他的数据进行综合制图。如图 1.4.9 左下角是比较粗糙的、空间分辨率比较低的制图，这个就是一般的基于十几个点的普通空间插值得到的结果。如图 1.4.9 右下角是我们团队基于其他的数据和方法做的一个精细的污染分布图，效果还是不错的，但同样存在很大的不确定性问题。为何有很大的不确定性？因为在制图的时候，一般时间跨度拉得越长、粒度越粗越容易做，比如做年均的效果好，做季均的也不差，但是做小时可能就有难度了。另外从分辨率的角度，做 10 千米分辨率的或者 3 千米、1 千米的都没问题，而做百米和几十米的就可能是很大的挑战了。所以时空尺度越精细，区域分析结果的不确定性就越大(图 1.4.10)，导致暴露测量的结果可能不可信，后续的环境健康风险评估，可能都会有问题。

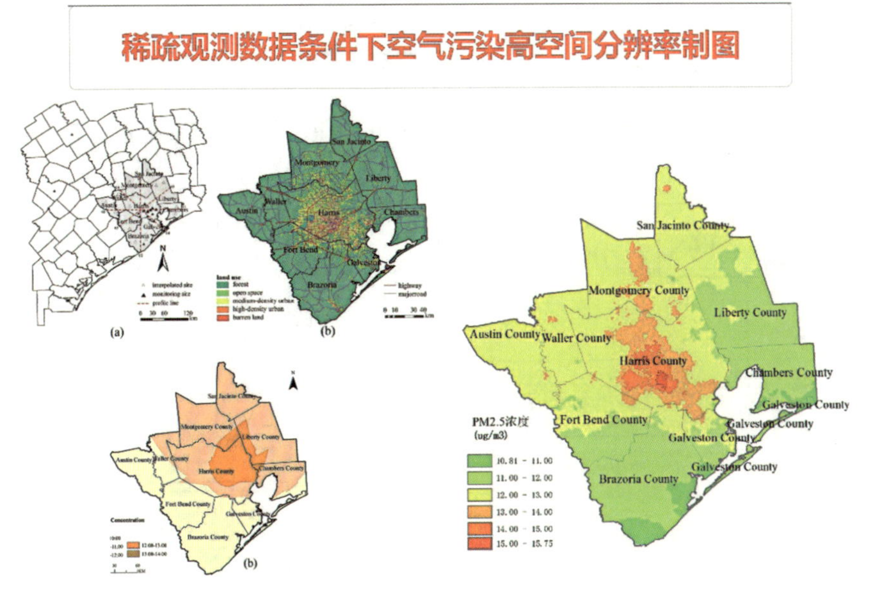

图 1.4.9　基于面的区域监测

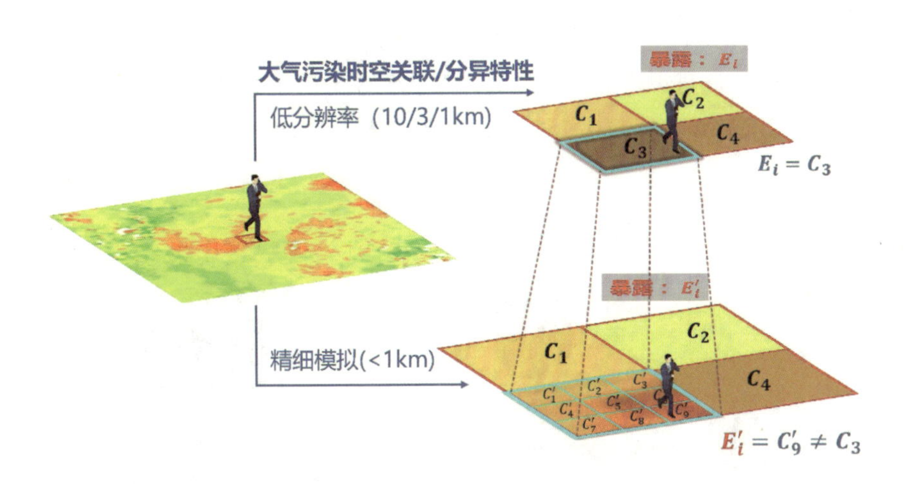

图 1.4.10　低分辨率区域模拟暴露评估结果空间不确定性大

针对这种情况，国际地理研究学者尝试了很多方法，我把它们简单地梳理了一下，大致是两个方面(图 1.4.11)。一方面是基于点位监测的方法，无论是二值也好，还是后面提及的邻近性模型也好，都是从点的角度研究。另一方面是基于区域建模的方法，主要通过建立各种统计模型，或者使用支撑研究大气环境机理的模型来模拟，当两种方法效果都较差时，可以综合两种方法的优点构建混合模型来模拟。这是目前大家研究的大体范式。

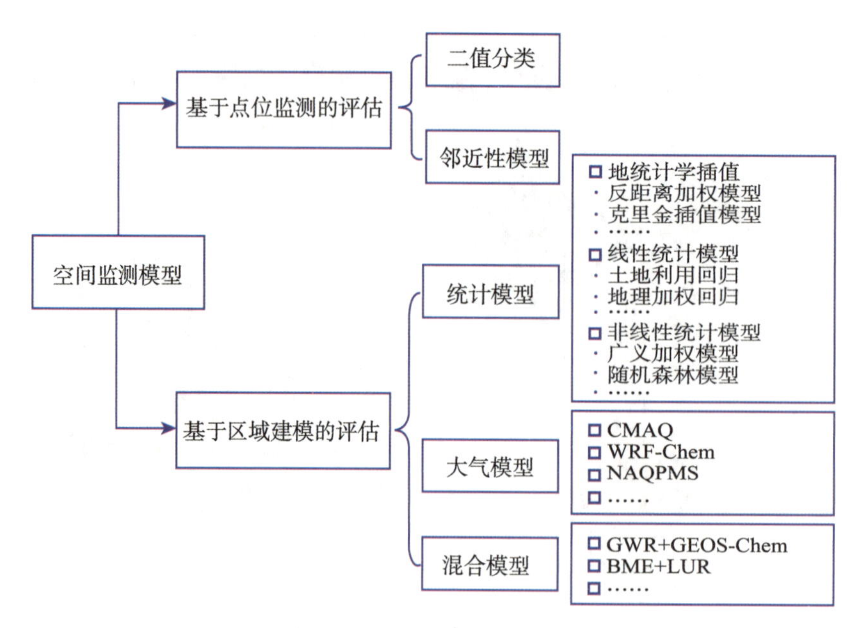

图 1.4.11 国际常用模型总结

大气研究人员和公共卫生研究人员都在研究这方面的工作，那么哪个专业领域的人最适合来做这项研究呢？经过思考后，我认为还是我们学 GIS 的最适合。为什么这么说？我做了如图 1.4.12 所示的框架，我认为，无论任何现象、任何数据，很多时候都可以把它

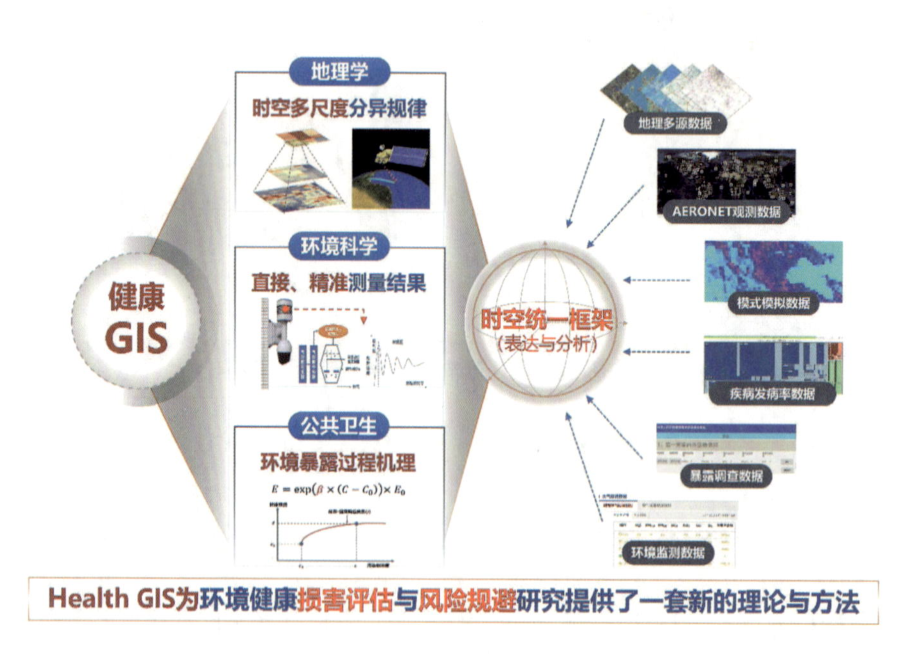

图 1.4.12 GIS 评估大气污染框架

们放到同一个时空的框架中，而这就是 GIS 专业的长项。所以无论是研究环境还是研究公共卫生，这些数据都在地理框架内。

另外，不管是大气污染暴露，还是健康 GIS，这次疫情过后这个主题会更“火”。这个主题国内相比于国外起步稍晚，因为前些年我国致力于发展经济，但是近年可以看到的是研究发展速度极其之快(图 1.4.13)。当然，虽然发展速度快，但目前还是没有达到足以形成一个新的学科交叉增长点的影响力，这也是我今天(2021 年)做这个报告的第二个目的：推动健康 GIS 这一交叉研究方向的兴起与快速发展。实际上，对于这个问题，早在 2003 年的时候，国外就有几名学者在 *Science* 上发文讨论过，认为个体空气污染暴露的模拟测定或者时空预警，会是未来研究的热点。

Health GIS：GIS学科新的增长点

主题词：GIS & Health GIS　检索数据库：Web of Science

“Health GIS”主题论文全球范围占GIS论文篇数达1/7，

中国1/10（且 近5年增长尤其快速）

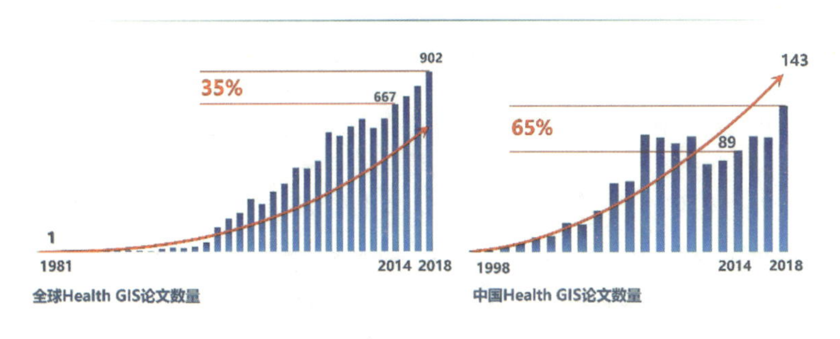

图 1.4.13　GIS 多学科交叉近几年论文数量情况

以上是针对大气污染暴露及健康 GIS 发展的基本情况和一些科普。接下来介绍一些我们团队做的研究。一个就是针对上述提及的定点观测空间代表性不足的问题，在这一点上我们团队主要做了一个空间邻近暴露评估的建模；另外一个是区域连续空间空气质量时空精细的模拟问题。主要是点和面的两个方面(图 1.4.14)。

首先，简单看一下空间邻近暴露评估建模(图 1.4.15)。在做邻近性评估的过程中，大多都以污染源或者监测站点为中心画圈(即缓冲分析)，圈内为暴露区域，圈外为非暴露区域，这是一个传统的流行办法，所得结果是二值性的。我们团队考虑到，大气污染暴露不仅取决于距离受体(人)最近的污染源，也受到周边的环境要素(如地形、气象条件)的影响。换个角度理解，周边环境与污染物排放是有关系的，比如需考虑污染方向是上风向还是下风向，是否扩散到受体所在的地点。针对这个情况，我们团队提出了邻近性建模的思路，在这个过程当中也考虑了地理和物理机制。通过这种方法(图 1.4.16)，可以在

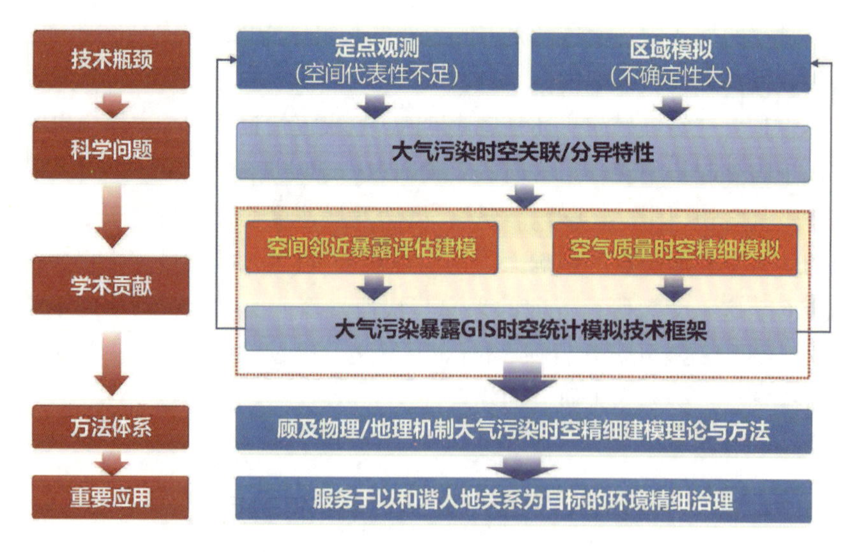

图 1.4.14　作者团队的研究工作内容

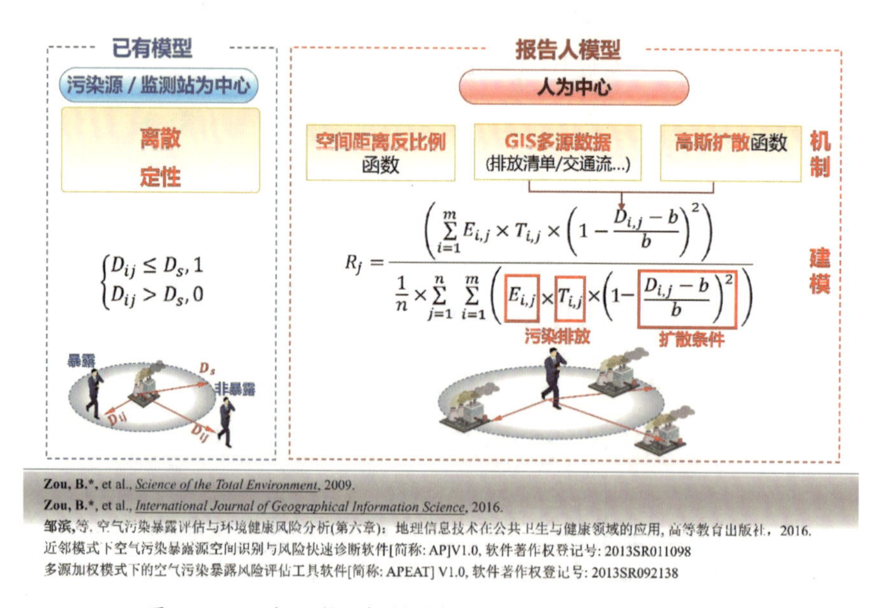

图 1.4.15　地理-物理机制联合下的大气污染空间邻近模型

空间上基于定点的监测站或污染源的空间位置数据量化暴露的强度，量化之后与实际环境监测的浓度关联，可实现基于少量监测站点的污染空间的定向甄别，从而在点尺度下实现空气污染暴露评估由定性到定量的突破。虽然评估质量与精细监测结果仍存在差距，但是弥补了无监测数据如何定量评估暴露的“空缺”，并且精度在可接受范围内。图 1.4.16 所示的是我们团队在某个城市对邻近建模方法估算的暴露强度开展验证的效果。当然，如果数据量再丰富一点，或者有更为详细的污染排放参数，相应的气象数据也再丰富一些，可以做区域的时空精细模拟。

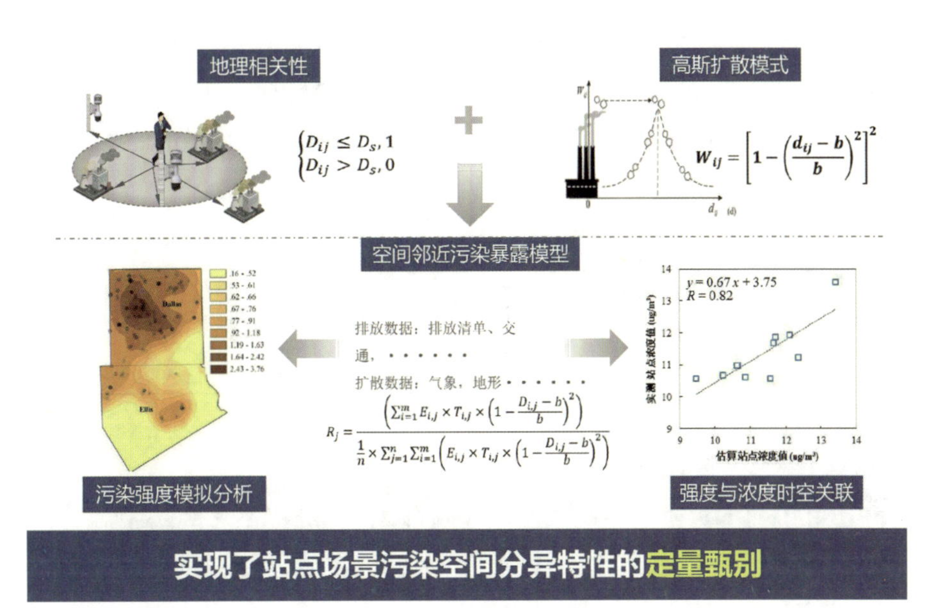

图 1.4.16 地理-物理机制联合下的大气污染空间邻近模型

在时空精细模拟这个方面，我们团队做的工作可以分成几个小的方面。第一是地理驱动分析框架的构建。当前 GIS 领域现有的大气污染时空分布模拟模型，无论是全国范围的，还是区域、局地的；无论是年均的、季均的还是日均的；无论是空间分辨率大小，实际上绝大部分都是基于统计数据，也就是纯粹的经验统计进行建模，缺少对物质能量守恒的机制机理层面的考虑。从这个角度考虑，我们团队试图建立顾及能量平衡、物质守恒的地理驱动分析框架(图 1.4.17)。

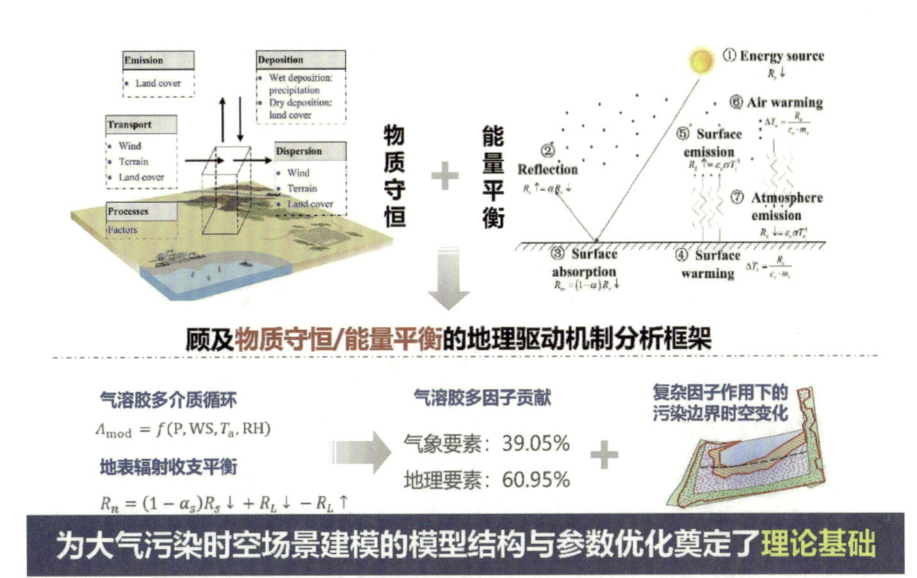

图 1.4.17 顾及物质守恒/能量平衡的地理驱动机制分析框架

基于这个框架，我们团队探讨了全球区域不同尺度大气污染变化的影响因素有哪些(图 1.4.18)，以及这些因素起怎样的作用。同时在这个过程中也探索了全球、区域和局地尺度之间，各类因子又有怎样的交互作用。这是我们在机制方面做的一些工作。

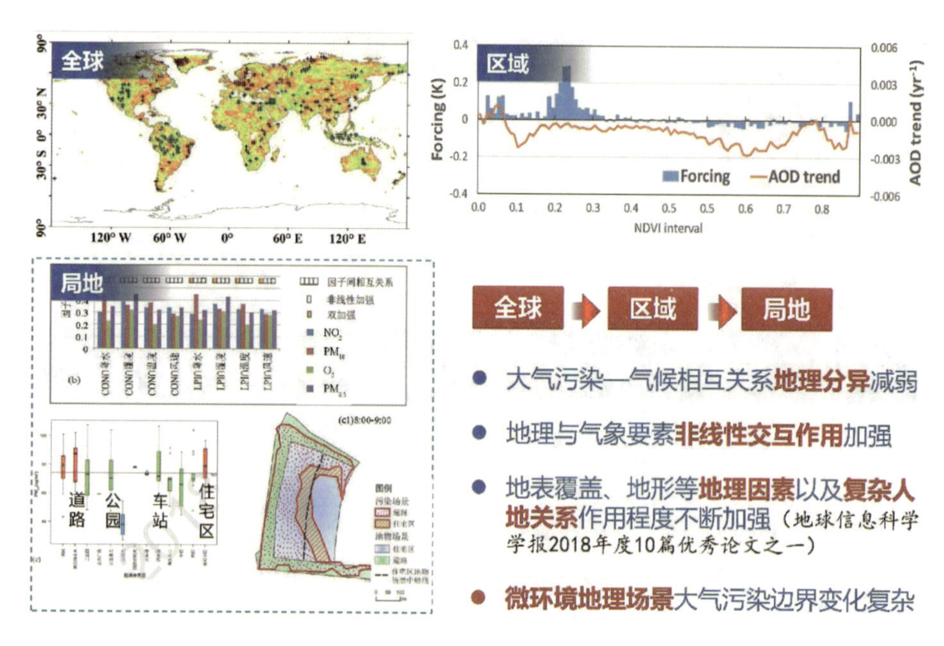

图 1.4.18 精准解析大气污染尺度地学机制

机制清楚了，但另外一个问题又来了(即第二个小的方面)，如何利用遥感卫星数据开展大气污染制图。若过境时受云雨雾等遮挡或影响，卫星往往无法提供有价值的数据。这个时候研究环境的人就要“笑话”我们研究遥感的人了，“你不是说你有卫星很厉害吗？这个时候怎么就发挥不了作用了”。数据一缺失，我们研究人员就很难受，但怎么办呢？我们有一个方法，即使用一个基于卡尔曼滤波的方法进行补缺。补缺是指填补像元的空缺，不同像元在时间维度上某一天有空缺，但其前一天或者前几天可能没有空缺，便可以利用其时间上的相关性进行填补。或者空间上某个地方缺失，可能邻近几个像元没有缺失，可以考虑时空的邻近性和相关性。用这个模型方法，就实现了数据补缺(图 1.4.19)。

得到补缺结果后看起来好像补得不错，但这里面还有可靠性问题，所以我们就继续把不靠谱的部分通过后验概率方法剔除，去掉以后我们认为精度较好，这个结果比开始要好很多。当然我们还做不到百分之百的正确率，可能别的团队能做到更好的效果。这个结果不只是以图片呈现，我们团队也做了一个定量评估，从指标上看，空间覆盖度上确实提升很大(图 1.4.20)，时间覆盖度方面也提升得不错(西藏、云南等地区的时间覆盖率提升最高)。不仅精度上补缺的结果跟原始的产品数据相差不大(在验证点上)；整体补缺之后，每景数据 AOD 值的分布区间在趋势上都大体一致，没有明显的差异(图 1.4.21)。因此，我们团队认为这个方法具有可行性，能够实现补缺。

基本模型（FRS）：

观测方程
$$\begin{pmatrix} Z_{\text{sat},i} \\ Z_{\text{sat},j} \\ \cdots \\ Z_{\text{sat},k} \end{pmatrix}_t = \begin{pmatrix} \mu_{\text{sat},i} \\ \mu_{\text{sat},j} \\ \cdots \\ \mu_{\text{sat},k} \end{pmatrix}_t + \begin{pmatrix} S_{\text{sat},i} \\ S_{\text{sat},j} \\ \cdots \\ S_{\text{sat},k} \end{pmatrix} \eta_t + \begin{pmatrix} \xi_{\text{sat},i} \\ \xi_{\text{sat},j} \\ \cdots \\ \xi_{\text{sat},k} \end{pmatrix}_t + \begin{pmatrix} \varepsilon_{\text{sat},i} \\ \varepsilon_{\text{sat},j} \\ \cdots \\ \varepsilon_{\text{sat},k} \end{pmatrix}_t$$

状态转移方程 $\eta_t = \Phi\eta_{t-1} + \zeta_t$

计算复杂度：

$$\mathcal{O}(nTr^3)$$

✓ 计算复杂度仅与观测值数量n和时间T呈线性关系

✓ 大尺度、长时间序列的AOD融合

✓ r为空间基$S(s)$的数量，一般来说$r<<n$

图 1.4.19 AOD 融合的 FRS-EE 方法

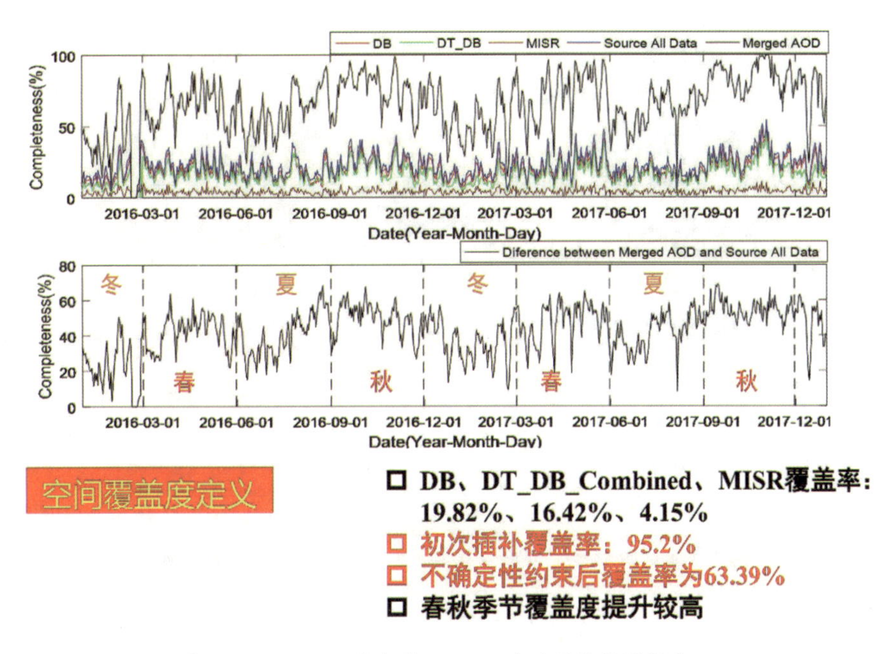

图 1.4.20 AOD 融合的 FRS-EE 方法补缺效果评价

第三个工作，是我们团队建立了一系列的大气污染模型(图 1.4.22)。重新建模的原因是过去的模型有待改进，值得完善。过去的模型有一个缺点是结构固化，即这个模型的结构是固定的，不是动态可优化的，具体细节可以查看我们团队论文或者找我讨论。另外，假设过程当中，以前通常是假定要素对于污染的贡献是线性的，实际情况可能不完全一致。同时还有未来的预测怎么做？未来会是什么情景？会是什么样的污染状况？围绕这些问题，我们做了系列探索性工作，总体精度提升较好(图 1.4.23)。当然精度方面，

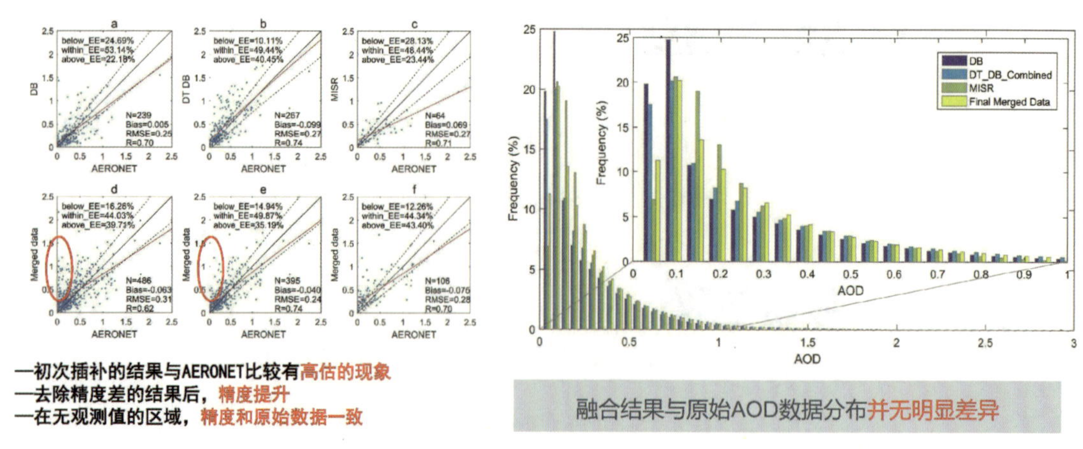

图 1.4.21　AOD 融合的 FRS-EE 方法补缺效果评价

大家也都做过研究，这块可能特别要注意，所选择验证样本的分布对这个结果会有很大的影响。

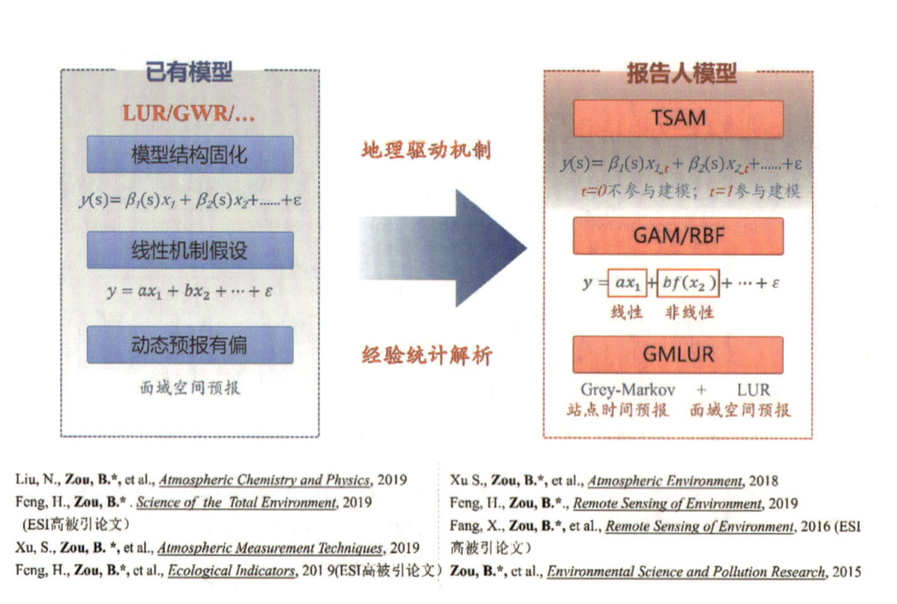

图 1.4.22　顾及地理机制的半参数化大气污染模型

以我们针对模型结构固化缺点做的 TSAM 模型为例(图 1.4.24)。TSAM 模型实际上将污染的地面监测数据、卫星 AOD(遥感反演气溶胶光学厚度)数据、气象数据，POI(兴趣点)等一系列数据都纳入进去了，模型结构也是动态变化的。我们团队用 TASM 模型模拟全国每日数据，2013 年团队就做出了这个结果，在国内算是非常早的了。

但当时我们没有很快发表论文，因为我将重点放在了这个成果服务于当时的京津冀大气污染源监测的国家重大地理国情监测工程项目上，经过检验我们做的这个结果，精度是非常高的。

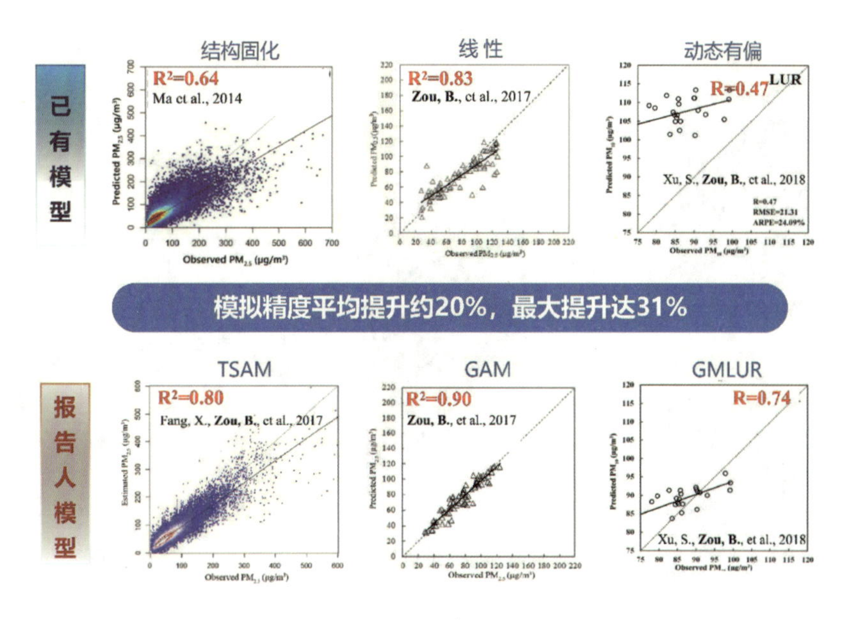

图 1.4.23 模型精度提升评价

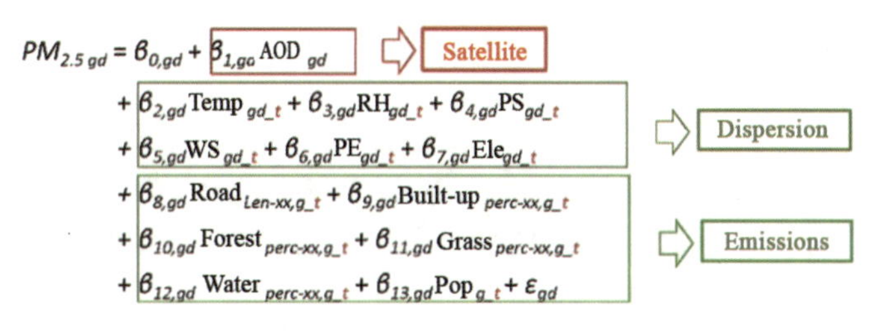

图 1.4.24 TSAM 模型

2013 年之后，这几年针对 $PM_{2.5}$ 遥感制图的论文越来越多，各种模型、各种方法都有，RSE 和 EST 也好，上面都有很多相关的文章。这个时候我就在想，这个问题大家都在做，也都基本上能解决了，那我们做什么更有意义或者能更好地服务于大气污染暴露风险防控呢？能不能做得更精细？这就是大家在基于卫星遥感做公里级制图的时候，我们对自己抛出的问题，能不能做得更精细。因为我们前面讲了，要做暴露测量的话，分辨率不够，暴露测量的结果就会不准，所以我们就要做得更精细。有没有理论做指导呢？想来想去、寻来寻去，找到了地理学第三定律(图 1.4.25)，简单地说就是场景的相似性。

在相似性理论中，认为污染是类似于地物场景一样的污染场景。污染场景在空间上是有相互依赖性的(图 1.4.26)，并且这个场景不一定是规则格网的，也可能是非规则的一个边界。从时间的角度，一个城市里面局地空间的空气质量差异，一是取决于宏观的背景浓度值，二是取决于局地的差异，所以需要对问题进行分解。局地的污染浓度与城市中很多局地活动相关，比如一个公交车行驶过去排放尾气，那个地方的污染浓度瞬间可能就不

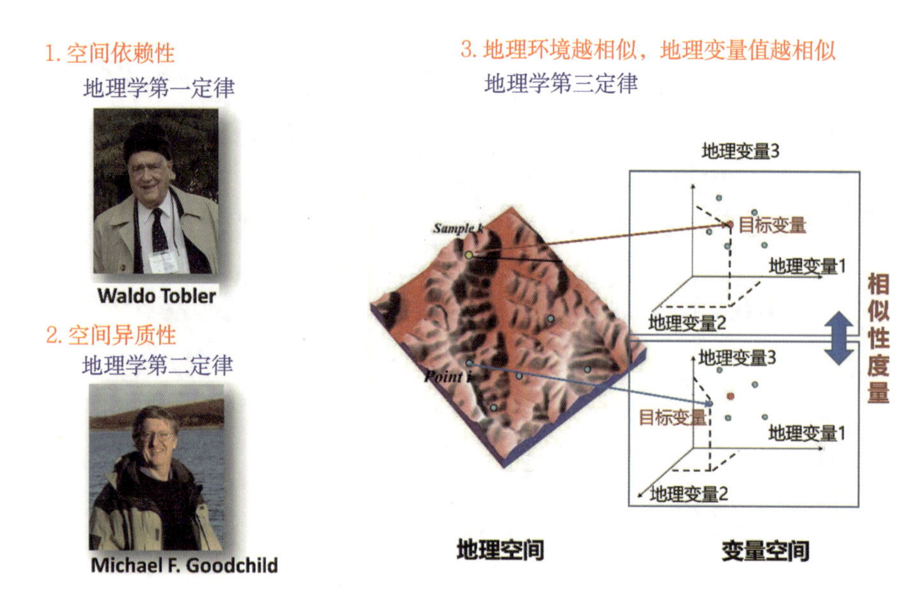

图 1.4.25　地理学第三定律的理解

一样，这种局地的活动就会对污染场景造成很重要的影响。从这个角度来说，污染空间场景有时间上的非平稳性。

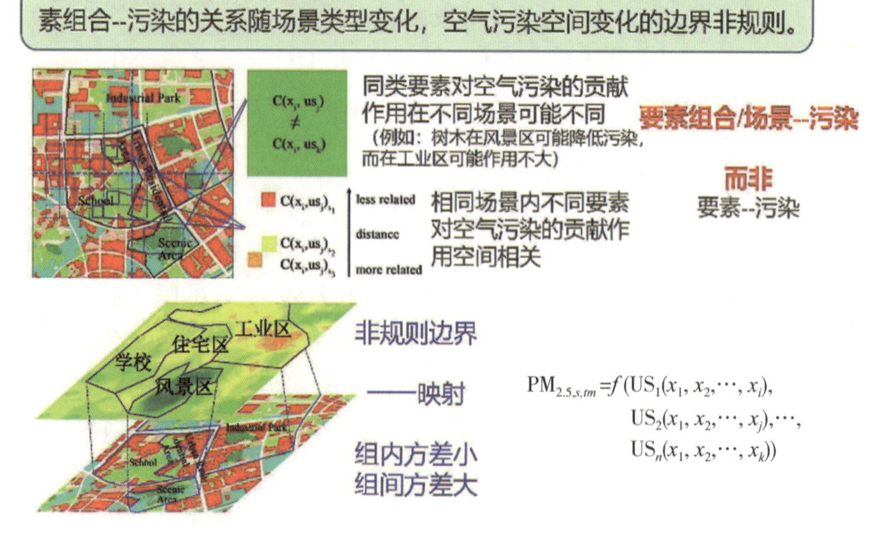

图 1.4.26　场景相似性

按照这个思路，我们团队安排了一群人把仪器架上，开始测。当时测得比较早，2015 年就开始大规模测了，测出的结果如图 1.4.27 所示。图 1.4.27(a)是基于空气质量国控监测点数据使用一般的插值方法做出来的结果，其结果分辨率相对来说是比较粗糙的，也存在明显的误分类。图 1.4.27(b)是我们团队做的百米级精细制图结果。我们团队为什么敢提百米级，因为数据观测点密度是小于百米的，有优于百米的验证，并不是通过上采样取得的“百米级”。

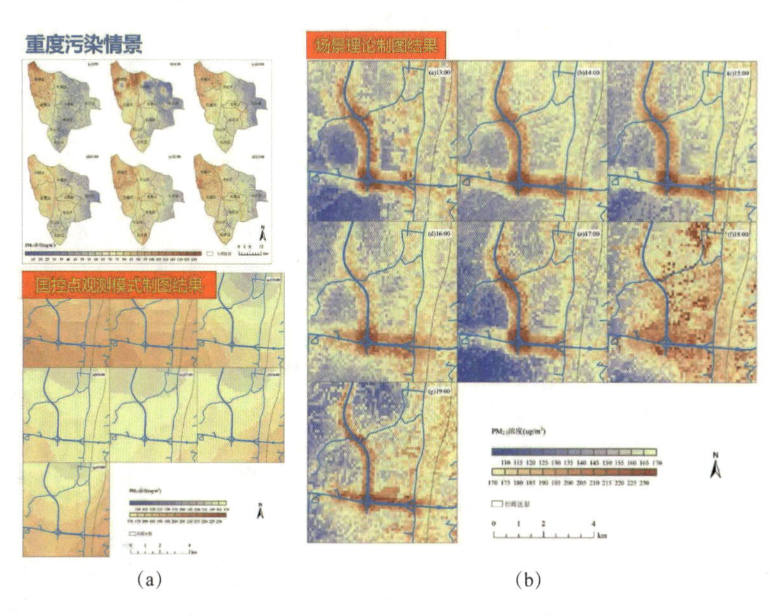

图 1.4.27　百米级精密制图结果

我们团队没有满足于只做百米级的污染制图，还想看看污染的边界是否变化。我又安排同学们骑着“小电驴”到处溜达，天天出去测，最后结果出来以后，大家发现边界确实

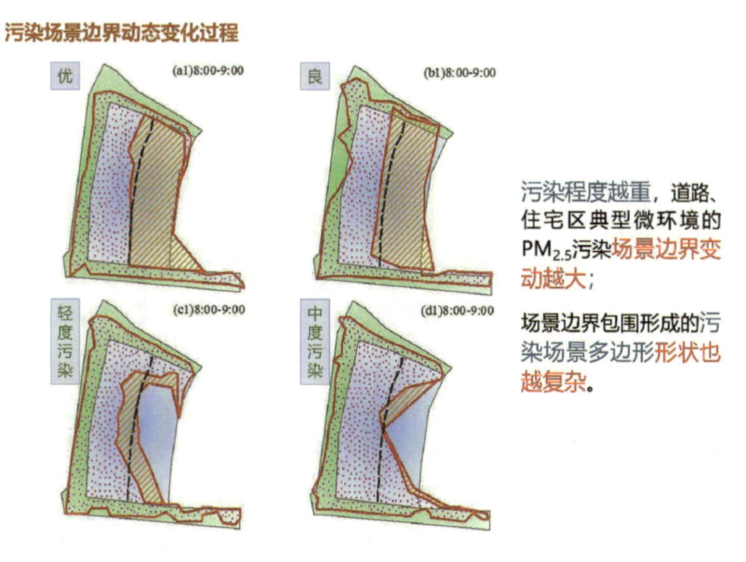

图 1.4.28　边界动态变化测量结果

不稳定(图 1.4.28)，那么边界有什么样的变化规律呢？有没有动态函数可以拟合，这些问题是我们团队目前正在研究的。

下面我们说的是对于过去和当下的模拟。大家知道，城市会发展扩张，扩张之后未来的空气质量情景又会是什么样子的？我们团队就做了相关研究，基于观测站点、利用历史的数据做预报，做未来城市发展过程中土地利用开发情景下的空气质量预测。实际上就是用未来情景的土地利用情景变量和监测点上空气质量时序预报值，依托历史规律下建立的空气质量制图模型，把这个模型外推到未来时点上，图 1.4.29 是我们团队得到的一些结果。

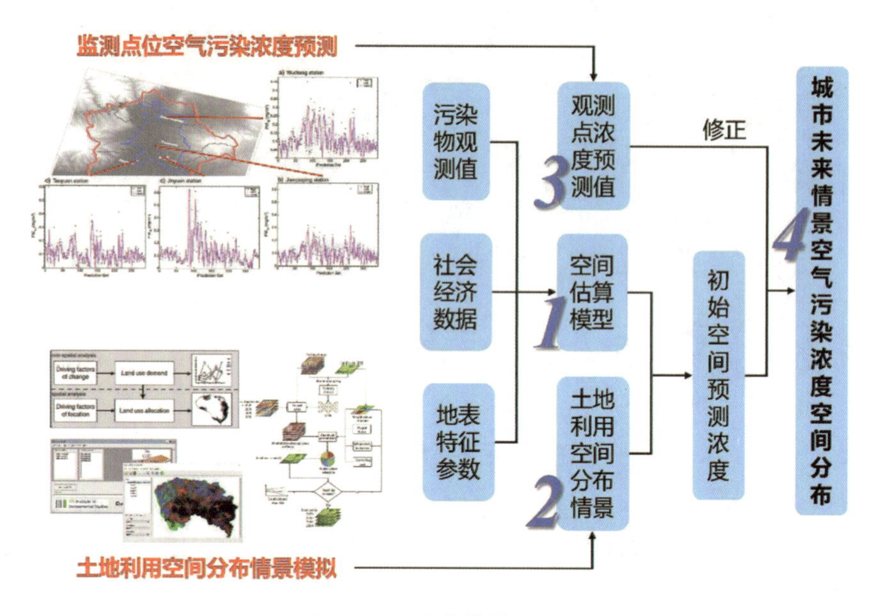

图 1.4.29　未来情景预测制图

这个研究我们做了 4 种场景，分别是自然情景、经济高速发展情景、生态保护和绿色发展情景，分别模拟这几个情景下空气质量的情况，这是一种对未来情景的简单模拟(图 1.4.30)，我们也在做估计排放和气候变化等因素的更为复杂的情景。

说了这么多，都是为面尺度的污染暴露分析做铺垫。有了面上的污染就可以做空间连续的暴露分析了。在这个过程中，我们做了暴露风险的精细化评估(图 1.4.31)，结合精细的制图，我们想回答的是国家哪些地方的过早死亡是 $PM_{2.5}$ 污染暴露造成的，哪些地方是值得重点关注的地区。在这一方面，过去的研究结果都是在百公里级或者十公里级，我们团队将分辨率提高到公里级。做到公里级以后，我们又继续思考，过去国家污染防控的重点只是在三区十群，除了三区十群外有没有被遗漏的？有意思的是，在这个过程当中我们还真发现了其他如中原城市群、哈长城市群等(图 1.4.32)这类值得关注的地区。

另外从风险的角度来说，国家关闭了很多工厂，达到了有效的治污，并得到了公众认可，但与此同时经济是否受到了影响？当然治污挽救了生命，挽救的生命是无价的。但

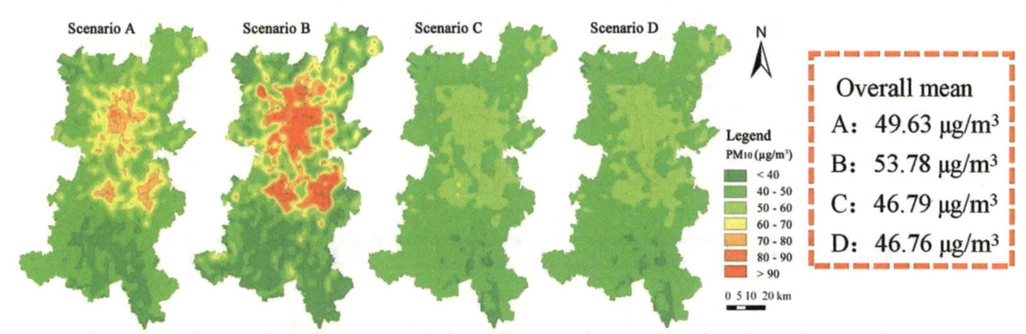

Quantitative PM10 concentration statistics of different scenes in the main urban area of Changsha, Zhuzhou and 2020

Table 5
Summary statistical measures of predicted PM_{10} concentration at varying levels for the four scenarios in 2020.

Levels (μg/m³)	Area percentage (%)				Mean ± SD (μg/m³)			
	A	B	C	D	A	B	C	D
< 40 Primary concentration limit	15.03	27.22	3.70	3.66	38.53 ± 1.12	35.46 ± 3.05	39.29 ± 0.63	39.29 ± 0.63
40–70	78.69	53.34	96.30	96.34	49.82 ± 8.20	52.13 ± 8.45	47.08 ± 4.46	47.05 ± 4.36
> 70 Secondary concentration limit	6.28	19.43	0	0	73.72 ± 2.95	83.95 ± 9.92	–	–

SD: standard deviation; A: business as usual scenario; B: economic interest scenario; C: resource-conserving scenario; D: ecological interest scenario.

图 1.4.30　4 种未来情景下的模拟制图结果

核心过程

① 高空间分辨率$PM_{2.5}$污染浓度模型构建与面状制图；

② 归因$PM_{2.5}$过早死亡人数时空变化的精细化评估；

③ 大气污染防控挽救的生命健康以及经济收益评估。

图 1.4.31　大气污染暴露风险精细化评估核心过程

是，为了客观评价治理的成本效益，得把生命转换为货币价值，从劳动力价值产出的角度来说，要有一个衡量的价值，即根据国际标准计算衡量。比如我国大气污染治理近 5 年，国家推行防控政策后从挽救劳动力的角度产生了多少效益(图 1.4.33)。

在大气污染治理过程当中，国家一直强调治污，但不可能把所有的工厂关闭，因此我们团队又做了一个工作，从大气污染防控的终极目标出发，即尽可能减少大气污染暴露造成的过早死亡。主要回答大气污染造成的过早死亡风险要可控的话，到底何时何地需要国家作为、何时公众自己也可以做点贡献的问题。因为人们所受到的污染暴露健康损害不仅取决于污染物的浓度，也受自身暴露行为的影响。如果个人无特殊情况时，在污染最严重的时候外出，把污染物都吸进去肯定是不行的。反过来讲，如果污染严重，公众待在家里不出去，是否可以达到防护的效果？如若这样，也许国家就可以少投入而去控制污染降低风险了。

基于这个问题，我们团队提出了一种指数。首先对空气污染暴露的风险进行评价，到底有多大的风险，该怎么去定量量化。其次，依据风险防控的“有效性”把它分成类(图 1.4.34)。一类是受个体规避，也就是个体自己减少运动，不应外出的时间就不出去，这

➢ 归因$PM_{2.5}$暴露的过早死亡——“三区十群”内外

> ➢ **“三区十群”区域内$PM_{2.5}$健康风险高，2013—2017年下降显著。**2013年归因于$PM_{2.5}$暴露死亡人数**京津冀、长三角和山东半岛城市群最多**，2013—2017年**长三角地区**挽救的死亡人数最多，**为1.8万人。**
>
> ➢ **非“三区十群”区域健康风险不容忽视，**中原城市群、哈长城市群归因于$PM_{2.5}$暴露死亡人数超过4万，2013—2017年**呈平稳趋势（防控效果不明显）。**

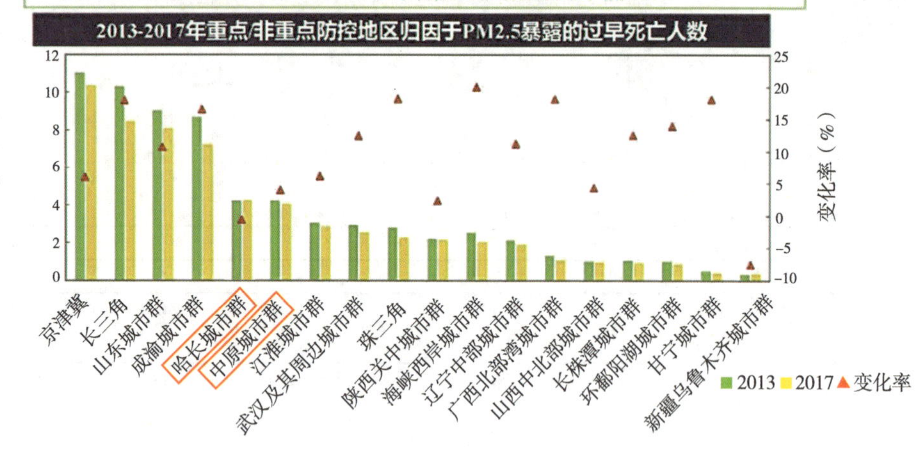

图 1.4.32 “三区十群”内外精细评估结果

➢ 挽救的生命健康以及经济收益

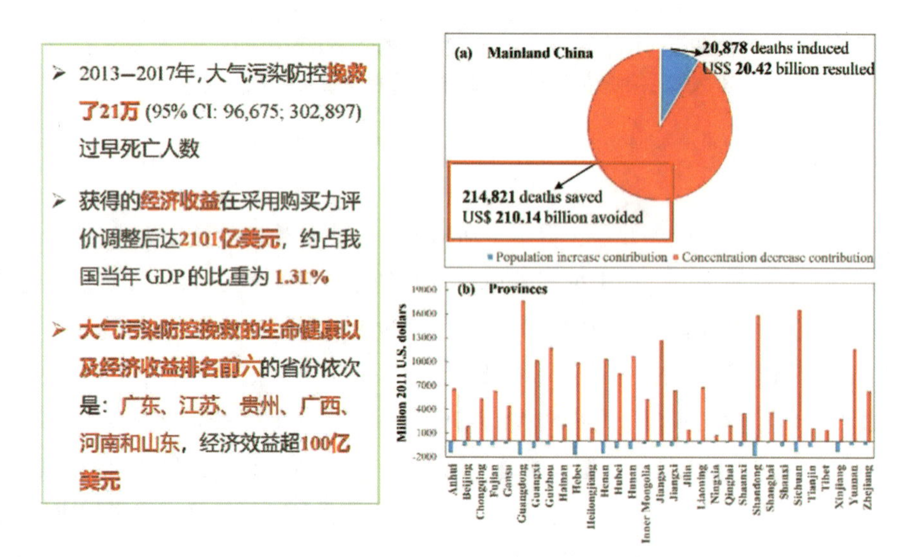

图 1.4.33 生命健康及经济效益评估

是个体规避措施，类别 A 是个体通过调节户外运动方式减少污染物吸入起主要作用的类型。另外，国家减排也是一类，即国家通过污染减排把空气污染物的浓度降低。这两种都可以达到降低全国暴露风险的目的。

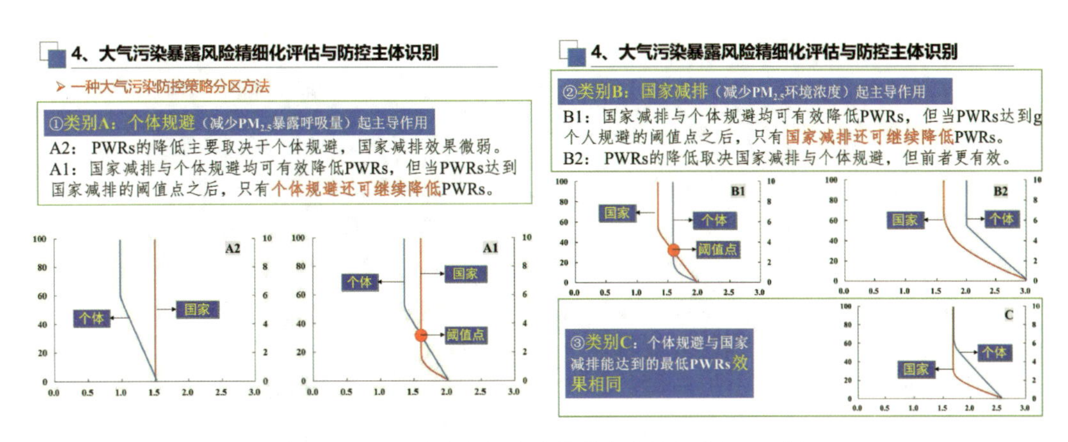

图 1.4.34 一种大气污染防控策略分区方法(A/B 类)

2013—2017 年这 5 年期间，国家通过努力降低了污染风险。图 1.4.35 显示公众个体努力规避污染风险能达到的效果。这些交点实际表示在什么情况下国家应该做更多的污染控制努力，在什么情况下个体应该要做一些暴露行为规避的付出，不能把防污控污这个担子全甩给国家。

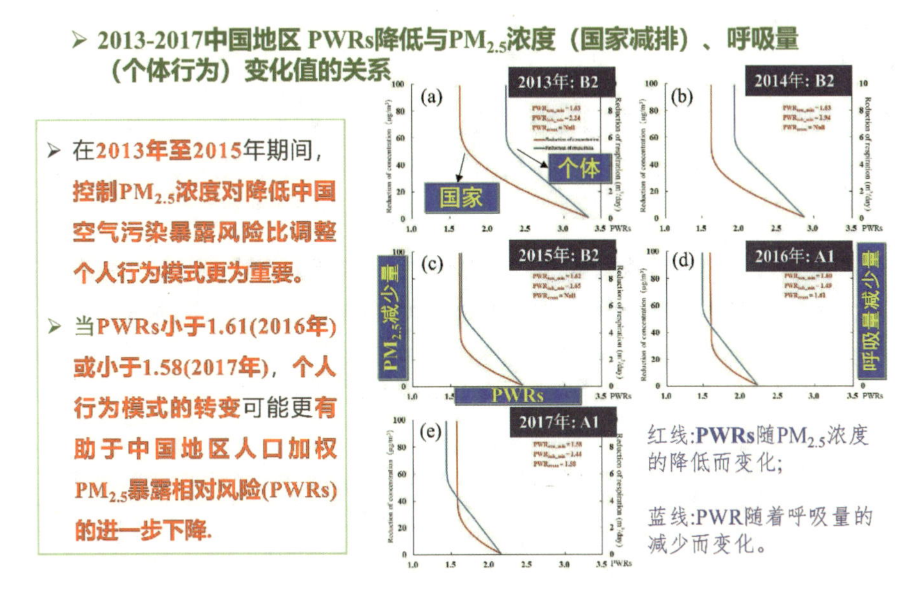

图 1.4.35 2013—2017 年统计结果

在这个研究中，我们团队评估了 2013—2017 年期间 31 个省、自治区、直辖市何地何时需以国家控污为主，何地需以个体暴露行业规避为主的结果如图 1.4.36 所示。

接下来分享应用和服务的相关内容。研究人员不能只想着写论文，要想着研究成果怎么能够应用到社会治理中，这也是回到初心——做研究的出发点还是要给国家或地方解决问题，服务于经济社会发展和治理。因此 2013 年我们团队就在做全国的制图，但是没有

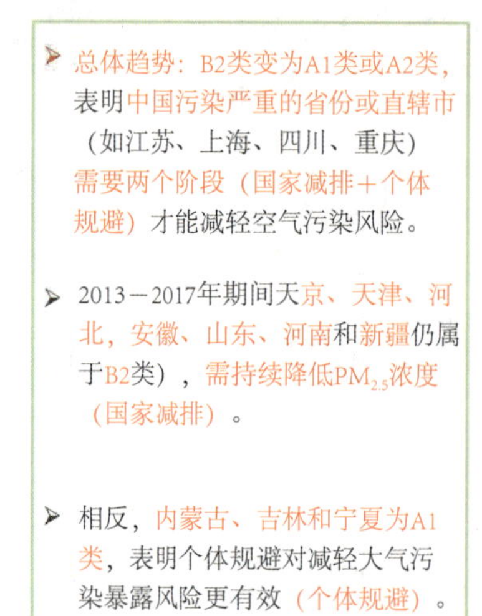

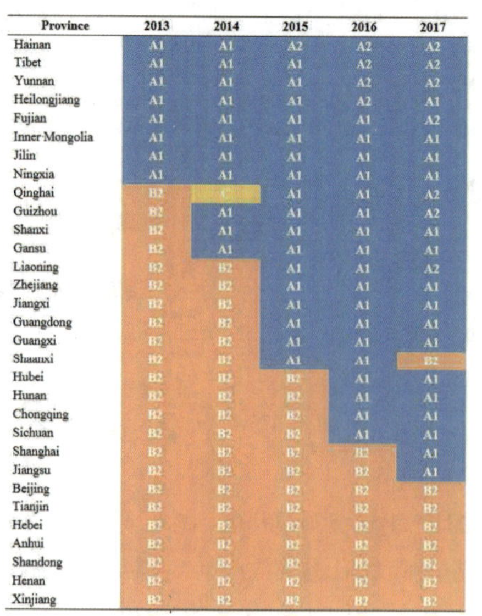

Province	2013	2014	2015	2016	2017
Hainan	A1	A1	A2	A2	A2
Tibet	A1	A1	A1	A2	A2
Yunnan	A1	A1	A1	A2	A2
Heilongjiang	A1	A1	A1	A2	A1
Fujian	A1	A1	A1	A1	A2
Inner Mongolia	A1	A1	A1	A1	A1
Jilin	A1	A1	A1	A1	A1
Ningxia	A1	A1	A1	A1	A1
Qinghai	B2	C	A1	A1	A2
Guizhou	B2	A1	A1	A1	A2
Shanxi	B2	A1	A1	A1	A1
Gansu	B2	A1	A1	A1	A1
Liaoning	B2	B2	A1	A1	A2
Zhejiang	B2	B2	A1	A1	A1
Jiangxi	B2	B2	A1	A1	A1
Guangdong	B2	B2	A1	A1	A1
Guangxi	B2	B2	A1	A1	A1
Shaanxi	B2	B2	A1	A1	B2
Hubei	B2	B2	B2	A1	A1
Hunan	B2	B2	B2	A1	A1
Chongqing	B2	B2	B2	A1	A1
Sichuan	B2	B2	B2	A1	A1
Shanghai	B2	B2	B2	B2	A1
Jiangsu	B2	B2	B2	B2	A1
Beijing	B2	B2	B2	B2	B2
Tianjin	B2	B2	B2	B2	B2
Hebei	B2	B2	B2	B2	B2
Anhui	B2	B2	B2	B2	B2
Shandong	B2	B2	B2	B2	B2
Henan	B2	B2	B2	B2	B2
Xinjiang	B2	B2	B2	B2	B2

图 1.4.36　全国各省、自治区、直辖市分区针对性治理结果

发论文，当时主要精力就是在做这个层面的工作。

我们团队在京津冀的地理国情监测重大工程当中，从 2013 年石家庄试点开始一直做到 2017 年，最后获得了全国地理信息科技进步特等奖，我们是参与获得，这个奖的工作包括几个主题的监测，我们做的是其中的大气污染监测专题(图 1.4.37)。

工程1：京津冀重要地理国情监测大气污染监测专题(2013–2017五期)

工程2：长株潭城市扩张与用地变化动态大气污染效应监测专题

- 大气颗粒物浓度空间分布制图**精度提升20%以上**
- 将长时间序列空气质量预测方法**由离散点拓展到空间连续面**

图 1.4.37　工程应用：专题监测

另外是“两型社会”的监测，“两型社会”即提倡资源节约、环境友好。在长株潭城市群“两型社会”监测的项目中，我们在 2015 年时做了长株潭地区 2020 年的大气污染情景预测，这也是服务于政府的工程应用成果。

在这个过程当中，我们团队把这些理论的方法开发成了智慧环保管理平台。截至目前，已经做了一系列的平台，以广东某个城市做的智慧环保项目为例，我们把大气污染制图、风险评估等集成到一起开发了这个平台，应用到地方的污染治理与风险预警。平台有定点的监测、有污染制图、有污染来源解析、有预警、有决策治理，还有效果评估和巡检派工等功能。而且不仅有网页版，还有 App，辅助政府环保执法，时空精细监管污染、防控风险，甚至还包括执法的标准都可以查询，因为环境相关法规也都集成在平台的后台数据库里面了，这就是工程化的应用。

同时我们在河北等地也开发了管理平台(图 1.4.38)，从一代平台开始，现在已经做到了第三代平台。一代的平台看起来界面简单一点，但是也有特点，不仅知道这个地方是否有污染，还可以在污染发生之后，打开摄像头、启用远程喷淋装置等净化处置设备，开展在线治理与评估。现在这个平台已经运营两年了，政府为这个平台配套了一个队伍，专门监督这个平台上报的警，打开摄像头监督到有问题就到现场执法，另外我们还为这个地方做了一个参与蓝天保卫战的系统，这些都是我们的工程化应用。

图 1.4.38　工程应用：地方管理平台

这些工程化的应用得到了政府的认可，媒体进行了相关报道，也开了新闻发布会。我们还在全国相关的政府培训班和领导培训班给大家做培训，这就是我们做的政府的工程化应用与社会应用服务。这些在科研项目上也得到了使用，用到了美国的 EPA 项目上，他们的网站上指出用了我们团队的空间邻近性模型。

针对暴露风险，我们团队目前也研发了一些服务。如结合中国环科院的环境暴露参数调查结果，研发了暴露参数健康风险在线服务的平台(图 1.4.39)，可以做到全国暴露参数在线查询制图，还有暴露风险的评估以及数据的下载。这些数据下载以后，无论是研究过早死亡，还是研究风险防控，都有精细的数据支撑。

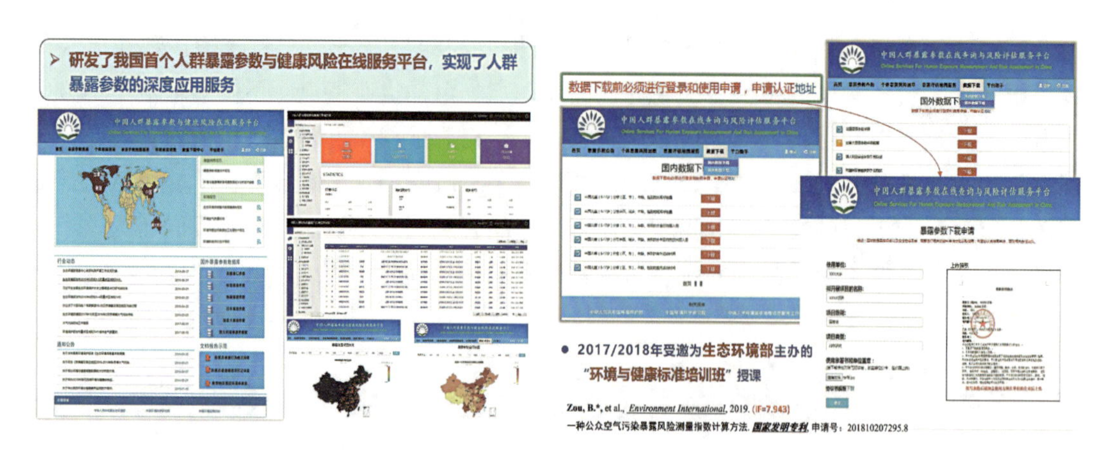

图 1.4.39 工程应用：暴露参数与健康风险在线服务平台

在此基础上，我们团队通过国家重点研发计划项目，研发了大气污染暴露测量与健康风险来源解析的一套系统(图 1.4.40)。这套系统不仅可以实现数据的线上传输与集成管理，还包括移动设备和固定设备的管理，可在线诊断设备状态的功能，这些都集成到了数据管理平台。另外所有的模型，包括个体暴露的测量、人群暴露测量，甚至问卷调查数据等都可以在这里实现集成。设备、数据、模型方法集成之后，我们团队把大气污染做到了小时级、200 米分辨率的污染模拟，这样的模拟精度对于城市政府管理决策来说，意味着可及时掌握城市范围内何时何地有多大的健康风险，哪个地方该关停学校，哪个地方该抓一抓工地治理。政策就不再是全市全县整体关停，不是一刀切，而是有针对性的。另外针对未来的污染控制情景，这个系统还可以去分析未来城市空气质量治理程度。比如假定实现空气质量国家一级标准，或者世界卫生组织的标准，需要付出怎样的经济代价。从健康效益和成本两方面，可以做方案对比，通过方案对比提供决策支持。

此外，还可以做个体暴露测量，个体暴露测量工作就是将移动轨迹数据与精细制图等结合起来，包括空间邻接模型都用在里面。集成起来之后，可以让公众在这个平台里面注册，手机注册之后，用户无须携带污染监测设备，平台可以显示用户所在地遭受空气污染暴露的风险值，并且通过平台解析一日内的数据，告知用户一天的暴露测量结果，还可以让用户选一段时间范围，查询这段时间范围内自己在哪个场景遭到了暴露，比如在咖啡馆或在马路上，所受到的暴露污染物是 6 大污染物中哪一类污染物，污染来源是交通污染源、工业污染源还是施工工地。

最后，针对公众需求，考虑到敏感人群规避暴露风险的日常需要，增加了公众暴露信息实时播报、健康出行活动规划等一系列服务。我们团队平台可以把当天的空气质量、气

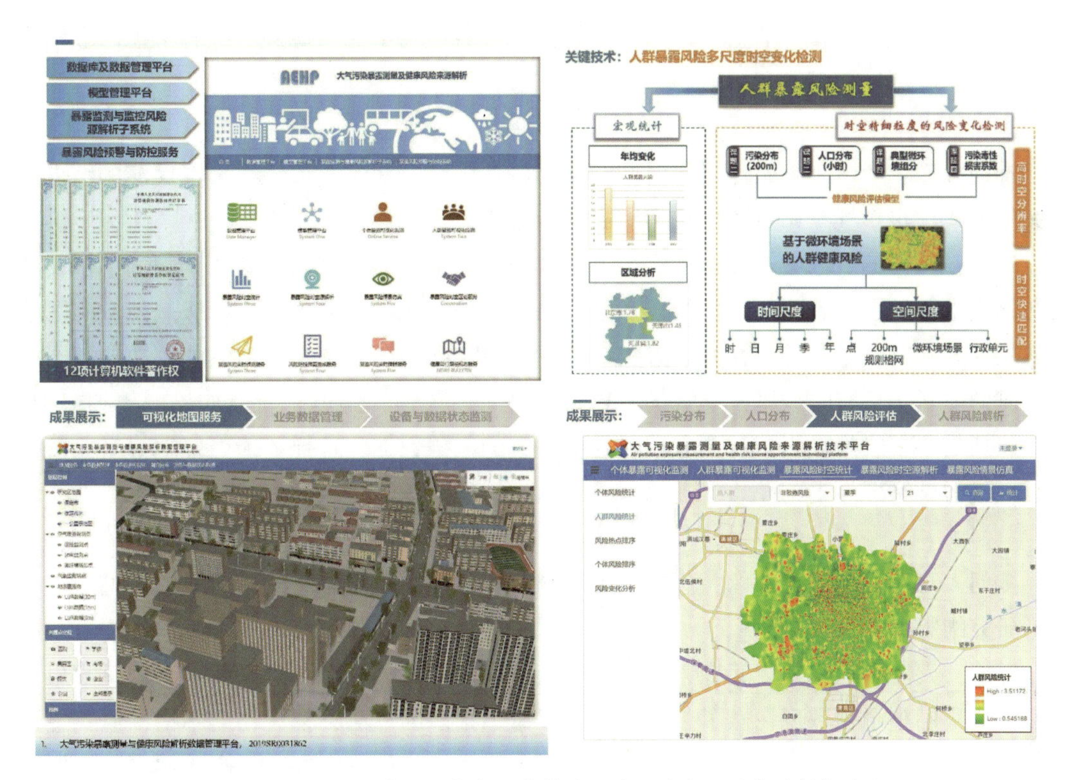

图 1.4.40 工程应用：大气污染暴露测量及健康风险来源解析系统

象等数据告诉用户，以及用户现处的暴露风险值，提醒用户待在室内还是要注意减少户外运动，使用短信自动提示用户。另外，假设家里老人要外出散步，平台可以给出适合散步的区域。即沿着马路四个方向的最远散步范围，不是往山上或草丛里走，是指从污染暴露风险防控角度来看的最大可步空间。这背后的依据就是，系统已经内设了一个默认的风险域值范围，一旦活动范围超出用户可承受风险的阈值就得返回，不然哮喘等疾病就可能发病，这就是健康出行可达性方面的应用。

健康出行就更容易理解了，常用的有最快出行，有最慢、最堵、最短的路径，这里我们团队研发了最健康的路径。有了上述工作，实际上对于大气污染暴露风险的防控，针对政府或个体，都有新的防控手段或信息服务决策支持。

【互动交流】

提问人一： 请问在大气污染研究中如何引入季节、天气、区域特点等因素的影响？

邹滨： 因为我们做的是大气污染的精细模拟，精细模拟过程当中要考虑到污染来源和影响污染扩散的因素，而这些因素中就有气象、地形等，这些与季节是有关系的，与天气、地域也有关系。那么怎么去体现？比如说降水的因素、气温的因素、风向的因素这些也许用时均、日均这些细粒度的观测数据就可以体现，当然从建模的角度也可以分季节来建模；对于区域因素，一般会考虑地形的特点，或者从污染的来源或者综合考虑产业结构等进行适当分区后建模。

提问人二：考虑气象站点自身时间、空间的局限性，除了验证遥感影像反演的结果以及大气模式预报，气象站点数据如何更好地应用于研究？

邹滨：现有的气象数据站点确实少，一般县级以上才有一个国控站，全国的数据要做精细的百米级制图是有问题的。所以从这个角度来说，我们团队做的百米级制图，实际上是拿了地方加密站数据的。在湖南省长沙市，就有 200 多个加密站，当然加密站没有国控站监测的要素全，有时候是三要素的，比如说降水、风速、温度。所以如果做精细模拟，我建议还是要多收集或直接观测获取时空更精细的气象数据，这样才能更好地将气象数据用于大气污染制图。

提问人三：基于遥感影像，怎样权衡不同气体、不同反演方法的反演误差对整体空气污染研究的影响？

邹滨：大家提的都是大问题，怎样去权衡不同的反演方法对结果的影响，这里我想和大家说，我们整个领域现在做了很多的模型，做了很多的方法，都说精度不错，但我想强调一下：第一点，如果你们去做，如果要做高分辨率的，就一定要有更高分辨率的数据去验证这个结果，观测的密度、分辨率要高于建模的分辨率，只有这样评价的误差才会有意义。

第二点，在模型构建过程当中，我认为回顾历史数据的方向或者是做当下的模拟，那都是“马后炮”。未来的模拟是咱们看得着的，10 年、20 年后，我们可以再看看方法是否靠谱，结果是否可信。预测预警我个人认为这是更大的可以努力的方向。

另外，目前遥感监测的重点主要是颗粒物，臭氧也开始在做，其他痕量气体做得更少，所以要想利用遥感一种手段全面认知空气污染还是有缺陷的，这也对我们全面准确评估大气污染暴露风险有影响。当然这就需要大家未来继续努力！

（主持人：方志祥；摄影：李皓；录音稿整理：徐明壮；校对：陈佳晟、熊曦柳）

1.5 惯性导航在地球空间信息技术中的时空传递作用

(牛小骥)

摘要：武汉大学卫星导航定位技术研究中心教授牛小骥做客 GeoScience Café 第 301 期讲座，带来题为"惯性导航在地球空间信息技术中的时空传递作用"的报告。本期报告中，牛小骥老师从科研实践出发，以惯性精密测量、自动驾驶为例，介绍了惯性导航与组合导航的原理以及惯性导航在移动测图中发挥的作用。

【报告现场】

主持人：亲爱的老师、同学们，大家晚上好！欢迎来到 GeoScience Café 第 301 期讲座的现场。今天我们有幸邀请到了武汉大学卫星导航定位研究中心牛小骥教授为我们分享以"惯性导航在地球空间信息技术中的时空传递作用"为主题的讲座。今晚的讲座嘉宾牛小骥老师长期从事惯性导航与组合导航研究，带领团队先后研发了高精度组合导航数据处理软件、高精度低成本车载组合导航解决方案、A-INS 高铁轨道检测小车等多项代表性应用成果。牛老师曾主持国家重点研发计划课题 1 项，自然科学基金面上项目 2 项，累计发表学术论文 100 余篇，获批国家发明专利 30 余项。让我们掌声有请牛老师。

牛小骥：今天非常荣幸来参加活动，给同学们分享一些我的科研成果和观点(图 1.5.1)。今天我的讲座题目是"惯性导航在地球空间信息技术中的时空传递作用"。我觉得这个作用长期以来被行业所忽视。地球空间信息技术又叫作 Geomatics，它的核心是移动测图。接下来我会按顺序介绍这几部分内容：

(1)惯性导航和组合导航的原理；

(2)惯性导航发挥的时空传递作用；

(3)惯性导航在移动测图过程中的作用以及两则实际案例；

(4)总结与展望。

1. 惯性导航和组合导航的原理

首先是惯性导航原理。惯性导航在大类上分属于导航技术里的航位推算技术，即 Dead-Reckoning 技术。我用这张图和公式来解释一下航位推算技术(图 1.5.2)。航位推算

图 1.5.1 牛小骥老师做精彩报告

技术是在知道当前时刻位置的条件下，推算下一时刻位置的定位方式。假设参考坐标系内前一个时刻的载体位置或位置向量已知，那么通过测量或推算出当前位置相对于前一个时刻位置的相对位移大小，然后将位置变化向量叠加到前一个时刻的绝对位置上，就可以得到最新时刻载体的绝对位置。以此为基础可以计算出每一步的位置，其核心就是计算出相对位移量。航位推算方法有得天独厚的优点和特殊的缺点。优点是每一步不需要做绝对测量，只需要做相对测量，这一优点使航位推算方法拥有非常好的连续性，不容易中断。但是缺点也很明显，那就是误差发散。每一步都做的是相对测量，若干次相对测量叠加在一起后，误差会逐渐累积，导致绝对测量的精度越来越差，误差逐步发散。因此，航位推算方法很难长时间地独立工作。惯性导航是一种典型的航位推算，所以有航位推算方法的优点和缺点。

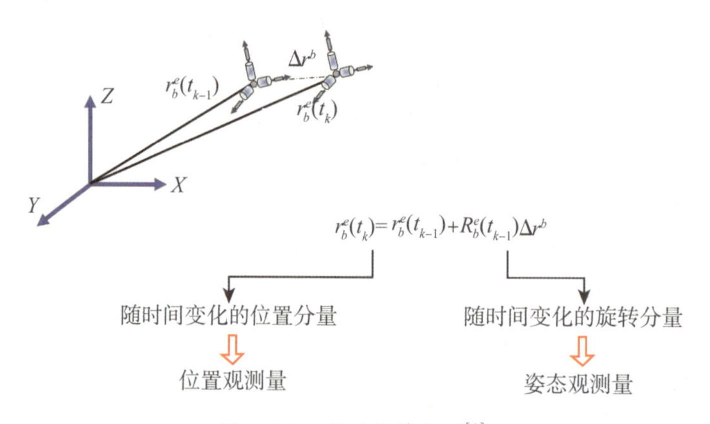

图 1.5.2 航位推算原理[1]

惯性导航理论是基于惯性空间成立的，应用了牛顿第一运动定律和第二运动定律。惯性传感器分为两种：加速度计和陀螺仪。加速度计用来测线运动，陀螺仪用来测角运动。目前主流的惯性导航方案采用的是捷联惯性导航计算，其核心算法是投影和积分。用最简化的框图给大家介绍一下(图 1.5.3)。陀螺仪测出的角速度经过特殊的积分算法(姿态积分)积分成角度。然后将加速度计测出的加速度(严格来讲是比力信息)，从载体坐标系投影到导航坐标系。投影完成后，补偿掉被称为有害加速度的重力加速度、哥氏加速度等，最后留下纯粹的载体运动加速度。对运动加速度积分一次就会得到速度，对速度再积分一次就得到位置。这样我们就实现了惯性导航一个历元的解算。

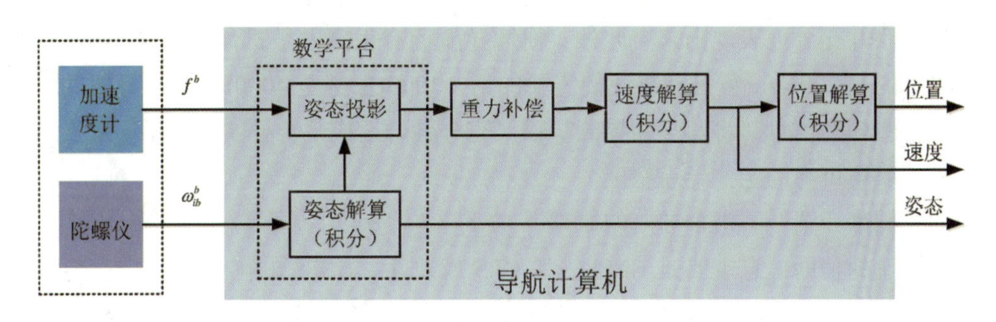

图 1.5.3 惯性导航算法(机械编排)原理

惯性导航的局限性是导航误差随时间而发散。假设在极端简化的环境下给出一个惯导位置误差表达式(图 1.5.4)。其中，初始位置误差对惯导定位误差的影响是一个常值误差，初始速度误差会造成随着时间的一次方发散的定位误差。初始姿态角误差(比如俯仰角误差)会造成重力加速度在水平面上的投影误差，产生与加速度同等影响的误差。而加速度误差会随时间造成二次方发散的定位误差。最后，陀螺误差是最可怕的，因为它造成了随时间三次方发散的定位误差。原因如下：陀螺仪测的角速度积分一次得到角度，在这个过程中陀螺常值误差就会造成随时间一次方发散的角度误差，而常值角度误差又会随时间造成二次方发散，这里相当于一次方发散与二次方发散叠加，得到三次方发散的定位误差。因此如果陀螺精度不够高或有一定的误差，它造成的位置误差发散是非常快、非常可怕的。为了保障系统的整体性能，我们会在陀螺仪上花费 90%以上的精力来尽力压制这项误差。惯性导航的误差等级也是按陀螺精度来划分的。

$$\delta r^N = \delta r_0^N + \delta v_0^N \cdot t + \frac{1}{2}(g \cdot \delta\theta_0 + b_{aN}) \cdot t^2 + \frac{1}{6}\left(g \cdot b_{gE}\right) \cdot t^3$$

图 1.5.4 简化的惯导定位误差传播公式

惯性导航的另一个局限性是需要外界给定初始信息。因为惯性导航只能做相对测量，所以需要 GPS 或者人工设定初始信息。在几十年前，惯性导航还有一个巨大的局限性是设备昂贵、笨重且难以维护，因此只有军工、航空、航天等高大上的产业才敢用。但是随着光学陀螺、光纤陀螺、MEMS 惯性导航的发展，这个现象已经彻底改变了。今天已经出现了大量的 1 美元左右的用于手机的惯性导航芯片或惯性传感器芯片，它已经变得便宜又小巧。那么，我们为什么还要使用有这么多局限性的惯性导航呢？因为惯性导航具有独一无二的优势，使我们沉迷其中，欲罢不能。

第一个优点是全自主工作。惯导不需要从外界获取信息，不被外界干扰。只要设备不出故障，谁也拿它没办法。第二个优点是导航信息非常完备，有姿态、速度、位置、加速度、角速度，几乎能掌握三维空间全套的运动信息。第三个优点是短期相对推算的精度特别高，动态特性也很优秀，无论多么剧烈的动态，只要不超过量程，它总是能非常连续细腻地准确捕获并充分地表现出来。此外，惯性导航拥有很高的数据率和非常好的连续性。通常最典型的是 200Hz，但是如果我们需要的话，1000Hz 甚至 4000Hz 都是可以的。如果能够利用一些辅助信息，将其与惯导测量输出充分融合达成组合导航的效果。那么就可以扬长避短，取得更高的定位导航精度。

下面我们来介绍一下组合导航的原理。

组合导航的辅助信息主要是 GNSS，如 GPS 或北斗。GNSS 的优势是稳定，绝对定位的长期精度特别高。GNSS 接收机有时间信息，能够进行精确授时。但是 GNSS 容易受环境干扰，信号容易被遮挡、衰减和反射。此外，GNSS 动态响应能力也不太好，一般接收机输出只有 1Hz。如果载体动态特别高，GNSS 信号容易失锁而起不到定位作用。可以看到，GNSS 的缺点都是惯性导航的优点，两者组合在一起后，优点相融，缺点互掩。所以组合导航就是一个非常理想的导航定位方案。

组合导航根据信息融合深度分为三个层次。图上紫色的是惯性导航，蓝色的是 GNSS，红色的是组合导航滤波器(图 1.5.5)。第一个是松组合，利用 GNSS 独立进行导航解算得到位置和速度，然后将位置和速度与惯性导航解算出的位置、速度等进行信息融合，得出最终的位置、速度和姿态。松组合结构非常简单，技术非常成熟，实现起来方便快捷。但它要求 GNSS 有独立的定位，即有 4 颗及以上的可用卫星。而在城市复杂环境下，往往观测不到 4 颗卫星。GNSS 无法根据 3 颗卫星定位，惯性导航只好独立进行推算，误差逐渐

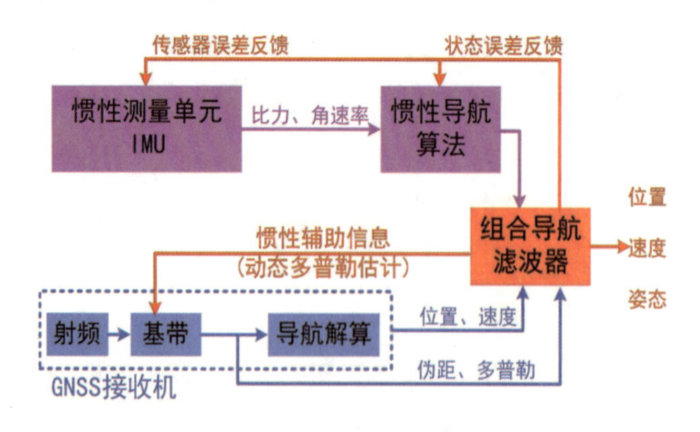

图 1.5.5　组合导航的原理

发散。紧组合可以解决上述矛盾。紧组合可以直接利用GNSS的原始观测信息进行组合，不需要卫星的定位，哪怕只有1颗卫星，也可以发挥其作用。紧组合的粗差探测能力很强，因为它可以具体到某颗卫星的观测结果。如果出现异常值，可以直接剔除。紧组合技术较成熟，实现起来较容易，但算法结构更为复杂，算法计算量有所增加。目前，紧组合常常被应用在城市车载导航自动驾驶、无人机等工作环境复杂、有遮挡的情况下。第三个是层次更深的深组合。深组合把惯性导航和组合导航解算出的信息反馈到GPS接收机底层的基带信号处理，然后把载体运动造成的基带信号冲击或动态应力减小甚至彻底地补偿掉，从而使得基带环路或者基带信号处理处在一个准静态的环境下。在这种情况下，我们通过对基带信号滤波，延长积分时间，可以全面提升性能和提高自然输出的原始观测品质。因此我认为深组合虽然不够成熟，应用不多，但它仍是未来发展的方向。未来所有的组合导航、接收机都会用到深组合。

实际上惯性导航的解算信息和辅助信息都是有冗余的，组合导航能够利用互补滤波处理冗余信息，来达成最优解(图1.5.6)。互补滤波的核心是将两个带有冗余观测信息的数据求差，隐蔽真实信息，滤波结束后再让其出现。因为用于组合导航的不同传感器之间通常有天生的互补特性，比如惯性导航短时间内误差发散很慢，GNSS短时间内误差跳跃，两者具有完全不一样的特性，因此在求差后很容易被筛选分离，比如说低通滤波器能把GNSS的高频噪声过滤掉，留下惯性导航的低频漂移误差。在组合导航中具体实现这种思想的是卡尔曼滤波。

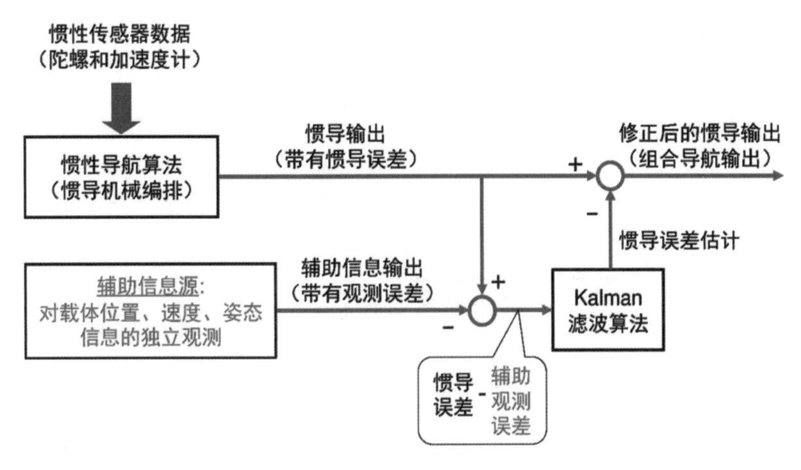

图1.5.6 组合导航算法的互补思想[1]

在导航算法设计中首先需要考虑的是状态向量(图1.5.7)。回到刚才的图(图1.5.6)，我们的目标是利用滤波器进行惯性导航误差估计。惯导导航误差总共有9维，包括位置、速度、姿态等。但是通过实践，我们发现只考虑9维误差是不够的。由于惯性传感器本身不够完美，因此IMU零偏误差也需要估计，15维惯导误差是非常常见的。此外，若载体的动态比较强，比如赛车、战斗机等，IMU标度因子误差往往也需要进行在线补偿和估计，这样我们的状态向量总共有 21 维。当我们选择紧组合，即直接利用 GNSS 的原始观测信息进行组合，由于需要利用 GNSS 底层信息，那么接收机钟差、大气参数、模糊参数都需要纳入考虑。

□ 状态向量：

位置误差	3
速度误差	3
姿态误差	3
IMU零偏误差	6
IMU标度因子误差	6
接收机钟差	
大气参数	
模糊度参数	

里程计比例因子

□ Kalman模型

$$\dot{X}(t)=F(t)X(t)+G(t)W(t)$$

$$z=\begin{bmatrix} r_{\text{INS}} \\ v_{\text{INS}} \end{bmatrix}-\begin{bmatrix} r_{\text{GPS}} \\ v_{\text{GPS}} \end{bmatrix}=H_kX_k+v_k$$

□ 算法设计

- 参考坐标系：当地水平系
- INS误差模型：psi角模型
- 姿态角表达：四元数

图 1.5.7　组合导航算法设计与滤波状态选择

为了实现组合导航算法，我们要构造出观测量和系统状态方程。状态方程的主要组成部分是惯性导航误差微分方程，而观测量用于进一步推导观测方程。这其中有非常多的细节可以探讨，今天我们就不展开了。组合导航算法属于实时处理的算法，也就是说算法需要当前时刻的状态。但是有一些应用可以事后处理，比如移动测图，它甚至允许采集数据后花一周时间来处理。在这种情况下，我们应该进一步采用反向平滑算法(图 1.5.8)。灰色是时间轴，Current 是当前时间点，滤波如橘色箭头所示，代表当前时刻的状态，绿色箭头代表平滑算法。该算法有点类似“事后诸葛亮”，它拥有历史信息、当前信息和未来信息，因此它对过去某一时刻的系统状态进行估计是最准确的。

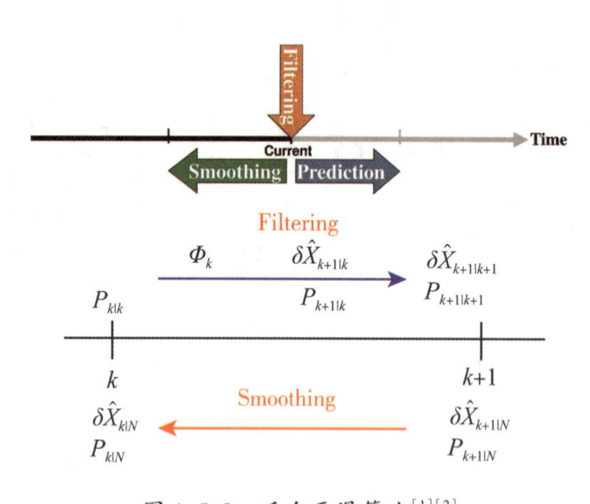

图 1.5.8　反向平滑算法[1][2]

大家来看反向平滑算法的效果(图 1.5.9)。这是一辆车经过隧道时的导航数据，蓝色的是实时滤波结果，红色的是反向平滑算法效果。从图上可以看出，蓝色在不断地发散，等出隧道后，误差随着GPS的恢复迅速下降，而红色变化缓慢。所以，有条件的话我们一定要做反向平滑，它带来的精度提升往往是一个甚至两个数量级的。

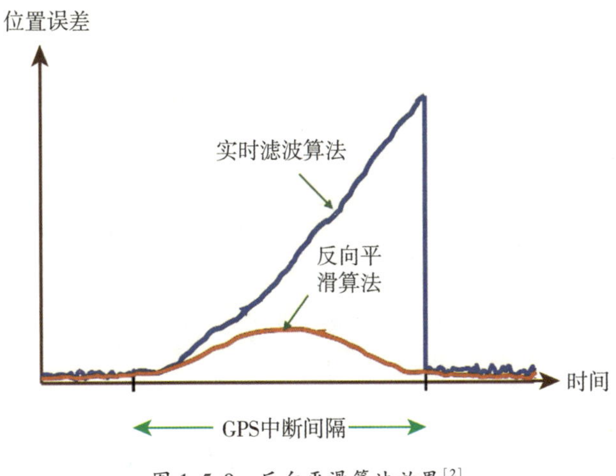

图1.5.9 反向平滑算法效果[2]

2. 惯性导航发挥的时空传递作用

下面我们来讲组合导航里的时间同步。第一，不同传感器的采样频率是不一样的，普通GNSS接收机的输出频率往往为1Hz，而惯导为了细腻地反映载体运动，输出频率通常为100到200Hz。那么两者间巨大的数据频率差会不会给我们带来问题呢？答案是不会。惯导在没有GNSS的时候，可以独自进行推算。此外，卡尔曼滤波没有要求系统方程的状态预报和观测方程的观测修正同频，它是可以有差异的。

第二是时标统一的问题，即当GNSS观测值产生之后，这个观测值应当和哪一个时刻的惯导结果做融合呢？具体来讲，GNSS接收机出于授时的考虑，整秒时会输出一个额外的脉冲信号，叫秒脉冲。我们把脉冲送到惯导，然后让惯导设备触发一个中断，记录中断对应的惯导内部处理器的时间。这个时间跟GPS整秒的时间对应的是同一个时刻，就是秒脉冲时刻，据此就可以确定GPS时间跟惯导内部的计算机时间的换算关系。之后我们就可以进行时间的转换，并最终统一时标。

但是很多情况下，惯导观测值和GNSS观测值往往难以严格对应，即GNSS观测值会在相邻两个惯导采样时刻之间产生(图1.5.10)。对低速载体而言，可以进行近似估计，考察GNSS观测值距离哪个惯导测量值更近，就认为当前GNSS观测值与该时刻惯导测量值是时间同步的。对于飞机等高速载体而言，这样的估计就会产生较大误差，因为仅仅10ms的时间同步误差，伴随而来的位置差异可能达到10多米。这种情况下我们只能使用诸如匀速等运动假设，利用内插或外推的方式来确定GNSS观测值产生时刻的惯导位姿。

最后一个问题来自硬件与软件延迟。虽然我们可以在整秒拿到GNSS观测值，但是信

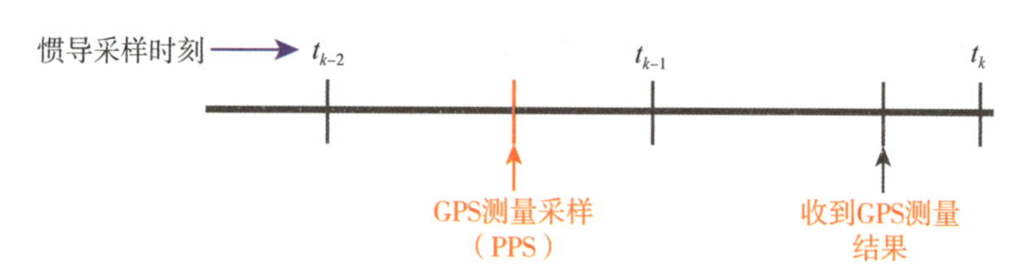

图 1.5.10 惯导与 GNSS 采样时刻不同步问题

号捕获、跟踪、数据解码以及定位解算等过程会消耗几十毫秒，同时信号在设备间传输也会经历硬件延迟。因此最终惯导终端得到的 GNSS 定位结果已经“过时”了，此时载体可能已经飞出几十米。这个时候我们可以利用惯导的状态转移矩阵将几十毫秒之前的 GNSS 位置转换到当前时刻。这正体现了惯导的时间同步本领，它可以用历史观测量对当前的状态进行修正，而这是其他定位手段难以企及的。

下面来解决空间同步的问题。空间同步主要解决杆臂补偿。具体而言，惯导设备有自身的测量中心，而 GNSS 解算得到的位置为天线相位中心，我们无法让二者重合在一起，二者之间的相对位置就叫杆臂。在大型货轮或者大型客机上，二者距离较大，杆臂更是不可忽略的。好在惯导和 GNSS 天线的位置是相对固定的，我们可以通过卷尺或全站仪等工具测量得到。测出来之后，在载体坐标系里面它是已知量，那么在导航的时候，我们可以用惯导算出来的姿态角，把在载体坐标系里已知的杆臂向量旋转投影到导航坐标系里去，然后在导航坐标系里进行补偿，补偿完就可以将惯导中心和 GNSS 天线相位中心放在一起。惯导之所以能解决空间同步问题，就是因为惯导能够提供姿态信息。杆臂还会对组合导航产生很多间接干扰，比如误导、拉偏姿态角，影响陀螺仪零偏和加速器零偏的估计，在深层次上伤害组合导航的品质，影响组合导航的性能。除了认真补偿外，我们还有几项原则用于减小影响。杆臂的长度越短越好，杆臂测量精度应与 GNSS 定位精度相匹配，杆臂应用卷尺、全站仪来测量。

3. 惯性导航在移动测图中的应用以及两则实际案例

正因为惯性导航提供了姿态信息，杆臂补偿才能实现。那么同样的思路，我们也可以迁移到地球空间信息技术中。以一架遥感飞机为例(图 1.5.11)，惯导位于飞机机舱，GNSS 天线位于飞机顶部，飞机上也会有对地摄影测量相机，地面上也会有制图坐标系。这样一来，我们就有很多个坐标系，很多个设备需要互相建立关联，空间同步和时间同步变得更加复杂。为了做好空间同步，首先我们要对所有设备进行刚性固定，使得它们能够在飞机颠簸状态下保持相对静止。之后对各个设备之间的杆臂进行测量。安装角大部分需要算法来标定，一方面可以使用视觉-惯导开源算法进行标定，另一方面也可以使用传统空中三角测量的控制点标定的方式。

插一点其他信息。组合导航在摄影测量中称为 POS(Position and Orientation System,

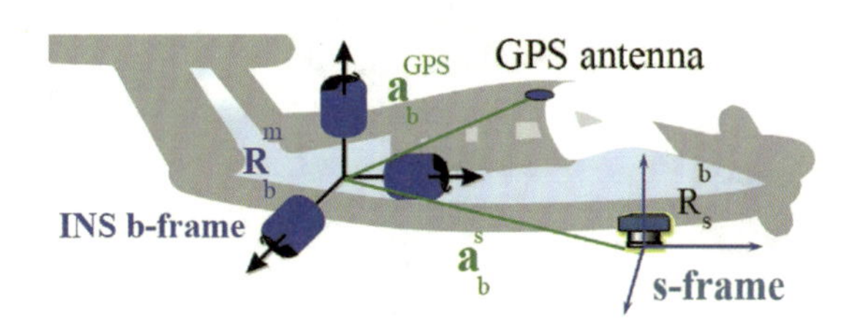

图 1.5.11 航测飞机传感器分布[1]

定位定姿系统)。虽然 POS 和组合导航在硬件配置上一致，但是在算法和目标上有很大差别。首先，组合导航系统有米级、度级的位姿精度就足够使用了，但是在实时性和稳定性上要求非常高。而 POS 正好相反，POS 追求厘米级、角秒级的位姿精度，并允许较长的初始化时间与不够稳定的复杂算法。

回到惯导在时空同步中发挥的作用。打个比方，在多传感器融合的移动测图系统里，肯定要有人扮演时间、空间传递这个角色。我们希望扮演这个角色的传感器连续无缝，然后数据率要足够高，信息最好非常丰富。因为只有在自己的信息丰富的情况下，才能把各种传感器传送过来的不同类型的信息吸收进来，就像一个单位中的联络人。

那么谁能扮演这个角色呢? 单天线 GNSS 是没有姿态信息的。天线阵列虽然有姿态信息，但是 GNSS 最致命的缺点就是它一旦被遮挡，就无法做到连续无缝。视觉信息能定位也能测姿，在不考虑计算负担时，采样率也可以很高，但问题在于，在视觉纹理弱的环境下，它的精度无法保障。激光扫描雷达在几何特征不够丰富的环境中，也难以进行定位。综上来看，惯导 200Hz 的高采样率，加上对环境没有任何依赖，使得惯导天然成为一种能在移动测图系统中进行时空传递的利器。

下面我给大家介绍两个附加的案例，第一个是惯性精密测量(Inertial Surveying)，第二个是惯性导航在自动驾驶里的作用。对于典型的高精度惯导而言，其核心就是高精度的陀螺。一个典型的导航级激光陀螺的零偏误差为 0.01°/h，这意味着如果陀螺的量程以 1000°/s 来算，将其单位转换成°/h 的话是 3600000°/h，而它的误差也只有 0.01°/h。由此可见，惯性传感器是一种非常精密的传感器。有了这样精密的传感器，我们只需要把被测量物体转化成某种运动，然后把惯导装上去感知运动。这就是惯性测量或称惯性测绘。

下面我们来类比移动测图与惯性测量(图 1.5.12)。移动测图(Mobile Mapping)通过建立相机与被测坐标的关系以获取 POS 相机的绝对位置，然后利用该位置反推出被测点的坐标或几何特征。而惯性测量设计出某种机械装置，利用其将被测物体的几何特征转化成某种运动，然后把惯导放在上面感知运动。可以看出，惯性测量本质上是一种特殊的移动测图系统。此外，因为惯性导航的误差发散，精度往往得不到很好的保障。这种情况下，我们要充分利用数据事后处理的机会做反向平滑，甚至通过巧妙的设计创造出一种闭合平差的机会，这样的话能够进一步提高惯性导航或者组合导航的测量精度，实现被测物体更精细的测量。

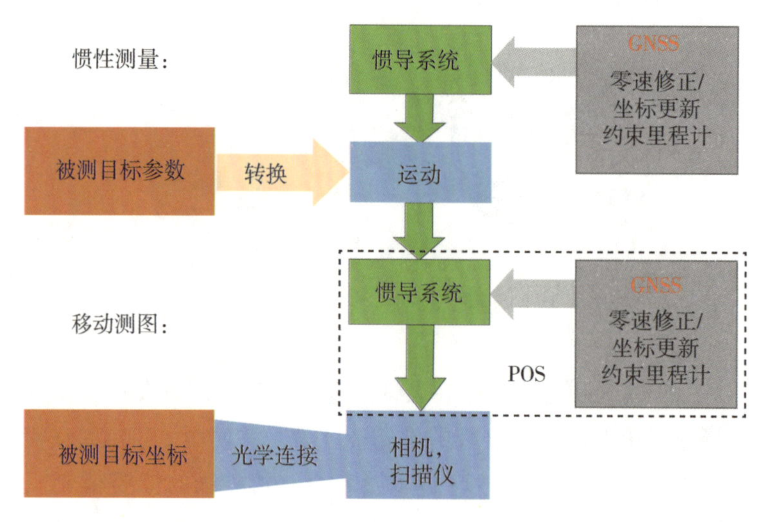

图 1.5.12 惯性测量与移动测图的相似性

这里我简单插播下惯性导航的发展历程。惯导在冷战时期飞速发展，使得原来昂贵的概念样机现在变得便宜小巧，并应用广泛。随着惯导传感器的精度提升，测绘工程师们萌发了利用其精度进行测量的想法。于是在 20 世纪 70 年代末期，他们搭建了一套高精度的导航级惯导，对美国高速公路网上的若干个待测节点进行了测试。最后实现了待测点坐标平面 0.1m、高程 0.3m 的精度结果，而且比传统测量更节省人力。在没有 GPS 的时代，这是一个让人眼前一亮的测量结果。然后当惯导正想大展拳脚的时候，GPS 实现了全球范围、全天候、厘米级的动态测量，引发了一股研究热潮，惯导因此被边缘化。但是风水轮流转，GPS 和传统光学测量的局限性逐渐表现出来，再加上高精度惯导设备越来越小巧便宜，因此惯导独特的优势逐渐显现出来。

下面我来讲两个惯性精密测量的例子。第一个案例是高铁的轨道平顺性检测，这是我们团队的王牌技术。高铁的轨道有不平顺的地方，我们希望把它测出来，而且要测得非常准，达到毫米级、亚毫米级的精度。我们用一个小车，然后在轨道上推，如果轨道有变形或者起伏，它就会变成小车的一个微弱起伏，从而转化成运动，这样就可以被高精度惯导所捕获和感知(图 1.5.13)，进一步地可以将位置和姿态解算出来，然后反演出小车本身的轨迹。这个原理是比较浅显的，真正的挑战在于组合导航精度通常为分米级、厘米级，但是我们现在要的是毫米级、亚毫米级精度。这就需要用到后处理手段，通过反向平滑把精度进一步提高，测出的结果与传统高精度的水准测量相比，几乎是一模一样的。

另一个惯性精密测量的例子是城市地下管线测量。管线经常年久失修，图纸丢失，或者由于地下形变、城市沉降的影响导致原来的坐标不准，这时候我们需要重新测量管线的坐标。有一种方法是用探地雷达，但是精度很低，不能测太深的地方。另一种方法是把一个带着惯导的测量装置从一端塞进去再从一端拉出来，管道两端的出口都有坐标，中间只能靠惯导测量。一般情况下将装置拉过去后需要再把惯导沿着原轨迹拉回来，这样一去一回可以有个闭合差，然后通过平差就可以实现分米级的精度，达到管道长度的千分之一到

图 1.5.13 高铁轨检小车(惯性测量的典型案例)

千分之二的测量精度。输油管线也可以应用类似的原理。管线需要定期检查漏油、腐蚀位置，可以利用带超声波的检测器从一个泵站塞进，到另一个泵站回收，实现传输路上的检测。

第二个典型的案例是自动驾驶。自动驾驶有很多的传感器，它们装在车的不同位置上，各自有各自的采样率和采集时刻。而自动驾驶必须实现比较精准的控制，要求至少是分米级的定位，而且是在复杂环境下的动态实时定位。由于惯导可以打通时间和空间的关系，因此可以在自动驾驶里扮演重要角色。具体来讲它可以起到三个层次的作用。第一个作用是直接贡献。在 GNSS 或者其他导航定位手段没有办法做导航定位的时候，比如钻隧道，它就可以起到一个桥接的作用。然后由于它优越的相对精度也可以给自动驾驶的控制提供非常丰富的动态信息，比如说加速度、角速度等。这些信息可以用于变换车道控制，上下高架判断等 GPS 较难实现的控制。此外，惯导还能提供编队行驶中前后车运动变化的精确信息。第二个作用是辅助其他导航定位手段，它可以为其他的信息源，比如 GNSS 或视觉提供质量控制的参考信息，如剔除掉存在粗差的 GNSS 观测值、辅助周跳探测、模糊度固定等。第三个作用是促成各个导航定位手段的相互辅助。自动驾驶的各种导航定位手段，可以以惯导为媒介来实现信息的相互融合和沟通，相互辅助，产生多传感器融合的“化学反应”。

4. 总结与展望

惯性导航在地球空间信息技术领域里具有不可替代的作用。惯性导航天生善于优雅地进行地球空间信息的时间传递与空间传递。只有我们充分发挥惯导的时空传递作用，地球空间信息技术才能发展得更好，尤其是当今惯导已经由昂贵、笨重的设备变得非常便宜和小巧。在未来，惯性导航将作为唯一够格的位姿信息媒介来打通多种移动测图信息源，实现充分的信息传递与融合。随着 MEMS 惯导的持续发展，更好更便宜的 IMU 芯片将被集成进相机和 LiDAR 等测绘设备中，并配套提供定位定姿(POS)算法，最大限度地发挥其时空信息传递作用。

【互动交流】

提问人一：老师您好，我想问下在自动驾驶中万元级惯导的精度是否能够满足要求，比如在隧道内独立工作 1 千米？

牛小骥：万元可以买到不同等级的传感器，你可以用 1 万元去买 IMU，也可以用 1 万元去买一个组合导航系统。前者你可以买到很好的 IMU，就是 MEMS 准战术级；后者你买到的系统里的 IMU 基本上就是你手机上用的 IMU，因为那 1 万元基本上都支付了系统集成，还有里面的算法。

关于精度，跑一千米可能就花一分多钟的时间，如果你不借助车辆的辅助信息，那么中等精度战术级惯导，位置会飘 3～10m，这个精度肯定是难以接受的。一方面可以用事后处理，反向平滑，误差可能一分米都不到。还有一种办法，可以用车辆的这种辅助信息，比如说车辆运动的约束，还有里程计等，把位置误差压制在分米水平。

提问人二：在使用惯导的状态转移矩阵做时间同步的时候，观测方程的误差和状态方程的误差就不再独立，不满足卡尔曼滤波的条件了，这应该如何处理呢？

牛小骥：是的。状态转移矩阵实际上是由惯导生成的。里面自然带着惯导的陀螺误差，加速度计误差，这就使得这个观测方程的观测噪声不那么纯粹了。GNSS 的位置误差里也带有惯导的误差，确实如此。但是需不需要对它进行处理要看实际需求，通常而言其影响可以忽略。但是当转移时间比较长的时候，惯导误差的影响就表现得很突出了，甚至比 GNSS 观测噪声观测误差还要大，那这个时候就要在算法设计上做一些改进，比如进行解耦之类的操作。

提问人三：三种组合方式松组合、紧组合、深组合，如果不考虑后面的反馈过程，它们在数学本质是一样的吗？

牛小骥：深组合还是特殊一点，因为它已经不是简单的数据处理层面上的工作了。它更多地体现在利用惯导信息去辅助底层 GPS 接收机的信号处理。松组合和紧组合，本质上是没有区别的，都是对惯导误差进行在线估计与补偿。

提问人四：在手机中采集后，如果发现惯导有些数据缺失，有没有什么办法来进行事后处理？

牛小骥：因为惯导是推算的，所以它要求连续采样。少一个历元的话，那你肯定会有损失。你要能接受损失，你就将就着用；接受不了损失，就回去重采。我非常建议大家不要将就着用那种有问题的设备，一方面你处理不出来很好的结果，另一方面处理出来的结果到底好还是不好，也没法做判断，这就浪费了宝贵的时间。

提问人五：我的问题是 PPT 上管线仪的精度大概是什么样子的？如果有多个惯导，效果会不会更好？

牛小骥：因为普通惯导太大也太沉了，所以管线里用的惯导只能是那种准战术级的惯导，也就是准战术级的 MEMS 模块或者接近战术级的 MEMS 模块。价格大概从 1 万元到 5 万元水平。如果多用几个惯导的话，我们行内说法叫惯性阵列。但是这个有争议，有些人认为同等级的惯导，用得再多也没有什么帮助，有些人认为 n 个同等级惯导的累加，会让它的误差减小到$\sqrt{n}$倍。我支持后一种观点。但是如果你用这种准战术级的 MEMS 模块的话，通过多个惯导来提高精度，我觉得不太划算。因为它可能每个 1 万元，4 个一共 4 万元，但只换来了一倍的精度提升，这个就不一定划算了。如果你用那种手机里的 1 美元芯片，你用 100 个才 100 美元，100 美元就不是什么成本，但中间应该有一些关键技术。

提问人六：有没有推荐的手机芯片？

牛小骥：有，美国硅谷有一个公司叫 InvenSense，他们家有一款芯片叫作 ICM-20602。这款用在手机上的芯片经过测试筛选后发现，参数虽然不准，但是稳定性非常好，包括温度稳定性、时间稳定性。这就意味着如果我们有办法提前把误差标定一下的话，或者在线把常值误差标定、估计和补偿一下的话，那么它的精度是很不错的。他们应该有更新的型号稳定性更好，感兴趣的同学可以关注一下。还有另外几家公司也是给手机做芯片的，就是那些供应手机 IMU 芯片的公司，其实他们的技术也都跟进得差不多了，市场竞争使得他们的水平基本上都拉平了。技术赶不上的公司，都已经被淘汰掉了。

（主持人：张崇阳；摄影：江柔；录音稿整理：江柔；校对：王昕、凌朝阳）

参考文献：

[1] Naser El-Sheimy 2006, “Inertial Techniques and INS/DGPS Integration”, Lecture notes ENGO623, University of Calgary, Canada.

[2] Shin E H. “Estimation techniques for low-cost inertial navigation”. [D]. Canada : University of Calgary, 2005.

1.6 夜光遥感的历史、现状与展望

（李 熙）

摘要：夜光遥感是近年来遥感领域的重要分支和新兴热点，引起了众多学者的研究兴趣。在 GeoScience Café 第 302 期交流活动中，李熙老师从夜光遥感的概念、机理、方法和应用等多个角度出发，介绍夜光遥感的历史、现状与未来趋势，并特别介绍了武汉大学“珞珈一号”卫星对于夜光遥感的贡献。

【报告现场】

主持人：各位老师、同学，大家晚上好，我是今晚讲座的主持人胡承宏，欢迎大家参加 GeoScience Café 第 302 期活动。本期我们非常荣幸地邀请到了李熙老师。李熙，武汉大学测绘遥感信息工程国家重点实验室教授，博士生导师，亚洲开发银行（ADB）国际顾问；发表 SCI 论文 30 余篇，担任 *Science Advances*、*Remote Sensing of Environment* 等 30 多种国际期刊的审稿人；主持国家重点研发计划、国家自然科学基金等多个国家级项目。研究成果曾经获得国务院办公厅、联合国安理会的采纳或引用，曾被《纽约时报》、《科学美国人》、CCTV 等 600 余家国内外媒体报道。下面让我们有请李熙老师，掌声欢迎。

李熙：大家好，很荣幸今天有机会同大家分享一下我在夜光遥感方面的研究经历，以及夜光遥感领域的历史、现状与展望。我 2009 年从武汉大学遥感学院毕业，同年进入测绘遥感信息工程国家重点实验室工作；2012 年开始接触夜光遥感，到现在已经研究了接近 10 年的时间。今天的报告主要分为五个部分，分别是：

（1）夜光遥感及应用；

（2）夜光遥感与决策支持；

（3）“珞珈一号”卫星；

（4）夜光遥感的历史回顾；

（5）夜光遥感的前沿与展望。

1. 夜光遥感及应用

在古代，夜间照明是保障老百姓生活的一种重要的手段。古人的夜间照明，主要依靠燃烧动物油脂、植物油脂、蜡烛等燃料。以当时的生产力水平，其经济成本很高，这就意味着哪里有灯光，哪里就比较繁荣。因此，在古代，夜间灯光就能够比较好地反映城市的繁荣程度，以及区域之间的差异。

1941 年 9 月 2 日，盟军空袭柏林，当时防空探照灯以及防空闪光弹产生巨大的夜间灯光信号，成为目前已知的全球第一幅城市夜景遥感图片。

“二战”之后，美国军事气象卫星(Defense Meteorological Satellite Program，DMSP)兴起，获取了大量的全球夜间图片。DMSP 卫星最早是用来进行云层探测的，但后来科学家们发现，如果在无云的情况下，影像可以看到城市的夜景。比如从 DMSP 影像(图 1.6.1)上可以看到，1993 年到 2013 年长三角地区的夜间灯光有很明显的差异，灯光由弱变强，由孤立变成连片。这体现了这 20 年来长三角地区在改革开放政策的驱动下，经济得到快速发展，实现区域一体化发展。

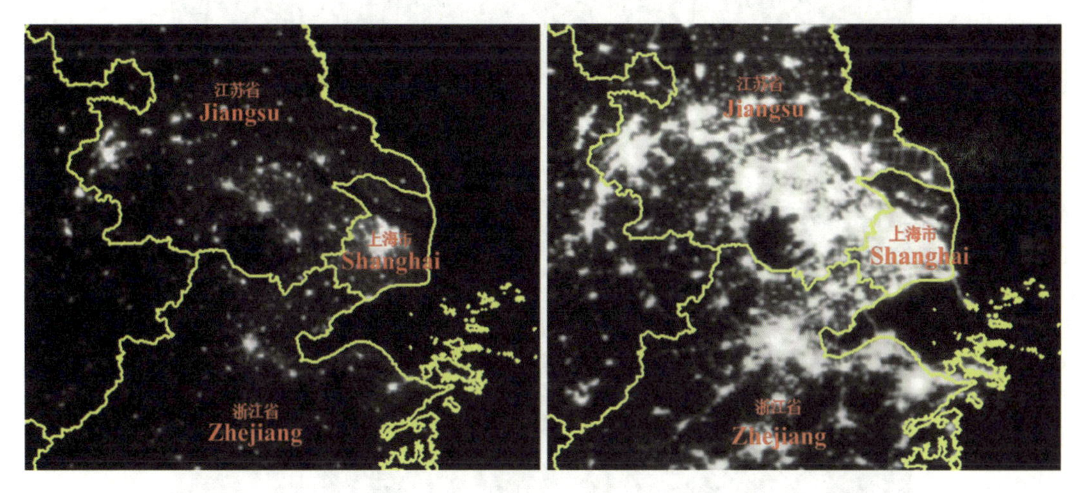

图 1.6.1 长三角地区 1993 年到 2013 年的夜光变化(DMSP/OLS 影像)

在国际空间站(International Space Station，ISS)，宇航员可以用照相机拍摄全球各个城市的夜景，图 1.6.2 是 2010 年拍摄的武汉市夜光影像，影像空间分辨率是 60m。事实上现在的国际空间站配有可以自动对地拍摄的云台，不再需要宇航员手持相机进行拍摄。从图 1.6.2 可以看到武汉市的主干道、商业区、工业区。对武汉来说，夜间灯光的一半以上来自交通照明。这是一个很有意思的现象，因为很多人可能会认为商业活动是灯光的主体，但对武汉来说不是这样的。

图 1.6.3 是我国长光卫星公司自主研发的“吉林一号”夜光影像，它白天、晚上都可以进行拍摄。对于夜间而言，它拥有三波段的 RGB(Red，Green，Blue)成像功能，能拍摄到 1m 分辨率的夜间灯光影像。从图 1.6.3 中可以看到，商业区跟道路差别较大。图中有一些蓝色的灯光，蓝色的光不是一种很好的光，它对于人类健康会有一些负面的影响。

我们给夜光遥感下个定义：在夜间无云情况下，遥感传感器获取陆地或水体可见光源的过程即夜光遥感。这个定义带有一些主观性，对于研究城市地理、区域经济、人类活动

图 1.6.2 国际空间站宇航员用照相机拍摄的武汉市夜光影像

图 1.6.3 “吉林一号”夜光影像

的学者而言，需要夜间无云；但是对于气象学家来说，他们可能会更关注有云的时候，比如云对月光的反射有什么影响。一般情况下，用于社会经济研究的夜光遥感影像来自无云区域的年平均合成影像。

夜光遥感的主要光源可以分为三种(图 1.6.4)，一个是城市灯光，一个是渔船发光，一个是油气井燃烧发光。城市灯光比较常见。渔船发光是通过巨大的灯光照明，把鱼吸引到船边然后进行捕捞。油气井燃烧发光是为了防止石油开采过程出现的天然气直接排放到大气中产生更大的隐患，直接燃烧所发出的光。在这三种灯光亮度中，油气井燃烧的亮度是最大的，可能会是城市灯光的好几百倍。

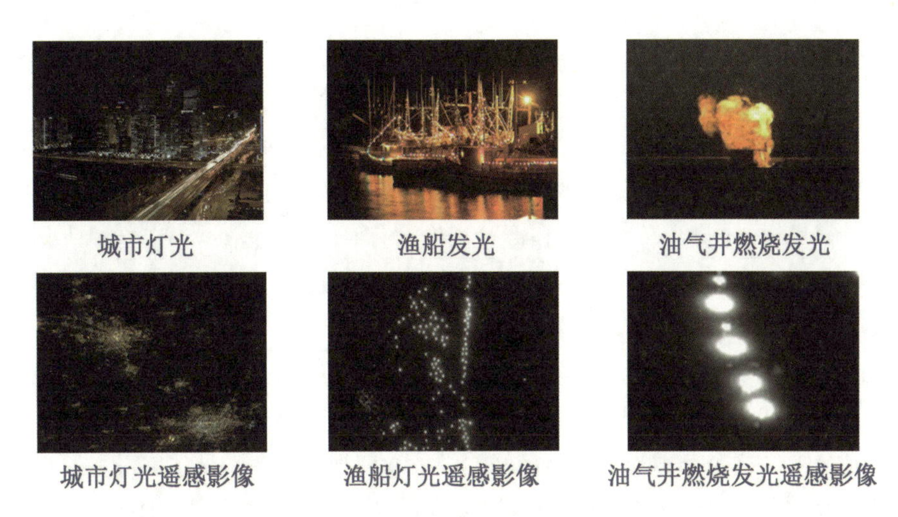

图 1.6.4　夜光遥感的主要光源(第一排图片来源于网络)

下面介绍一些比较有知名度的夜光遥感卫星(表 1.6.1)。第一个卫星就是 DMSP，2700m 分辨率。第二个是 Suomi NPP(Suomi National Polar Partnership，索米国家极地轨道伙伴)卫星，740m 分辨率。Suomi NPP 的 VIIRS(Visible infrared Imaging Radiometer，可见光红外成像辐射仪)传感器，它所拥有的 DNB(Day/Night Band，昼夜波段)是目前最常用的夜光遥感影像的来源，因为它具有很好的辐射质量，较高的空间分辨率。SAC-C(Scientific Application Satellite-C，科学应用卫星-C)卫星、SAC-D 卫星是阿根廷的两个卫星，这两个卫星的数据不公开。以色列的 EROS-B(地球遥测系统 B)卫星可以获取 0.7m 的全色波段。“吉林一号”可以获取 RGB 波段，是全球第一个同时具有高分辨率和多光谱波段的夜间卫星。最后还有武汉大学的“珞珈一号”，可以获取全色波段，空间分辨率是 130m。

表 1.6.1　一些夜光遥感卫星的介绍

观测平台	传感器	空间分辨率	所属国
DMSP 系统卫星	OLS	2700m	美国
Suomi NPP 卫星	VIIRS	740m	美国
SAC-C 卫星	HSTC	200~300m	阿根廷
SAC-D 卫星	HSC	200m	阿根廷
EROS-B 卫星	全色波段传感器	0.7m	以色列
吉林一号	RGB 波段传感器	1m	中国
珞珈一号	全色波段传感器	130m	中国

有关夜光遥感的基本应用，我们举几个最常用的例子。第一个领域是经济学，大量研

究表明，夜间灯光总量与国民生产总值存在一个很好的线性关系。比如对中国而言，在省级、地级行政区下，相关系数(R^2)都在0.85以上。这种关系对于统计能力比较强大的国家来说，直接意义并不是很大，因为灯光无法直接反映GDP(Gross Domestic Product，国内生产总值)，而统计部门已经获取了这个数据。但是对于世界上很多欠发达的国家，它们的GDP统计数据质量交叉，甚至在部分年份没有GDP统计数据，在这种情况下灯光就能起到代理变量的作用。有学者以缅甸为例，建立了这种计量经济模型，把1992年到2005年GDP年均增长率由官方的10%修正为6.5%。这篇文章(Henderson V，Storeygard A，Weil D N. *A bright idea for measuring economic growth. American Economic Review*. 2011，101 (3)：194-199.)发表在美国顶尖经济学期刊《美国经济评论》(*American Economic Review*，*AER*)上，这个杂志是全世界最好的经济学期刊，很多诺贝尔奖得主最开始的成名作可能就发表在*AER*上，这表明经济学领域是非常重视夜间灯光遥感技术的。

第二个领域是城市制图。城市建成区一直是研究气候变化和生态环境的一个基本数据。通过灯光提取城市范围的优势在于，它有非常低的成本和相对还不错的精度。一千米分辨率的城市范围分布图具有很好的实用性，而用灯光提取的一千米分辨率的城市图，精度适中。图1.6.5是美国Zhou Y. 教授所提出的，通过面向对象的方法提取城市范围。其中第一行是灯光的伪彩色图；第二行是对应的landsat(陆地卫星)影像图；第三行是通过

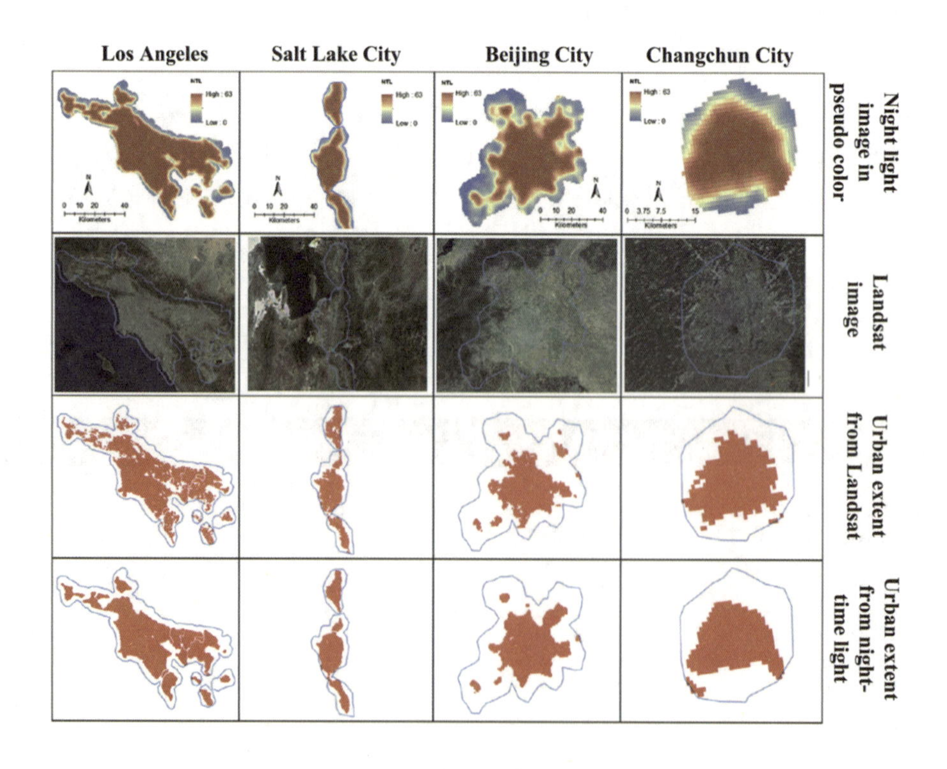

图1.6.5 面向对象的方法提取的城市范围

(Zhou Y，Smith S J，Elvidge C D，et al. *A cluster-based method to map urban area from DMSP/OLS nightlights*. ***Remote Sensing of Environment***. 2014，147 (5)：173-185.)

landsat 提取的城市范围；第四行是通过灯光提取的城市范围。可以发现，虽然两者的分辨率差别很大，但提取的轮廓是非常接近的，也就是说灯光提取到的城市范围具有很好的实用性。

第三个研究领域是光污染研究。欧洲的政府决策者及科学家们发现，夜间灯光在一定程度上会损害人类健康。夜光遥感为疾病的发生和光污染的关系提供了一种基础数据源。夜间灯光的强度会影响到疾病的发病率。大量研究表明，光污染可以对若干种癌症、肥胖、失眠产生影响，甚至会引发青少年夜晚型人格，这种病症表现为晚上很兴奋，白天精力很差。

以乳腺癌为例，美国有非常精确的乳腺癌空间分布数据，比如说图 1.6.6(a)是乳腺癌发病率的分布图，颜色越深代表发病率越高，图 1.6.6(b)是该地区灯光图。从图中可以发现，两者之间呈现正相关性，比如说灯光越亮的地方，乳腺癌的发病率就越高。但是我们很难依据这个关系说明灯光是否促使了乳腺癌的发病，这只能说明两者之间是相关的，不能说明两者是因果关系。但是灯光确实为疾病发病率的研究提供了一种基础数据，因为两者之间如果连相关关系都没有了，就更难谈因果关系了。所以全世界有很多类似的工作，证明了光污染和很多疾病的发病是有关系的。

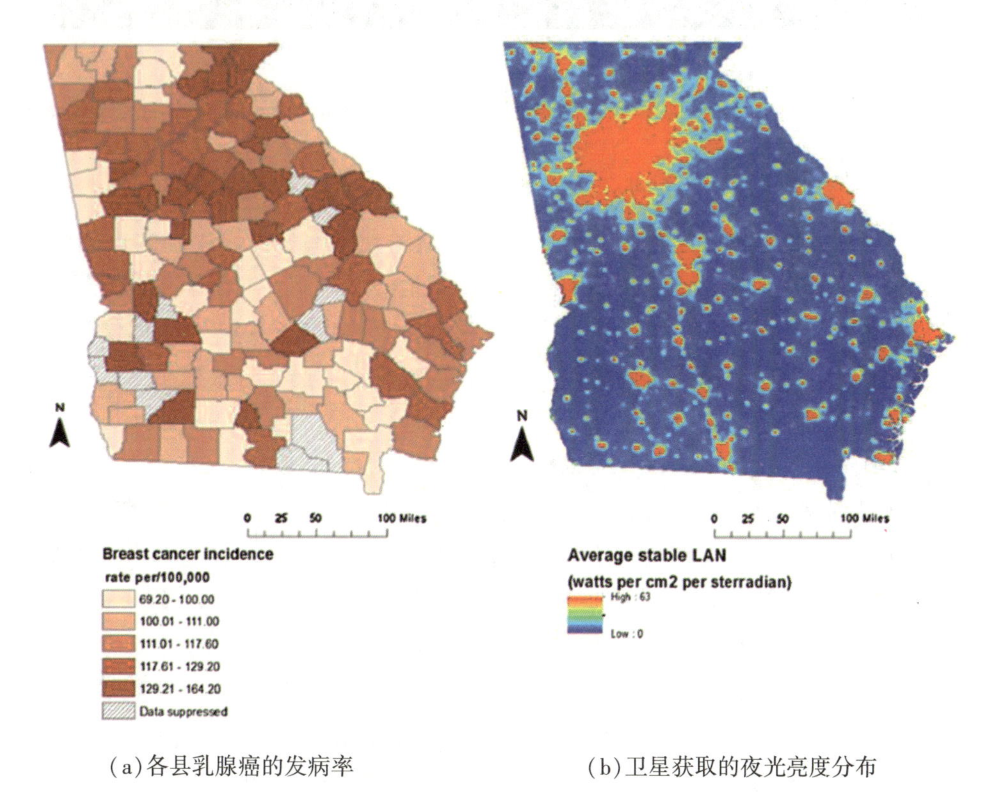

(a)各县乳腺癌的发病率　　　　(b)卫星获取的夜光亮度分布

图 1.6.6　乳腺癌发病率的分布图与夜间灯光亮度分布图

(Bauer S E, Wagner S E, Burch J, et al. *A case-referent study: light at night and breast cancer risk in Georgia*. ***International Journal of Health Geographics***. 2013, 12 (1): 1-10.)

光污染中，除了对人类健康的污染，还有一种叫作天文学光污染。我们知道，在城市夜晚几乎不可能看到天空的银河。为什么呢？因为大气有气溶胶。如果没有气溶胶的存在，向上发散的灯光和向下辐射的星光将互不干扰。然而气溶胶的存在，使得一部分灯光被散射，这部分灯光就会盖住星光。因此有学者通过夜光遥感的数据和大气气溶胶的产品获得全球天文光污染分布图(图 1.6.7)。通过这张图可以避开大型的人造光源，有利于进行天文台的选址工作。

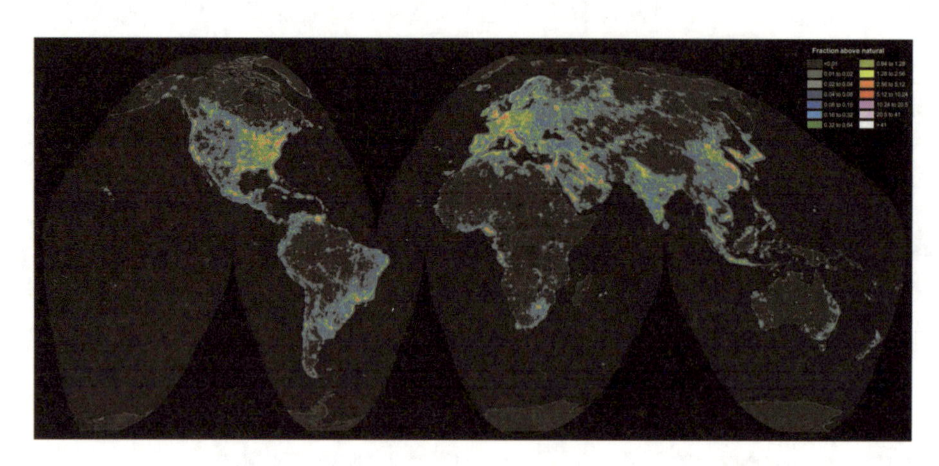

图 1.6.7　全球的天文光污染分布图

(Falchi F, Cinzano P, Duriscoe D, et al. *The new world atlas of artificial night sky brightness*. ***Science Advances***. 2016, 2 (6).)

第四个应用领域是渔业监测。在许多国家，渔民利用部分海洋生物的夜间趋光性特点，在渔船上装载巨大功率的照明灯泡，从而高效地开展夜间渔业活动。因此利用夜光影像可以监测渔业活动的时空动态变化。当然并不是所有的鱼都有趋光性，但像我们常见的沙丁鱼、秋刀鱼、鱿鱼等都是有趋光性的，可以通过灯光围网的方式捕捞。

第五个应用领域是宗教与文化分析。图 1.6.8 是美国 Miguel O. Román 团队做的工作，他们对中东不同城市做了一个以天为单位的时间序列的灯光分析。第一幅图是吉达(沙特阿拉伯城市)的，第二幅图是海法(以色列城市)的。从图中可以发现，吉达每年会有一个峰值，但海法没有。然而以色列与沙特阿拉伯的经纬度、地理环境甚至经济发展程度都差不多，为什么两者之间会有这么大的差异呢？这是因为沙特阿拉伯是以穆斯林信仰为主的国家，穆斯林有一个宗教活动叫“斋月”，每年斋月期间会有大量的朝觐活动，这些朝觐活动会吸引大量的穆斯林进行朝拜，因此在夜间需要大量的灯光照明，最终导致了斋月期间的灯光呈现出一个骤然增加的趋势。但以色列是以犹太民族为主，信仰犹太教的国家，他们没有类似的大规模宗教活动，所以从灯光中无法看到同样变化。

2. 夜光遥感与决策支持

下面介绍一下我们团队的工作，就是夜光遥感与决策支持是如何结合在一起的。

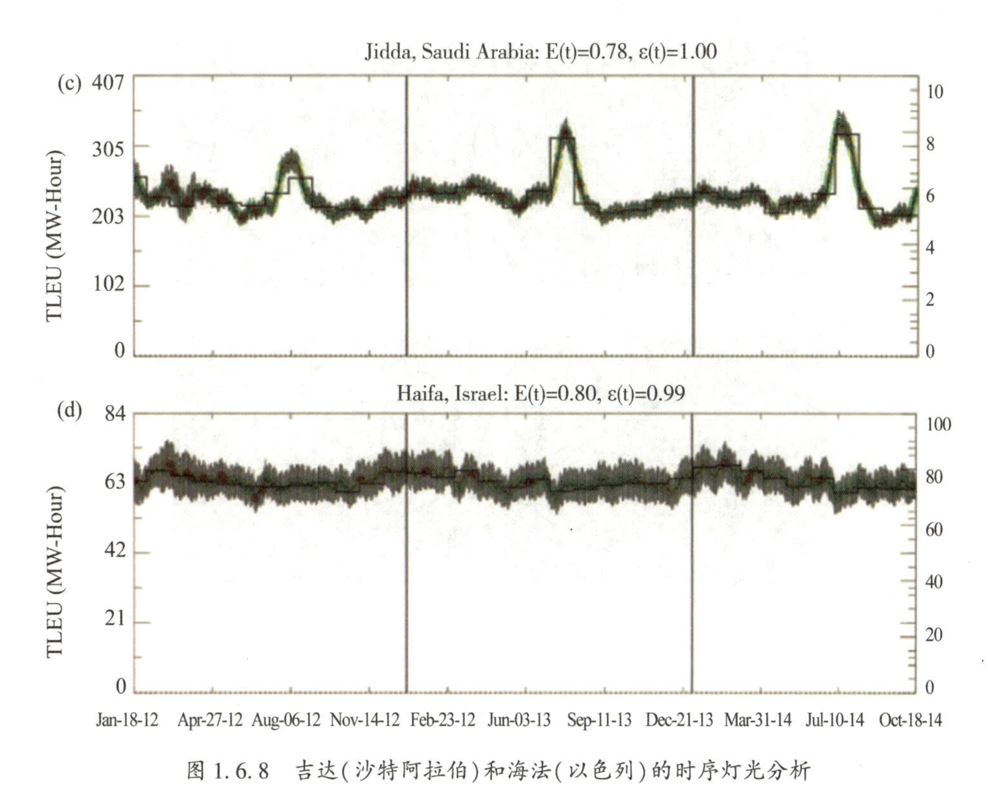

图 1.6.8 吉达(沙特阿拉伯)和海法(以色列)的时序灯光分析

(Román M O, Stokes E C, *Holidays in lights: tracking cultural patterns in demand for energy services*. ***Earth's Future***, 2015(3): 182-205.)

第一个案例是夜光遥感评估叙利亚内战的工作。我们知道叙利亚内战从 2011 年 3 月打到 2021 年 6 月一直没停。叙利亚内战是极端残酷的，有很多记者在叙利亚丧生，但是国际社会公众不了解叙利亚战争的全貌。我们从新闻中只能得到短期的零散的报道，无法看到整体的概况。你无法知道叙利亚哪里破坏更严重，哪里会稍微缓和一点；哪些年份会更糟糕，哪些年份会强一点。如果不对新闻进行非常精细的分析，很难得到上述时空规律。而夜光遥感的价格低廉，能够直接地反映战争带来的破坏。我们发现人道主义与夜光遥感有比较好的关联度，我们认为夜光遥感可以用来监测叙利亚内战。同时，我们在前期还做了夜间灯光的深度辐射定标工作，使得不同时期的影像具备很好的可比性。图 1.6.9 是叙利亚 2011 年到 2014 年夜间灯光的变化，从图中可以看到，叙利亚内部的灯光急剧减少，但外部的灯光变化量却很少。

我们做一个简单的时间序列分析(图 1.6.10)。对叙利亚 38 个月的夜光遥感影像进行相对辐射定标，并计算了不同省份的夜光总量变化规律，我们发现叙利亚主要城市的灯光都呈现剧烈减少的趋势，但不同省份的灯光减少量有所不同。政府军牢牢控制的大马士革等地的夜光减少相对较少，而反政府武装特别是 ISIS(Islamic State of Iraq and al-Sham，伊拉克和大叙利亚伊斯兰国，国际极端恐怖组织)控制区域的夜光减少相对较多。同时，各省份夜光总量的减少和难民迁徙量存在正相关。不同省份中，灯光的减少越多，难民的迁

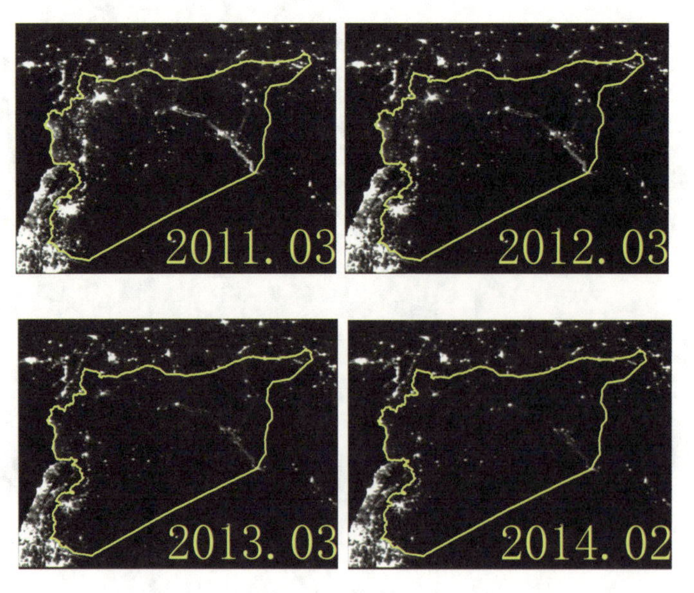

图 1. 6. 9 2011—2014 年叙利亚夜光遥感影像

徙就会越多。这证明灯光能够在一定程度上反映叙利亚人道主义战争的时空分布。比如，打得越激烈的地方，灯光减少就越多。

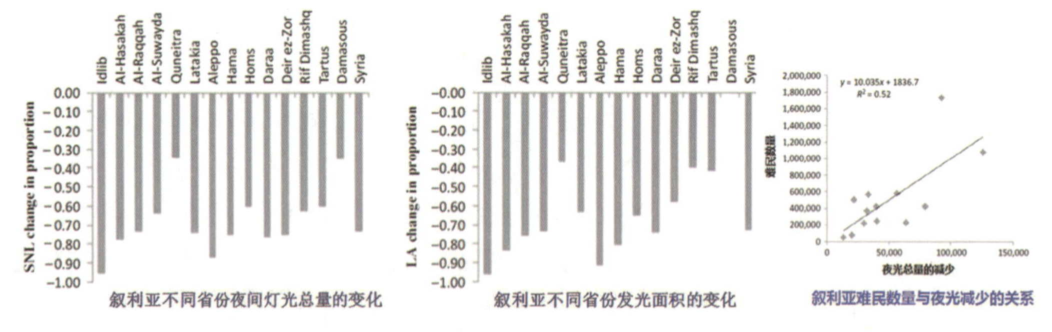

图 1. 6. 10 叙利亚夜间灯光的时间序列分析

在此基础上，我们提出了一套时空一体化的分析方法(图 1. 6. 11)，对叙利亚时间序列的夜光影像开展了可视化分析，先对 38 个月的影像进行时间序列的归一化，然后进行聚类分析。可以发现叙利亚内部和外部分别变成一个类，这也意味着灯光变化的分界线恰好就是国界线。这很有趣，因为我们在计算聚类的时候，没有加入任何行政边界的数据，纯粹是通过影像进行计算的。如果把叙利亚分成三个类的话，可以发现叙利亚内部是两个类，外部是一个类，其中外部变化比较平稳，叙利亚内部的两个类，一个是灯光剧烈减少，一个是一般性的减少。

这篇论文发表在《国际遥感》杂志上。通过一个国际非政府组织的联络，我们的成果服务于叙利亚内战 4 周年的一个纪念活动。《纽约时报》2015 年 3 月 15 日整版报道了我们

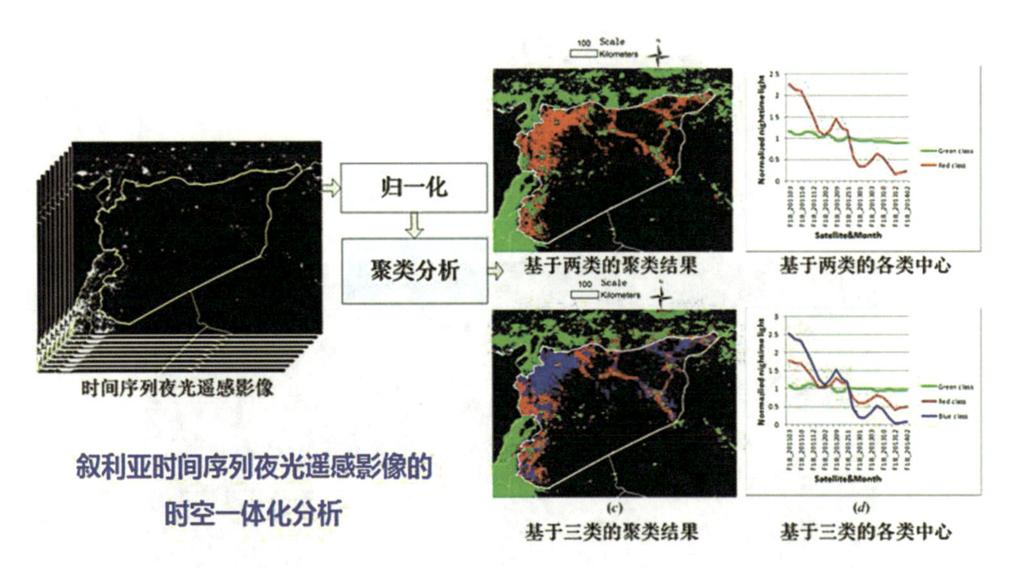

图 1.6.11 叙利亚时间序列夜光遥感影像的时空一体化分析

(图 1.6.9~图 1.6.11 来源：Li X, Li D. *Can night-time light images play a role in evaluating the syrian crisis?* ***International Journal of Remote Sensing***. 2014，35：6648-6661.)

的研究成果。阿拉伯半岛电视台和很多电视台也把我们的成果向公众进行了报道。同时，联合国安理会 7418 次会议对这个成果进行了引用。所以这个工作的意义在于什么呢？意义在于提供两方面的信息：第一个是提醒国际社会对叙利亚的继续关注，叙利亚的人民正在遭受苦难；第二个是提供了一种时空的规律挖掘方法，去分析叙利亚的哪些地方更需要人道主义援助。所以这项工作为联合国安理会在叙利亚和平进程中发挥了一定的支撑性作用，这就是一个夜光遥感与决策的例子。

第二个工作是我们在新冠肺炎疫情期间响应国务院办公厅的号召，通过夜光遥感指数进行了复工复产的分析，也就是通过灯光来判断不同省份的复工复产状况。到 2020 年 2 月 20 日，长三角地区的复工复产相对要快，珠三角相对要慢，但整体上南方比北方要快。但到了 2020 年 3 月 2 日，珠三角后来居上，整体来说还是南方比北方要快。当时我们这个工作就提交给国务院办公厅，6 月 2 日国务院办公厅给我们发了感谢信，指出了这项工作为复工复产提供有力的支持，发挥了显著的成效。

3. “珞珈一号”卫星

2018 年 6 月 2 日，武汉大学在酒泉卫星发射中心发射了“珞珈一号”卫星，空间分辨率 130m，过境时间平均为夜晚 9：30，有 14 比特的量化(即 2^{14}灰度级)，单景影像的覆盖范围为 200km×200km。

图 1.6.12 是美国的 Suomi NPP 卫星(740m 分辨率)和“珞珈一号”卫星的对比图，可以发现在洛杉矶，“珞珈一号”可以看到城市道路的大致分布，而 Suomi NPP 无法看到，可以认为“珞珈一号”可以提供更加精细的空间分辨率的灯光信息。我们通过搜索文献发

现，有学者利用犯罪地理学的方法把灯光和犯罪率进行关联，那么由于“珞珈一号”有更好的空间分辨率，所以可以用来更加精细地分析灯光与犯罪的关系。北美的暴力犯罪还是比较频繁的，灯光在一定程度上可以抑制犯罪，如果想要具体分析它们之间的关系，可以通过“珞珈一号”进行定量分析。

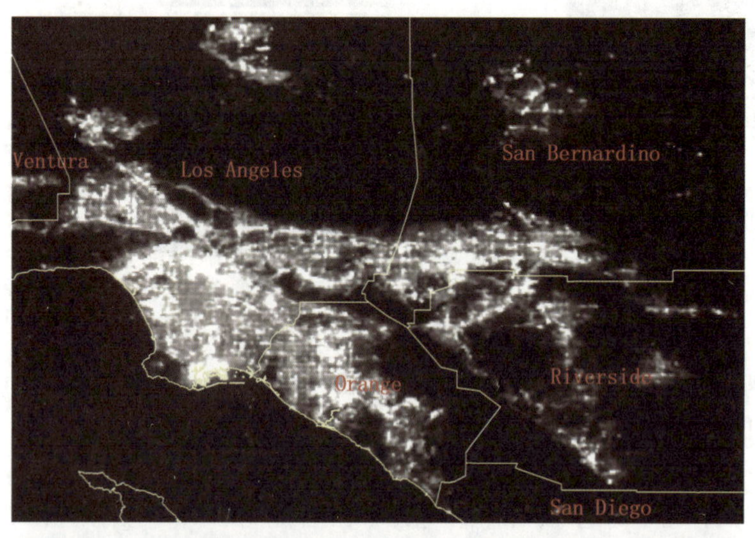

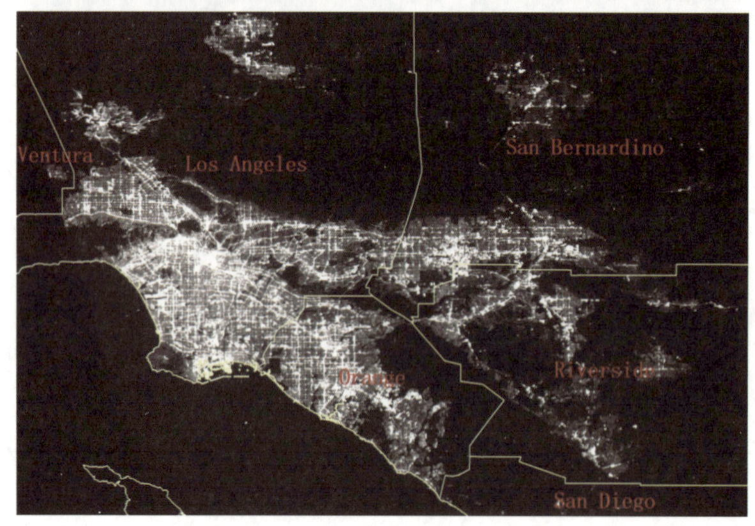

图 1.6.12　美国 Suomi NPP 卫星和“珞珈一号”夜间影像的对比（洛杉矶）

图 1.6.13 是美国 Suomi NPP 卫星影像和“珞珈一号”卫星影像在武汉地区的对比图，在“珞珈一号”影像上可以很清楚地看到武汉市主要城区的道路网，但是 Suomi NPP 卫星影像上只能看到个别的主干道。

图 1.6.14(a)是武汉大学的卫星接收站，武汉大学具有完全自主的卫星接收功能。卫星发射之后，可以自主接收数据，由李德仁院士团队进行前期预处理，再进行数据的分发。图 1.6.14(b)是“珞珈一号”的分发平台。“珞珈一号”将中国完全覆盖，基本上是覆

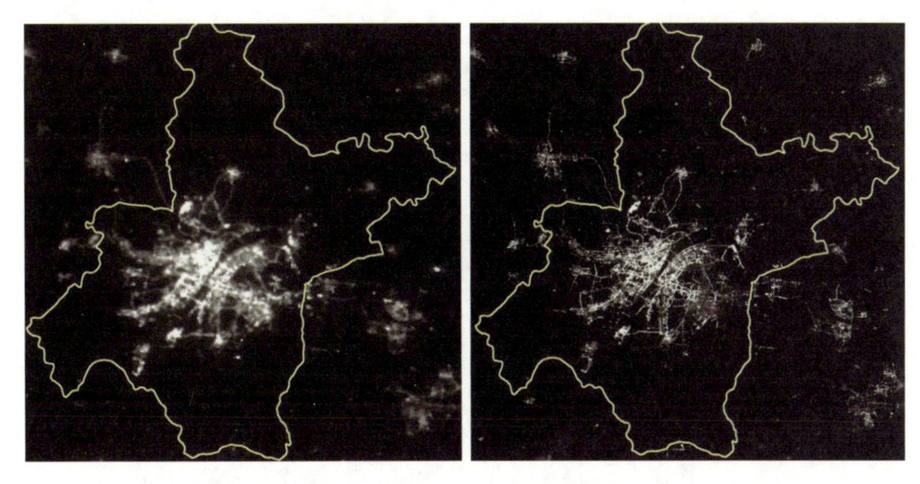

图 1.6.13 美国 NPP 卫星和“珞珈一号”夜间影像的对比（武汉市）

盖了两次以上，除此之外，对欧洲的西欧地区、北美的美西地区、大洋洲的澳大利亚部分地区都进行了覆盖。

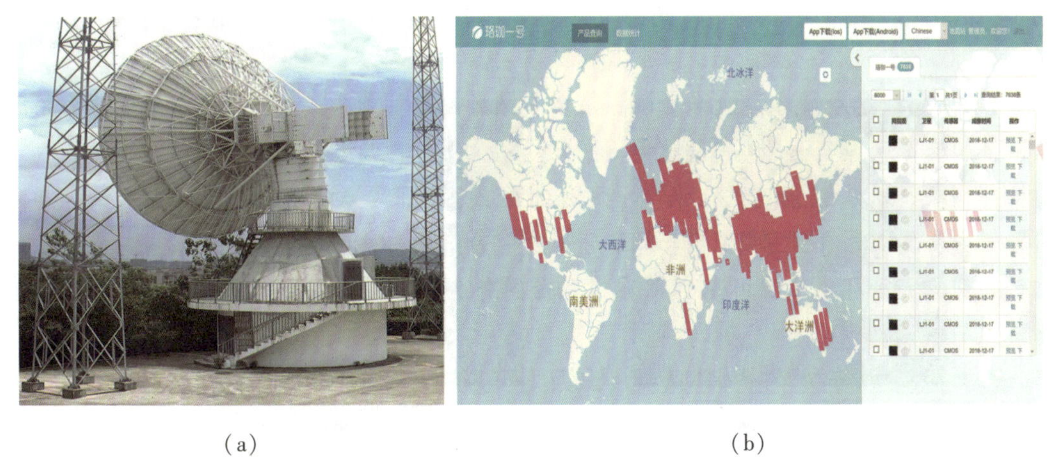

（a）　　（b）

图 1.6.14 武汉大学的卫星接收站及“珞珈一号”的分发平台

武汉大学李德仁院士带领的团队把“珞珈一号”做成全国一张图。通过遥感平差、影像匹配的方式，把不同时期或者接近时期的影像拼成了一张图。我们可以通过这张图很好地研究中国区域经济发展以及很多社会经济现象，这个数据也是免费发布的。

接下来我们讲一下“珞珈一号”的应用。提取城市建成区是夜光遥感的主要应用领域之一，我们通过夜光影像，结合城市的 NDVI(Normalized Difference Vegetation Index，归一化植被指数)影像，使用 HSI(Human Settlement Index，人居指数)可以提取到城市建设区(图 1.6.15)。“珞珈一号”的提取精度是 93%，Suomi NPP/VIIRS 的提取精度是 90%，虽然结果高不了很多，但是从细节来看，“珞珈一号”比 Suomi NPP 的提取效果好很多，比如图 1.6.15 红圈中的道路。

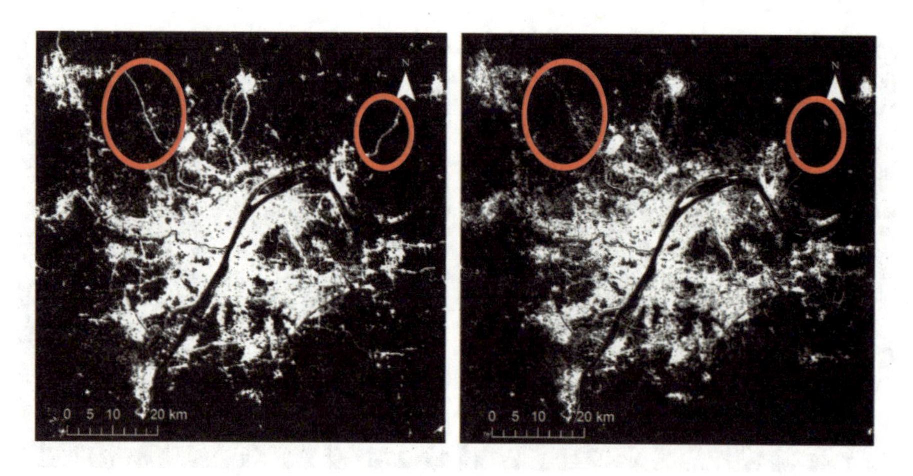

图 1.6.15 “珞珈一号”和 Suomi NPP/VIIRS 的城市制图结果对比

作为中高分辨率的夜光影像，“珞珈一号”数据理论上对监测城市化极具潜力。但“珞珈一号”是 2018 年发射的，设计寿命只有 6 个月，运行时间不长，所以我们没有长时间序列的夜光遥感数据集，无法进行城市扩张分析。针对这个问题，我们团队做了影像相对辐射定标的工作。图 1.6.16(a)是 2010 年国际空间站的影像，图 1.6.16(b)是 2018 年“珞

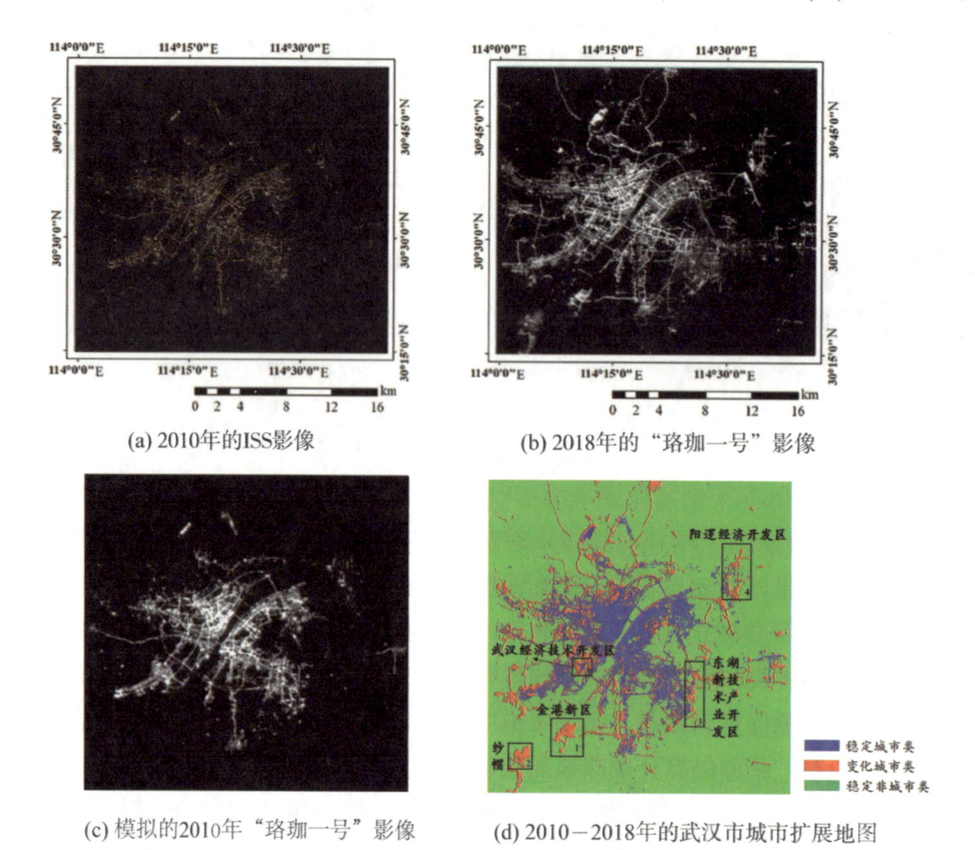

(a) 2010年的ISS影像

(b) 2018年的“珞珈一号”影像

(c) 模拟的2010年“珞珈一号”影像

(d) 2010－2018年的武汉市城市扩展地图

图 1.6.16 “珞珈一号”城市扩展分析示意图

珈一号”影像，我们基于稳健回归模型，把2010年国际空间站的影像，模拟成一张2010年的“珞珈一号”影像，如图1.6.16(c)所示。我们对图1.6.16(b)和图1.6.16(c)进行变化检测，制作了2010—2018年的武汉市城市扩展地图(图1.6.16(d))，其整体分类精度为90%。武汉市8年间的城市变化可以通过该图反映。

“珞珈一号”还对联合国的人道主义评估开展了一些支持工作，比如在2018年6月5日“珞珈一号”对伊拉克北部进行了拍摄实验。当时伊拉克的北部是什么情况呢？2014年由于叙利亚内战的影响，伊斯兰国极端组织从叙利亚转移到了伊拉克北部，占领了Mosul(摩苏尔，伊拉克城市)。后来伊拉克政府军、民兵组织在国外援助的支持下，终于战胜了伊斯兰国极端组织，解放了北部。在6月5日的时候，北部解放不久，伊拉克是图1.6.17(a)的状态。过了将近两个月，7月28日，伊拉克变成了图1.6.17(b)的状态。首先，油田开采恢复，油气井的发光增加。其次，Mosul西北角的灯光发生了较为明显的增长，这意味着Mosul的重建工作在有序开展。但同时我们也发现少部分地区的灯光有减少，原因尚不清楚，我们猜测当时有大量的民兵武装在这里聚集，战争结束后撤退了。最后，这幅图我们也直接提交给了联合国，用于评估当时伊拉克北部的重建情况。

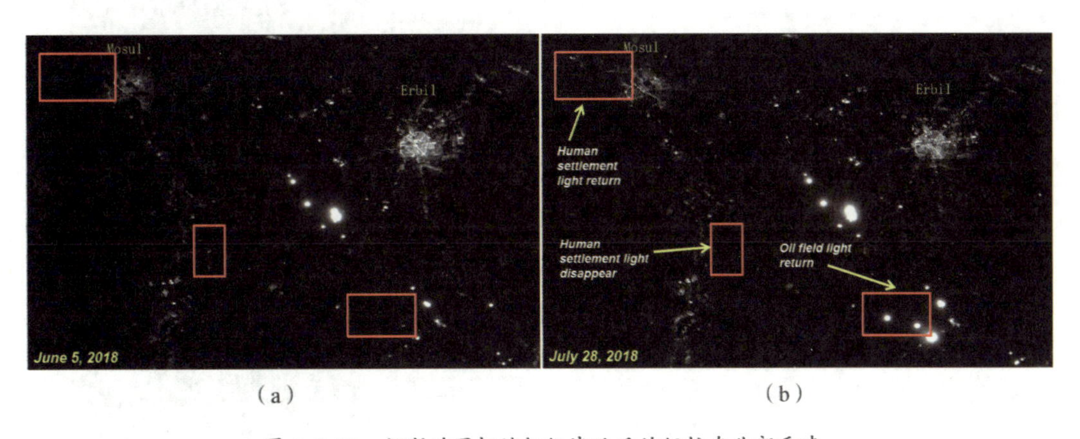

图1.6.17 伊斯兰国极端组织战败后的伊拉克北部重建

4. 夜光遥感的历史回顾

美国的DMSP卫星星座在20世纪60年代发射，主要用于气象监测。1974年美国军方资料首次透露了DMSP卫星可以在无云情况下进行夜间灯光的观测。但是这份资料很久之后才对外公布。图1.6.18是DMSP卫星的使用手册，上面还有后来才印上去的“Approved for Public release. Distribution Unlimited.”(批准公开发布，无限制发行。)

1978年的时候，在*Scientific American*上第一次公布了DMSP具有夜晚灯光成像能力，图1.6.19右侧是墨西哥湾附近。

在20世纪80年代，夜光遥感的研究还比较少，我们仅查到了两篇学术论文。这是在

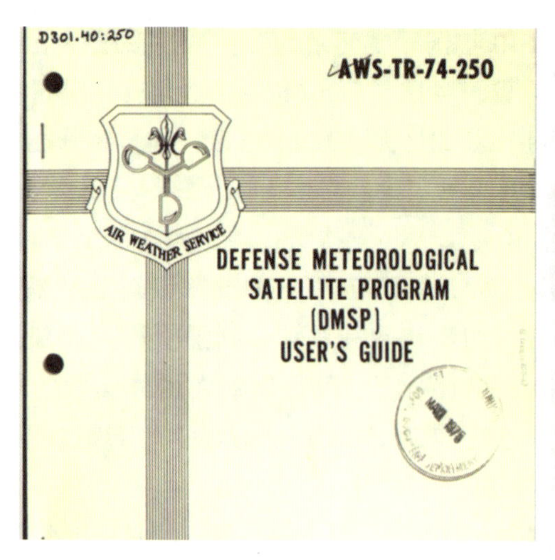

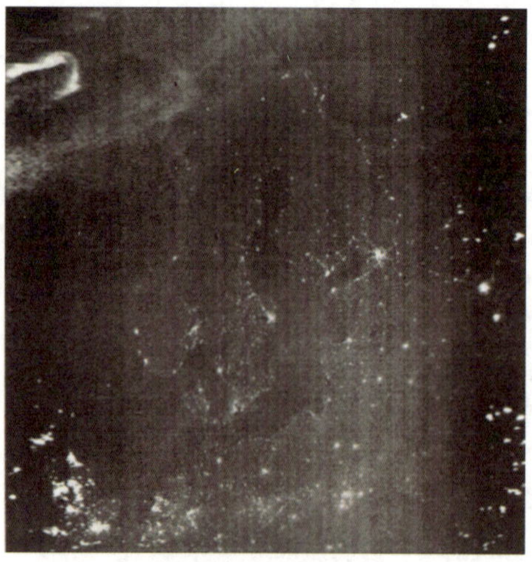

图 1.6.18 DMSP 卫星的使用手册及 1971 年拍摄的北欧地区 DMSP 卫星影像

Nighttime Images of the Earth from Space

An unusual aspect of the earth is revealed in pictures recorded at midnight by U.S. Air Force weather satellites. The brightest lights on the dark side of the planet are giant waste-gas flares

by Thomas A. Croft

图 1.6.19 1978 年学术论文公开了 DMSP 有灯光成像能力

1980 年发表在 *Remote Sensing of Environment* 上的工作(图 1.6.20)，通过夜间灯光与能源消耗进行对比分析，可以发现灯光与能源消耗和社会经济有关。

20 世纪 90 年代，DMSP/OLS 年合成影像正式被制作出来，当时美国海洋大气管理局的 Elvidge C. D. 博士主持发布了这套产品。他通过夜光遥感和其他的社会参量，比如人口，进行分析，首次定量地发现了夜间灯光可以很好地反映这些参量，他的研究区域是整个美洲，包括南美洲跟北美洲，图 1.6.21 是 1997 年的一篇论文。

REMOTE SENSING OF ENVIRONMENT 9:1–9 (1980) 1

Monitoring Urban Population and Energy Utilization Patterns From Satellite Data*

R. WELCH

Department of Geography, University of Georgia, Athens, Georgia

Urban population trends in China and energy utilization patterns in the United States have been assessed from LANDSAT and Defense Meteorological Satellite Program (DMSP) images. Regression models developed from population (P) data and urban area (A) measurements on LANDSAT images are of the form $P=aA^b$ and provide insights into the success of Chinese urban planning policies for cities with populations of 500,000 to 2,000,000 people. Studies of the relationships between population, urban area, and electric-energy utilization patterns have been conducted from DMSP images of the United States. Microdensitometer profiles of illuminated cities recorded on nighttime (visual band) images are used in combination with the map boundaries of the built-up areas to create unique three-dimensional representations of the urban centers. The volumes of these three-dimensional figures may be computed and plotted with respect to population and/or energy utilization data to model regional patterns of use. Improvements in the quality of sensor data should increase the potential for monitoring urban energy demands and populations.

Introduction

In an era marked by concern over dwindling resources, the potential of monitoring urban populations and electricity consumption from satellite data has received limited attention. This, in part, may be due to the relatively poor spatial resolution of sensor data and the difficulties in obtaining supplementary information of the desired format and accuracy. Nevertheless, satellites such as the LANDSAT and Defense Meteorological Satellite Program (DMSP) vehicles do supply repetitive, timely data which, when used in conjunction with adequate ground truth, provide a basis for evaluating the urban planning trends of densely populated developing countries and the urban energy demands of developed countries.

Two applications of satellite data to urban population/energy problems are considered: 1. populations of China's urban centers from LANDSAT data; and 2. urban energy utilization patterns in the eastern United States from DMSP data. In both applications, regression equations of the form:

$$y=ax^b$$

have been developed from image measurements and supplementary information obtained from census documents, published literature, and utility records.

*Paper presented at the ISP/IUFRO International Symposium on Remote Sensing for Observation and Inventory of Earth Sciences and the Endangered Environment, July 2–8, 1978, Freiburg, Federal Republic of Germany.

0034-4257/80/010001+9$01.75

MONITORING URBAN POPULATION 5

These images may be obtained from the Space Science and Engineering Center, The University of Wisconsin, 1225 West Dayton Street, Madison, WI 53706.

The DMSP images reveal the nighttime illumination patterns of major cities on a continental basis and qualitative assessments of urban energy requirements are easily made from the size, shape, and intensity of the bright spots representing the cities (Croft, 1977; 1978) (Fig. 5). Comparison of DMSP images with a dot map of the 1970 population distribution in the United States reveals a striking correlation between the illuminated urban areas (IUAs) and the dot patterns (U.S. Bureau of Census, 1973).

If considered in three-dimensional perspective, each IUA consists of a basal plane ($x-y$ plane) which roughly corresponds to the populated urban area and a domed surface (z-axis) for which the z-coordinates are proportional to energy

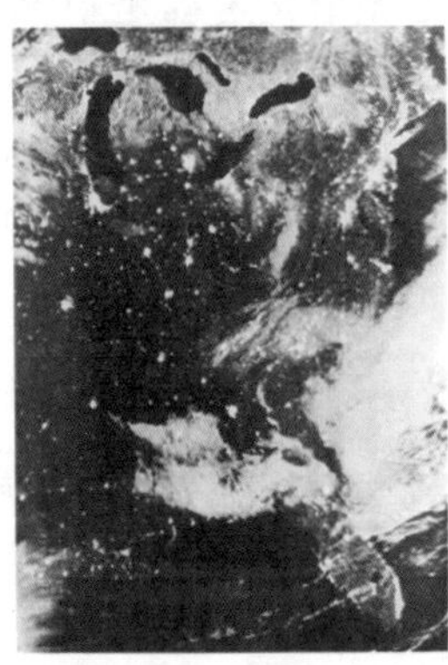

FIGURE 5. DMSP nighttime image of eastern United States. Illuminated urban areas (IUAs) may be easily distinguished in areas not masked by clouds.

图 1.6.20 20 世纪 80 年代，发现灯光影像与社会经济有关

(Welch R. *Monitoring urban population and energy utilization patterns from satellite Data*. ***Remote Sensing of Environment***, 1980, 9(1).)

INT. J. REMOTE SENSING, 1997, VOL. 18, NO. 6, 1373–1379

Relation between satellite observed visible-near infrared emissions, population, economic activity and electric power consumption

C. D. ELVIDGE†§, K. E. BAUGH‡, E. A. KIHN§, H. W. KROEHL§, E. R. DAVIS‡ and C. W. DAVIS¶

†Desert Research Institute, University of Nevada System, Reno, Nevada 89506, U.S.A.

‡Cooperative Institute for Research in Environmental Sciences, University of Colorado, Boulder, Colorado 80303, U.S.A.

§Solar-Terrestrial Physics Division, National Oceanic and Atmospheric Administration, National Geophysical Data Center, 325 Broadway, Boulder, Colorado 80303, U.S.A.

¶U.S. Air Force, Department of Defense Liaison to NOAA National Geophysical Data Center, 325 Broadway, Boulder, Colorado 80303, U.S.A.

(*Received 19 June 1996; in final form 23 October 1996*)

Abstract. The area lit by anthropogenic visible-near infrared emissions (i.e., lights) has been estimated for 21 countries using night-time data from the Defense Meteorological Satellite Program (DMSP) Operational Linescan System (OLS). The area lit is highly correlated to gross domestic product and electric power consumption. Significant outliers exist in the relation between area lit and population. The results indicate that the local level of economic development must be factored into the apportionment of population across the land surface based on DMSP-OLS observed lights.

1. Introduction

The distribution of human populations across the Earth's surface remains poorly defined (Clarke and Rhind 1992). Census data from individual countries cannot be pooled to provide a dataset detailing the spatial distribution of human population due to wide variations in national census timetables, methods and accuracies. Having an observational basis for producing and updating a spatially referenced database on human populations would seem the realm of satellite remote sensing. However, to date such a satellite derived database has not been produced.

In the late 1960s Tobler (1969) demonstrated that human population could be estimated with a high degree of accuracy by measuring the size of human settlements observed from satellite photography generated by the Gemini manned space flight program. By modelling settlements as circular areas, empirical relations were developed for estimating populations. The coefficients for these relations were found to vary regionally, which was attributed to societal differences in the organization of spatial activity. While a methodology was established, the application of satellite remote sensing to derive the global distribution of human population has not proceeded due to the expense and logistics that would be associated with acquiring and analysing a global coverage of high spatial resolution satellite imagery. Instead of relying on high spatial resolution imagery to identify human settlements, we propose that comparable results could be obtained with light-intensified night-time

0143–1161/97 $12.00 © 1997 Taylor & Francis Ltd

1374 *C. D. Elvidge* et al.

data from the Defense Meteorological Satellite Program (DMSP) Operational Linescan System (OLS) at a small fraction of the data volume.

The DMSP-OLS has a unique capability to detect low levels of visible-near infrared (VNIR) radiance at night (figure 1), making it possible to detect cities and towns (Croft 1978), gas flares (Croft 1973), and ephemeral emission sources such as fire (Cahoon *et al.* 1992). The potential use of these data for the inventory of human settlements and energy consumption patterns has been noted since the 1980s (Foster 1983, Welch 1980, Sullivan 1989). These early studies with OLS data relied on film strips, which limited the scope of the investigations. Time series methods for identifying spatially stable light sources and normalizing the results for cloud cover using digital OLS data have been developed recently (Elvidge *et al.* 1996).

We report here on the relations found between area lit, population, gross domestic product and electric power consumption for 21 countries. The results demonstrate that economic activity and electric power consumption can be estimated using Operational Linescan System data. Included in the analysis are the countries of South America, the U.S.A. Madagascar, and a set of small island nations in the

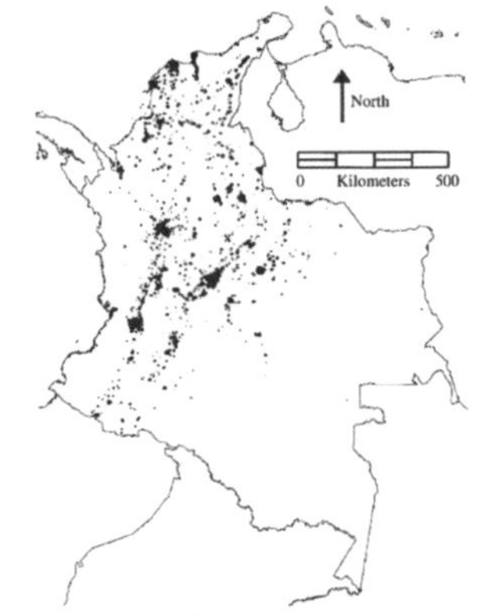

Figure 1. Night-time lights of Colombia derived from cloud-free portions of 246 orbits of 1994–95 DMSP Operational Linescan System data.

图 1.6.21 20 世纪 90 年代，DMSP/OLS 年合成影像的应用

(Elvidge C D, Baugh K E, Kihn E A, et al. *Relation between satellite observed visible-near infrared emissions, population, economic activity and electric power consumption*. ***International Journal of Remote Sensing***, 1997, 18(6).)

从 1997 年到 2010 年期间，学者们在夜光遥感领域也做了不少工作，但是相对来说，这期间的应用论文还不是很多。直到 2011 年，发生了一个里程碑式的事件。张清凌老师在 *Remote Sensing of Environment* 上发表了一篇论文(图 1.6.22)，是通过多时期的夜光遥感对局部或者全球尺度的城市化进行制图，它首次证明了多时期的夜光影像可以用来开展城市化的建设分析。城市化进程是很难通过一幅或者两幅影像进行规律性分析的。但是在 2010 年，美国海洋大气管理局 Elvidge C. D. 博士公开了全球 1992 年到 2008 年的长时间序列灯光影像，这是一个非常密集的时间序列，可以用于包括城市化进程在内的各种领域的研究，数据的发布引爆了夜光遥感的研究浪潮。

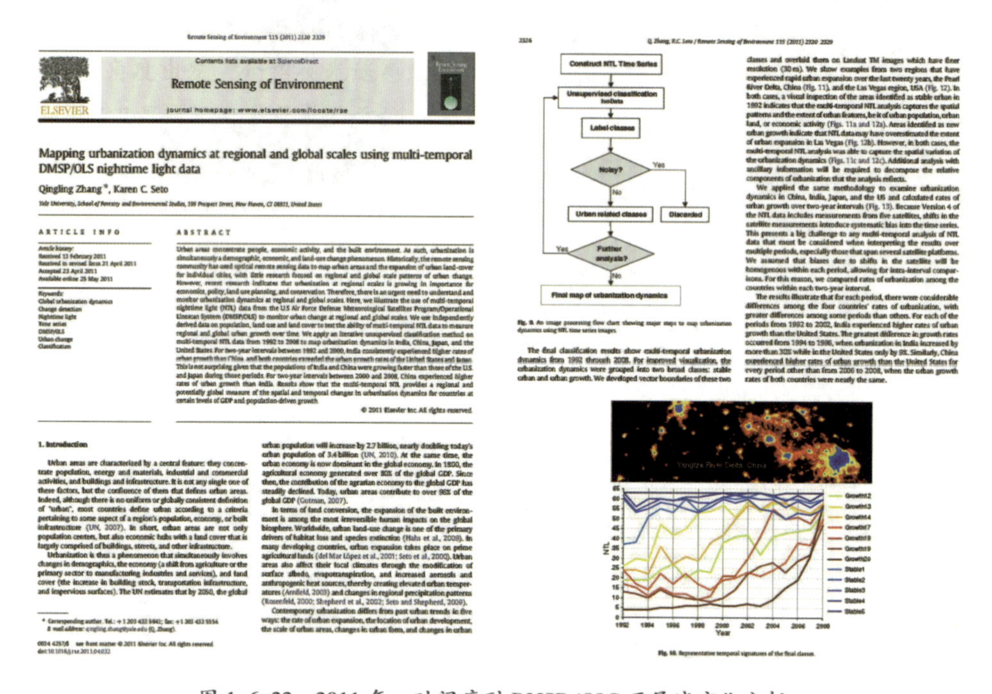
Remote Sensing of Environment 115 (2011) 2320 2329
Contents lists available at ScienceDirect
Remote Sensing of Environment
journal homepage: www.elsevier.com/locate/rse
ELSEVIER

Mapping urbanization dynamics at regional and global scales using multi-temporal DMSP/OLS nighttime light data

Qingling Zhang*, Karen C. Seto
Yale University, School of Forestry and Environmental Studies, 195 Prospect Street, New Haven, CT 06511, United States

ARTICLE INFO
Article history:
Received 13 February 2011
Received in revised form 21 April 2011
Accepted 23 April 2011
Available online 25 May 2011
Keywords:
Global urbanization dynamics
Change detection
Nighttime light
Time series
DMSP/OLS
Urban change
Classification

ABSTRACT
Urban areas concentrate people, economic activity, and the built environment. As such, urbanization is simultaneously a demographic, economic, and land-use change phenomenon. Historically, the remote sensing community has used optical remote sensing data to map urban areas and the expansion of urban land-cover for individual cities, with little research focused on regional and global scale patterns of urban change. However, recent research indicates that urbanization at regional scales is growing in importance for economics, policy, land use planning, and conservation. Therefore, there is an urgent need to understand and monitor urbanization dynamics at regional and global scales. Here, we illustrate the use of multi-temporal nighttime light (NTL) data from the U.S Air Force Defense Meteorological Satellite Program/Operational Linescan System (DMSP/OLS) to monitor urban change at regional and global scales. We use independently derived data on population, land use and land cover to test the ability of multi-temporal NTL data to measure regional and global urban growth over time. We apply an iterative unsupervised classification method on multi-temporal NTL data from 1992 to 2008 to map urbanization dynamics in India, China, Japan, and the United States.

1. Introduction

图 1.6.22　2011 年，时间序列 DMSP/OLS 开展城市化分析

(Zhang Q, Karen C Seto. *Mapping urbanization dynamics at regional and global scales using multi-temporal DMSP/OLS nighttime light data*. ***Remote Sensing of Environment***, 2011, 115(9).)

到 2012 年，以色列的 Noam levin 教授团队首先获取了国际空间站的影像(图 1.6.23)。他们通过对数据进行处理后，发现由 60~100m 分辨率的国际空间的影像可以获得更加精细的城市社会经济参数。

到 2013 年，我比较早地捕捉到了美国 Suomi NPP 卫星数据的发布，于是借此数据证明了灯光影像对区域经济建模能力的评估(图 1.6.24)。这是首次把 Suomi NPP 的 VIIRS 影像引入夜光遥感的应用之中。

2014 年，以色列的 Noam levin 教授团队获取了 1m 分辨率的 EROS-B 夜光遥感，他们进行了一些地面实测研究和社会经济应用，证明了 EROS-B 是一个非常好的夜间灯光数据源，这个研究在 2014 年发布在 *Remote Sensing of Environment* 上(图 1.6.25)。

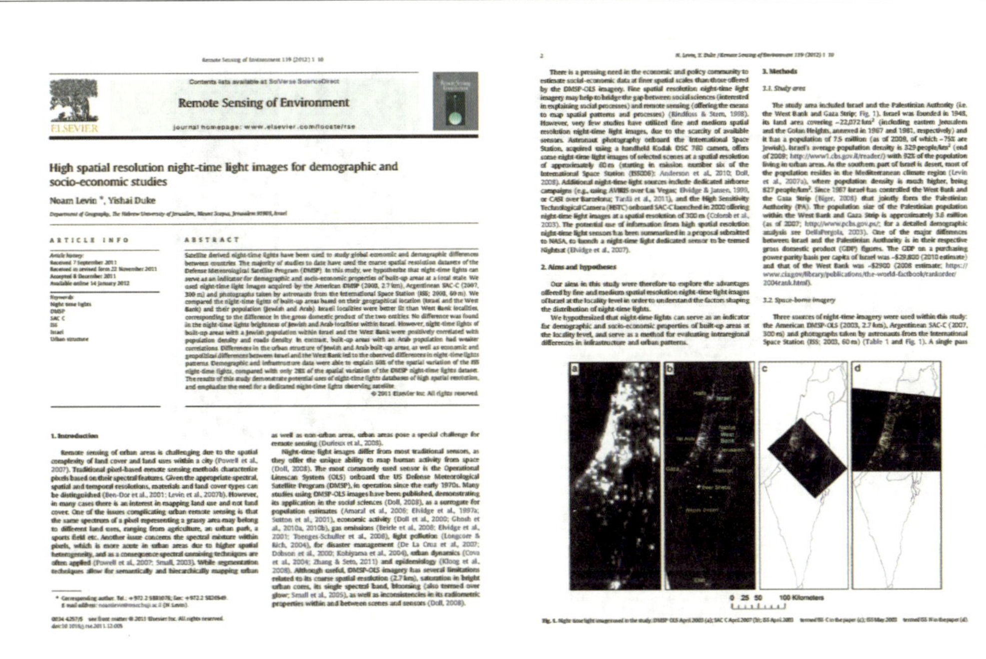

Remote Sensing of Environment 119 (2012) 1–10

Contents lists available at SciVerse ScienceDirect

Remote Sensing of Environment

journal homepage: www.elsevier.com/locate/rse

High spatial resolution night-time light images for demographic and socio-economic studies

Noam Levin *, Yishai Duke

ARTICLE INFO

Article history:
Received 7 September 2011
Received in revised form 22 November 2011
Accepted 8 December 2011
Available online 14 January 2012

Keywords:
Night time lights
DMSP
SAC C

ABSTRACT

图 1.6.23　2012 年，国际空间站高分彩色影像的引入

（Levin N，Duke Y. *High spatial resolution night-time light images for demographic and socio-economic studies*. ***Remote Sensing of Environment***，2012，119.）

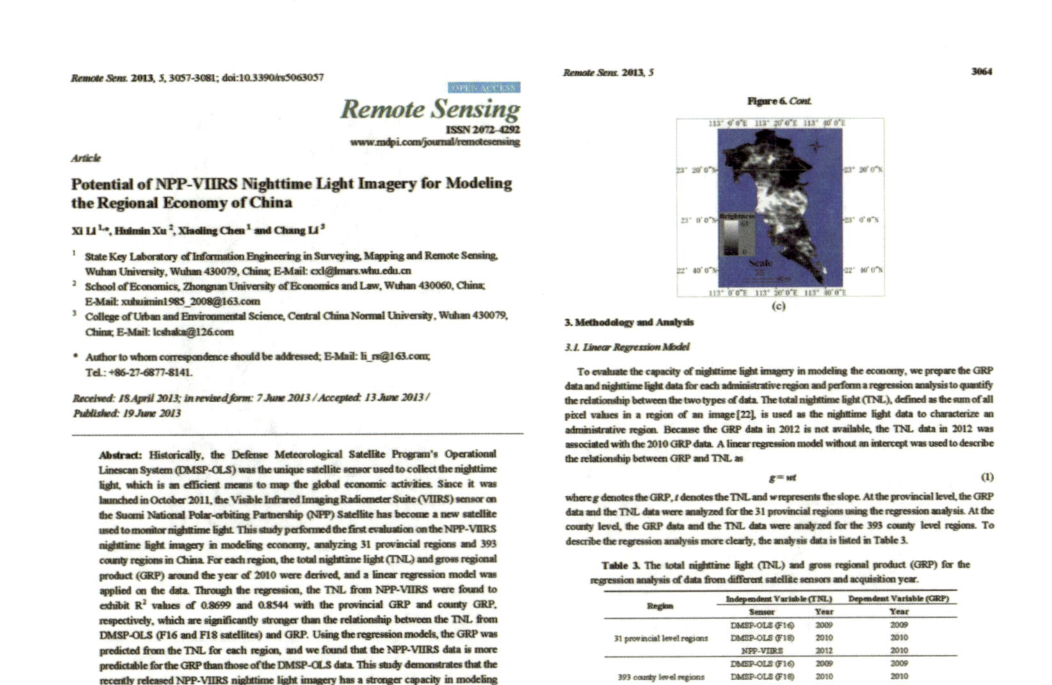

Remote Sens. **2013**, *5*, 3057-3081; doi:10.3390/rs5063057

OPEN ACCESS

Remote Sensing

ISSN 2072-4292

www.mdpi.com/journal/remotesensing

Article

Potential of NPP-VIIRS Nighttime Light Imagery for Modeling the Regional Economy of China

Xi Li [1,*], Huimin Xu [2], Xiaoling Chen [1] and Chang Li [3]

[1] State Key Laboratory of Information Engineering in Surveying, Mapping and Remote Sensing, Wuhan University, Wuhan 430079, China; E-Mail: cxl@lmars.whu.edu.cn

[2] School of Economics, Zhongnan University of Economics and Law, Wuhan 430060, China; E-Mail: xuhuimin1985_2008@163.com

[3] College of Urban and Environmental Science, Central China Normal University, Wuhan 430079, China; E-Mail: lcshaka@126.com

* Author to whom correspondence should be addressed; E-Mail: li_rs@163.com; Tel.: +86-27-6877-8141.

Received: 18 April 2013; in revised form: 7 June 2013 / Accepted: 13 June 2013 / Published: 19 June 2013

Abstract: Historically, the Defense Meteorological Satellite Program's Operational Linescan System (DMSP-OLS) was the unique satellite sensor used to collect the nighttime light, which is an efficient means to map the global economic activities. Since it was launched in October 2011, the Visible Infrared Imaging Radiometer Suite (VIIRS) sensor on the Suomi National Polar-orbiting Partnership (NPP) Satellite has become a new satellite used to monitor nighttime light. This study performed the first evaluation on the NPP-VIIRS nighttime light imagery in modeling economy, analyzing 31 provincial regions and 393 county regions in China. For each region, the total nighttime light (TNL) and gross regional product (GRP) around the year of 2010 were derived, and a linear regression model was applied on the data. Through the regression, the TNL from NPP-VIIRS were found to exhibit R^2 values of 0.8699 and 0.8544 with the provincial GRP and county GRP, respectively, which are significantly stronger than the relationship between the TNL from DMSP-OLS (F16 and F18 satellites) and GRP. Using the regression models, the GRP was predicted from the TNL for each region, and we found that the NPP-VIIRS data is more predictable for the GRP than those of the DMSP-OLS data. This study demonstrates that the recently released NPP-VIIRS nighttime light imagery has a stronger capacity in modeling regional economy than those of the DMSP-OLS data. These findings provide a foundation

Figure 6. *Cont.*

3. Methodology and Analysis

3.1. Linear Regression Model

To evaluate the capacity of nighttime light imagery in modeling the economy, we prepare the GRP data and nighttime light data for each administrative region and perform a regression analysis to quantify the relationship between the two types of data. The total nighttime light (TNL), defined as the sum of all pixel values in a region of an image [22], is used as the nighttime light data to characterize an administrative region. Because the GRP data in 2012 is not available, the TNL data in 2012 was associated with the 2010 GRP data. A linear regression model without an intercept was used to describe the relationship between GRP and TNL as

$$g = wt \quad (1)$$

where g denotes the GRP, t denotes the TNL and w represents the slope. At the provincial level, the GRP data and the TNL data were analyzed for the 31 provincial regions using the regression analysis. At the county level, the GRP data and the TNL data were analyzed for the 393 county level regions. To describe the regression analysis more clearly, the analysis data is listed in Table 3.

Table 3. The total nighttime light (TNL) and gross regional product (GRP) for the regression analysis of data from different satellite sensors and acquisition year.

Region	Independent Variable (TNL)		Dependent Variable (GRP)
	Sensor	Year	Year
31 provincial level regions	DMSP-OLS (F16)	2009	2009
	DMSP-OLS (F18)	2010	2010
	NPP-VIIRS	2012	2010
393 county level regions	DMSP-OLS (F16)	2009	2009
	DMSP-OLS (F18)	2010	2010
	NPP-VIIRS	2012	2010

图 1.6.24　2013 年，S-NPP/VIIRS 影像的引入

（Li C，Chen X，Li X，et al. *Potential of NPP-VIIRS Nighttime Light Imagery for Modeling the Regional Economy of China*. ***Remote Sensing***，2013，5(6).）

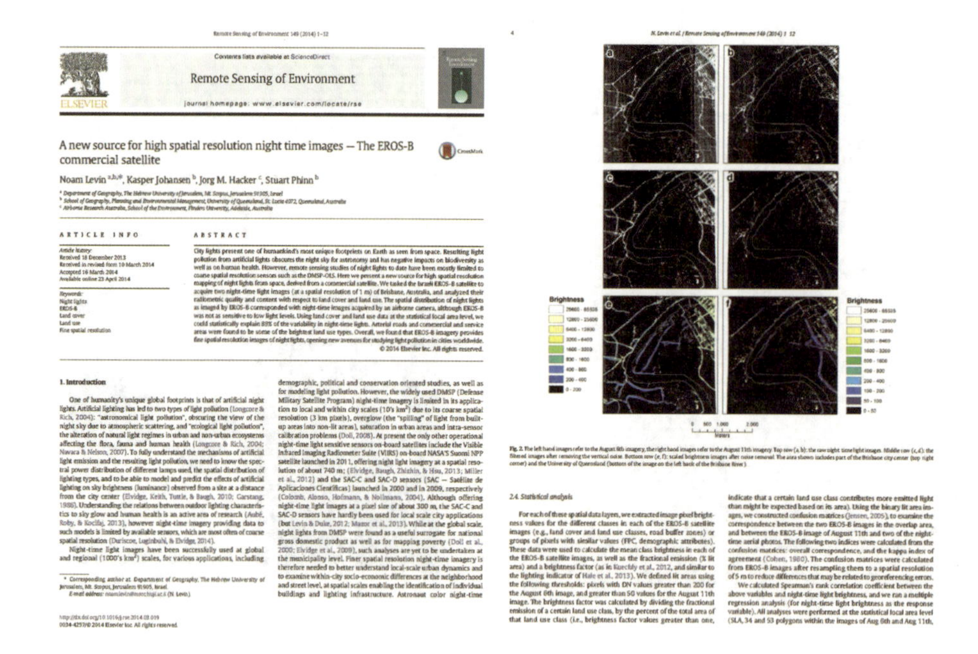

Remote Sensing of Environment 149 (2014) 1–12

Contents lists available at ScienceDirect

Remote Sensing of Environment

journal homepage: www.elsevier.com/locate/rse

A new source for high spatial resolution night time images — The EROS-B commercial satellite

Noam Levin, Kasper Johansen, Jorg M. Hacker, Stuart Phinn

ARTICLE INFO

ABSTRACT

1. Introduction

2.4. Statistical analysis

图 1.6.25　2014 年，高分辨率夜光遥感影像 EROS-B 首次出现

（Levin N，Johansen K，Jorg M. Hacker，et al. *A new source for high spatial resolution night time images — The EROS-B commercial satellite*. ***Remote Sensing of Environment***，2014：149.）

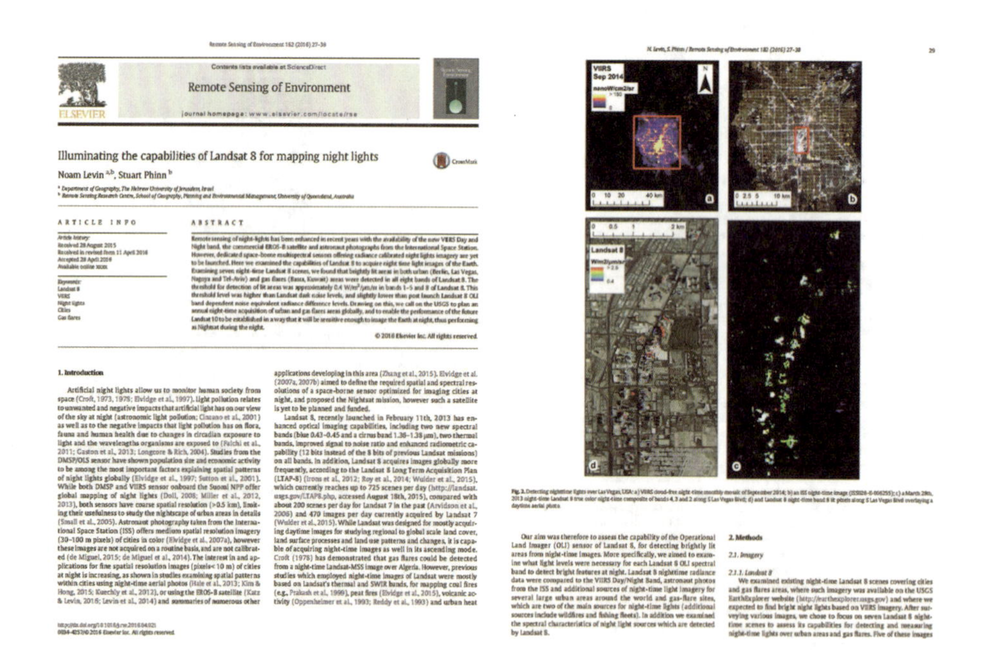

Remote Sensing of Environment 182 (2016) 27–38

Contents lists available at ScienceDirect

Remote Sensing of Environment

journal homepage: www.elsevier.com/locate/rse

Illuminating the capabilities of Landsat 8 for mapping night lights

Noam Levin, Stuart Phinn

ARTICLE INFO

ABSTRACT

1. Introduction

2. Methods

2.1. Imagery

图 1.6.26　2016 年，发现 Landsat-8 可以进行夜间可见光成像

（Levin N，Phinn S. *Illuminating the capabilities of Landsat 8 for mapping night lights*. ***Remote Sensing of Environment***，2016：182.）

2016 年，还是 Noam Levin 教授团队，他们发现 Landsat-8 卫星可以进行夜间可见光的成像(图 1.6.26)。Landsat-8 是为了进行白天成像而设计的，但是晚上也可以成像，不过晚上的影像数量特别少。他们通过这些影像可以进行火山、油气井的监测，同时也可以监测到特别亮的城市。这意味着如果未来能有 30m 分辨率的夜光遥感影像，就可以开展全球大规模的城市分析和城市制图。

2017 年，长光公司正式发布了“吉林一号”的彩色分辨率影像(图 1.6.27)。“吉林一号”3B 卫星(JL1-3B)具有夜晚成像功能，它是在 2017 年 1 月 9 日发射的，同年，环境监管局就发表了有关“吉林一号”灯光分析的论文。

图 1.6.27　2017 年，长光公司发布“吉林一号”彩色高分辨率影像

2018 年，武汉大学发射“珞珈一号”，我们做了很多数据共享的工作，同时，还在 *Sensors* 上做了一个“special issue”，收到了特别多的论文。

2018 年还有一个里程碑事件，是黑色大理石(Black Marble)产品的首次发布(图 1.6.28)。这是 2018 年 Miguel O. Román 团队发布的夜光遥感数据产品，它经过了非常复杂的大气校正、滤光处理、季节性校正等。这个夜光数据产品的时间分辨率被提升到每天，如果大家想做新冠肺炎疫情对全球的影响的话，一定要用这个产品而不能用别的产品，因为别的产品是没有经过大气校正的。我在研究时发现，疫情期间武汉地区的灯光是增多的，增多的区域主要在工业区，这让人觉得非常不可思议，当时找到的唯一解释就是因为排放减少了，大气变得更加清洁了，所以卫星接收到的灯光增多。疫情期间(2020 年 5 月、6 月前后)也有不少自媒体发布了分析结果，但是很不幸的是，那个时候 Black

Marble 还没有更新到 2020 年 2 月、3 月，所以那些分析的可靠度是值得商榷的。不过现在，Black Marble 产品已经可以下载此时间段的全球范围数据，它有两个指标，一个叫 VNP46A1，一个叫 VNP46A2。做过大气校正的是 VNP46A2，虽然还有很多问题，但是它是目前唯一做过这方面处理的产品。

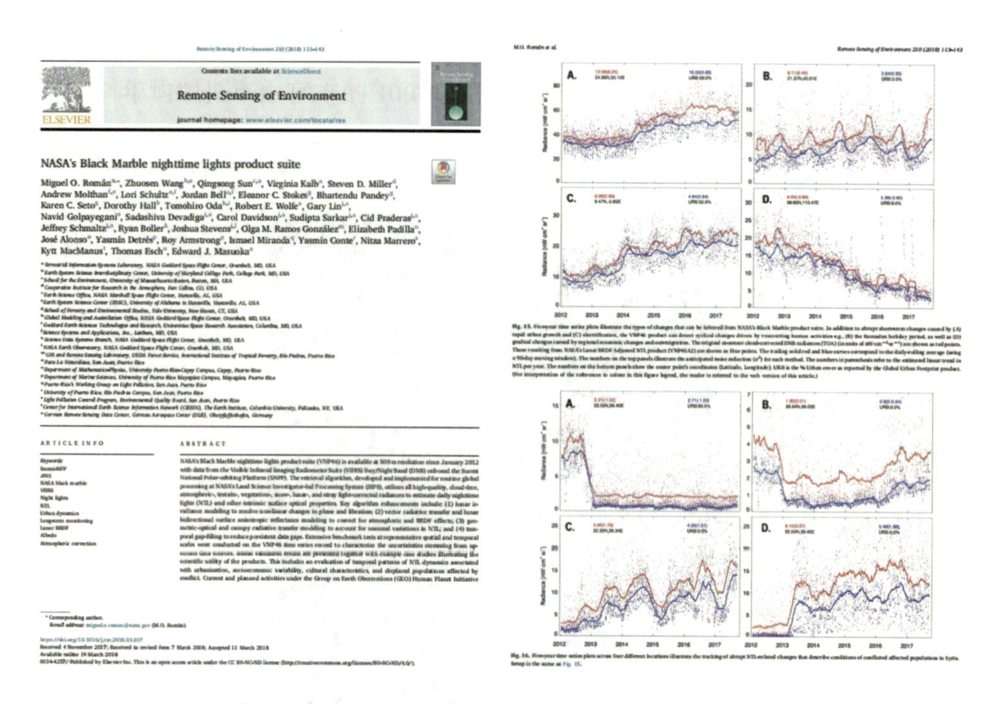
Contents lists available at ScienceDirect

Remote Sensing of Environment

journal homepage: www.elsevier.com/locate/rse

NASA's Black Marble nighttime lights product suite

Miguel O. Román, Zhuosen Wang, Qingsong Sun, Virginia Kalb, Steven D. Miller, Andrew Molthan, Lori Schultz, Jordan Bell, Eleanor C. Stokes, Bhartendu Pandey, Karen C. Seto, Dorothy Hall, Tomohiro Oda, Robert E. Wolfe, Gary Lin, Navid Golpayegani, Sadashiva Devadiga, Carol Davidson, Sudipta Sarkar, Cid Praderas, Jeffrey Schmaltz, Ryan Boller, Joshua Stevens, Olga M. Ramos González, Elizabeth Padilla, José Alonso, Yasmín Detrés, Roy Armstrong, Ismael Miranda, Yasmín Conte, Nitza Marrero, Kytt MacManus, Thomas Esch, Edward J. Masuoka

图 1.6.28 2018 年，黑色大理石产品首次发布，将夜光遥感的时间分辨率提升到 1 天

（Miguel O Román，Wang Z，Sun Q，et al. *NASA's Black Marble nighttime lights product suite*. ***Remote Sensing of Environment***，2018：210.）

我们谈完历史，再谈一下学术社群，到底有谁在做夜光遥感的研究。我大致分为五类，分别是城市化与区域经济社群（中国学者为主）、经济学社群（美国、中国、国际组织等）、医学和生态社群（欧洲学者为主）、天文学社群（欧洲学者为主）、遥感前端与产品社群（美国 NASA、NOAA 为主）。城市化和区域经济社群主要研究灯光学的城市化。经济学社群，如经济学家，他们会用灯光数据来校正或者修补 GDP 数据。医学、生态社群主要研究灯光对人类疾病的影响，甚至研究对海龟、鸟类、植物的影响。天文学社群是通过遥感的方法进行光污染的监测，在美国有个 Dark Sky Association（暗夜联盟）的组织，这是一个全球很大的 NGO（非政府组织），在中国也有很多合作。他们会帮助中国的城市建立一些暗夜保护区，就是一些晚上比较黑的地方，有助于大家进行天文观测，也有助于研究光污染对人的健康产生的负面影响。遥感前端与产品社群是之前所有社群的根基，以美国 NASA、NOAA 为主。虽说中国的“吉林一号”也有团队和数据，但是规模比较小，美国 NASA、NOAA 团队数据量更大，历史更久，所以以他们为主。

5. 夜光遥感的前沿与展望

我们来看一下夜光遥感的前沿和展望。前沿主题包括什么呢？新的传感器、夜间灯光的观测手段、夜光遥感的机理、夜光遥感的产业应用。

传感器方面，除了在表1中列的那些传感器之外，中外有很多机构正在研发新的夜光遥感传感器。比如说中科院“广目”卫星，夜晚波段将是其中的一个波段。武汉大学也正在研制多光谱的夜光遥感卫星，之前发射的“珞珈一号”，它是分辨率为130m的单波段，只有全色波段的卫星。还有英国的Alba Orbital公司，这是个商业公司，他们已经制造了Unicorn-2A和Unicorn-2D卫星，空间分辨率24m，据说已经造好了，但是不知道为什么尚未发射。他们计划在2021年共发射10颗夜光遥感卫星，是个pocket satellite(口袋卫星)，宣称单颗卫星的重量只有750g，大概是十多颗鸡蛋的重量。这很不可思议，这意味着发射成本降低了。卫星发射是很贵的，经常一个卫星的发射可能跟卫星的本身造价相当。同时他们宣称现在有一些金融领域的公司正在跟他们合作，想购买卫星未来的使用权，去进行一些全球经济方面的监测等。所以现在无论是科研界还是商业界，都在关注夜光遥感的研发。

夜间灯光的观测手段，我认为也是夜光遥感目前的一个研究前沿和热点，但现在这部分的工作并不是很多。我们团队首次通过无人机的手段，小范围观测获得全球首套小时级分辨率的夜光遥感影像，这项工作也发表在*Remote Sensing of Environment*上。它有什么好处呢？由于灯光是很难直接从地面上测量的，所以我们借助无人机把仪器放在低空，然后进行近距离感知，把它当作灯光的真实采样器。我觉得未来无人机应该是夜光遥感的一个很重要的补充手段，可以用来进行数据的采样、数据的验证等。但不能只靠无人机，因为无人机的成本还是蛮高的。同时全世界还有很多个城市摄像头，这些数据也将会为未来的城市灯光地面采样、真实验证提供一个很有利的数据源。目前我们团队也在做一些工作，希望能对摄像头数据进行进一步的深入挖掘，看看摄像头能够找到哪些灯光的变化规律，哪些变化规律可以通过卫星进行关联等。

还有就是夜光遥感的机理，目前关于夜光遥感的辐射传输机理的研究比较少见，大家都知道白天有BRDF(Bidirectional Reflectance Distribution Function，双向反射分布函数)模型，还有大气辐射传输模型，那么晚上灯光的传输跟白天有没有什么区别？比如以多角度遥感为例，我们通过研究发现，遥感卫星每日的观测角度都在变化，这些变化影响了夜光的波动。比如说图1.6.29(a)是一个高楼区的观测角度，随着观察角度的增大，夜光的辐射亮度先减后增，但对于矮楼来说(图1.6.29(b))，是一个相对比较平稳的趋势，然后再发生骤增。实际上，如果我们不对观测角度进行处理的话，我们看到的夜间灯光的波动，有50%都是虚假的波动，仅仅是因为观测角度不一样而产生的，但实际上并没有变化。通过观测角度归一化可以将灯光的波动性降低50%以上。

夜光遥感已经开始了一些产业化的应用。比如说招商银行旗下的招银理财在2019年正式开业，在开业仪式上就推出了首个全球夜光指数产品，为投资理财提供了支持。这个

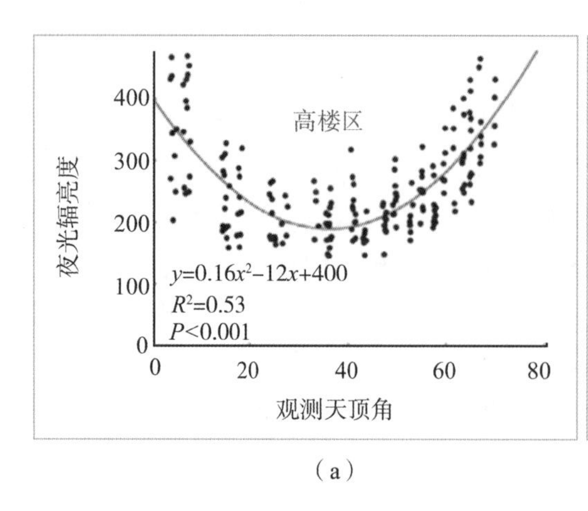

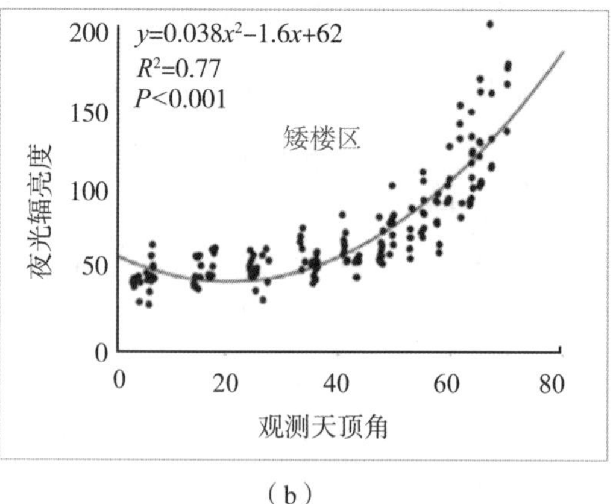

（a） （b）

图 1.6.29 不同城市地形下的观测角度-夜光辐亮度的关系

（Li X，Ma R，Zhang Q et al. *Anisotropic characteristic of artificial light at night-systematic investigation with viirs dnb multi-temporal observations*. ***Remote Sensing of Environment***，2019，233，111357.）

产品是和佳格大数据合作研发的。除了招银还有其他的一些证券公司，目前也在用夜光遥感的指数来判断哪些地区的发展趋势比较好，有利于投资，甚至某些上市企业报危之前，可以通过探知灯光变化趋势来帮助投资者提前抛售股票，目前是有例子的。如果能够从灯光中监测到趋势性的下降，不光可以帮助客户减少损失，甚至可以做空来盈利。所以夜光遥感与金融领域已经开始了一些比较深度的交叉。

最后，我们对夜光遥感做一个新的展望。

第一，多光谱、高空间分辨率和高时间分辨率是未来夜光遥感的发展趋势，同时具备三者基本不可能，但是仅具备其中一者是完全可能的，传感器可以通过更加丰富的数据源对地表进行更加精细的监测。

第二，夜光遥感的辐射传输机理亟待建立。辐射传输机理并不是完全没有，但是建立一整套夜间灯光的辐射传输机理是非常难的。比如说灯光打在地面上，跟周边的建筑、植被进行了来回多次的反射、散射、遮蔽等过程，最终射向天空，然后在天空中，又跟大气气溶胶发生了一些散射、折射作用，然后还会受到一些其他因素，比如晨昏光的影响等。所以我们卫星观测到夜间灯光和实际灯泡的发光功率实际上存在一个很大的差异。而实际上我们更希望能知道这片地区到底有多少灯在发光，功率是多少。这个量应该才是能够直接反映城市经济发展的，但整个过程还没有建立起来。

第三，夜光遥感及应用的微观机制需要研究。为什么呢？有很多研究证明 GDP 与灯光是有关系的。但为什么有关系，因为相关系数高？这不是原因，这是表象。我们需要知道到底是因为夜光遥感与城市基础设施经济有关系？还是和工业区发展有关系？或者和其他土地利用、城市功能的什么量有关系？夜光遥感与哪一个分量有什么样的联系，这一部分的工作现在还没有。重要原因之一是缺乏比较高分辨率的夜光遥感产品。

第四，夜光遥感的应用边界在哪里？不能因为灯光与很多经济量有关系，就不停地做回归，写论文，这可能对大家毕业有帮助，但是对科学进步是没有帮助的。比如说，灯光与某一个产业有关，但实际上还是和经济总量有关，经济总量大必然会导致产业更多，灯光更亮。举个例子，有的地方餐馆灯光更亮可能与经济总量有关，经济总量大导致有更多人口进行餐饮消费，这并不是餐馆直接发光导致的。夜光遥感要有所为有所不为，不能什么都算一下，这是没有意义的。到底哪些是不能做的，哪些是需要做的，我们需要把边界清晰化出来。

第五，夜光遥感与微光遥感的贯通。微观遥感在气象领域用得比较多，一般用于云层的探测，或者是对地表反射月光的探测，像水体、城市和农田在 VIIRS 影像上的微光是不一样的。同时，微光遥感与另一个名词也有联系，就是低照度遥感，它是目前定量遥感和军事侦察中一个比较热门的话题。但是夜光遥感不等于微光遥感，因为夜光遥感的亮度级要比微光遥感高一到两个数量级。但如果夜光遥感与微光遥感进行相互贯通，比如既能探测植被反射的月光，也能探测植被对城市灯光的反射，那么我们就能建立一个夜间的全场景的遥感模型，也有利于区分不同光源的差异性等。

最后，夜光遥感必须与国际上的一些重大议题进行结合，比如说联合国 2030 可持续发展目标。我们要对目标进行重大意义的结合，而不是单纯地写出一篇篇论文。我们要思考怎么样有利于服务于人类命运共同体，如何将夜光遥感的成果写在祖国大地上，未来的发展趋势需要我们做一些有意义的尝试。

我的报告讲完了，请各位老师同学批评指正，谢谢。

【互动交流】

主持人：再次感谢李熙老师带给我们的精彩的分享，李老师系统全面地介绍了夜光遥感的历史、现状与展望，他在这个领域有着丰富的经验，想必大家一定有很多问题想同老师交流，有问题可以提问。

提问人一：老师，您好！我发现目前公开的数据源中，DMSP 数据分辨率比较低，“珞珈一号”时间序列比较短，我们使用 VIIRS 的数据比较多。但是这个数据下面有很多的产品，比如年合成产品、月合成产品，还有您提到的 Black Marble 产品。每个产品都经过了不同的处理，但是数据本身还是会有一些问题，这些产品在使用过程中都各自需要哪些处理？

李熙：基于 VIIRS 的产品现在有两个机构在制作，第一个是科罗拉多矿业学院（Colorado School of Mines），主要是年产品和月产品，但这两个产品在前期预处理中没有很好地去除月亮和大气的影响，在做社会经济分析时会存在问题。第二个是 NASA 的 Miguel O. Román 团队，他们做的是 Black Marble 产品，是以天为分辨率的，受云的影响经常会缺失数据，我觉得现在也缺一套基于 Black Marble 生产的月产品和年产品。但如果你不考虑很高精度、不考虑大气影响的话，月合成产品和年合成产品可以用于进行长期的城市化监测。

提问人一：我们要考虑大气校正、光照度等的影响，但这些技术手段还不是很成熟，我们没法很好地实现，如果我先不考虑这些，就是平常使用的话一般会经过哪些处理？

李熙：对于月产品和年产品，首先要进行背景值去除，因为它含有月光的信息。月光信息，对于北京、武汉恐怕影响不是很大，但是对于西藏、新疆这种地广人稀的地方就影响比较大，可能这些地方的灯光比例、城市建设比例仅占1%，背景值占99%，那么背景只增加一点点就会对整个省份的夜光值产生巨大的影响。而北京大部分地区本来就是有建成区的，灯光比较亮，背景值增加一点则不影响结果。但为了统一，我们会进行背景值去除，一般设置为0.3~0.5 nW/cm^2/sr。去掉以后会出现很多的空值，我们会对空缺值进行修补。一般是用时间序列的方法进行修补。现在比较好的是，NOAA出了一套年产品，如果你不关注月级别变化的话，可以直接用年产品，不用进行修补了。

提问人一：夜光遥感的多光谱指的是什么？和白天的影像一样也是不同波长的波段吗？

李熙：是的，晚上不同的灯颜色不一样，颜色不仅能反映类型，也能反映光对健康的影响，比如哪个波段的光对人健康不好。我们学校也正在研制多波段的夜光卫星。

提问人二：我是研究不透水面的，我感觉不透水面和灯光遥感，在研究城市扩张方面有很多相似之处。有没有可能把这些和人口数据等结合起来做一些全球性的分析？但是不透水面与夜光遥感的数据结合又可能会出现新的问题，像灯光和GDP之间的关系那样，在中国、美国和欧洲的城市可以分析，在非洲就不太行，不同国家之间可能关系也不一样。这一部分有没有可能进行研究，李老师您是怎么考虑的？

李熙：确实，在不同国家之间关系可能不一样。对于非洲来说，农业GDP数据无法得到，但是对于发达国家，可能也一样得不到。农业的观测确实比较难，但是我认为一个国家的农业跟工业发展水平应该还是基本同步的，所以通过对城镇灯光进行监测，一定程度上也能反映农业发展水平。之前我们在非洲一个国家做过一些研究发现，虽然灯光不能直接表明农业发展，但是农业衰退会导致农业人口聚集地区发生人口流失，所以可以通过灯光捕捉到，然后间接地观测到这种变化。

夜光遥感和不透水面，这方面的结合也蛮多的，有人做过大尺度不透水面的反演，但是我觉得这方面还有一些问题需要去探讨。比如说灯光与不透水面并不是一一对应的，可能在1千米以上可以，但是在100米、1米以上，就不能完全对应上去。有些地方没有灯，也有不透水面。所以可能要采取多元机器学习的方法，输入很多数据，包括地表温度、多波段的反射率等，然后共同去学习出一个更好的普选面出来。加入更多信息之后可能可以提升一定的精度，这还是值得研究的。

提问人二：我们的摄像头也能很好地捕捉到灯光，如果全球的摄像头都加起来，感觉也能做很多的事情。

李熙：是这样子的，但存在很多问题，一是大部分摄像头数据是不公开的；二是这种摄像头一般不会长期存档。如果我们能建立一种科学机制，把摄像头数据进行长期存档，这样就不用太多的硬件投入。这个数据不管是研究城市或是研究物候，都是非常有用的。关键就是数据存储以及数据共享的机制需要建立起来。

提问人三：李老师好，我在日常阅读文献的时候发现，Suomi NPP 卫星数据的分辨率有人说是 500m、800m，您又说是 740m。这个卫星的空间分辨率到底是多少米？我感觉应该与卫星的飞行轨道有关系。“珞珈一号”的分辨率是 130m，当时为什么设计的是 130m，而不是 100m 呢？

李熙：实际上，VIIRS 的星下分辨率为 742m。大家为表示方便会用 750m 或者 800m 这种数字。说 500m 是因为 VIIRS 产品在发布的时候是以经纬度产品发布的，不是以投影发布的，经过经纬度变化、投影变换之后，在地面上就是 500m 左右，所以就直接称为 500m。这就是说法不同的原因。

“珞珈一号”的星下分辨率是 130m，为什么不是 100m 呢？我们设计轨道时确实正好满足 100m，但是发现这条轨道上有很多太空垃圾，只能往上提，最后确定为 130m。

提问人三：之前您进行的有关叙利亚的研究所做的聚类是怎么做的？是用 NTL 的变化值做的聚类吗？

李熙：不是，其实相当于把一个多时相的影像当成一个多波段的影像进行聚类。只不过我要做归一化。不做归一化，会使得高值区域聚在一起，低值区域聚在一起。把这部分信息去掉之后，再进行聚类，就会把不同趋势的点聚成一类。

提问人四：夜间灯光在影像上的扩散效应，或者叫效应溢出是怎么出现的？有人说是因为灯光本身会向外发光，它不是单点，它可能会往旁边发散出去；也有人说是传感器本身的性能不足所导致的。

李熙老师的硕士生尹子民：溢出效应可能是灯光四处照射引起的，但是溢出效应在影像中的表现其实是很大范围的，DMSP 可能是 3km 的溢出，VIIRS 可能是 1km 的溢出，这不是灯光的简单照射可以形成的。其次，VIIRS 影像和 DMSP 影像的溢出效应，除了传感器移动和拍摄角度的影响，还有一些其他因素的影响，比如高原，高原的峰值和高原的灯光总值都会对灯光溢出造成一定的影响。还有灯光所处的环境，环境可以分为地理环境，就是陆地或海洋；以及周边环境，比如说植被环境就可能会有遮挡效应，也会对溢出产生影响。还有一个非常重要的因素就是以气溶胶为代表的大气因素，这是目前我和老师比较认可的最为重要的因素。

总而言之，影响灯光的溢出因素是比较多的，要做一个比较全面的解释还是比较困难的。

提问人五：国内外很多机构也在竞相研发一些夜光遥感的卫星，我想知道研发夜光遥感的卫星，最想要给他们的数据源赋予的特点是什么？是高空间分辨率、高时间分辨率，还是多光谱？还有我发现夜光遥感的研究区域之前都是在美国，因为美国发射的卫星，它的数据是最好的，也是最丰富的。如果中国发射一个夜光遥感卫星，是不是中国区域的数据会好一些，研究中国区域的会更多一点？

李熙：先回答第二个问题。因为美国的城市化已经基本结束了，现在大部分学者更关注中国和印度的城市化，研究也主要集中在这两个国家。无论是谁发卫星，都会去监测这两个地方。

研发卫星肯定要考虑分辨率，如果要做到对产业进行监测的话，必须要有足够的时间分辨率，最好能一周有一两次过境。再就是空间分辨率，我们武汉大学和英国的 Alba Orbital 公司的下一个目标都是 20m，这是个可以同时兼顾大范围和相对经济的分辨率。20m 可以对城市街道看得比较清楚了。如果在疫情期间，有 20m 分辨率的夜光遥感数据，就可以清楚地知道各城市的灯光变化和经济损失。就我而言，我觉得多波段的重要性不及前两个，但是欧洲那边的学者，他们关注灯光对健康的影响更甚于对经济的影响，希望探究不同颜色的光污染有什么不好，所以就比较关注光谱方面的设计。

（主持人：胡承宏；摄影：陈佳晟；录音稿整理：修田雨；校对：赵澍、王妍）

1.7 应对压力与焦虑：如何真正爱与接纳自己

（李诗颖）

摘要：四川大学公共管理学院副教授李诗颖做客 GeoScience Café 第 300 期讲座，带来题为“应对压力与焦虑：如何真正爱与接纳自己”的报告。本期报告，李诗颖老师将带领大家去认识压力和焦虑的本质，学习如何正确认识和评估自身的压力，引导大家在面对压力与焦虑时，如何“着眼于当下关注自我，同时又放眼于未来关注世界”。李诗颖老师将告诉大家什么是安静自我，什么是正念与“流”，并分享一些缓解压力与焦虑的小方法。

【报告现场】

主持人：各位老师同学，大家晚上好！欢迎大家来到 GeoScience Café 第 300 期活动。我是本期的主持人侯翘楚。今晚，我们很荣幸地邀请到了李诗颖老师为我们分享以“应对压力与焦虑：如何真正爱与接纳自己”为主题的讲座。今晚的讲座嘉宾李诗颖老师是四川大学公共管理学院副教授，主要研究领域为社会心理学与心理健康。今晚，李老师将带领我们正确认识和评估压力与焦虑，了解安静自我、正念与“流”等概念，教授一些缓解压力与焦虑的小方法，希望大家都能在今晚的讲座中有所收获和启发。下面让我们有请李老师。

李诗颖：各位老师，各位同学，大家晚上好。今天我想与大家分享交流的主题是“应对压力与焦虑：如何真正爱与接纳自己”。我的分享主要包括认识和评估压力、活在当下、所见所闻所感不一定为真实、接受未来的不确定性、接纳自己几个部分。

1. 认识和评估压力

首先，我们来认识和评估压力。压力是一种情绪体验，它是我们主观认知中对自己的能力进行评估后的心理反应。也就是说，当我们在面对一个任务时，我们会评估自己是否能够驾驭这个任务。当我们感知到自身的能力无法应对当前任务时，就会感觉到压力。而当我们感知到自己驾驭和应对当前任务的能力在逐渐降低时，压力的情绪体验就会逐渐上升。

图 1.7.1 漫画中的人物说：“我听说压力的典型症状是吃得过多，睡得过多，看电视过多，他们在开谁的玩笑？这就是我心目中完美的生活！”漫画里说的是“过多”，吃得过

多和睡得过多都有可能是压力的体现。当压力过大时，有的同学会过度进食，也有的同学会丧失胃口。睡眠也是如此，当感受到焦虑与压力时，人往往会失眠，而睡眠是检测自己是否抑郁和焦虑的重要指标。

图 1.7.1 认知和评估压力(来自《压力管理策略——健康和幸福之道》，Brian Luke Seaward 著，许燕等译)

那么人应该活在没有压力的真空世界里吗？答案是否定的。人是需要压力的，因为没有压力就没有动力。我们可以看图 1.7.2，当我们的压力水平较小时，会处于一种不活跃的懒惰状态，这时我们会失去做事的动力与积极性。而当我们感觉压力水平过大时，则会感到恐惧、焦虑、愤怒、虚脱，甚至会导致一些疾病。当我们有中等水平的压力时，我们的任务表现会达到峰值(peak performance)，即当压力正好的时候，人的表现是最好的，所以人是需要压力的。这也符合我们中国人常说的中庸之道，适中的压力会带来最好的结果。人在面对压力时可能会产生两种情绪体验。比如当你接到一个登山任务，但你没有接受过登山训练，你会担心自己能否胜任这个任务，质疑自己的能力。在这种情绪体验中，

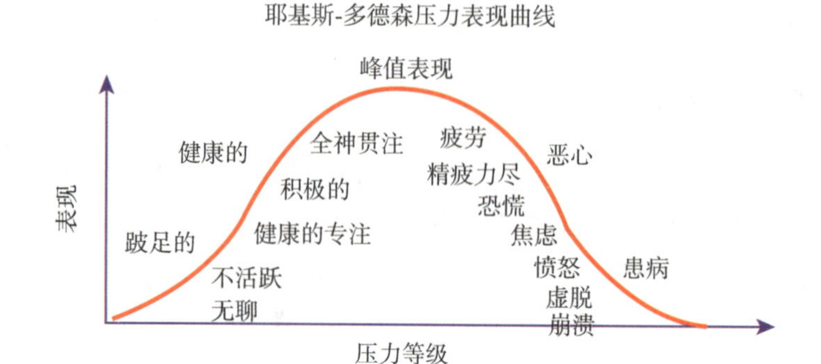

图 1.7.2 耶基斯-多德森曲线(来源：https：//www.dreamstime.com/yerkes-dodson-stress-performance-curve-image153378618)

你对任务的认知是模糊的，因此恐惧整个任务，这是一种消极的情绪体验。而另一种积极的情绪体验是我要勇敢地接受这个任务，这对自己来说是个挑战。在面对事情时，我们都希望能够拥有积极的压力应对体验。

生活中的创伤性事件同样会带来压力。心理弹性(resilience)，也叫心理韧性、抗力。假如将人作为一个弹簧，心理弹性就是指这个弹簧的弹性，在健康适应状态时，弹簧是正常的，当面临压力的时候，弹簧是拉伸紧绷的。这时大脑会调动认知情绪以及认知行为模式来调节情绪，使弹簧不会由于过度拉伸而受损。但如果你在负面情绪中的时间过长，调节受到损害时，弹簧的弹力就会受损，无法回到原位，即人的心理受损，也就是压力把人打垮了。但假如你有很好的心理弹性，大脑在经过情绪调节后，弹簧能够恢复到健康适应的状态。

就像图1.7.3，事件是指大学生在学习生活当中可能会面临的一些压力性事件。LCU是life change unit(生活变化单位)的缩写，它是对左列压力事件的打分。比如说亲密家庭成员的死亡就是一个重大的创伤事件，它的压力评分是100分。为什么叫作"life change"(生活变化)呢？因为人的一生中面对任何变化，都需要进行再适应，而适应的过程就是面对压力的过程。比如，虽然结婚是一件喜事，但是它的压力评分是58分，这是因为结婚是人生的一个重大转变，它意味着人生步入一个新的阶段。人在取得巨大成就时也会感受到压力，是因为他想要保持成就，维持成功状态。因此，生活的任何改变都会让人感受到压力。

事件	LCU
亲密家庭成员死亡	100
密友死亡	73
父母离婚	65
被监禁	63
受伤或重大疾病	63
结婚	58
重要课程不及格	50
被解雇	47
家庭成员健康问题	45
怀孕	45
性问题	44
与密友严重争执	40
经济状况改变	39
与父母不和	39

事件	LCU
换专业	39
新男友或女友	38
学校课业加重	37
个人成就突出	36
在大学的第一学期或学年	35
生活条件改变	31
与老师严重争执	30
成绩不如预期	29
睡眠习惯改变	29
社会活动改变	29
饮食习惯改变	28
旷课过多	25
转学/换工作	24
多科不及格	23

图1.7.3 大学生群体的社会再适应评定(来自《压力管理策略——健康和幸福之道》，Brian Luke Seaward著，许燕等译)

压力管理的第一步是"知限"，即知道自己能力的限度。如果你的能力只能承受100斤，那么非要去挑战150斤就意味着你对自己的能力认知是不足的，高估了自己的能力，最终会把自己压垮。即目标定得过高最终会将人压垮。

压力往往使人产生焦虑情绪，因此应对压力首先要应对自己的焦虑情绪。焦虑的本质是你对驾驭未来世界的不确定性所产生的恐惧。我不知道事情的结果会怎样？我不知道自己能否顺利毕业？我能否发出高质量的论文？我能否得到非常好的结果？我能否交上男朋友？这些都是不确定的，这也是焦虑的来源。那么，我们可以通过以下四点来缓解焦虑情绪：

(1)你所焦虑的事，不存在于当下，而是在未来；

(2)我们所焦虑的事物不一定是真实存在的，它可能是我们想象出来的恐惧；

(3)焦虑是因为你无法接受不确定性带给你的恐惧；

(4)你焦虑的事情都是你不希望发生、不喜欢和排斥的事情。

2. 活在当下

接下来，我们将详细地论述这四点内容。首先第一点叫作活在当下。图 1.7.4 是一些同学非常常见的状态。当他正想做实验或写论文时，各种各样的念头就开始出现在脑海中。比如，我为什么还没有脱单？我未来找得到工作吗？我要找什么样的工作呢？我担心自己毕不了业了，为什么别人的实验进度都比我快？我好像又长胖了，减肥好难呢。这个时候可以说她是没有活在当下的。为什么呢？因为他当下的任务是做实验写论文，而脑子里面冒出来其他杂乱无关的想法在干扰她。活在当下是就做当下的任务，不去想其他。

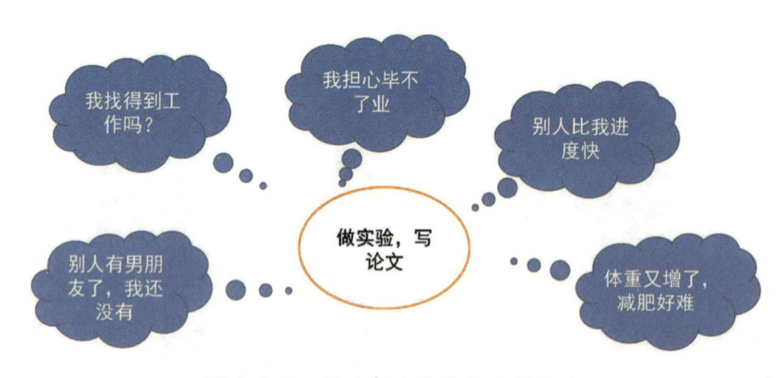

图 1.7.4　干正事时的其他干扰想法

这里需要引入一个概念，叫作正念。永恒和刹那是一个辩证的关系，永恒是刹那凝聚于现在一点。当刹那间注意在当前的任务时，因为特别专注于做这件事情，这个事情已经成了永恒。正念的英文叫作 mindfulness(专念)，中文也叫作专念。举个例子，当一个成年人和一个三岁孩子一起散步，成年人的思绪通常是杂乱的，在散步的时候可能会在想：今天有什么工作没有做完？今天我的社交做得怎么样？晚饭吃什么？而孩子则会把散步变成一次大冒险，他们会注意视线内的每一件事情，开心地分享对体验到的事情的想法。当下一个“片刻”到来时，孩子会继续体验它，而不会经历“分析瘫痪”(即“我应该注意那个还是这个?”)。正念是一种灵活的心理状态。它对新奇开放，对新奇主动搜索，就像孩子在散步的时候，他对沿路的风景都是一种新奇的主动搜索。当人专心时会变得对情境和视角敏感；当人不专心时则会陷入刻板的思维模式，对情境或视角无所察觉，对日常生活心不在焉。就像成年人的旅行。有的年轻人想在短时间内打卡城市的每一个风景点，他一门心思想着要赶去下个地方打卡。旅行结束后，他都回忆不起这趟旅行带来的快乐感觉。这就和孩子在正念状态下散步时的旅行轨迹是不一样的。

这里再举个例子(图1.7.5)。很多女孩想瘦身的初衷是希望自己更健康，希望获得更多的爱与欣赏。在减肥过程中，她往往会采取一些非常极端的手段。比如说，用自我摧毁和攻击的方式来对待自己，比如每天逼着自己吃水煮白菜，再累再困都坚持去跑步，甚至吃减肥药。她最初的目的其实是为了自己好，想要更多地爱自己，让自己变得更漂亮。但是过程的痛苦说明她在做事情的时候其实违背了自己的初衷。为什么要强调不忘初心呢?因为减肥的初心是提升自我，但是你并没有去享受减肥的过程，而是感到非常的痛苦。在这个时候，你不妨稍微停下脚步，让自己过得更舒服一些，摸索出一种更适合自己的成长方式。这种方式往往是更持久稳定的成长动力。而当你看不进去书的时候，学习非常紧张疲惫的时候也要允许自己有缓冲时间，听听音乐泡一壶清茶，人是需要休息的。

图1.7.5　女孩减肥瘦身(来自公众号“徐慢慢心理话”)

还有下图中的例子(图1.7.6)。这位心理咨询师在工作当中非常的繁忙，她把全部精力都拿来上课、写论文、看书、做实验、做个案。久而久之，生活变得一团糟，忘记按时吃饭、锻炼、收拾房间，甚至连最爱喝的奶茶也喝不出味道了。她想不通为什么明明是在向着目标不断前进，却感到那么痛苦？她的老公给她打电话，说下雨了，请她去送伞。她不得已放下手头的工作。奇妙的是，当走在雨中时，她觉得获得了一丝难得的宁静，她感受到风的吹拂，闻到泥土树叶的芳香。“安静自我”的状态会缓和焦虑，使我们的情绪更加平静，也更愿意接纳自己。那如何进入“安静自我”呢？其实不难，试着去多做一些小事。当我们沉浸在没有强烈的目的、不必受到外界评价的小事中，就会慢慢地靠近“安静自我”。所以当人被困扰在繁忙紧张的学习和工作中时，就需要学习如何把所有的行动搁置，转换为存在模式；学习如何慢下来，将时间留给自己，并滋养你身上的那份宁静和自我接纳；学习去观察在每一个瞬间脑海中的念头，并把它们放下而不至于被它们纠结和驱使；学习创造空间，以新的方式去看待老问题，觉察到事物的休戚相关。这就是正念。

图 1.7.6　心理咨询师的例子(来自公众号“徐慢慢心理话”)

另外还有一个概念是流畅感(flow)，也可翻译为心流、涌流等。有一位作曲家是这样形容工作达到最佳状态的时刻：“你达到了一种如此入迷的境界，以致你感到自己几乎是不存在的，你的手好像不属于自己了。你感觉到和发生的事情一点关系都没有，你觉得自己只是坐在那里充满敬畏和惊叹地看着音符自然而然地就流淌出来。”医生是这样形容同样的时刻，当他做完一台手术的时候，才发现，哎，旁边的天花板掉下来了一块。他在执行当下任务的时候，已经完完全全达到了一种忘我的境界，这种境界的效率是最高的。当人进入这种境界时，时间的体验是扭曲的，你会觉得时间异常的漫长，你的目标不是最终的结果。如果目标是最终的结果，你会焦虑于结果的不确定性。所以过程是最终的目标。我想很多人都看过《心灵奇旅》(图 1.7.7)。它里面就运用了“flow”(流)这个概念。图中船

图 1.7.7　电影《心灵奇旅》

长说："当人达到一种忘我状态，灵魂会出窍并且进入他们所在的世界。"

3. 所见所闻所感不一定为真实

接下来是缓解焦虑情绪的第二点——我们所焦虑的事物不一定是真实存在的，它可能是我们想象出来的恐惧。社会心理学中有一个概念叫作人的认知偏差，我们可以通过三个概念来理解：自我认知偏差、预测感受偏差和基本归因错误。社会心理学家研究的主要问题是人怎么错误地感知世界、感知自己以及感知他人，以及我们为什么会产生这种认知偏差。我在课堂上给学生们做过实验，让学生到台上来讲一件自己很丢脸的事情，并且让他给自己的焦虑紧张程度打分。有的同学给自己打 80 分，结果发现台下的观众给他打了 50 分。因此，台下的观众对你紧张的感知程度往往没有你想象得那么高。现在我们来做一个实验。假设你要面对上百人做一次演讲，我们将演讲的同学分为三组。第一组是控制组，我不对他说任何话。第二组是安心组，我们安抚他紧张的情绪，让他不必过多担心自己的想法，放松就好了。第三组是知情组，我们告诉他，研究结果已证明观众不会如你预期的那样注意你的焦虑。你感觉自己表现得很紧张，但事实上，下面的观众是感觉不出来的，你的紧张只有你自己知道。我们来猜一下，哪一组演讲者的焦虑和紧张最能被有效缓解。答案是知情组。

这里不得不提到"焦点效应"，人往往会以自我为中心，高估别人对我们的关注程度。来看这个实验，让美国的一些学生穿着美国之鹰的运动衫去室外闲逛，统计他们觉得有多少同学记住了自己，结果有 40%的学生都觉得周围的人记住了自己。而当实验者去采访周围的观众后，发现只有 10%的同学注意到他们穿的衬衫。假如你有一天因为时间紧迫，蓬头垢面地来到学校，你会担心乱糟糟的自己被注意到。事实上，你过高地估计了自己，没有人注意到你，这个焦虑是不存在的。

第二个概念是预测感受偏差。我们的直觉理论是：我们想要，我们得到，我们快乐。比如假期要来临了，我们会想要拥有阳光、海浪、沙滩的假期。但当假期真正来临的时候，你会发现自己真正想要的是零食、电视和沙发，而不是旅游，这说明你的预期其实是错误的。你觉得自己想要获得一个阳光、海滩的假期，但当这个东西真正来到你面前时，你会发现其实你想的是别的东西。所以我们在对自己未来的行为和思想进行预测的时候，往往是存在偏差的。我们会高估情绪事件的持久影响。比如你有一个欲望，当你真正满足了这个欲望的时候，快乐只有一瞬间。但是当你没有满足这个欲望时，你会觉得当它被满足后自己的快乐会持续非常长的时间。就像当一个女生买不起渴望的奢侈品包时，她的欲望会非常的强烈。她会幻想自己得到包包后身份价值得到提升、在亲友同事间更有面子等场景。但是当她真正拥有奢侈品包后，往往在一两天内就腻了奢侈品包给她带来的快感。除了欲望带来的快感，还有一个对立的现象叫作"免疫忽视现象"，即高估负面的事件对你的打击。人们往往忽视了自己心理免疫系统的速度和力量，低估了自己愈合的速度。人是会自动地运用很多策略来对种种负面事件进行抵御的，包括合理化策略、看淡、原谅和限制情绪创伤等。所以我们对自己的感受的预估是有偏差的。如果你对一个未来事情的发生产生焦虑和恐惧，这种情绪也许是不存在的。

图 1.7.8 是电影《心灵奇旅》里的对话。男主角对进入乐队抱有极大的期待，他觉得这件事能够改变自己的人生，改变所有的一切。但是当他进入乐队之后，却发现一切如常。在这个背景下，他与乐队团长发生了图中的对话，他说：“为这一天我等了一辈子，我以为我会有所不同。”团长说：“我听过关于一条鱼的故事。它游到一条老鱼旁边说，我要找到它们称之为海洋的东西。老鱼说，你现在就在海洋里。小鱼问：是这吗？这是水呀，不是海洋，我想要的是海洋。”这其实是非常深刻的一段对话。人的欲望会分为两种情况，一种是你获得它后只得到了短暂的快乐，另一种是你对已经获得的欲望毫不自知，没有发现自己已经身处幸福中，还在为追逐自己不能获得的事物所焦虑。正如鱼总在寻找大海，却不知道自己身处大海。

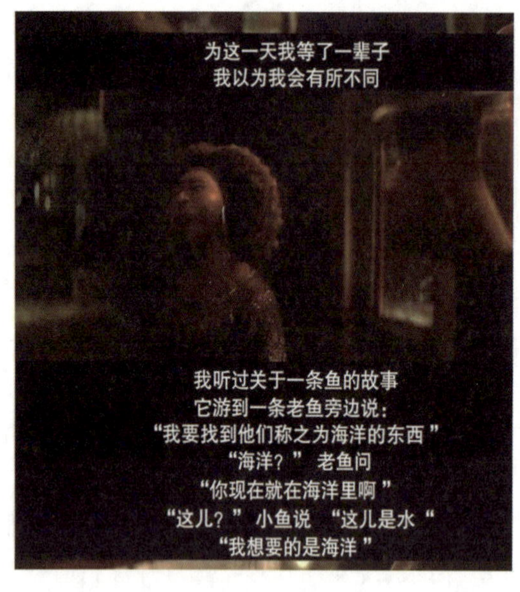

图 1.7.8 鱼总在寻找大海(来自电影《心灵奇旅》)

第三个概念是基本归因错误。当我们解释他人行为的时候，我们往往会低估环境造成的影响，而高估他人的特质和态度造成的影响。举个例子，我在学校大厅时，遇见一个女生从考场跑出来向她的同学进行倾诉。她说：“哎呀，这门课考砸了，我背的是张艺谋怎么他就考的是冯小刚呢？我背的是欧美电影，怎么他就考了日韩的电影呢？”这就是在进行外部归因，将这门课没有考好归因于外部环境。人的基本归因错误就是人不会做内部归因。因为我们自己在经历事情的时候，环境会支配我们的注意，而当我们在观察别人的行为的时候，作为行为载体的人会成为我们的注意中心，我们就会忽略环境带来的影响。就像如果我们自己狂怒，我们会认为是当时的情境所致。但当我看到别人暴怒时，会觉得他似乎脾气不大好。有些玻璃心的人，他们喜欢将自己假想的主观意志转移到他人的客观意志当中，让他人感到非常费解，我为什么就被解读成这样了呢？

我们来看一个非常有趣的例子，是一位研一新生写的小故事，图中提到他给导师送礼未遂之后经历的复杂心理斗争。一天晚上六点，他给导师发消息："我想给您寄点特产。"十几分钟后，老师回复说："不用了，寄过来太麻烦了，心意收到了。"在这中间他进行了非常复杂的心理斗争，最后回复道："不麻烦，顺丰快递寄过来非常方便的。"过后导师就没有再回复了。这之后他开始咨询家人、朋友，寻求导师不回消息的原因，甚至上升到今后如何与导师相处。导师也许很不解，我怎么被学生解读成了这样？从此学生跟我相处就很尴尬了？针对这个例子，我们来进行一些逻辑的推理。学生焦虑的根源是给导师送礼不成，他的初衷是希望与导师处好关系，他的目的是顺利毕业。但是倒推回来，顺利完成学业的决定因素是论文、课题的好坏，而不是送礼。那么他焦虑的本质是什么？是担心自己不能好好毕业了吗？这是由课题决定的，而不是送礼。那么和导师建立好的关系是靠送礼吗？如果失败，今后就不知道如何与导师沟通了吗？这也是不成立的。导师也许是觉得我已经回复并拒绝这件事，然后忙于工作忘记了这件事情，而学生还在纠结。无论我们如何推断，这个学生焦虑的根源好像都是不存在的。

4. 接受未来的不确定性

缓解焦虑情绪的第三点——焦虑是因为你无法接受不确定性带给你的恐惧。我们都应当去接受未来的不确定性，因为万事万物都在变化。过去心不可得，现在心不可得，未来心不可得。过去的东西你是抓不住的，因为过去的事情已经发生了，你再去焦虑也没有用。未来你当然也抓不到，因为未来根本就还没有发生。那么为什么说现在的心不可得呢？因为事实上"现在"根本不存在，像我在给大家做讲座，每分每秒都在过去，每分每秒都是不同的自我。随着细胞的分裂，每个细胞组成都在发生变化，细菌菌群的结构都在发生变化，每一秒的我们都是不同的自我。而你每分每秒，脑子里面闪过千万个念头。当下的你跟一分钟之前的你都是不一样的。万事万物都是在变化的，没有恒久不变的东西。就像武大有百年的历史，它改变了吗？它没有变，它还是武汉大学。它有学生有老师，那么它真的没有变吗？它当然在这百年当中经历了风风雨雨，经历了非常多的变化，它是在这个变化当中确立自己的地位，以达到一种不变，并以这种不变的稳定体系去应对变化的风风雨雨。

所以一切事物皆在变化中，人也是一样。举个例子，爱是恒久的吗？其实爱情一直都在变化，它有可能是不变的，因为你的终身伴侣从结婚到离开，你们一直是在互相爱着对方的。我们看爱情的分类(图 1.7.9)，喜欢是爱的初期，它没有激情和承诺，是如友谊一般的关系；初恋是一种浪漫的爱，它在男女关系中有亲密和激情。这份爱在结婚后的漫长岁月里会变成伴侣的爱，它可能没有激情，但多了一份白发夫妻才有的亲密和承诺。爱从头到尾都在变化，但它是一直存在的。友情也是如此。你想，一个人活了 10 年或 20 年，自己都一直在变，那么你的朋友当然也在变，所以你们之间的友情可能也是有变化的。但是可能两个人一直在一个层面、一个高度、一起进步，三观及生活都可以互相沟通交流，这就是友情不变的地方。

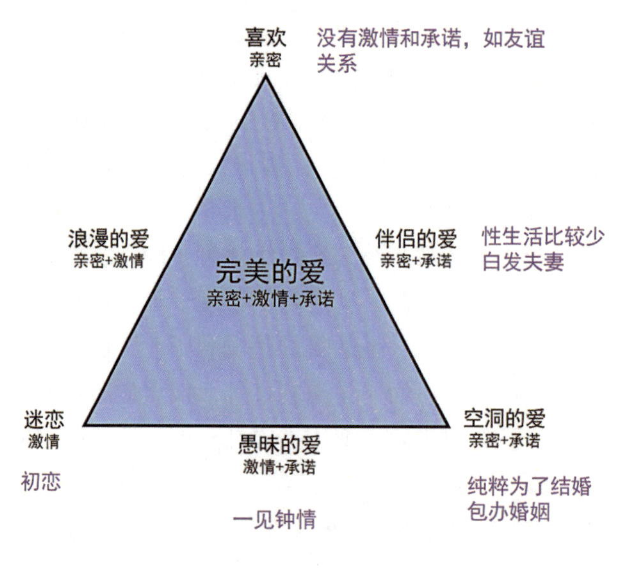

图 1.7.9　爱情的分类

5. 接纳自己

缓解焦虑情绪的第四点——你焦虑的事情都是你不希望发生、不喜欢的和排斥的事情。当你不喜欢自己时，根源可能是你进行了社会比较。社会比较是社会心理学中的概念，指的是个体将自己的信念、态度、意见等与其他人的信念、态度、意见等作比较。而上行社会比较就是在一个特定的品质上把自己与比自己强的人作比较，这种上行社会比较往往会引发焦虑。

针对社会比较，我想给大家的建议是无条件接纳自己，拥有稳固的自尊，而不是参加同学聚会的时候，你的自尊心因为别人的炫富就轻易受到打击。这时候你的自尊是不稳固的，因为你轻易地被打击了。幸福感是一种主观的体验，并不是说经济能力一定能决定人的幸福。就像农民，如果他是自给自足的，就会安于自己的生活；而像富豪拥有大量的钱财，但他会焦虑家族企业的传承人问题，会担心自己的地位不够稳固。幸福是一种主观的体验，如人饮水，冷暖自知。认清自己的能力，无条件接纳自己，每个人的能力都是不一样的，每个人所擅长的能力都是不一样的。因此你要认识自己，认清自己，自己擅长的地方是什么？与自己比，不和其他人比。在自己努力了之后，只和自己比，自己做到问心无愧就好。

但当我们产生了对自己不满的情绪后，我们又该如何战胜这些不满呢？一句话回答就是战胜不了。有的人一方面抱怨生活的现状，一方面又极力证明自己是无法改变的。比如，有的人三十岁没有对象，但他不仅不行动，还为自己寻找各种理由来逃避。当我们对自己不满时，我们会想，要是我是×××(其他更优秀的人)就好了。但此时此刻自己就是自己，自己无法换成另外一个更优秀的人。所以我们能做多少就做多少。等做完了，再来谈如何改进自己。道理很简单，因为把一部分用于纠结“为什么我不能变成一个更好的人”的时间精力省下来了，放在更有价值的地方，同时也改进了自己。

总的来说，在面对自己的焦虑情绪时，首先，我们要认知自己，接纳自己，知道自己的限度。学会根据自己的性格来判断自己是压力耐受人群还是压力易受人群，同一个事情降临到不同人的身上，他们对事情的感知都是不一样的。我们追求自己的进步、目标是对的，但是往往人在欲望太强烈的时候是非常紧张的。人会需要一小段休息来达到安静自我，比如做一些小事情，散步或去感受一下大自然，都可以促进大家获得一种安静的自我。其实很多时候我们无法看到世界的全貌，令我们焦虑的东西也许是不存在的，幸福感是主观的，它跟一些物质财富没有多大的关系。如果当下我们对自己不是很满意，那么就告诉自己，我只能是我，没有办法换成更好的人，即使当下的我硬做下来的结果也不会很坏。今天我的讲座到此结束，谢谢大家。

【互动交流】

提问人一：老师您好，刚才您说的那种流畅状态是一个很理想的状态，如果从心理学的角度讲，有没有一种能够把自己培育到这种状态的方法呢?

李诗颖：有，你可以尝试呼吸法。呼吸对于我们非常重要，当人在感到非常紧张的时候，呼吸是很急促的，但若吸入的氧气越多，脑子就越清醒。

当呼吸变得非常急促的时候，吸氧量是非常少的，一般运动完后，健身教练都会告诉你要做腹式呼吸。所以如果大家在非常紧张或焦虑的时候，不妨去练习一下腹式呼吸。而在呼吸时，还是要正常呼吸。你不要去关注深吸气，就是一个很正常的呼吸。这有一个方法可以练习，在吐气时，心里从 1 坚持数到 10，数到 10 时重新再倒回来。这样可以让自己的呼吸变平，缓缓慢下来，达到一种比较安静自我的状态。

这是一个非常初级的正念呼吸训练法，还有很多其他正念的方法，例如打坐冥想等，都能锻炼自己，让自己安静下来。当一个人安静下来之后，再来做一些工作的时候，就更容易进入流畅感状态当中。

提问人二：您刚才说的人像一个弹簧一样，可以接受压力，但如果长期处于压力状态，可能会弹不回去。所以我们平时可以怎样评估自己是不是长期处在一个压力比较大的状态呢?因为有时长期处于这种压力状态下，自己就会感觉不到或者习惯这么大压力了。

李诗颖：如果你习惯了压力的话，在某种程度上证明你已经有良好的压力应对方式了。另外，还有一些评估的方式，比如说睡眠是一个非常好的指标。可以去网上搜索匹兹堡睡眠质量指数量表，你可以测一下自己的睡眠质量。如果你感到焦虑和抑郁的话，网上也都可以找到比较专业的抑郁和焦虑的量表，都可以自行去测量一下。

提问人三：我平常最大的焦虑来源是拖延。比如说面对一件事情，我的第一反应是拖时间而不是去完成它。

李诗颖：其实每个人或多或少都有拖延症，克服它需要逃离自己的舒适区。你要给自己制订严格的计划，对自己的行为进行约束。比如你可以利用一些 App 来设置闹钟，从而强制自己去做事。你可以这样想：虽然我可能应付不了这件事，但是我也没有别人可以依靠了，那我只能硬着头皮做了。你可以不停地给自己念这个咒语。

杨旭：你也可以通过把目标分解掉，一点点解决问题。目标不要定得太高，要在自己的能力范围内。

提问人四：随着社会发展，人的精神压力越来越大，在吃饱穿暖的需求被满足后，我们的精神问题可能会越来越突出。依据现在的社会情况，未来的社会心理学的发展方向是什么，以及心理学研究过程中面临的难点是什么？想请您谈一谈未来心理学的发展方向。

李诗颖：一个是涉及普适性的问题，就是大家对心理咨询的接受程度是多少。这个的确是需要对不同阶层的民众进行科普的。目前，中国人对心理咨询的接受程度是非常低的，而且大多数人发现不了自己的亲人有这样那样的问题，他们意识不到亲人需要去医院进行心理咨询，或者去看精神科。这个是需要我们普及的。另一个是心理学的总体发展方向是解决普通人的心理问题，提升普通人的幸福感。过去谈心理治疗都是针对心理有疾病的人。现在的积极心理学的目的是在一个人没有心理疾病的情况下，如何发展出积极的心态、积极的情绪和优秀的道德美德。

提问人五：我们可能都听到过这句话：道理我都懂，但是我就是做不到。比如说我知道自己现在应该去做实验、写论文等，我知道它们对我的毕业会产生极大的影响。但是因为这件事情太重要了，我还是会一直焦虑。就像“道理我们都懂，但是就是做不到”这种情况，有没有一些好的解决办法？

李诗颖：这个和上同学的情况是相似的。比如拖延症，它也是一种回避。他觉得当下太难了。道理都知道，但是就是不想去做，这其实也是一种回避和逃避的心态。

提问人五：可是控制不住自己这个方面，让我在思想上感觉非常无能为力。

李诗颖：这个可能需要去对这些行为进行适当的约束，其实这也是一种深层次的焦虑。比如说有的学生觉得自己应当多去参加一些社团活动，但当真正实施的时候，就因为惰性不想去了。在这个时候，可以拿本子记录一下如果做这件事，哪怕只做了一点点，会有怎样的收获、成就，通过记录自己的感受，来解决内心深层次的焦虑，然后再从行为上去激励自己。

杨旭：关于这个问题我也有一点体会和认识。因为这种现象是很普遍的——知道，但是做不到。实际上我觉得有另一个方面的原因，即没有把它真正视为一个问题。很多人会随意地说我知道，到时候我就这样解决问题，但是实际上这个人的态度就是一个问题。人活在世界上就是要解决问题，同样的一个人，在他说到这个问题的时候，跟他真正去解决这个问题的时候，他的态度是不一样的。当他重视这个问题的时候他会认真地去解决它，但是对于像这些“道理都懂”的问题，他可能就不认为是一个真正的问题，因此他解决这个问题的动力和自觉性就会打折扣。其实我觉得很多时候只要是我们懂得的道理，都应该在生活中当成问题，我们都应该去解决它，解决之后就会获得能力。一再强调是我忽略了这个问题，或者经常口头上提，但是并没有真正去解决，而且并不真正当回事儿，这个时候它就容易成为老大难的问题。

李诗颖：我还想起一个例子，我辅导过的一位本科生写毕业论文。他其实是非常焦虑的，我给他设置了不同的 deadline（截止日期），我催他，在什么日期你要交什么，他交不出来，我又给了他下一个 deadline（截止日期），他依然交不出来。其实道理他肯定懂——必须要尽快写好毕业论文，不然最后查重和答辩的时间接近，就来不及写了，写不完他就毕不了业了，但他为什么会拖延呢？是因为他对写论文这件事情感到焦虑，所以迟迟开不了工。有一个玩笑话说假如不知道写什么，先写个致谢。这也是一段文字，总比在那发呆好。哪怕只写一段话，都是做出了一点点的进步。就像杨书记说的，现在你的目标是完成几万字的毕业论文，它是非常庞大的，但是你要为自己一点点的进步而感到高兴，哪怕就写了一句话，或者只把致谢写完了，那都是值得高兴、值得庆祝的事情。后来我对另一位学生就非常严厉了，我说我也在催你了，如果你最后交不出来，其实是你自己的责任，并不是我辅导无方，我已经尽到自己的责任了。某一天他想通了，他就开始疯狂地写，最后在两三周内完成了一篇很不错的论文。一开始他一直不动笔，也交不出来。后来当他自己越过了焦虑的坎后，就知道自己该怎么做了。想要越过心里这个坎，没有万能药。每个人的心理状况是不一样的，很多时候这个坎都必须要自己去迈。

杨旭：我们有的时候没有用解决问题的方式去解决问题。比如说情绪化，情绪化这个事情有一个很好的解决方式，转移注意力就好了。很多时候是可以这样做到的。但是我们在有情绪的时候，并没有努力去转移我们的注意力。越是痛苦焦虑往往会越陷越深，我们不应该将放松自己作为解决问题的一个标准，而是真正地去解决问题。最后再去反思总结，然后形成你的能力。

李诗颖：对。就是说你不要去为有没有达到这个结果、最终目标而焦虑，而是将这个过程作为一个检验，哪怕你实施了一点点，都是一个进步。

关琳：刚才李老师提到接纳自我，因为我今天带着孩子过来的，在孩子上小学之前，我觉得我对自己的认识是非常清醒的，也非常地接纳自己，但是孩子开始上小学以后，我就因为他的很多在学校的表现和我预设的不同而开始焦虑，开始质疑自己然后把他和别人的孩子去比较，这种心理是不是有问题？

李诗颖：这个是特别常见的，我们现在已经聊到了发展心理学和教育心理学的话题。有一个概念叫作边界。父母在和孩子沟通交流、教育孩子的时候，要特别注意一个问题——他不是你，你也不是他。你们是完全独立的两个人，你不能把他当作自己。就像一对情侣在谈恋爱一样，如果你认为对方是自己的话，你会以自己的标准去要求、改变他，或者是让他成为自己，这都是不可能的。这样其实是一个不太好的关系，两个人没有边界了，这样绝对会冲突不断的。因为一个人是没有办法完完全全改变另外一个人的。另外，你可能会将对自己的不满投射到他身上，让孩子去实现自己未能实现的愿望，来填充自己对自己的不满，所以你会对他要求特别高。这时候你要想他是他，你是你。你的孩子他未来要成长为一个独立的人，有他自己的想法，有他独特的探索世界的能力，做事有他自己的方式。我们作为父母需要给他一个温暖的、接纳的环境供他成长，由他自己去打拼自己的未来。

提问人六：现在很多人都会觉得自己很焦虑，或者说有些抑郁，我们应该怎么来判断自己有没有心理疾病呢？

李诗颖：睡眠是一个可以很好地反映自己是否抑郁和焦虑的指标，还有一个是网上能够搜到很正规的测量抑郁和焦虑的量表，去做一下题，打一下分，再依照分数对应一下是低程度、中程度还是高程度的焦虑，这个是可以自己判断的。有一位同学我们都觉得他很焦虑，但是他觉得自己没什么问题。辅导员觉得他状态不对，把他送到心理健康卫生中心找了心理咨询师。他自己也去看过两个医生，医生的判断结果都是中重度的，但他自己不信。我说好，给你一个量表，你自己做一下，最后测出来还是中重度的。量表就是网上搜索的测量抑郁和焦虑的量表。

杨旭：其实我觉得压力大有一部分是外部来的，但更多的可能还是内心造成的。像关老师的压力，就是她自己造成的。

李诗颖：是的，压力是一个情绪体验，这个体验是主观的。所以很多心理学是唯心论。

提问人七：想问李老师一个问题，我个人是容易从正念的练习中获得很多好处的，比如说当自己压力比较大的时候，或者是睡眠出现问题的时候，我感觉通过正念的练习，我的这些情况都能得到很好的缓解。但是当我把这些(正念的)音频推荐给我的朋友或同学的时候，他们就觉得这个练习对他们并没有什么用，我想问的是这是因为这种练习对于不同人格特质的作用效果会有差异，还是说是因为我是一个受暗示性比较强的人，所以对我会有比较好的效果？

李诗颖：我想问问你的朋友也跟你一样有差不多程度的压力或焦虑吗？他们也是类似的状况吗？

提问人七：程度上没有很明确地做过比较，个人感觉差不多是一个水平。

李诗颖：一种可能是他们自己不相信正念的练习。因为你是有需要的，并且你对它有信仰，你相信这个。心理咨询也是一样的，如果你不信任心理咨询师，你不相信通过心理咨询能够解决你的问题，那心理咨询是解决不了心理问题的，所以首先你要相信它，对心理治疗有正确的认识。另一种可能是他们的焦虑程度没那么高，他们不需要这个。

(主持人：侯翘楚；摄影：马筝悦；录音稿整理：江柔；校对：陈佳晟、李皓)

2 精英分享：GeoScience Café 经典报告

编者按：人非生而知之者，孰能无惑？所谓"如切如磋，如琢如磨"，常与优秀的学者交流分享，便能在博采众长与自视自省中收获成长。本章收录了 GeoScience Café 举办的八期精彩的精英分享报告，既有不同领域的学术精英交流前沿科研成果，也有经验丰富的优秀校友分享求学、求职见闻。当你攀科研之峰，可从中窥探语音助手背后的 AI 技术、监测空气污染的遥感手段、低轨导航增强星座设计；当你望学术之海，可从中领略场所情绪计算与感知的奇妙、中国古代星空舞台的浩渺；当你蹚求知之河，可从中感受求学、留学的苦乐；当你划谋事之舟，可从中探寻求职就业的航向。人生有涯而知无涯，让我们踏上前人的足印，去探索未知，收获启迪，携手走向更加广阔的未来。

2.1 语音助手中的自然语言理解技术

（张 帆）

摘要：武汉大学测绘遥感信息工程国家重点实验室 2017 届博士生张帆做客 GeoScience Café 第 276 期，带来题为“语音助手中的自然语言理解技术”的报告。本期报告，张帆从实际应用出发，介绍了语音助手背后最重要的基础 AI 任务之一：自然语言理解(Natural Language Understanding)，如何正确地理解用户的指令，并让语音助手做出合适的响应。

【报告现场】

主持人：欢迎大家参加 GeoScience Café 第 276 期学术交流活动，本次讲座邀请了张帆作为我们的报告嘉宾，张帆学长是武汉大学测绘遥感信息工程国家重点实验室 2017 届博士生，师从张良培教授，发表 SCI 论文 5 篇，Google 学术引用次数 1000+。曾任职于阿里巴巴人工智能实验室-天猫精灵算法专家，目前任职于小米人工智能部-小爱同学，负责自然语言处理算法部分。本次报告中张帆主要介绍语音助手背后最主要的技术任务之一——自然语言理解，下面把时间交给张帆，掌声有请。

张帆：各位朋友们下午好，很高兴能再次回来，给大家做一个关于语音助手的分享，以及工作上的经验介绍。我是张帆，目前在小米-小爱同学团队负责自然语言理解领域相关的开发。本次报告主要介绍语音助手中的自然语言理解技术。我 2017 年毕业以后就职于杭州阿里巴巴，在人工智能实验室工作，负责天猫精灵背后的自然语言理解技术相关开发。我在 2020 年 4 月 20 日回到武汉，加入小米人工智能部的小爱同学团队，主要方向还是自然语言理解。我之前在实验室的主要研究方向是卫星图像处理、机器学习和深度学习，做过场景识别、目标探测等任务。工作以后，由于业务上的需要，转入自然语言理解方向。目前主要接触的技术领域是自然语言理解相关的文本分类、实体抽取和对话理解算法，也做过一些语音识别相关的任务。下面我开始简单介绍目前自然语言理解系统的常见任务。

1. 自然语言理解——系统概述

目前市面上有很多常用的语音助手，比如手机上的语音助手，你问它“今天天气怎么样?”，它会对问题进行识别和理解，然后告诉你答案。如图2.1.1所示，常见的语音系统一般分为4个部分。首先用户说一句话，比如“今天天气怎么样?”，这条语音输入后会进入语音识别系统(ASR)并转换成文本。接着这条文本会被传给自然语言理解系统(NLU)，我主要负责的就是自然语言理解系统部分。经过自然语言理解以后，系统会理解出使用者的意图，比如“播放周杰伦的音乐”这样播放音乐的意图，同时把周杰伦当作一个实体，也就是当作一个人名和歌手抽取出来，进入对话状态的管理，进行有关操作。操作完成后，最终进行文本转成音频(TTS)的过程，比如将“我为你找到这首《青花瓷》，即将给你播放”这条文本转换成对应的自然语音，再输出给用户，这就是由文本转成音频，即TTS。

目前常用的商业的语音助手主要是由这4大部分组成的(图2.1.1)，包括亚马逊的Alexa(智能助理)等。在自然语言系统中，系统会对用户输入的语音进行意图识别和实体抽取，然后进行对话的管理。在对用户进行回应时，我们会要求相关的应用商，例如音乐类的应用商来提供这首歌并播放，同时我们也会回复给用户一段话。

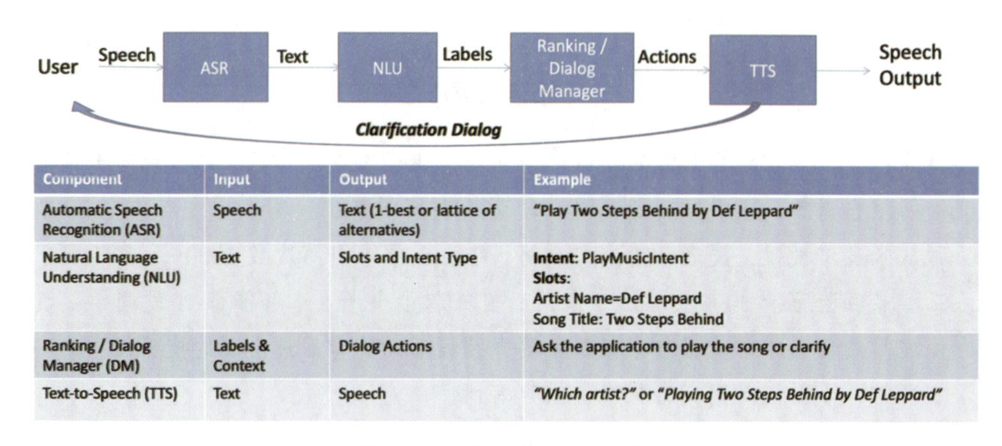

Component	Input	Output	Example
Automatic Speech Recognition (ASR)	Speech	Text (1-best or lattice of alternatives)	"Play Two Steps Behind by Def Leppard"
Natural Language Understanding (NLU)	Text	Slots and Intent Type	**Intent:** PlayMusicIntent **Slots:** Artist Name=Def Leppard Song Title: Two Steps Behind
Ranking / Dialog Manager (DM)	Labels & Context	Dialog Actions	Ask the application to play the song or clarify
Text-to-Speech (TTS)	Text	Speech	*"Which artist?"* or *"Playing Two Steps Behind by Def Leppard"*

图 2.1.1　常见对话系统流程

2. 传统的ASR

首先，我简单介绍目前传统的ASR。在ASR系统中，我们输入一个音频，它会提取固定的特征，而有效的特征是后续理解的重要基础。提取特征后，我们会用深度学习方法对音频进行声学建模。所谓声学建模就是把一些中英文发音等基本音素构造出来，映射到对应的发音表上。在构造完语音音素后，我们会构建一个语言模型，把这个音素表中的音素序列转换成最有可能的一句话，再进行处理，最终变成我们识别出的文本。

比如对音箱说“播放周杰伦的音乐”，这一句话最终会变成文本，输入给后续的系统。目前主流的算法，需要对音素进行一帧一帧的匹配来训练声学模型，但是这样做的难点是标注数据非常难获取。需要在训练完声学模型以后，输入语言模型，再对这个语音进行二次解码。

3. 端到端 ASR

1)什么是端到端 ASR

目前传统 ASR 算法分为 4 大部分，但是随着深度学习等算法的出现，我们希望能够做一些端到端的语言理解系统。为什么是端到端的 ASR？以目标探测为例，目前一些探测系统也在进行端到端的目标探测和分类识别的任务。语音系统也是类似的，我们也想构建一个端到端的系统来识别用户的文本。

2)连接时序分类(Connectionist Temporal Classification，CTC)

对于端到端系统，其实在 2006 年就已经有人提出一些基本的算法，能对一些基本的 ASR 系统进行训练。它主要的思想也比较简单，比如给定一个音频序列，它会从里面找出一个最优的发音音素序列，同时进行一些相关的合并操作等，以输出最终文本。

比如用户说一个“hello”，我们把这段音频切成 10 个时间片段，在每个片段上都预测它发音的音素，最终会生成一个序列，在每个时间 t 上都有一个音素预测值。得到不同的序列以后，再通过一些合并和移动的操作就可以得到最终的发音结果。如图 2.1.2 所示，有了这种 CTC 的优化方式后，我们直接输入一段音频，系统就能对这句话的输出结果进行优化。

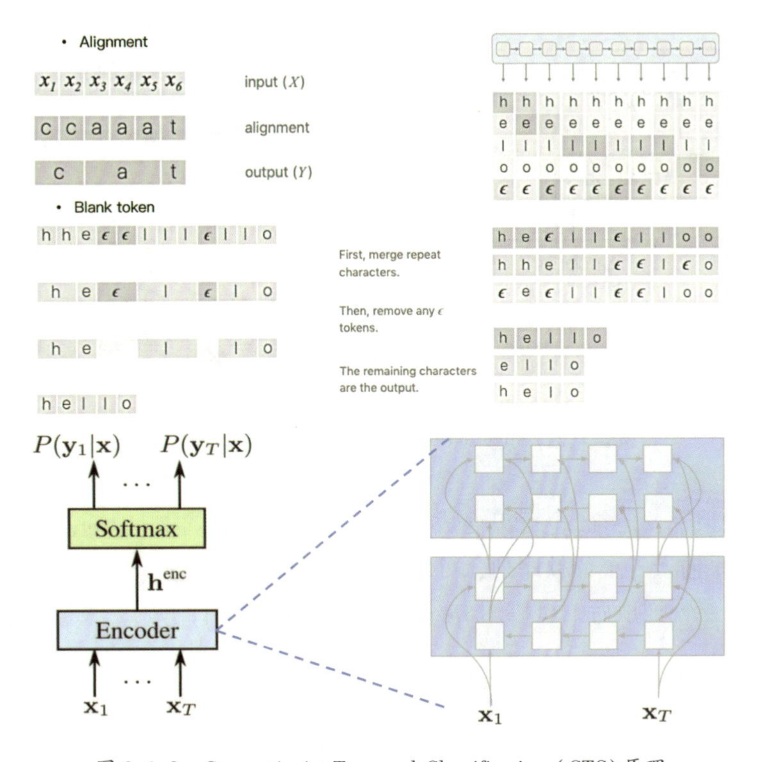

图 2.1.2 Connectionist Temporal Classification (CTC)原理

这就是目前常见的基于神经网络的 ASR 语音系统，里面是一个双向的 LSTM（Long Short Term Memory，长短期记忆），目前遥感领域也有这种 LSTM 序列相关的模型。在音频领域，音频是一种序列数据，我们可以用这种 LSTM 的模型来进行特征提取，然后进行音素发音的识别，最终得到文本。

下面介绍基于 CTC 的优化方式，在 2015 年，谷歌率先提出了一套基于 attention（注意力）机制的 encoding（编码）方式，即 Encoder-Decoder Models（编码器-解码器模型）。注意力机制在图像处理中比较常见，一般会基于注意力，对图像的不同部分，给予不同的权重来进行解码。音频等的操作也是类似的，也可以开发一些 attention 机制，对于一句话使用不同的权重来理解。

3）基于注意力的编码器—解码器模型（Attention-based Encoder-Decoder Models）

如图 2.1.3 所示，这是一个具体的网络结构。在 ASR 系统中，输入一段音频，通过解码器可以得到它的高层次特征，然后利用一个 attention 模型，对原始特征输入不同的权重，逐个解码出音频中所包含的字，最终得到输出文本。

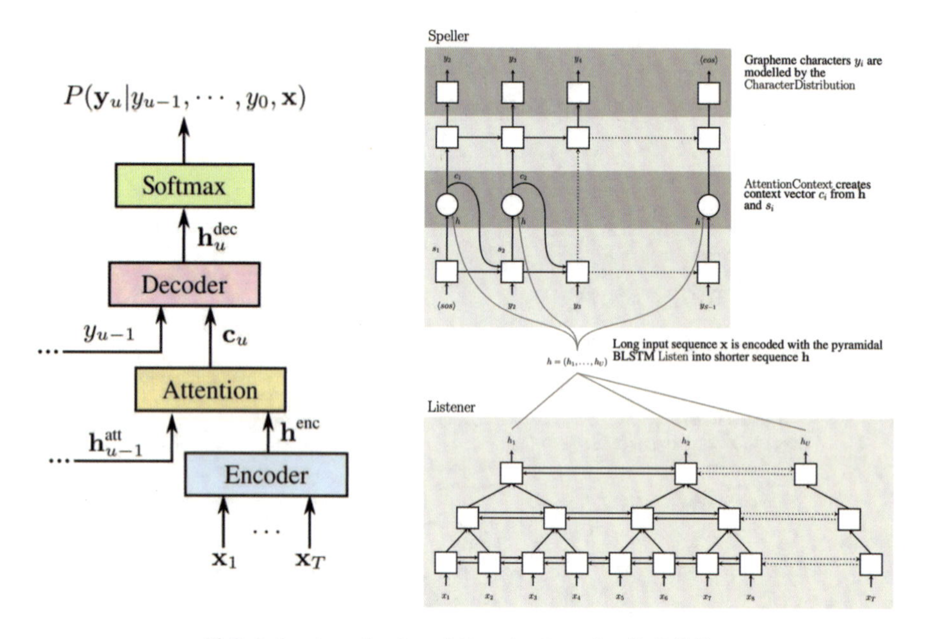

图 2.1.3 Attention-based Encoder-Decoder 模型结构

类比于图像识别，LSTM 也可以变成 CNN（Convolutional Neural Networks，卷积神经网络）的结构，如果输入一个音频序列，可以认为这里面的模块是个卷积层，能得到它的高层特征。得到高层特征以后，可以用 Decoder 的模型逐字进行解码，来得到最终的文本。

4）上下文 LAS 模型（Contextual LAS Models）

在前两年，谷歌开发出了另外一种基于上下文（context）的 ASR 系统，其中加入了一些用户的个性化信息。例如，在打电话的时候，需要查找通讯录，用户说了一个非常生僻的人名，系统要怎么找到这个字，它正确的解码文本是什么？在这种情况下可以加入一些用户的个性化的信息来进行解码，以提高 ASR 识别的准确度。

不管是针对图像还是语音，目前的神经网络方法都是基于 Feature Encoder(特征编码器)进行提取高层次特征，利用 attention 对不同的特征加权，然后进行解码。给定一个输入的音频，附加一些候选的文本列表，来让音频更偏向于解码出这些文字，也就是结合用户的上下文信息。还有一些现在常见的优化方式，可以进一步加强 ASR。大家在进入商业公司后，如果从事与这一业务有关的开发工作，需要快速跟进其他各大厂商，比如谷歌、亚马逊等，学习他们采用的优化方式，来优化我们的业务。

对于一个 ASR 系统，音箱在收到音频以后，紧接着还会有下一个任务，即判断用户是否讲完。对于一个音箱，需要对用户的语音进行尾点检测，确认用户已经讲完了，然后再把这句话传给系统。这是语音相关部分最主要的两个模块，一个是 ASR，另一个就是尾点检测。

5)查询结束检测器(End-of-query detector)

在尾点检测任务中，怎么来构造、训练和优化模型？图 2.1.4 给出的这段音频是“Driving time to San Francisco”，0 表示用户在讲话，1 表示不是讲话的部分，3 表示尾点。可以构造这样的训练集，来训练一个 CNN 的模型，判断哪一部分是尾点。这就变成了一个非常简单的模型训练和问题定义，然后把训练好的模型部署到真实的线上环境，就可以为用户服务。

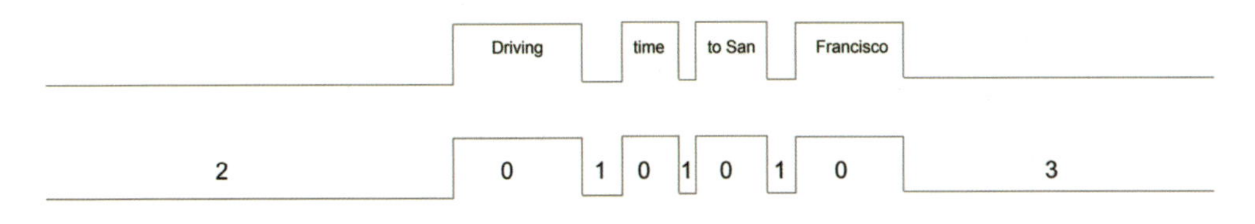

图 2.1.4 尾点检测模型

上文所提都是 ASR 系统，但是对于整个对话系统，把文本识别出来，这才是第一步。线上的语义理解系统是非常复杂的，所以现在许多公司的语音助手团队，比如阿里巴巴的天猫精灵或者小米的小爱同学，都有比较复杂的工程架构和算法上的区分。但类似于现在的一些智能系统，不管模型多么复杂，前面都会有个规则的引擎来进行处理和服务。

4. 语义理解系统

1）实例分析

接下来介绍领域识别、意图识别和实体抽取的模块，还有一些多轮的对话模块，以及利用用户的个性化信息来辅助决策。这一方面主要是线上服务。和开发算法不一样，对于一个线上系统，还会有一些线上的监控工作，需要对线上的一些服务数据进行统计，来获取线上用户的行为特征，判断给出的服务是否满足用户的需求。这些数据都会存成数据表，以便进行后续的数据挖掘。

类似于推荐或者搜索系统，可以结合用户的反馈或者点击等行为来挖掘出系统里的错误信息。以图 2.1.5 为例，当用户对音箱说“播放音乐”，假设 ASR 识别正确，应该首先识别出它是“音乐领域”，且意图是“播放”。但这句话是没有实体的，系统会随机播放一首音乐，通过搜索推荐一首歌曲。当用户说“下一首”，系统会识别出意图是“下一首”。当用户说“我要听芒中”，系统可以通过一些用户的反馈信息来进行挖掘，从而知道真正的需求是“芒种”，一首非常热门的歌曲，然后为用户播放这首音乐。当用户说“我要听青花瓷”，系统识别出来领域是“音乐”，意图是“播放”，实体是“Song”。用户紧接着说“周杰伦的”，这句话是混淆的，需要对它进行多轮领域继承和实体继承，从而知道周杰伦代表用户对上一句的补充，他要听的是周杰伦的《青花瓷》。

- 播放音乐
- 下一首
- 我要听芒中
- 我要签到
- 播放小猪佩奇
- 我要听青花瓷
- 周杰伦的
- 打开空调
- 现在温度

- 领域识别:音乐，意图识别:播放，无实体
- 公共意图识别:intent.next，领域继承
- Query改写，领域识别:音乐，意图识别:播放，实体:Song
- 技能匹配:签到技能，意图识别:签到，无实体
- 领域识别:音乐-视频，Rank决策
- 领域识别:音乐，意图识别:播放，实体:Song
- 多轮领域&实体继承，实体:Artist
- 领域识别:家居，意图识别:打开，实体:Device
- 多轮领域继承，意图识别:属性查询

图 2.1.5　用户行为反馈举例

2）规则引擎（Rule Engine）

要理解用户的一段话，涉及这些模块：领域识别、意图识别和实体的抽取，以及多轮

的继承、实体的继承等。对于一个线上系统，当收到Query(查询目标)以后，首先会通过一个规则模型，用基于规则匹配的方式来进行快速的语言理解。这种方式不用通过网络模型，可以有效减少线上的性能消耗。具体来说，规则其实非常简单，写一些K-V(Key-Value)库，比如"我要听周杰伦的歌"，当用户说的话与它一模一样时，则可以直接进行识别；或者设置一些规则匹配模板，如"我要听[Artist]的歌"，当用户说话时，通过将问句与模板进行规则匹配来实现语言理解。

3)技巧(Skill)

(1)基于模板的匹配(Template based Matching)

对于现在的线上系统，这些规则引擎能处理掉将近30%~40%的数据，从而节省网络的开销和神经网络计算资源的开销。另外，公司有时候也会需要一些匹配模型来快速上线一些小功能。比如说"双十一"到来，公司要发红包，客户要求把这句话识别成"我要发红包"，但现在没有比较好的方案，就可以用匹配模型将这句话识别出来，把它映射成运营相关的需求。

目前除了比较原始的基于模板匹配的方式，还有一些基于Bert的匹配方式。Bert语言模型的出现，大大改变了语义理解算法开发。

(2)基于bert的深度匹配(Bert based Deep match)

Bert模型是谷歌率先在这两年提出的，用几十亿数据量的文本来训练的一个网络模型，以帮助使用者提取特征，类似于视频图片里面的ImageNet所训练的网络。把两句话拼在一起输入模型，能抽取到一些有用的特征，在特征的基础上来判断是否匹配。

在了解了规则和匹配系统以后，才真正进行领域识别的任务。

4)领域识别(Domain Classification)

领域识别是整个自然语言系统里的第一个模块(图2.1.6)。当规则和小技能匹配完成以后，首先来到领域识别模块。例如用户说"播放成都"，可能属于音乐领域，也可能属于其他领域，领域识别的任务就是识别它是属于哪个领域。

在自然语言的理解部分，对于一个常见的识别模型，输入一句话，它会得到这句话每个字的特征，进行两层的transformer(变换器)结构的特征提取，然后把这两个特征叠在一起，来预测其属于哪一个领域。在自然语言系统中，会进一步在网络的基础结构上进行一些知识信息融合，我们逐渐发现对于神经网络，仅仅利用文本特征是不够的，需要输入一些人的知识信息。比如必须知道成都可能是一首歌，也可能是一个城市的名字，把这些实体信息加入网络，来帮助网络进行识别，最终再结合这个句式的特征，知道"播放成都"里的"成都"代表的是一首歌，而不是城市。

目前常见的语义系统会定义一些领域，比如说导航领域、天气领域、音乐领域等，对

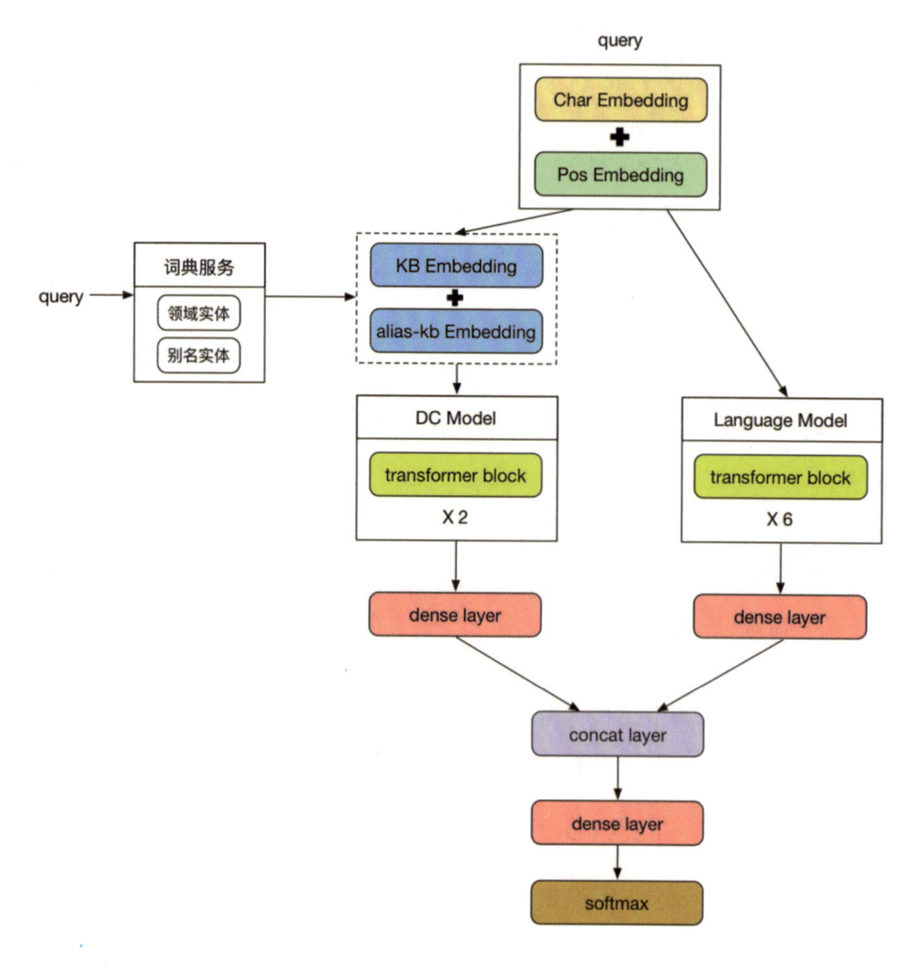

图 2.1.6　领域识别流程图

这些领域进行设定，在固定的领域内再进行一些可执行的操作。完成领域识别以后，我们理解了用户最浅层的意思，再进行意图识别和实体抽取的任务。

5）意图识别和语义槽填充（Intent Classification & Slot Filling）

所谓意图识别就是进一步细化地理解用户说话的含义，它的意图是要播放这个音乐，同时要把需要播放的东西抽取出来。比如需要播放“青花瓷”，这首歌进入识别后，通过领域识别分发给音乐领域，在音乐领域进行意图识别和实体抽取，抽取出“播放”的意图和“青花瓷”这个实体。

每个领域需要实现的功能是提前定义的，类似于图片分类，需要定义好要做哪些事情。比如音乐领域里可能有播放的意图，搜索歌词的意图，搜索歌手的意图和搜索某首歌的意图等。同时按照人的理解和知识图谱的建设情况来确定到底要抽取出哪些实体类型。比如可能要抽取出音乐相关的一些实体，视频相关的实体，书籍相关的实体等。当用户说“我要听小猪佩奇的主题曲”的时候，需要把小猪佩奇识别成音频相关的一个实体。如图

2.1.7 所示，目前常见的模型也是基于 Bert 的结构，里面是多层 transformer，能帮助我们提取特征，同时能识别意图，还有同步进行实体识别。

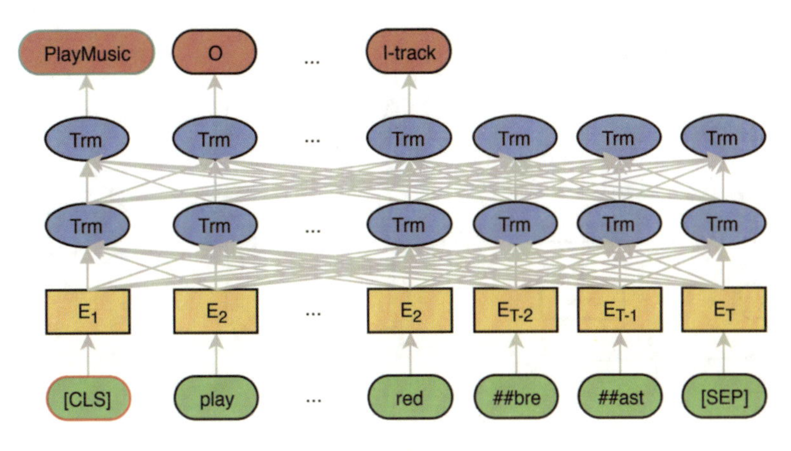

图 2.1.7 意图识别模型结构

6）意义表示语言（Meaning Representation Language）

目前这种基于领域意图实体的层次建设的语义复杂度是不够的，一般在进行语义理解的时候，只能理解一些比较浅层的语义。但对于更加复杂的操作怎么办？比如“播放音乐，同时把我卧室的灯打开”，这样的句子仅基于语义是很难识别的。所以后续就有一些商业公司，比如亚马逊、谷歌、微软等，提出了一种基于树状结构的语义理解方法，如图 2.1.8 所示。把“播放这首歌”理解成一个树状的可执行程序，而后半句也是一个可执行程序，这样做不仅仅把一句话理解成了领域意图实体，而且理解成更细致化的语义表达。基于这种方式，可以用类似于中英文翻译的方式来进行解码。输入文本后，把整句话编码成一个可执行的系统程序。不只是解码成一个播放动作，同时解码出类型是儿童音乐，演唱者是麦当娜，它的来源是多方面的。所以目前就有一些更先进的下一代语义理解技术，能够进行更细致的对话理解，来提供更复杂的交互能力。

7）重排序（Rerank）

在领域识别和理解后，还有一些类似于排序和搜索推荐的任务，当用户说“播放小猪佩奇”的时候，用户到底是想听音乐还是想看一个视频，就需要结合用户的行为来进行后置的决策。这就是常用到的基于知识图谱信息和用户行为的方法。现在有很多这类知识图谱的构造方式，会构造出常见的三元组，从而理解出小猪佩奇可能是一个动画，它比起一首歌更像一个动画。而对于大部分用户而言，当他说“播放小猪佩奇”以后，用户对音频类的播放率或者播放时长更高，结合这种数据进行搜索和排序，可以提供给用户更好的体验。

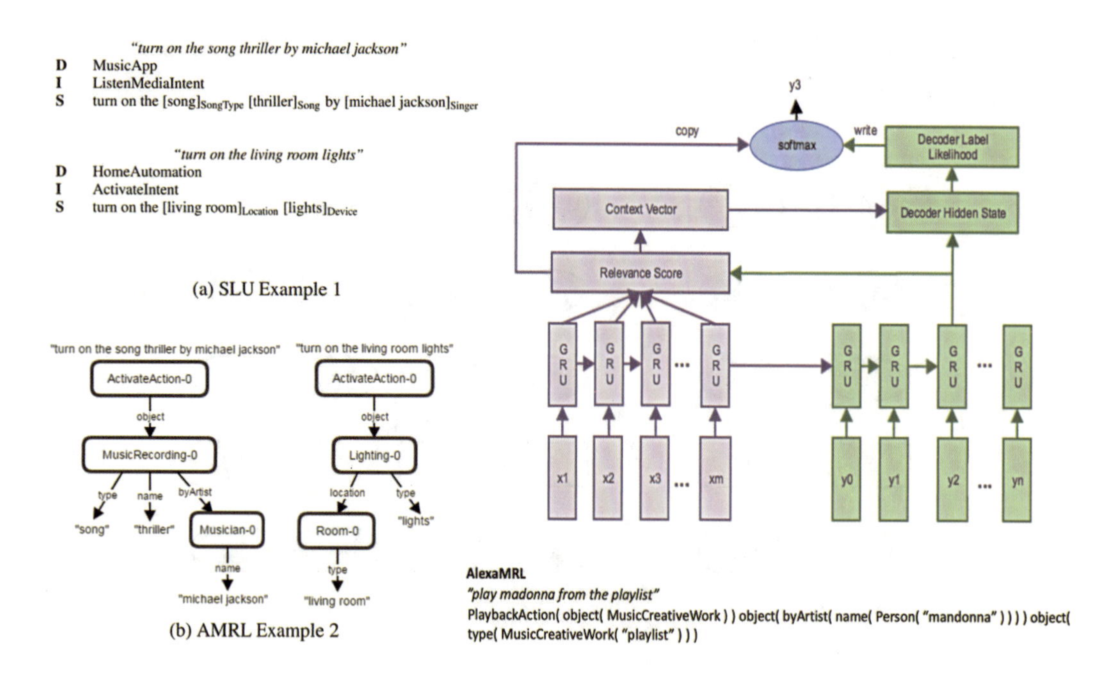

图 2.1.8 意图识别模型结构

比如识别出“Play Moana”这句话，如图 2.1.9 所示，这句话可能是混淆的，它既可以是音乐领域，也可以是书本领域。一方面，在音乐领域，给领域识别模块进行打分，同时识别出了意图，抽取出了实体。另一方面，在书本领域，系统也会进行领域识别、意图识别、数据抽取。得到了这些识别结果以后，再结合设备的状态信息，比如这个设备是否连着屏幕，这个实体是否能正确匹配到等这些用户的行为信息，来进行重新排序，最终发现这句话在当前状态下的意图可能是播放音乐。这套系统已经非常像搜索推荐的排序模型，不仅需要更好的理解，更要有语意的表达，然后结合用户行为信息来进行推荐，以找出用户心里最想要的意图。

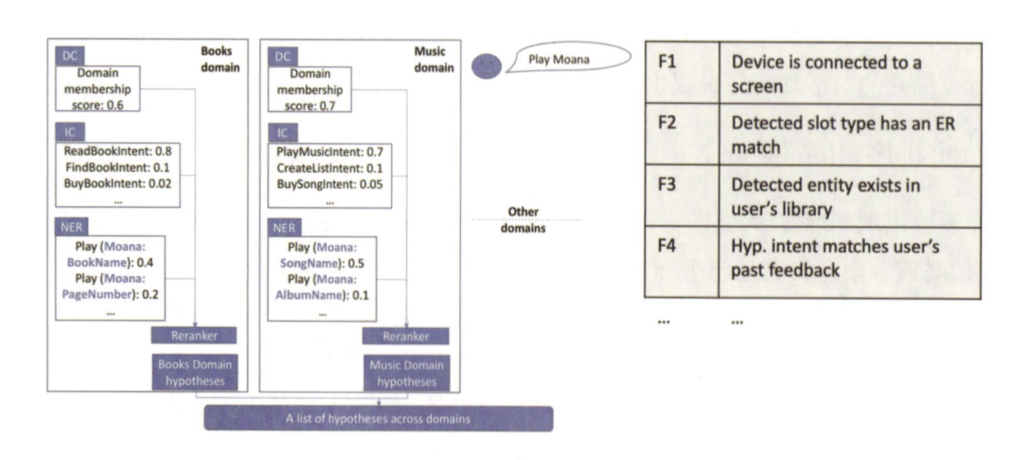

图 2.1.9 Rerank 模型流程

8)对话管理器(Dialog manager)

上文提到的都是单论的语义理解，也就是一句话包含了完整的语义信息，但是有的时候用户会进行多轮对话的补充。比如当用户说完“我要听青花瓷”，又补了一句“周杰伦的”，这时候这句话就混淆了，需要有多轮领域识别的模型和实体继承的模型，也就是多轮对话管理模块。对于多轮对话系统，现在常见的对话系统里都有一个对话管理器，也就是 Dialog manager，如图 2.1.10 所示，这个管理器能把之前对话的一些实体都保存下来，比如可以把“青花瓷”当作一个实体保存在历史列表里，同时再结合用户以往输入的语句以及用户当前的语句来判断是否要继承之前的一些实体，来进行信息的传递。在上面的例子中，也就是把周杰伦和青花瓷继承下来，同时也把领域和意图继承下来，以便后续操作的执行。

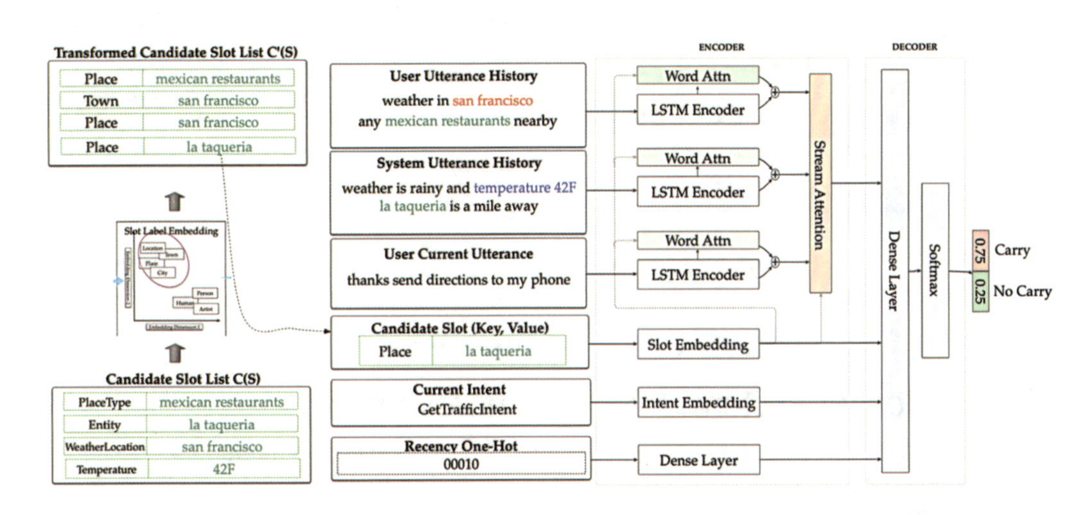

图 2.1.10 Dialog Manager 模型

9)基于反馈的查询重写的自我学习(Feedback-Based Self-Learning for query rewrite)

上文介绍的是基本语音助手背后常见的模块，但这个系统目前是会有错误的。因为线上系统的效果并不是百分百正确，尤其是基于神经网络这种方式，目前线上精度可能只有90%~93%，那剩下的如何进行挖掘？此时就需要线上的反馈系统。亚马逊和小爱同学这类语音助手，目前每天可能会有 1 亿条语音 Query，产生 1 亿条数据，用人工标注的方式是不太合适的。所以还需要实时地对反馈进行挖掘，来发现错误的信息。

例如用户说：“我要听芒中”的时候，如何知道这个系统存在 ASR 错误，同时能推断出用户真正想听的歌是《芒种》。目前常见的方式是基于用户反馈。当音箱没有满足用户当前的请求的时候，用户往往会再补充一句来进行修正，比如用户说：“播放芒中”，音箱说“我没听懂”，用户肯定会再说：“我要听《芒种》这首歌”。用户往往会修正之前的行为，而这些行为对于一个系统是非常重要的指标，能帮助挖掘现在的错误。有的时候可能用户说完“播放芒中”，又说“我要听《芒种》”，“请给我播放《芒种》”，在第三次的时候，系统终于理解对了，用户就会持续地把这首歌听下去，完成这首歌的播放。这种信息就是正向信息，可以结合这些正向和负向的信息，来挖掘出用户的行为序列，挖掘用户是否听完了这首歌，或者用户是否有这种强烈的修正行为，来构建马尔可夫链跳转的关系，如图2.1.11所示，最终挖掘出一些可用的纠错方式来进行系统的自动化纠错。这个系统也是目前线上比较常见的一个方案，能结合音箱的这种反馈方式来挖掘大量的case(案例)。

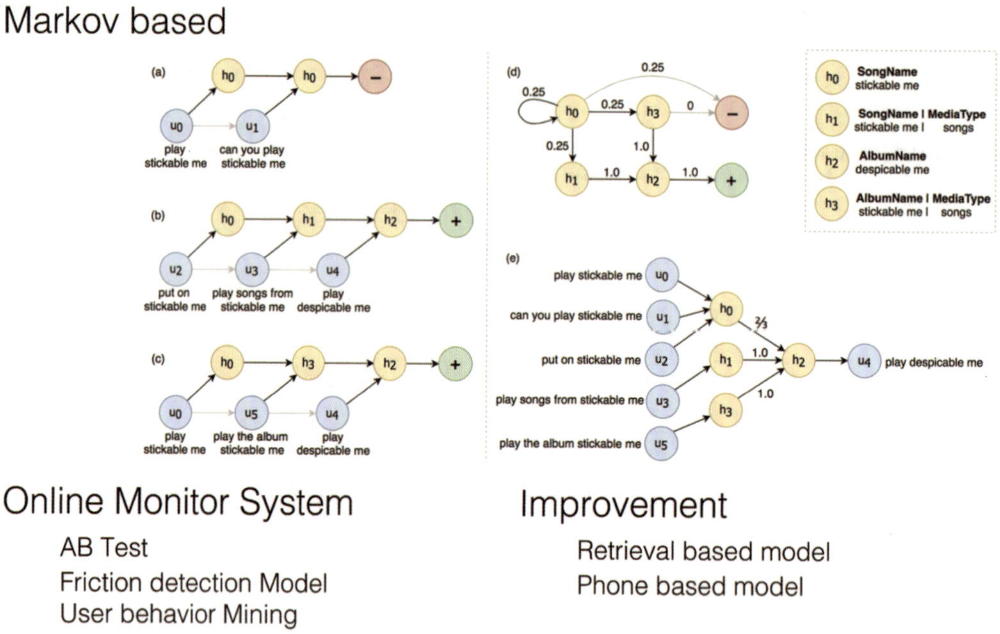

图2.1.11 基于马尔可夫链的自动修正

今天报告的内容，把智能语音助手背后的一些常见模块，以及工业系统中的一些场景实现给大家进行了简单介绍。

【互动交流】

主持人：感谢张帆的精彩报告，下面到了互动时间。有同学有问题吗？可以现场提出来，提问的前三位有机会获得我们的赠书。

提问人一：张师兄您好，我有两个问题想请教一下。第一个是你们的训练集是怎样获取的，训练集的体量大概有多大？第二个问题就是比如Siri这种语音助手，刚开始使用的时候会让我说两三句话，然后就能识别出这个人是我，后续也能自动识别出我的声音，这个过程是怎样实现的？

张帆：目前我们会有两种数据，其中一种是基于众包的方式获取的。比如我们现在要实现与音乐有关的功能，会众包让同学来帮我们写一些模板。我们把它当作一个众包的服务发布出去，让每个同学针对想要实现的功能，写下自己想要问的问题或想说的话，同时把这些话返回过来，变成基本的数据，然后我们会拿这些数据来进行训练。以音乐领域为例，目前应该是有几十万数据，我们将它们的领域意图和实体都标注好来进行训练。

关于语音助手对说话人的识别，其实类似于人脸匹配的方式，它会把你的音频特征存储于你的手机上，当你在提供新的音频的时候，它会进行声纹识别，来判断新进来的音频特征和你录在本地的特征是否是类似或者一致。苹果和天猫精灵其实都有类似的功能，小爱同学现在应该也有。

提问人二：师兄你好，我有一个问题，因为我们自己家里也有小度或是小爱这种音箱，我一直很好奇一件事情，在家里或者在一个公开区域里，在和小爱说话的过程中，其实有很多的背景音，比如电视背景声，或者家里有其他人在说话，那它是怎么识别出用户和其他背景音之间的差异，这种干扰是怎么避免的？

张帆：这是在 ASR 部分实现的。当有音频进来的时候，我们会对你的音频进行背景的消除，噪声的消除。还有一些更先进的算法，当你唤醒音箱以后，我们会通过唤醒词来判断这次唤醒的声音是谁，然后能根据唤醒词的特征来增强与唤醒的声音相似的音频，同时把非相似声音抑制掉，这种算法的优势是唤醒的人所说的话是最准的，可以把别人的说话声音抑制掉。另外当唤醒的时候，我们也会跟踪这段话是来自哪个方向，会增强这个方向的音频信号，同时抑制其他方向的信号来进行增强，以确保 ASR 的识别效果会更好一点。

提问人三：师兄你好，我有一个问题。在图像处理中，我们训练 1 个网络，通常输入的不算太好，但是在对话过程中，很多语言的强度是不一样的。在这种情况下，比如 LSTM 是数量模拟的，LSTM 的数量是固定的，我们怎么样去处理这种有长短规律的对话，在训练过程中是怎么输入网络中的？

张帆：目前我们会设定一个最长的长度，以 LSTM 为例，假设设置一个最长长度 256，现在的长度只有 100，我们会在后面加一些“padding（填充）”，让它变成固定的长度，然后在计算“loss（损失）”的时候，那个部分会被“mask（掩膜）”掉。其实图像目前也有一种“transformer”，应该也是输入变长。

提问人四：我有一个问题，比如用神经网络来做这种意图的识别，它的准确率一般是 90%~93%，那么剩下的一部分，假设我们通过挖掘已经知道哪个地方有错误，我们应该怎样去修补这个问题？

张帆：例如现在有个句式很复杂，“我想听这首歌你们给我播放一下，就是周杰伦的

《青花瓷》。”这句话前面是很长的，系统可能容易理解错。我们收到这句话以后，最简单的方式是将它变成一个模板，也就是把他的领域意图和实体抽取成一个模板，然后用这个模板来构造出一些假的数据，放到网络系统里面进行训练，这是一个比较简单的方式。

提问人四：我目前有一个问题，比如“什么是重症”和“怎么申请重症”这两个问题，使用 Bert 数据集来训练，做出来之后，它的相似度达到百分之九十九点几，说明这两个问题相似度很高。我发现这个问题之后，加了大量样本进去，把原来的字数也调高了，但是始终修正不过来。可能这个模型以前已经通过大量的语料训练，根深蒂固地认为这两个问题就是一样的。所以现在再加入很多样本之后，还是调整不过来。

张帆：目前训练集是多大?

提问人四：目前主要是用 MC 语料集，再加上一个领域的语料集，领域语料集不多，但是也有 23 万左右。目前存在一个问题，当用大量的语料进行训练之后，即使能够找出错误，再把这些错误加入训练，效果也不是特别好。但如果我们用一个比较少的样本进行训练，比如 3000 个，或者是更少的样本，在发现有问题之后，再加样本进行训练，把它的迭代次数加到一定标准之后，就可以把错误降下来。

张帆：我们之前训练样本的时候也会遇到这样的问题，就是训练完之后发现两个样本分不开，大概率是里面的数据有重叠部分。因为数据中不可避免会有一些标注错误，而且目前数据模型的理论能力非常强，可能有一条错了，它也会预测到有错误，我们有检测标注数据的质量，假设有 3%的错误，其实已经是非常低了。那么如果用 Bert 来训练的话，即使有一条标错了，那么它也会完全记住这条错误。所以在预测的时候，它还会预测出错误。如果我觉得“播放周杰伦青花瓷”这条语句可以标到其他地方，有的时候网络就会全都背下来，我们只是稍微改变两个字，它就出现错误。

提问人四：还有一个问题，对于人来说，有些事情我们印象很深刻，比如某两个物品不是一个东西，我们肯定能记住，下次再遇到类似的问题就能够解决。但是机器就不一定能解决。而且这个过程不是纯粹基于语义，因为机器可能学的就是这一块，类似的内容训练多了，再增加样本，能够发现相似度在降低。比如加入样本训练 600 次之后，相似度可能从 98%降到 97.5%，但是不可能为了解决这个问题加几千条样本，而且加了几千条，它会不会造成其他的问题呢？会不会还出现这种情况呢？所以，除了通过改变数据集之外，有没有其他的方法在外围来修订这个结果?

张帆：对于数据不平衡，倒是有一些常见的方式，我们以前在图像分类中应用过，例如在训练模型的时候，我们会进行一些样本权重的调整，会改变权重来把困难的样本突出，降低简单的样本权重。即使数据分布是极不平衡的，我们也会进行一些优化。但这个方法主要是为了解决数据的平衡分布问题。

提问人四：当在 ASR 部分做语音识别的时候，引入了一些领域的语料，例如目前有一张 PPT，又在模型旁边加入一块语料，此时领域的语料库是按照什么规则编码进去的?

张帆：我以人名为例，比如现在有一系列的人名列表，比较简单的方法就是把它通过 Bert 变成一个 embedding(嵌入)。然后在进行解码的时候，我们除了关注音频的特征，也会关注用户个性化的特征，然后通过每个人名字的 embedding 来影响解码过程中 ASR 出来的字的概念。

提问人四：如果是领域的专有名词，或者在语料不是很多的情况下，可以把它们直接编码到每一个句子里面去，这是一种方法。如果语料较多的情况下，又该怎么编码呢？

张帆：语料较多的情况下，我们会用音频的特征做一个初筛。

提问人四：比如我现在做了一个集合，然后进行初筛，看哪一个编码可能是最佳的，是这个意思吗？由于实际编码都是不同的，应该是拿某一个样本来参照，而不是拿很多个样本参照。

张帆：对。我们会先拿 ASR 声学部分的特征从几十万级的数据里面做一个召回，召回一些相似的，再作为额外的用户信息。

提问人四：如果在 domain（领域）识别部分就识别错了，那么做意图识别是不是就没有意义了？

张帆：没有意义了，后面就全错了。

提问人四：在领域识别之前，首先是基于规则做了一个预筛吗？模式是给一块匹配达到百分之三四十的数据，就相当于有百分之三四十立刻匹配到了，剩下的再往后做吗？

张帆：因为对于音箱来说，很多用户一天说不了几句话，就只是"播放音乐"，"明天天气怎么样"这类交流，也不会做复杂的交流。

提问人四：请问一下短文本相似部分，一般方法是用线性回归或者逻辑回归，效果上有没有区别？

张帆：文本相似目前常见的方法是用 embedding 做匹配，或者是用 Bert 匹配。

提问人四：Bert 是用原生的模式，还是用的其他模式？

张帆：我们内部是用原生的模式，把这两句话叠起来当输入。

提问人四：目前华为、百度、阿里也有很多算法，但是实际上他们用的就是最原始的那种 Bert？相差是不是不大？

张帆：其实差距都不是很大。

提问人四：如果纯粹用 Bert 的话，它的准确率可能就是百分之八九十，目前发现有一部分内容可以在发现问题之后通过重新训练进行解决，但是大部分是解决不了的。

张帆：因为 Bert 是用训练一个的目标来提高下一个任务，他不可能解决全部的，还是得有下游的数据。

提问人四：那么有没有更好的方法？比如 Bert 只能达到 90%，我想达到 97%、98% 或者更高一些，应该怎么解决这个问题？怎么把正确率提上去？

张帆：目前有一些方法是加一些领域的知识特征，不仅仅是语言的，也会加一些别的知识进去。

（主持人：程昫；摄影：冯玉康；录音稿整理：刘婧婧；校对：凌朝阳、卢小晓）

2.2 中国高分辨率高精度近地表细颗粒物遥感反演研究

（韦　晶）

摘要：遥感技术为大范围常规PM_x监测提供了有效手段，由于影响气溶胶反演的因素较多，当前广泛使用的气溶胶产品存在很大误差；同时从气溶胶大气柱的总含量转换到地面细颗粒物的估算误差来源很多，由此估算得到的PM_x精度也通常较低。而且现有PM_x卫星数据集的空间分辨率较为粗糙，很难反映中小尺度尤其是城市地区的空气污染变化情况，无法满足污染监控和研究的需要。本期报告将介绍如何利用卫星遥感技术估算得到中国长时间序列高空间分辨率高质量PM_x数据集（ChinaHighPM$_x$），这对于我国在不同时空尺度上监控空气污染、理解其形成变化规律等都具有重要意义。

【报告现场】

主持人：各位老师、同学，大家晚上好！欢迎大家来到GeoScience Café第263期线上讲座活动，我是主持人修田雨。今天我们很荣幸地邀请到韦晶来为大家分享中国高分辨率高精度近地表细颗粒物遥感反演研究。韦晶，马里兰大学博士后，北京师范大学和马里兰大学联合培养博士，师从李占清教授。以第一或通讯作者在RSE等国际知名期刊发表学术论文40余篇，其中5篇入选ESI全球热点论文，9篇入选ESI全球高被引论文，1篇入选RSE双年度高被引论文，1篇入选JGR亮点论文，3篇论文被引用次数超过100次。截至目前，论文总被引2300余次，H-index为27，入选斯坦福大学全球前2%顶尖科学家榜单。曾受邀在美国NASA做学术报告，相关成果被IPCC引用，荣获"李小文遥感科学青年奖""周廷儒地理学奖"和"高廷耀环保青年杰出人才奖"等。现担任*Remote Sensing*、*Atmospheric Measurement Techniques*、*Sustainability*、*Big Earth Data*、《遥感学报》和《遥感技术与应用》编委，同时担任RSE等40余个国内外期刊审稿人等。接下来让我们把时间交给韦晶博士，大家在讲座中如果有疑问的话，可以随时在聊天框里进行提问。

韦晶：大家好！今天我的讲座题目是《中国高分辨率高精度近地表细颗粒物遥感反演研究》。

1. 研究背景

首先介绍一下研究背景，我们知道大气气溶胶的来源非常复杂，包括人类工业废气排放、汽车尾气排放和生物质燃烧等(图 2.2.1)。当天气晴朗、有蓝天白云的时候，气溶胶是比较少的；而当污染严重的时候，气溶胶就会比较多，这对气候、大气环境乃至人类健康都会产生非常重要的影响。

在大气气溶胶中有一种比较特殊的物质——近地表细颗粒物，即空气动力学中当量直径小于 2.5μm($PM_{2.5}$)或者 1μm(PM_1)的细颗粒物。这些颗粒物对人体的危害非常大，它们能够到达人体的肺部，对人体健康产生严重的负面影响，所以这已成为当前大气研究中一个热点问题。

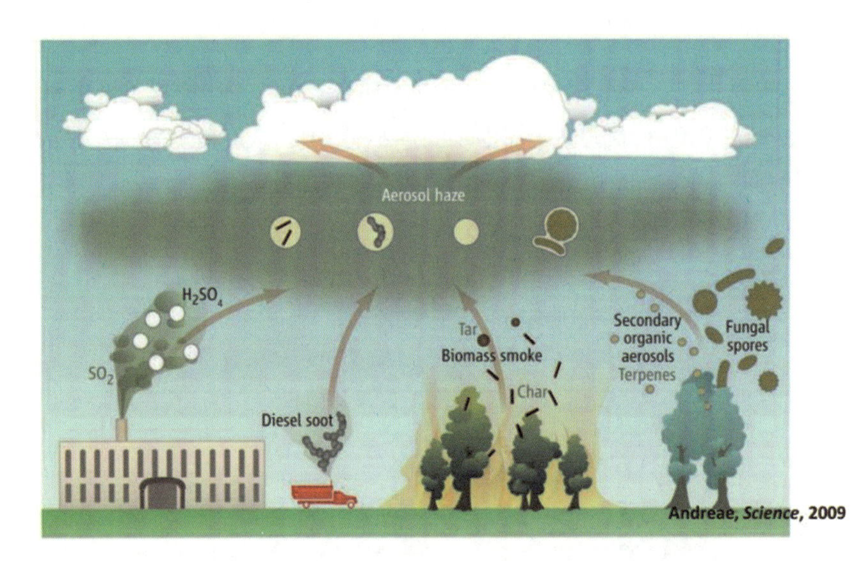

图 2.2.1 大气气溶胶来源示意图

针对大气污染，中国政府也颁布了一系列的防治措施，如 2013 年颁布的“大气污染防治行动计划”，这是一个为期五年的防治计划，主要目的是整体改善全国的空气质量，特别是京津冀、长三角与珠三角这三个典型地区；接着在 2018 年启动了“蓝天保卫战”计划，主要目的是大幅减少大气污染物排放总量，协同减少温室气体的排放，进一步明显降低 $PM_{2.5}$浓度，明显减少重污染天数，明显改善环境空气质量，明显增强人民的蓝天幸福感。

2. 近地表细颗粒物遥感估算研究

1)研究意义

目前在发展中国家，特别是中国，由于人为气溶胶的不断增加，空气污染日益严重。近地表细颗粒物(特别是 $PM_{2.5}$、PM_1)已成为影响城市环境的首要污染物，受到了公众的广泛关注。大气细颗粒物会对生态环境产生重要影响，同时细颗粒物易附带有毒、有害物质，更容易到达肺泡，对人体健康产生重大危害。传统的地基观测由于站点分布稀疏，很难从大尺度实现对大气污染的监测。卫星遥感技术的发展，特别是气溶胶遥感为大范围常规 PM 监测提供了有效手段。由于影响气溶胶反演的因素比较多，同时从气溶胶大气柱的总含量转换到 PM 的估算误差来源复杂，传统方法估算得到的 PM 精度通常较低。已有的 PM 卫星数据集的空间分辨率较为粗糙，很难反映中小尺度区域内尤其是城市地区内空气污染变化情况，从而无法满足污染监控和研究的需要。因此，获得高分辨率和高精度的 PM 数据，对于我国在不同时空尺度上监控空气污染、理解其形成变化规律等都具有重要意义。

2)时空-随机森林(Space-Time Random Forest)模型估算中国 $PM_{2.5}$浓度

基于以上研究意义，我们提出了一种新的研究方法，即时空-随机森林模型，简称 STRF 模型。该模型利用了中国环保部提供的逐小时 $PM_{2.5}$浓度监测数据(到 2016 年，共有 1480 个监测站点在中国东部均匀分布；相反在中国西部分布相对稀疏)、再分析气象资料以及遥感影像数据产品等(图 2.2.2)。

其他遥感和再分析等辅助数据

Product	Content	Unit	Spatial Resolution	Temporal Resolution
$PM_{2.5}$	$PM_{2.5}$	$\mu g/m^3$	-	Hourly
MCD19A2	MAIAC AOD at 550 nm	-	1 km ×1 km	Daily
MOD13A3	NDVI	-	1 km ×1 km	Monthly
MCD12Q1	Land use cover	-	500 m × 500 m	Annually
VIIRS	Night light	-	500 m × 500 m	Annually
SRTM	Elevation	m	90 m × 90 m	-
ERA-Interim	2m air temperature	K	0.125°×0.125°	6-hour
	Surface pressure	hPa	0.125°×0.125°	6-hour
	10m U wind component	m/s	0.125°×0.125°	6-hour
	10m V wind component	m/s	0.125°×0.125°	6-hour
	Boundary layer height	m	0.125°×0.125°	3-hour
	Total precipitation	mm	0.125°×0.125°	3-hour
	Evaporation	mm	0.125°×0.125°	3-hour
	Relative humidity	%	0.125°×0.125°	3-hour

共选取包括AOD、地表覆盖、高程、夜间
灯光和气象条件在内的13个独立变量

图 2.2.2 辅助数据介绍

实验选用了 MODIS(Moderate-resolution Imaging Spectroradiometer，中分辨率成像光谱仪)一公里的 MAIAC(Multi-Angle Implementation of Atmospheric Correction，多角度大气校正)气溶胶产品，该产品是美国 NASA 团队最近发布的。在模型中，我们共选择了包含气溶胶光学厚度(AOD)、地表覆盖和高程、夜间灯光以及气象条件在内的 13 个独立变量，这些变量都会对 $PM_{2.5}$浓度造成一定影响。

对于数据预处理，我们首先利用线性回归平均法，对 Terra 和 Aqua 卫星的 AOD 产品进行融合。经过数据融合之后，空间覆盖率提高了 15%~20%，同时有效样本数量也提高了25%~32%。空间覆盖率的提高可以生产更为完整的$PM_{2.5}$浓度数据。然后我们利用双向线性内插法，将所有粗糙或细致空间分辨率的数据统一重采样到1 km。

接下来我主要介绍一下时空-随机森林模型。随机森林是当前比较火的、基于袋装Bagging(有放回随机采样)模型的一种集成学习方法，它属于机器学习中的一种，该方法已经被广泛应用于各个领域。集成学习一般先构建很多弱分类器，然后针对不同的回归或分类模型，通过集合策略(加权平均/投票法)得到最终输出。这样它可以结合不同弱回归器的优势，得到一个更强的模型。随机森林的基本单元是决策树，它在构建每棵决策树的时候，都会任其自由生长，不会剪枝。随机森林模型的优点在于：它有较高的准确度；能够处理非常大的数据量，速度快；不需要数据降维；可以在内部生成一个无偏差估计，自动去挖掘有用的信息，摒弃无用的信息。

传统的方法没有考虑大气污染的时空变化特征，但是我们知道，不同天和不同地方的空气污染情况是不相同的，因此我们需要把时空信息融入进来。我们参考地理时空加权模型中时间和空间的确定方法，针对空间中的一个像素，分析与它距离最近的几个点对它产生的影响，以及该点时间序列上的变化对它产生的影响，提出了一种新的时空-随机森林模型。图2.2.3展示了时空-随机森林模型的技术流程图。

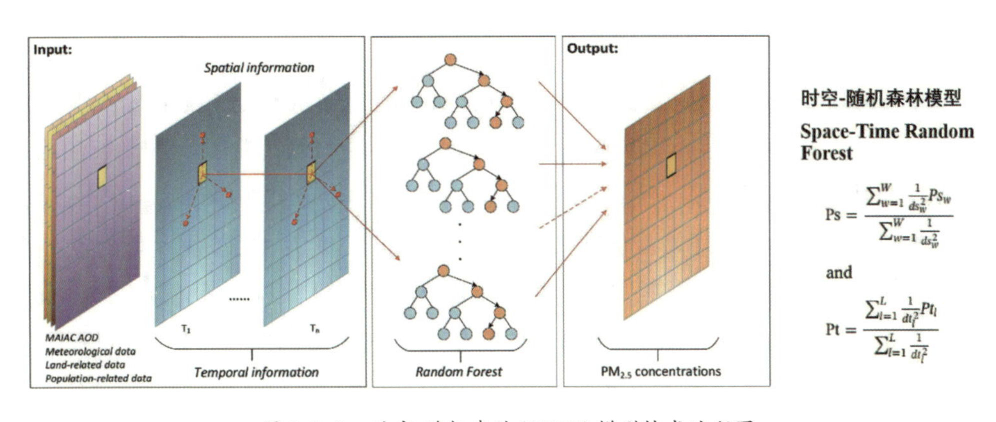

图2.2.3　时空-随机森林(STRF)模型技术流程图

接下来，我们使用国际上常用的十折交叉验证法对$PM_{2.5}$反演结果进行精度验证。图2.2.4是在国家尺度上的模型拟合精度，以及在时间尺度、空间尺度和总体上的验证精度结果。第一行是传统模型，第二行是我们新提出的时空-随机森林模型。结果表明随机森林模型的拟合精度能达到0.98，模型不会过拟合，这在拟合模型中是比较有优势的。而且我们发现，在考虑了时空信息之后，模型的整体精度得到明显提高，特别是RMSE(Root Mean Squared Error，均方根误差)，降低了2μg/m^3以上。我们新开发的模型具有很好的时空预测能力，整体精度达到0.85。

我们基于有效反演天数、CV-R^2、RMSE和MPE(Maximum Permissible Error，最大允许误差)四个评价指标在不同站点尺度上进行精度验证。结果表明，有90%的站点CV-

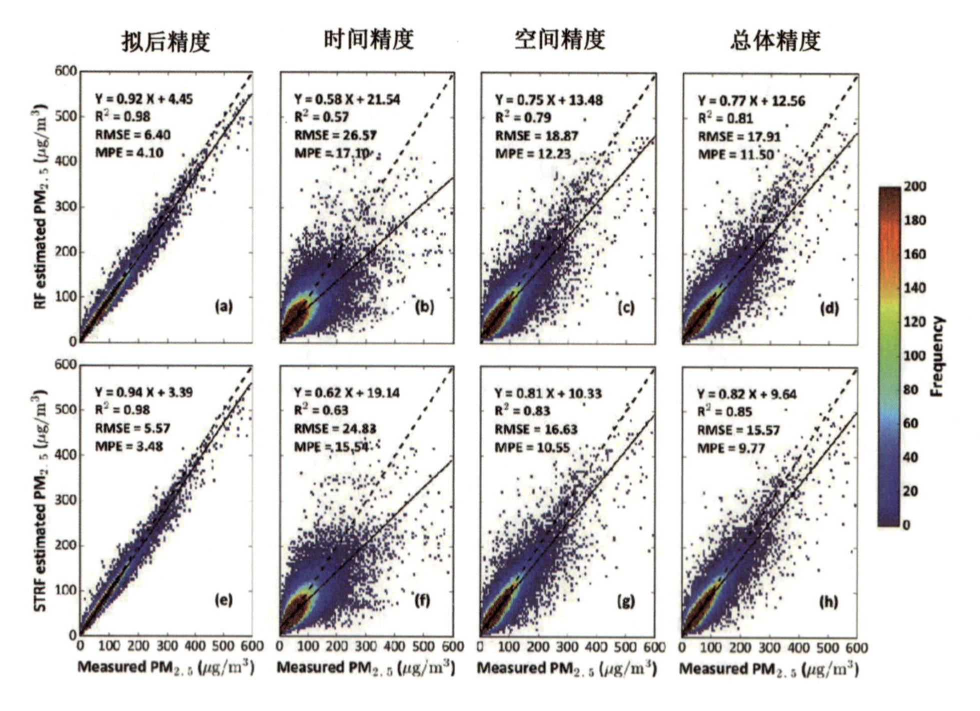

图 2.2.4 传统随机森林(RF)和时空-随机森林(STRF)模型在国家尺度上的精度验证结果

R^2>0.7，有 88%的站点 RMSE<20μg/m^3，以及有 93%的站点 MPE<15μg/m^3。

基于 STRF 模型，我们生产得到中国 1 km 空间分辨率的 $PM_{2.5}$数据。$PM_{2.5}$反演结果的空间分布与地基观测数据高度一致。同时我们发现中国大约有 55%的地区，$PM_{2.5}$污染超过世界卫生组织定义的空气质量最低标准，即年均 $PM_{2.5}$浓度为 35μg/m^3。同时我们由中国季节平均 $PM_{2.5}$空间分布图发现，$PM_{2.5}$季节性差异非常明显：冬季污染最重，夏季污染最轻。在冬季，有超过 80%的地区，$PM_{2.5}$浓度超过空气质量标准，特别是在华北平原，$PM_{2.5}$浓度非常高。

基于该方法生产得到的中国一公里 $PM_{2.5}$数据，将空间分辨率提高了 3~10 倍。它可以提供非常详细且连续的 $PM_{2.5}$空间分布信息，这对中小尺度地区，特别是城市地区的空气污染以及环境健康研究具有非常重要的意义。

然后我们将相同的数据集应用于不同的传统统计回归模型，包括 MLR(多元线性回归)、GWR(地理加权回归)、Two-stage 等模型，进行精度对比(表 2.2.1)。结果表明我们模型的整体性能、交叉验证精度和预测能力都优于这些传统模型。

3)时空-极端随机树(Space-Time Extremely Randomized Trees)模型估算中国 $PM_{2.5}$浓度

尽管我们通过初步尝试获得了质量较高的一公里 $PM_{2.5}$浓度数据，但还是存在一些问题，比如整体精度和时空确定方法还有待提高。因此，我们又提出了一种新的方法，即时空-极端随机树模型(简称 STET 模型)，来进一步改善近地表 $PM_{2.5}$估算精度。

表 2.2.1 时空-随机森林(STRF)模型与传统统计回归模型精度对比

Model	Model Fitting			Model validation			Predictive power		
	R^2	RMSE	MAE	R^2	RMSE	MAE	R^2	RMSE	MAE
MLR	0.41	20.04	20.85	0.41	20.04	20.85	0.38	21.97	22.20
	y = 0.41 x + 30.02			y = 0.41 x + 30.03			y = 0.41 x + 30.70		
GWR	0.60	22.83	18.96	0.53	23.28	19.26	0.44	26.47	22.23
	y = 0.62 x + 20.25			y = 0.61 x + 20.93			y = 0.55 x + 23.35		
Two-stage: LME	0.67	19.04	15.41	0.65	19.50	15.72	0.31	27.73	24.03
	y = 0.66 x + 17.63			y = 0.65 x + 17.63			y = 0.45 x + 26.76		
Two-stage: GWR	0.71	18.51	14.17	0.71	18.59	14.54	0.35	27.65	23.30
	y = 0.71 x + 15.00			y = 0.71 x + 15.10			y = 0.49 x + 25.46		
RF	0.98	6.40	4.10	0.81	17.91	11.50	0.53	28.09	18.43
	y = 0.92 x + 4.45			y = 0.77 x + 12.56			y = 0.52 x + 24.95		
STRF	0.98	5.57	3.48	0.85	15.57	9.77	0.55	27.38	17.83
	y = 0.94 x + 3.39			y = 0.82 x + 9.64			y = 0.54 x + 23.77		

时空-极端随机树模型(图 2.2.5)类似于时空-随机森林模型，但是它相对于随机森林方法，有更多的优势。第一，它使用了所有数据样本进行采样，而不是有放回随机采样方法。它在进行训练时，只有特征会随机进行分割选择，而决策树是通过完全随机的分叉值进行分叉，这样就加强了随机性，不论是特征分割还是样本选择，它的随机性都比随机森林方法更强。因此，它能够更有效地降低模型方差，减少计算复杂度，提高模型整体精度。第二，我们在时空信息的确定方法上进行了一定改进。先前的时空信息确定方法依赖

空间信息：$P_{S(i,j,t)} = 2 \cdot r \cdot \text{asin}(\text{sqrt}(\text{DIS}_{\text{Haversine}(\text{Lon},\text{Lat})}))$

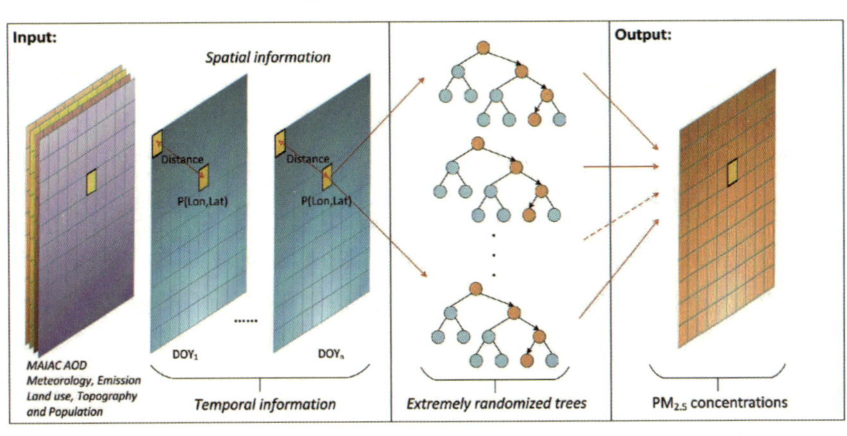

时间信息：$P_T(i,\ j,\ t) = \cos\left(2\pi \frac{\text{DOY}}{N}\right)$

图 2.2.5 时空-极端随机树(STET)模型技术流程图

于观测数据，具有一定的局限性，而现在我们利用空间某个点的年积日、该点的经纬度以及它与图像角点的距离来共同刻画该点的时空信息。第三，对于输入数据，我们考虑了更多的影响因素，如人类污染排放清单等。

本文使用的数据源也更为丰富(表 2.2.2)，除了采用有关气象数据，我们也考虑了地表状况、地形起伏变化以及人类污染排放清单等。表中红色部分是清华大学张强老师组提供的 MEIC(Multi-resolution Emission Inventory for China，中国多尺度排放清单模型)排放清单数据，包括气溶胶气体前体物：SO_2、NO_x、NH_3 和 VOC 等。

表 2.2.2　数据源介绍

Dataset	Variable	Content	Unit	Spatial Resolution	Temporal Resolution	Data source
$PM_{2.5}$	$PM_{2.5}$	Particulate matter ≤ 2.5 μm	μg/m³	in situ	Hourly	CNEMC
AOD	AOD	MAIAC AOD	-	1 km ×1 km	Daily	MCD19A2
Meteorology	BLH	Boundary layer height	m	0.125°×0.125°	3-hour	ERA-Interim
	PRE	Total precipitation	mm		3-hour	
	EP	Evaporation	mm		3-hour	
	RH	Relative humidity	%		3-hour	
	TEM	2-m air temperature	K		6-hour	
	SP	Surface pressure	hPa		6-hour	
	WS	10-m wind speed	m/s		6-hour	
	WD	10-m wind direction	degree		6-hour	
Land use	NDVI	NDVI	-	500 m × 500 m	Monthly	MOD13A3
	LUC	Land use cover	-		Annually	MCD12Q1
Topography	DEM	DEM	m	90 m × 90 m	-	SRTM
	Relief	Surface relief	m			
	Aspect	Surface aspect	degree			
	Slope	Surface slope	degree			
Emission	SO_2	Sulfur dioxide	Mg/grid	0.25°×0.25°	Monthly	MEIC
	NO_x	Nitrogen oxide				
	NH_3	Ammonia				
	VOC	Volatile organic compounds				
	CO	Carbon monoxide				
Population	NTL	Night lights	W/cm²/sr	500 m × 500 m	Monthly	VIIRS

模型特征选择。因为本文中我们选用了丰富的变量，所以我们首先需要知道这些变量对 $PM_{2.5}$的影响。为此，我们分别计算了各个独立因子与 $PM_{2.5}$的潜在相关性，同时利用基尼指数计算了不同因子对 $PM_{2.5}$的重要性(图 2.2.6)。我们发现，AOD 与 $PM_{2.5}$的相关性只有 0.54 左右，所以我们考虑引入其他一些变量来改善 AOD 与 $PM_{2.5}$的关系。其他所有的污染排放数据、夜间灯光和土地利用等因素，与 $PM_{2.5}$呈现正相关性；相反，除了 ET 和 SP 以外的其他气象因素，及所有地形因素和 NDVI，与 $PM_{2.5}$呈现负相关性。

在所有变量中，AOD 对 $PM_{2.5}$的影响最大，重要性得分为 33%左右，因此它被选择为 $PM_{2.5}$反演的关键变量。其次蒸散量、边界层高度、温度和归一化植被指数对 $PM_{2.5}$的影响也比较明显，而坡度、坡向和降水对 $PM_{2.5}$的影响则较小。值得注意的是，降水虽然能够对 $PM_{2.5}$有湿沉降或清除作用，其重要性得分却较低，这是因为在光学遥感中，有降水的时候基本上就会有云，气溶胶光学厚度在有云的时候无法进行反演，所以会导致大量的缺失值。我们认为，重要性得分低于 2%的因子对 $PM_{2.5}$的影响较小，在模型构建的时候可以剔除这些因子，来进一步提高模型的运算效率。

我们在国家尺度和区域尺度上分别对估算结果进行精度验证。图 2.2.7(a)为国家尺

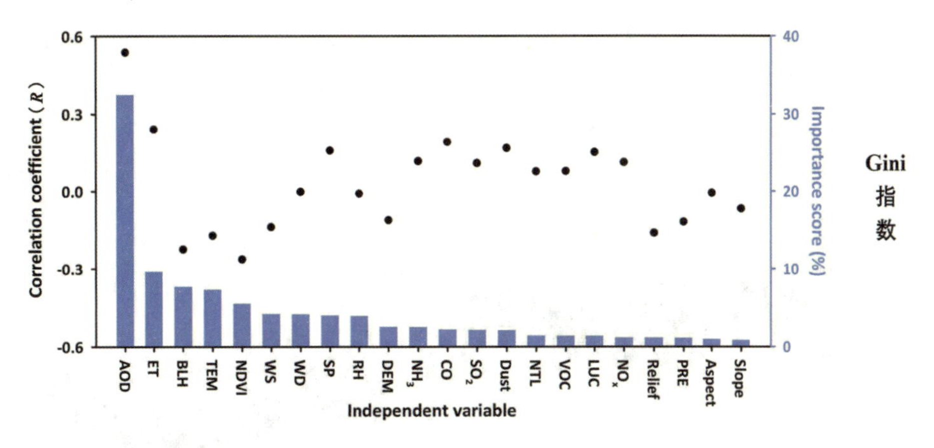

图 2.2.6 各独立变量与 $PM_{2.5}$的相关性分析及对 $PM_{2.5}$估计的重要性得分

度上的验证，我们发现在考虑时空信息之后，模型的性能显著提高，总体精度达到了 0.89，相对于时空-随机森林模型，精度提升了很多。同时我们采用了一种新的基于站点的验证方式，它可以描述一个模型在空间上的预测能力。站外精度 CV-R^2只降低了 0.01，变化很小，也进一步说明我们的模型是稳健的。图 2.2.7(b)为区域尺度上的验证，我们发现，东西部的模型差异比较明显，西部地区 CV-R^2为 0.85，但东部地区能达到 0.90，这主要是因为东西部地区气候和环境条件差距比较大，同时地基观测站点的分布也不均匀，西部站点相对较少。此外，我们的模型在典型城市群表现非常优异，比如在华北平原，CV-R^2能达到 0.92。

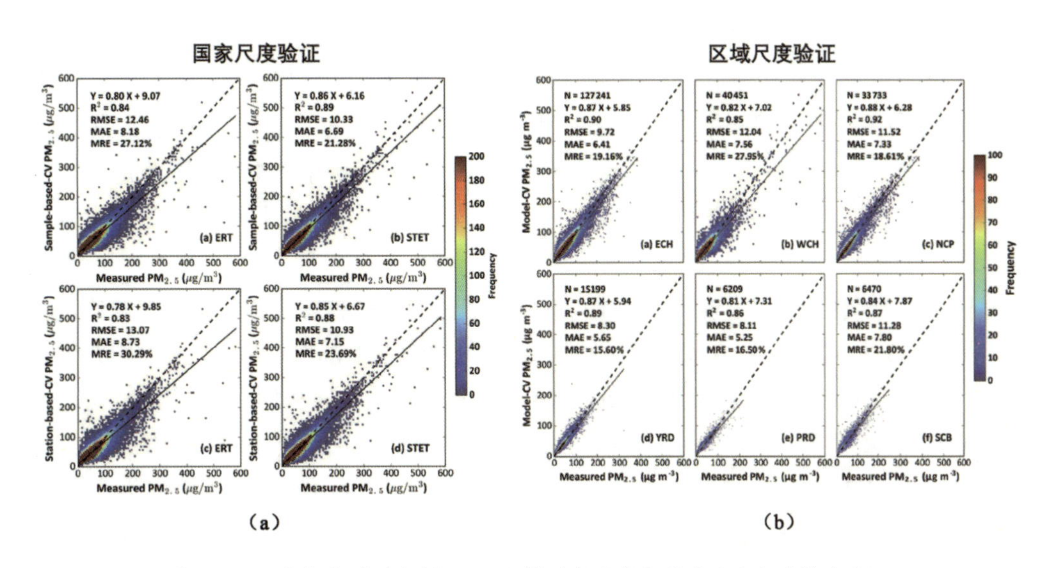

图 2.2.7 时空-极端随机树(STET)模型在国家和区域尺度上的精度验证

我们在空间站点和时间序列尺度上也分别进行了验证，发现模型的结果在这两种尺度上都有非常好的表现。在空间站点尺度上，有 73%的站点 CV-$R^2>0.8$，85%的站点

RMSE<15μg/m³，88%的站点 MAE<10μg/m³，85%的站点 MRE<30%；在时间序列尺度上(图 2.2.8)，有 77%的天数 CV-R^2>0.7，91%的天数 RMSE<15μg/m³。以上这些结果说明，我们的模型在空间尺度和在时间尺度上都具有非常好的精度。

时间序列尺度验证

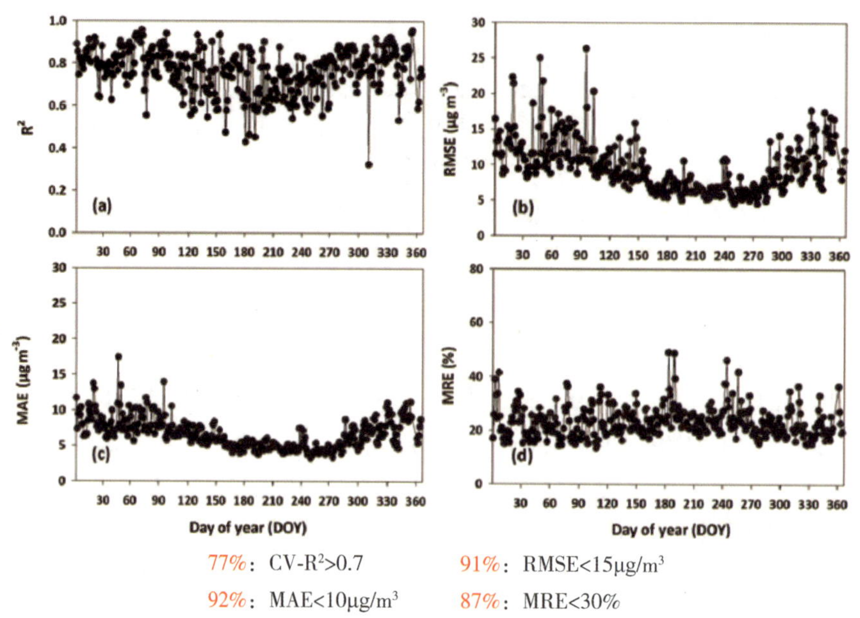

图 2.2.8 时空-极端随机树(STET)模型在时间序列上的精度验证

利用这个模型，我们生产了中国高分辨率高质量 $PM_{2.5}$数据，基于 2018 年年平均 $PM_{2.5}$空间分布图与地基观测结果的对比，发现这两个结果在空间分布上高度一致，$PM_{2.5}$高值和低值地区都非常吻合。同时，我们的 $PM_{2.5}$地图能够覆盖中国绝大部分地区，空间覆盖率达到 99%，这么高的空间覆盖率对于未来一系列的空气污染研究具有非常重要的意义。

然后我们把我们的算法与 2013 年以来中国其他 $PM_{2.5}$遥感反演相关研究的算法进行了对比(表 2.2.3)，包括一些传统统计回归模型，和一些现在比较成熟的人工智能方法。可以看到，这些研究最早使用常用的 MODIS DT 或 DB 产品，空间分辨率为 10km；而后基于 VIIRS 气溶胶产品将空间分辨率提高到 6 km；之后又基于 MODIS 发布的 DT 产品，将空间分辨率提高到 3 km；随后我们将空间分辨率提高到 1km。在验证精度方面，我们结果的各项统计指标，包括 CV-R^2、RMSE 和 MAE 均为最优，特别是回归方程的斜率达到了 0.86，这说明我们的反演结果和地基观测结果高度一致，表明我们的算法整体精度最高。

我们也对模型的预测能力进行了评估，比如用今年的模型去预测明年的 $PM_{2.5}$浓度，再跟明年的观测结果进行对比。结果发现，我们模型的预测能力优于传统的统计回归模型和大多数机器学习或深度学习方法。更重要的是，我们采用了机器学习中的集成学习思想，这比深度学习更为快速有效。因为深度学习构建模型的时候：第一，参数设置复杂；第二，训练效率和运行速度明显低于机器学习。这也是我们选择机器学习方法的原因，机器学习可以用于业务化生产。

表 2.2.3　中国 $PM_{2.5}$ 遥感反演相关研究算法对比

Model	Resolution	Model Validation					Predictive power		
		R^2	RMSE	MAE	Slope	Intercept	Daily	Monthly	Literature
GWR	10 km	0.64	32.98	21.25	0.67	21.22	-	-	Ma et al. (2014)
TSAM	10 km	0.80	22.75	15.99	0.79	15.31	-	-	Fang et al. (2016)
Gaussian	10 km	0.81	21.87	-	0.73	17.97	-	-	Yu et al. (2017)
RF	10 km	0.83	18.08	-	-	-	-	-	Chen et al. (2018)
GAM		0.55	29.13	-	-	-	-	-	
DBN	10 km	0.54	25.86	18.10	0.55	24.56			Li et al. (2017b)
Geo-DBN		0.88	13.03	08.54	0.86	6.39	-	-	
Two-stage	10 km	0.77	17.10	11.51	0.76	11.64	0.41	0.73	Ma et al. (2019)
Two-stage	6 km	0.60	21.76	14.41	0.85	8.63	-	-	Yao et al. (2019)
GRNN	3 km	0.67	20.93	13.90	0.62	22.90	-	-	Li et al. (2017a)
GWR	3 km	0.81	21.87	-	0.83	9.44	-	-	You et al. (2016)
D-GWR	3 km	0.72	21.01	14.59	0.79	12.92	-	-	He and Huang (2018)
Two-stage		0.71	21.21	13.50	0.73	16.67	-	-	
GTWR		0.80	18.00	12.03	0.81	11.69	0.41	-	
XGBoost	3 km	0.86	14.98	-	-	-	-	-	Chen et al. (2019)
ML	3 km	0.53	30.40	19.60	0.53	25.3			Xue et al. (2019)
ML + GAM		0.61	27.80	17.70	0.61	21.2	0.57	0.74	
MLR	1 km	0.41	20.04	30.03	0.41	30.03	0.38	-	Wei et al. (2019)
GWR		0.53	23.28	19.26	0.61	20.93	0.44	-	
Two-stage		0.71	18.59	14.54	0.71	15.10	0.35	-	
RF		0.81	17.91	11.50	0.77	12.56	0.53	-	
STRF		0.85	15.57	9.77	0.82	9.64	0.55	0.73	
STET	1 km	0.89	10.35	6.71	0.86	6.16	0.65	0.80	This study

3. 中国大气细颗粒物污染时空覆盖变化

基于提出的时空-极端随机树方法，我们分别生产得到了中国不同粒径的高分辨率高质量近地表颗粒物数据。我们先看一下中国长时间序列 PM_1 污染分布与变化情况。利用 STET 模型，我们生产了 2014 年到 2018 年的 PM_1 的空间分布数据。为什么要做 PM_1 的研究呢？一方面是因为现在 $PM_{2.5}$ 的研究非常广泛，但对于 PM_1 的研究则非常少，这主要是因为观测数据难以获得，而我们通过和气科院的郭建平老师合作，收集到了中国多年的 PM_1 观测站点数据。另一方面，PM_1 相对于 $PM_{2.5}$ 的粒径更小，会产生更大的环境或者健康效应，特别是健康，因为 PM_1 可以直接进入人体肺泡，对人体造成非常巨大的影响。

我们由 2014 年到 2018 年中国 1 千米年平均 PM_1 空间分布图发现，PM_1 污染变化比较明显，在 2014 年，PM_1 浓度整体较高，平均值为 32.3μg/m³；到 2018 年平均值为 16.8μg/m³，相对于 2014 年明显降低。然后我们在国家尺度和站点尺度都进行了验证，PM_1 的整体精度 CV-R^2 达到 0.77；在站点尺度上，有 71%的站点 CV-R^2<0.6；有 85%的站点 RMSE<20μg/m³。

然而，PM_1 的整体估算精度要低于 $PM_{2.5}$。这主要有两个原因：第一，PM_1 在中国的观测站点数目比 $PM_{2.5}$ 要少很多，样本量明显减少，这不管对模型的训练还是验证都产生了很大的影响；第二，PM_1与 AOD 的关系要比 $PM_{2.5}$与 AOD 的关系更为微弱，因为它受其他因素影响的情况更为复杂。

基于月距平数据我们计算出近 6 年来中国 PM_1污染的变化趋势，发现中国超过 96%的地区 PM_1污染呈现明显的下降趋势，特别是京津冀、珠三角和长三角三个典型地区。近几年中国 PM_1浓度，平均每年减少 3μg/m³左右。同时中国每年高污染（PM_1>50μg/m³）天数也在逐年减少，这也说明了中国的空气质量正在逐步改善。

4. 中国高分辨率高质量近地表颗粒物数据集（ChinaHighPM$_x$ data set）

最后，我来介绍一下我们团队生产的中国高分辨率高质量近地表颗粒物数据集，即 The high-resolution and high-quality PM$_x$ data set in China，简称 ChinaHighPM$_x$ data set。该数据集是我们团队生产的中国高分辨率高质量空气污染数据集系列产品之一（例，ChinaHighAirPolluants，CHAP）。ChinaHighPM$_x$数据集是一套基于多源卫星（包括 MODIS、VIIRS 和 Himawari-8 等）的遥感数据，利用人工智能方法，综合考虑多种气象条件、地表变化等自然因素和人类分布、污染排放清单等人为因素，以及大气污染时空变化特性，生产得到的中国不同粒径的大气近地表颗粒物遥感数据集。

该数据集主要包括 PM_1、$PM_{2.5}$和 PM_{10}三种粒径颗粒物数据，空间覆盖整个中国，目前时间覆盖 2000 年 3 月至 2020 年 3 月，并且在不断更新；空间分辨率最高可达 1km，时间分辨率为小时/日/月/年；由韦晶博士和李占清教授团队开发与维护。该数据集免费开放，欢迎使用从事相关科学研究（下载链接：https：//weijing-rs. github. io/product. html）。图 2. 2. 9 为基于 GitHub 平台的数据产品网页，给出了 PM_1、$PM_{2.5}$和 PM_{10}数据的下载方式，以及数据的引用格式和参考文献。所有数据我们依托于 Zenodo 平台进行发布。

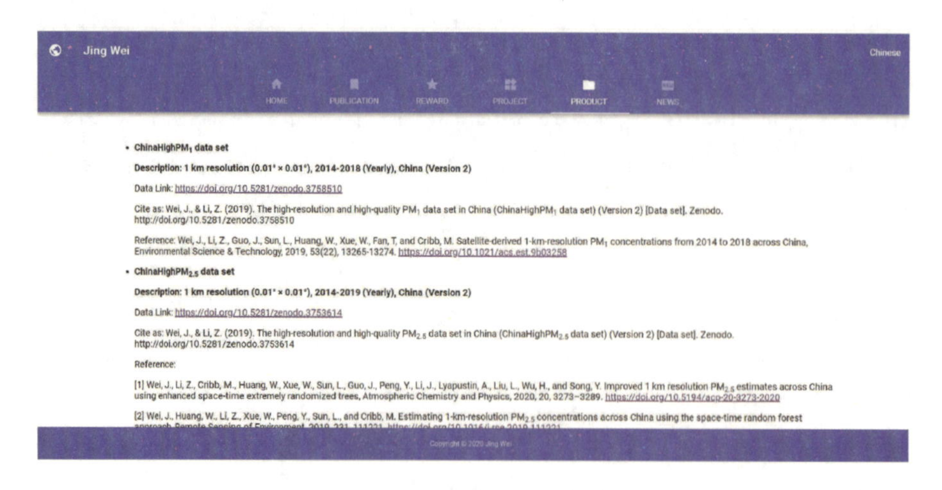

图 2. 2. 9 GitHub 数据下载页面

图 2. 2. 10 为不同粒径 PM 数据的 Zenodo 网址。其中 $PM_{2.5}$数据集于 2019 年 11 月发布，截至 2020 年 7 月，累计下载次数已经超过 1. 4 万，累计下载量已经达到 1. 2 TB；同

时数据处理的 IDL 代码，我们也在网站上公开了，可以将. nc数据格式批量转化为. img或. tif等格式。PM_1数据目前累计下载 5000 余次，累计下载量为 400 多 GB；PM_{10}产品在今年4 月公开，发布时间相对较晚，目前只有 2000 多次。以下为三种产品的 DOI 链接：

$PM_{2.5}$：https：//doi. org/10. 5281/zenodo. 3753614；

PM_1：https：//doi. org/10. 5281/zenodo. 3758510；

PM_{10}：https：//doi. org/10. 5281/zenodo. 3752466。

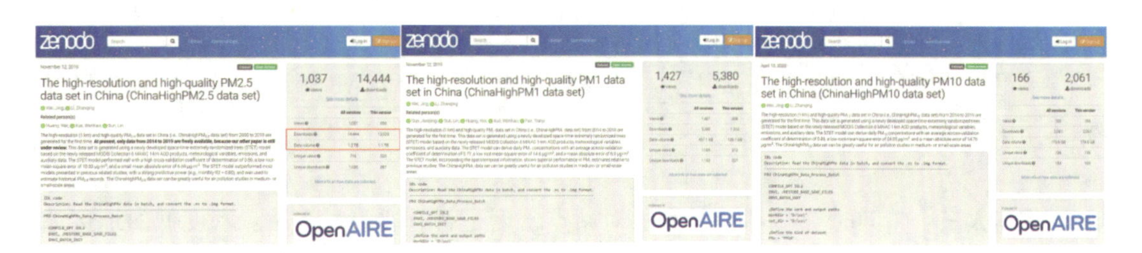

图 2.2.10　PM_1、$PM_{2.5}$和 PM_{10}数据集 Zenodo 网页

最后我列了一些近地表细颗粒物遥感反演的相关文章(图 2.2.11)，大家感兴趣的话，可以去阅读这些文献。我分享的内容到此结束，大家如果有什么问题，可以交流一下。感谢大家来参加我的讲座，谢谢大家！

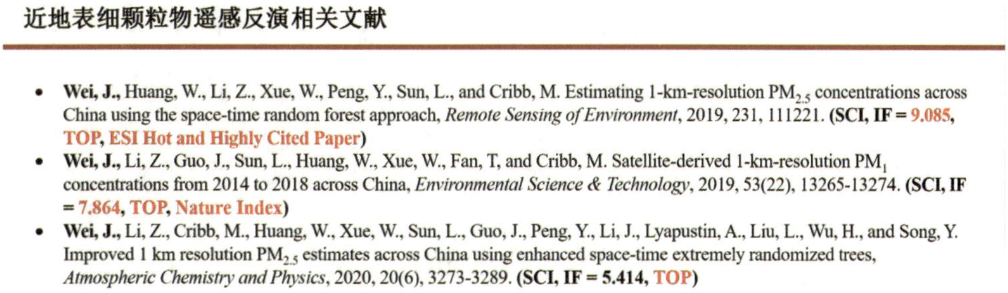

近地表细颗粒物遥感反演相关文献

- **Wei, J.,** Huang, W., Li, Z., Xue, W., Peng, Y., Sun, L., and Cribb, M. Estimating 1-km-resolution $PM_{2.5}$ concentrations across China using the space-time random forest approach, *Remote Sensing of Environment*, 2019, 231, 111221. **(SCI, IF = 9.085, TOP, ESI Hot and Highly Cited Paper)**
- **Wei, J.,** Li, Z., Guo, J., Sun, L., Huang, W., Xue, W., Fan, T, and Cribb, M. Satellite-derived 1-km-resolution PM_1 concentrations from 2014 to 2018 across China, *Environmental Science & Technology*, 2019, 53(22), 13265-13274. **(SCI, IF = 7.864, TOP, Nature Index)**
- **Wei, J.,** Li, Z., Cribb, M., Huang, W., Xue, W., Sun, L., Guo, J., Peng, Y., Li, J., Lyapustin, A., Liu, L., Wu, H., and Song, Y. Improved 1 km resolution $PM_{2.5}$ estimates across China using enhanced space-time extremely randomized trees, *Atmospheric Chemistry and Physics*, 2020, 20(6), 3273-3289. **(SCI, IF = 5.414, TOP)**

图 2.2.11　近地表细颗粒物遥感反演相关文献

【互动交流】

主持人：非常感谢韦晶师兄的分享。下面进入我们的提问互动环节，有问题的同学可以在聊天框进行提问，如果在师兄解答过程中有不懂的地方也可以解除静音进行询问。

提问人一：韦师兄好！请问冬季为什么很多地方没有数据？

韦晶：冬季的数据缺失主要发生在中国高纬度或高海拔地区，这些地区的冬天长期被冰雪覆盖，在光学遥感中，传统算法里没有设计在冰雪表面进行气溶胶反演的方法，导致没有 AOD 数据，因此 $PM_{2.5}$也无法进行反演。

提问人一：那么对于我国北部冬季数据缺失的地区，计算年均浓度时怎么处理呢？

韦晶：我们计算年均浓度的时候，一般会有一个标准，比如我们一般都是基于每天计算每月的。因此需要保证在某个像元上有大约超过 10%或者 20%的有效值，才能进行平均。比如说 MODIS 团队，他们在做月产品的时候，基本也会采用这种方式。

提问人二：请问建模时采用的是什么软件？

韦晶：我们采用的是 Python 平台，当然像 R 语言、MATLAB 等编程平台目前也已经融入了随机森林等机器学习方法。

提问人三：请问时空-随机森林方法对站点密度是否有要求？在站点密度低的地区如中国西部，精度是否较低？

韦晶：是的，中国东西部的精度存在差异，这一方面也是因为站点数目的不同，站点分布越稀疏，训练样本量就越少，同时描述空间信息的能力也越弱。

提问人四：请问多源遥感数据怎么联合使用，需要经过质量一致性处理吗？

韦晶：一般在多源遥感数据联合使用时，考虑的主要是时间、空间上的匹配问题。因此，我们需要把所有数据规整化到相同的空间分辨率，同时也要归一到相同的时间尺度。质量一致性方面，一些团队(如 NASA)在发布遥感产品时，本身就已经做过一些质量控制了，如去掉一些质量较差的反演结果。

提问人五：在进行不同精度不同分辨率的气溶胶数据融合的过程中，需要注意哪些方面呢？有什么窍门呢？

韦晶：目前我们的方法是对 Terra 和 Aqua 两颗卫星的，AOD 产品进行融合。在进行融合的时候，主要考虑的是它们成像时间的问题，一个是上午，一个是下午，两者的质量有所差别，存在系统误差。所以我们利用线性回归的方法，对 Terra 和 Aqua 卫星的数据进行融合，这样会降低融合误差。对于不同精度不同分辨率的气溶胶数据，我暂时还没有做过这方面的实验。目前张良培老师团队有很多学生和老师从事数据融合方面的研究，你可以看一下他们的相关文章。

提问人六：师兄您好，我发现您在建立模型时使用的气象要素中没有能见度，而能见度和颗粒物的相关性比较高，请问这里为什么没有采用能见度建模呢？

韦晶：能见度确实是很好的参考数据，但目前没有比较好的能见度遥感数据产品，所以我建模时暂时没有考虑。因为能见度观测数据可以追溯到一九七几年，所以这个想法是可行的，现在有很多学者利用能见度数据进行研究，我们也有一篇文章是基于能见度进行

$PM_{2.5}$反演的。在模型中，我们考虑了边界层高度(BLH)，能见度是水平层次的，而BLH是竖直层次的，它与颗粒物的关系也非常明显。当然，如果有较好的遥感产品的话，我们也会考虑把能见度引入模型中。

提问人七：之前看论文里面涉及对影像数据进行垂直校正、湿度校正。现在针对这些校正方法有没有什么创新建议？

韦晶：传统的物理方法就是从AOD转化到近地表细颗粒物，主要进行了湿度和垂直高度校正。这个方法是非常早期的，因为影响$PM_{2.5}$浓度的因素很多，很难找到一种比较准确的物理模型去表达$PM_{2.5}$-AOD之间的关系，所以他们计算的结果也不是特别准确，精度较差。针对传统方法，我认为现在还没有很好的物理模型能够准确考虑这两个因素，目前大部分论文都是基于比较传统的函数关系进行校正的。在我们的模型中，我们利用机器学习方法，通过利用不同变量进行数据挖掘的形式，来进行类似的垂直和湿度校正。如垂直校正考虑的是不同高度上的污染情况，可以利用BLH和DEM等变量描述；同样，湿度校正可以利用RH和PRE等变量描述。

提问人八：模型对AOD数据进行了融合，MODIS和葵花8的AOD产品发布时间分别是1天和1小时，那对模型来说，是不是无法实时预测当天的$PM_{2.5}$浓度呢？

韦晶：是的，MODIS这种太阳同步轨道卫星的重访周期是一天或者两天一次，获得的数据可能就是某个时刻的。如Terra是上午10：30、Aqua是下午1：30，两者融合得到的PM数据也处于这个时间段。不过葵花8是可以逐小时观测的。但是因为光学卫星有效观测时间基本是白天，从上午8点到下午6点，所以夜间$PM_{2.5}$反演研究很少。不过现在已经有一些初步研究利用VIIRS的夜间波段进行夜间$PM_{2.5}$反演。我想如果利用多源遥感数据的话，是可以预测全天不同时刻的$PM_{2.5}$的。

提问人九：因为国控站点主要是在城市区域，其地表反射率特征和广大的农村地区是不同的，那么其训练集是不是主要为建成区反射率特征的数据集？本文模型的方法是如何克服数据集不充分问题的呢？

韦晶：我们的产品主要是服务于城市地区的。因为大城市地区污染较为严重，也是大家较为关注的，而郊区的污染则相对较轻，所以不管是对于环境还是健康研究，城市都是关注的焦点，我们首先要保证城市地区模型的精度可靠。当然在农村地区，站点分布不均匀可能会导致精度有所下降。不过目前中国东部的站点已经是非常密集的了，2013年的站点主要是城市地区，到2020年，已有1600多个站点，覆盖了大部分的农村地区。你说的这个问题确实是不可避免的，对模型构建和反演都会造成一定的影响。但是以后站点肯定会越来越多，现在每年要增长50~100个观测点，中国对这方面的投入非常大，对我们以后的研究会有很大的帮助。

提问人十：请问韦博士，模型拟合出的浓度是否会出现高值低估的现象？如果有的话可以怎样处理呢？

韦晶：是的，不仅仅是我们的模型，所有的模型都会在高污染天气下产生低估。首先，在高污染的情况下，样本点少，导致了训练精度降低；其次，AOD 的反演在高污染，尤其是雾霾天气下面临着很大的问题，精度下降。这两方面都是导致模型估算在高值出现低估现象的原因。如何解决这个问题呢？一是增加这些地方的样本点个数，二是提高 AOD 反演精度。虽然很困难，但这是个值得解决的问题。

提问人十一：韦博士您好，相较于直接采用几个波段光谱值联合气象场、夜间灯光数据来反演 PM_x，利用 AOD 来反演是否会有较大的传递误差呢？

韦晶：利用波段光谱值也就是反射率替代 AOD 进行反演，确实是可行的。因为机器学习是通过数据挖掘的形式进行训练，且反射率与 AOD 存在一定的正比关系，所以可以利用反射率进行反演。但是这样存在一些问题：首先就是云的识别问题；其次是反射率与污染情况并不是完全的正比关系，污染增加，反射率有可能会出现降低的情况。不过这些问题不是特别严重，有学者利用反射率去反演的精度也不差于利用 AOD 反演的精度，但具体说其中的差别有多大，我没有做过比较，不是很清楚。

提问人十二：请问韦博士，为什么用模型估计 1km 的 $PM_{2.5}$时，模型验证的 R^2和可预测能力的 R^2会有较大的差别？

韦晶：因为大气污染的时空异质性特别强，一年中不同时间不同地方的空气污染情况是不相同的，更不用说不同年份。我们是用今年的模型去预测明年的模型，然后再去预测明年的污染浓度，两个年份的时间和空间其实是完全独立的。如果要让模型具备很好的预测能力，需要保证你所选用的辅助变量如 AOD 等，与 $PM_{2.5}$的关系是一致的。但是事实上并不是如此，会存在人为干涉等一些情况，比如我们一直在实施减排措施，就会对明年的模型产生一定的影响，这就导致每年的时间空间信息都是不确定的。所以我们用今年的模型去预测明年的模型的话，就会引入更大的误差，精度也会下降很多。

提问人十三：请问师兄，地面观测 AOD 站点数据除了 AERONET，还有什么网站可以获取数据？

韦晶：AERONET 数据很好用，但是中国的数据还是比较少，站点分布也不均匀。目前中国也建立了两套网络，分别是大气物理所的，和遥感所李正强老师建立的太阳-天空辐射计观测网(SONET)，这三套数据基本上可以把中国全覆盖了。后两套数据的使用都需要去申请，李正强老师主页上有 SONET 的网址，如果有需要可以去联系一下。

(主持人：修田雨；摄影：韩佳明、王克险；录音稿整理：修田雨；校对：董佳丹、凌朝阳)

2.3 低轨导航增强 GNSS
——精密定位、星座设计

（马福建）

摘要：随着大型低轨互联网星座的兴起，国内外学者提出将低轨星座作为导航信号播发和增强信息转发平台，以全面提升卫星导航系统的精度、完好性、连续性和可用性。本次报告马福建博士生围绕低轨星座导航增强 GNSS 所涉及的关键技术展开叙述，重点介绍低轨增强 GNSS 快速精密单点定位性能以及基于遗传算法的混合低轨导航增强星座优化方法。

【报告现场】

主持人：各位同学大家晚上好！欢迎参加 GeoScience Café 第 270 期的学术讲座活动，我是本次活动的主持人陶晓玄。本期讲座我们非常有幸邀请到了马福建博士生为我们做报告。马福建师兄目前是测绘学院 2018 级博士研究生，师从张小红教授，主要研究方向是低轨导航增强精密单点定位，攻读硕博期间发表多篇 SCI/EI 论文，曾获研究生国家奖学金、卫星导航科技进步特等奖等奖励。今天马福建博士将围绕低轨星座导航增强所涉及的关键技术展开叙述，重点介绍低轨增强 GNSS 快速精密单点定位性能，以及基于遗传算法的混合低轨导航增强星座优化方法。下面让我们把时间交给马福建博士，掌声有请马博士。

马福建：首先非常感谢国重 Café 工作人员的邀请，很荣幸能参加这次交流。我报告的题目是《低轨导航增强 GNSS 精密定位和星座设计》，我将从以下 5 个方面展开简单的介绍：

① 背景意义；② 发展概况；③ 定位论证；④ 星座设计；⑤ 机遇挑战。

1. 背景意义

首先是关于低轨导航增强 GNSS 的背景意义。以北斗、GPS（美国第二代卫星导航系统）为代表的全球导航卫星系统具备全球导航定位的能力，已成为当前重要的时空基础设施。但是目前北斗等 GNSS 基本导航定位的服务性能只能提供 5～10m 的定位精度，远无法满足当前测绘遥感、自动驾驶、精细农业、板块运动监测等广域精密定位的迫切需求。

为了实现分米级、厘米级甚至毫米级的精密定位，大地测量学家们先后提出了两种重要的定位方式，一种是适用于局域范围的差分定位，另一种是适用于广域范围的精密单点定位。精密单点定位已成为现在的研究热点，但是它还存在两个重要问题，首先是初始化时间长，为了实现厘米级的定位精度，通常需要长达二三十分钟的初始化时间；此外，由于卫星导航系统自身固有的局限性和脆弱性，在室内、森林、隧道、立交桥和城市环境下，信号受到遮挡时，定位存在不连续甚至不可用的情况，这也影响了 PPP(精密单点定位)技术的发展。

为了增强基本导航服务，学者们先后提出了不同的增强系统。按照增强方式的不同，这些系统可以分为信息增强和信号增强。信息增强不提供距离观测量，只提供 GNSS 的一些误差修正量和完好性信息。按照增强平台的不同，信息增强可以分为星基增强和利用地面移动网络的地基增强。信息增强可以提高精度，但在信号受遮挡环境下还是无能为力。信号增强是指利用除了 GNSS 播发信号之外的其他信号源的信号，它提供的距离观测量可以和 GNSS 联合定位，或者这些信号自身也可以进行独立定位。例如，如果卫星数量不够，或是在受遮挡的条件下，可以利用日本的 QZSS(日本准天顶卫星系统)进行增强，QZSS 可以发射信号，刚好可以弥补 GNSS 卫星的不足以实现定位。信号增强按照平台也分为星基方式和地基方式。地基就相当于信号增强，比如利用地面基站进行蜂窝定位。

增强系统大致就这两种，总的来说，地基增强都存在服务范围有限的缺点，只有星基的方式才能实现全球广域定位。信息增强的缺点是它不提供距离观测量，因此相对而言，信号增强作用会比较大。但是利用像 QZSS 这种传统意义上的中高轨卫星来进行信号增强的话，由于目前能够观测到的卫星数量非常少，并且离地球很远，同样不能解决受遮挡环境下的定位问题，也没法解决 PPP 首次初始化时间长的问题。

近年来低轨互联网星座兴起，低轨卫星具有轨道高度低和运行速度快的特点，给我们的增强系统带来了新的发展。首先低轨卫星轨道高度低，离地球近，信号在传播过程中损耗比较小，到达地面时接收信号强度高，就可以实现受遮挡条件下的定位甚至是室内定位。而且低轨卫星在相同时间内划过的距离更远，几何图形变化更快，有利于快速精密定位。PPP 的观测方程中的位置坐标前有一个方向余弦，GNSS 中相邻历元的方向余弦变化比较小时，会导致误差，原因在于各个参数之间没法分离，或是分离得比较慢。但是如果此时相邻历元间几何图形变化快，方向余弦值相关性小，那么位置参数和模糊度参数就会更容易分离，更有利于精密定位快速收敛。因此低轨导航增强 GNSS 有望全面提升卫星导航系统的精度、完好性、连续性和可用性，从根本上解决现有增强系统在全球覆盖、低落地功率、广域精密定位初始化时间长的问题，真正发挥 PPP 技术的优越性。

2. 发展概况

接下来我介绍一下通信和导航低轨星座的发展概况。首先是低轨卫星，它最早可以追溯到 1957 年，苏联发射了人类的第一颗人造卫星。之后，美国的约翰霍普金斯大学的研究人员发现了一个很有趣的现象，他们接收到了多普勒频移的信息。有了多普勒频移信息，人们就可以用来定位，所以后来美国有了第一个导航定位系统——子午卫星系统，苏联也提出了类似的基于多普勒定位方式的定位系统。子午卫星系统和苏联的定位系统，都是低轨星座的导航定位系统，直到 1967 年伪随机噪声码扩频调制技术的提出以及星载原子钟的发明，才有了真正意义上以伪距载波相位形式定位的 GNSS，此后才逐渐有了 GPS、GLONASS(格洛纳斯)、BeiDou(北斗)、Galileo(伽利略)等星座。这些导航星座都采用了中高轨道，没有采用低轨，最主要的原因是中高轨离地球远、覆盖范围广，这样就可以用较少的卫星、最快的速度，实现全球四重以上的覆盖。四重的原因是 4 颗卫星才能实现独立定位，这在中高轨中比较容易实现。

另一方面关于通信星座的发展，比较著名的是 1997 年美国的铱星星座，以及后来的全球星星座，它们都是为了实现卫星通信而提出建设的星座。2015 年先后有很多公司提出要建设低轨的、面向通信的卫星星座。与之前的铱星和全球星星座相比，主要区别就在于前者没有市场、成本太高，且它是面向移动通信用户的。但是从 2015 年开始，SpaceX、OneWeb 等公司提出要建设全球互联网星座，这意味着以后的上网宽带都可以通过卫星来接收信号。从此便迎来了低轨星座的发展浪潮。

在美国 SpaceX 等公司提出要建互联网星座时，斯坦福的研究人员就从整个系统方面论证了这些星座作为导航星座的可行性。因此我国也提出要建设低轨星座，与 SpaceX 不同的是，我国提的这些星座上大多计划搭载导航增强性载荷，也很有可能播发伪距和载波相位测距信号，用来增强 GNSS。

据不完全统计，截至目前，全球提出的星座建设计划如表 2.3.1 所示，上面呈现的既有国外的公司，也有国内的公司。SpaceX 提出的叫"星链计划"，与此相对应，我国科工局也提出了"国网星计划"，计划在 2030 年之前建设近万颗星的低轨互联网星座，当然它也可能会有导航增强功能，但这些都还在论证中。稍微早一点的像航天科技的"鸿雁星座"，航天科工的"虹云工程 "，这些都是前两年就开始提的，都计划建设带有导航增强功能的低轨移动通信星座，甚至是带有遥感功能的通导遥一体化星座。

在倾角方面，为了实现全球覆盖，这些星座轨道倾角大多比较高。除了高倾角之外，还有一些中等倾角，以及一些低倾角，也可能有混合的轨道。OneWeb 是相对来说比较早提出要建设低轨互联网星座的，他们早期要建设一个 648 颗星的星座，后来提出第二阶段还要再发射 1900 多颗卫星，都是计划采用混合星座的形式。

3. 定位论证

1)星座设计

接下来介绍第 3 部分即定位论证，这也是我早期的一项研究工作。因为我比较关心低轨对精密导航定位究竟有什么贡献，所以就开展了一些论证。为什么要论证呢？因为低轨星座目前还没有建成，也没有实测数据。关键难点是精密星历的获取，除了精密星历、精密的轨道钟差之外，还要有观测数据。在没有观测数据的情况下，便想到利用仿真方式产

表 2.3.1 互联网星座建设计划

星座	卫星数	高度/km	倾角/°	建成年份	国家	主要业务
Iridium	66	780	86.4	1998	美国	移动通信+STL
Globalstar	48	1400	52	2000	美国	移动通信
Iridium NEXT	75	780	86.4	2019	美国	宽带+STL
OneWeb	648	1200	88	2027	美国	宽带
	1972	-				
SpaceX Starlink	1600	1150	53	2024	美国	宽带
	1600	1110	53.8			
	400	1130	74			
	375	1275	81			
	450	1325	70			
	7518	340	-	-		
Boeing	1190	1200	45	-	美国	宽带
	612		55			
	1155		88			
LeoSat	108	1400	-	2020	美国	宽带
Telesat	72	1000	99.5	2022	加拿大	宽带
	45	1248	37.4			
Kepler Comunications	140	-	-	2022	加拿大	物联网
Astrocast	64	600	-	2021	瑞士	物联网
Yaliny	135	600	-	-	俄罗斯	宽带
Astrome	150	1400	-	2020	印度	宽带
Samsung	4600	1400	-	-	韩国	宽带
国家科工局“国网星计划”	~10000	-	-	2030	中国	宽带
航天科技“鸿雁星座”	54	1100	-	2023	中国	移动通信+导航增强
	270	-	-	-		
航天科工“虹云工程”	156	1000	-	2022	中国	宽带+导航增强+遥感
中国电科“天地一体化信息网络”	120	-	-	-	中国	移动通信+宽带+导航增强+遥感
航天科工“行云工程”	80	-	-	-	中国	物联网
未来导航“微厘空间”	120	700	-	2021	中国	通信+导航增强
时空道宇“吉利卫星未来出行”	168	800	-	-	中国	导航增强+通信+遥感
银河航天“银河星座”	>1000	1200	-	-	中国	宽带
国电高科“天启星座”	36	900	45	2020	中国	物联网
	2	-	-			
九天微星	72	700	-	2020	中国	物联网

生观测数据。拥有观测数据和轨道钟差后就可以进行精密定位，从而验证低轨导航定位增强的性能。早期轨道仿真采用的主要是极轨类型轨道，即卫星运行轨迹通过南北极的轨道，已经建成的像 OneWeb 和铱星都是采用这种类型的轨道。

2)星历仿真

对于星历仿真而言，如果要得到精密轨道，一种方法是有了星座的一些参数，包括 6 根数(轨道 6 要素)以及卫星的轨道高度和倾角后，利用 STK(卫星工具包)软件生成轨道，或者自己通过轨道积分去得到轨道。对于钟差仿真，希望它接近真实情况，所以采用了 GNSS 中 IGS(一种数据格式)的精密钟差文件来仿真。如果是低轨卫星，在没有 IGS 的情况下，可以用某一颗比如第一颗低轨卫星钟差来代替第一颗 GPS 的钟差，以此模拟。

使用上面的方法，不加入任何轨道和钟的误差，就可以得到真实的星历。这时候加上一个随机误差，比如给轨道的每个方向添加 2.5cm 的噪声，钟差添加 0.1ns 的误差，就可以模拟一个有误差的星历。真实星历可以仿真观测值，精密星历即带有一点误差的星历，可以用来做定位。这样定位和仿真就使用了不一样的精密星历和精密卫星钟差文件，更接近真实情况，不会出现收敛特别快的现象。

3)观测值仿真

得到轨道之后可以进行观测数据的仿真。通过真实的精密星历可以获取卫星位置，再基于测站坐标就可以计算得到几何距离，在此基础上添加电离层延迟、对流层延迟及各类硬件的延迟。此外还要模拟一下观测噪声，例如在伪距上添加至少 0.3m 的误差，相位添加 3mm 的误差等，最后得到仿真数据。利用此时获得的仿真观测数据加上此前获取的带有误差的精密星历数据，就可以进行定位的论证。

4)低轨导航增强 GNSS 快速 PPP

单系统情况下，GPS、北斗等系统 PPP 收敛通常在二三十分钟左右，如果采用多系统，可以把时间缩短到 10 分钟左右(图 2.3.1)。但 10 分钟仍然无法满足需求，所以引入了不同的低轨星座。我们刚刚展示了 4 种星座，有 60 颗、90 多颗卫星的，也有 100 多颗、200 多颗卫星的。卫星数量越多，当前历元下可以看到的低轨卫星就越多，收敛性能就越好。比如说对于 192 颗星的星座和 288 颗星的星座，它的收敛时间甚至可以达到一分钟以内，所以就可以满足像自动驾驶等实时高精度用户的需求。

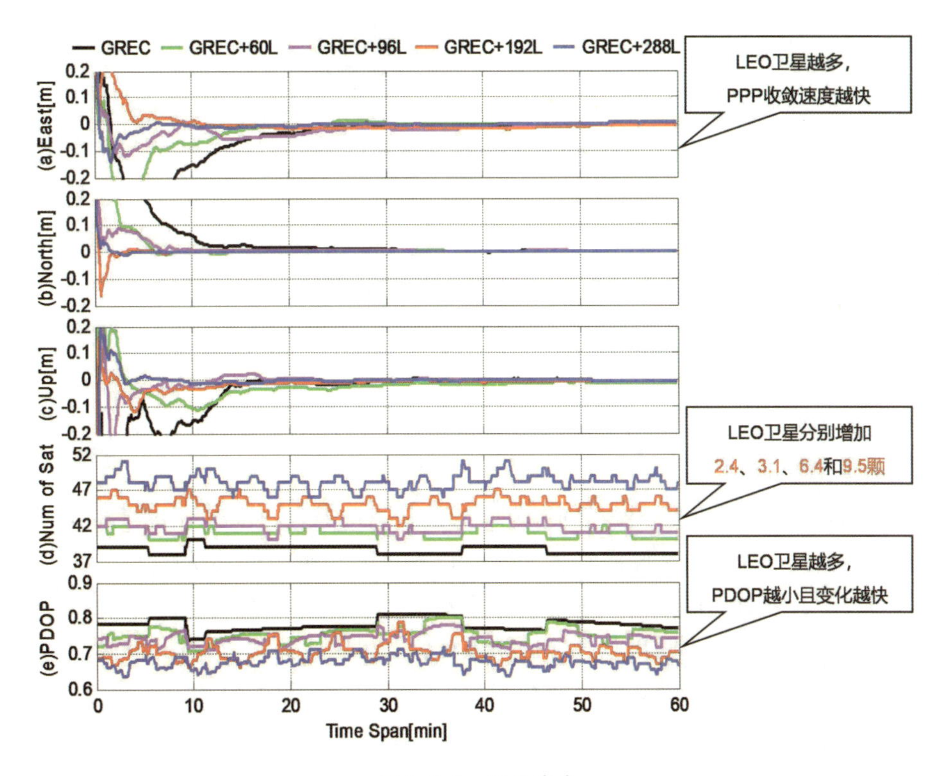

图 2.3.1 收敛速度

5)存在的不足

后来我们发现这还存在一个不足，对于低轨增强 PPP，像极轨类型的轨道，低纬度地区轨道间距比较稀疏；高纬度地区相对来说很密，轨道间距小，卫星比较密集，这就导致低纬度地区观测到的卫星数量比较少(图 2. 3. 2)，所以增强定位的性能在低纬度提升的程度不是很大。为了避免传统单一极轨类型的低轨星座在增强 GNSS 方面的不足，我们开展了第二项工作，即在极轨星座的基础上进行星座的优化，也就是星座设计。

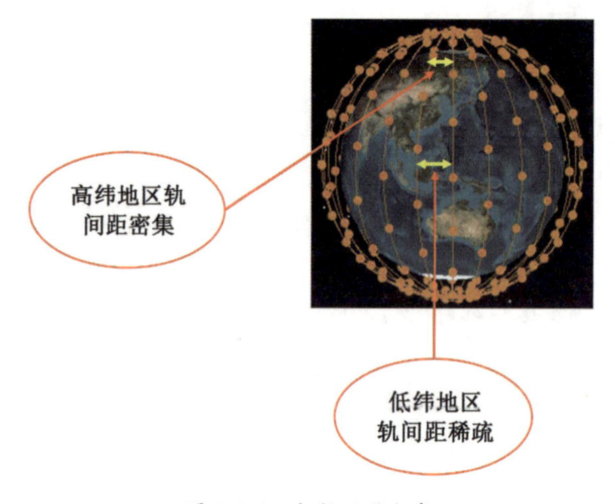

图 2. 3. 2　极轨卫星分布

4. 星座设计

1)主要方法

星座设计在早期主要采用基于几何原理的方法，包括卫星覆盖带和著名的 Walker 星座。Walker 星座是一种非常对称的倾斜圆轨道星座，现有的 GNSS 除了 GPS，剩余的 GLONASS、Beidou、Galileo 的中圆轨道都采用 Walker 构型，它能够在全球范围内达到相对均匀的效果。此外还有正交圆轨道星座，即在极轨的基础上添加了一个赤道的圆轨道，形成垂直的构型。也有人通过经验法和枚举法来做一些星座设计。如果有人想要采用混合轨道类型，比如使用一个高倾角和一个低倾角组合的星座来实现覆盖性能的提升，组合的选择可以采用枚举即手动去试。枚举法在参数少的情况下，只研究轨道倾角怎么样组合最优，另外可能还有可行性。但如果研究的东西比较多，变量比较多，如需要确定轨道面个数以及每个轨道面的卫星个数的时候，常规方法就不太适用。因此还有一种比较常用的星座设计方法——遗传算法。

也有人做过区域或者全球的低轨导航星座的设计，从我个人的角度来讲，低轨导航增强与低轨导航最大的区别是：对于低轨导航星座，如果利用常规的伪距或载波相位方式来定位，至少需要4颗星。未来的低轨导航增强星座如“鸿雁行动”，假如第一阶段它只发射54颗星，那么这54颗星其实是一个互联网星座，它的主要目的不是为了导航，但是它有导航增强载荷，也可以提供导航的测距信号。那么1颗星、2颗星或者说3颗星，也都是有利用价值的，并不一定要以4颗星最少、GDOP(几何精度因子)值最优的方式设计星座。要保证全球的GDOP值很好，我个人觉得是要能看到的卫星数越多越好，因为GNSS本身GDOP值已经很小了，单系统也是1~2，这时候引入两三颗低轨卫星，也是可以起到很好的导航增强作用。并不是说星座设计一定要把GNSS抛开，自己去搞一个独立的星座系统。我们想要设计的星座首先它是导航增强星座，其次要想覆盖最优，那就需要采用混合构型，并且使用遗传算法去优化这种星座。

2)典型星座

(1)极轨星座

混合星座中，需要首先确定混合的类型，早期主要选取了几种比较常见的轨道，一种是极轨类型，也即铱星、OneWeb所采用的星座构型。极轨星座设计最常用的是覆盖带理论，什么是覆盖带呢？一个轨道面上每一颗卫星的覆盖范围就是一个圆圈，同一个轨道面上的覆盖区域重叠起来，就能够保证绿色条带状(图2.3.3(a))里的范围都能看到低轨卫星。轨道面上的卫星都是向上运动的，右边的卫星也都是向上运动的，卫星运动方向一致我们就称其为顺行轨道，它会形成一个连续覆盖的区域。如果其中有一个是往上运动，左边跟它的运动方向相反，就会形成一个逆行轨道，覆盖范围会小一点(图2.3.3(b))。根据覆盖带理论，只要保证赤道地区能够完全覆盖到，那么全球就是百分百覆盖。

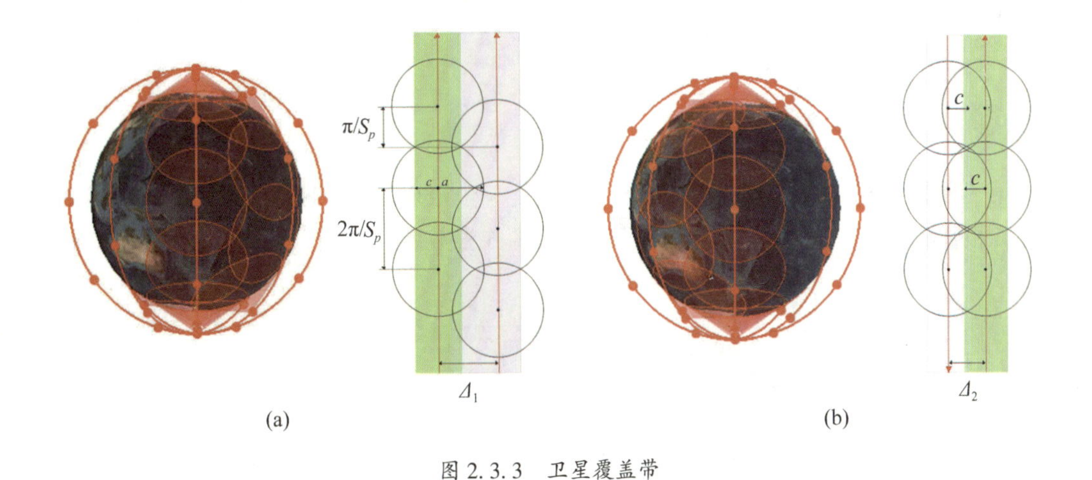

图2.3.3 卫星覆盖带

用公式(2.3.1)就可以确定卫星构型的参数。知道一颗卫星的轨道高度后，α就确定了，那么覆盖范围也就定了。覆盖范围确定后，用此公式可以求出极轨星座的卫星数量，星座构形也可以由此确定(图2.3.4)。也就是说，只要知道卫星轨道高度，就可以确定在这个高度上至少需要多少颗卫星来建一个低轨星座。

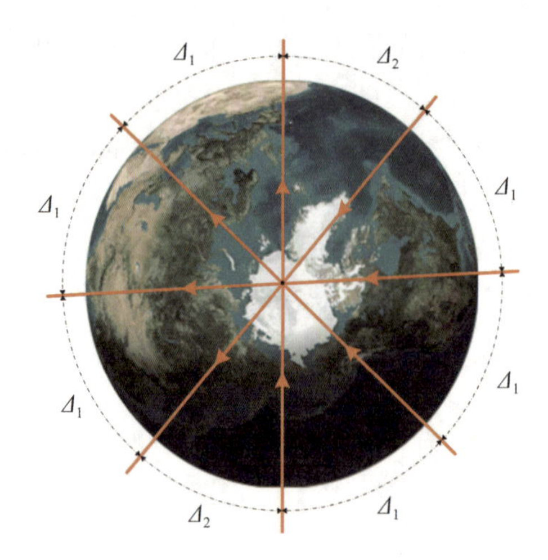

图 2.3.4 极轨星座参数确定

$$(P_p - 1)\Delta_1 + \Delta_2 = [(P_p - 1)\alpha + (P_p + 1)c]\eta = \pi \tag{2.3.1}$$

(2) 正交圆轨道

极轨星座的缺点是在低纬度地区，可见卫星数少，所以后来就有了正交圆轨道(图 2.3.5(a))。它是在极轨星座的基础上添加了一个赤道的圆赤道，可以使用几何分析法根据公式(2.3.2)确定它的星座参数。

$$\left\{(P_p - 1)\cdot \arcsin[\tan\alpha \cdot \cos(\pi/S_e)] + (P_p + 1)\cdot \arcsin\left[\frac{\sin c \cdot \cos(\pi/S_e)}{\cos\alpha}\right]\right\}\eta = \pi \tag{2.3.2}$$

(3) Walker 星座

第三种是 Walker 星座(图 2.3.5(b))，它是一个很均匀的星座。假如其中一颗标准卫星的 6 根数确定了，这个星座上其他所有卫星的 6 根数就可以按照公式(2.3.3)求出。

$$\begin{cases} a_{ij} = a_0 \\ e_{ij} = e_0 \\ I_{ij} = I_0 \\ \Omega_{ij} = \Omega_0 + \dfrac{360°}{P_W}\cdot(i-1) \\ \omega_{ij} = \omega_0 \\ M_{ij} = M_0 + \dfrac{360°}{P_W S_W}F_W\cdot(i-1) + \dfrac{360°}{S_W}\cdot(j-1) \end{cases} \tag{2.3.3}$$

我们的想法是采用极轨星座加一个低倾角的 Walker 星座来提升它的覆盖度，或是正

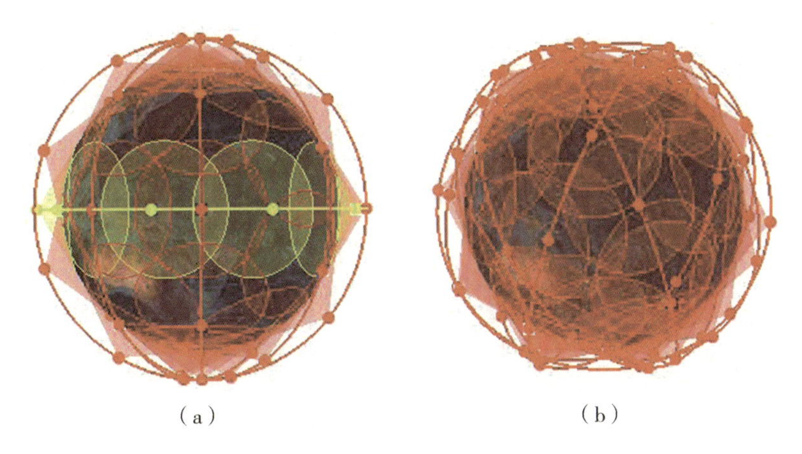

(a) (b)

图 2.3.5 正交圆轨道和 Walker 星座

交圆轨道再加一个倾斜的圆轨道，再或是一个高倾角的 Walker 星座配一个低倾角的 Walker 星座组合成一个混合星座，以此来实现覆盖性能的最优。

3) 控制变量

可以通过几何分析推出极轨星座的构型，那如何加入一个低倾角的 Walker 星座呢？倾角究竟是多少？它的轨道面究竟是多少？每个轨道面上应该有多少颗卫星？相邻卫星之间的相位因子究竟是多少？这些都是我比较关心的问题。但并不是把这里所有的参数都拿去优化，有些不关心的参数可以提前确定，以此来减少优化中的待估参数。首先我只研究圆轨道，当然现在星座设计也有人采用椭圆轨道的方式，还有大椭圆轨道，即近地点离地球很近，远地点离地球很远的轨道，但现在我们的研究还是侧重于圆轨道。如果是圆轨道，像 Walker 星座的离心率、6 根数里面的离心率和近地点角距都可以默认为 0，这些都不是我们需关注的变量。轨道高度也需事先确定。如果轨道高度确定的话，极轨星座和正交圆轨道的配置就可以全部确定，只需要关心 Walker 星座的其他参数，另外 Walker 星座的轨道高度也认为是一样的。

我们确定的轨道高度是 1248.171km。为了确定这个高度，鉴于低轨空间一般是 2000km 以下，首先绘制了目前近地空间所有的飞行器，包括卫星以及空间碎片的总体分布(图 2.3.6 蓝线)，然后在设计时尽量避开碎片和卫星比较多的区域，减少可能会导致的碰撞。所以优选的轨道高度在 1000~1400km，或者是 600km 以下，再或是 1600km 以上；又考虑到低轨导航搭载的载荷可能是商业现成品，它们的空间抗辐射能力弱，要尽量让它处在辐射比较小的环境下。图 2.3.6 中的连点线是近地空间的辐射水平，这条线往上的部分就不符合我的要求。因此我只关心 1300km 以下的部分，那么只剩下 600km 以下和 1000~1300km 之间的区域，为什么没有考虑 600km 以下的区域呢？由于此区域轨道高度太低，大气阻力比较大，定轨难度很大，而且这个高度对微飞行器的损害也比较大，会使其寿命缩短，所以就更倾向于在 1000~1300km 选择，最终确定了 1248.171km 这个高度。

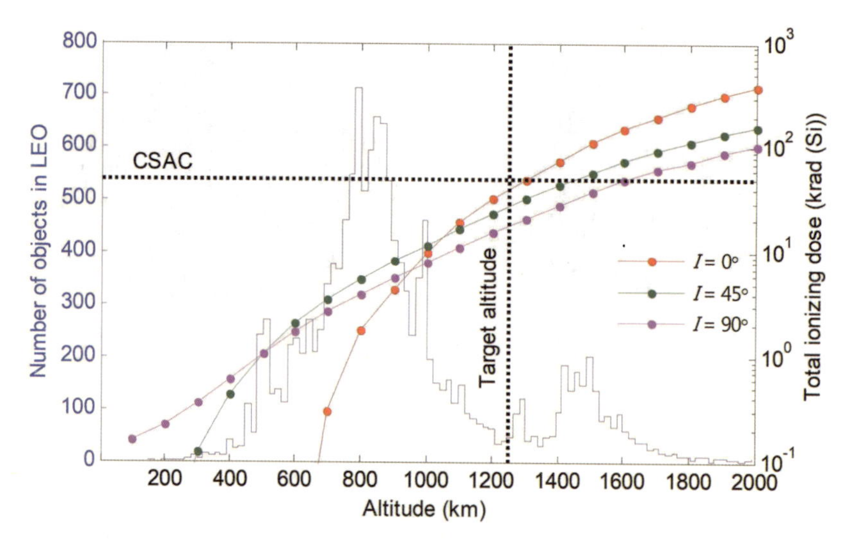

2.3.6 近地空间飞行器总体分布

为什么是这个高度呢？因为考虑到总回归的周期。以 GPS 卫星轨道高度为例，为什么 GPS 卫星会采用 20180km 接近 22000km 的高度呢？考虑到 GPS 卫星绕地球一圈大概是 12 个小时，GPS 卫星运行两圈，就接近一个恒星日，也即周期接近一天。所以 GPS 选择这个高度也是有相应依据的。我们采用的低轨卫星，它不像 GPS 运行一圈要 12 个小时，它运行一圈一般在 100 分钟左右，不到 2 个小时，在所选择的高度运行 13 圈刚好是一个恒星日，也就是说卫星的星下点每天都是在同一个地方，所以最终确定了这个高度。

星座构型也是事先确定的，只考虑极轨+低倾角 Walker、正交圆轨+低倾角 Walker 和高倾角 Walker+低倾角 Walker 这 3 种，当然这里只是两种类型星座的混合，也可以考虑是三种星座的混合或者是更多类型的混合。

4）遗传算法

目前应当事先确定的参数已经固定，现在只需要求最终待优化的参数，比如 Walker 星座的倾角、轨道面数或者相位因子，这些究竟怎么得到呢？我们使用遗传算法求解。

对于遗传算法的解释，打个比方，也是老师每次讲遗传方法都会说的一个比喻。为了找出地球上最高的山，一群有志气的兔子们开始想办法……兔子们吃了失忆药片，并被发射到太空，然后随机落到了地球上的某些地方。它们不知道自己的使命是什么。但是，如果你过几年就杀死一部分位于海拔低处的兔子，多产的兔子们自己就会找到珠穆朗玛峰。

这种方法利用了自然选择和遗传的理论，主要是基于达尔文的进化论以及孟德尔的遗传学说。在解决实际问题的时候，将待求参数看成一个解，比如轨道倾角、轨道面数这些待求的参数可以看成一个解，一个解就相当于是生物里面的一个个体，就像一只兔子。很多个可能的解就构成了一个种群，每一个可能的解都是种群里面的一个个体，当然个体也可以看成遗传学说里面的染色体。这时候首先要评价这些个体，哪一个符合目标函数？需要给它们打分，越好的个体分数越高。到下一代时，这里面最好的个体就会被保留下来，其他部分个体与个体之间进行交叉，也就是杂交，产生下一代，因此它们的优良基因也会被传下来。到下一代之后，再进行评价，评价完之后淘汰差的，留下最好的，其他部分进行交叉变异的操作。最终经过很多代之后就能得到一个最优解，最后一代的最优个体，也就是要求的最优解。

遗传算法的大概流程是先将参数编码，编成的二进制码相当于一个染色体，很多个个体形成了一个种群。评价每个种群里面的每个个体，计算它们的值并按高低顺序排列，后面进行一些选择以及交叉变异的操作，得到下一代，不断进行循环，最后求出一个最优的个体(图 2.3.7)。

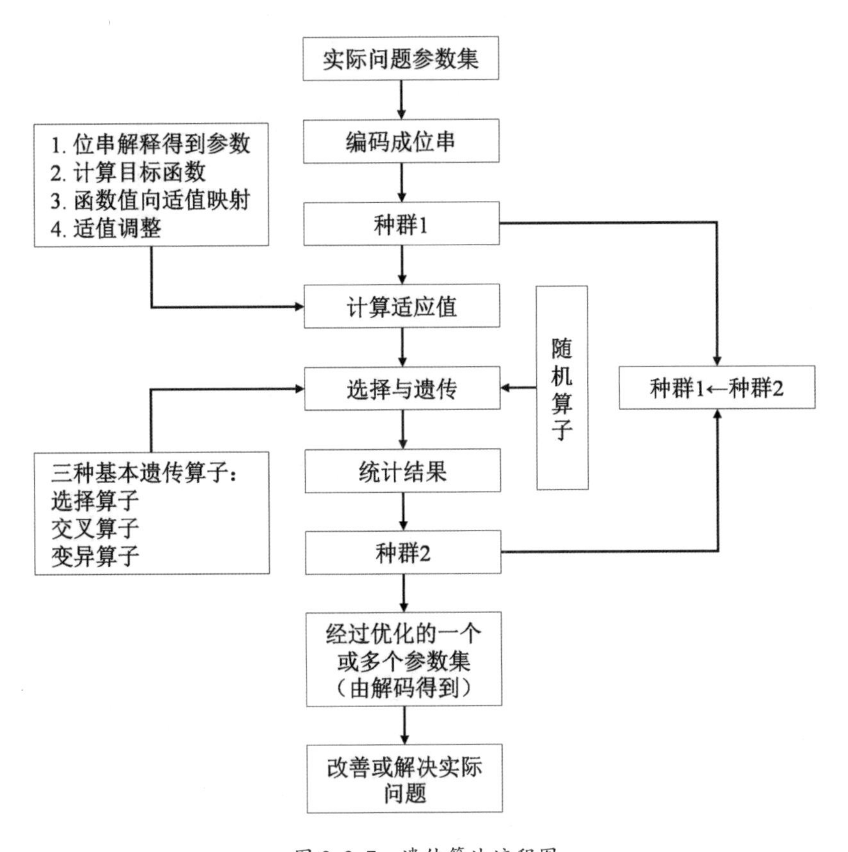

图 2.3.7 遗传算法流程图

(雷英杰，张善文. Matlab 遗传算法工具箱及应用[M]. 西安：西安电子科技大学出版社，2014.)

简单介绍一下它在内部是怎么交叉遗传的。首先刚刚的每一个解都是待估的参数。假设 1 个种群就有 4 个个体，每 1 个个体相当于一个二进制串，也叫一个染色体，它们在计算机内部的表示如图 2.3.8 所示，把其中的两个交叉，它的某个基因也就是编码会交叉，交叉之后就会得到一个新值。某些编码还会变异，单个的解也可以变异，最终会得到一个新的下一代，评价之后再去循环。

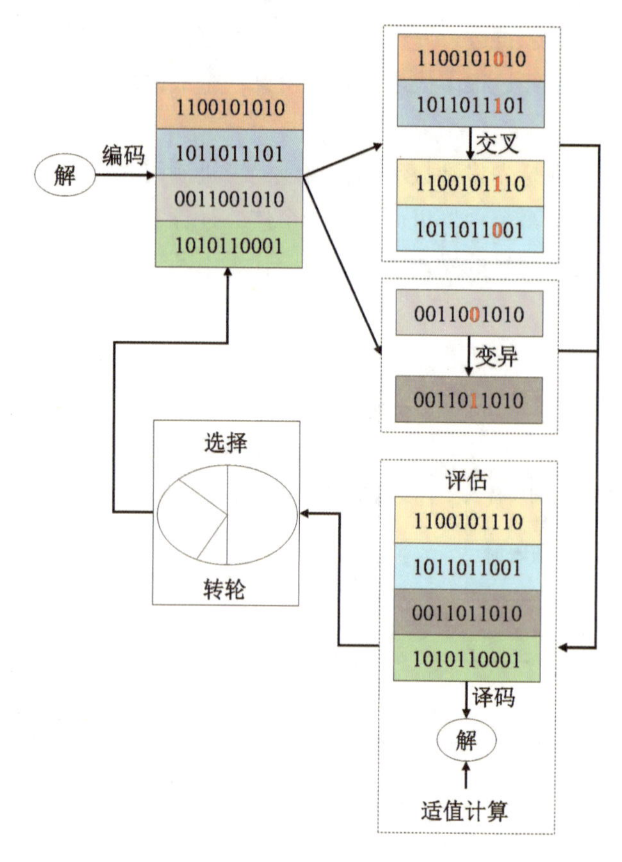

图 2.3.8 交叉变异

5）基于遗传算法的混合低轨导航增强星座优化

简单了解了遗传算法后，如何用它去做星座优化呢？需要关心的有两个目标。第一个目标是给定有限的卫星数量，在星座中怎么样分配才能够实现覆盖最优，使得卫星在全球尽可能看到的多且均匀；第二个目标是假设不限定卫星数量，根据现有用户的需求，比如想要在全球都可以看到 4 颗均匀分布的卫星，星座总共需要含有多少颗星或者星座构型应该是什么样子的。低轨卫星不像高轨卫星，它的张角会很大，会导致信号增益比较难。

截止高度角不像 GNSS 能用到 7 度或者更低，它们的覆盖范围不会很大，低轨卫星的截止高度角有可能是 15°、20°甚至四十几度，这也就解释了为什么 SpaceX 要建设上万颗星，或者最早说提出要建设 4400 多颗星，为什么要那么多？一个原因是如果要保证卫星的张角能跟地球相切，对于 SpaceX 卫星的高度，可能需要 100 多颗星才能覆盖全球，但是它不会让每一颗星的单星覆盖范围特别大，它会把卫星的张角设定得很小，这就需要很多颗卫星，上千颗甚至上万颗。面对不同的截止高度角，需要有多少颗星都可以用遗传算法来解决，待估参数就是轨道面数、每个轨道面卫星数以及倾角等参数。

星座的可见卫星数在全球分布是相对均匀的，无论是之前的极轨星座、正交圆轨道，还是 Walker 星座，都是南北半球对称的，东西半球也几乎是对称的，极轨因为有顺行轨道和逆行轨道的存在稍微有一点点差别，但这个问题现在先不考虑。综合来说，卫星星座几乎是全球均匀对称的，所以为了减少计算量，只需研究 1 个半球。对于 1 条经线而言，从 0°到 90°，总共选取 19 个点，每隔一定度数就取一个点，只评价所选取的点。因为卫星是有回归周期的，一天下来它就完全重复了，所以只需要考虑一天的可见卫星数情况。统计每一个点上面一天平均可以看到多少颗卫星，以及所有点的标准差，就可以评价这些可见的卫星数是否平均，并给定一个比重。最后看到的卫星数越多、分布越平均的方案，就是第一个目标要实现的。第二个目标也类似，根据目标和研究的问题，构造对应的目标函数，目标不一样，构建的目标函数也不一样，约束条件也不同，最终通过计算得到想要的结果。

对于第一个问题，假如最多有 100 颗星，使用遗传算法可以达到怎样的效果？如图 2.3.9 所示，上面的空心点代表种群中个体的平均水平，下面的实心点就是最优的个体。用目标函数可以对个体进行评价，它会随着一代一代的计算变得越来越小，Penalty value (惩罚值)越小结果越好。假如设定了 40 代，那么最后一代的最优个体，就是要求的星座参数。对于在极轨中加入的 Walker 星座，可以求出轨道面数、倾角等参数，也即最后一代中最优个体的各参数值。如图 2.3.10 所示，这就是所得到的星座构型。

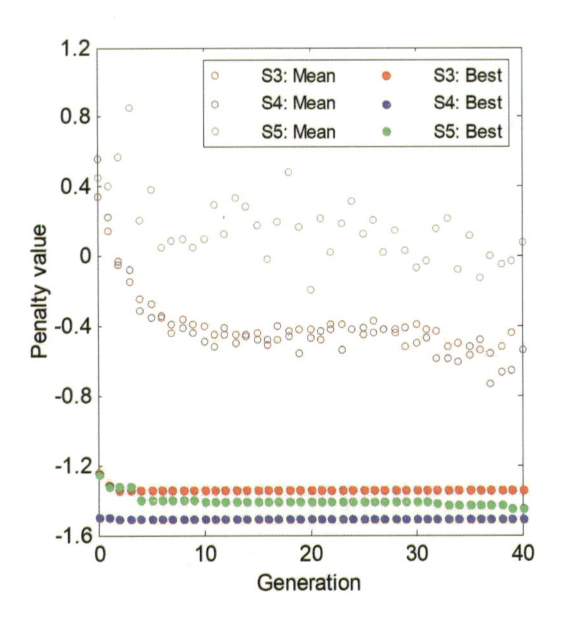

图 2.3.9 遗传算法中目标函数评价值

图 2.3.11 和表 2.3.2 是上面选取的 19 个点的评价结果，对其进行检验，极轨星座中，19 个点分布在不同纬度上，平均可见卫星数最优的方案是 S1，在低纬度地区只能看

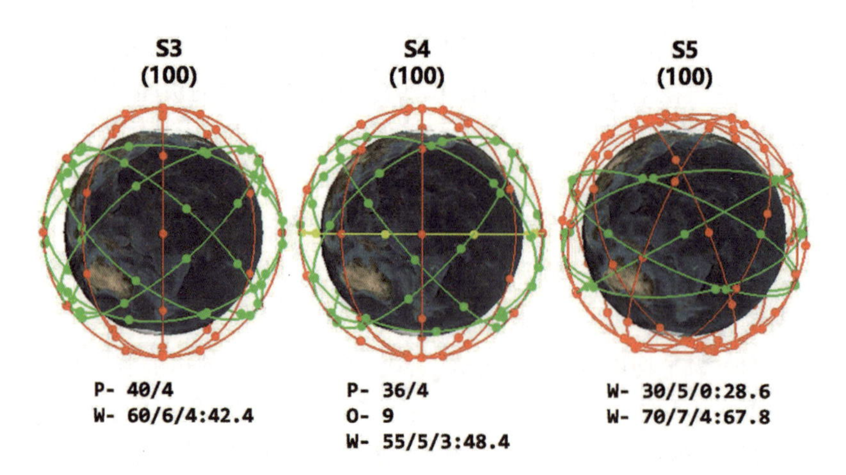

图 2.3.10　遗传算法求解的星座构型

到一点几颗星，纬度越高可见星数越多；正交圆轨道一定程度上弥补了赤道地区的卫星分布稀疏性，但是还不够，故在此基础上引入一个 Walker 星座，能够保障在不超过 100 颗星的情况下，达到全球均匀分布的效果。

图 2.3.11 中上方的三种方案有极轨加 Walker，正交圆轨加 Walker 和正高低倾角的 Walker 组合，可以发现正交圆轨道的组合值相对好一点。因此我们在后面的研究中就固定了第二种方案，只研究正交圆轨道的组合星座。在不同截止高度角的要求下，需要多少

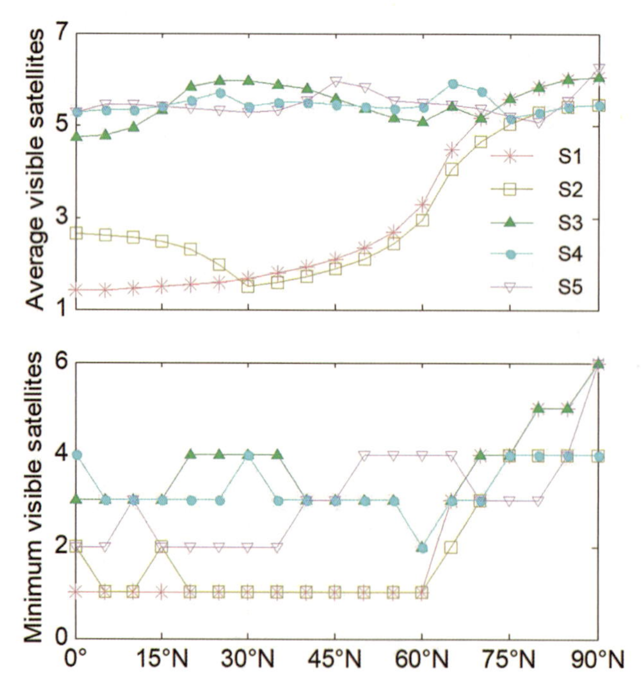

图 2.3.11　对 5 种方案的 19 点可见卫星数的评价结果

颗星呢？截止高度角越高，覆盖性越小，高度角在14°时，需要200多颗星；截止高度角为7°时，可能100颗星就可以实现全球覆盖。接下来又分析了不同覆盖性的要求，比如要实现全球四重覆盖、五重覆盖、六重覆盖分布需要的卫星数量，这些都可以求出来。

表2.3.2　对5种方案的19点目标函数的评价结果

方案	平均值	标准差	最小值	惩罚值
S1	3.03	1.82	1	—
S2	3.07	1.40	1	—
S3	5.49	0.44	2	-1.34
S4	5.44	0.18	2	-1.51
S5	5.47	0.28	2	-1.45

5. 机遇挑战

最后讲一下低轨导航增强的机遇和挑战，可能不一定全面，就从我个人的了解简单来说一说。机遇主要是四方面。

1)机遇

(1)联合定轨

图2.3.12(a)是常规意义上的低轨卫星定轨。对于GNSS轨道而言，可以利用地面站的数据配合动力学模型，去实现中高轨卫星的定轨。对于低轨卫星的轨道而言，用星载的观测数据去定每一颗卫星，这是第一种方案。

第二种方案，如果这些低轨卫星也发射低轨导航增强数据(图2.3.12(b))，可以利用红、绿、蓝三种颜色的数据，一次性求解一个方程。但使用这种方法的问题是低轨卫星数量太多，如果所有低轨卫星全部参与联合定轨，再加上导航卫星，数据量很大，计算很耗时，求解可能要十几个小时。

另一种方案是利用星载的观测数据和地面站跟踪导航卫星的数据来联合定轨(图2.3.12(c))，不是先确定导航卫星再确定低轨卫星，而是两个数据同时求解。联合定轨的好处是导航卫星的轨道可以得到更好的解。尤其是北斗的GEO(地球静止轨道)卫星，它的几何位置相对地球一直是静止的，也即地面站跟踪GEO卫星时相对地面的几何位置没有变化，所以GEO卫星的轨道精度很差。联合定轨中，低轨卫星充当了天基的移动监测站，它的数据可以提高导航卫星轨道的求解精度。导航卫星定轨精度提高之后，剩余的低轨卫星再用“一步法”去确定。这种方案比上面GNSS轨道求解精度要更高，可以保证导航卫星和其他低轨卫星的定轨精度都比较好。

还有一种方案是联合定轨时加入低轨卫星下行导航数据(图 2.3.12(d))。低轨卫星如果要用作导航卫星，我们还需要知道它的钟差。钟差不能单纯依赖于导航卫星，通过动态 PPP 求解出钟差，然后把钟差直接发给用户。这是因为低轨卫星的接收天线和发射天线不是同一个，两者之间还有信号延迟，不是同一个钟差。未来要做低轨卫星的精密钟差，必须依赖绿色的线(图 2.3.12(d))，即要有地面的观测数据。

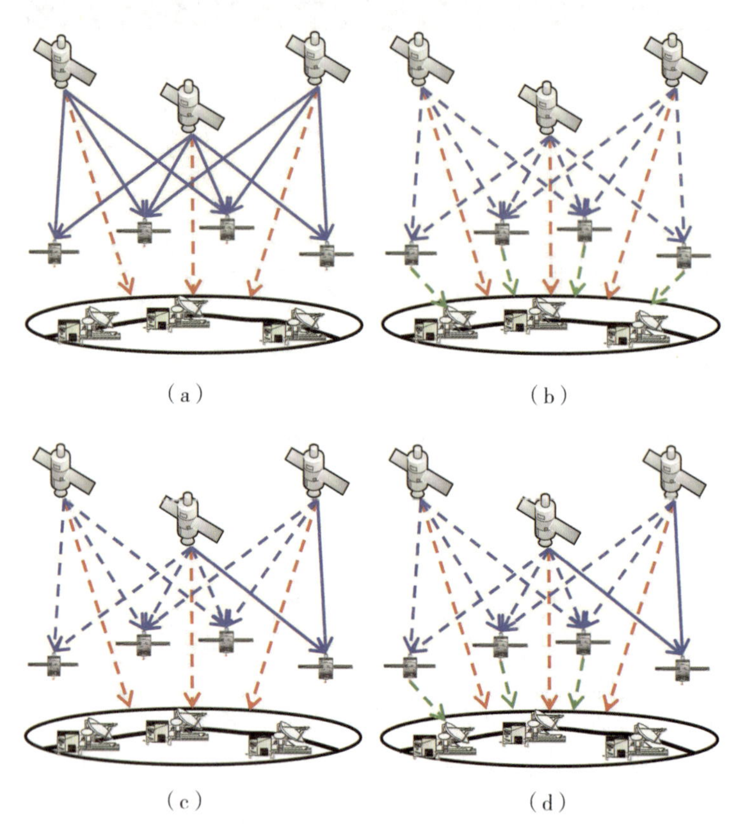

图 2.3.12 几种不同的定轨方案

(2)精密定位

对于精密定位，低轨卫星还有一个好处。我主要研究的是 PPP，当然对 RTK(实时差分定位)也有好处，也就是对于中长基线，收敛时间本来很长，加入低轨后经过验证确实有好处。

(3)大气建模

低轨卫星对大气建模也有好处，这里只给了电离层，其实对对流层也有好处。对于星基而言，低轨卫星星载的观测数据可以用于等离子体层的建模，可以覆盖到全球上部的所有等离子体层。对于地基而言，电离层的穿刺点，如果使用 IGS 站点(国际 GNSS 服务组织)(图 2.3.13 的绿色三角),像非洲区域,它们的 IGS 站一般建在海岸线上,所以它的穿刺点是一个小时,GNSS 测试的电离层的穿刺点值分布如图 2.3.13(b)所示。在相同的时间内,低轨卫星滑过的距离更大,而且穿刺点的轨迹的长度也更长,甚至连内陆远离海岸的一些地方都能覆盖到。所以如果把低轨卫星的观测数据加进去,电离层建模的精度也会有所改善。

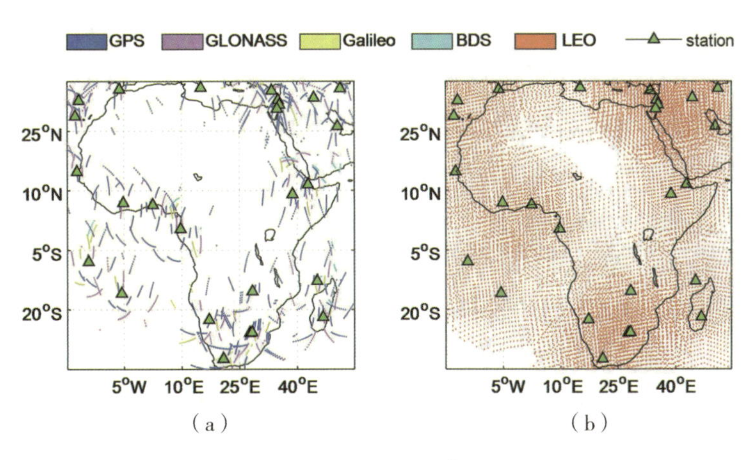

图 2.3.13 大气建模

(4)室内定位

还有一点是对于室内定位。就像之前所说,低轨卫星距离地球近,信号损耗小,地面接收信号强度高。Satelles 公司对某高层建筑物内铱星的 STL(卫星定位授时)室内服务性能进行了测试,如图 2.3.14 所示,在这种大楼上面可能只有顶层能接收到一两颗 GPS 卫

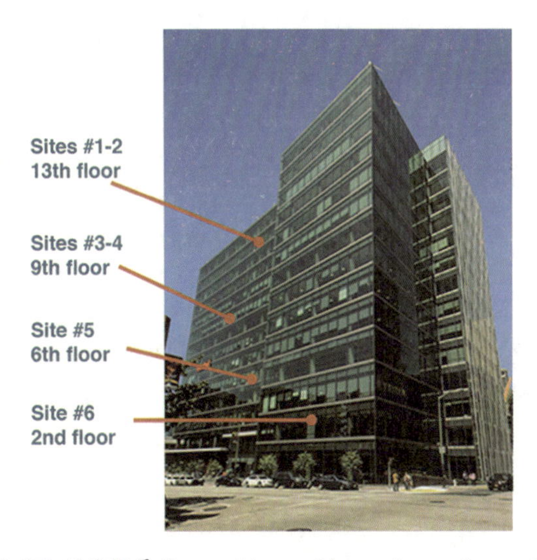

图 2.3.14 铱星 STL 测试场景(http://gpsworld.com/innovation-navigation-from-leo/)

星，其他楼层由于信号差或者遮挡严重而无法接收到。但是对于低轨卫星，即便是在最底层，都可以收到信号。而且采用多普勒定位的方式，定位精度可以达到20m，授时也可以达到一定的精度。最关键的是低轨卫星的信号强度很高，未来对我们的城市环境定位和室内定位有很好的改善效果。

2)挑战

(1)星座设计

首先卫星端，比如空间端需要星座设计，我们做的只是冰山一角，其实还有很多事情也值得做。我们当时为什么要做这件事呢？也是考虑到SpaceX的“星链计划”，它只会告诉我们采用了什么高度，倾角是多少，有多少颗卫星，那我们就会想它为什么要采用这样的方案，什么方案是最优的，所以才有了之前的成果。但是我们研究的变量是单纯的，比如只有一个轨道高度，但实际上可以有不同轨道高度的组合，SpaceX就采用了很多个高度的轨道，还有一些需求是用大椭圆轨道，这些都可以去研究。

(2)抗干扰新信号体制设计

其次在信号方面，做低轨导航增强就需要发射信号，这种信号对GNSS信号要有兼容性，不能对已有的GNSS信号产生干扰，而且也要符合国际电信联盟的规范，不能对射电天文、微波着陆等其他无线电系统产生干扰。所以很多天文学家是很反对发展低轨互联网星座的，他们很抵制“星链计划”等星座建设计划，其中一个考虑是低轨互联网星座对射电天文的影响，这种信号可能会对天眼等射电望远镜产生干扰。

(3)通导一体化信号设计

还有在信号设计方面当前追求通信导航一体化。低轨互联网星座本身通信功能就非常强，未来可以利用它的通信信道，专门播发一些改正数、星历、钟差等文件，这样就可以分配更多的功率给导航。图2.3.15展示的是国防科技大学的一篇文章，主要是关于通信导航一体化信号设计的(图2.3.15)。

(4)一星多用

此外还有一星多用，图2.3.16展示的是“珞珈一号”卫星(图2.3.16)，它既是低轨导航增强卫星，也是一颗夜光遥感卫星。未来像这种低轨星座上面可能会搭载掩星探测仪，还有一些GNSS-R天线，这些都可以在一颗卫星上实现，以充分利用它的功能，当然也要考虑卫星的空间重量。一星多用对各行各业可能都会有一定的好处。

(5)空间碎片监测

天文学家反对低轨互联网星座计划除了因为信号干扰之外，还有一个重要考虑，上万

✓ Method 1

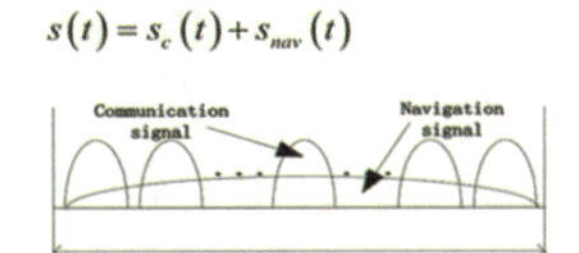

✓ Method 2 (Iridium STL)

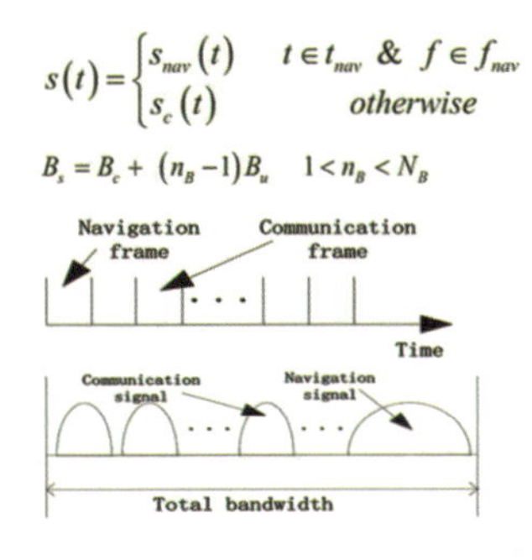

✓ Method 3

$$s(t)=\begin{cases} s_{nav}(t) & f\in f_{nav} \\ s_c(t) & otherwise \end{cases}$$

$$B_s=B_c+(n_B-1)B_u \quad 1<n_B<N_B$$

Communication signal
Navigation signal
Total bandwidth

	Method 1	Method 2	Method 3
Pseudo range precision	High	Low	Medium
Doppler precision	High	Medium	High
CN0 margin	Medium	High	High
Positioning method	Pseudo range/ Doppler/ Carrier phase	Pseudo range /Doppler	Pseudo range/ Doppler/ Carrier phase
Communication loss	Low	Low	Medium

图 2.3.15 通信导航一体化信号设计

(Wang L, Lü Z, Tang X, et al. LEO-Augmented GNSS Based on Communication Navigation Integrated Signal[J]. Sensors, 2019, 19(21): 4700.)

图 2.3.16 "珞珈一号"卫星

(Wang L, Chen R, Li D, et al. Initial Assessment of the LEO Based Navigation Signal Augmentation System from Luojia-1A Satellite[J]. Sensors, 2018, 18(11): 3919.)

颗卫星的存在会对近地空间产生非常大的危害。最早的人类卫星碰撞就是在铱星和俄罗斯的一颗卫星之间发生的，碰撞之后有成千上万的碎片散布在空中，并且这些碎片是不受控制的，我们无法知道它的准确位置，后面发射的卫星可能会面临着与碎片发生碰撞的风险，尤其对载人航天而言，这些都会使其变得非常不安全。

(6) 导航电文设计与编排

还有导航电文的设计和编排，低轨导航增强大多数说的都是它的两个功能，一个是转发星，就是转发增强信息，包括做信息增强、北斗的改正数以及它自身精密轨道钟差和电离层延迟的改正数等；另外它还要播发自己的导航电文等，所以它的编排可能会跟我们已有的传统的 n 文件(导航电文文件)不太一样。

导航电文对于 GPS 的更新频度为 2 个小时一次，哪怕是 4 个小时一次都没有多大的问题。但是对于低轨卫星，一般 20～30 分钟就要更新一次，因为它运行得太快。中心的谢新博士研究过低轨卫星的广播星历需要多长时间更新一次，并且它的星历参数可能也不一样。GPS 常用的是 16 参数的星历模型，他们采用了 18 参数甚至 20 参数的模型，20～30 分钟的更新频度。低轨卫星的轨道高度越高，拟合的精度效果越好，更新时间相对来说也可以放长，轨道高度越低，可能几分钟就要更新一次。

对于钟差而言，除了之前提到的精密钟差的估计，这方面我还没看到文章。导航电文里，比如说做单点定位等，接收卫星的钟差都是用二阶的多项式、三个参数来拟合。未来低轨导航增强上面，不会像北斗那样搭载高精度原子钟，它可能会是芯片级原子钟或者是恒温晶振这一类的，所以它的稳定性不一定很高。这种情况下二阶多项式是否还能拟合钟差，还是需要一个新的模型，或是多少时间拟合一次这些都值得研究，但这个方面还没看到有人做。

(7) 电文生成、上注与播发

在电文方面也存在一定的问题。在地面段，GNSS 在全球可能布设七八个站，每个站观测 GNSS 卫星可能有几个小时，如六七个小时都是可以的，但是低轨卫星在一个测站上方可见时间只有十几分钟。这跟它的高度有关，比如 1200km 的高度只有 15 分钟就看不到了。

所以每一颗卫星都需要往下面发测距信号和广播星历等。广播星历用户是怎么知道的呢？广播星历肯定是主控站传上去的，即通过注入站传上去。有一些站在境外，本来那颗卫星覆盖面就很小，要把所有卫星的电文或是改正数等信息都发送到的话，只能靠星间链路，不然只能在地面建站，而且不是七八个站就能解决的，需要很多的站。

北斗三代已经采用了星间链路。如图 2.3.17 所示，图中是 SpaceX 星间链路的示意图，当它位于顺序轨道面也即两个相邻轨道面卫星是一个运行方向时，它会跟它的同一个轨道上面的前后两颗卫星，以及相邻轨道上前后的卫星构成星间链路，并且对于逆行的轨道，它会跟最近轨道的一颗卫星进行通信，实现星间通信和测距。星间链路也可以用于提高定轨精度，卫星之间互相测距，相当于多了一个距离的约束，只要它的精度足够高，对精密定轨就有贡献。

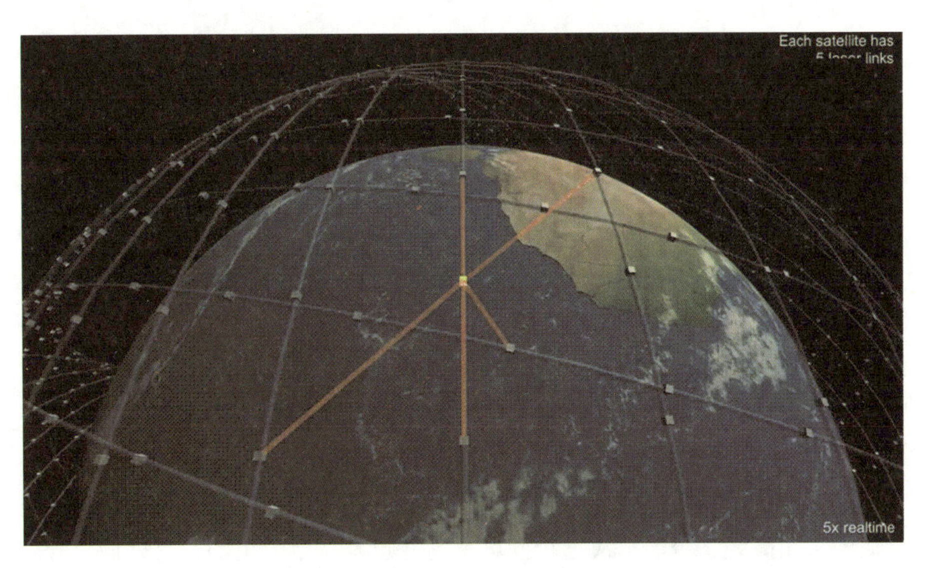

图 2.3.17 星间链路(https：//v. qq. com/x/page/t07861oczia. html)

(8)低轨导航增强系统时空基准的定义、建立与维持

另外还要关注低轨导航增强系统未来的时空基准。如果低轨导航增强系统作为一个新的导航系统，就需要有自己的时空参考框架。那么它如何去更新维持，以及它跟 GNSS 的坐标怎样转换，这些也都值得研究。

(9)接收机软硬件设备更新

对于用户端而言，接收机的软硬件都需要更新。如图 2.3.18 所示，一颗低轨卫星可见时长也就十几分钟，但站星间的几何距离变化非常大，这会导致离地面接收机越近，站星间距离越短，信号损耗越小，信号强度也越强。我们对“珞珈一号”已经做了分析，发现信噪比变化会非常大，这也会带来一些不利的影响。低轨卫星运行时相对于地面产生的多普勒频移现象，有好处也有坏处，好处是多普勒信息也可以用来定位，不像传统的伪距和载波相位测距方法，多普勒频移也可以提供一些测距信息，或者是用于载波相位的周跳

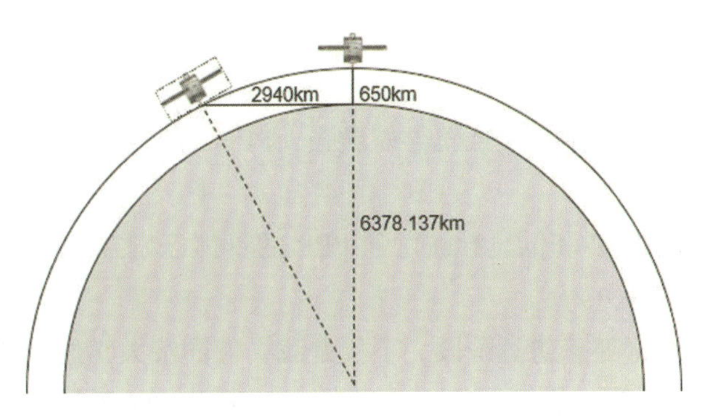

图 2.3.18 站星间距离变化

探测等。但是多普勒频移也会对接收机的捕获产生影响。此外，假如低轨导航增强未来发射的信号频率不在传统的 L 波段，如果采用了一个高频的波段，那么用户的接收机天线、射频等都需要调整。还有接收方面，如果低轨卫星数量很多，接收机的通道数量、存储容量这些也都需要修改，当然这些可能是做导航接收机软硬件设备的人需要关心的。

(10) 数据处理

对于我们平常科研，做数据处理也有一些需要注意的地方。举个例子，比如周跳探测。我们之前的 gf 组合去探测周跳的前提假设是相邻历元间电离层做差后变化很小，所以也叫电离层残差法，也就是在假设电离层不变的情况下去探测周跳。但是低轨卫星相邻历元如果还按照 30s 计算，卫星会离得非常远。两条相邻历元的传播路径已经发生了巨大的改变，穿过电离层的延迟量变化也很大，所以往常的相邻历元就不再适用。那它的阈值怎么确定呢，采用高频是否能解决这个问题，这些也是需要分析的。另外低轨导航增强系统建成之后，会引入更多与系统、轨道类型、码类型以及频率相关的偏差项，这些偏差的时空特性，也需要全面的分析。

还有一些其他可以研究的，比如单点定位，在 GPS 单点定位时，要获得测站、接收机的位置，我们假设第一个历元在地心，通过解方程迭代不断收敛到一个测站的位置。但是如果单纯地用低轨卫星，此方法就行不通。因为对于 GNSS 卫星而言，假设测站为地心的话，方向余弦是可以求解的，卫星离地球比较远，你的概略位置在地心还是在测站附近都无所谓，因为 2 万多千米相比于 6000 千米是可以的。但低轨卫星离地面只有 1000 千米，地面测站离地心有 6000 多千米，假设概略位置在地心，迭代是没法收敛的，所以无法求解。这就涉及低轨卫星定位时，初始概略位置应该怎么选取的问题。此外，还有很多值得做的事情，包括异构星座如何定权等。

谢谢大家！

【互动交流】

主持人：非常感谢马福建博士带来的精彩报告，下面进入提问环节。有问题的同学可以向马博士提问。

提问人一：想问一下您刚才说低轨导航增强，PPP 的收敛时间就会变快是吗？

马福建：对。

提问人一：传统的 PPP 和低轨导航增强 PPP 的具体区别在哪里，有没有一些具体针对低轨卫星做的 PPP 算法？

马福建：目前我们都处于仿真阶段，不仅是我，像同济大学的李博峰老师团队，还有 GNSS 中心赵齐乐老师团队，他们做的也都是仿真。仿真的时候都是把 GNSS 的一套拿来仿真低轨导航卫星的观测值并定位，没有任何区别。低轨导航增强就相当于是多系统，如果你会做 GPS+BeiDou 双系统 PPP，你就可以做 GPS 加低轨。未来有了低轨观测值，只要识别这个系统就可以，但是未来低轨卫星的钟可能会引入各种偏差，你需要改正这些偏差才能定位。举个例子，GPS 的 PPP 二三十分钟可以收敛，刚开始用北斗二代做 PPP 的时候，有人解的不好，这是为什么？北斗卫星的数量当然是一个影响方面，后来发现这里面还存在一个卫星端多路径的伪距偏差，这些都是新系统出现的问题。卫星在制造时就有不一样的地方，因而引入的各种偏差在做 PPP 的时候就需要改正。在我们的仿真阶段，假设没有引入与仿真无关的量，在定位求解方面也是类似的处理方式，但是未来对于实测数据就不清楚了。还有一点，如果未来不发射伪距或载波相位，只发射多普勒，其实应该也是有作用的，是否能做 PPP 或是其他，还要通过实际情况才能下结论。

提问人二：在您的讲座中，星座设计中有一个权重 w 是如何确定的？

马福建：权重 w 是在星座设计时关注的问题。假如给定 100 颗星，既然给了这个预算，我就想充分利用，那么在全球范围内看到的卫星数越多越好，这表现在公式中就是它均值前面的系数；还有一个目标是卫星分布越稳、越平均越好，这表现为标准差前面的系数，这两个权重是怎么分配的呢？我们当时从自己的角度出发，我更关心它的均匀性，给标准差前面的系数设置了 0.7，给平均值前面的系数设置了 0.3。如果你更关注于可见卫星数量，你就可以把前面的权值调大，把后面的权值调小。

（主持人：陶晓玄；摄影：马筝悦、杨鹏超；录音稿整理：陶晓玄；校对：凌朝阳、刘广睿）

2.4 互联网行业见闻与工作经验分享

（杜堂武）

摘要：武汉大学测绘遥感信息工程国家重点实验室2012届硕士毕业生杜堂武校友做客GeoScience Café第279期、暨“风雨珞珈·雨润山人”校友交流分享第2期，带来题为“互联网行业见闻及工作经验分享”的报告。本期报告，杜堂武校友将结合个人的工作经历，分享国内互联网大厂的职级体系，新加坡互联网大厂的机遇与挑战，现今在互联网行业求职需要掌握的技术技能，罗列可以探索的技术方向，并给出一些职场建议。

【报告现场】

主持人：各位同学、各位老师，大家晚上好！我是本次活动的主持人王妍，欢迎大家参加GeoScience Café第279期、暨“风雨珞珈·雨润山人”校友交流分享第2期的线上活动。本期我们非常荣幸地邀请到了测绘遥感信息工程国家重点实验室2012届校友杜堂武作为报告嘉宾。杜堂武校友师从朱欣焰教授，研究兴趣为机器学习在互联网行业中的应用，有着丰富的互联网大厂工作经历，他将结合自身工作经历，介绍互联网行业的职级体系、新加坡现有互联网大厂潜在的机遇与挑战、个人在现今市场需要掌握的职业技能及可探索的技术方向，希望大家能在今晚有所收获。下面让我们有请杜堂武校友为大家作报告。

杜堂武：大家晚上好，首先感谢大家在周末来参加我的经验分享。感谢组织这次活动的各位老师和同学，让我有机会把自己的工作经验分享给大家，希望我的见闻能够为大家带来启发。这次分享的部分内容来自我的主观见解，大家可以结合自己的认知和实际情况，做出正确的人生选择。今天的分享主要从五个方面展开：

（1）个人工作经历；

（2）建议就业选择；

（3）中国/东南亚互联网见闻；

（4）就业市场所需技能；

（5）思考与总结。

1. 个人工作经历

我先结合个人简历（图2.4.1）概括我的个人工作经历：2012年毕业后，我首先在新加坡 ETH Center 从事三维重建的工作；2014 年进入百度从事 LBS(Location Based Service，基于位置的服务)相关的研究和产品开发；2016 年加入阿里巴巴，从事无人驾驶高精地图的研发；2018 年回到新加坡，加入 Shopee 从事电商相关的数据分析。

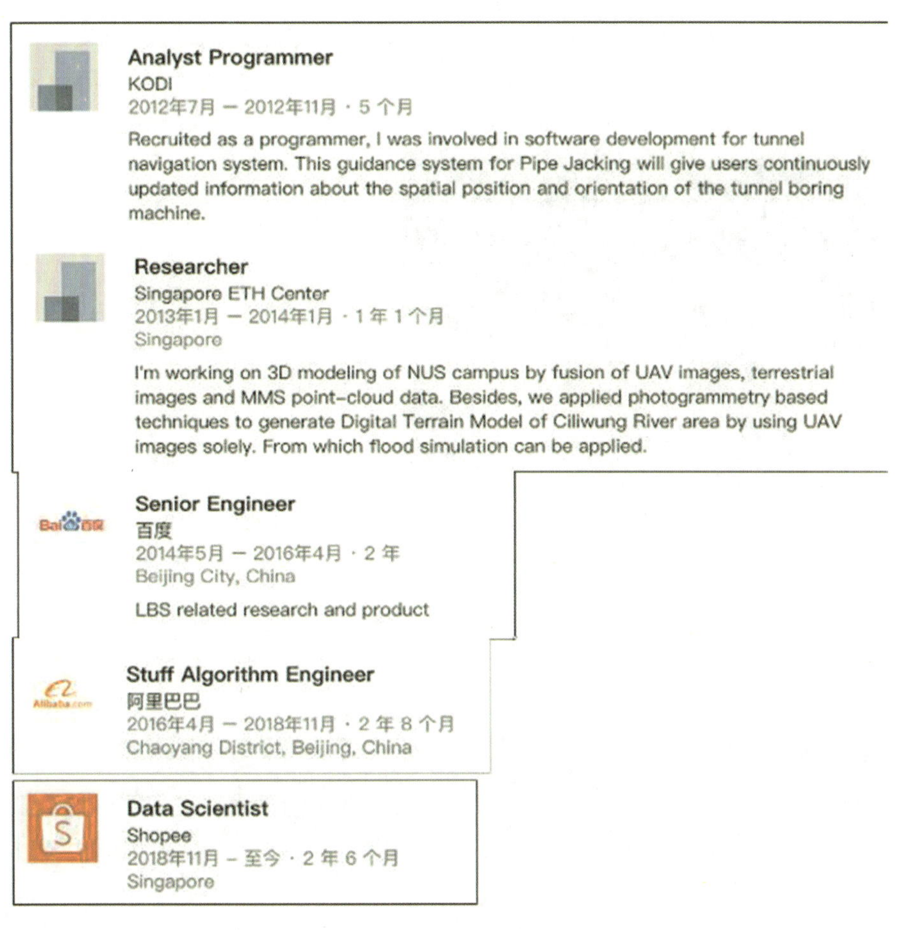

图 2.4.1 个人工作经历

(1) Singapore ETH Center Researcher 工作经历

2012 年，经黄先锋教授的介绍和推荐，我加入了 Singapore ETH Center，从事基于多源数据进行三维影像融合的工作。多源数据来源于无人机拍摄的航拍影像、点云、地面测量数据等。2013 年无人机尚不普遍，需要求助于瑞士等地的专业人员和设备来采集所需数据。通过规划飞行路线，能够得到航向重叠率 60%，旁向重叠率 30%的影像数据。在 Singapore ETH Center，我主要的工作是测试空三数据处理软件，具体软件包括 Pix4D、PhotoScan、ERDAS、法国 IGN(National Geographic Institute，法国国家地理署)开源的 Apero 等。

图 2.4.2 展示了无人机航拍获得的数据，图(a)是使用 UAV 拍摄的图片，图(b)是通

过空三得到的三维图片分布，图 2.4.3 展示了用于融合的 DTM(Digital Terrain Model，数字地面模型)数据，图(a)是由车载的点云数据以及地面测量数据生成的 DTM 数据。由于 DTM 的生成需要消除植被影响，而新加坡的山上有大量植被覆盖，因此必须通过导线测量得到地面点，最终形成目标地区的统一模型。图(b)通过航拍影像与测量数据，重建得到的 NUS(National University of Singapore，新加坡国立大学)校园建筑三维模型。

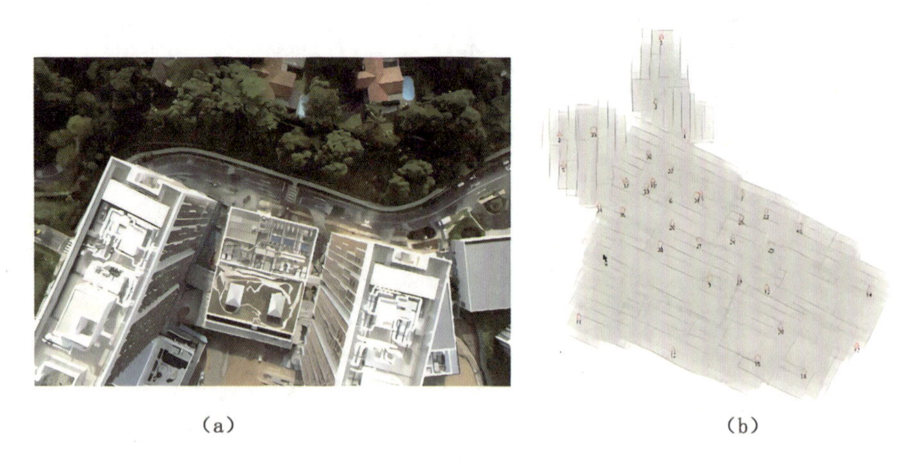

(a) (b)

图 2.4.2 无人机航拍影像与空三数据

(来源：Gruen，Armin，et al. Joint processing of UAV imagery and terrestrial mobile mapping system data for very high resolution city modeling[J]. Int. Arch. Photogramm. Remote Sens. Spat. Inf. Sci，2013：175-182.)

图 2.4.3 DTM 数据与三维模型

(来源：Gruen，Armin，et al. Joint processing of UAV imagery and terrestrial mobile mapping system data for very high resolution city modeling[J]. Int. Arch. Photogramm. Remote Sens. Spat. Inf. Sci，2013：175-182.)

在 NUS 的工作中，我首次运用了在本科、硕士期间学到的知识完成了三维重建。从这段工作经历中我也发现了一些问题，虽然通过空三和密集匹配能够形成一些范围格网来表达地表或建筑，从而得到精细的三维拓扑结构。但在实际应用中，还需要建筑物本身的拓扑结构，比如图片中哪个是屋顶，哪些部分是边，边又如何形成一条线。只有得到详细的线框模型，才能将数据交付同事进行下一步分析。基于我们对 NUS CREATE Tower 的精细三维建模，其他同事便可以模拟风速或分析能耗。

(2) 百度 Senior Engineer 工作经历

离开 Singapore ETH Center 后，我于 2014 年回到国内，加入百度地图。就职期间，从两方面展开工作。第一项工作是“See You Again 加德满都”三维重建项目与基于卫星图的道路提取。

2014 年左右，谷歌和微软推出了 Photo Tour(照片游)，提供将多张拍摄的静态图片进行组织并渲染、以 VR(Virtual Reality，虚拟现实)/视频的方式展示给用户的功能，为他们提供身临其境的视觉体验。我所在的团队主要负责街景与三维重建方面的项目，为提升展现效果，我们计划实现与 Photo Tour 类似的产品。当时，领导召集了我们的三个成员，仅用一个晚上就实现了一个原型系统。此项目中，用到了基于图像的三维重建、基于图像的渲染、TSP(Traveling Salesman Problem，旅行商问题)路径搜索的技术。其中，我负责基于图像的渲染，核心问题是如何挖掘离散图片之间的联系。比如，对于一个场景，从 a 图片变换到 b 图片时，需要通过一些中间的差值进行渲染。我们引入虚拟相机生成图片，结合路径搜索，从大量冗余的照片中找到一个子集，得到表达场景的最优路径。通过这条路径，可以生成不同路径的视频，甚至结合时间、季节、虚实等进行多方面展示。

2015 年 5 月，尼泊尔发生地震，大量古建筑被损毁。我们当时想应用专业技术，为从未亲临尼泊尔的人群举办一个运营活动。我们首先从 Flickr 上拉取到网络图片数据，然后通过 Photo Tour 的类似技术，构建古建筑的范围、三维结构，并进行密集的基于图像的渲染。图 2.4.4 是此技术的示例。图(a)是历史上某时刻拍摄的一张图片，图(b)是另一时刻、相似位置拍摄的图片，应用我们的技术，能够将图(a)慢慢变换至图(b)，达到动态游览的效果。“See You Again 加德满都”项目得到了包括《纽约时报》在内很多媒体的报道，并获得了艾菲全场大奖。

(a)

(b)

图 2.4.4 基于图像的渲染(Image Based Rendering)数据示例

我在百度从事的第二项工作是从卫星影像上提取道路。2013 年、2014 年深度学习领域比较火热，百度也是最早涉足深度学习领域的公司。我们面临一个实际的应用问题，大量偏远地区的卫星图片上的一些道路很难直接观察到，譬如某些田间小路或者其他采集车无法到达的道路。我们设计的技术路线大致分为几步：首先基于深度学习技术，选取 64×64 的像素范围，预测中间 16×16 像素是否为道路，每一个像素是道路的概率。得到结果后，再进行二值化，将图片矢量化，最后将道路的拓扑结构提取出来。

我在百度的这两项工作内容更偏向于展示，距离实际运用或创造社会价值仍有一定距离，这也是我后来离开百度的一个原因。

(3) 阿里巴巴 Stuff Algorithm Engineer 工作经历

我在阿里巴巴期间主要负责高精地图相关的内容。高精地图有别于传统地图，其道路属性非常丰富。在无人驾驶的情景中，地图需要精确到车道线级别，因此需要提取出道路精确的拓扑结构。图 2.4.5 展示了一个高精地图的示例，图中有路边缘、车道线、长虚线、短虚线、实线等线状结构，它们具有不同的属性。此外图中还有路面标牌或电线杆等面状、杆状结构，以及直行或者左转等箭头符号。提取高精地图的主要数据源是点云和图片，图 2.4.6 展示了点云叠加高精地图的效果。

图 2.4.5　高精地图示意(图片来自网络)

图 2.4.7 分别展示了从点云和图片中提取道路标识的方法。为获得图 2.4.8 这种道路标识示意图，需要从数据中提取面状结构。可以看出，通过图片的提取方法只能获得大致轮廓，而在高精地图中，必须严丝合缝地框住路面标识和杆状物。直接从点云数据中提取

图 2.4.6 高精地图叠加实景地图效果(图片来自网络)

路面标牌效率较低，我们的解决方案是先从图片中提取路面标牌，再从点云数据中寻找对应路面标牌的点云，并在其上进行精细处理。

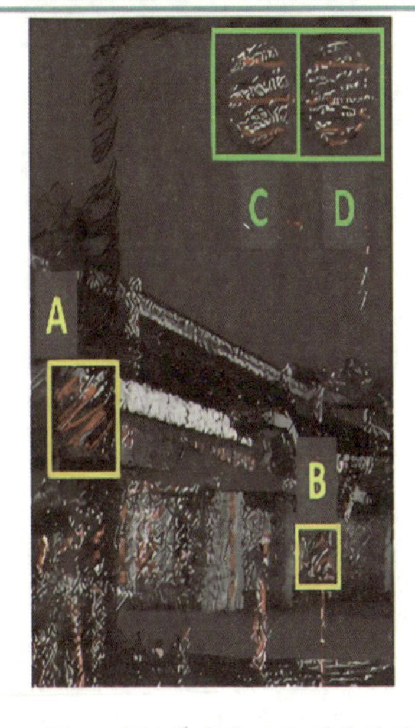
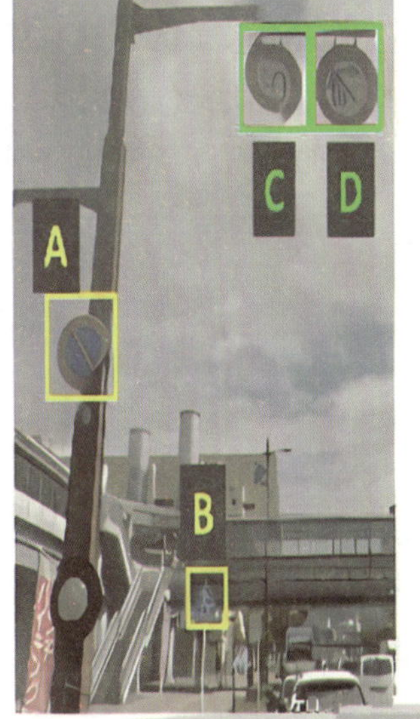
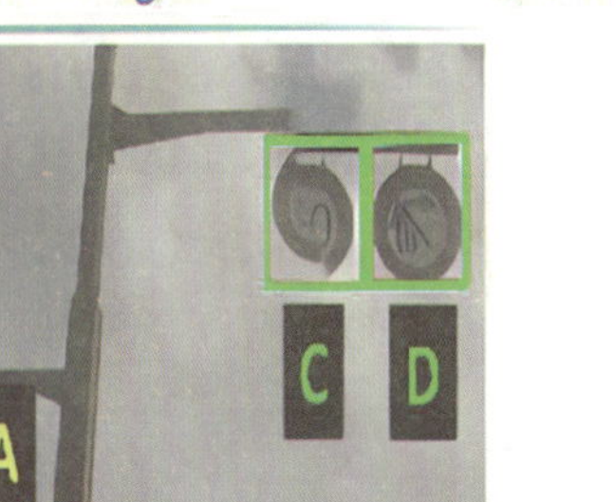

图 2.4.7 基于点云和图片的道路标识识别对比(图片来自网络)

图 2.4.8 还包含提取车道线的方法，图中有一条含减速线的车道线。当提取这条车道线时，必须提取到车道线中央虚线最中间的位置。原因是若这条车道线在点云上存在干扰，有可能导致提取的数据落到了减速带上，会导致道路提取结果非常曲折，造成曲率方面的问题。此外还需要提取路边缘，这项工作非常繁琐，因为路边缘可能会有非常多的遮挡或磨损。

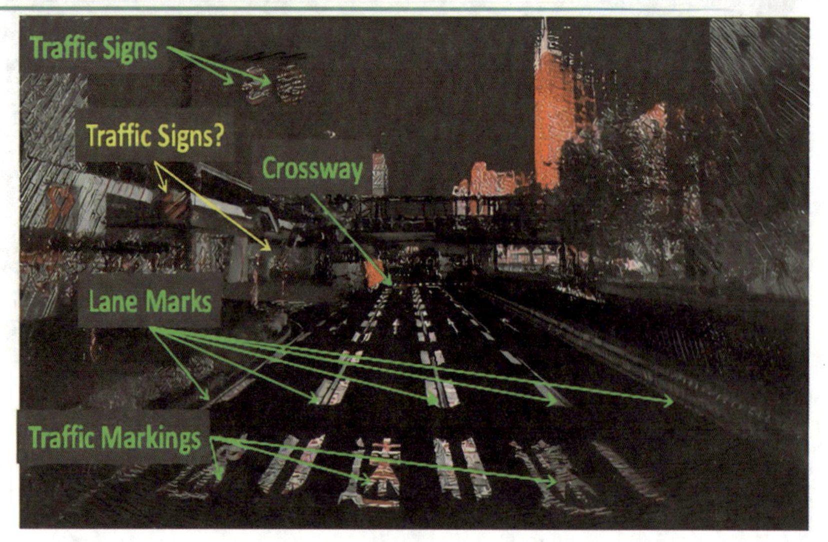

图 2.4.8　由点云获取道路标识示意图(图片来自网络)

综上所述，我在高德的工作实现了提取车道线、路面标识并制作出高精地图，同时达到 90%，乃至 95%、98%以上的自动化率。但仍存在两个难题：第一，自动化率很难从 98%提升到 99%，并且即使达到 99%仍不是最终理想状况，因为高精地图涉及公民生命安全，需要投入大量人力用于质检，从而降低了高精地图的作业效率；第二，高德的高精地图一直没能获得业务方的应用，与为社会创造使用价值还有很长一段距离。

(4)阶段总结

总结我的工作经历可以发现，专业知识仅是敲门砖。随着个人职业发展和社会科技进步，应学会触类旁通，探索更多的未知和可能。

图 2.4.9 展示了我从三维重建逐渐过渡到深度学习方向的工作转变。我在最开始的 NUS 校园三维重建工作中，熟悉了空三数据的处理，在百度地图从事三维模型修剪、单体提取、Mesh Decimation(格网简化)等工作，在“See you again 加德满都”项目中，使用三维重建和 IBR(Image Based Rendering，基于图像的渲染)的技术，此外街景图片拼接中也使用了基于三维重建经验的图片拼接技术。经由三维重建，我进入深度学习领域。从事深度学习工作的早期，我在百度负责逐像素预测道路的卫星图道路提取。高德工作期间，我在过期路的识别、预测、分类和高精地图制作方面积累了一些成果。

(5)Shopee Data Scientist 工作经历

Shopee Data Scientist 隶属于 Sea，Sea 包含三个部门：Garena、Shopee 和 Sea Money。Garena 专注于游戏产品，Shopee 专注于电商，Sea Money 提供支付服务。自 2019 年，Sea 发展迅速。我将从三个方面介绍 Shopee 的工作体会。

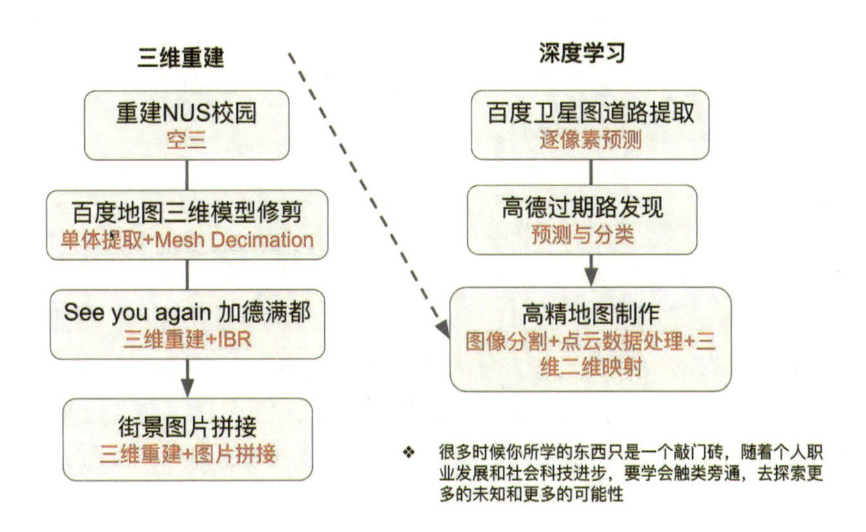

图 2.4.9 个人工作脉络图

①加入 Shopee 的动机

我之前的三段工作经历，接触到的线上业务太少，难以实现自身价值，而我认为 Shopee 的推荐等业务更能直接创造价值；从发展前景来看，6 亿人口的规模以及较高的年轻人比例，造成较大的人口红利，此外东南亚的互联网产业处于发展早期，仍然有较大成长空间；从经济、地理位置来看，东南亚的社会财富主要由华人控制，并且东南亚拥有马六甲海峡，具有地理位置优势；从国内发展趋势来看，随着中国互联网竞争日益激烈，较多的国内互联网公司将选择开展海外业务，东南亚即为国内公司海外业务的最佳选择。阿里巴巴从印度撤资，转而投资 Lazada、Grab 等公司的行动也印证了我的观点。因此，我选择了加入新加坡的 Shopee Data Science 团队。

②Shopee 数据科学团队结构

Shopee 数据科学团队由多研究方向小组构成，包括图像、供应链、翻译、精准营销、安全、商品分类、知识图谱、机器学习平台组等。团队成员来自中国、越南、新加坡、韩国、日本、美国、马来西亚、印尼、泰国、白俄罗斯等国家。硕士最多、博士次之、本科毕业生最少。

③工作内容

我将重点介绍我在 Shopee 从事的三方面工作，一个是 user profile(用户画像)，它在平台上由两部分组成，第一个是 Demographic(人口统计)，即用户的一些基本属性，如收入、性别、有无子女、民族、职业，使用的技术是对表格数据监督分类的 xqBoost 算法；此外使用用户注册时的名称信息辅助识别。第二个是 platform attribute(平台属性)，包括为用户感兴趣的商品打标签、用户流失概率、用户的 LTV(Life Time Value，生命周期总价值)、金融偿还能力分析等。第三个是做 Auto Banner(自动横幅)，Banner(横幅)是一个由 Template(模板)、主题、商品主体三部分构成的促销条幅。制作这种横幅，需要将商家上传的商品主体分离出来，并通过用户和商品分群与 LDA(Latent Dirichlet Allocation，隐含狄利克雷分布)推荐、主题建模等方法，将商品与用户匹配，最终为商品生成对应的 Banner(横幅)，并发送给特定的用户群。

2. 建议就业选择

我们专业的就业单位不仅仅是互联网公司，主流的就业方向大体归为 5 类。第一类是互联网公司，如阿里巴巴、百度、美团、滴滴；第二类是大学或研究所，毕业后继续攻博的同学的去向包括国内的中山大学、吉林大学、天津大学、南京邮电大学、中国科学院等；国外包括哈佛大学、密歇根州立大学、路易斯安那州立大学、俄亥俄州立大学等高校；第三类是个人创业，占比相对较少，创办公司的包括极验验证、大势智慧科技、珈和科技等；第四类是事业单位，如中石油、规划设计研究院、地理信息中心等；第五类是自由职业，包括炒股、个人经商等。

3. 中国/东南亚互联网见闻

1)百度阿里的工作体验

在百度工作期间，我的体验主要是以下几点：

(1)非常重视技术投入。我在面试百度时，对国内的薪资水平不了解，所以在跟 HR (Human Resouce，人事)商议时，提的薪资要求可能较低。但 HR 主动涨薪 2000，希望我加入。我认为百度对技术非常重视，且对技术人员也十分友好和尊重。

(2)鼓励技术创新和大胆探索。百度非常鼓励创新和大胆探索，研究内容不一定以营利为导向。

(3)百度近年的发展遇到了很多问题，导致技术人才流失比较严重。

阿里巴巴则和百度有很大的区别，主要体现在以下几个方面：

(1)非常重视价值观。阿里巴巴认为价值观是其成功的重要原因。2016 年的阿里巴巴月饼事件中，几名阿里员工在中秋抢月饼活动中使用脚本多刷了 124 盒月饼被发现，公司出于价值观开除了这几位员工。除此之外，出于对价值观的重视，阿里会对收购的公司进行改造。这在一定程度上会带来文化、人事方面的冲突。

(2)重视业务落地。阿里相对而言并不鼓励探索或技术创新，而更重视产品是否能落地。由此带来的好处是工作内容在公司内部或社会外部，能产生一定价值。

(3)竞争压力大。阿里因为有众多的 business unit(事业部)，再加上 361 的考核机制(对员工整体绩效按 30%、60%与 10%进行分档)，导致 KPI(Key Performance Indicator，关键绩效指标)存在很大差异，直接影响年终奖和股票分配。此外，361 机制让同事之间存在较大竞争，由此带来较大压力。社招进入阿里巴巴并获得较高职位的人群中，由于公司要求很高，人才流失非常严重。

2) 百度、阿里技术人才流动

百度的同事流向阿里的较多，其次是新势力公司，典型的公司是理想汽车。还有一小部分人转向创业，创建了主线科技和一些激光传感方向的公司。阿里的同事很多人流向了腾讯和字节跳动。此外，还有很多人在阿里内部转岗，如从高德地图加入蚂蚁金服、蚂蚁云。从阿里辞职后创业的比例较少，但阿里更喜欢吸收有创业经验的人。

3) 国内互联网公司的薪酬体系

图 2.4.10 展示了国内互联网薪酬体系参考。阿里巴巴中，硕士毕业生入职时职级在 P5 左右，阿里巴巴的 P7 薪酬一般在 60 万以上，从 P5 升至 P7 大概需要两年的时间，但从 P7 升到 P8 会有很大挑战。目前就业市场上，猎头通常会以阿里的 P7、P8、P9 作为求职者能力和待遇的参考。薪资方面随着在公司工作时间越长，员工年底积累的股票会越多，股票在收入中的比重会越来越大。所以同样职级的薪资水平差异很大，比如阿里 P7 的薪资可以在 100 万~200 万或 200 万以上。

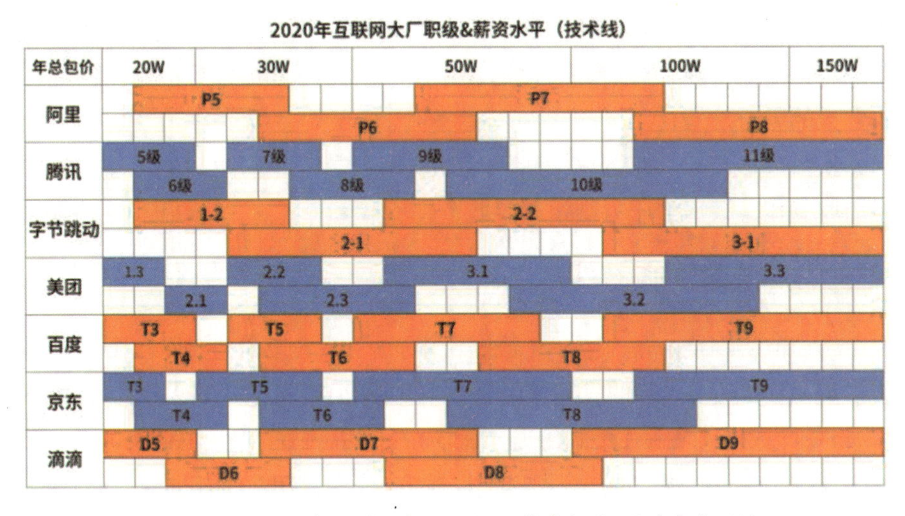

图 2.4.10 2020 年互联网大厂职级 & 薪资水平(图片来自网络)

4) 新加坡互联网行业介绍

(1) 新加坡互联网公司清单

目前，新加坡的全球性大型互联网科技公司主要有阿里云、蚂蚁金服、腾讯、字节跳动(TikTok、Lark)、Apple、Google、Facebook、Microsoft 等，其中腾讯从 2020 年开始在新加坡招聘，业务为游戏相关研发、数据分析等。东南亚本土互联网公司，电商领域有 Shopee、Lazada、Tokopedia、Bukalapaka 等公司；出行领域有 Grab、Gojek 公司；支付领域的各大互联网公司和银行都有自己的支付方式，如 Shopee Pay、Ali Pay 等；互联网金融领域有 Advance AI 公司；物流方面有 Lala Move、Ninja Van 等公司；游戏类包括 YOOZOO、Garena、Riot Games 等公司；其他还有虎牙、Bigo、依图、商汤等体量相对较小的互联网公司。

(2) 中国与新加坡互联网公司对比

第一，目标市场规模和公司定位不同。中国是全球最大的单一市场，拥有统一文化，蕴含着大量的机会。但随着中国互联网增长触及天花板以及中国经济地位的提升，越来越多的中国公司向外扩张，东南亚将是扩张的第一步，中国公司将需要更多国际背景人才的加入。新加坡的本地市场非常小，很多公司创建之初的定位就是面向国际的，这意味着在世界各地都会有 Office(办事处)。例如 Advance AI 在东南亚的很多国家以及中国等设有办事处。

第二，东南亚公司更注重本地化。必须考虑不同的文化、语言、宗教之间的协调。语言方面，需要将不同产品的信息翻译成本土语言。文化和宗教方面，需要充分考虑当地人民的信仰和禁忌。

第三，工作理念存在差异。公司运营模式上，国内的成功经验在东南亚的公司中未必能起正向作用，例如当地人对加班文化比较排斥，因此阿里将自身经验复制到 Lazada 时遇到了非常大的阻力。

第四，生活成本差异。在国内一线城市互联网公司工作的生活成本主要来自购买房产，在新加坡工作，买房的压力则相对较低。

4. 就业市场所需技能

就业市场技能将围绕 Data science(数据科学)展开。图 2.4.11 展示了不同技术岗位的技术栈。随着 Data science 的发展，纯数据科学家很难将成果产品化。公司认识到需要 Data Engineer(数据工程师)团队的加入，Data Engineer 能帮助 Data Scientist(数据科学家)进行数据的搜集、管理，主要技术栈包括 MySQL、Hadoop、Data warehouse。Software Engineer(软件工程师)团队负责将产品发布到前端或后端，为方便产品管理，提升产品的可扩展性，Software Engineer 使用云服务和微服务架构，以及 Dockerized、Kubernetes 等工具完成相关工作。目前 Data Scientist 团队引入产品经理驱动项目发展，负责向外协调资源、向内评估业务要求等的合理性。为更好地服务于业务，Data Scientist 团队会并入不同的业务线。在企业中，将算法工程化是相比研究算法更重要的事情。Netflix 就曾因为工程化过程过于消耗时间，没有使用投资 100 万美元产出的算法，而是使用了其他算法。

图 2.4.12 展示了数据科学领域的技术栈全景。在实际工作中，最需要关注以下方面：数据方面是数据库，Hadoop、Spark 使用最多，另外需要熟练掌握 SQL 语言；开发和训练方面，主要需要 Python、Jupyter Notebook 进行数据分析、Prototyping(原型制作)的工作，

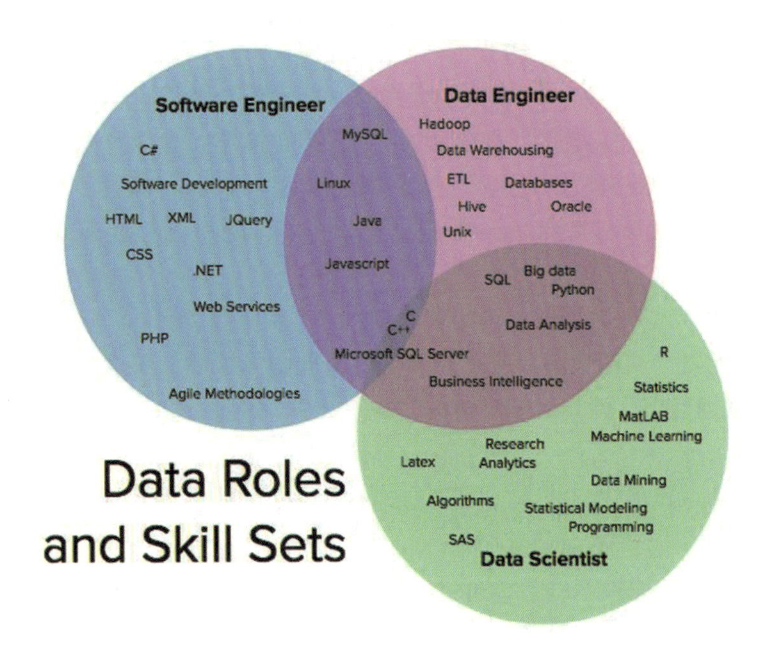

图 2.4.11　数据科学从业人员与技术栈(图片来自网络)

并使用深度学习的一些框架(如 PyTorch、Keras)；部署方面，会使用 Git、Jenkins 等进行工程的持续集成，最终部署到线上。

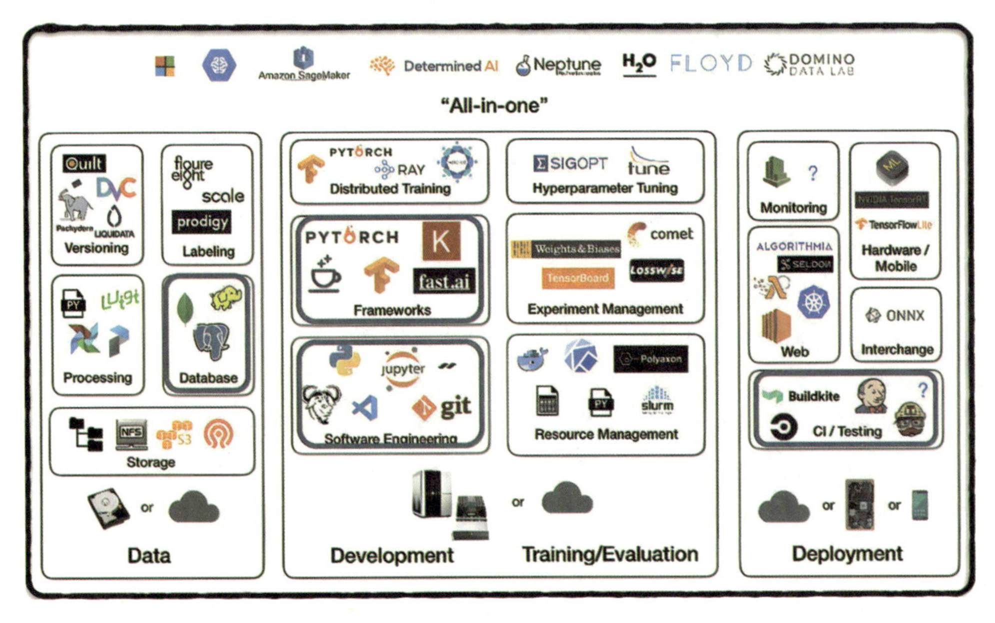

图 2.4.12　数据科学技术栈全景(图片来自网络)

我推荐以下方式提升自己的就业技能：

(1) LeetCode 刷题。LeetCode 是检验面试者基本功的手段，对应届生尤其重要。可以在 LeetCode 中等难度的题目上多投入一些精力准备。

(2)参加数据科学竞赛。Kaggle 的竞赛非常多，包含数据科学的方方面面。用户分享的竞赛方案中也有很多经验，包含很多工业界的策略。例如 LightGBM(Light Gradient Boosting Machine)中缺失值、类别数据的处理，模型中 Feature(特征)的选择等，都可以从 Kaggle 竞赛中获得经验。除 Kaggle 等数据科学竞赛，阿里巴巴的天池大数据竞赛也比较推荐。

另外，这里我罗列四个还不错的求职技术方向供大家参考：

(1)无人驾驶、高精地图。这个领域需要掌握图像检测、图像识别、图像分割，以及典型的点云数据处理、计算机图形学的知识，比如 Point in Polygon Test(点在多边形内测试)等算法。

(2)卫星图道路提取。此方面可以通过深度学习技术，基于图像分割的方式完成相关内容。

(3)GeoCoding(地理编码)。Supply Chain(供应链)中，用户以文本形式给出地址后，需要将其规范化，转换为具体的经纬度坐标、街道、门牌号等。这个过程需要 NLP(Natural Language Processing，自然语言处理)、NER(Named Entity Recognition，命名实体识别)、Address Segmentation and Matching(地址分割和匹配)方面的知识储备，如 CRF(Conditional Random Field，条件随机场)模型、BERT(Bidirectional Encoder Representations from Transformers，来自 Transformer 的双向编码器表示)等。

(4)推荐搜索相关。搜索推荐广告通常是互联网公司利润最高的核心业务。这方面的技术主要包括机器学习与深度学习等相关技术。

5. 思考与总结

1)职场经验

(1)基础是敲门砖，能够决定你发展的下限。能否进入互联网公司，由一个人的基础决定。

(2)Stay hungry，stay foolish。职业发展不可能只依靠一种技术应对各种工作要求。互联网行业需要触类旁通地学习更多知识，掌握更多技能。

(3)主动反馈。读书和工作期间都应该主动反馈。完成领导布置的任务时，须在一定阶段主动反馈。如果一直没有反馈，会给领导留下主动性不够的印象，不利于职业发展。

(4)拥抱变化。公司的组织架构可能间隔一段时间就会发生比较大的变化，应该主动适应、拥抱这个变化。

(5)提升个人认知。需要主动通过和别人的交流、网上的搜索等方式获取外界的知识，提升个人认知。提升认知才会对职业发展有更全面的考量。

2)对未来的认知

(1)未来社会信息化程度更高，云将成为信息社会的基础设施。在未来，小作坊式的

exe 软件可能不再是主流，而各类软件将以云服务的形式提供给用户。

(2)中国互联网公司开拓海外市场为大势所趋，东南亚是必然选择。东南亚的地理位置、市场等原因都契合中国互联网公司拓展自身影响力的需求，因此会对具有国际视野人才产生大量需求。朝着国际公司发展、提升自身英文水平、申请国际交流项目、参加国外的招聘，获得更广阔的视野，将为大家提供更多机遇。

我今天的报告就到这里，谢谢大家。

【互动交流】

主持人：非常感谢杜师兄的精彩分享，让我们对互联网行业有了更直观的了解。接下来是交流时间，欢迎大家踊跃提问。

提问人一：杜师兄您好，请问您在工作之余是如何提升自己的知识体系和技能的？

杜堂武：我经常利用网络给自己充电，比如 Google、YouTube。最近发现 Bilibili 上也有很多不错的东西可以学习。最主要是针对要解决的问题，应该思考该怎么做，然后通过搜索来解决问题，并获得知识积累。另外，在 GitHub 上，也可以仔细学习别人的成果。以我自己常用的 Jupyter Notebook 为例，GitHub 上的 Jupyter Notebook 代码中，作者会详细地介绍每一步的目的，大家可以去网络上找这样一些资源来学习。

提问人二：杜师兄您好，当下高精地图领域非常火热，您当时为什么选择了转行呢？

杜堂武：高精地图现在虽然很火，但还没有实际应用。我在高德工作时没有看到车厂对高精地图使用的反馈，让我认为高精地图离实际使用、产生社会价值太远，这是我决定转行的一个原因。

另一个原因是，我认为在电商行业，触类旁通的机会比较多，用到的不仅仅是图像处理的技术。我们做了图像识别、图像分割等工作，和高精地图的技术没有太大差别。同时也可以做很多其他的工作，例如 NLP 技术是一项非常有用但在高精地图中接触不到的技术。使用 NLP，可以定位商品类别、根据留言识别反馈。这些事情让我很快看到了创造的价值。

提问人三：杜师兄您好，您前期从事图像的相关工作，后来转到了用户画像的数据业务，在招聘过程中如何体现您的核心竞争力？

杜堂武：虽然我应聘的工作是用户画像，但其中包含的 Auto Banner 也用到了图像分割等技术，我也做了很多图像相关的工作。招聘过程中，面试官并没有考验我关于用户画像的问题，而是因为看重我图像相关的工作经历而招聘我的。但是进入公司后也可以尝试其他的方向。电商公司鼓励你去竞争、去做一些新的尝试，可以自由地去选择做哪些业务。

提问人四：杜师兄您好，请问 GIS 专业在互联网地图部门是否不如计算机科班出身有优势？

杜堂武：从就业方面来说，我认为计算机科班出身的人更有优势，因为他们不一定选择数据科学这个方向，也可能去做前端后端。数据科学落地难的原因是什么？第一，我们把所有的算法都打包了，可能调个包就可以解决大部分问题。计算机科班出身的人，可以直接去调这个包，实现从 0~1 的过程。而且知道如何部署上线、规模化、产品化，这就是他们的优势。因此做算法的人，一定要具备工程上的能力，积累工程上的经验，才可能有更大的竞争优势。

提问人五：杜师兄您好，国外的互联网公司更注重求职者什么方面的能力？

杜堂武：我认为国外公司的要求和国内互联网大厂是相似的。新加坡的很多技术人员都来自国内，英语能进行基本的沟通就足够了。最重要的还是技术能力，比如说刷 LeetCode 题目、Kaggle 题目。面试中很可能会考验相关的经验，如缺失值处理、模型特征选择等。

提问人六：杜师兄您好，对于学习完全陌生的知识，是否需要纠结背景知识？技术工作者随着年龄的增长，职业规划是怎么样的？

杜堂武：这是个非常好的问题。我认为是需要了解背景知识的。以深度学习为例，虽然能直接调用开源的工具包，但当遇到实际问题时，更重要的是知道解决这个问题的技术是什么。如卫星图道路提取，可以使用预测的方法，也可以使用分割的方法，或者一些 GAN（Generative Adversarial Network，生成对抗网络）的方法。只有粗浅的认识是不足以做出选择的，所以必须了解背后的原理。除此之外，社招中，面试官也会考察你对背景原理的理解，例如 CNN（Convolutional Neural Network，卷积神经网络）的原理、GoogLeNet 的结构、ResNet 的原理，ResNet 为什么能够提升算法的准确性等类似问题。

职业规划方面，每个人的经历、社会背景千差万别，很难有一个准确的答案。我认为 35 岁之前至少要有一段大厂的工作经历，了解大厂的管理模式、工作内容、文化内涵等，可以学到很多东西，也能丰富自己的简历。另外，大厂的职级体系是行业内的通用标准，现在猎头招聘时，可能会要求应聘者的水平在 P7。如果没有大厂的工作经历，是不会知道 P7 的含义的。有了大厂的工作经历，35 岁后，可以选择到 D 轮、即将上市、刚刚上市的公司去，这时能得到一个较好的职业位置，并且能够随着公司的发展、上市，在股票等方面获得丰厚的红利。

（主持人：王妍；录音稿整理：王浩成；校对：刘婧婧、陈佳晟）

2.5 时空大数据与地理人工智能支持下的场所情绪与感知计算

(康雨豪)

摘要： 美国威斯康星大学麦迪逊分校地理系博士生，Google X 实验室副研究员康雨豪做客 GeoScience Café 第 283 期，带来题为"时空大数据与地理人工智能支持下的场所情绪与感知计算"的报告。本期报告，康雨豪副研究员从"场所(Place)"出发，场所是人们对空间认知的基本单元。随着时空大数据(如社交媒体、街景、交互数据)的产生和地理人工智能(GeoAI)的不断发展，人们在不同场所产生的主观情绪(Emotion)和对环境的感知(Perception)可以被量化和建模，从而帮助人们理解人地关系。本次报告介绍了基于场所的情绪与感知计算，此外，本报告还介绍了全球 GIS 留学信息与《GIS 留学院校指南》项目。

【报告现场】

主持人： 各位同学、各位老师，大家晚上好！我是本次活动的主持人林艺琳，欢迎大家参加 GeoScience Café 第 283 期的活动。本期我们非常荣幸地邀请到了美国威斯康星大学麦迪逊分校地理系博士生、Google X 实验室副研究员康雨豪师兄作为我们的报告嘉宾。康雨豪师兄于 2018 年取得武汉大学 GIS 专业理学学士学位；2017 年夏在北京大学遥感所访问；2018 年夏在摩拜单车算法组实习；2019 年夏在麻省理工学院 MIT Senseable City Lab 访问。他的主要研究方向包括基于场所的空间分析与建模、地图学、地理人工智能、社会感知等。发表学术论文 30 余篇，担任 CEUS、EPB 等多种学术期刊审稿人。曾入围珞珈十大风云学子 20 强，获多项最佳论文/海报奖项，拥有专利与软件登记 7 项，并发起了介绍全球 GIS 项目和学校相关信息的《GIS 留学院校指南》项目，目前社区近千人。下面让我们有请康雨豪师兄。

康雨豪： 很高兴收到 GeoScience Café 的邀请，有机会介绍我近期的一些研究，同时希望能够分享一些全球 GIS 留学的信息。还记得当我还是个武大本科生的时候，也曾多次聆听过 GeoScience Café 举办的一系列报告，阅读过 Café 编撰的书——《我的科研故事》，其中一些故事我仍然记得清清楚楚，从中受益匪浅。希望我今天的报告也可以给大家带来一点收获。本次报告的题目是"时空大数据与地理人工智能支持下的场所情绪与感知计算”。今天的报告将分为上下两个半场，上半场我将介绍基于时空大数据的场所情绪计算与感知，下半场我将分享一些有关 GIS 全球留学的信息，以及我们的《GIS 留学院校指南》项目。本次报告全部内容主要分为以下几个部分：① 背景介绍；② 场所情绪；③ 场所感知；④ 留学信息；⑤ 留学指南。

1. 背景介绍

首先我想介绍一下什么是场所(Place)。Place 是人文地理学中核心的概念，中文翻译过来是“场所”或“地方”。场所反映了人们对一个地方的情绪、感知和认知。例如，当大家想到母校(如武汉大学)时，对这所学校的认知和情绪是什么？是在母校留下的回忆和经历。而大家的父母对于你的母校则会有不同的感受，“母校”和“我孩子的母校”感觉相当不同。故而对于同一个场所，大家会有不同的情绪、感知和认知。那么是什么造成了人们对这些场所的不同认知呢？可能是因为这些地方不同的语义信息，也可能是人们在这个地方不同的经历等。

人文地理学中认为场所的含义包括位置(Location)，还有区位配置(Locales)，指场所中的地理环境和设置等。还有一点就是地方感(Sense of place)，或者说人感知场所的方式，如图 2.5.1 所示。地方感可以反映出人们对一个场所的感知和认知，还有它所引起人们的一些情绪。我的研究主要关注丁第三个方面，即地方感(Sensc of placc)。地方感包含了以下三个方面，即情绪(Emotion)、感知(Perception)，还有认知(Cognition)。

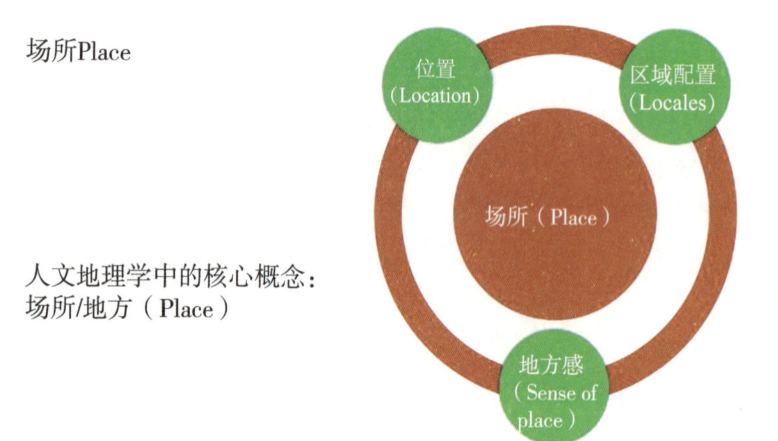

图 2.5.1　场所(Place)的含义

情绪(Emotion)，指的是当人们在场所中可能产生的不同情绪。比如说想到家乡时，人们会产生思乡之情；当在学习和工作的时候——无论是现在在学校或者是未来在职场中，在不同的场所会产生其他的情绪；而在游乐场游玩的时候，可能会产生开心的情绪。

什么是感知(Perception)？当人们进入一个场所的时候，周边环境会给人们带来不同的感知。比如说当人们进入学校、居民区、商业场所等，会有不同的感知，如安全感、宜居度、压抑感等，这些都可以归类于人们对于一个场所的感知。

最后还有一点是认知(Cognition)，即人们是如何认识一个地方的。如图 2.5.2(c)中的问题，哪里是圣巴巴拉的市中心？不同人群可能会有不同的解答。以武大为例，比如武大的中心在哪里？对于我个人而言，作为一个本科在信息学部生活了四年的同学，可能会认为武大的中心更偏近信息学部，而文理学部、工学部的同学可能会有另外不同的认知，这些都反映了人们对于不同场所的一些认知。

地方感Sense of Place

(a)场所情绪

02感知Perception

人们对于场所的感知是怎样的？安全感？宜居度？

(b)场所感知

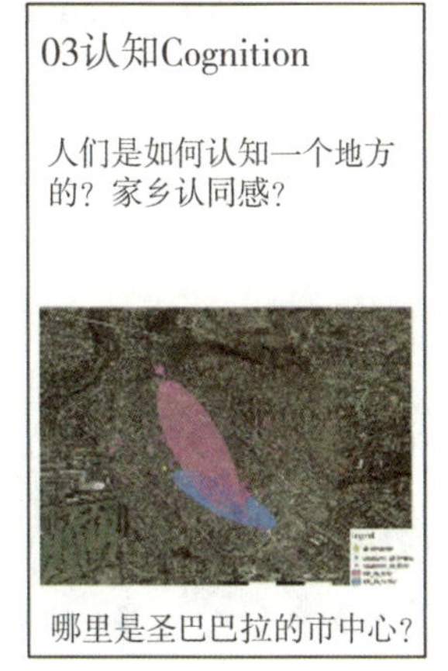

(c)场所认知

图 2.5.2　地方感(Sense of Place)的含义

我的研究主要是基于前两个方面，即探究人们在不同场所的情绪，以及人们在不同场所的感知。

介绍完场所的理论，接下来简单介绍一下技术背景。第一，时空大数据。今天的研究主要是使用了图片的数据，当然还有很多其他的多源数据，如文本数据、移动 GPS 数据等，这些带有时空属性的数据为各类时空大数据研究提供了丰富的数据基础。这里，我主要关注两种图片数据，社交媒体图片数据和街景数据(图 2.5.3)。前者，大家在社交媒体，如新浪微博、Twitter 等，发表自己照片的同时，可以带有地理坐标标签，这就为挖掘场所语义，理解人们在场所的活动、情绪和感知提供了丰富的数据源。另外一种是街景数据，街景可以反映不同场所的客观物质环境，利用街景可以帮助我们去了解人们对于环境的感知。

其次，在这个 All in AI 的时代，机器学习和深度学习提供了算法基础。目前，在图像处理和计算机视觉领域，现有的很多算法已经可以高效完成一系列计算机视觉的任务，包括图像目标检测、图像语义分割，甚至人工智能还可以作画等，这使得人们可以从海量图片数据中提取出高维度的语义信息，完成对我们所处的这个复杂世界的建模，甚至完成一些预测任务等(图 2.5.4)。

社交媒体图片数据

街景数据

图 2.5.3 时空大数据中的图片数据

图像目标检测

图像语义分割

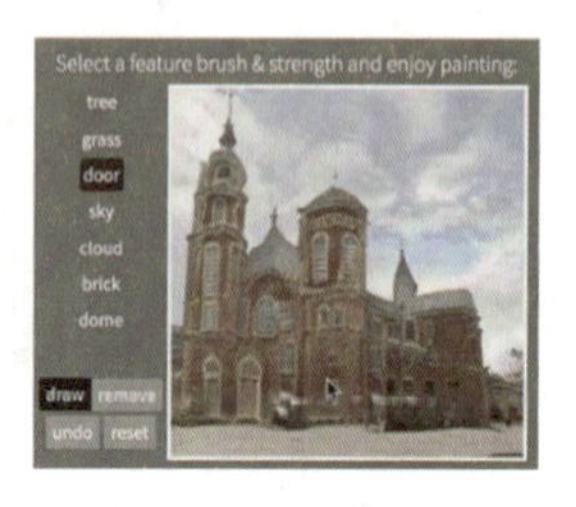

人工智能（AI）作画

机器学习与深度学习使得研究人员可以提取高维度语义信息，完成更复杂的建模

图 2.5.4 机器学习和深度学习

2. 场所情绪

介绍完背景，接下来我将分别介绍一下我和一些老师同学在场所情绪和场所感知两个方面一系列的研究(图 2.5.5)。

首先是基于场所的情绪计算。了解人们在不同场所的情绪非常重要。人们在不同场所表达出不同的情绪，一方面，这些情绪与人本身的情况有关；另一方面，也和场所的环境有关。通过研究场所的情绪，可以反映和刻画人地关系。目前，有多种提取人们场所情绪的方法，其中应用最广泛的是基于文本的一些方法，如从单词或者文本中提取人们的情绪，例如图 2.5.6 中右上角，这个图显示出了每一个单词和它所反映的平均情绪值。此外还有一些基于图片的方法，而我的研究主要关注于图片数据，那么如何从图片中提取人们的情绪呢？相比于基于文本提取情绪的方法有哪些优点呢？

第一点，从社交媒体所采集到的文本，是用户在情绪产生之后发送的消息，而非实时记录的情绪。比如当人们参加完一个令人开心的活动后，晚上回到家才发朋友圈或者微博，所以从文本中提取出的情绪反映的是事件发生之后“记忆之中”的情绪，而非实时

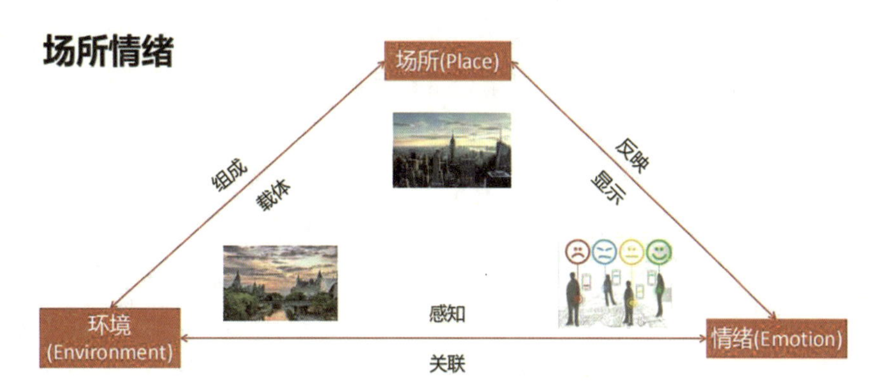

学习、感知人类在不同场所的情绪，有助于理解人地关系，有益于城市规划与建设。

图 2.5.5 场所、环境、情绪三者之间的关系

Huang Y T, Fei T, Kwan M P, Kang Y, Li J, Li Y.... & Bian M. (2020). GIS-Based Emotional Computing: A Review of Quantitative Approaches to Measure the Emotion Layer of Human-Environment Relationships. *ISPRS International Journal of Geo-Information*, 9(9): 551.

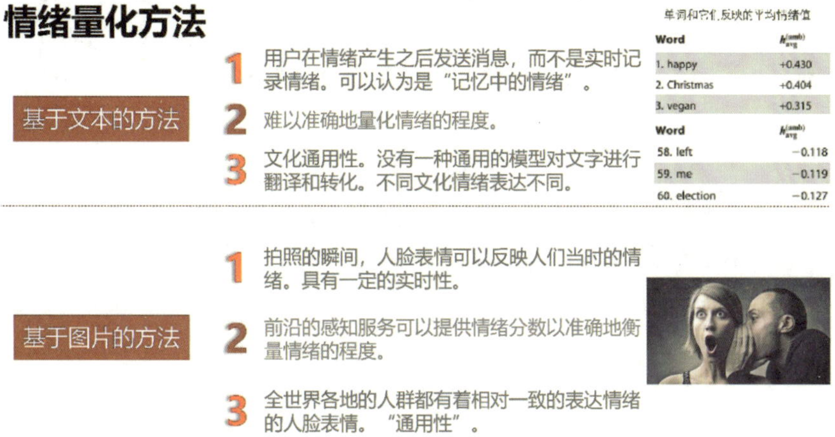

图 2.5.6 情绪量化的方法

情绪。

第二点，由于文字的多义性，故难以准确量化情绪的程度。例如，“我很高兴”和“我很开心”，究竟是“我很开心”更高兴，还是“我很高兴”更开心呢？

最后，基于文本提取情绪的方法还存在文化通用性的问题。不同的地区、文化、民族会有不同的语言。当前，并没有一种通用的模型，可以将全世界多种语言完全地相互翻译和转化，从不同的文字中提取出来的情绪也因此可能不同。

而基于图片的方法，具体而言，通过提取图片中人脸的表情，在情绪计算中有如下优点。第一，它记录了拍照瞬间人脸的实时情绪；第二，目前，通过前沿的感知服务可以提供比较准确的情绪分数以反映情绪值；第三，通用性，全世界各地的人群都有着相对一致的人脸表情来表达情绪。事实上，无论种族和国籍，全世界所有人在开心的时候都会笑，

而在悲伤的时候都会哭，甚至我们人类生理上的近亲——猿类，也能用类似的表情以表达情绪。以上都是基于图片和人脸表情提取情绪方法的优点。

刚才介绍并对比了两种提取情绪的方法的不同，接下来我将重点介绍基于人脸表情提取场所情绪的一系列研究。我们使用了 Face++ API 来提取人脸表情所反映的情绪。Face++是旷世公司旗下的一个云平台，它提供了多维度的情绪衡量指标，比如幸福(Happiness)、悲伤(Sadness)等。从图 2.5.7 可以看出，Face++成功地从画中提取出人脸，并对它们的情绪进行了量化赋值。

图 2.5.7 情绪计算的工具

第一个研究[1]，我们从 600 万社交媒体图片数据中提取并构建了旅游景点这一类场所，从中计算了人们在不同旅游场所的情绪。具体而言，我们先获取了 Flicker 的数据，获取了每个场所一千米范围内的图片，之后基于密度聚类算法 DBSCAN 提取一些热点区域，最后构建凸包以找到最小外接多边形作为研究旅游景点的场所(图 2.5.8)。

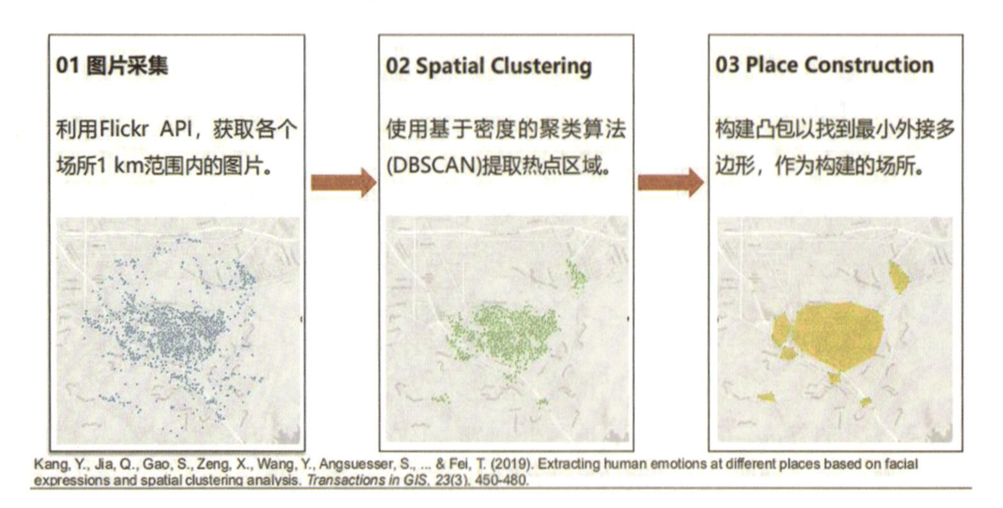

图 2.5.8 旅游景点的场所构建步骤

我们认为落在旅游景点场所内部的图片可以反映该景点人们的情绪。通过计算各个旅游景点场所的情绪，我们绘制了一张情绪地图，如图 2.5.9 所示。红色的点说明人们在这些旅游景点表达出了更多的开心，而蓝色则说明人们在这些旅游景点可能并没有表达出特别开心的情绪。

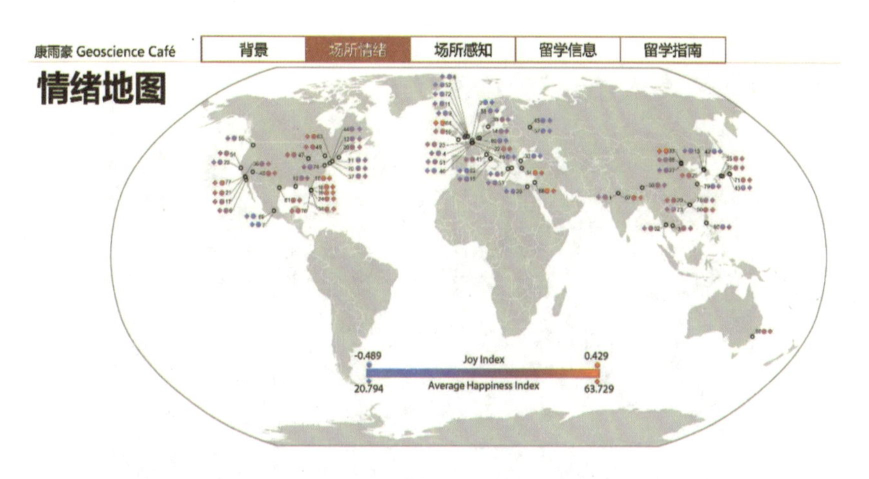

基于表情大数据绘制了全球 80 个景点场所的情绪指数

图 2.5.9 情绪地图

在绘制完情绪地图之后，我们还基于计算的场所情绪值绘制了一张景点排名表，图 2.5.10 是排名前 10 的景点，图 2.5.11 是排名最后 5 名的景点。从图中我们可以很自豪地发现，中国的长城(Great Wall)是游客们情绪值最高的地方，第二名是英国的巨石阵(Stone Henge)，排在最后的主要是一些宗教场所。通过对比这些场所的照片，从图 2.5.12、图 2.5.13 可以看出，长城、巨石阵的游客的确非常开心，而图 2.5.14 显示出前往宗教场所的游客没有太多人脸上带着笑容。

图 2.5.10 基于情绪地图排名前 10 的景点

绘制完情绪地图和基于情绪值的排名表之后，我们还尝试探究了不同场所人们的情绪与环境之间的关系，如图 2.5.15 所示。我们对比了一系列环境因子与情绪之间的相关性，发现娱乐场所、自然场所、开放空间、水体、乡村和高植被覆盖等环境因素对人们的情绪有积极作用，这也和一些医学、心理学的研究结论相符。而宗教场所、封闭空间(Closed

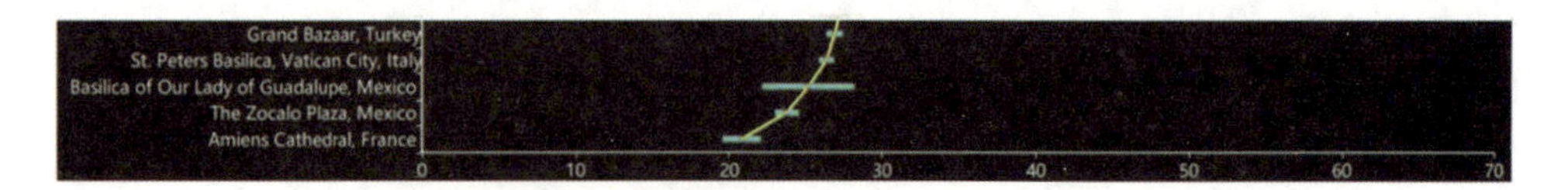

图 2.5.11　基于情绪地图排名最后 5 名的景点

图 2.5.12　长城景点的游客

图 2.5.13　巨石阵的游客

space)，缺乏水体、城市、低植被覆盖等环境因素则对情绪有一定负面影响。

介绍完基于旅游景点这样特定场所的情绪计算，我们提出了一个新问题——这也是很多人质疑大数据相关研究的问题——由于我们从社交媒体数据中提取情绪，那么从网络空间中提取的场所情绪是否能代表真实空间中场所的情绪？

图 2.5.14　宗教场所的游客

相关性分析结果

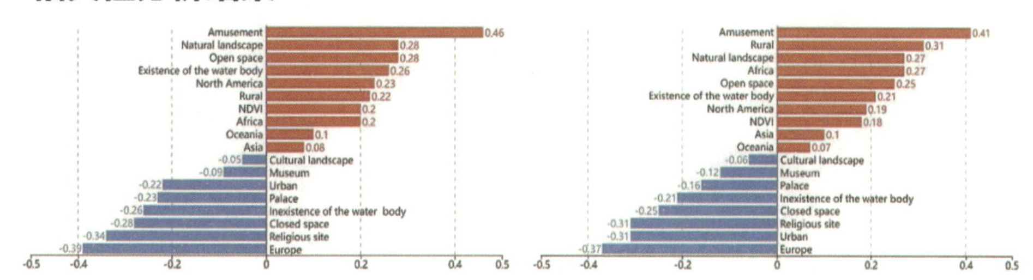

对情绪在一定程度上有积极作用的环境因素：娱乐场所，自然场所，开放空间，水体，乡村，高植被覆盖等

对情绪在一定程度上有消极作用的环境因素：宗教场所，封闭场所，缺乏水体，城市，低植被覆盖等

图 2.5.15　情绪与环境的关系

为了研究这个问题，我们以武汉大学信息学部为例展开了研究[2]。我们在武大信息学部的不同地方安置了一些实地摄像机从而采集人们在线下的表情(图 2.5.16)，与此同时，我们采集了社交媒体上在同一时间段和同一地点的网络相片数据。通过对比网络和实地采集的两个数据集中的场所情绪，我们发现了一些有意思的结果。网络空间与现实空间中的场所情绪存在一定的差异，网络空间中的情绪显著地夸大了“开心”这一维度，且女性可能在不同空间中的场所情绪会有较大的差异，而男性表达的情绪并没有特别大的区别。

以上两个研究都是在小尺度的场所进行的，一个是旅游场所，另一个则是武汉大学的信息学部。接下来我将介绍两个全球尺度下关于场所情绪的工作(图 2.5.17、图 2.5.18)。第一篇文章是我们基于雅虎 YFCC100 数据集来计算的全球尺度下的情绪[3]。我们探究了全球尺度下不同地方人们的情绪，红点代表人们在这张照片中的情绪表达出开心，而蓝点则表现出不是那么开心。我们想要探究包括不同种族、年龄、性别的不同人群是否表达出不同的情绪。最后，我们发现不同的人群之间情绪表达的确存在差异，比如亚裔相对于黑人和白人而言，在情绪的表达上更内敛，不易表露出积极的情绪，这和人口学、社会学的

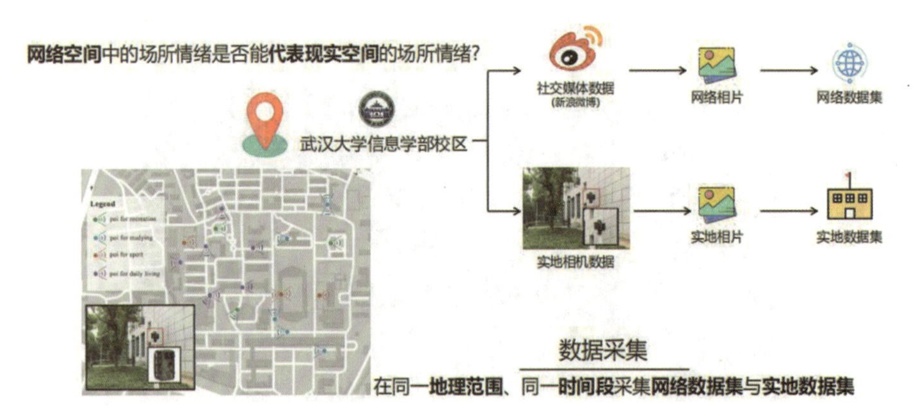

Huang Y, Li J, Wu G, & Fei T. (2020). Quantifying the bias in place emotion extracted from photos on social networking sites: A case study on a university campus. *Cities*, 102, 102719.

图 2.5.16 关于网络空间的场所情绪是否能代表真实空间的场所情绪的研究问题

一些研究结论相符。此外，性别之间也存在一些差异，男性可能没有女性那么积极地表露出情绪，这与我们刚才在不同空间下情绪与性别之间的关系非常类似——女性会表达出更多的情绪，特别是在网络空间上。

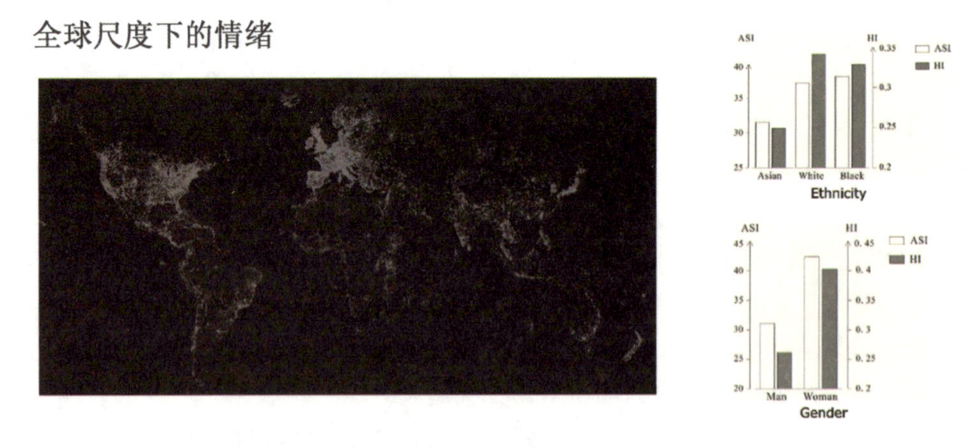

全球尺度下，不同人种之间，亚裔相对而言不易表露出积极情绪；

不同性别之间，女性相对于男性表达出更多的积极情绪

Kang Y, Zeng X, Zhang Z, Wang Y, & Fei T. (2018, March). Who are happier? Spatio-temporal analysis of woridwide human emotion based on geo-crowdsourcing faces. In 2018 *Ubiquitous Positioning*, *Indoor Navigation and Location-Based Services* (*UPINLBS*) (pp. 1-8). IEEE.

图 2.5.17 全球尺度下的情绪

在这个研究中，全球尺度的情绪值是基于空间离散分布的照片点来计算的，我们希望能够在此基础上绘制出世界尺度下多维情绪连续性分布地图，从而探究人们情绪分布的多样性。在我们最新的一篇文章中[4]，借鉴了生态学领域中的物种分布模型——MaxEnt。

通过这个模型，我们将不连续的情绪转换成了连续的情绪，并绘制了一张全球多维情绪分布地图，从而显示出情绪分布的多样性。该地图由 R、G、B 三个通道合成制出，其中 R 通道代表 Happiness，G 通道代表 Neutral，B 通道代表 Sadness，并类比于生物中的物种栖息地，称之为“全球尺度下的情绪栖息地”。通过以上一系列研究，我们探究了不同人群在不同场所所表达的情绪，绘制了情绪分布图，从而更好地理解“人地关系”。

情绪栖息地

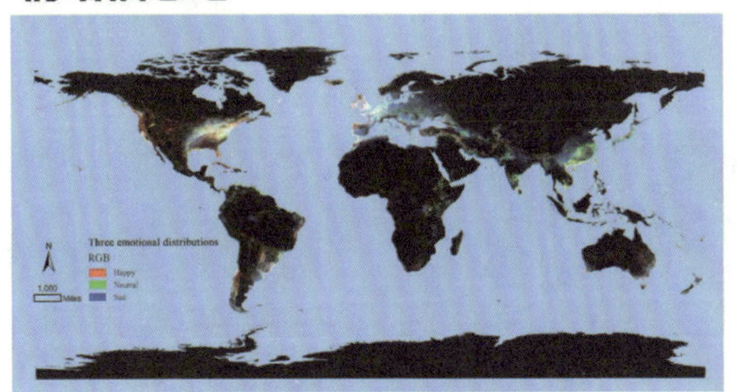

全球三维情绪分布图(happiness, neutral, sadness)

情绪建模

生态学领域物种分布模型MaxEnt

$$H(\hat{\pi}) = -\sum_{x \in X} \hat{\pi}(x) \ln \hat{\pi}(x)$$

结果分析：全球多维情绪分布、情绪分布多样性、异常情绪分布

Li Y, Fei T, Huang Y, Li J, Li X, Zhang F,… & Wu G. (2020). Emotional habitat: mapping the global geographic distribution of human emotion with physical environmental factors using a species distribution model. *International Journal of Geographical Information Science*, 1-23.

图 2.5.18　情绪栖息地

3. 场所感知

接下来我将要介绍与场所感知相关的研究。首先，什么是场所感知(Perception)？我们可以先来看两张图，如图 2.5.19 所示，假设你现在有足够的钱，可以在这两张图里的位置中，选择一个买房，那么你希望你的新家坐落于哪一张图中？一些同学可能会选择右

图 2.5.19　你更愿意在哪买房？

图，因为右图的环境看上去更漂亮一点，或者植被更多一些；也有部分同学选择左图，可能是因为它比较空旷；无论如何选择，都说明了一点，人们对于场所有着不同的感知，对于场所环境的感知又会反过来影响人们对场所的认知，从而影响人们的行为。如果我们能够理解人们对于场所的不同感知，就可以帮助我们更好地理解人们的行为。

为了了解人们对于场所的感知，接下来将应用街景数据来探究这个主题。街景数据，如图 2.5.20 所示，可以反映客观的真实环境。同时，如图 2.5.21 所示，现在街景已经高密度地覆盖了整个城市空间，所以街景已经成为城市研究中的一个非常有价值的数据源，甚至可以帮助我们理解人们是怎样感知城市环境和物质空间的。

图 2.5.20 街景图片数据

延续先前的思路，我们还做了一个有意思的研究——什么样的房产更有升值空间[5]？我们发现过去的一些研究，更多关注于房价本身，但是却少有关注影响房价升值的因素。

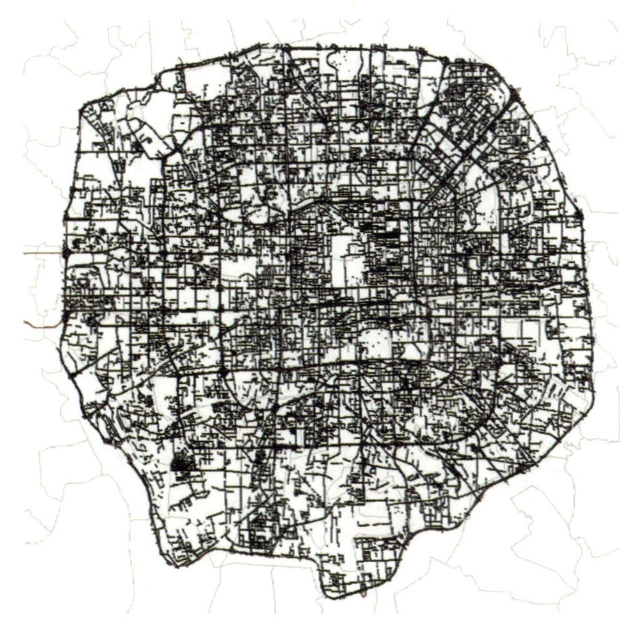

图 2.5.21 街景数据高密度覆盖的城市空间

另外，之前的研究也比较少考虑人们对于房子所在环境的感知，但事实上人们对于环境的感知，正如前文所述，还是在很大程度上影响购房行为的。我们通过大数据对房产的升值进行建模，如图 2.5.22 所示，左图是我们采集的波士顿房产的一些数据，其中红点代表房子。我们下载了房子的照片，并收集了房屋附近的地理设施配套情况。此外，我们还下载了街景图片，因为街景图片可以在一定程度上反映周围的环境和人们对于场所的感知，

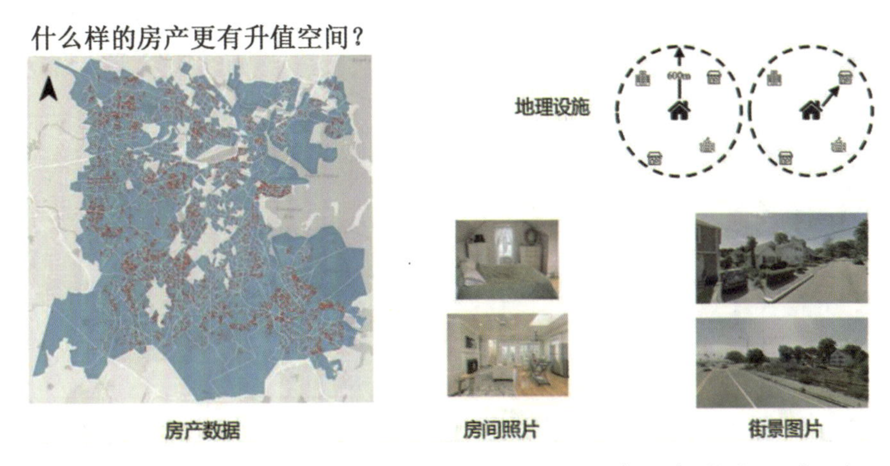

Kang Y, Zhang F, Peng W, Gao S, Rao J, Duarte F, & Ratti C. (2020). Understanding house price appreciation using multi-source big geo-data and machine learning. *Land Use Policy*, 104919.

图 2.5.22 什么样的房产更有升值空间

从而影响人们买房的决策。此外，我们还使用了其他的数据，比如说移动数据、交通时间数据和人口统计数据等。

如图 2.5.23 所示，我们使用 ResNet，从房间照片和街景图片中提取了高维度视觉要素，以代表人们对于场所的感知，以及人们对于环境的观感。最终，我们的研究发现，除了一些在传统房价相关研究中所提及的因素，如距离和地理设施(例如学校、医院、商场等)，从街景中提取的高维度视觉要素，可能会对于我们理解的房价增值具有重要意义。

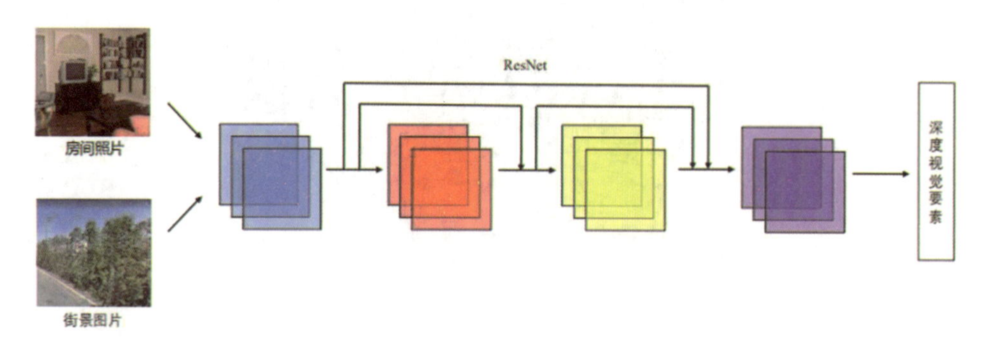

从图片数据中提取高维度视觉向量来代表人们对于场所和房间的感知

图 2.5.23　提取视觉要素

从街景中提取的高维度视觉向量可能反映人们对于一个场所或一些环境的感知，但是受限于深度学习的可解释性，难以明晰这些向量具体所代表的语义。为了增强模型的可解释性，我们采用了另外一个项目，MIT Media Lab 的 Place Pulse 的数据集。Place Pulse 项目是一个公开的数据集，通过召集全球的志愿者来回答图 2.5.24 所示的 6 个问题——比较两张街景图，哪一张看上去更安全、更健康、更宜居、更无聊、更压抑或者是更美丽，从而了解人们对于场所感知的 6 个维度。

Place Pulse 项目
场所感知六维度：
安全感，宜居感，
无聊感，富裕感，
压抑感，美丽度

Which place looks safer?

Which place looks safer?
Which place looks livelier?
Which place looks more boring?
Which place looks wealthier?
Which place looks more depressing?
Which place looks more beautiful?

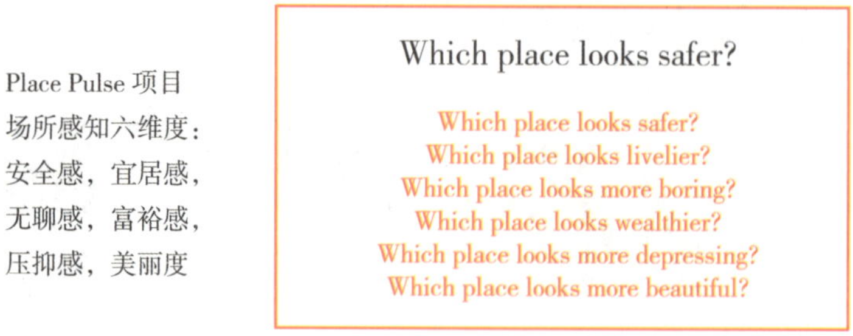

图 2.5.24　场所感知 6 个维度

通过这样一个人工标注的数据集，我们就可以了解人们对于场所感知的 6 个维度。MIT 的张帆博士基于 DenseNet 在 Place Pulse 数据集上训练出了一个可以评价街景 6 个维度的模型[6]，如图 2.5.25 所示，从左到右，这三张图分别显示了宜居度分数低、中、高的环境。利用这样的数据集和深度学习模型，使得我们可以更好地理解人们对于不同场所的感知。

图 2.5.25　宜居度分数(基于 DenseNet)

俗话说，“酒香不怕巷子深”，接下来的一个研究[7]，我们尝试理解人们对于场所不同的感知，以挖掘城市中不起眼的人气场所。如图 2.5.26 所示，一些城市中不起眼的小店在城市中承载着当地长期沉淀下来的饮食文化，保留着当地文明发展脉络与传统。发现和了解城市中的这些场所，有助于我们理解和传承城市文化。

图 2.5.26　老牌烤鸭店

为了挖掘这些场所，如图 2.5.27 所示，我们使用了多源数据从多维度刻画场所，具体而言包括微博签到数据、POI 兴趣点数据，以及街景数据，从活动强度、人群、类型、周边环境四个方面描绘了每个场所。

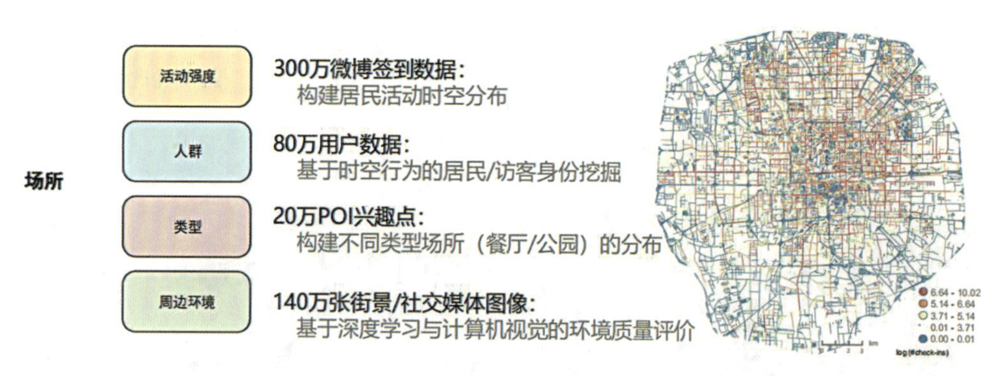

图 2.5.27 使用多源数据从多维度刻画场景

我们挖掘了两种不同类型的场所，如图 2.5.28 所示。第一个是“不起眼的”人气小店，第二个是“被遗忘的”宜人公园。所谓“不起眼的”人气小店是指一些主要是本地居民访问，而外地游客少去的餐厅。另外，虽然这些小店可能总体人流量很多，但其周边的环境可能并不是很吸引人。如图 2.5.28 左图所示，我们以北京五环内作为研究对象，最终我们挖掘出了一系列这种类型的场所，尤其是一些巷口胡同的小店。而“被遗忘的”宜人公园，主要指的是一些访问量较低，但周边的环境质量非常高的公园。我们的研究从多个角度发掘了人们对于不同场所以及地方的感知与认知。

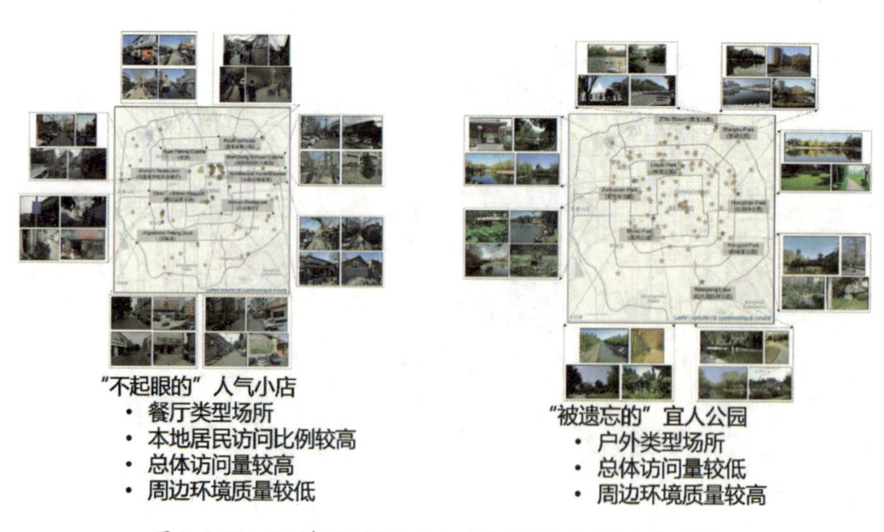

图 2.5.28 “不起眼的”人气小店和“被遗忘的”宜人公园

接下来我们还做了这样一个工作。类似于从图片中提取人脸的情绪一样，有人问从街景照片中提取出的这些评分，真的可以反映人们对于一个场所或地方的感知吗？比如一个从图片上看上去安全的场景，在现实世界中真的很安全吗？对此，我们将其称为“感知偏差(Perception Bias)”。

为了探究这种“感知偏差”，我们研究了美国休斯敦地区人们对于环境的安全感感知与真实世界中犯罪率之间的关系[8]，并发现了一些有意思的现象。一些场所可能看上去不是很安全，但在现实社会中反而挺安全的。如图 2.5.29 右图中，蓝色区域代表一个场所看上去可能没有那么安全，但是实际上犯罪率较低。同时我们还发掘出一些红色的区域，可能看上去安全，但是犯罪率反而较高。

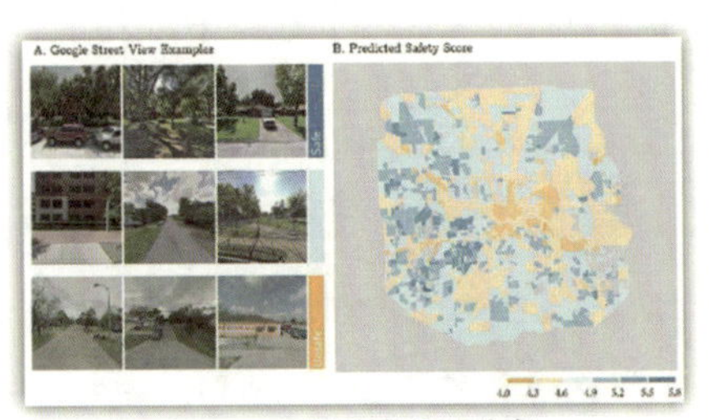

Houston地区安全感分布

Perception Bias感知偏差

Fan Zhang * . Zhuangyuan Fan, Yuhao Kang. Yujie Hu, and Carlo Ratti. “*Perception bias*”: *Deciphering a mis-match between urban crime rate and perception of safety*. Landscape and Urban Planning. 2020

图 2.5.29 感知偏差

对此，我们探究了影响这种“感知偏差”的因素，如图 2.5.30 所示，具体而言，我们从社会经济属性、地理设施和人口流动三个方面计算了相关性。发现白天访问人数较多的街区可能同时会有低犯罪率和低安全感分数。而如果一个街区在夜晚的访问人数较多，那么它可能看上去很安全，但事实上会很危险(高安全感分数)。

- 社会经济属性
  (例如，收入)
- 地理设施
  (例如，附近的零售店数目)
- 人口流动
  (例如，访客人数).

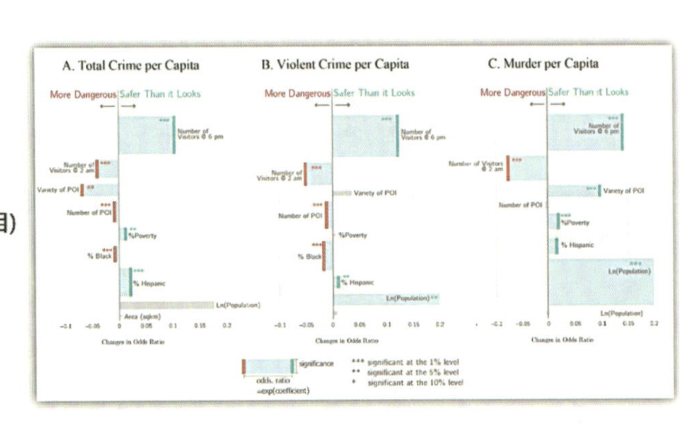

· 白天访问人数较多的街区比“看上去不安全”要安全(低犯罪率和低安全感分数)

· 夜晚访问人数较多的街区比“看上去安全”不安全(高犯罪率和高安全感分数)

图 2.5.30 影响“感知偏差”的因素

以上就是一系列关于场所感知计算方面的研究。

关于地方感(Sense of place)，一开始我提及它包括三个方面，分别是情绪、感知和认知，本次讲座我主要介绍了前两个方面。关于场所认知，作为地方感的重要组成部分，在这里也简单提及一下。如图 2.5.31 的左图，圣巴巴拉城的市中心在哪里[9]？Flicker 的用户和 Twitter 的用户在这个问题上虽然有重合的部分，但仍然存在一定的认知偏差。此外，图 2.5.31 右图来自我的导师高松教授的一篇文章[10]，探究了人们对于南加州和北加州的认知。颜色越深蓝代表人们认为它是北加州，而越红则代表人们认为它是南加州。

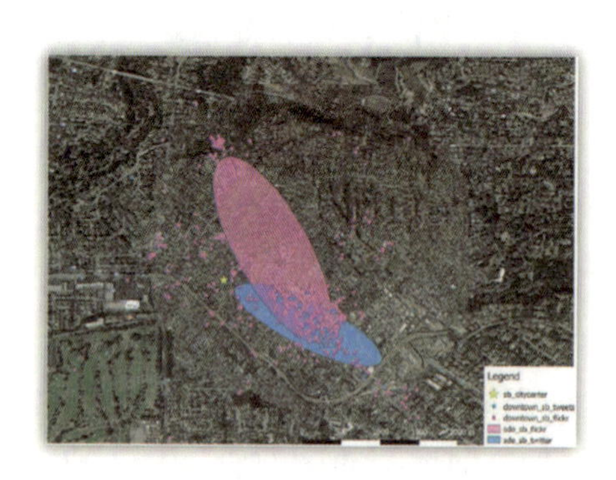

哪里是圣塔芭芭拉城的市中心?

Montello, D. R., Goodchild, M. F., Gottsegen, J., & Fohl, P. (2003). Where's downtown?: Behavioral methods for determining referents of vague spatial queries. *Spatial Cognition & Computation*, *3*(2-3), 185-204.

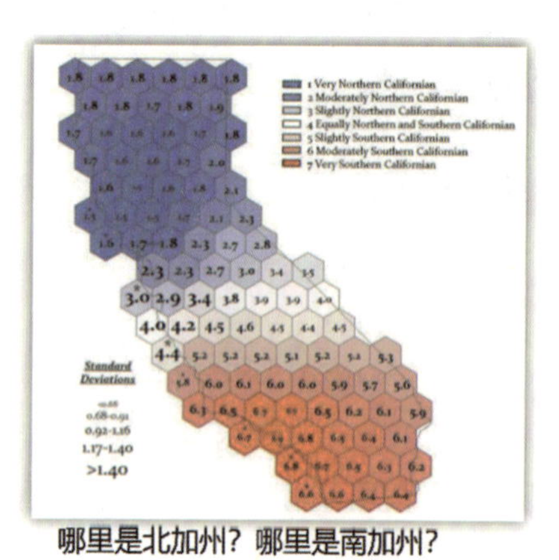

哪里是北加州？哪里是南加州?

Gao, S., Janowicz, K., Montello, D. R., Hu, Y., Yang, J. A., McKenzie, G., .. & Yan, B. (2017). A data-synthesis-driven method for detecting and extracting vague cognitive regions. *International Journal of Geographical Information Science*, *31*(6), 1245-1271.

图 2.5.31　场所认知

最后做些简单的总结，如图 2.5.32 所示，我今天的报告主要是对多源大数据和地理人工智能(Geo AI)支持下的地方感(Sense of Place)的相关研究进行了介绍，主要是从人们在场所中的情绪(Emotion)和对场所的感知(Perception)两个方面出发，重点是从人的角

小结

1 地方感(Sense of place)的两个方面：对情绪(Emotion)和感知(Perception)进行了研究，从人的角度去感受和理解场所

2 丰富的社交媒体数据，街景数据，空间交互数据等，是定量研究场所的新型数据源

3 计算机视觉和深度学习等技术为图片数据分析提供了有力的工具

局限

1 不同的人对于场所的感知不同

2 大数据与机器学习可解释性

图 2.5.32　总结与讨论

度，“以人为本”感受和理解场所。丰富的社交媒体数据、街景数据以及空间交互数据等都是定量研究场所的新型数据源。最后，计算机视觉和深度学习等技术为图片数据分析提供了非常有力的工具。

当然我们的研究也存在局限。第一，人文地理学中认为不同的人对于场所的感知是不同的，但是目前由于数据所限，我们较少去区分不同的人群对于场所的感知；第二，大数据与机器学习存在有偏性和可解释性不足的问题，目前仍然是“黑箱”机制。如何去更好地理解地方感，也是未来需要改进的地方。今天的上半场，我的学术报告就到此为止。

4. 留学信息

接下来是今天的下半场，关于留学信息的分享。我希望借这个机会把过去几年一些同学向我咨询的留学问题总结一下(图 2.5.33)，和大家做这样一个分享，希望能给大家带来一定的帮助和启迪。以下内容为个人意见，仅供参考。

- 你为什么要出国（境）？
- 硕士or博士？
- 去哪一个国家或地区？
- 未来职业的选择？学术界？工业界？政府？其他？
- 你希望你是一个什么样的人？

图 2.5.33 关于留学方向的问题

在开始思考出国(境)的时候，最重要的问题不是该怎么样留学，第一个问题应该是留学的目的，“你为什么要出国(境)?”这个问题可能会比较难回答，但是又是必经之路。我认识很多同学，曾经在出国(境)和保研/考研之间纠结、在出国(境)和工作之间纠结等。一开始的计划虽然是出国(境)，但后来没能坚持下来。其实无论出国(境)、保研、考研还是工作，都是不错的选择，但重要的是当你做了一个选择之后，就应该坚持下来。所以我认为最重要的是想清楚为什么要出国(境)，而非“随大流”或者“逃避工作”等。想清楚为何出国(境)，才能坚持出国(境)这样的一条路。

接下来可以考虑一些其他的问题，包括是要读硕士还是读博士，因为申请硕士和博士的流程完全不同。另外，想要去哪一个国家或者地区，北美还是欧洲，中国香港还是新加坡，因为去不同的国家或者地区，方法和准备的材料也不太一样。

接着下一个问题是未来职业的选择，是学术界还是工业界，去政府还是去其他单位。这和前面两个问题是类似的，如果尽早确定了未来的职业选择，在出国(境)留学的时候考虑的因素也不同。比如，如果未来想要进入学术界，那么在申请出国(境)的时候，可能会更多考虑那些更容易帮助你进入学术界的因素；而如果去工业界的话，考虑的又是另外一些因素。如果不想清楚这些，那么可能做出一个并不合适的选择。

综上，你希望10年之后自己是一个什么样的人，确定一个大概的方向，再去讨论去哪里留学，怎么去留学。以上这些问题，在考虑出国(境)之前和出国(境)的过程中，都应该不断去思考——为什么要出国(境)？希望未来去什么岗位？希望未来成为一个什么样的人？

接下来是一个常被问到的问题——国内深造和出国(境)留学的对比。下面简单概括一下两者的区别。从学费上来说，国内相对便宜；而出国(境)留学一般来说，除了欧洲个别国家或个别学校比较便宜，或者能拿到奖学金，其他很多学校学费较高。下一点是英语，在国内深造的话，可能备考英语比较难，很多同学在出国(境)留学的路途中半途而废，也是因为英语没能最终过关。而出国(境)留学的话，虽然备考英语比较困难，但是出国(境)之后，因为有天然的语言环境，英语水平会提高得比较快。下一个是人脉和"关系"的问题。在国内的话，人脉当然是以国内为主；而出国(境)留学的话，假如未来回国工作，那么可能在国内就没有什么人脉和关系。但是如果出国(境)留学，会存在一定的"海归光环"——加上引号也是因为现在的海归光环越来越弱了。这些因素大家也都可以在申请出国(境)时权衡一下。

另外，在国内深造的话，从生活的角度而言，学校内有食堂，附近有商圈，这一点更方便；而出国(境)留学，可能大多数人还是自己做饭，点外卖或者出去吃比较贵。在国内深造的话，学校一般会提供宿舍，价格比较便宜，但居住环境质量可能没有那么高。而出国(境)留学的话，大多数同学是在校外租房，居住环境可能会好一些，但是价格也较贵。另外，在国内深造的话，同学之间的 Peer pressure(同伴压力)竞争较大；而如果出国(境)留学的话，课程的负担压力则会非常大。最后一点是关于读研的体验，如果在国内深造的话一般做横向的项目要多一些，会偏应用一些，而国外的话可能做的项目更偏研究性质，老师相对而言也会更宽松一些。在这里，还是回到之前提到的那些问题，为什么要出国，希望自己成为什么样的人，想清楚这些问题后，就可以在图 2.5.34 中所列出的选项中做出价值判断和取舍了。

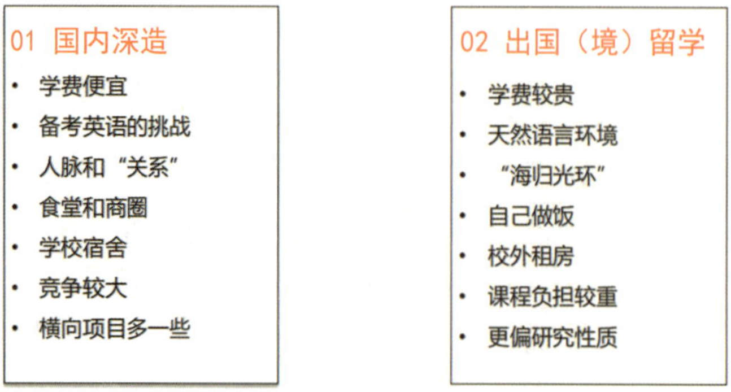

图 2.5.34 国内深造 VS 出国(境)留学

接下来是申请硕士和申请博士在准备方面的区别。如图 2.5.35 所示，申请硕士和申请博士的流程，关键词是不完全一样的。申请硕士，那么未来的目标大多是就业。在准备申请的时候，GPA、英语、学校是否是名校、学校的课程设置、地理位置和实习的经历可能相对更重要。具体而言，GPA 和英语是最重要的两项。硕士录取时如果 GPA 和英语达到了项目录取的门槛，就有比较大的机会被项目录取。科研经历、实习经历属于锦上添花的加分项。在选择学校的时候，如果未来计划回国就业，综合排名较高的学校有优势，因为国内各公司的 HR 可能是基于学校的排名筛选候选人；但是如果计划在国外工作，地理位置和课程设置，相比于学校的排名可能会更重要，所以建议去一些地理位置较好的学校，如波士顿、纽约、芝加哥、湾区附近的学校。

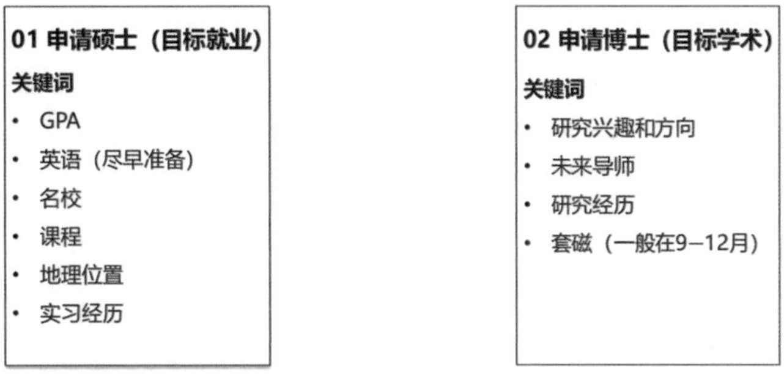

01 申请硕士（目标就业）

关键词

- GPA
- 英语（尽早准备）
- 名校
- 课程
- 地理位置
- 实习经历

02 申请博士（目标学术）

关键词

- 研究兴趣和方向
- 未来导师
- 研究经历
- 套磁（一般在9—12月）

图 2.5.35　申请硕士和博士的准备

申请博士，则是另一条不同的路线。不同于硕士大部分情况下是录取委员会决定录取资格，申请博士更多时候取决于导师的意向。因此，选择合适的导师可能决定了最终的录取情况。在联系导师时，研究兴趣、研究方向是最重要的一点，同时，考虑到读博是一段艰苦的旅程，那么选择一个喜欢的研究方向也就决定了未来读博的生活质量。

选择导师也是非常重要的一步，建议大家在选择导师时看看导师过去的经历和近些年发表的文章。在选择未来导师的时候，也建议大家根据自己的实际情况进行选择。有些同学喜欢跟随一些“大牛”，还有一些同学，更倾向于与年轻的老师共事。“大牛”和年轻老师各有优劣。“大牛”老师可能更会提供一些提纲挈领的观点，从更高的角度指点研究，指出一些非常好的方向，同时“大牛”老师名气较大，人脉较广，方便未来求职；而年轻老师可能有更多的时间指导学生，老师和学生之间关系更紧密。就我个人而言，我更倾向于后者。现在我也很幸运，我和我的导师高松教授关系融洽，在做科研时并非传统的师生关系，也会有很多平等的交流。建议大家在选择导师的时候，综合考虑，一方面是导师的经历和情况，另外一方面也要考虑自己本身的情况。

与此同时，在申请博士的时候，研究经历至关重要，这样才能证明为什么选择做研究这条路。总结而言，对于申请硕士，研究经历更多是锦上添花，GPA 和英语更重要。而对于申请博士而言，GPA 和英语可能相对没那么重要，而研究经历、兴趣、方向，以及如何选择未来的导师更重要。在申请过程中，可能要写研究计划，那么在准备时也应明晰为什么希望做这个方向，因为这很可能就是未来读博士的方向。

在申请博士时，还有一点很重要，即“套磁”。如果发邮件收到了老师较为积极的回复，那么被录取的概率就会大大增加。套磁一般时间是在 9—12 月，当然也可以更早，如暑假。这个时间主要取决于个人的情况，如果太早套磁，大部分同学的英语、科研经历、科研成果等可能还没有准备完全；如果太晚套磁，则老师可能已经提前敲定了未来的学生。

此外，申请硕士和申请博士，或者说目标是就业和目标是科研所需要做的准备和思考的因素也不尽相同。如果目标是就业的话，名校、地理位置、课程设置相对更重要；而申请博士的时候，未来的导师和目标学校相关方向的实力相对更重要。举个例子，荷兰特温特大学 ITC 研究院的 GIS 方向非常强势，在 GIS 圈大家一提到荷兰的 GIS，第一个就会想到 ITC，但它的排名不是很高。不过我个人建议，GIS 博士申请，ITC 是一个很好的去处。

接下来我想简单介绍一下每个地区的一些情况。以下内容仅供参考，更多反映了一般的情况，在申请过程中还需要结合具体的学校项目查看要求。

对于北美，如图 2.5.36 所示，申请截止时间一般是在 12 月 15 日左右，但是也有一些项目可能是 1 月截止，英语一般是要求托福 90 分以上，不过一些排名靠前的学校一般都是要求 100 分以上，GRE 一般工科 320 分以上就够了，当然现在也有一些学校已经把 GRE 取消了。开销方面学费是比较高的，一般硕士较难拿到奖学金，没有奖学金的话，一年学费可能是 2 万~6 万美金不等，博士一般来说是有奖学金的。学制方面授课型硕士是一年，学术型硕士是两年，博士可能是三到五年。另外在此还有一些推荐学校，这些学校总体来说 GIS 这个领域的老师比较多；当然这只是一家之言，难免会有一些疏漏。更多信息可以访问 https：//gis-info. github. io/。

以下内容仅供参考，均为一般情况，请结合具体学校项目查看要求

申请截止时间：12月15日左右

英语：托福90~100+，GRE320+

开销：学费较高，无奖学金的话一年学费2 ~6w美金，博士一般有奖学金资助

学制：授课型硕士1年，学术型硕士2年，博士3~5年

推荐学校：GMU, ASU, UIUC, UGA, GaTech, UFL, OSU, Oregon, Clark, UCSB, UW, USC, Wisc, PSU, TAMU, UT Dallas, UMN, UMN, UTK, UB, Cincinnati, UMD, Uwaterloo, McGill, UBC等

图 2.5.36 GIS 留学：北美

接下来是英国，如图 2.5.37 所示。对于英国，一般来说是第一年的 12 月之前递交申请，英国的硕士项目一般是先到先得，所以建议最好 12 月之前就递交申请，在三四月份会获得 offer。另外，因为一些学校的项目可能存在没有招满的情况，所以在第二年的四五月份可能又会重新放开申请，大家还可以在这时重新递交，最晚可能持续到 6 月至 7 月。英语一般是要求雅思总分 6.5 分以上，小分 6 分以上，部分学校会要求雅思 7 分以上，比

如牛津、剑桥、爱丁堡等。但如果雅思没有完全达标的话，一般来说学校也会在开学前提供语言班。英国留学的学费一般是在 20 万~25 万元人民币，综合花销一年可能是在 30 万人民币以上。一般来说，英国的硕士以一年制项目为主，博士的话 3 到 4 年，时间相对较短是留学英国的好处。英国推荐的学校有伦敦大学学院、利兹、南安普顿、格拉斯哥、爱丁堡、布里斯托、谢菲尔德、利物浦等。

以下内容仅供参考，均为一般情况，请结合具体学校项目查看要求

申请截止时间：一般第一年12月前递交申请，先到先得；最晚可持续到6~7月

英语：雅思一般6.5，小分6以上；部分学校会要求雅思7分以上；可参加语言班

开销：学费一般在20万~25万RMB，综合花销30万RMB+

学制：硕士1年，博士3~4年

推荐学校：UCL, Leeds, Southampton, Glasgow, Edinburgh, Bristol, Sheffield, Liverpool等

图 2.5.37 GIS 留学：英国

接下来是瑞士，如图 2.5.38 所示。瑞士的申请时间如下：ETH 和 EPFL，即苏黎世联邦理工学院和洛桑联邦理工学院这两所大学截止日期是 12 月 15 日，其他学校一般是在 2 月 28 日左右。英语的要求是托福要 72~100 分及以上，雅思要达到 5.5~7 分及以上，还可以靠德语或者法语来申请这些学校的一些项目。瑞士留学的优点在于它的学费较低，一般一个学期是 500~1000 瑞郎，生活费一般一个月是 1000~1500 瑞郎。学制方面，一般硕士是 1.5~2 年，博士是 3~6 年。瑞士推荐的学校是苏黎世联邦理工学院、洛桑联邦理工学院、苏黎世大学、洛桑大学、伯尔尼大学和日内瓦大学等。

以下内容仅供参考，均为一般情况，请结合具体学校项目查看要求

申请截止时间：ETH，EPFL截止日期12月15日，其他学校一般在2月28日

英语：托福72~100+，雅思5.5~7+，德语/法语B2~C1+

开销：学费低廉，一学期一般在500~1000瑞郎；生活费较高，一般一个月1000~1500瑞郎

学制：硕士一般1.5~2年，博士3~6年

推荐学校：苏黎世联邦理工学院、洛桑联邦理工学院、苏黎世大学、洛桑大学、伯尔尼大学、日内瓦大学等

图 2.5.38 GIS 留学：瑞士

对于荷兰，如图 2.5.39 所示。荷兰的申请截止时间一般是在第二年的 3 月到 5 月，英语水平一般要求雅思 6.5 分以上，单项 6 分以上，开销一般在 3 万欧元左右。学制方面硕士一般是 2 年，博士可能是 4~5 年。荷兰推荐学校是特温特 ITC、戴尔夫特理工大学、瓦格宁根和乌特勒支大学等。

还有德国，如图 2.5.40 所示。德国的申请时间一般是在 3—7 月，德国的学校可能有

以下内容仅供参考，均为一般情况，请结合具体学校项目查看要求

申请截止时间：一般在3—5月

英语：一般要求雅思6.5+分(单项6+分)

开销：一般开销在3万欧元左右

学制：硕士一般2年，博士4~5年

推荐学校：特温特大学ITC、代尔夫特理工大学、瓦格宁根大学、乌特勒支大学等

图 2.5.39　GIS 留学：荷兰

一些项目是英语授课，托福 80~88 分及以上就可以，雅思是 6~6.5 分及以上，还有一些项目是德语授课，要求是德语 C1 以上。开销方面相对便宜，一般来说在德国学费可能不超过 500 欧一年，生活费大概是 600~1000 欧。学制方面硕士一般是 2 年，博士可能是 3~6 年。由于德国的学校包括英授和德授。大家在查询这些项目的时候需要注意教学语言的要求。

以上是欧洲的一些学校。需要注意的一点是欧洲的学校，比如德国、瑞士、荷兰，不定期会放开一些职位招收博士，这和其他国家的一些学校每年固定录取名额不太一样。

以下内容仅供参考，均为一般情况，请结合具体学校项目查看要求

申请截止时间：一般在3–7月

语言：英语授课：托福80~88+分，雅思6~6.5+分；

德语授课：C1（B2可以入读各校语言班预科）

开销：学费低廉，一般不超过500欧一年；生活费一个月一般在600~1000欧+

学制：硕士一般2年，博士3~6年

推荐学校：英授：慕尼黑工业大学, 柏林工业大学, 明斯特大学, 斯图加特大学, 卡尔斯鲁厄工业大学，德累斯顿工业大学等

德授：海德堡大学、莱布尼茨汉诺威大学等

图 2.5.40　GIS 留学：德国

最后是中国香港，如图 2.5.41 所示。大家可以申请香港政府奖学金，截止时间是 12 月 1 日。另外各个学校的项目和英国类似，一般是在 3 月份截止，由于先到先得的原因，建议大家尽早申请。英语一般是托福 80 分以上，雅思 6.5 分以上，开销的话硕士一般一年学费是 10 万以上，生活开支一个月 5000 元到 1 万元人民币。关于学制，授课型硕士是一年，研究型硕士是两年，博士一般是 3~4 年，但一般来说香港的研究型硕士较少，授课型硕士较多且目标是就业。

另外还有一个近期常常被问的问题，关于疫情对于留学的影响。我个人觉得影响有一些但不是特别大。一些同学因为疫情放弃出国(境)，但是比例不高。还有一些同学换国家或者地区了，比如放弃美国去欧洲等。以上就是关于 GIS 留学信息的一些分享，希望这些信息对于 2020 年和之后计划留学的同学有一定的帮助。

以下内容仅供参考，均为一般情况，请结合具体学校项目查看要求

申请截止时间：HK政府奖学金截至12.1；各学校项目一般在3月截止，建议尽早申请，先到先得

英语：一般要求托福80+，雅思6.5+

开销：硕士一般一年学费10万RMB+，生活开支一个月5千~1万RMB，可以申请HK政府奖学金

学制：授课型硕士1年，研究性硕士2年，博士3~4年

推荐学校：香港大学、香港中文大学、香港理工大学、香港科技大学、香港城市大学

图 2.5.41　GIS 留学：中国香港

5. 留学指南

最后想介绍一下我们的《GIS 留学指南》，如图 2.5.42 所示。GIS 留学指南始于 2019 年 9 月，最初只是一个简单的公益项目。当时我在知乎上面发了一篇文章简单介绍了一些北美 GIS 名校专业的项目和老师的情况，通过众包的形式，联系了每一个学校的校友或一些博士生，让这些同学或者老师提供对于学校和老师的介绍。后来慢慢做大，到 2020 年我们有了自己的 GIS-Info 网站（https：//gis-info. github. io/）。与此同时我们的团队也扩大到了十余人。同时，我们的留学信息也扩展到了全球，包含了将近 200 所学校的 GIS 项目和老师介绍，经过校审，最终发布到 GIS-Info 网站（https：//gis-info. github. io/）。

始于2019.9
采取了众包的形式获取留学信息

作者名单

下面是撰写条目或提供院校信息的作者名单，按姓氏拼音排序。

为保护隐私，我们不公开作者的单位信息。部分作者为匿名作者，故在此未予列出。

再次衷心感谢所有作者的辛苦付出。

安云琪	曹伟辰	曹彦佳	陈焕发
陈龙	陈翔	陈昱	程敬直
崔文聪	戴劭勍	董维川	杜新浩
段牧溪	范直伦	龚庆源	冯瑶
付圣	高鹏	郭晨	郭科宇

GIS留学：学校与项目指南 - 康雨豪的文章 - 知乎
https://zhuanlan.zhihu.com/p/82774812
2020版GIS留学院校指南 - 康雨豪的文章 - 知乎
https://zhuanlan.zhihu.com/p/254826817

图 2.5.42　GIS 留学指南

如图 2.5.43 所示，左边这幅图是我们的一个案例，我们为每一所学校提供了院校介绍和老师介绍两部分的内容，对于每一位老师，我们提供了他们的研究方向以方便大家查询。需要注意的一点是，鉴于当前国际形势，我们隐去了美国地区的老师介绍。右边的图则绘制了我们目前所收集的近 200 所学校的全球分布地图。

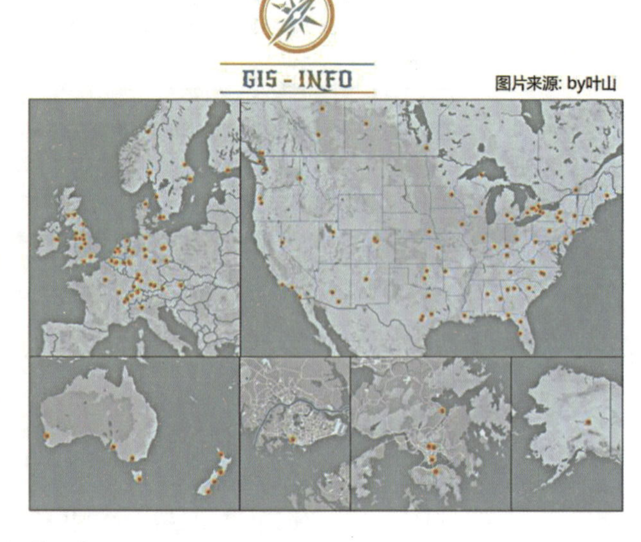

图 2.5.43 GIS 留学指南的网站(gis-info. github. io)

此外，我们还建立了 GISphere 留学指南公众号，如图 2.5.44 所示，公众号会邀请世界各地 GIS 留学或者访学的朋友们分享自己的申请经验、留学生活等。如果对此有兴趣的同学可以扫右边的二维码关注我们。同时，如图 2.5.45 所示，我们还创建了 GISpace 社区，建立了留学交流微信群。还基于微信小程序构建了 GISource 这样一个信息分享的平台，目前我们会在小程序中发布硕士项目和博士职位，以及奖学金申请等信息。希望我们所做的这些平台(网站、公众号、微信群和小程序)对未来各位 GISer 的留学申请有帮助。

图 2.5.44 GIS 留学指南公众号

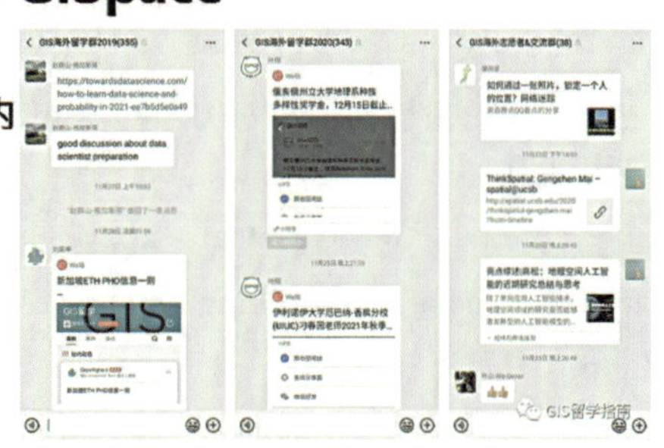

图 2.5.45 GIS 留学指南公众号

【互动交流】

主持人：非常感谢康雨豪学长由浅入深的细致讲解。下面是我们的互动环节，有什么问题可以通过在评论区留言的方式，直接向康雨豪学长提问。

提问人一：康学长您好，请问情绪栖息地图的连续性分布图所用的 MaxEnt 和插值模型之间有什么具体的区别？

康雨豪：两者的差异在于，插值模型仅仅基于因变量进行预测，而生态学中被大量应用的物种分布模型 MaxEnt 方法则同时将环境自变量考虑进来建模，用来刻画和理解物种-栖息地之间的关系，从而预测物种的分布情况。如前面所述，情绪与物种有很强的相似性，将情绪视为物种，以情绪样本的分布与环境的分布情况进行建模，从而预测无情绪样本处的情绪分布情况。而若采用空间插值，则只考虑了情绪的位置分布，而没有在建模过程中考虑情绪与环境的关系。

提问人二：您好，我想请问一下，如何确定产生感知偏差的三个原因？

康雨豪：做研究时，如果在一个领域有过一定的积累，结合之前的文献，就可以挑选出这三方面可能相关的原因。

提问人三：您好，我想问的是，如何获取多源数据？

康雨豪：关于数据开放，国外可能整体来说做得更好一些。比如美国统计局开放了详尽的人口和社会经济数据，方便研究。此外，通过和一些公司的合作，也可以获取到一些数据，我们的研究也可以反过来作用于这些公司的服务或者项目。

（主持人：林艺琳；录音稿整理：郭真珍；校对：陈佳晟、林艺琳）

参考文献：

[1] Kang Y, Jia Q, Gao S, et al, 2019. Extracting human emotions at different places based on facial expressions and spatial clustering analysis. Transactions in GIS, 23 (3), pp. 450-480.

[2] Huang Y, Li J, Wu G, et al, 2020. Quantifying the bias in place emotion extracted from photos on social networking sites: A case study on a university campus. Cities, 102, p. 102719.

[3] Kang Y, Zeng X, Zhang Z, et al. 2018, March. Who are happier? Spatio-temporal analysis of worldwide human emotion based on geo-crowdsourcing faces. In 2018 Ubiquitous Positioning, Indoor Navigation and Location-Based Services (UPINLBS) (pp. 1-8). IEEE.

[4] Li Y, Fei T, Huang Y, et al. 2021. Emotional habitat: Mapping the global geographic distribution of human emotion with physical environmental factors using a species distribution model. International Journal of Geographical Information Science, 35(2), pp. 227-249.

[5] Kang Y, Zhang F, Peng W, et al. 2020. Understanding house price appreciation using multi-source big geo-data and machine learning. Land Use Policy, p. 104919.

[6] Zhang F, Zhou B, Liu L, et al. 2018. Measuring human perceptions of a large-scale urban region using machine learning. Landscape and Urban Planning, 180, pp. 148-160.

[7] Zhang F, Zu J, Hu M, et al. 2020. Uncovering inconspicuous places using social media check-ins and street view images. Computers, Environment and Urban Systems, 81, p. 101478.

[8] Zhang F, Fan Z, Kang Y, et al. 2021. "Perception bias": Deciphering a mismatch between urban crime and perception of safety. Landscape and Urban Planning, 207, p. 104003.

[9] Montello D R, Goodchild M F, Gottsegen J, et al. 2003. Where's downtown?: Behavioral methods for determining referents of vague spatial queries. Spatial Cognition & Computation, 3(2-3), pp. 185-204.

[10] Gao S, Janowicz K, Montello D R, et al. 2017. A data-synthesis-driven method for detecting and extracting vague cognitive regions. International Journal of Geographical Information Science, 31(6), pp. 1245-1271.

2.6 日本北海道大学交换留学及求职经历分享

(赵丽娴)

摘要：实验室硕士生赵丽娴同学2019年10月作为交换留学生前往日本北海道大学学习，本期 GeoScience Café，她带来了自己去日本交换留学及求职经历的分享：武汉大学存在的国外交换留学的途径、需要事先做好的准备、日本的"就职活动"流程、日系企业与国内企业的异同点等。

【报告现场】

主持人：各位同学、各位老师，大家晚上好！我是本次活动的主持人王妍，欢迎大家参加 GeoScience Café 第285期的活动。本期我们非常荣幸地邀请到了实验室2017级硕士生赵丽娴同学作为我们的报告嘉宾。赵丽娴同学师从李熙副教授，主要研究兴趣为夜光遥感。其硕士在读期间发表SCI论文两篇、核心期刊论文一篇，获研究生国家奖学金。课余时间自学日语并通过N1级考试，2019年10月作为交换留学生前往日本北海道大学交流学习。在日期间，取得了空间信息测量领域多家大型企业的内定。下面让我们有请赵丽娴同学。

赵丽娴：首先非常感谢大家在百忙之中抽出时间来听我的报告。我叫赵丽娴，是李熙老师的学生，主要研究方向是夜光遥感。在2019年9月，我征得了导师的同意，报名参加了武汉大学的校际海外交流项目，去日本北海道大学交换了一年，最近刚刚回国。

在这里我想从留学生活、求职经历两个方面向大家分享在日期间的经历。如果大家也对这两个方面感兴趣，这个报告或许可以解答大家的一些疑惑。报告主要分为以下四个部分：① 去日交换的前期准备；② 在日期间的学习生活；③ 在日期间的求职经历；④ 写在最后的话。

1. 去日交换的前期准备

我将我的前期准备画了一个时间轴，按照研一、研二、研三进行排列(图2.6.1)。在2018年2月，也就是研一的寒假期间，当时导师布置的任务我基本上都做完了，空余时间比较多，所以我就从那个时候开始自学日语。到了3月开学来校以后，我发现研究生选课系统中有一门硕士日语二外的选修课。这门课是外国语言文学学院的曾丹老师开设的，武汉大学所有的研究生都可以选。我去试听了一下，发现这门课从五十音图开始教授，讲述的是日语最基本的入门知识，正好适合我当时的基础，所以我就在那个学期选修了这门课，跟着曾老师上了一个学期。在 2018 年 9 月研二开学以后，我再去看系统，曾丹老师新开设了另一门进阶的日语课：博(硕)日语一外。那个时候我的学分已经修满了，所以我没有专门在系统里选，而是旁听了一个学期，跟着曾丹老师把日语一外也学了一遍。但日语二外和日语一外之间有一段很大的跨度，二外讲述基础内容，而一外已经达到了 N2 级水平，所以我只能通过自学从基础知识跨到 N2 水平。

跟着曾丹老师学完所有的 N2 语法后，我就报名并通过了 2018 年 12 月的 N2 考试。在日语一外课上，曾丹老师告诉我们，武汉大学现在有各种各样的国际交流项目，其中就有很多和日本的交流项目，但是学校并不是每年都可以把这些项目的名额用完，经常会出现两三个剩余名额。所以已经考了日语成绩且对日本留学感兴趣的同学，可以主动联系国际交流部的老师，询问今年是否有日本交流项目、是否还有多余名额、是否可以调配给自己的学院等。

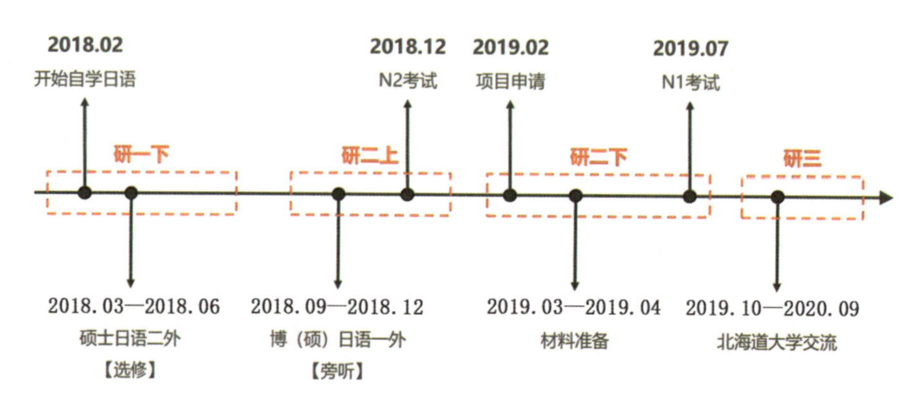

图 2.6.1 去日交换前的准备

我当时听到这番话是相当震惊的，因为以前只知道校际海外交换项目的名额是定向分配到各个学院的，但没想到居然还可以在学院间调配。于是我就去联系了国际交流部的老师，发现日本北海道大学是可以申请的。然后在 2019 年 2 月，我递交了日本北海道大学交换项目的申请材料。

在 2019 年 3 月和 4 月，我主要在准备各种材料、联系老师之类的事项。虽然日本北海道大学只要求 N2 成绩，但我还是在 2019 年 7 月——去日本北海道大学之前，报名并通过了 N1 的考试。2019 年 10 月—2020 年 9 月，也就是我研三的时候，我正式前往北海道大学，在那里度过了为期一年的交换留学生活。

武大国际交流部的网站上会挂出交流项目的通知和各项要求。我参加的日本北海道大学交换项目不是国家公派项目，而是武汉大学和日本北海道大学之间的校际交流项目。它不要求我们交日本北海道大学的学费，但是需要交武汉大学的学费，还要自理日本的住宿费、生活费、健康医疗保险等费用。这个校际交流项目也有英语项目，我参加的是日语项目，日语项目要求一定要通过 N2 考试。

2. 在日期间的学习生活

首先向大家介绍一下日本北海道大学的概况。在日本，北海道大学被简称为北大，其本部位于日本北海道札幌市，大部分学院都在这个校区，另外在函馆还有一个校区。日本北海道大学是一所著名的国立研究型综合大学，是代表日本最高学术水平的顶尖国立大学“旧帝一工神”之一，也是日本七所帝国大学之一。日本北海道大学下辖 12 个本科生院、19 个研究生院，我去的是“大学院情报科学院”，日语的“情报”对应于中文的“信息”，因此这个学院的中文名可以被翻译为“信息科学研究生院”。它开设了信息理工学、信息电子学、生命人类信息科学、媒体网络和系统信息科学 5 个专业，其实我们从专业名称也能看出来这个学院学的东西很杂。

我们一个一个专业来看。第一个专业是信息理工学，这个地方我就不做详细的介绍了，因为说实话我也不是特别了解这个专业的知识，但这个专业的课我还是选了一些的，因为我发现其他专业的课我更加不了解。如图 2.6.2 所示，列出了信息理工学的主要研究内容，这是一门和数学密切相关的专业，包含了 4 个方向，最后一个是合作方向。前 3 个方向各有 4 个研究室，这个“研究室”的概念和我们国内“课题组”的概念差不多。一个研究室只能配备一位教授和一位副教授。

复合信息工学方向	知识软件科学方向	数理科学方向	大规模信息系统学方向（合作方向）
• 智能软件研究室	• 大规模知识处理研究室	• 信息数理学研究室	• 超高速计算机网络研究室
• 自律系工学研究室	• 知识基础研究室	• 信息认知学研究室	• 信息系统设计学研究室
• 调和系工学研究室	• 信息知识网络研究室	• 智能信息学研究室	• 尖端网络研究室
• 人机交互研究室	• 算法研究室	• 信息分析学研究室	• 尖端数据科学研究室

图 2.6.2 信息理工学的专业方向

第二个专业是信息电子学(图 2.6.3)，因为我自己的研究方向是遥感科学与技术，所以我看到信息电子学的课程时真的有种无力感。大家可以看一下，课程都是一些关于纳

集成系统方向	尖端电子学方向	量子信息电子学方向（合作方向）
• 集成体系结构研究室	• 纳米电子器件学研究室	• 量子光子晶体研究室
• 集成纳米系统研究室	• 纳米电子学研究室	• 量子智能器件研究室
• 集成电子器件研究室	• 光电学研究室	• 量子多媒体系统研究室
• 电子材料学研究室	• 纳米物性工学研究室	• 纳米光功能材料研究室
		• 光系统物理研究室

图 2.6.3 信息电子学的专业方向

米、电子等的内容，所以这个专业的课程我完全不敢选。

第三个专业是生命人类信息科学(图 2.6.4)，这些课程其实我也不太了解，它们涉及的范围特别广，由于与研究方向不相关，我也没有选这个专业的课程。

生物信息学方向	生物工程方向	尖端生命机能工学方向（合作方向）	尖端医工学方向（联合方向）
· 基因信息科学研究室 · 信息生物学研究室 · 信息医学研究室(客座)	· 细胞生物工学研究室 · 磁共振工学研究室 · 神经控制工学研究室 · 人类信息工学研究室	· 生物纳米材料研究室 · 生物纳米光子学研究室 · 生物纳米影像学研究室 · 脑功能工学研究室	与独立行政法人物质·材料研究机构生体材料研究中心协作的联合方向

图 2.6.4　生命人类信息科学的专业方向

第四个专业是媒体网络专业(图 2.6.5)，我选了一些这个专业的课程，比如媒体网络社会学等。虽然之前也没有接触过媒体网络相关的知识，但是我觉得很有意思，而且和当时感兴趣的工作方向也有一些关联。

信息媒体学方向	信息通信系统学方向	普适网络学方向（联合方向）	媒体网络社会学方向（联合方向）
· 语言媒体学研究室 · 媒体创生学研究室 · 动态媒体学研究室 · 信息媒体环境学研究室	· 信息通信网络研究室 · 无线信息通信研究室 · 信息通信影像学研究室 · 智能信息通信研究室	由日本电信电话株式会社访问服务系统研究所、日本电信电话株式会社NTT通信科学基础研究所协作的联合方向	与株式会社NTT DoCoMo 协作的联合方向

图 2.6.5　媒体网络的专业方向

第五个专业是系统信息科学(图 2.6.6)。日本北海道大学与测绘、遥感相关的只有这个专业开设的“遥感信息学特论”，所以我才选择了这个学院去交换。遥感信息系统方向是北海道大学与独立行政法人宇宙航空研究开发机构(JAXA)协作的联合方向，JAXA 可以理解为日本的 NASA。

系统创成学方向	系统融合学方向	遥感信息系统方向（联合方向）	数字人体信息学方向（联合方向）
· 系统控制理论研究室 · 数字几何处理工学研究室 √ · 人体工学研究室 · 系统环境信息学研究室	· 电气能源变换研究室 · 电力系统研究室 · 电磁工学研究室 · 智能机器人系统研究室	与独立行政法人宇宙航空研究开发机构（JAXA）协作的联合方向	与独立行政法人先进工业科技研究所数字人体工程研究中心协作的联合方向

图 2.6.6　系统信息科学专业方向

上面提到的 5 个专业方向，大家可以看到，这些课程与数学有密切联系，同时也和物理、电磁、生物、媒体网络等专业交叉，对没有相应专业背景的同学不太友好。但日本北海道大学规定交换生要修满 28 学分，也就是要修 14 门课程，课业压力还是很大的。

我原本联系了遥感信息学特论的授课老师田殿老师，但是田殿老师表示他只是日本北海道大学的客座教授，不能带学生。于是，我在可选的研究室中，联系了与自己研究方向最相近的数字几何处理工学研究室。这个研究室的主要研究内容是图像处理、计算机三维建模等。作为交换生，我并没有跟着研究室做研究的义务，只要修满学分就可以了，所以在日交换的那一年，我还是跟着武汉大学的李熙老师做夜光遥感方向的研究。

我是 2019 年 10 月到了日本北海道大学。日本的学年是从每年的 4 月到次年的 3 月。所以我去的第一个学期是 2019 年 10 月到 2020 年 3 月，第二个学期是 2020 年 4 月到 2020 年 9 月。我们学院的楼共有 11 层，图 2.6.7 是我拍的机位照片，刚开始其实不是这样的，后来到 4 月份疫情越来越严重，所有机位之间就都装上了塑料的挡板。

研究室的配置很齐全，有沙发，学生休息的时候可以完全平躺下来；有冰箱、微波炉、洗手池、咖啡机等，甚至还有餐具和炊具，但是只有在年底办 party 的时候才会用到炊具，平时研究室很少开火。2019 年新生欢迎会的时候，我们一起开 party，买了很多小烤肠之类的食材，然后带到研究室里面，在锅里煎着小烤肠，一边吃一边聊。

我们研究室有一个专属的小会议室，每周的组会就在小会议室开。另外还有一个网站，大致分为 5 个板块。第一块是概要，也就是对研究室的一个简要介绍。第二块是研究室的具体研究内容。第三块是研究成果，按照学年度排列，包括大家发表了哪些论文、参加了哪些会议，还有博士或硕士的毕业论文等。第四块是研究室成员，会定期更新团队成员的一些信息。第五块是活动，也是按照学年度排列的，从每年 4 月 1 号开学到次年 3 月 30 号，这一年研究室的活动都会写进去，比如新生欢迎会、年底的忘年会和毕业后的欢送会等，这些活动老师都会很详细地写进去，感觉很有爱。

图 2.6.7 研究室机位

我作为特别听讲生，每学期需要选修 7 门课，两学期加起来就有 14 门课，28 学分。

这个要求比日本北海道大学的硕士毕业学分都高，硕士毕业只需要 16 学分，上 8 门课，如果想一年把课上完的话，每学期修 4 门课就可以了。可能是我不需要跟着日本的导师做研究的缘故，所以学分要求就更高。那边的同学知道我的课比他们还多后，无情地嘲笑了我好久。因为大部分课都和我原来的专业不相关，所以这一年的课上下来也挺辛苦的。除了这 14 门专业课，我每学期又再选了一门日语课。第一学期选的是“日语对话高级”，大家一起玩角色扮演：你是学生我是老师；你是前辈我是后辈；或者我们是朋友，大家应该怎么措辞才是合适的。第二学期选的是“商务日语”，这门课涉及比较正式的日语用语，比如找工作的时候，面试可能会被问到的问题，我需要以什么样的方式去回答；或者写邮件的时候需要注意哪些格式以及敬语问题等。

下面来介绍一下我的宿舍吧。图 2.6.8 是我们宿舍的照片，我当时住的那一栋宿舍楼类似于公寓，8 个人共用一个套间，每个人都有单独的卧室，套间里面有共用的客厅、浴室、卫生间和厨房等。每个月的住宿费折合成人民币大概是 1800 元，水电暖费大概是 460 元。每栋宿舍楼还有几位 RA(住宿助理)，RA 会提供生活上的支持，还会组织学生定期举办集体活动。我们宿舍举办过章鱼小丸子 party、圣诞 party，还一起做了蛋糕等，后来疫情发生后，宿舍里就不允许举办集体活动了。

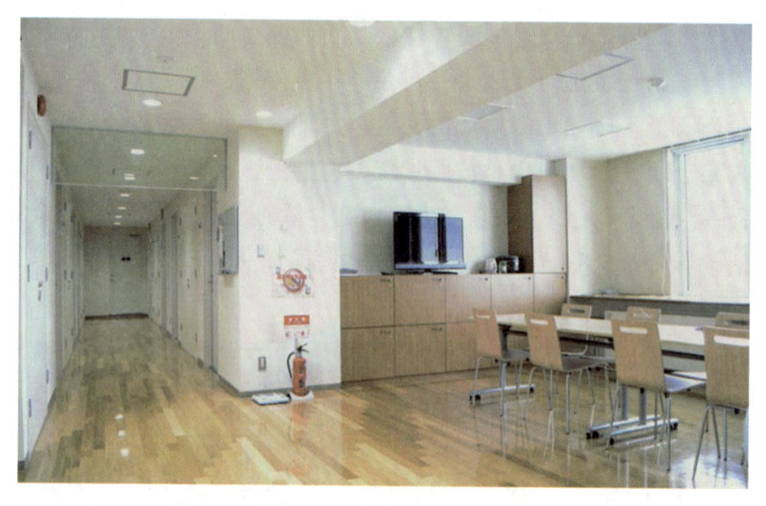

图 2.6.8 北海道大学学生宿舍(图片来源：https：//www.oia.hokudai.ac.jp/cier/hu-house23-2/)

日本北海道大学札幌校区的形状近似于一个椭圆，我们学院差不多位于椭圆的正中心，而宿舍位于椭圆长轴的顶点上，所以离学院还是很远的，步行需要 30 分钟以上。春夏秋季还可以骑车过去，但是冬天的积雪太深，无法骑车，也没有其他交通工具，就只能自己走过去。我冬天时，一周有四天的早上有早课，所以只能每天 6 点多起床，收拾一下吃个早饭，然后踩着皑皑的白雪步行去上课。

接下来说说食堂吧。札幌校区设有 6 个食堂，每个食堂内菜品大同小异，均分为面类、小菜、咖喱饭、盖饭、自助沙拉五大类。食堂内贴着各色的线条贴纸方便大家排队，贴纸会从食堂入口一直贴到窗口。人少的时候，可以不排队直接走进去，但在用餐高峰期，大家都会从食堂门口就开始排队，在进食堂之前就想好自己要吃哪个种类的饭，在预设的路线上排队。日本食堂一餐的消费大概在20~35元人民币，蔬菜很少，也很贵。

日本北海道大学有各色各样的校园美景。有郁郁葱葱的森林、有自给自足的农场、有蜚声国内的银杏大道，还有一下就持续半年的皑皑白雪(图2.6.9)。

图2.6.9 北海道大学雪景

除了校园，我在日本也体验了打工的感觉。对于留学生来说，兼职的来源有两种，一种是派遣公司介绍，一种是自己寻找，前者大多不需要面试而且时薪要高于后者。

我的第一份兼职是经由派遣公司介绍，在国内春节的那三天去商场收银。这三天中国游客占了绝大多数，所以收款方式基本上是支付宝扫码。让我印象非常深刻的是，我在三天的时间里一共加班了20分钟，后来发工资的时候，我发现那20分钟的薪酬真的是严格按照1.25倍工资计算的。

第二份兼职是我自己面试来的，在日本的一个巧克力品牌Morozoff工作。日本的情人节传统不同于国内，在情人节(2月14日)，只有女孩子会送巧克力给男孩子，送给男朋友的叫作本命巧克力，送给男性朋友的叫作义理巧克力，后来慢慢发展为也可以给自己的女性朋友送巧克力，也属于义理巧克力的一种，而收到巧克力的人则会在白色情人节(3月14日)回礼。所以日本的巧克力品牌都会在情人节期间进行非常大型的巧克力贩卖活动。我从2月1日到2月14日在Morozoff担当营业员。在这一过程中，我体会到了日本人对细节的严格要求。比如营业时手机绝对不允许带在身上，营业员有专用的洗手间和电梯，不可以和顾客用同一个。在收银时，日本人惯于使用纸币，在找零时一定要把纸币按照面额排列好，大的放底下，小的放上面，双手递给顾客，保证纸币的人像是正对着顾客的，并且要一张一张点给顾客看。递商品时，营业员要走出玻璃柜台、鞠躬，然后双手递给顾客，等顾客走出10米左右，要再次鞠躬，高喊“谢谢您的惠顾”。

3. 在日期间的求职活动

下面讲一讲我在日本找工作的经历。日本的求职有一个专有名词叫“就职活动”，我把应届毕业生的就职活动时间表列了出来(图 2.6.10)。因为日本的硕士是两年，所以大家在每年 4 月份入学，刚上两个月的课，在 6 月份的时候就已经开始准备找工作的事情了。6 月基本各个公司的实习活动已经开始了，所以这两年的时间，要一边找工作、一边写论文，时间也是挺紧张的。

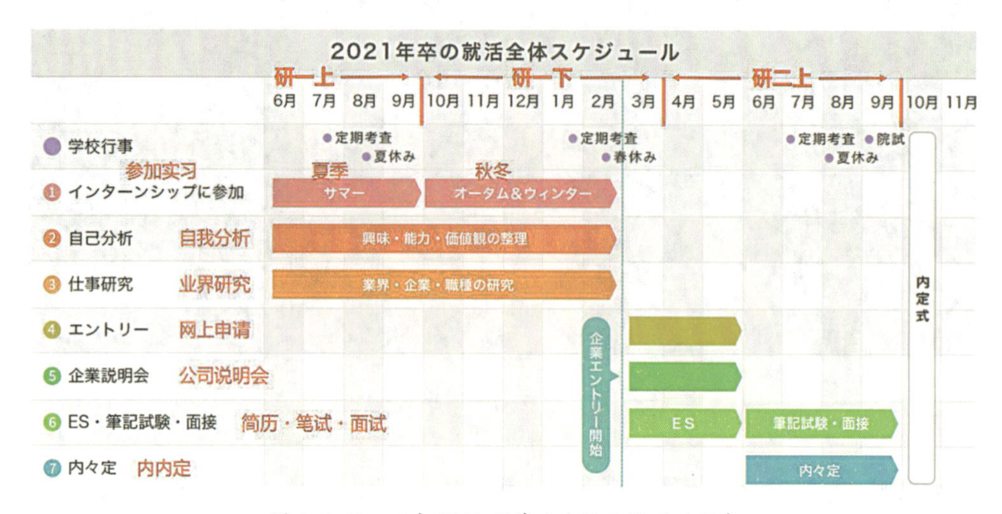

图 2.6.10 日本 2021 届毕业生就职活动时间表

(图片来源：https：//job. mynavi. jp/conts/2021/susumekata/)

研一的时候大概涉及前三项：参加实习、自我分析、业界研究。

第一项求职活动是参加实习，包括夏季实习和秋冬实习。日本的实习和国内的实习很不一样，国内的实习可能希望工作时间越长越好，比如 3~4 个月左右。但是日本的实习大多数情况都是一天，三天就属于比较长的了，如果达到 2 周，那就属于非常长了。一天的时间，放在国内可能都不能称之为实习，更像是参观学习一下。在日本实习一天也只是向求职者介绍一下公司的基本情况、主营业务等。

第二项是自我分析，第三项是业界研究，对于求职者来说，这两项非常重要，因为面试时会遇到以这两项为基础展开的各种问题，我建议大家把这两项深度挖掘，就可以对日本的面试有一个大概的掌握了。

到了研二，每年的 3 月，迎来了求职高峰。绝大多数公司会在 3 月 1 日这天开放申请系统，大家就可以去递交申请，然后开始参加公司的说明会，递交简历，参加笔试和面试等。公司一般会在 9 月前为求职者发放内内定。我在后面列了详细流程，我们可以分步骤来看(图 2.6.11)。

第一项是网上申请。我在日本交换的时候没有参加实习，因为当我萌生在日本工作的

图 2.6.11 日本就职活动流程

念头的时候，所有实习都已经结束了。所以在 3 月 1 日网申开放以后，我直接递交了求职申请。所谓的网申就是在公司的官网上登记自己的个人信息。这一步的登记只是说明我对这家公司感兴趣，并不代表我就申请这家公司了，也不代表我就一定会去听公司的说明会、参加后续的选考等，这只是一个广撒网的过程。我当时网申的公司有 20 多家，但是认认真真写了简历交上去的只有 10 家左右，后面我会详细说。

如果大家对这方面感兴趣的话，可以给大家推荐几个比较常用的日本求职网站。Mynavi 和 Rikunabi 是综合类的求职网站，它们把所有公司都罗列在一起了，非常详细地记录了公司的各项信息，大家感兴趣的公司基本上都能在这两家网站查到。也可以直接在这两个网站上递交申请，不需要特意跑到各个公司的官网上，非常方便。而就活会議、OpenWork、en Lighthouse 这三家是公司评价类的网站，大家可以从这三个网站上看到员工写的对公司的一些评价。

递交网上申请以后，下一步是参加公司说明会，公司会发来具体的参与方式。公司说明会是公司举办的、向求职者详细介绍公司的会议。虽然 2020 年因为疫情，大部分公司都将说明会改为线上举办，但是正常情况下基本都是线下举行的，求职者需要自行前往，路费一般是自理。

参加完说明会以后，下一步就是提交 ES。ES 是指日本的简历，有的公司可以线上提交，有的公司则要求邮寄，要根据不同公司的要求来。据我观察，大部分公司还是要求邮寄过去的。在日本，邮寄材料是一个非常传统的保留项目，寄的材料上还要盖上自己的印章。而且提醒大家，ES 一定要手写，而不是打印。不管 ES 上的空栏有多大，也必须手写，直接打印出来的 ES 一般会被刷掉，因为公司会觉得不亲手写 ES 的话，体现不出求职者的诚意。

ES 上一般有几大块内容，除了基本的个人信息外，以下几项是最为常见的。

第一项是“自己 PR”，基本上是每家公司都会要求的，它不仅仅是简单的自我介绍，而且要对自己的长处做一个概述，总结自己的优势是什么，和别人相比，自己的强项是什么。

第二项是“志望动机”，在这里我们要说明为什么想来这家公司而不是其他家，这家公司吸引我们的地方在哪，也就是选择的理由是什么。

第三项是“学业以外最努力的事”，我们要写出在学生时代，除了学习以外，最努力、付出精力最多的一件事，这个内容在参加就职活动的时候一定会被问到。因为日本的社团活动非常多，所以大多数日本学生可以回答自己的社团活动经历。

最后一项是“研究·毕设内容”，这一项有的公司要求写，有的公司不要求。

过了 ES 初筛后，下一步是笔试。日本的笔试出现最多的题目一般是与能力相关的、与日语相关的、与数学相关的问题，这几种类型的问题大概会占到 90%。笔试中还有性格测试的内容，测试我们在不同的情境下会做出怎样的选择。日本公司比较看重性格测试，他们会根据这一项的结果判断求职者的性格和人品、和公司文化是否相合、能不能比较好地融入这个集体。

笔试过后，下一步是面试。面试的形式和国内的很相近，我遇到过个人面试和集体面试。个人面试是求职者单独接受面试官的提问。集体面试是两三个求职者坐在一起依次回答面试官的提问，在这个过程中，面试官提的问题基本上是一样的，所以我们可以听旁边的人先回答一遍，想想自己要怎么回答这个问题。因为集体面试比较省时间，所以常见于就职活动的初期。虽然参加集体面试在回答问题的时候比较省事，但是如何在很多人之中脱颖而出，给面试官留下印象，也是需要考虑的问题。

此外，还有小组讨论和 Presentation，这两种面试形式我虽然没有遇见过，但也是有的。小组讨论是 6~8 人组成一个小组，围绕主题进行讨论。Presentation 类似于一个汇报，讲一讲自己的研究内容，这种形式常见于博士招聘。一些公司的研究类岗位，标明要招博士，然后在面试的时候会要求博士做一个 Presentation。

面试时的着装也是有要求的(图 2.6.12)，一定要穿正装——不穿正装会被刷掉，黑色的正装是最常见的。女孩子的头发要扎起来，不能散着，发色为黑色，不能染色，染头发会让公司觉得求职者的态度不够诚恳。也尽量不要涂指甲油，如果非要涂，建议大家选一个非常低调的颜色。公文包也是标配，一般为黑色，可以容纳下 A4 纸和笔记本电脑的大小。公文包要挺括，放在地上可以自己立起来。建议大家在求职时最好挎一个这样的公

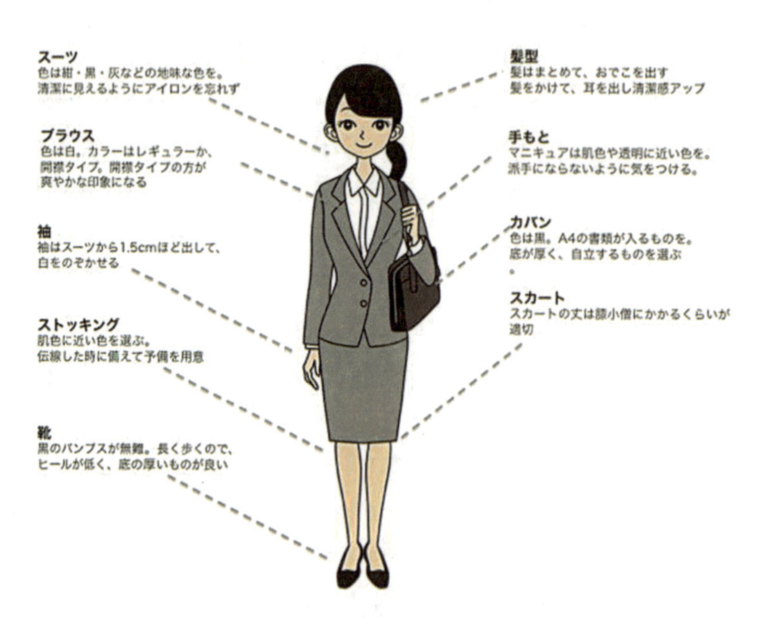

图 2.6.12 在日本求职的着装(图片来源：https：//kenjasyukatsu. com/archives/1361)

文包去，因为所有人都是这么搭配的，如果只有自己和其他人不一样的话，会显得自己很奇怪。

所有的面试都通过之后，求职者就可以拿到内内定了。而正式的内定一般在10月，公司会开一个内定式，所有内定者穿着正装齐刷刷出席。在内定式上，公司会颁发内定证书，这份证书的意义就是公司承诺接受我们作为今年的新员工进入公司，明年4月1号就可以来报到了。往年的内定式都是线下举行的，2020年受疫情影响基本都改成线上了，大家只需要参加一个视频会议就可以了。

我参加了大约10家公司的求职，投了航测领域中的TOP 4：PASCO、亚洲航测、国际航业、朝日航洋；也投了ESRI日本、中日本航空、NITORI、BOOK OFF和山崎面包等其他领域的公司。图2.6.13是我投递这些公司的时间线。

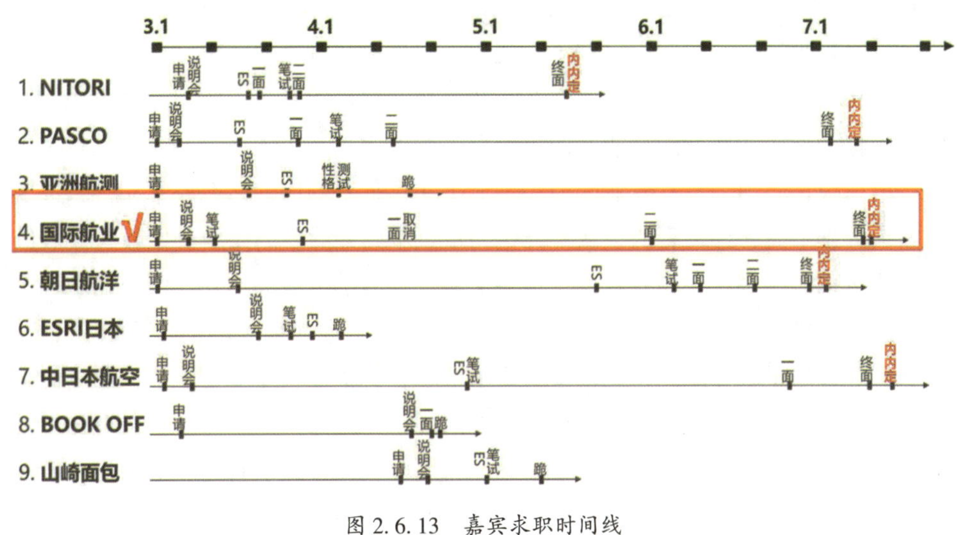

图2.6.13 嘉宾求职时间线

以下是我给大家总结的几条经验：

(1)日本的笔试难度很大，如果不在规定时间内写完，很难进入下一轮。

(2)日系企业很重视性格测试，如果不符合企业的预期，也不会进入下一轮。

(3)整个求职活动的战线拉得很长，从3月网上申请到7月内内定，会有4个月之久，中间或许会有很长的空窗期，求职者在这时不要心慌，把握自己的节奏即可。

说了求职，接着给大家讲一讲传统日企的几大特点。图2.6.14列出了8个特点，下面依次给大家解释一下是什么意思：

第一个是终身雇用，这是传统日企非常显著的一个特点。并不是说所有日本企业都是这样的，比如在日的外资企业并不会这样，而传统日企这样的制度也在经历改革，以后可能会慢慢消失。但现阶段，大多数传统日企还是采用这样的制度。在把员工招聘进来以后，公司就不会轻易解雇员工，可以让员工一直工作到退休。

与终身雇用同时存在的是年功序列。年功序列的意思是，员工在公司的地位完全由其

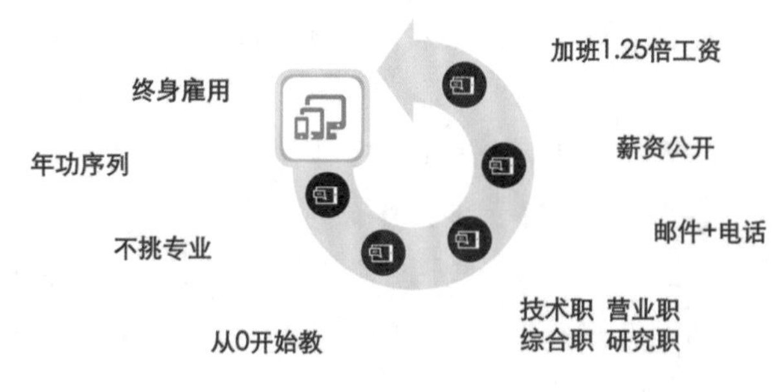

图 2.6.14 传统日企的八大特点

在公司的资历决定，跟个人能力没有太大关系。员工进公司的年头越长，在公司的话语权就越大。所以在求职时也有这种感觉，刚进公司的工资并不由能力决定，同一年进入公司的员工拿完全一样的工资，之后每年以一个微小的幅度往上涨。所以就算一个人很有能力和才华，只要是刚进公司的新人，基本上就会出现被前辈打压的情况。

第三个和第四个特点是不挑专业、从0开始教。这是指公司在招聘的时候，并不是特别看重求职者的专业和掌握的技能，而更看重求职者的人品、性格和企业文化是否相合等方面。也不用很担心因为没有专业能力完不成工作，日企的培训体系非常完善，进了公司以后，如果员工不懂，公司真的会从0开始，从最基础最简单的东西开始教，一般进入公司前三年的培训非常多。比如我听说过很多文科背景的学生去日本互联网公司做程序员的例子，就是因为日系企业会针对必需技能对员工进行非常细致的培训。所以在面试的时候，面试官不会问很多专业问题，也不会要求求职者具备多少专业技能等，而更侧重考察我之前说到的关于个人综合素质、性格方面的问题。

第五个特点是，公司招聘会分为技术职、营业职、综合职、研究职等大类，而不会写明特别具体的岗位。技术职一般是各种技术类、数据处理类的工作；营业职和人打交道比较多，需要和客户进行交接；有的公司招聘的时候就简单写一个综合职；而研究职招博士的情况较多，希望招聘到博士专门去公司做研究等。

第六个特点是邮件和电话。这是指在日本做工作上的交流时完全是通过邮件和电话进行的，要么发邮件，要么打电话，不会用类似于微信的工具来交代工作上的事情。在日本和微信类似的软件叫 LINE，朋友之间会用 LINE 聊天，但是工作中不会用 LINE 来联系，同事互相不交换彼此的 LINE 联系方式也是非常常见的事情。日本把同事和朋友分得很清楚，工作的时候就正儿八经地用邮件和电话。我们在研究室和教授沟通也不会通过 LINE，而是写邮件来联系老师，用邮件来解决所有问题。如果觉得邮件速度太慢的话，可以先打一个研究室的内线电话，和老师约一个当面沟通的时间。

第七个特点是薪资公开，所有公司在招聘的时候都会把自己的薪资标准写在官方网站上。虽然进了公司以后每年的工资涨幅和奖金并不公开，但是应届生在进公司的第一年能够拿到多少钱，这是每个人都可以在官网上查到的。

第八个特点是加班 1.25 倍工资。就像我刚才说的，在资生堂打工的时候，加班了 20

分钟也会把这20分钟按1.25倍的工资来算，在其他日企也是这样的，基本会把所有加班时间都按照1.25倍工资来算加班费。

4. 写在最后的话

这部分是我想分享给大家的一句话，也是我非常喜欢的一句话：想做的事情就勇敢去做吧。这句话其实也是我现在的状态。在找工作的时候，我发现自己真的不是一个规划未来型的人。在面试的时候常常被问到这类问题：对自己的人生规划是怎样的，未来想成为一个什么样的人，计划中5年、10年以后我在哪里、做着什么工作，我会采取什么方式实现我的规划。在回答这类问题的时候，我真的有点苦恼，因为我并不是一个喜欢规划未来的人，而是一个当下型的人，更注重的是我现在想做的事情是什么。如果我想要做这件事，我有哪些方式可以去实现它。如果我实现了这件事以后，我是不是会特别开心、特别满足，觉得自己没有遗憾了。如果这些问题的回答都是“是”，那么我就会尽一切努力，去实现这个当下的目标。所以，虽然不知道我未来的人生会走向什么样的发展、变成什么样子，但是，我的每个当下都过得非常快乐。大家也可以去思考思考，自己当下最想做的事情是什么。

以上就是我关于日本求学和求职报告的全部内容了，如果大家对这两个方面感兴趣，希望我的报告能稍微解答一下大家心中的疑惑，谢谢大家。

【互动交流】

主持人：非常感谢赵丽娴同学对她在日求学、求职经历的精彩分享。下面是我们的互动环节，有什么问题可以举手示意，直接向嘉宾提问。

提问人一：师姐好，非常感谢师姐和我们分享她在日本的经历，同时我也很赞成师姐最后分享的那段话。我自己也处于求职的状态，也总是瞻前顾后、患得患失，所以我很想知道是什么契机让师姐决定在日本工作的？

赵丽娴：这个问题其实很简单，因为我在求职的时候首先考虑了两点：第一，我可以接受适度加班，但不能接受加班到晚上10点、11点的公司。第二，我想在加班时间内拿到足额的加班费。在这两个方面日本公司都做得挺好的。而且日本公司的氛围也和我的性格比较相合，公司的规章制度都特别明确，员工进公司以后，只需要根据指令去做事就可以了。

提问人二：您好，我想问一下，除了公司氛围和加班情况，日本在生活方面有没有特别吸引你的地方，和国内相比呢？

赵丽娴：我觉得在日本生活是一个很省心的状态，大家都挺独立的，人与人之间没有特别密切的联系，跟朋友之间的关系甚至都不是特别密切。自己做好自己的事情就可以了，不会干涉别人太多，也不会受到别人很多干涉。

提问人三：您好，我现在研二，我也很想去日本留学，但是我的专业方向好像更适合去德国，而且我现在还没有考日语成绩，您可以给我一些建议吗？

赵丽娴：你可以查一下日本有没有与你专业相关的比较好的学校。因为你现在还没有考日语成绩，如果你可以接受延毕，在硕士期间去交换留学还是来得及的。如果不能接受延毕的话，可以去日本读博，那就要先联系好导师，导师能给你在专业上提供指导。

提问人四：请问师姐在日本期间有没有遇到过由于文化背景冲突引起的问题？

赵丽娴：我觉得日本人说话都很暧昧，他们不会明着说，真正的意思是需要听者意会的，但他们会默认听者能够理解他们说的是什么意思，我刚到日本的时候因为不够理解还闹出了一些误会呢。

（主持人：王妍；摄影：丁锐；摄像：候翘楚；录音稿整理：王妍；校对：陈佳晟、江柔）

2.7 测绘研究生在计算机视觉领域的科研与博士申请经历分享

（陈雨劲）

摘要：本次报告将结合嘉宾在国重近五年的学习经历(本科两年和硕士三年)，分享研究生阶段的关键选择和生涯规划；并通过从测绘学科转到计算机视觉领域的经历，分享跨领域学习的经验；同时介绍海外博士申请的经历，探讨如何提升申请竞争力；以及分享国外交流学习和腾讯公司实习的经历。

【报告现场】

主持人：各位老师、同学，大家晚上好！欢迎参加 GeoScience Café 的第 299 期的学术讲座活动，我是本次活动的主持人张崇阳。本期讲座我们非常有幸邀请到了陈雨劲师兄为我们做报告。陈雨劲师兄是国重 2018 级硕士研究生，师从陈锐志教授、涂志刚研究员。在实验室期间以第一作者身份发表论文 4 篇，包含 ICCV 2019、CVPR 2021 和一区期刊 IEEE。担任 CVPR、ICCV 等会议和 T-CSVT、JVCI 等期刊的审稿人。在腾讯 AI Lab 从事算法研究实习。曾获研究生国家奖学金，收获慕尼黑工业大学计算机视觉方向的全奖 PhD offer。本次报告中，陈雨劲师兄将结合他在国重 5 年的学习和生活经历，分享研究生阶段的关键选择和生涯规划，同时也将介绍海外博士申请以及在腾讯实习的一些经验，下面有请陈雨劲师兄。

陈雨劲：大家好！首先我自我介绍一下，我叫陈雨劲，现在是研究生三年级的学生。今天主要给大家分享一些测绘研究生在计算机视觉领域的科研和博士申请经验。接下来我将从以下四个方面进行分享：① 个人简介；② 海外交流；③ 企业实习；④ 海外博士申请。

1. 个人简介

首先我介绍一下我个人的经历(图 2.7.1)。我本科就读于武汉大学测绘学院，于 2018 年保研到国重，现在是研究生三年级。在大四结束的时候，我前往以色列理工学院并进行了一个月的交换学习，当时学习的是机器学习。我现在的导师是陈锐志教授和涂志刚研究员。在工作经历方面，从 2019 年 12 月至今，我一直在腾讯 AI Lab 实习，从事了很长时间的实习工作。除此之外，2019 年，我前往纽约州立大学布法罗分校进行为期 5 个月的访问；2020 年，我和加州大学伯克利分校有过四五个月的远程科研合作。我的研究方向主要是三维视觉和表征学习。三维视觉涉及重建、姿态估计、场景理解以及神经渲染；表征学习比较偏机器学习，包括对比学习和无监督学习。我现在以第一作者发表的论文有 4 篇：2019 年发表了 1 篇 ICCV；今年发表了 1 篇 CVPR；以前还有 1 篇 TIP，做的时间很久，也在今年被接收了。除此之外，本科的时候在 *Sensors* 上发表了一篇文章。我硕士毕业后的去向是慕尼黑工业大学的计算机视觉组，图 2.7.1 右下角的“TV-L E13，100%”是德国对奖学金的一个分类等级，大概是德国博士刚入学能拿到的最高级别奖学金的水准。

图 2.7.1 陈雨劲的个人经历

接下来我大概介绍一下我的科研时间线（图 2.7.2）。虽然我是 2018 年本科毕业并保研到实验室的，但实际上我在 2017 年 1 月的时候就已经在陈锐志老师组里面做科研了，做的方向是基于视觉的室内定位。因为当时做的内容是以视觉为基础的，所以后来我可能就慢慢地往计算机视觉领域靠近。直到硕士入学之后，基本上研究的都是计算机视觉相关的内容。我研究的小方向是手部姿势估计和建模，以及场景理解。在读研期间，我曾参加访问交流活动，在企业实习，以及进行科研合作。

以下内容将对我的几篇重要论文的时间点做简单介绍。第一篇论文是我本科毕业设计的内容，我在答辩后补充了一些实验，投向 *Sensors* 期刊，大概一个多月之后就被接收了，这也是我的第一篇 SCI。研究生入学之后，我一直在准备我的下一篇论文，在 2019 年 3 月的时候投了 ICCV，幸运的是，第一次投稿就被接收了，收到收稿通知的时间大概是 2019 年 7 月。随后我去了布法罗大学进行访问，并参与了一个项目，项目结束后我在 2019 年 11 月投了一篇 CVPR，但是在 2020 年 3 月被拒了。从时间线上说，我投稿后就已经回国，一直在腾讯 AI Lab 实习，做的内容与访问时期的项目有很好的延续性，所以在这段时间

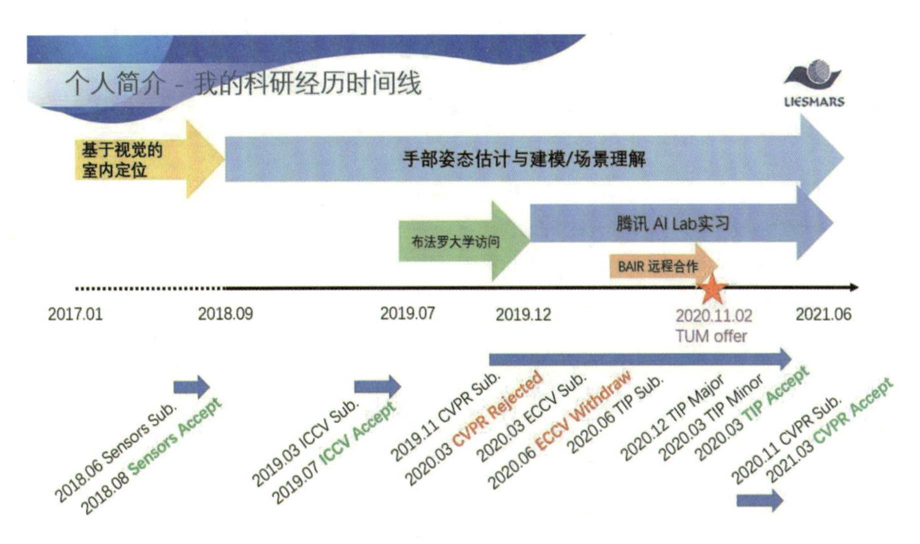

图 2.7.2 陈雨劲的科研时间线

里我仍对论文中的实验进行改进。被 CVPR 拒稿后我转投了 ECCV，虽然我又补充了很多实验，但是考虑到它的结果并不是很好，我在审稿意见出来后就直接撤稿了。后来我继续补充实验，在 6 月的时候投了 TIP，影响因子大概是 9 点多。它的审稿周期比较长，经过 6 个月才收到“大修”，再经过 3 个月收到了“小修”，经过漫长的审稿和修改之后，最后在 2021 年 3 月份被接收，这是我的第三篇论文。另外在去年 11 月份的时候我投了一篇 CVPR，也在今年 3 月份被接收了。值得一提的是，我在 2020 年 10 月中下旬左右的时候就已经开始在申请国外的博士了，在 11 月 2 号就拿到了慕尼黑工业大学的录取信。当时我也只有一篇顶会和一篇一般的 SCI，但最终还是拿到了录取信，所以大家也不要觉得申请博士特别困难。

2. 海外交流

1)海外交流概述

接下来是海外交流的基本情况。如图 2.7.3 所示，我把海外交流项目分为长期项目和短期项目。长期项目主要包括 CSC(国家留学基金委员会)博士联合培养项目和硕士的双学位项目。其中，CSC 联合培养项目是以研究为导向的，不一定可以拿到双学位，生活费一般由 CSC 赞助，学校不会提供资金。具体案例有我们实验室的武汉大学-荷兰代尔夫特理工大学双博士学位研究生项目，这个项目比较特殊，可以拿到两个学校的博士学位，但也有很多其他项目，它只提供出国交换的机会，并不一定能拿到对方学校的博士学位。硕士双学位项目主要是面向刚保研的硕士新生，比如武汉大学与德国慕尼黑工业大学地球空间科学与技术双硕士项目。这是一个课程导向的项目，具体来说，第一年在武大学习，第二年前往慕尼黑工业大学，然后第三年可以选择回武大或者继续在那边学习，最终拿到两个学校的硕士学位。由于德国那边的学校没有学费或者学费很低，一般只需自理生活费。

海外交流 -- 概述

	案例	特点
长期项目		
CSC博士联合培养	武大-代尔夫特理工双博士项目	研究导向，不一定可以拿双学位，CSC资助
硕士双学位项目	武大-慕尼黑工大双硕士项目	课程导向，两个硕士学位，一般生活费自理
短期项目		
访问学者	实验室短期出访资助项目	研究导向，自费或实验室/导师/访问学校支持
短期课程项目	关注国际交流部网站	课程导向，自费或CSC/学校/交换学校支持

图 2.7.3 海外交流项目的分类

短期项目包括访问学者和短期课程项目，这也是我体验过的两种项目类型。访问学者是指在国外老师的实验室里做科研，是研究导向的，一般不需要去上课或者做其他与科研无关的事情。我们实验室以前会有一些短期访问的资助项目，大家后面可以关注一下实验室的网站进行申请。我当时出国访问就获得了一些资助，但自费的情况也比较多，因为提供的资助通常只覆盖生活费和来往的机票费用，有时候老师可能会资助一部分，另外访问的学校可能会提供一定资金支持，用以支撑你的科研。短期课程项目的话，一般本科生参加的会比较多，通常是某一个学期中或学期结束的时候去交流学习。我之前参加的是暑期学校，大概持续一个多月的时间，当时是直接在对方学校的官网上申请的，但是后来发现我们学校国际交流部的网站上也有和他们的科研合作项目。这种类型的项目也是课程导向的，主要是自费或者 CSC/我们学校/对方学校提供一些支持。

2）我的海外交流经历

我结合我的经历讲一下这几种交流类型的区别(图 2.7.4)。我第一段交流经历去的是一个小众但国际声誉较好的学校，叫以色列理工学院，这所学校的计算机技术十分出色，位于以色列海法。我是 2018 年暑假去交流的，学习时间大概是 5 周，学习的课程是机器学习。当时学校也提供很多其他课程，比如图像处理、人文类课程等，涉及许多其他领域，大概有六七个类型可供选择。一般来说在申请的时候就要选择课程，不同的课程是分开去读的，我当时选的是机器学习。项目的申请需要英文成绩证明，我提交了雅思成绩，另外四、六级成绩也是可以的。其次，学费需要自理，但是在录取的时候对方学校一般会提供半奖或全奖奖学金，我当时拿的是全奖。学校会提供住宿，另外 CSC 可能会赞助机票，但是因为我当时已经本科毕业，不算是在籍的学生，所以当时 CSC 没有给我出机票的费用，最后是我导师给我报销的。同样生活费也需要自理，那边的物价大概是国内的两三倍。关于学习的内容，其实像这种交流项目，一般都只需要上课，并不一定要跟其他教授做一些研究。比如，当时我们周一到周五会上一些机器学习的课程，以及一些关于他们国家、民族和文化的课程，周末的时候学校会安排我们去一些地方进行短途旅游以加深对当地文化、生活的了解。

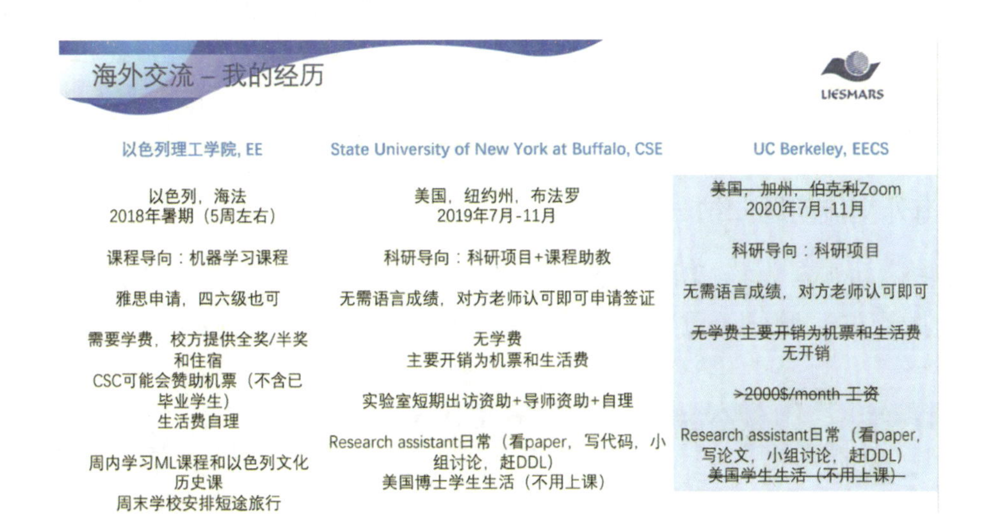

图 2.7.4　陈雨劲的海外交流经历

第二段是在我研究生二年级的时候，因为没有课程安排，我选择去纽约州立大学布法罗分校访问了一段时间。我在那边的导师是 Junsong Yuan 老师，他和我的二导涂志刚老师比较熟，也经常来国重作报告，与国重联系较为密切。通过他来国重作报告，我认识了这位老师，当时我说想去他那边做访学，后来就确定了下来。我于 2019 年 7 月过去访问，研究方向是和在学校做的一致，也是以科研为导向的。因为那边的老师需要给本科生上课，所以我当时也承担了一些课程助教的工作。这种交流项目不需要语言成绩，也不是学校的官方项目，一般来说需要自己去跟对方老师沟通交流，如果对方老师认可你就可以申请签证，签证办好后就可以直接去。因为不用上课，所以一般没有学费，主要的开销是你的机票和生活费。当时我的资金来源主要包括实验室的短期出访资助以及导师报销的机票费用，其他的费用由我自理。那边的工作主要就是科研助理的日常，看论文，写代码，小组讨论和赶截止日期，整体感觉跟在国内差不多。在那边的生活其实就相当于美国博士生的生活，除了不用上课以外，其他都比较类似。

第二段出国交流经历回来的时候已经是 2019 年 12 月份，正在读研究生二年级，离博士申请大概还有一年的时间，所以我就想在研究生二年级的暑假再出去交流一段。于是我联系了加州大学伯克利分校那边，拿到了访学身份。当时的计划是从 2020 年 7 月至 11 进行访问，同时赶 CVPR 的交稿日期，访学内容主要也是做科研项目。这次的申请跟此前的一样，不需要语言成绩，虽然办理签证的时候通常要求语言要过关，但是对方老师可能会在你的录取信里面表明他认可了你的语言水平，那么这种情况就不需要你提供语言成绩，可以直接去面签。学费也不需要，主要的开销就是机票和生活费，当时那边还特别好，给我提供了大概 2000 多美元一个月的工资，应该基本上能维持一个比较节俭的生活。我当时面试的时候大概是 2020 年二三月份，那个时候国内的疫情已经爆发，但美国还不是很严重，我觉得疫情很快就能控制下来，以为可以出国，拿到录取信之后，我也一直在跟学校那边沟通，但是到五六月份的时候，美国直接把访问学者签证(J 签)给封了，我无法前往美国，所以后来都是通过远程合作的方式进行。当时也是跟那边一个老师做研究，基本上每周会有两次 Zoom 上的组会。当时还有伯克利的其他学生和老师在欧洲的一个学生，我们 4 个人一个小组定期讨论，一起去推进这个科研项目。

3)海外交流问题归纳

如图 2.7.5 所示，在有了国内国外各种科研经历后，我归纳了一些海外交流的典型问题：我们是否需要找海外交流项目？以及我们如何找合适的海外交流项目？

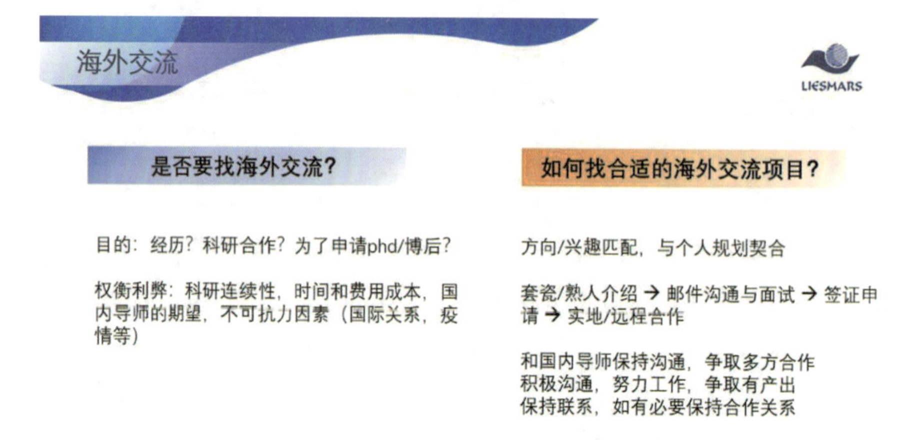

图 2.7.5　海外交流问题归纳

首先关于是否要找海外交流，每个人可以思考一下自己的目标，比如说，你出去交流是为了增加自己的一份经历、是为了科研合作、还是为了让后续申请 PhD 或者博后有更多的联系？其实这几个是相辅相成的，但可能每个人在不同阶段的具体目的是不一样的。对于我来说，当时我的目的很简单，就是为了申请 PhD，为了让这些项目成为我申请 PhD 的加分项，所以我想进行交流。当然，能够进行科研合作也是很重要的。话虽如此，海外交流也存在一定的局限性，它可能会对你之前的工作和生活带来一些影响，比如说，你在国内一直做的项目可能跟你过去访学要做的项目衔接得不是特别好，它不一定很连续，这也会产生一些问题。

时间和费用成本也要纳入考虑范围。时间成本不仅包括你在国外交流的那段时间，也包括你在出国之前套磁、准备材料以及进行申请的时间。费用的话，主要是指你在国外的开销，虽然你可能会申请到学校资助，但是资助可能是不够的，有很多其他费用需要自己去承担，比如国内去办理签证的一些费用等。第三个方面，我们在国内读研的时候一般会和老师的项目联系得比较紧密，但如果老师的期望与你自己想做的东西并不一致，可能就会比较麻烦。关于这点，需要自己跟老师多讨论，如果老师的期望和你自己的期望一致性较高，这样会更好一些。然后也需要考虑一些不可抗力的因素，比如现在的国际关系、疫情等。国际关系主要是会对签证造成一些影响，我当时面试美国签证的时候，中美贸易战还不是很火热，但是也是等了特别久，被查验了大概一个月才拿到J签，这可能和我的专业是测绘遥感领域的有一点关系。疫情方面，主要是外国的大使馆在疫情期间并不会一直开放，这样就没办法发放签证。另外现在国外的疫情尚未稳定，这也有一些令人担忧。

在确定要找海外交流项目之后，我们再分析一下如何找合适的海外交流项目。首先，第一个是你的研究方向与研究兴趣最好要相匹配。研究方向一般是直接去咨询对方老师，可以通过邮件和老师沟通，也可以通过你导师的人脉去沟通。另外也要与自己的个人规划相契合，别人去的海外交流项目并不一定就适合你。比如说，如果你以后不想做学术，只是想出去旅游，我觉得你可能没有必要去参与海外交流，因为出国之后会面临很多问题，例如你可能需要面临生活会不习惯、做研究比较累等诸多事情。找海外交流项目的整个过程基本上是：先自己套磁或者是通过熟人介绍，然后邮件沟通与面试，后面把时间等确定下来之后就可以去申请签证了。需要注意的是，每个国家的签证申请程序以及复杂程度是不一样的，需要自己去做一个权衡。接着拿到签证之后基本上就可以开展实地或远程科研合作。

这里我列了关于海外交流的几条建议。首先，不管你是去做海外交流，还是在国内做科研，都要跟自己的导师保持良好的沟通，争取多方合作。比如说，我在国外交流的时候，大部分的时间我还会参加国内的组会，一起讨论问题，我也会让国内导师知道我现在正在做什么，同时尽量让大家都对我的工作有一定了解。其次，在国外交流的过程中，也要和国外老师保持积极的沟通。因为老师通常都会有很多学生，他可能会很忙，并不一定有很多时间管理学生，所以多与老师沟通交流，同时自己要努力工作，争取有产出。最后，在结束交流之后最好与老师保持联系，如果有必要可以继续保持合作关系。比如我虽然在美国只待了5个多月，但是跟那边老师现在一直保持着联系，因此后来我投文章的时候他也会帮忙一起合作。

4) 海外交流经验总结

如图2.7.6所示，关于海外交流，我自己总结了一些经验，当然这些只是我个人的看法，仅供大家参考。

第一，给力的合作者会让研究过程变得更有意思、更简单。关于这一点，并不局限于海外交流，其实国内的学术合作也是一样。我觉得如果只有自己一个人做科研，会很容易感到无力、乏味，甚至有时候找不到目标，比较难向前推进。但是如果是很多人一起做一个项目，别人会激励你，会和你一起去解决问题，这会让整个过程变得有意思。举一个简单的例子，我现在要投一篇文章，在文章投出之前可能会有2~3个人给我做校读，他们会从比较专业的角度给我提一些建议，例如写作上有哪些问题，实验上有哪些不足等，这样的话你在审稿之前就可以从不同的视角得到一些看法，避免在审稿结束后从审稿人那得到不好的意见，同时这也能推动你去完善自己的工作。

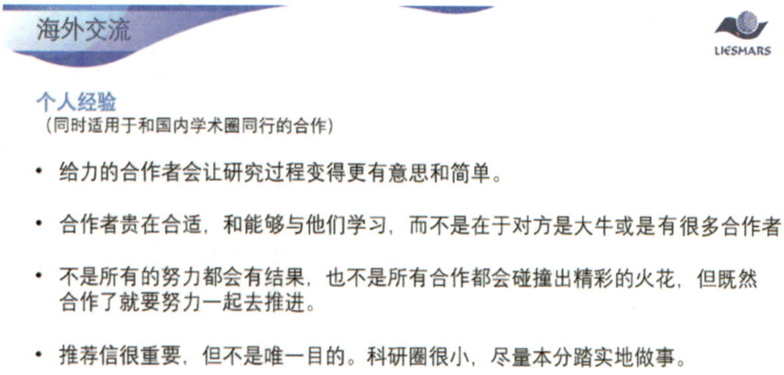

海外交流

个人经验
（同时适用于和国内学术圈同行的合作）

- 给力的合作者会让研究过程变得更有意思和简单。
- 合作者贵在合适，和能够与他们学习，而不是在于对方是大牛或是有很多合作者。
- 不是所有的努力都会有结果，也不是所有合作都会碰撞出精彩的火花，但既然合作了就要努力一起去推进。
- 推荐信很重要，但不是唯一目的。科研圈很小，尽量本分踏实地做事。

图 2.7.6 海外交流经验总结

第二，合作者贵在合适以及能够向他们学习，而不在于对方一定要是大牛或者是有很多合作者。虽然很多时候我们希望自己在学术圈里可以跟一些大佬合作，但是其实大佬们不一定会有很多时间与你进行较好的沟通，或者说对你的项目很上心。我觉得最好的合作者是，你可以跟他们学到很多东西，然后他们也对你的项目比较上心，大家能够一起去推进项目的开展，这样是比较好的。

第三，不是所有努力都有结果，也不是所有的合作都会碰撞出精彩的火花，但既然合作了就要努力一起去推进。这个也是我之前的一些经验，对于有些项目，可能你刚开始的时候觉得还好，但后面就比较难推进，当然这并不一定是你自己的原因，可能两边的合作就不是特别愉快，或者那个项目本身就具有较大难度，面对这样的情况我觉得只要尽力就好了。

最后，推荐信很重要，但不是唯一的目的，科研圈很小，尽量本分踏实地做事情。除了我们在读研究生的时候会去参加海外交流项目外，其实现在很多本科生，也就是大二、大三的学生，他们也很喜欢在暑假的时候去做科研，因为这样他们能在很短的时间内，比如三四个月的时间里，去做一个新的项目，如果他有效推动了项目的开展，就有机会拿到一封来自国外教授的推荐信，这对于他们日后的申请是很有帮助的。所以他们就觉得，包括很多中介也会说，他们去做海外交流的唯一目的就是拿推荐信，而不是做科研。这种现象在我们研究生中会相对好一点，因为我们已经积累了一些科研的经验，在做学术方面一般是没有问题的。这其实是一个心态问题，我们去做海外交流，确实可以拓宽自己的人脉，以及能够让我们在申请博士或博后的时候拿到一些推荐信，但是这并不是唯一目的。大家都知道科研圈说大但其实也不是很大，很多人都相互认识，真的是需要你自己踏实做事情，别人才会给你很好的评价，这对你自己长期的发展也是比较有益的。

3. 企业实习

1）企业实习概述

接下来是关于企业实习的一些分享。我从 2019 年到现在，在腾讯实习了一年多的时间，所以有一些这方面的经历，在这里给大家分享一下。如图 2.7.7 所示，我从做算法研究实习的角度对企业实习的岗位进行了一个简单分类，不一定很全面。

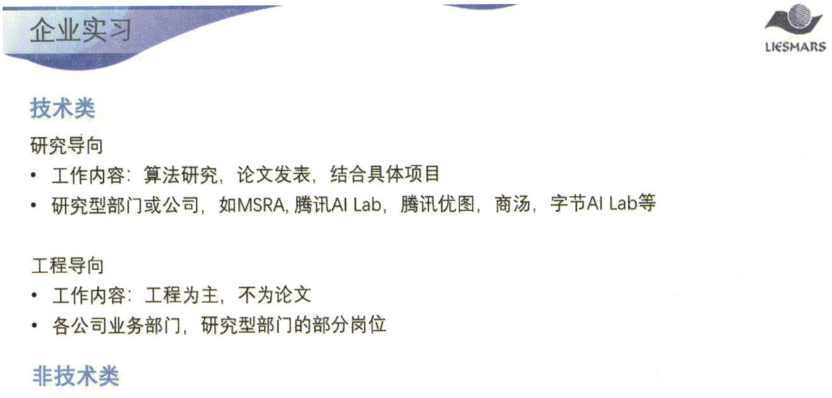

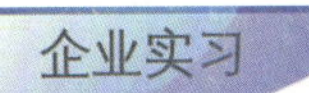

技术类

研究导向

- 工作内容：算法研究，论文发表，结合具体项目
- 研究型部门或公司，如MSRA，腾讯AI Lab，腾讯优图，商汤，字节AI Lab等

工程导向

- 工作内容：工程为主，不为论文
- 各公司业务部门，研究型部门的部分岗位

非技术类

图 2.7.7 企业实习概述

一般来说，岗位可以划分为技术类和非技术类，其中技术类又分为研究导向和工程导向。研究导向岗位的工作内容其实跟学校差不多，主要是做算法研究，你的目的就是把一个算法研究得比较好，然后通过论文的形式将它展现出来。但是这和在学校也会有一些不同，可能会需要你结合公司或者具体部门的一些业务去做科研，而不是说你想做什么就可以做什么。这里我列出了几个典型的研究型部门或公司，主要是一些互联网企业或者是跟计算机、AI 相关的机构，我了解到的有微软亚洲研究院、腾讯 AI Lab、腾讯优图、商汤、字节 AI Lab 等，这些单位都有一些技术导向的职位。另一方面是工程导向的职位，主要工作就是做工程，它并不是为了论文，因为公司最主要的目的是营利，它需要很多人去做事情。所以一般实习生过去就不需要发论文，以做工程为主，并且这些实习生的目的可能也就是增加自己做项目的能力，或者通过实习来转正。由于各公司的各个业务部门都需要人去做这些事情，所以这种岗位会更多一些。

2) 我的企业实习经历

我介绍一下我在腾讯 AI Lab 里面实习的经历(图 2.7.8)。我还在美国时就已经开始在公司里实习，在 2019 年 12 月回国之后就去了深圳，做日常实习生。日常实习就是指如果你的老师跟公司那边存在合作关系的话，那么你研究生期间就可以在那待很长一段时间，可以同时做学校和腾讯的事情。当时其他老师给了我内推的机会，后面经过几轮面试才确定了实习资格。我现在主要做的事情是算法研究，其实跟在学校差不多，先研究算法然后发论文，但是做的方向和我所在团队的一个科研项目是相关的。在 AI Lab，并不一定要有业务，因为公司并不一定是为了盈利而运作这个部门，它的定位是做一些基础的技术积累，以及做一些偏研究的项目。例如，公司想要做一个虚拟人产品，这需要很多技术的积累，那么公司就会安排我们来做，但同时我们也需要有一些学术的产出。实习的过程中，那边的实习工资基本上与在深圳的生活开销持平。日常跟在学校差不多，主要是看论文、写代码，然后与导师和组长讨论、进行小组讨论。这里解释一下，一般来说在公司，直接带你的那个人叫 Mentor(导师)，你们小组的小组长叫 Leader(组长)，讨论主要是与这两个人进行。我们每周也会有一次小组讨论，主要也是讲论文和各自的科研进展。

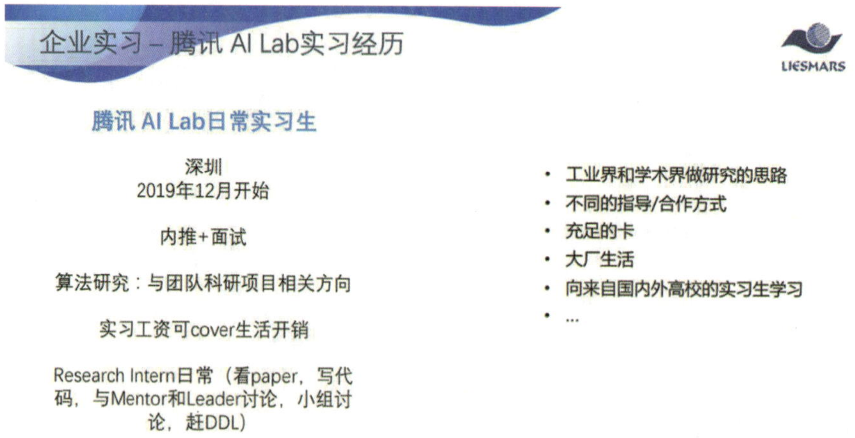

图 2.7.8 陈雨劲的腾讯 AI Lab 实习经历

在学校和在公司做研究会有很多不同的地方。我觉得一个主要的点在于在公司里面做研究你能够了解到在工业界和学术界做研究的思路是不同的。很多同学博士毕业之后并不一定在学术界发展，事实上工业界的很多公司也会找博士去做前沿的研究，但是这两者的思维是不一样的，通过实习你就可以切身体会到他们的不同之处。其次，在学校和在公司里，指导与合作的方式可能也不一样，在学校主要就是老师指导，而在公司，由于你和 Mentor(导师)之间其实算是同事关系，没有明显的上下级关系，所以工作氛围和学校不太一样。另外，在公司工作，计算资源会比较充足，显卡会特别多，这些资源一般可以随便使用。然后在公司可以体验到大厂的生活，也能够向其他来自国内外高校的实习生学习。

3)企业实习问题归纳

那么我们就有疑问了，我们是否需要找实习/企业合作？以及我们如何找合适的实习？如图 2.7.9 所示，针对这两个问题，我归纳了一些自己的看法。

关于是否要找企业实习，首先，要明确自己的目的。我这个人比较喜欢在做事情之前问一下自己，我做这件事情的目的是什么。我去找实习是为了增加我的经历？还是单纯为了和公司开展科研合作，利用他们的一些资源来做一些我在学校里面做不了的东西，从而推进自己的科研？还是为了我毕业之后能够有机会留下来工作？当然还有很多人在毕业之后没有找到好的学校或工作，他们可能会选择去公司里面做科研。

其次，要权衡利弊。这其实和刚才说到的海外交流是一样的，因为你毕竟是一个在校学生，但是你并没有待在学校里面做科研，你既是你导师的学生，同时也是公司那边的一

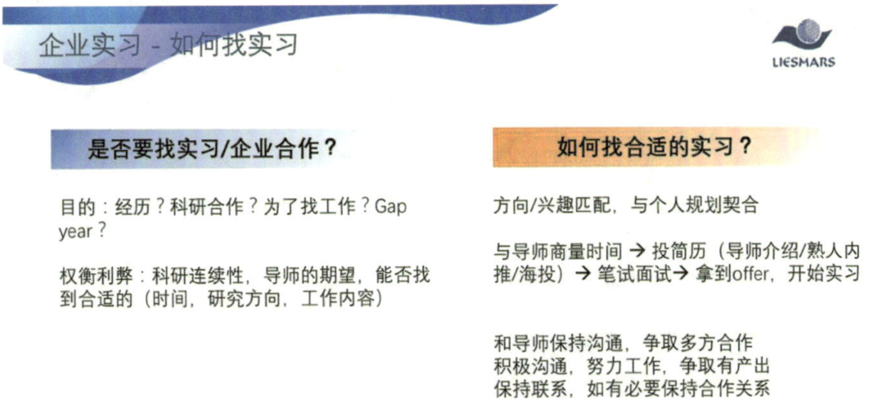

企业实习 - 如何找实习

是否要找实习/企业合作？

目的：经历？科研合作？为了找工作？Gap year？

权衡利弊：科研连续性，导师的期望，能否找到合适的（时间，研究方向，工作内容）

如何找合适的实习？

方向/兴趣匹配，与个人规划契合

与导师商量时间 → 投简历（导师介绍/熟人内推/海投）→ 笔试面试 → 拿到offer，开始实习

和导师保持沟通，争取多方合作
积极沟通，努力工作，争取有产出
保持联系，如有必要保持合作关系

图 2.7.9 企业实习问题归纳

个实习生，你就要兼顾到各方面的事情，从而会有一些利弊的权衡。比如，你的科研连续性是否能够保证？你在公司做的内容是否符合你导师的期望？你找到的实习是否适合你？其实找到合适的实习还是比较难的，例如，很多人去实习的初衷是想找偏研究的实习，不想做工程而是想发论文，但是很多公司的岗位并不会如你所愿，他们就是需要你去推动他们项目的开展或技术的发展，你过去就是要写代码的，你并不能做你自己想做的研究。另一方面，并不是所有组都有和你非常匹配的研究员来指导你，这些都是需要考虑的方面。

如果确定了要去实习，怎么才能找到合适的实习呢？首先，和海外交流一样，你所找的实习要和你的研究方向与兴趣相匹配，与你的个人规划相契合。然后找实习的流程基本上是：先要跟你的老师商量一个时间，然后去投简历，途径包括老师介绍、熟人内推以及海投等，接着就是进行笔试和面试，最后通过选拔拿到录取信就可以开始实习了。

图 2.7.9 右下角是我关于找实习的几点建议。首先，要和导师保持沟通，争取多方合作。就以我为例，因为我在企业实习的时间特别长，所以我就提前和我的老师沟通好，我在那边的项目和在学校里面的科研方向是一致的，发文章也是我导师当通讯作者，最后差不多处于多方合作的状态。沟通好之后，我就可以放心地去争取一些实习机会，当然我导师给我的机会也很多。其次，不管在哪里，和不同的人合作都要及时、积极地去沟通，同时也要努力工作，争取有产出。最后结束实习之后也可以保持联系，因为大家都是做学术研究的，如果能够保持紧密的合作关系，对未来的研究也会比较好。

4）企业实习经验总结

如图 2.7.10 所示，关于企业实习，我总结了几点我的经验。

第一，工业界和学术界做研究的思路可能不一样，但是作为实习生可以借鉴到工业界的一些优点。我在工业界实习了一年多，我觉得虽然 AI Lab 属于偏技术向，同时又没有太大业务压力的部门，但和在学术界还是很不一样的。比如在学校里，你的想法可以很天

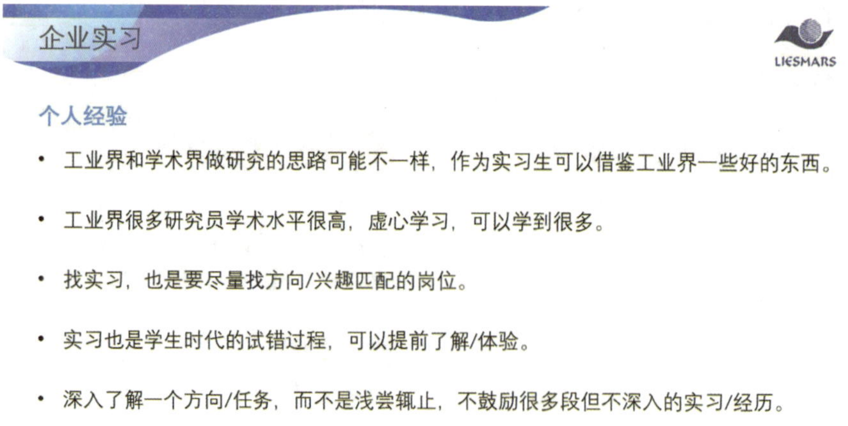

企业实习

个人经验

- 工业界和学术界做研究的思路可能不一样，作为实习生可以借鉴工业界一些好的东西。
- 工业界很多研究员学术水平很高，虚心学习，可以学到很多。
- 找实习，也是要尽量找方向/兴趣匹配的岗位。
- 实习也是学生时代的试错过程，可以提前了解/体验。
- 深入了解一个方向/任务，而不是浅尝辄止，不鼓励很多段但不深入的实习/经历。

图 2.7.10　企业实习经验总结

马行空，可以按照自己的思路去写论文。但是在工业界可能就不行，你做的东西需要和你所在小组或团队的研究大方向比较契合，或者你的技术未来可能会在公司的一些业务上应用到，他们才会特别支持，否则工业界并不会支持你的一个天马行空或者与他们不相关的研究思路。但即便如此，实习也是有很多好处的。比如，在做学术时，很多时候我们并不知道我们提出的东西是不是有用的，但是这个在工业界可以得到很好的验证，从这个角度讲，它们也是相辅相成的。

第二，工业界也有很多研究员学术水平很高，虚心学习，可以学到很多。我在 AI Lab 实习的时候，我的导师大概是博士毕业几年的样子，他们在学术方面的一些积累也十分丰厚，通过与他们讨论我可以学到特别多的东西。

第三，找实习要尽量找与研究方向和兴趣相匹配的岗位。

第四，实习也是学生时代的试错过程，可以提前了解和体验。其实我们很多人博士毕业之后，不一定要去学术界，工业界也是很好的选择。你可以借实习的机会提前去体验一下，了解工业界的运作方式与工作内容，为自己的未来规划做一些积累。

第五，深入了解一个方向或者任务，而不是浅尝辄止，不鼓励很多段但不深入的实习或经历。这一点也是我在腾讯实习的时候感悟出来的。我的实习时间比较长，但是很多人的实习时间并不长，可能就二到四个月的时间，在我实习的一年多时间里，我经历了很多小伙伴来了、离开，然后又来新人的过程。但是我从那些正式工作的同事口中得知，其实公司看个人简历的时候，并不是说你的简历内容越多、经历越丰富就越好，比如说有的人会出国经历一下，然后去各个公司都体验一下，这样并不是很好。公司其实更希望你能够比较深入地了解一个方向或任务，希望你的研究或者你的经历是跟着你的科研脉络来的，而不是去体验了却浅尝辄止，这样是不太好的。

4. 海外博士申请

接下来我介绍一下海外博士申请的有关情况，在这里我并不会直接建议大家读博与否，也不建议是否要去国外读，我只从我的角度给出自己的看法，主要包括：不同的选择有什么不同，如何选择申请方向、学校和国家，如何申请海外读博，以及如何准备以提升自己的竞争力。

1)是否要(海外)读博

首先，是否要读博或海外读博？关于是否读博的问题，我今天不会讨论，因为我觉得大家大部分都是研究生，都会有自己的一些想法和规划。这里我主要想对比一下国内读博和海外读博的不同点，以及介绍一下如何进行选择，如图 2.7.11 所示。

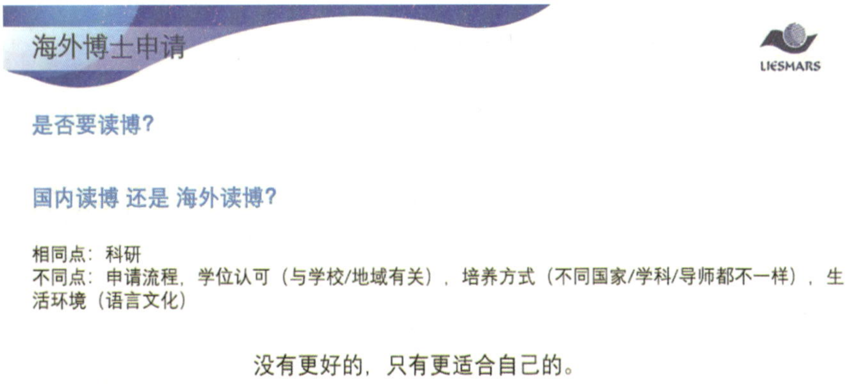

是否要读博?

国内读博 还是 海外读博?

相同点：科研
不同点：申请流程，学位认可（与学校/地域有关），培养方式（不同国家/学科/导师都不一样），生活环境（语言文化）

没有更好的，只有更适合自己的。

图 2.7.11　国内读博与海外读博对比

国内读博和海外读博的相同点就是都以科研为主，因为读博士最重要的就是科研。不同点主要是有关申请流程、学位认可、培养方式以及生活环境等方面。第一点是申请流程不同，一般在国内你可以直接硕博连读或者考博，但是国外是申请制的，面对不同的国家、学校及老师，它的申请流程通常是不一样的，这就需要自己好好做调研。第二点是学位认可程度不同，这个也与学校/地域有关。举个很简单的例子，如果你以后想去国外工作，那可能国外学校的博士学位对你的帮助会更大，但换个角度说，如果你以后想回国工作，而你去的是一个国外很厉害但是在国内基本上没有人听说过的一个研究所，那么这就可能让你在学位上的优势不是很大。比如我当时有考虑过德国的马克思-普朗克研究所，不知道你们有没有听说过，他们在学术上做得特别好，专业实力很强，但是我的朋友们几乎都不知道这个研究所的存在。所以，有很多人在选择学校的时候也会考虑到知名度这个问题。第三点是培养方式的不同，通常来说对于不同的国家、院系、学科、老师等，他们的培养方式都不一样，这个就需要你自己去了解，想清楚哪种培养方式是你自己更想去尝试的，或者说哪种方式更适合你。最后一个是生活环境的不同。当你去海外读博时，可能会有一些语言文化的差异，你能不能适应也是一个很大的问题。最后我的总结就是：没有更好的，只有更适合自己的。

2）海外博士申请——如何选择

接下来，我讲一下海外读博申请方向、教授、学校以及国家的选择，如图 2.7.12 所示。

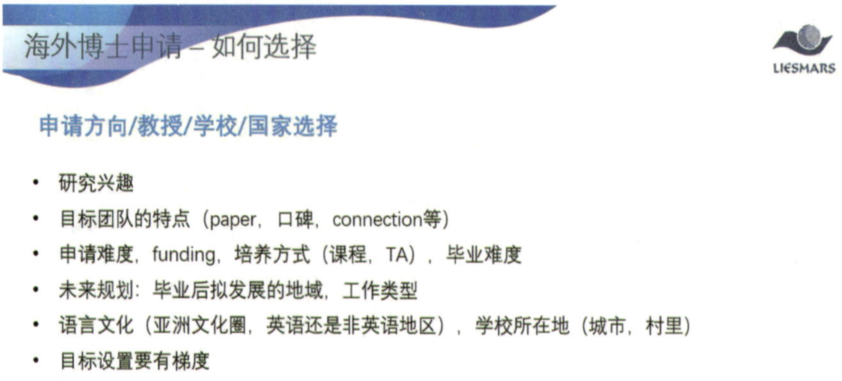

海外博士申请 – 如何选择

申请方向/教授/学校/国家选择

- 研究兴趣
- 目标团队的特点（paper，口碑，connection等）
- 申请难度，funding，培养方式（课程，TA），毕业难度
- 未来规划：毕业后拟发展的地域，工作类型
- 语言文化（亚洲文化圈，英语还是非英语地区），学校所在地（城市，村里）
- 目标设置要有梯度

图 2.7.12　海外博士申请——如何选择

第一点，我觉得最关键的是研究兴趣。因为读博士一般都需要好几年，过程也会比较艰难，所以希望大家能找到与研究兴趣相匹配的团队。

第二点，目标团队的特点如何。因为读博毕竟需要融入一个团队里去做事情，所以你可以提前调研一下对方团队，判断是否是你想去的。你可以看他们组的论文，他们的论文质量是否比较高，他们组的研究方向是否与你相吻合；你也可以通过你自己认识的一些人去了解对方老师的口碑；最后一个是人脉，这也是我觉得很重要的一点，因为我自己的规划是读完博士之后就做博后，所以我会比较看重对方老师在学术圈或是工业界的人脉情况，看他认识哪些人或者跟哪些人有紧密的合作。我觉得这对于在学术圈的发展很重要，所以这也是我选择博士团队的一个关注点。

第三点，申请难度如何，是否有奖学金，培养方式以及毕业难度怎么样。现在大家都说很“卷”，比如申请计算机科学或计算机视觉相关的博士确实难度会特别大，门槛会很高。无论是计算机科学、遥感还是其他方向，在申请之前你都可以看一下这个组的录取标准大概是什么水平，然后根据自己的实际情况，判断能不能达到对方老师的要求。奖学金也是很重要的一个因素，像美国那边如果你申请到了博士，它一般自带 PhD 奖学金，这是可以直接给你的，但是有些国家的学校就并非如此，你需要先申请学校拿到录取信，然后再去申请奖学金。我有一个朋友他申请到了牛津大学计算机科学方向的博士，但是却不提供奖学金，需要自费，后来他去了新加坡国立大学，这个是有奖学金的。关于这一点，不同国家的特点其实很明显，比如对于英国的学校很多学生拿到录取信后需要自己去拿 CSC 或自费读博，很少有提供奖学金的。我当时也想申请英国的学校，然后我问了我一个在牛津的学长，他说在他认识的中国人里大概只有 1/10 是直接发工资的，其他的基本上都靠 CSC 或者自费。关于培养方式，不同的地方其实差别还挺大的，比如在新加坡、美国，前一两年你还是需要上课的，把课程上完之后，后面几年主要就做科研了。我申请的德国那边的 PhD 其实是工作导向的，签的相当于工作合同，而不是作为一个学生，所以我过去就不需要上课，直接做科研就好了。有很多学生需要做课程助教，其实这也与奖学金有关，有的老师的名额不一定够多，他们可能会给学生一个课程助教的身份，这种基本上在前几年你要去承担一些课程助教的工作，你需要持续做这个任务才能拿到奖学金或者工资。关于毕业难度，不同的组差别会很大，需要自己去打听清楚。

第四点，考虑自己的未来规划。在选择地域或者学校的时候，你需要考虑你毕业后想发展的地域和工作类型是不是和这个组、学校或国家相匹配。举一个简单的例子，如果你以后想在学术界发展，想去申请助理教授，同时你了解到一个组里很多毕业生都能成功拿到教职，那么在这个组里你实现目标的概率就会大很多。

第五点，考虑语言文化差异和学校所在地。看看所处地域是属于亚洲文化圈、英语地区还是非英语地区。一般来说，英语国家的竞争会相对激烈一些，比如美国、澳大利亚、英国、加拿大等国家，非英语地区主要是指欧陆、日本以及亚洲的其他一些地方。当然，竞争的激烈程度和你目标学校、专业的学术水平并不一定相关，英语国家地区的研究水平并不一定会更好。然后是学校的所在地，要看它是在城市还是在乡村，学校位置的重要性因人而异，但是从我自己的角度出发，我更希望学校位置不要那么偏僻，因为我当时在美国交流的学校就在小城市的郊区，感觉生活不是很方便，我也去参观过其他地区，比如在纽约的一些学校，觉得还是在城市里生活比较好。所以我申请的时候，主要考虑了一些在城市的学校，毕竟学校的地理位置会关系到你之后读博士的生活方式与质量。

第六点，目标设置要有梯度。在申请博士的时候，目标院校的选择要有梯度，不要都申请很厉害的学校，要根据自己的实际情况设置院校梯度，确定哪些学校是冲刺的，哪些是比较稳的，哪些是保底的。

3)海外博士申请——如何申请

(1)申请流程

关于申请流程，我主要讲一下两种申请制度，如图 2.7.13 所示，这是一个笼统的分类，并不一定非常准确。一般来说，申请博士可以分为申请制和教授决定制。

申请制的项目相当于是一个项目。在申请的时候，一般是向对方学院提出申请，然后你的申请材料会有很多教授来审核，而不只是你自己想申请的教授来审核。这种类型在美国、中国香港以及欧洲的部分学校比较常见，你过去了还需要上课，这也与学校所处地域有一定关系。你在学校的身份更像是学生，他们对你的保护会更多一点。申请需要提交的材料包括成绩单、语言成绩、推荐信、简历以及个人陈述等，另外通常也需要申请费。需要注意的是，这种申请是有时间限制的，比如美国，大概每年的 12 月 15 日是很多项目申请的截止时间，而且一年只能申请一次。对于这种类型的申请，我觉得在越好的学校，你

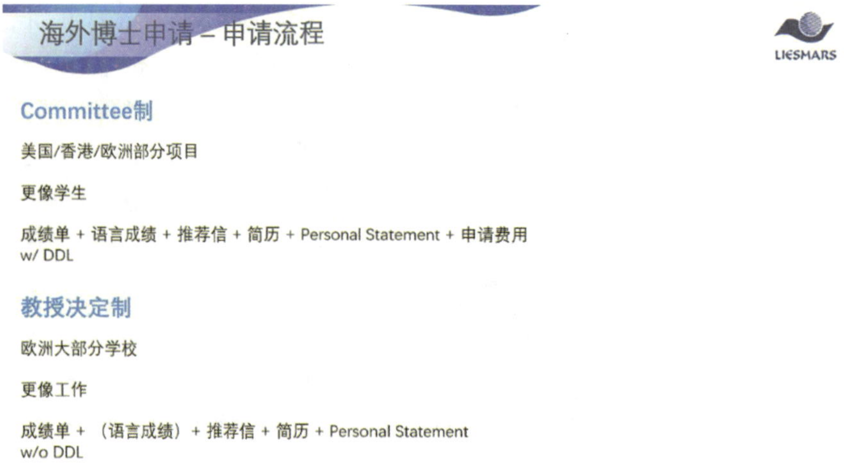

海外博士申请 – 申请流程

Committee制

美国/香港/欧洲部分项目

更像学生

成绩单 + 语言成绩 + 推荐信 + 简历 + Personal Statement + 申请费用
w/ DDL

教授决定制

欧洲大部分学校

更像工作

成绩单 + （语言成绩）+ 推荐信 + 简历 + Personal Statement
w/o DDL

图 2.7.13　海外博士申请制度分类

想申请的教授的话语权就越小，而在排名稍微不那么高的学校里，教授的话语权会更大一点。例如，听说在计算机科学排名前十的高校里，除了伊利诺伊大学厄巴纳-香槟分校，感觉老师们基本说不上话，他也不能确定学校会不会要你，所以你找他的时候他一般会说不要套磁，让你直接去申请，申请成功之后再去找他，因为他们也不能决定哪个学生会被录取，哪个学生不能被录取。

第二种类型是教授决定制，这种我觉得更像老师收徒。一般是老师自己去申请科研经费，然后看自己的经费能支撑多少人，然后他就可以根据经费来招学生，老师就是你的“老板”。欧洲大部分学校是这种类型的，你过去之后签的可能就是一个工作合同，比如我和慕尼黑工业大学那边签的就是工作合同，身份是博士生。在申请的时候，一般是教授觉得你可以就没问题。申请需要提供的材料包括成绩单、语言成绩、推荐信、简历以及个人陈述。这种类型一般没有时间限制，你随时可以申请，只要老师觉得可以了，随时可以入职，在申请和开始的时间上比较有弹性。

(2) 我的申请季

我的申请季持续时间很短，但我准备的时间却很长(图 2.7.14)。我在 2020 年 10 月 23 日给慕尼黑工业大学的老师发了套磁邮件，他很快就回复了我，然后 27 日我进行了两轮面试。第一轮面试持续了两个小时，讨论了很多东西，他让我当场写 C++，我没有写得很好，但是他对我很宽容，说让我面试完回去之后自己谷歌一下再发给他。后来我弄好之后又面试了一个多小时，他说他需要几天的时间才能做出最终决定。在 11 月 2 日半夜的时候，他给我发邮件问我要不要见一下或者交流一下，然后我们就在 Skype 上聊了大概半个小时，最后他说愿意给我发 offer。我当时觉得拿到这个录取就已经差不多了，所以在第二天就把其他所有申请都撤销了，包括马克斯-普朗克研究所和苏黎世联邦理工学院的项目，就是我刚才说的欧洲的一些申请制的项目。补充一下，这些项目严格来说它并不是一个具体的项目，还是要看导师的。它采取这种方式的原因可能是那些老师觉得所有人都来套磁会很麻烦，所以他们就组成了一个联盟，让所有申请这些老师的学生都直接去申请这个项目，然后老师们就通过这个项目来选拔学生。另外，我当时其实还准备申请其他一些地方的学校，比如说美国、加拿大、德国、瑞士、法国等地的学校，但我都还没有提交申请，之后我也没有继续申请了，决定接受慕尼黑工业大学的录取信。因为我觉得这个老师的研究方向和我非常匹配，通过与他的交流，我也发现他们组确实挺值得去的，他们组配置比较好，很符合我的期望，以及他的人脉也挺好的，我觉得没有什么可挑剔的地方了。所以我就结束了申请，没有继续再折腾了。整体而言，我的申请季虽然时间特别短，但是却很顺利，感觉还是非常幸运的。

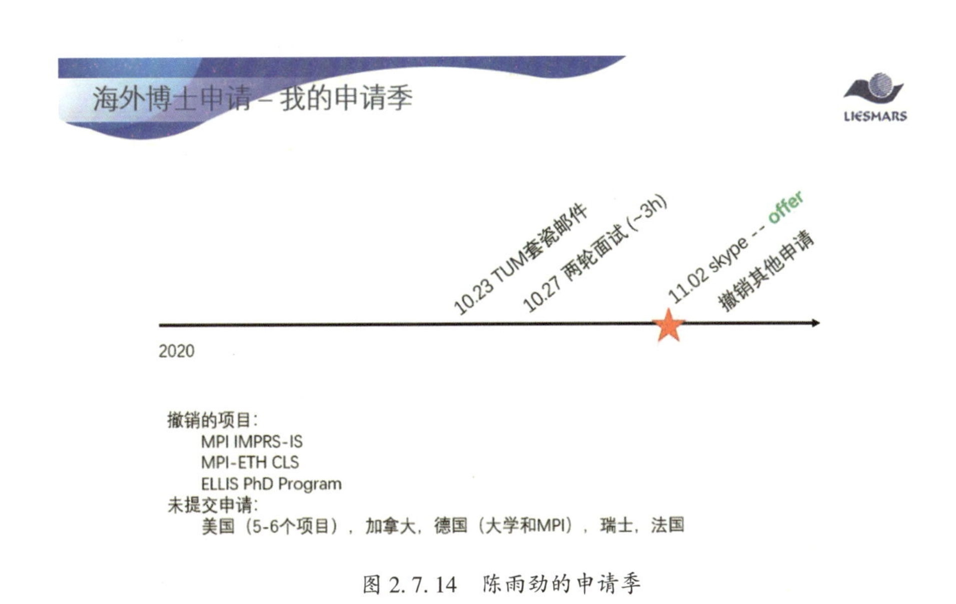

图 2.7.14 陈雨劲的申请季

4)经验总结

如图 2.7.15 所示，关于海外博士申请的经验，我从六个方面给大家分享。

第一点是论文。我认为论文很重要但非必需，它可能是敲门砖。现在很多人喜欢对研究组进行划分，比如知乎上就会有人把各研究组分成大牛组、小牛组之类的。以我在计算机视觉领域的经验来看，如果要申请一些比较好的研究组，老师的录取标准都不会很低，一般需要有文章，你才能拿到面试的资格。但为什么又说论文非必须呢？意思是说你没有论文并不一定意味着你就申请不到好的学校、好的研究组，因为有些组或老师如果觉得你的科研经历比较好，他也可能会要你。当然，如果时间充足的话，我觉得还是可以好好地准备论文，毕竟有论文会给你带来很多自信。当时申请的时候我有一篇顶会，我觉得即便我申请不到最好的学校，但肯定会有学校要我的，所以在整个申请的过程中我还是比较自信和从容的，没有觉得很慌。

第二点是语言。对于英语国家的学校，如果你的本科或研究生不是在他们国家读的

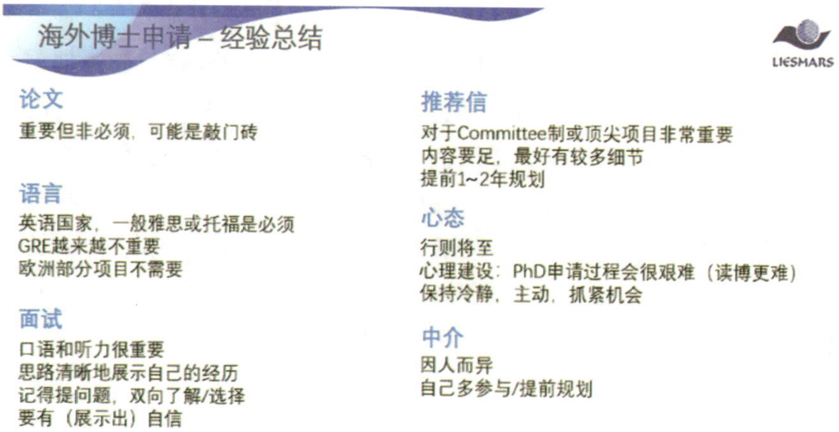

海外博士申请－经验总结

论文

重要但非必须，可能是敲门砖

语言

英语国家，一般雅思或托福是必须
GRE越来越不重要
欧洲部分项目不需要

面试

口语和听力很重要
思路清晰地展示自己的经历
记得提问题，双向了解/选择
要有（展示出）自信

推荐信

对于Committee制或顶尖项目非常重要
内容要足，最好有较多细节
提前1~2年规划

心态

行则将至
心理建设：PhD申请过程会很艰难（读博更难）
保持冷静，主动，抓紧机会

中介

因人而异
自己多参与/提前规划

图 2.7.15　海外博士申请的经验总结

话，一般都是需要提供雅思或托福成绩的，GRE 现在越来越不重要了，以前申请美国 PhD 的时候 GRE 是必须的，但是现在因为疫情的缘故很多考点都不开放了，所以很多学校都把 GRE 的要求降低了，你可以选择性地提交 GRE。当然这个也不全是如此，需要自己去目标院校的官网上看一下具体要求。欧洲的项目一般是不需要 GRE 的，他们可能会要雅思、托福成绩，也有可能不需要，这个需要自己去了解清楚。当时我准备了 GRE 和托福，但是在我申请以及和老师交流的过程中，对方从来没有找我要过语言成绩相关证明。可以去网站上了解申请 PhD 需要哪些材料，如果没有列出需要语言成绩证明，可能是只要在视频面试的时候，他觉得你的语言表达流畅就差不多了。

第三点是面试。口语和听力真的很重要，你既要保证教授能够听清楚你说的话，也要保证你能很好地从教授说的话中获取到关键点，同时你也要能和他顺畅地进行交流，这就是个人软实力的体现了。在面试的过程中，你要能思路清晰地展示自己的经历，你可以做一个 PPT 来介绍你之前的一些工作，并且在面试前多加练习。另外有一个小建议是，一般老师在结束面试的时候会问你有没有问题要问他，我认为一定要提问题，不管你有没有问题，你都一定要提问。因为博士申请是一个双向选择的过程，并不是他觉得可以了你就一定会去那，你也需要了解他们组的具体情况，你可以从与他的交流中得到很多有用的信息。你也要让他觉得你是一个对自己负责的面试者，并不是只有学校选择你，你也要选择学校，因为你毕竟后面有很多年都要在那度过。最后一点是要有自信，在面试时一定要展示出自信，对于外国的那些研究员而言，我觉得他们更希望你是一个很自信的申请者。

第四点是推荐信。我觉得推荐信对于申请或顶尖的项目是非常重要的，我看到很多人包括留学生在对各项申请材料的重要性进行排序时，都把推荐信排在第一位。因为说实话，如果你只有一两年的科研经历又没有发表论文，申请的成功与否存在很大的运气成分。但是如果你有一个老师跟你的目标老师很熟，你老师觉得那个老师很好同时他又愿意给你写一封推荐信，那对你的帮助会很大。很多国外老师都很看重推荐信，因为一方面，如果推荐人和目标老师有过深入合作的话，推荐信作为第三方的描述，能够表明你的推荐人对你的信任，从而能让目标导师相信你的科研能力；另一方面，国外的一些教授并不会让你自己写好推荐信然后让他签字，他一般会自己写，所以这是比较能反映你的真实水平的。推荐信的内容要丰富，需要有较多的细节，这就需要推荐人对你有充分的了解，他和你确实经历过很多合作，这样推荐信才能起到很好的推动作用。推荐信对于 Committee(招生委员会)或顶尖的项目确实很重要，对于一般的项目其重要性可能会降低，但是无论如何，推荐信是必备的，一般申请至少要有两封推荐信。至于谁写推荐信，找国内还是国外的老师，这都是需要提前规划的。关于推荐人，一般至少是在读博后，国外的话通常在读博后及以上才有资格写推荐信。如果你去实习时有研究员指导你，其实也可以找他给你写推荐信，另外你国内的老师，比如你的二导，也都是可以给你写推荐信的。

第五点是心态。关于读博的心态，我觉得行则将至，和海外交流一样，如果你想去什么地方，无论是海外交流还是出国读博，只要你坚持下去并一直往这个方向努力，你肯定可以申请到学校。不管你有没有发论文，你肯定能申请到符合你的、比较好的学校。然后是心理建设，博士申请会很艰难，虽然读博会更难，但是博士申请过程的确会让很多人感觉特别累，因为它需要多方面的权衡，很多地方需要你做出选择，时间也需要自己去争取，所以整体非常累。我当时就觉得不想那么纠结、那么累，所以在拿到第一个 offer 并且觉得这个 offer 也符合自己的预期之后就把其他的申请都撤了。在申请的过程中也要尽量保持冷静，自己多主动一点，抓住机会。

第六点是中介。有些人在准备留学时会考虑需不需要找中介，我觉得这个因人而异。中介更多的是帮助你进行一个长期的规划，同时也会给你准备一些文书材料，不过这个过程还是要自己多参与，多提前规划，我认为找不找中介都行。如果你觉得你是一个需要有人鼓励、有人引导的人，你可以找中介。当然找中介的另一部分原因也是申请出国的过程中有很多东西需要去研究，但如果你觉得自己可以很好地处理各种事情，那么找中介也不是必要的。

最后我给一个我对申请博士所需的各项材料重要性的排序。我认为最重要的是论文和推荐信，其中论文很重要，因为推荐信也是需要通过好的科研合作才能得到。第二个是你之前的学校层次以及你的面试表现。第三个是你的 GPA、语言成绩以及你的文书，可能不同学校或者平台的制度会有所不同。

以上就是我的分享内容，谢谢大家!

【互动交流】

主持人： 非常感谢陈雨劲师兄带来的精彩分享，下面进入提问环节。有问题的同学可以向陈师兄提问。

提问人一： 师兄你去的慕尼黑工业大学课题组是做遥感相关的吗?

陈雨劲： 我去的慕尼黑工业大学那边不是做遥感相关的，是做计算机科学的，名称叫

Department of Informatics(计算机科学系)，我去的课题组叫 Visual Computing Group，主要做三维视觉、室内场景理解方面的研究。组内做的内容并不偏向传统三维重建，而是更偏向语义理解，很多内容与计算机图形学相关，比如神经渲染。

提问人二：师兄你好，我想请教一下 CSC 和全奖 offer 的区别是什么？哪个更难呢？

陈雨劲：CSC 是指中国的留学基金委员会给你提供奖学金，全奖 offer 是指学校给你提供资金，包含所有的学费并且每个月还给你一定金额的生活费。CSC 奖学金可能会有一个潜在的要求，就是你毕业之后可能要回国服务。难度的话，肯定全奖 offer 的难度更大，因为 CSC 是我们国家给你出钱并且给的钱可能不会很多，比如说在瑞士，他们自己的博士可能每个月最多会给约 7000 瑞士法郎，然后 CSC 可能就只有 2000 瑞士法郎。

提问人三：请问师兄接受了慕尼黑工业大学那边的 offer 之后，大概要什么时候过去呢？

陈雨劲：我现在在等签证，大概 7 月的时候过去。因为我签的类似于工作合同，想什么时候开始都可以，我个人是想早点开始，目前计划是 7 月上旬过去。这个时间点我感觉还是很灵活的，你面试的时候可以自己跟老师商议。

提问人四：师兄你好，我想请问你是如何看待硕博连读期间出国做一个联合培养项目？

陈雨劲：我觉得挺好的，首先主要是要和你的老师沟通好，看他有没有什么推荐的。

提问人四：那如果一直在国内读博，将来毕业后打算去找一些教职的话，会不会有一些影响？

陈雨劲：我觉得如果你的论文足够好，你也可以先在国内读博，然后在读博后的时候再去积攒人脉，因为现在申请海外读博确实还是有一定难度的。其实我觉得现在国内也越来越不那么看重海外经历了，主要还是看你的科研积累。

提问人五：我本科学的是遥感，在计算机视觉方面需要自己去做哪些准备呢？

陈雨劲：我觉得主要看你所在的研究组以及你导师的研究方向，我当时就是想做计算机视觉方面的研究，所以研究生找的二导就是做计算机视觉的。我觉得你可以找一个研究方向与研究兴趣相匹配的一个组去学习。

提问人六：师兄你好，我现在入门了一些深度学习算法，但是在搭建自己的网络的时候，还是只能搭建特别简单的网络来实现自己的算法，请问师兄有什么推荐的网络或者建议吗？

陈雨劲：我觉得这方面并不是一蹴而就的，它需要时间上的逐步积累。刚开始学习的时候，你可以跑一些别人做得比较好的算法，然后去模仿别人的思路做实验。比如说你看别人哪篇文章的代码质量比较高，跟你的研究方向又比较接近，你就可以去跑一下它的代码，看一下它的代码是怎么写的，然后再去构建自己的网络。比如在遥感方面，你要先了解它的数据特点，看它的数据处理方法，然后看它的核心算法是怎么样的，在你把它每一块代码都读懂了之后，你就可以把它的数据换成你的数据，将方法迁移到你自己的任务中，同时做一些改动来逐步加深自己的理解。

提问人六：比如现在做目标检测，计算机视觉相关的方法很多，任务也很多，怎么较好地完成不同的任务呢？

陈雨劲：你可以借鉴一些经典算法或是效果比较好的算法的核心板块，学习他们的方法设计思路，比如他们都要先做特征提取，后面再做一些下游的小任务。虽然你的具体任务与目标和它并不一样，但是你的处理流程可能是相似的，例如最开始你也要先做特征提取，那么你就可以看看别人的算法在这一块是怎么做的。

提问人六：我现在就感觉我做大网络效果可能也还行，但是网络看上去就很简单。

陈雨劲：你可以先借鉴别人的网络模块，我觉得刚入门的时候，都是一个模仿的过程，在做很多工作的时候可以把别人比较好的一些方法借鉴到自己的领域中，然后做一些改进，将自己的任务完成得很好，我觉得这也是可以的。

提问人七：我现在有海外读博的意向，打算去欧洲的国家或者是美国，计划读遥感影像处理或者是计算机视觉相关的方向，我想问一下在申请过程中要怎么找合适的导师呢？

陈雨劲：我觉得如果你论文读得比较多的话，你应该会知道在你所做的领域有谁做得比较好。比如我读论文的时候，我会有意地关注文章的作者属于哪个机构或学校，有时候也会去看他们团队、老师的网站，了解下他们相关的工作。我的建议是在读博申请之前，你可以列一个表格，列出在你的专业方向内，每个国家及学校都有哪些比较好的老师，然后平时读论文看到合适的老师的时候也可以添加进去。如果对某个研究组有意向了，你可以去看他们组新申请进入的博士之前都有哪些科研经历，他们有多少论文，看看和你的情况是不是比较相似，这样你就可以有一个大概的把握来判断这个研究组是否适合自己。另外，我觉得你也可以去每个学校的网站上看他们遥感或者计算机系有哪些教授，以及有哪些研究方向。

提问人七：好的，那在选择研究组的时候，怎么看它的口碑好坏呢？

陈雨劲：这个可以看你在他们组有没有认识的人，如果有且是中国学生的话，你可以直接加他的微信，问一下组内的有关情况。但是我一般不喜欢这样，我在选研究组的时候主要看这个组的人脉怎么样，或者从一些其他的角度去自己去判断。这个当然是因人而异的，也有一些人觉得问一下组内学生的感受比较稳妥。

提问人八：师兄你好，我现在是大二的学生，想先进校内一些老师的实验室体验一下，就想问一下老师一般是以什么样的标准来选学生，主要是看重哪方面的素质呢？

陈雨劲：我觉得你不需要顾虑太多，因为你现在才本科，很多学术上的内容还不清楚是很正常的。我认为最关键的是你的态度，你在找好有意向的老师后，就可以直接去跟他联系，主动一点。进组之后，刚开始你就抱着虚心学习的态度，根据老师的指导踏踏实实地学东西，认真完成老师安排的小任务，慢慢地就会渐入佳境的。当然，你一开始也要根据自己的兴趣选好合适的课题组。

提问人九：师兄你好，我现在是大四的学生，现在已经保送到了实验室，因为我个人对慕尼黑工业大学非常感兴趣，所以我想问一下当时师兄为什么没有选择慕尼黑工业大学的双硕士项目？

陈雨劲：因为觉得那个项目课程太多了，会影响我做科研，而且当时我已经基本确定要读博士，最后如果拿到了博士学位，硕士学位对我也没有什么用。

提问人九：那如果硕士就在那边读书，在博士申请的时候会不会更有优势一点？

陈雨劲：如果你硕士在那边能找到一个合适的组，这也是可以的。我有一个去了这个双硕士项目的朋友，从我了解的情况来看，如果你在读研期间有很多时间去老师的实验室做科研，或者跟着那边的老师做毕设，那么那个老师把你留在组里的概率确实会很大，这样你在申博士的时候也会有优势。但是最大的问题是，你研二在那边还需要上课，一年的课程压力也是特别大的，一般没有很多时间去做科研。这个还是看你个人的想法，你可以更看重近水楼台先得月，你也可以相信你在本校读研期间能够拿到很好的科研成果。

提问人九：那申请慕尼黑工业大学一般需要具备什么条件呢？

陈雨劲：我觉得如果你有一篇顶会的话，应该就差不多了。

提问人九：发一篇这种层次的文章大概要多久呢？

陈雨劲：投文章大概三四个月，但是做实验的话就要看你自己了。如果你的导师给你的指导较多，研究方向也不错，合作者也很给力，那么三四个月可能就能写出一篇文章来。但是各方面因素不太尽如人意的话，一两年可能也做不出一篇文章，所以还是看个人及组内的条件。

提问人十：我现在是大四，刚刚进组，目前做自动驾驶相关的。目前组内的项目很多，我主要也是跟着做工程，感觉有点忙不过来，师兄你是怎么看待这种状态的？

陈雨劲：你毕业之后是打算找工作还是继续做研究呢？

提问人十：目前是更倾向于找工作。

陈雨劲：那我觉得目前这种状态也挺好的，因为找工作的时候公司并不是很看你的研究经历，主要是看你做工程的经历。

提问人十：好的，还有就是目前我感觉现在做的东西有一点枯燥，以后工作的话可能也不想继续做这些，对于这个情况师兄你有什么建议吗？

陈雨劲：其实你现在做的东西跟你以后去工作的东西也不一定完全一样，最关键的是你在做工程的过程中真的有学到一些技术。我觉得你可以和老师商量一下，出去实习试试，比如说在暑假出去实习两三个月，我相信这对你以后的职业规划是会有帮助的。

（主持人：张崇阳；摄影：郑伟业；录音稿整理：凌朝阳；校对：陈佳晟、曹书颖）

2.8　众星何历历

——共赏中国古代星空舞台

(程鹏鑫　周雨馨)

摘要：武汉大学天文爱好者协会(简称“武大天协”)的程鹏鑫、周雨馨同学做客GeoScience Café第294期，带来题为“众星何历历——共赏中国古代星空舞台”的科普。以中国古代的星空文化为载体，结合现代天文学中大众熟知度较高的星座以及星象，通过直观的图片与精炼的解说，通俗地介绍中国古代的星官、星宿和历史记载中有趣的星体、星象，挖掘其中蕴含的传说故事与象征意义。此外，还将单独展示一些武大天协成员几年来所拍摄的星团和星云的精彩照片。

【报告现场】

程鹏鑫：大家好，我们今天的报告主题是“众星何历历——共赏中国古代星空舞台”(图2.8.1)。大家对天文的了解可能仅限于西方十二星座或者星座对应的性格特征，对中国古代星空涉及得不是很深，今天我们就来介绍一下中国古代星空。在此之前，我先介绍一下我们社团。武大天协是2013年成立的年轻社团(社团的QQ交流群和微信公众号的二

图2.8.1　程鹏鑫演讲

维码见图 2.8.2)，请周雨馨同学为大家开启本期分享。

图 2.8.2　周雨馨演讲

周雨馨：其实我并不是特别同意程鹏鑫刚才的说法，他说我们并不是特别了解中国古代天文。但对我而言，我高考的时候语文科目里面有文化常识的题目，其中关于古代中国天文的内容是比较重要的考点，那时，我更多的是从选项里面挑知识点背。不管有没有在高考的时候接触过(古代天文)，大家在生活中应该还是有听到一些很零碎的古代天文名词，比如北斗七星等。今天我们将系统讲解中国古代天文，将这部分的知识梳理成大致的体系，便于大家了解。

首先为大家介绍一下中国古代星空概览，让大家对中国古代星空有一个基本的认识，并对中国古代用来划分星空的基本单位有一个基本的了解。如果将中国古代星空比作一个舞台的话，那么它的背景就是相对恒定不变的那张星图；中国古代将这张星图划分为著名的三垣二十八宿。我将为大家介绍结构较复杂的三垣，主要讲解一下它的结构，而程鹏鑫将为大家介绍二十八宿，以及二十八宿中比较著名的星体；介绍过舞台，必定要介绍一下这个舞台上的主角——七曜，也就是大家所知的行星与日月；当然这个舞台上肯定还会不时出现一些不速之客——彗星与流星，也将为大家一一介绍。

1. 中国古代星空概览

我们先从中国古代历史开始谈及星空，首先要提到的是《史记・天官书》。如果有人关注武大天协的公众号，会知道我们几乎每个月都会发布“天官书”这个专栏来介绍当月的天象。《史记・天官书》是一本我国汉代的天文学百科全书，更是一部占星学的著作。

以下这些句子摘自《史记・天官书》：“中宫天极星，其一明者，太一长居也”，描写的是北极星；“东宫苍龙，房，心；心为明堂”则是说明当时星官的一个分区；而“岁星出，东行十二度，百日而止”则介绍了星体。实际上《史记·天官书》将星空划分为中、东、南、北、西五官，这是与后来所不同的。中国古代传统星官体系的真正成熟是在三国时期，它包含了283官1464星。

而今天我们将介绍的是《步天歌》中的星空区划，即著名的三垣二十八宿。《步天歌》是隋代民众认识天空中星星的一首歌，可以把它当作星空的节气歌，当然它比节气歌要长很多，我们今天只节选其中的一部分来介绍。

刚刚提到了一个概念——星官，星官是中国古代天文中的一个基本单位，我们可以把它类比为西方神话中的星座。

图2.8.3是近现代天文学星座，大家看到的双子座是将数十颗星星连在一起，就形成一个手拉手的两个小孩子模样，所以它叫双子座。

中国古代的星官也类似，也是将几颗星星或者几十颗星星连在一起形成的一个天空区域，这就是现在的双子座区域与中国古代星官(图2.8.4)。大家可以看到有明显的不同。比如把双子座头部的两颗星连在一起，便是中国古代的北河星官；而把双子座手臂的星星连在一起，就形成了五诸侯星官。所以大家可以看到，中国古代的星官划分比现代的星座更小、更为零碎，有些星官里甚至只含一颗星星，比如说接下来我们将为大家提到的候星或者说是北落师门星，它们就是由一颗星所组成的星官。

图2.8.3 近现代天文学星座——双子座
(图源自Stellarium软件)

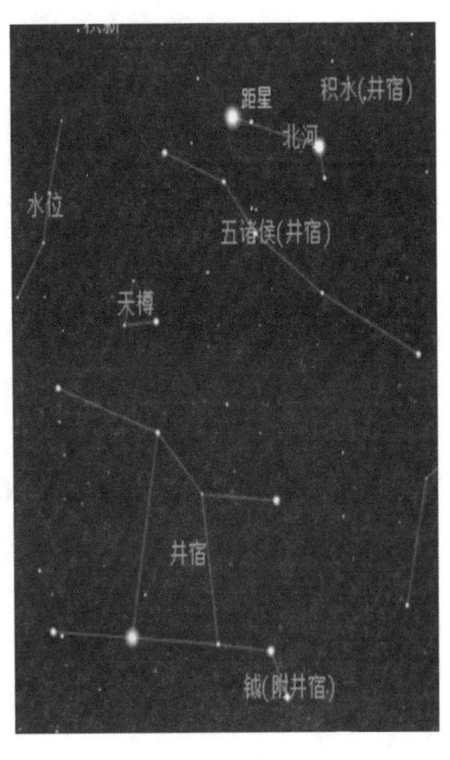

图2.8.4 中国古代星官
(图源自Stellarium软件)

接下来我们来了解星星命名，图 2. 8. 3 里的北河三和北河二，就是以北河星官加上数字三与二来进行命名。那么星官与三垣二十八宿的关系是什么呢？也就是将数个星官组合在一起，就成了一宿或者一垣，共组成三垣二十八宿。

我们再来从整体认识一下中国古代星空。图 2. 8. 5 是一张中国古代石刻的星图，那么古代的人是如何认识这样一张星图的呢？首先需要画三个同心圆，最小的红线圈以内都是拱极星区，不管地球如何自转，它们都始终在天空上。第二个红线圈是大家非常熟悉的赤道，而第三个圈则是恒隐圈，在恒隐圈之外，是在中国的纬度上无法看到的南天星座。大家可以看到在赤道的旁边用绿色标识出来的还有一个圈，是黄道。黄道就是行星所运行的天区，而二十八宿则是环绕黄道存在的。

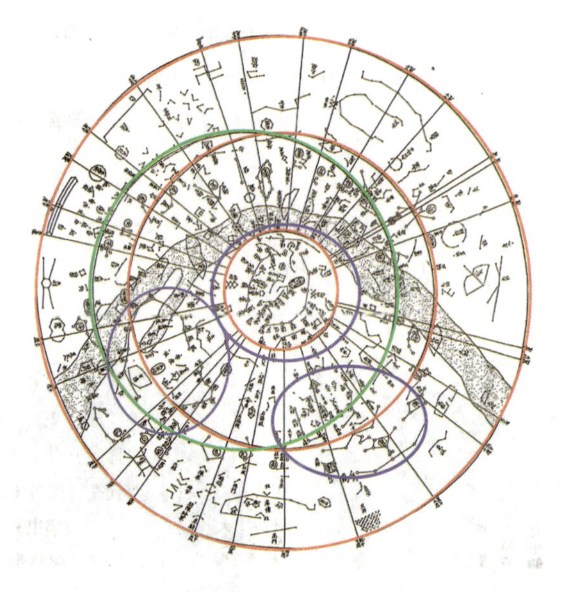

图 2. 8. 5　中国古代石刻的星图(图源自百度)

2. 星空区划

1) 三垣

在二十八宿中每宿都有一颗距星，用来测量天体的位置。除去二十八宿，天空中还有三个比较特殊的区划，也就是三垣。左边紫色圈(图 2. 8. 5)内的星区称作太微垣。而中间紫色圈内，即拱极区的地方，称作紫微垣。右下方紫色圈内则是天市垣，它们在古代分别被称为上垣、中垣与下垣。

(1) 紫微垣

首先介绍紫微垣(图 2. 8. 6)，它处在北极星区，正如《论语》中论述君主的话——“譬如北辰，居其所而众星拱之”，这个区域象征的也正是天上帝王的内宫，紫禁城其实也是以紫微垣进行命名的。在开始具体地介绍紫微垣的星区前，我们先聊聊北极星的更替。有人知道北极星在古代的名字是什么吗？现在的北极星是现在的勾陈星官中这颗比较亮的勾陈一。然而在刚才我们所提到的《步天歌》成型的时代，当时的北极星是这颗帝星，它在北极星官中。大概在 13 世纪，北极星从这颗帝星慢慢变成了今天的这颗勾陈一。

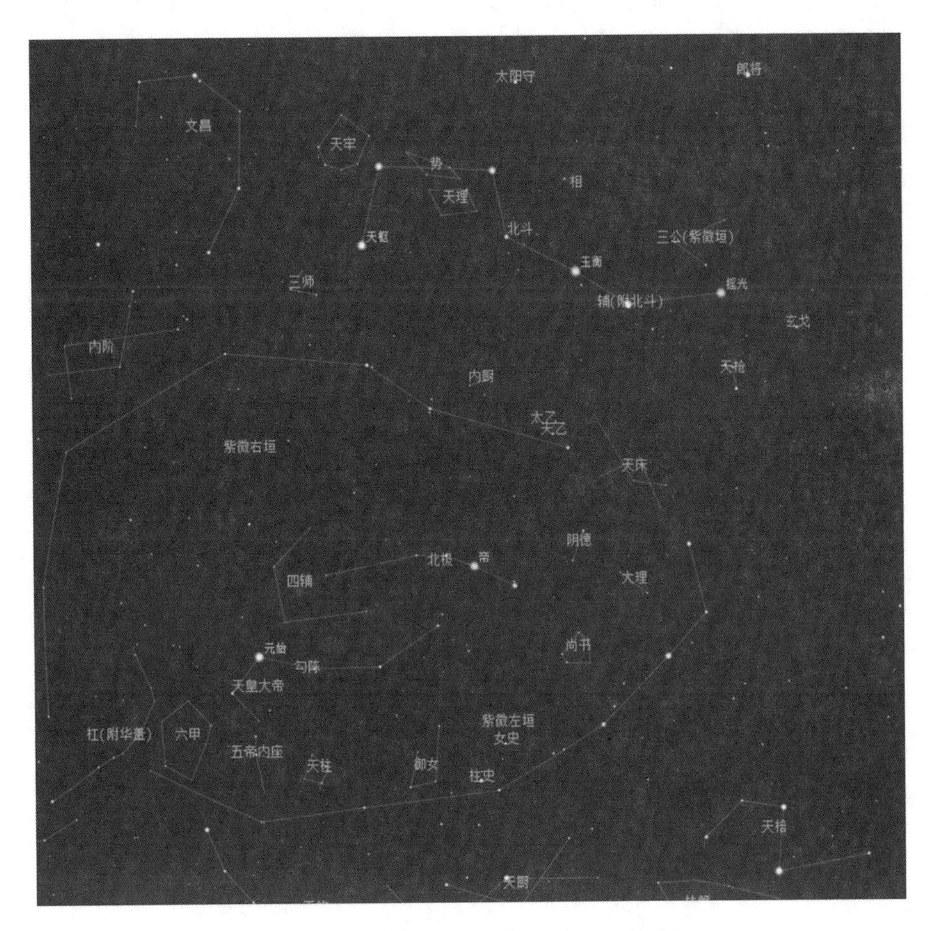

图 2.8.6　紫微垣(图源自 Stellarium 软件)

接下来我们就以帝星与元始星将紫微垣划分的两个区域分别进行介绍，《步天歌》中的句子“中元北极紫微宫，北极五星在其中”，“北极”指的是北极星官。“大帝之座第二珠”，帝星是象征皇帝的星星，是这个星官中从右往左的第二颗星星。“第三之星庶子居”，第三颗星星是一颗比较暗淡的星星，象征帝王的庶子。“第一号曰为太子”，而非常明亮的第一颗星星象征着太子。“四为后宫五天枢”，第四颗星星与第五颗星星则分别是后宫与天枢。

接下来再来看勾陈这一部分，“勾陈尾指北极巅，六甲六星勾陈前。天皇独在勾陈里，五帝内座后门间。华盖并杠十六星，杠作柄象华盖形。”第一句说“勾陈尾指北极巅”，这是因为隋唐时期的北极星和现今北极星不同。这里的勾陈就像一个小北斗，斗柄指着的就是这颗帝星，也就是当时的那颗北极星。“六甲六星勾陈前”，勾陈前是六甲，它是由 6 颗星组成的一个不太规则的六边形，在古代象征着天干地支中的甲子、甲戌等名称，据说起着护卫勾陈的作用。补充一句，勾陈在古代是帝王的正妃或者后宫。“天皇独在勾陈里”，天皇大帝在勾陈里，就是这一颗稍微有点暗的星。“五帝内座后门间”，天皇大帝的后面是五方皇帝的座位。至于天皇大帝和帝星的联系，道教里帝星象征的是紫微天君，而这颗天皇大帝则是紫微天君的胞兄。最后，有帝王的地方就会有需要伞来荫蔽的地方，也就是这里的“杠”，支撑着上方的“华盖”。我在看图 2.8.6 这幅星图的时候，想起来这幅步辇图(图 2.8.7)，虽然可能不是特别形象，但如果再有一些官员在这周围的话，我觉得它就跟紫微垣的景象挺像的。

图 2.8.7 步辇图(图源自百度)

紫微垣当中很重要的星还有北斗七星(图 2.8.8)。一种说法将北斗七星视作紫微垣里帝王的坐骑。这就是北斗七星和现在的北极星的一个星图照片，然后我们还是用《步天歌》进行介绍。首先北极星非常明亮，在图中偏下这个地方，北斗七星中从左往右的第一颗星叫天枢。第二、第三颗星分别叫天璇与天玑，在古代这两颗星星更多是并称，也就是璇玑，宋代有诗歌叫作《璇玑殿》，而璇玑也是古代进行天文观测的一种仪器。而第四颗星星稍微暗淡一点，它叫天权。第五颗星星不是天字开头了，它叫玉衡。“开阳摇光六七名”说的就是第六颗和第七颗星星，分别叫作开阳与摇光。值得一提的是，在开阳的旁边有一颗比较小的星，可能图上看得不是很清楚，它是开阳的双星系统，得名为辅，古代有用开阳和辅测试士兵的视力。北斗七星在古代之所以重要，是因为它具有指导历法的作用，有句俗语说“斗柄东指，天下皆春；斗柄南指，天下皆夏；斗柄西指，天下皆秋；斗柄北指，天下皆冬”，说的是斗柄往哪边指就可以知道现在是什么季节。我们可以用Stellarium(一款天象模拟软件)模拟天气晴朗的春夜，在樱顶可以看到的景象，大概就是唐代诗人所说的“更深夜色半人家，北斗阑干南斗斜”的景色吧。

图 2.8.8　北斗七星(图源自 Stellarium 软件)

北斗有三个跟学习很相关的星。第一个是魁星，古代说一举夺魁，就是说很快就取得了第一名。剩下两个大家都耳熟能详，主管文运昌盛的文曲星和文昌星，那么它们在天空中的位置大概是在哪里呢？我们首先要介绍下魁星，魁星其实是北斗七星中的前四颗星天枢、天璇、天玑和天权的统称，右手执朱批笔，传说他那支笔专门用来点取科举士子的名字，一旦被点中，文运、官运就会与之俱来，所以科举时代的读书人将其视若神。文曲星，是北斗星中的第四颗星，名称天权星，也是魁星中的第一颗星。民间将魁星与文曲星等同含义看待，都认为是主宰天下文运的万乘之尊。文昌星是文运的象征，是在北斗边上一个比较小、由六颗星形成的一个星区，它们不是特别明亮。

(2) 太微垣

在古人的想象之中，天帝就寝和议政并不在同一座宫殿中，就寝时在紫微垣，议政时则在另一个宫殿中，这就是太微垣。紫微垣是帝王的内宫，里面有后宫、厨房、起居卧室等，但是上朝的地方肯定不会有这些，更多的是一些官员之类的，如图 2. 8. 9 所示就是太微垣的天区，我们也是用《步天歌》进行介绍。

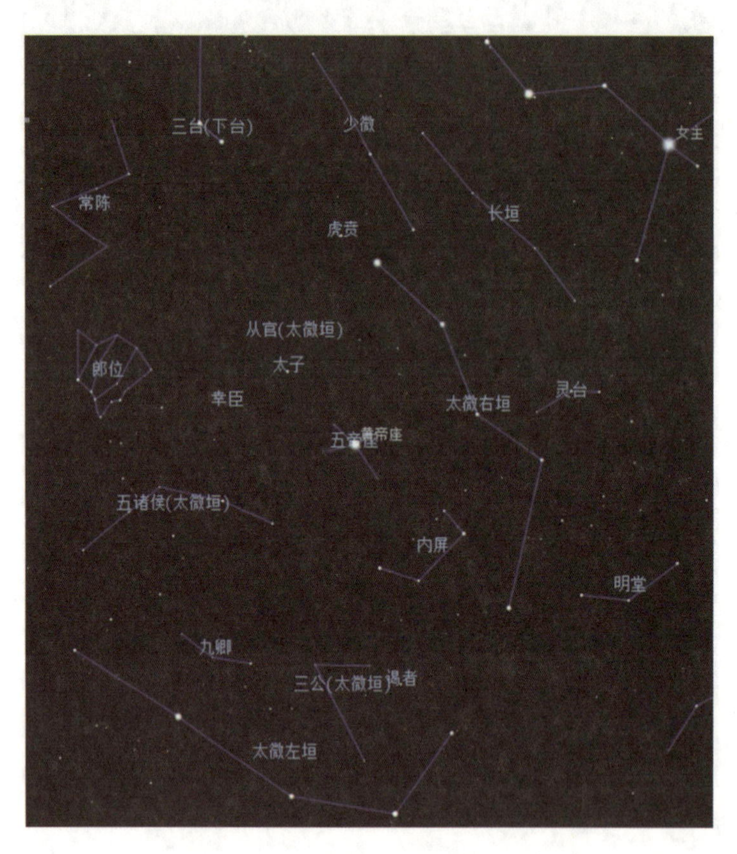

图 2. 8. 9　太微垣的天区(图源自 Stellarium 软件)

首先我们从图 2. 8. 9 右下角的缺口进去，进门过后往左看到的第一个就是谒者，谒者是负责接见的官员，他当然是站在门边的；而在谒者的背后是三公和九卿，三公九卿就是古代隋唐之前一个比较重要的官僚制度；然后在三公九卿背后是五诸侯等辅佐帝王的官员；进门之后向右看，首先是一个由四颗星星组成的屏风，它被称为内屏星官，因为在古代不能让朝觐的人直接窥见天子的真容，所以一般都会在门与帝王之间加一个屏风；而在屏风的后面就是五帝座星官，象征的就是帝王，它是十字状的，由五颗星组成，中间这一颗最亮的星就是五帝座一。为什么皇帝的座位会分成十字一样的形状呢？他周围的四颗星象征着帝王在不同的季节分别在不同的地方进行办公；在皇帝的后面跟着的就是幸臣和太子，幸臣确实非常暗淡，幸臣就是宠幸的臣子，太子就不多说了；在幸臣和太子的后面可以看到郎将和虎贲，郎将和虎贲都是负责宿卫的官员，这张图里面可能看不到郎将；在虎贲的后面是常陈和郎位，这两个在古代就相当于御林军。

整张图其实是一个非常立体的朝廷的图像，值得注意的是它的中心就在五帝座一，也就是皇帝座位。太微垣对应的其实是现在狮子座和室女座区域。狮子座的五帝座一、室女座的角宿一以及牧夫座的大角星连成一个等边三角形，被称为春季大三角。如果春天的某一天晚上大家在天空中看到很明亮的三颗星星的话，可以想一想太微垣，古代帝王朝廷的星区就在它的周围。

(3)天市垣

我们继续看天市垣(图 2.8.10)，其实是一个相对比较暗弱的地方。“两扇垣墙二十二”说的是天市垣的周围有 22 颗星星，组成了它的墙，我们进入天市垣是从靠右下角的这一个小开口进去。进门首先看到的是市楼，市楼在古代就是主管市场的一个政府机构；往右我们看到的是车肆，它由两颗星星组成，在古代的意思是百货市场，当然百货市场确实太小了一点；继续往里面走，看到的是宗正、宗人，这里还有一颗稍微有点被遮挡的星官，它是宗，这三个星官都象征着皇帝的亲族、宗族；再往里走，看到的就是帛度和屠肆，这里可能也有点遮挡，帛度就是象征布匹的帛，布匹市场的意思，而后面的屠肆，屠

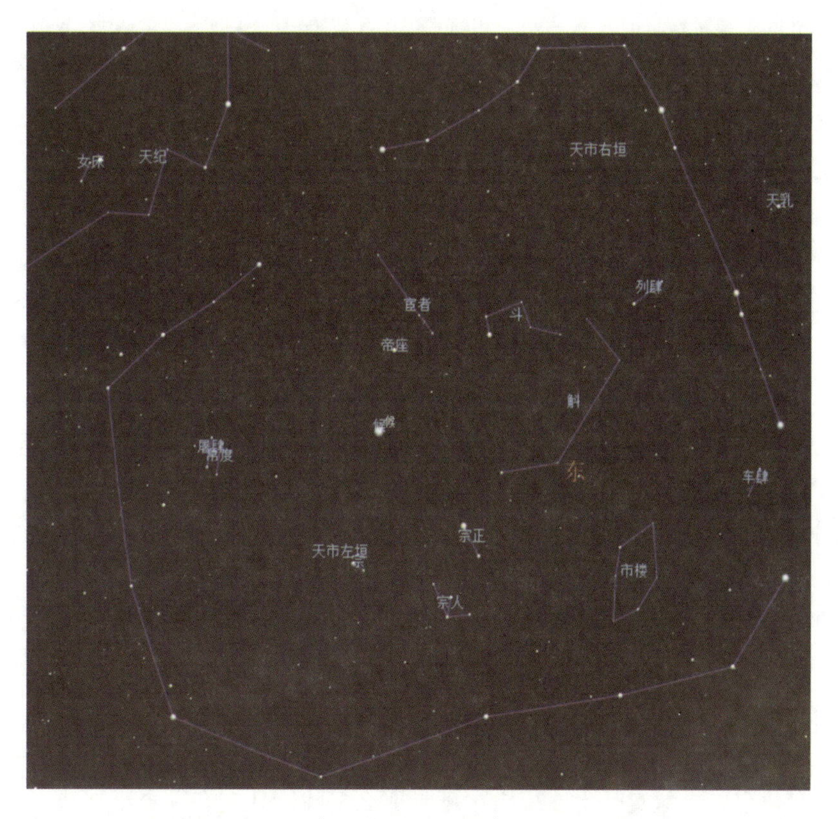

图 2.8.10 天市垣的天区(图源自 Stellarium 软件)

夫在的地方就是屠宰市场；我们往右边看，这里有一颗比较明亮的星星，它叫候，在古代它象征着观察天象的官员，为什么观察天象的官员会出现在市场里面，这是一个挺有趣的问题，先打一个大大的问号。在候的旁边可以看到的是帝座，也就是皇帝的座位，我们可以把它理解为皇帝到民间的市场里来微服私访；皇帝后面跟着4颗比较暗的星星，象征宦者；我们经过皇帝的座位往右边走，可以看到的是列肆，列肆在古代就是珍宝市场，在皇帝的前面是斗和斛，斗和斛在古代都是非常重要的量器，它们出现在天市垣也就不足为奇了。当然，斗和刚才说的北斗作区分，天市垣中的斗星官只有5颗星星，而北斗七星是有7颗星的，它在现在的星区也就是武仙座和蛇夫座，现在看起来它就是一个很空洞的地方，只有中间这一颗非常明亮的星星，也就是候。

接下来就由程鹏鑫为大家介绍二十八星宿。

2)二十八宿

程鹏鑫：很多人都会有这样的误解：12个星座占据了整片天区，然后二十八个星宿也占据了整片天区。但实际上，二十八个星宿只是二十八片小天区，并没有占据整个夜空。在二十八星宿中，我们选取其中最具有代表性的一颗星星，通常是那片天区中位于中间或者最亮的那颗星星，作为宿星，相当于这一宿的代表。比如井宿内包含井、天狼、南河、北河、老人等星官，其中宿星为井，这片天区也包含了我们非常熟悉的猎户座。这就是二十八个星宿，它们对应4个方位。我们知道古代有4个神兽——青龙、白虎、朱雀和玄武。在古代，青龙叫苍龙，玄武叫玄冥。大家也应该知道它们各自对应的方位——东青龙、西白虎、北玄武、南朱雀。

(1)东方苍龙七宿

我为大家介绍的顺序是从东到西，从南到北。首先我们介绍东方苍龙七宿(图2.8.11)，东方苍龙七宿的名称可能是四个方位中最好记的。七宿组成一个完整的龙形星象，每一个宿都很清晰地指向龙的一个身体部位，其中角宿代表龙角，亢宿代表龙的咽喉，氐宿代表龙爪，心宿代表龙的心脏，尾宿和箕宿代表龙尾。总结而言，这个顺序也就是“角亢氐房心尾箕”。之后的每一个方向的七宿，我们都将以一些俗语或者名句来开头，比如说“七月流火，九月授衣”，可能大家对这个出自《诗经》的句子比较熟悉，这里面的“火”指的不是火星，也不是流星，指的是在星宿中的大火星，古代叫大火星或心宿，现在叫心宿二。

第二句话是《易经》中的4个成语：“见龙在田，飞龙在天，亢龙有悔，潜龙勿用”。这里说的是苍龙七宿，“龙”指的就是苍龙，而龙在天空中的位置对应的就是某个时节。当然，这4个成语也都有分别的引申义，之后我们会详细介绍。

现在来看周雨馨埋的一个伏笔——春季大三角。春季大三角的三个顶点分别是五帝座一、大角星和角宿一，但实际上在夜空中不是那么好找。现在有一个小技巧来寻找它们的位置——通过北斗七星。其实北斗七星不仅可以指示时间的变化，就像刚刚介绍的“斗柄

图 2.8.11　东方苍龙七宿(图源自百度)

东指，天下皆春"一样，它还可以指示某些星星在天空中的位置，我们沿着斗柄方向延伸出一条平滑的曲线，然后沿着这条曲线一直往下延伸，中间可以看到，经过了几颗很亮的星星，其中一颗是黄白色的星星——大角星，然后是一颗非常蓝的星星——角宿一。这条曲线就是很有名的春季大曲线(图 2.8.12(a))，通过这条曲线便可以找到这两颗星星，然后以这两颗星星为底作一个等边三角形，就可以找到五帝座一。这是我们武大天协拍摄的照片(图 2.8.12(b))。

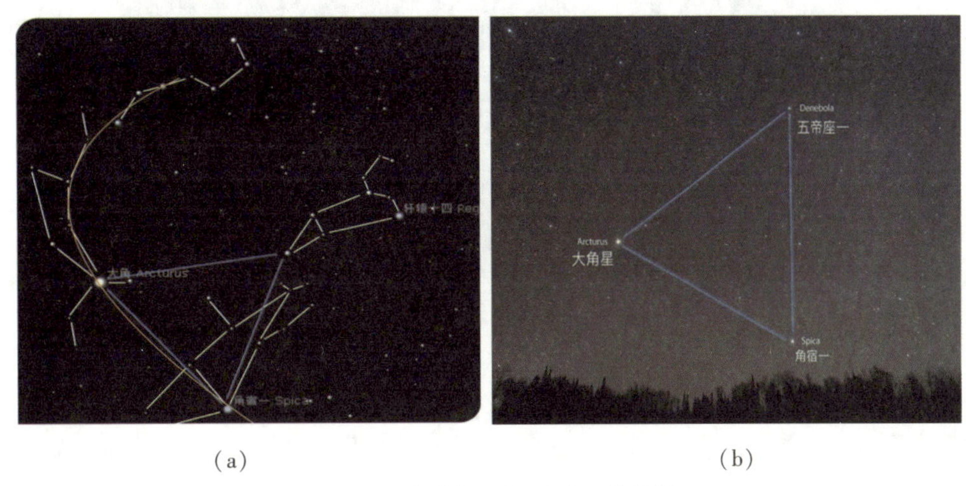

(a)　　　　(b)

图 2.8.12　春季大三角(武大天协拍摄)

下面介绍一些关于大角星和角宿一比较有趣的知识点。

大角星和角宿一曾经是东方苍龙的两只角，但是现在苍龙的两只角是角宿一和角宿二，大家知道为什么吗？可能跟我们人的审美有关。刚刚周雨馨说了在黄道之上的二十八宿，但是大角星与黄道的距离并不是很近，这样的龙头就离黄道很远，就偏出了黄道，看起来不符合二十八宿都在黄道上这样的审美，所以古人就舍弃了很亮的大角星，选择了角宿二来代替它。

刚才提到角宿一是一颗非常蓝的星星。星星越蓝就说明它温度越高，它越红就说明它表面温度越低。这两颗星星的表面温度到底有多高呢？25000℃。太阳的表面温度是6000℃，离我们最近的恒星比邻星大概是4000℃，可以看出它的温度是非常高的，所以也是夜空中最蓝的星之一。

接下来就是“七月流火”中的“火”，也就是心宿二，这是心宿二在夜空中的位置(图2.8.13)。这里的连线是按照西方天蝎座的形式连接而成，蝎子的尾巴和蝎子头中间连接的这颗很红的星星就是心宿二。心宿二在古代又称大火星，古代有一句话就是“六月，火星中，暑盛而往矣”，意思是6月大火星处在中天，这是暑气最盛的时候，也就代表暑气即将过去了，天气马上就要转凉了，就到了处暑节气，所以说它在农历的五六月是在天空中的最高点。

图2.8.13 天蝎座与心宿二(图源自百度)

刚才提到了“见龙在田，飞龙在天，亢龙有悔，潜龙勿用”这4个成语，这与古代的农时有密不可分的关系，同样，这4个成语也可以引申为人们在面对人生中不同处境的时候该如何应对。春天农耕开始之际，苍龙七宿从东方夜空上升，对应的是“见龙在田”，龙象征着飞黄腾达，“见龙在田”就是出现好苗头的时候，一定要好好把握，这也是它的引申义；“飞龙在天”意思是夏季作物生长，苍龙七宿高悬于南方夜空。当我们人生处境非常顺时，我们要大展宏图，飞龙在天；到了秋天庄稼丰收，苍龙七宿也开始在西方下落，如果庄稼秋天还不收割的话，不注意农时，贪图收成，以为随着时间的变化，收成会越来越多，那么一旦过了阈值，收成就会慢慢降低，到了冬天还没收割的话，庄稼就冻死了，收成就是零了，“亢龙有悔”就是这个意思。在人生中最顺的时候，也是人生的处境即将要跌落下来的时候，如果还不开始收敛，最终可能会后悔。到了冬天，“潜龙勿用”就比较好理解，跟“飞龙在天”相反，苍龙七宿隐藏于地平线以下，当你的人生不是那么顺的时候，你就要把自己隐藏起来，韬光养晦，在暗处把握时机。

(2)西方白虎七宿

接下来介绍白虎七宿(图 2.8.14)，梅开二度。白虎七宿里面的七宿，并不像苍龙七宿的位置那样好理解。“日短星昴，以正仲冬”的意思很明显，白天时间很短的时候，也是昴星团和昴宿处在天空中最高的位置的时候，这个时候就是隆冬时节。“人生不相见，动如参与商”，这里的“参与商”说的就是参宿与商宿，商宿就是我们刚才说的东方苍龙七宿中的心宿，这两个宿它们是永远不能同时出现在夜空上的，它们的方向是正好相反的，所以说这句话也就是说如果两个人分别了，就永远也不能见面了。

图 2.8.14　西方白虎七宿(图源自百度)

图 2.8.15 是“日短星昴”中的昴星团，非常受天文爱好者的青睐，它们是天空中最亮的星团之一。作为离地球最近也是最亮的几个疏散星团之一，人眼在晴朗的夜空中通常可以看到其中的六七颗亮星，所以它又被称为七姐妹星团。一般人只能看到 6 颗，只有眼力极好的人才能看到 7 颗，但是它却又被称为七姐妹星团，这说明在古代，是能看见这 7 颗

星星的，但是有一颗星星突然暗下去了，在古人眼里，这是一个很神奇的天象，他们并没有太多科学知识储备，就用神话来解释：七仙女中的七小妹，最终嫁给了凡人董永，这个星团中有一颗星星的暗淡也就显得自然而然了。这就是黄梅戏《天仙配》的故事。

图 2.8.15　昴星团/七姐妹星团(武大天协拍摄)

我们介绍的下一个对象是冬季大三角(图 2.8.16)，冬季大三角是即使在武汉这种光污染非常高的地方，也能看到的天象。其中，天狼星是天空中最亮的星，在武汉的天空中

图 2.8.16　冬季大三角(武大天协拍摄)

还能看到像猎户的腰带一样连着的三颗星，基本上呈直线连接，而且距离非常近，所以也很好找。这在三颗星的周围只有一颗红色的星星是参宿四，根据参宿四，就能找到旁边的另一颗亮星南河三，所以说冬季大三角是非常好找的。

我们来介绍一下天狼星和参宿四的故事，这也很有趣。我也是用 Stellarium 软件模拟的(图 2.8.17)，天狼星在右上角，是一颗非常亮的星星，左下是弧矢星官，“弧”是弧线的“弧”，“矢”是有的放矢的“矢”，说明这是一把弓箭，可以看到这把弓其实是没拉圆的，这条直线就是箭，这个箭很明显射向天狼星，为什么？因为在古代，天狼星是一个指示战争的星星，天狼星越亮，说明外族的入侵将会越猛烈。古人为了抵御外族的入侵，就肯定想把天狼星射掉，所以就在这里设置了一个弧矢；但是天狼星肯定是不会熄灭的，这么短的时间里它怎么可能会熄灭呢？古人就在天狼星下方设置了一个陷阱，看着就是一个环形，它的名字叫军市，军市里面有 13 颗星，象征陷阱；但是没有诱饵天狼星怎么可能进这个陷阱？所以军市里面有一颗星星野鸡，它的名字就叫野鸡星官，这就是天狼星的故事。相较之下西方星座的故事我们中国人可能很难理解，因为它们的名字很难记，像宙斯、赫拉名字简短可能很容易记住，但是其他名字大家应该很难记住。

图 2.8.17　冬季大三角的天区

然后介绍参宿四。参宿四是一颗很有趣的星星，在 2019 年的时候，它的亮度在短短两个月时间内突然下降，又迅速上升，大家就在网上传参宿四要爆炸了。当时参宿四的亮度是从 0.9 等下降到了 1.5 等，大家可能不太了解这个 0.6 等到底是多大的差距，我试着举一个例子帮助理解：如果你每隔一段时间观察火星，就会发现它一段时间内是很亮的，就像在 2020 年八九十月的时候，它是非常亮的，一度达到-2.6 等，是当天上半夜当之无愧的最亮的星。但是现在正在变得越来越暗，到今天(2021 年 3 月 26 号)仅仅只有 1.2 等，在武汉的夜空下要想看见已经是比较难了。参宿四作为恒星，亮度能下降这么多，也是我们相信这个谣言的原因。

古人对超新星爆炸有过详细的记载。图 2.8.18 就是一颗超新星爆炸之后的残骸，它在公元 1054 年爆炸。史料记载“至和元年五月，晨出东方，守天关，昼见如太白，凡见二十三日”，《宋会要》里面的描述比较详细，大致意思是：至和元年五月己丑(公元 1054 年 7 月 4 日)早上发现一颗客星从东方出现，白天就能看到，亮度和金星差不多，颜色是赤白色，足足出现了 23 天。在白天都能看见是什么概念呢？我们都知道月亮有时候在白天能看见，月亮的亮度是-13 等左右，所以如果想在白天都能看见的话，星星的亮度至少要达到-4~-5 等，而且即使这样，在太阳的光辉下也会显得十分模糊。太阳的亮度是-26 等。它爆炸的残骸不断膨胀，形成了现在的蟹状星云(图 2.8.19)，其实把背景全都隐去的话，这个看起来有点像一个山谷。事实上，蟹状星云也就是在梅西耶星表中排名第一号的 M1，位于金牛座 ζ 星东北面，距地球约 6500 光年。源于一次超新星(天关客星 SN 1054)爆炸，古人也叫它天关客星，在古代超新星被称作“客星”。如果参宿四爆炸，在地球上可以肉眼看见它忽然变亮，夜晚中犹如第二“月球”一样，即使白天也可以看见它高悬空中，甚至会持续数个月之久，1~2 年才会彻底从夜空中消失，变成肉眼不可见，只能从射电望远镜中记录它的存在，它爆炸后形成的天体也会是脉冲星，绝大多数的脉冲星都是中子星。

图 2.8.18 超新星爆炸遗迹(武大天协拍摄)

图 2.8.19 蟹状星云(图片来源 nasa：https：//apod.nasa.gov/apod/ap051202.html)

图 2.8.20 是武大天协拍摄的一组照片。在白虎七宿方位比较有名的，离银河系最近的河外星系——仙女座星系 M31(图 2.8.20(a))，看起来很浪漫，图 2.8.20(a)中下面是 M31 仙女座星系的卫星星系 M101，比较暗淡。图 2.8.20(b)是猎户座中的大星云 M42。很多天文爱好者都喜欢在冬季观星，有昴星团、冬季大三角，还有未提及的毕星团、马头星云等。图 2.8.20(c)是 2021 年武大天协成员拍摄的玫瑰星云 NGC 2237，是一个距离我们 3000 光年的大型发射星云。可能看起来并不像玫瑰，如果以俯视的角度，可能就比较形象了。

(3)南方朱雀七宿

接下来介绍南方的朱雀七宿(图 2.8.21)，帽子戏法。这里有三句话也来自《史记·天官书》：第一句，“狼比地有大星，曰南极老人”，“狼”指的是天狼，“地”是地平线，中间有一个大星，它叫南极老人，这就是老人星。第二句，“七星如钩柳下生，星上十七轩辕形”，“轩辕”是一个星官，“十七”就是轩辕里面星星的数目。第三句，“舆鬼鬼祠事”，是之后要说的鬼宿，鬼宿为南方朱雀七宿的第二宿，犹如一顶戴在朱雀头上的帽子。正如鸟类在受到惊吓时，头顶羽毛会竖起成冠状，而人们常把害怕而又并不存在的东西称作鬼，因此称作鬼宿。鬼宿由四星组成，形似柜，星光皆暗，晦夜可见，中有一星团，叫“积尸气”，也叫鬼星团。

（a）仙女座星系M31

（b）猎户座星云M42

（c）玫瑰星云

图 2.8.20 武大天协影像秀

图 2.8.21 南方朱雀七宿(图源自百度)

图 2.8.22 介绍了一种寻找老人星的方法，不过，也并不用按照图上说的这种“V 字形”方式来找，在天狼星和地平线中间有一颗非常亮的星星，它肯定是老人星。老人星是全天的第二亮星，它的位置太偏南，在我国北部看不到，只有长江流域及以南的地方，才能在短暂的时段里在低低的南天看到它。南方的朋友，每年在农历二月的晚上，找到位于正南方的天狼星之后，再向下找，在地平线上方就可以找到它。李白有诗句：“衡山苍苍入紫冥，下看南极老人星”，是指在南岳衡山上，就可以看见老人星了。在武汉的农历二月，如果周围没有任何的光污染，没有任何的遮挡物，我们就可以在最南、距地平线很近的地方看到它。人们也叫它“南极仙翁”，它象征着凶吉中的吉，即老人星在中国古人眼里是一颗吉星，大家认为老人星的出现是天下太平的征兆，见了这颗星，将国泰民安。我们平常所说的“福如东海，寿比南山”，这里面的“寿”，指的是寿星，平常过生日的人也被称为寿星，寿星其实就是老人星。在古代不仅有寿，还有福禄，福禄寿都各自对应一颗星星，福星也叫岁星，岁星指的就是木星。刚刚周雨馨说过的文昌星官里面有 6 颗星星，禄指的就是文昌星官里面的文昌六。

图 2.8.22　寻找老人星(图源自 EasyNight)

我们来看一看轩辕十四。轩辕星官(图 2.8.23)有 17 颗星，形状如黄龙蜿蜒于天际之上。轩辕是华夏部落首领黄帝的名字，古人把天上的一个星官命名为轩辕以示对他的崇敬。轩辕十四是其中最亮的星，属于一等星，在缺少大星的春季天空中可算是星空之王。但是如果它在冬季星空，可能就不会像现在受人重视了，因为在冬季星空中有非常多很好看的天象，春季星空中这种亮星就比较少了，所以轩辕十四是春季星空中的星空之王，也是狮子座中最亮的星。又由于轩辕十四位于黄道上，不论中国外国，都把它称为“王者之星”。图 2. 8. 23 里并没有展示第 17 颗星星在哪里。

春季的“王者之星”是轩辕十四，那么谁知道夏季、秋季和冬季中的“王者之星”是什么吗？秋季的是北落师门，冬季的是毕宿五，它们都恰好在黄道之上，所以我们有时候会看到月掩轩辕十四、月掩北落师门，月亮正好在黄道之上，轩辕十四也在黄道之上，月亮经过的时候就把轩辕十四给遮挡住了，这是比较难得的一个天象。寻找轩辕十四的一个做法，是用软件将北斗七星的第 4 颗星星和第 5 颗星星相连，然后延长连线就能看到轩辕十四。轩辕十四最显著的特征是极快的自转速度。轩辕十四只需要不到 16 小时就转一圈，这让它难以保持球形，而是被甩成了一个椭球。而刚刚讲到的角宿一则是旋转椭球变星，是变星的一种。这种变星是主星和伴星相当接近的联星系统，因此成员星都是椭球状。角宿一双星系统的两颗星之间的距离非常近，近到什么程度？大概是地球到月球的距离的 1/9。

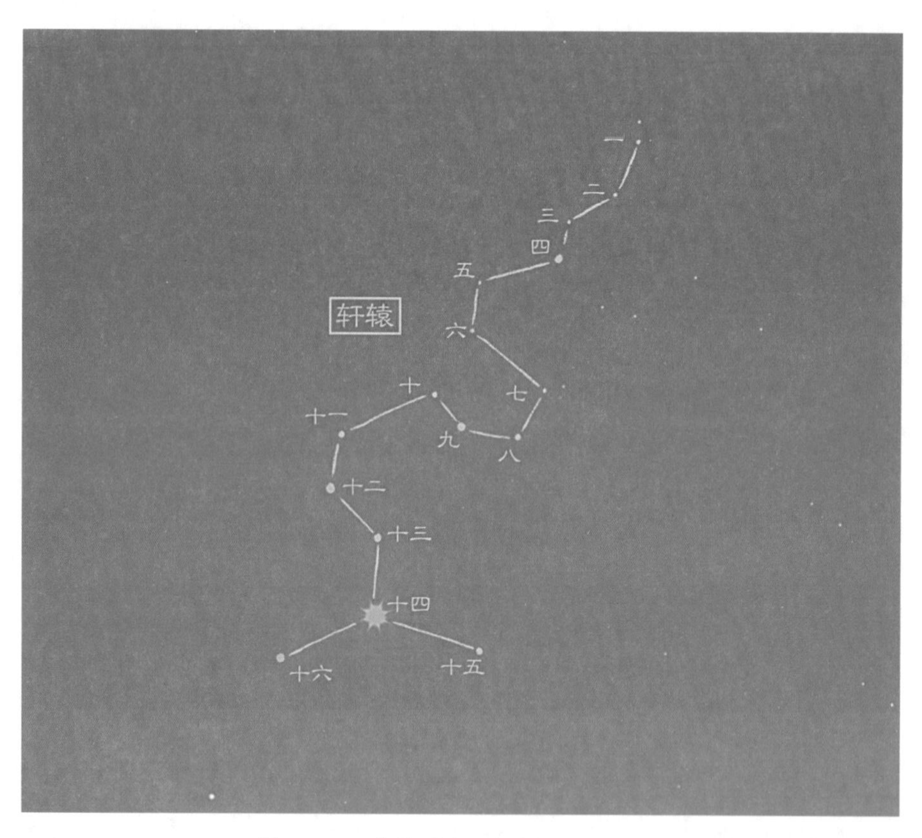

图 2. 8. 23　轩辕星官（图源自 EasyNight）

鬼星团这个名字很奇怪，为什么古人要以鬼来命名，取一个这么晦气的名字？图 2. 8. 24 是武大天协拍摄的鬼星团，如果用肉眼在一个光污染较小的地方观星，可以看到这片天区里面有很多分辨不出来的暗星，中间又有一些若隐若现的云气，云气相互环绕在暗星的周围，看起来就像古代的鬼火一样，所以就被称为鬼星团。鬼星团是疏散星团之一，西方称其为蜂巢星团，鬼星团是巨蟹座中唯一非常值得观测的天象。梅西耶天体一共有110个天体或星团，鬼星团的亮度在其中可以排到前5，散发出来的光，就像我刚才所说的鬼火一般，古人用“如云非云，如星非星，见气而已”来形容它，把它想象成地狱的入口，人死后魂就会飞进这段气，因此叫鬼星团。在古代它还有另一个名字叫作积尸气，意思是人死后的魂魄都飞到这里。鬼星团之所以这样命名，还有一个说法，即鬼宿一、鬼宿二、鬼宿三、鬼宿四都包围着星团。

图 2.8.24 鬼星团(武大天协拍摄)

(4)北方玄武七宿

下面介绍北方玄武七宿(图 2.8.25)。这里有两句话，“迢迢牵牛星，皎皎河汉女”，“牵牛星”就是牛郎星，“河汉女”就是织女星。“羽林西南有大赤星，状如大角，天军之门也，名曰北落，一名师门。”再后来人们就把这两个名字合起来，把这颗星叫作北落师门，在古代它是跟军事有关的。

牛郎和织女也是我们在夏季看到的夏季大三角中的两颗星，分别位于银河两侧。正处在银河上很亮的一颗星，叫作天津四。东汉末期的《古诗十九首》里面有诗句，“迢迢牵牛星，皎皎河汉女。纤纤擢素手，札札弄机杼。终日不成章，泣涕零如雨。河汉清且浅，相去复几许。盈盈一水间，脉脉不得语。”这里的“迢迢牵牛星，皎皎河汉女”，讲的就是牛郎和织女位于银河两侧，“纤纤擢素手，札札弄机杼”说的就是织女用她的“纤纤擢素手”

来用织布机，织布机发出“札札”的声音。“终日不成章”的意思就是她一整天都没能织出一张布，这是为什么？因为她泪流满面，每时每刻都在想象着牛郎。“河汉”就是银河，银河又清又浅，但是他们却无法跨过银河相遇。最后一句话的大意是他们只能在银河的两岸遥望着对方。

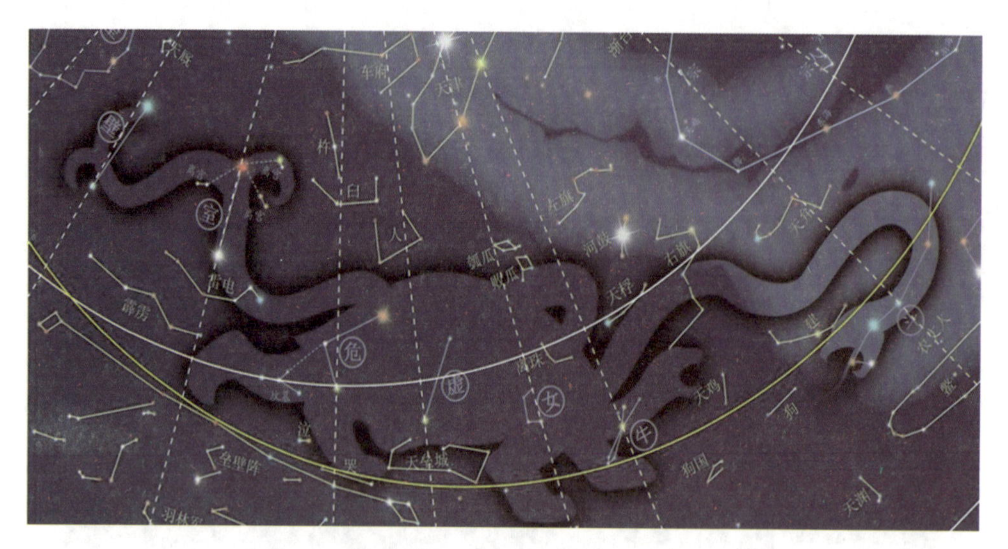

图 2.8.25　北方玄武七宿(图源自百度)

下面介绍一下北落师门。北落师门虽然处在南方的星空，但是被算入北方七宿。北落师门是秋季星空中唯一的一等星，所以它也就成为秋季的“王者之星”，也被称为南天的“孤独者”。《晋书·天文志》曰：“北者，宿在北方也；落，天之籓落也；师，众也；师门，犹军门也。长安城北门曰北落门，以象此也。”这里的“落”指的是天上的藩篱，也就是军中的篱笆。这个“师门”指的就是军门、长安城门、长安城北门，汉朝长安城北边的门也叫作北落门，就象征着这个地方。因为在汉代北边是匈奴，他们常会从北方向南进犯，所以说北门也就是军门。

夏季是能见到银河的最好的季节，对天象观测而言，夏季和冬季都是很好的观测时间。请周雨馨来为大家介绍一下行星的内容。

3. 天象观测

周雨馨：那么接下来我们就开始说行星。

(1)七曜

古代中国人将火星(荧惑星)、水星(辰星)、木星(岁星)、金星(启明星/太白星)、土星(填星/镇星)称为五星，五星又称五曜，加上太阳星(日)、太阴星(月)，合称七政/七曜。

图 2.8.26 出自“夜空中国”，可以看到 4 颗星星同时排列在黎明前的天空：右上是月亮，往下一颗是金星；下面稍微比较亮的星星是刚才提到过的轩辕十四；再往下稍微比较暗的一颗星是火星；另外一颗比较亮的星星便是水星。这里火星比水星暗，有的时候也会出现火星比水星要亮得多的情况。土星是要比木星暗得多的。

图 2.8.26　黎明前的月亮和四颗亮星(图源自夜空中国，https://nightchina.net/2017/09/20/四星串月/)

水星的得名是因为古人观测到它与太阳的最大角距不超过一辰(30 度)。而金星最常见的名称是太白，还有启明和长庚两个名字，金星在早上出现的时候叫作启明，而出现在黄昏的时候，就叫作长庚。金星是最亮的行星，有黄金一般的颜色，随太阳东升西落，所以描写很亮的词都可以用来形容它。有人把金星称作缩小版的月亮，因为它跟月亮一样是有盈亏的。与金星有关的中国古代典故有两个，一个是在西游记里经常听到的太白金星，童颜鹤发，我觉得很皮的一位神仙；另一个是李白，字太白，他本人也是一个很有仙气的人，传说中他是太白金星转世。

大家都知道金星和水星都是地内行星，它们都能产生一些比较特殊的天象。第一个是大距，大距为地内行星(水星和金星)从地球上看上去离太阳最远的那一点。图 2.8.27 是金星大距的一个示意图。2021 年 7 月 5 号清晨会出现水星西大距，10 月 30 号清晨会出现金星东大距。图 2.8.27 也比较清楚地说明了上合和下合。前面有提到金星的盈亏，为什么金星会出现盈亏的情况？大家可以把它类比成月球，它处在下合位置上。它在上合位置时，面向地球的一面全被照亮。下合是行星在地球和太阳之间，这个时候行星是不可见的，相当于月亮发生新月时的状况。在下合的时候还会发现一种比较特殊的天象，它叫作凌日，和月食有相似之处。就像并非每次月亮在新月的时候都会发生月食一样，凌日也是很久才会发生一次，因为水星和金星的轨道分别与黄道有 7°和 3.4°的倾角，所以说并不是每次合日都能发生凌日。最近发生水星凌日是在 2019 年，100 年大概能够发生 13 次水星凌日，所以还没那么稀有。最近一次金星凌日发生在 2012 年，下一次发生是在 2117 年，希望大家还有机会能够看到。

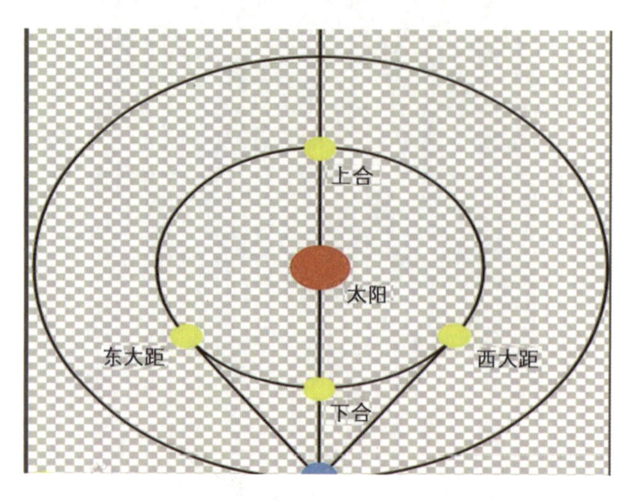

图 2.8.27 金星大距示意图(图源自百度)

接下来说的就是火星。火星在古代被称为荧惑，为什么被称为荧惑？首先是第一个字“荧”，是因为它颜色发红；“惑”是指它的另外一个特点——行踪诡秘，它会顺行，停下来，然后逆行，然后再顺行，所以古人认为它的行踪十分诡秘，让人琢磨不透，十分疑惑，所以组合起来叫作荧惑。非常著名的一个天象——荧惑守心，大家应该都有所耳闻，在古代和帝王联系在一起，是大凶之兆。图 2.8.28 是 2016 年夏天 7 月，在荧惑守心发生之前拍摄的照片，而荧惑守心发生在 8 月 24 日。这张图里右下一颗非常明亮的红色星体就是火星，而银河右侧下方的亮星是刚才所提到的心宿二，可以看到它们两个非常接近了，而在心宿二上方这一颗非常明亮的白色星体则是土星。所以说这次荧惑守心也是比较稀有的，因为不仅出现了火星和心宿二相合，而且土星也出现在它的上方。古人认为心宿二和火星这两颗红色的星体碰到一起就肯定是大凶之兆。

关于荧惑守心也有几个故事。第一个故事：荧惑守心发生在宋国的分野，天上的这片区域对应的是地上的宋国，荧惑守心就发生在那一片区域内。于是君主宋景公就很不安，一个臣子子韦就跟宋景公说，“你要不要把‘锅’全部推到丞相的身上去呢?”宋景公拒绝了，他说，“丞相是朕的肱骨，如果他都不在了，谁来给我治国呢?”子韦又说，“要么把‘锅’推到百姓身上去吧?”这个提议也被宋景公给否决了；最后子韦说，“要不要把这个‘锅’推给年成?”宋景公说，“如果年成不好的话，百姓就会挨饿，那么我还去给谁当君主?”，所以子韦就称赞宋景公是一位非常贤明的君主，他认为宋景公如此贤明，这个星

图 2.8.28　2016 年夏天荧惑守心前

（图源自夜空中国，https：//nightchina.net/2016/08/25/梦露湖火星落/）

象肯定会很快解除的。果然他们等了一会，这两颗星星就分开了。第二个故事与秦始皇有关。秦始皇死前曾出现过荧惑守心的天象，不知道在座有没有人看过《秦时明月》，大概第五部的第一话里面就出现了，在东郡落了一块巨大的陨石下来，伴有荧惑守心的天象，剧情就是在此背景下展开。第三个故事与汉成帝有关。汉成帝就和宋景公形成了非常鲜明的对比，他看到荧惑守心的天象时觉得自己可能要不行了，决定把"锅"推给丞相。于是他就真的以治国不力之类的理由把丞相逼到自杀。这次天象倒是真的显灵了，哪怕他把丞相杀了，但一年过后自己还是暴毙了。

以现在的观点看，荧惑守心其实是一个很正常的天象，大概十六七年发生一次，非常平常。

接下来要介绍两颗跟古代人的生活、收成息息相关的星星，一颗是岁星(木星)，一颗是填星或者叫镇星(土星)，在古代"填"和"镇"是相通的两个字。图 2.8.29 是摘自"夜空中国"于 2020 年 12 月发生过的一次土木相合时拍摄的照片，可以看到它们两颗星已经非常接近了。如果用望远镜，会看到木星的 4 颗卫星，和土星出现在同一个视野里面，感觉还是比较震撼的，旁边很明亮的星体是一会儿我们要说的火流星。

说到岁星(木星)，它是一颗很显眼的星星，亮度仅次于我们刚才提到过的太白金星。在司马迁《史记・天官书》中记载，它的颜色是"色苍苍有光"，可以让人联想到木这个元素，所以说在古代就有木星这个名称了。木星绕太阳转一周是 12 年，在古代 12 年也就称为一纪。大家应该听说过一句诗词，"如何四纪为天子，不及卢家有莫愁"，其中的四纪就是 48 年，说的就是唐玄宗当了 48 年的皇帝，到头来还不如普通人生活得那么愉快。因

图 2. 8. 29　2020 年 12 月土木相合

（图源自夜空中国，https：//nightchina. net/2020/12/22/土合木会流星/）

为木星是 12 年转一圈，古人为了标记它的位置，又将天空划分成了 12 星次。刚才说过二十八宿是将黄道的周围划分成了二十八个星区，12 星次是将黄道再次分成了 12 等份，每个星次就含了 2~3 星宿。这些星次的名字我们一会儿提到。“岁在鹑火”其实是一种纪年的方式，所以说在古代，木星和北斗以及青龙一样，都是很重要的纪年方式。

接下来要提到的是填星/镇星，也就是土星。它的公转周期时 28 年，正好和二十八岁相合，也就是史记中说的“岁填一宿”，每年经过一宿的天区。但是土星是不用来纪年的，在古代主要是管年成丰收，《史记》中也记载了它的另一个名称，叫作地侯，意为掌管地上那些粮食作物的收成。

我们刚才所介绍的火星、土星和木星都是地外行星，它们也有相对比较特殊的天象。第一个要说的是冲合，冲的意思也就是太阳、地球、行星位于一条直线上(地球在中间)，这是地外行星最好的观测时间。可以想象，当太阳在黄昏的时候落下去，火星就恰好从另一边升起来，而且它的表面被全部照亮，所以说这就是观测火星的最好的时机，当然对于土星和木星也是一样的。合指的是行星、太阳和地球在一条直线上(太阳在中间)，这时候的行星就和新月的情况有点相似，行星躲在太阳的背后，在地球上是看不到的。下一个要说的是逆行。刚才我们提到了荧惑中说火星的行踪比较诡异，其实岁星(木星)和填星(土星)也差不多的。在《史记》中记载最早的逆行：“岁星出，东行十二度，百日而止，反逆行，逆行八度，百日，复东行”，这个应该不是很难理解。图 2. 8. 30 可以很清晰地表现出逆行现象的原理，虽然行星都是从西向东转，但因为地球是内侧，它的公转周期是要小于外侧的，所以在地球追赶外侧行星的时候就会发生这样的情况。在某个地方有停留下来的情况，古代称留居。

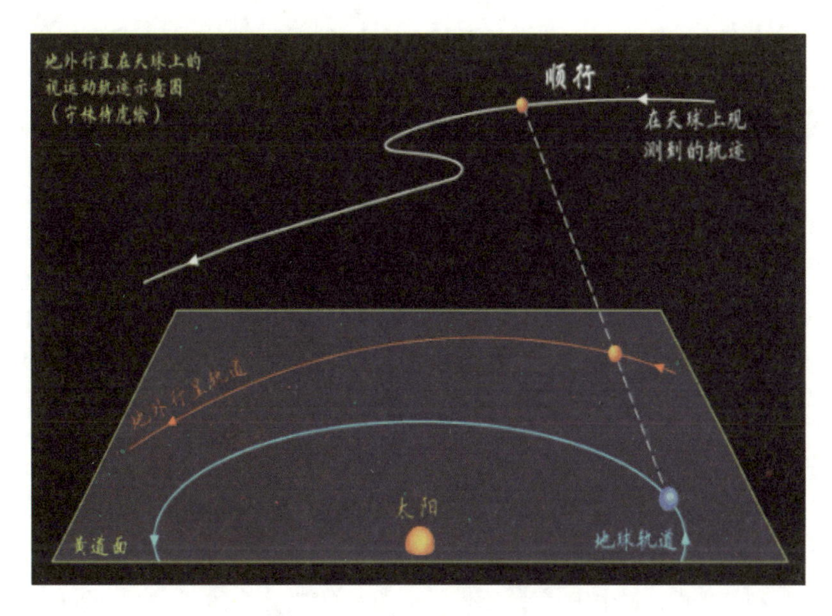

图 2.8.30　逆行现象的原理图(图源自百度)

最后要介绍一个非常有名的天象——五星连珠，古代对五星连珠并没有那么严格的定义，只要5颗星星出现在一宿当中，它们就可以称为五星连珠。在典籍《竹书纪年》卷上记载：“凤凰在庭，朱草生，嘉禾秀，甘露润，醴泉出，日月如合璧，五星如连珠。”可以看出这是一个非常祥瑞的天象。但是祥瑞之兆还是要分地域的，如果说五星连珠出现在东方天空，那么这个时候对中国也就是中原非常有利，而如果出现在西方，这是一个对外国很有利的天象了。图2.8.31是一个出土在新疆的护腕，上面写有“五星出东方利中国”，也说的是五星连珠。它出土时，是戴在墓主人的手臂上面的。

图 2.8.31　“五星出东方利中国”护腕(图源自百度)

上述既介绍了星空区划，也具体介绍了一些星体，下面介绍天文的实际应用，即用天文的方法来进行断代。

我们的素材是牧野之战，它是周武王克商的战争，但是在历史上对于这场战争究竟发生于何年是有很大争议的。这是古书对于这场战争的天象的一个记载，“岁在鹑火，月在天驷，日在析木之津”，“岁”就是木星，“月”和“日”分别指月亮和太阳，至于“鹑火”与“析木”，它们都是刚才所提到的12星次中的星次，大家还记得吗？12星次是介绍木星纪年的时候提到的概念。“天驷”位于如今的天蝎座，也就是刚才所说的心宿附近的一个天区。

最后用来判断当时天象的只有这句：“月在天驷，日在析木之津”，之所以要把鹑火删去，是因为在古代典籍里面鹑火到底是什么意思，在各朝是不一样的，为了避免失误就把这个地方给删掉了。

那么岁星到底在哪里？为了确定当时岁星的位置，我们需要用另外一个文物——利簋(图2.8.32)。利簋现藏于中国国家博物馆，它里面的铭文描述了当时“武王克商”的一个天象，也就是“武王克商，唯甲子朝，岁鼎”，根据一些古文字专家说的意思，这句话指的是岁星上中天，也就是达到它在天空中的最大高度。

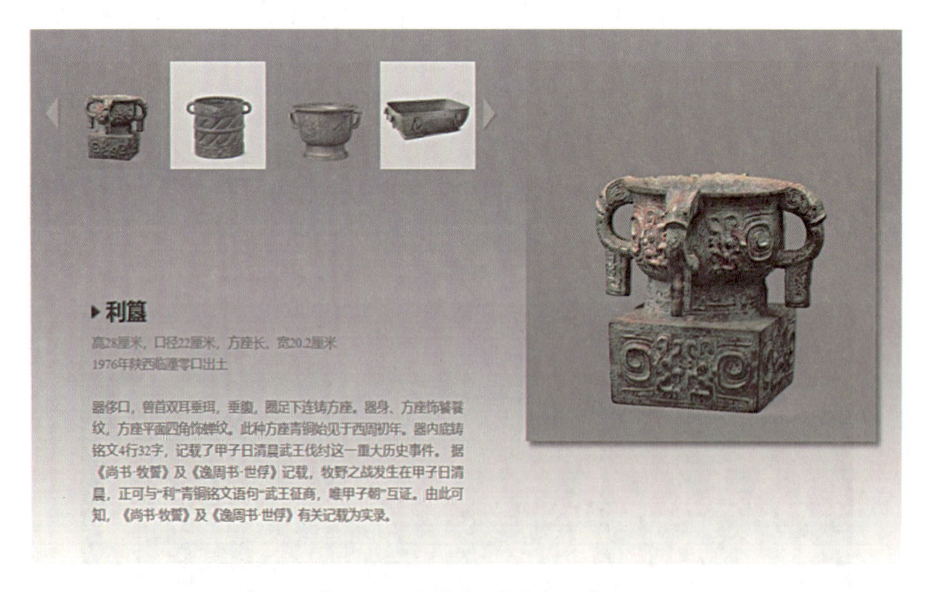

图2.8.32 利簋(图源自百度)

江晓原等将这三个约束条件分别输入到一个特殊的天文软件，进行推算，结果是唯一的，也就是公元前1044年1月9日凌晨①。

① 江晓原，钮卫星.《国语》所载武王伐纣天象及其年代与日程[J]. 自然科学史研究，1999(4)：353-365.

但是值得商榷的一件事情是，在实际的夏商周断代工程中，武王克商的具体年份是公元前1046年。可以看出，天文断代其实有一个很大的局限性。第一是因为当时的天象在各个古籍里面记载是不一样的，甚至互相冲突；另外就是对古籍的翻译问题，比如岁鼎，有些人不认为它是岁星在中天的位置。

(2)彗星与流星

现在介绍称之为“不速之客”的星体。首先是彗星，这段关于星星的记载应该明确是彗星：“国皇星，大而赤，状类南极；所出，其下起兵，兵强，其冲不利。”彗星在古代其实是一颗相当不祥的星体，如果天上出现彗星，那就说明帝王该自我反省了，因为彗星的出现预示着年成不好、旱灾兵乱等一系列非常不好的事情。

接下来要介绍的是大家都很熟悉的哈雷彗星。哈雷彗星在古代是有观测的，大家知道哈雷彗星的回归周期是多少年吗？对，76年。哈雷彗星比较认可的第一次记载是在《史记·秦始皇本纪》中：“秦始皇七年，彗星先出东方，见北方；五月，见西方，十六日。”这是史学界公认的、最可靠的哈雷彗星最早出现在中国古籍中的记载。从公元前240年，一直到中国封建王朝彻底结束的1910年，在这2000多年中一共发生了29次哈雷彗星出现的情况，而这29次都被中国的古籍全部保留了下来，记录主要存在于二十四史的《天文志》中。值得一提的是，这29次详细的记载给后来西方研究哈雷彗星留下了十分翔实的资料。图2.8.33是从网络上找到的一张1986年哈雷彗星的图片。

图2.8.33 1986年哈雷彗星(图源自百度)

最后提一句，大家清楚彗星和流星的区别在哪里吗？当天空中看到这两类星体的时候，大家可以分清楚吗？其实彗星是绕太阳系的一种天体，而流星是指运行在星际空间中的流星体(通常包括宇宙尘粒和固体块等空间物质)，一般是彗星上面剥落下来的小碎片在大气层中摩擦，发光并燃烧殆尽的，当然也有因为小行星引起的。图 2. 8. 34 是在夜空中国上面找到的关于 2019 年双子座流星雨的照片，大家可能觉得这是在同一时间出现的景象，其实不是的。把一个相机放在那里拍摄，将许多张流星的照片叠加在一起，才会让人觉得在同一时间内出现了这么大的流星雨，但是天空中落流星雨像落雨一样的情况也不是没有发生过，《春秋》所记鲁庄公七年(公元前 687 年)明确记载了有星陨如雨的景象，这也被认为是中国和世界关于天琴座流星雨的最早记录。

图 2. 8. 34　2019 年的双子座流星雨(图源自夜空中国)

接下来介绍一下流星里面比较显眼的成员，叫作火流星。较大的流星体陨落时产生的流星现象就是火流星，因为它的流星体非常大，所以非常明亮，常伴有雷鸣声。《史记》中记载了两个火流星的名称——狱汉星和大贼星，它和彗星一样，一般都是不太吉祥的寓意。另外两个在《史记》中记载的火流星比较有特点——天鼓和天狗。“有音如雷非雷，音在地而下及地”，天鼓说的是出现在白天的火流星，在白天的天空中，因为阳光太过强烈，是不怎么明显的，但是当它落在地上的时候会发出非常巨大的声响，所以称之为天鼓。天狗要跟传说“吃月亮的天狗”区分开，这里指的就是火流星，“有声，其下止地；所堕及，望之如火光炎炎冲天”，这是伴有陨石和声音的一种火流星。

最后，介绍两幅武大天协拍摄的英仙座流星雨(图 2. 8. 35)的影像，出自天协一位很有经验的摄影师唐宇明。不需要大家记住很多，如果说大家在看到一些星星或者说参加武大天协路边天文，能够想起一些关于古代星空的知识就足够了，那么最后祝愿大家看星星时不会碰上阴天。

(a)

(b)

图 2.8.35　英仙座流星雨(武大天协拍摄)

【互动交流】

主持人：非常感谢两位同学的精彩报告，下面是互动环节，我替信息学部的同学问一个问题，下一次“信部路边”(路边天文：每隔几天或一周，在天气晴好的晚上，社团成员在校内开阔地点通过架设天文观测设备，对一些重要天体如月球、木星、火星、土星以及当季星空亮星等进行观测和说明，并对感兴趣的路人讲解天文观测设备的使用方法与技巧等。)是什么时候？

周雨馨：这个还是问会长好了。

徐佳一(天协会长)：前几天刚办，可能要等下一个晴天。

主持人：每个学部每学期大概有几次？

粟文捷(天协副会长)：分学部没有具体统计，信部和文理学部比较多，都是四五次，工学部三四次，医学部有一次。这在一定程度上也受到了疫情影响，如果没有疫情的话应该会更多一点。

徐佳一(天协会长)：一个学期大概可以办 17 次。

提问人一：你们看星星用的是什么模拟软件？

周雨馨：Stellarium。大家以后如果看到星星，想判断是什么星星，可以用这个手机软件。里面有一个功能，可以大概判断是什么星星。把手机对着目标，可以显示目标星空大概是什么样子，你在里面找一下，应该就能找出这颗星星是什么。然后推荐一下另外一个软件——移动天文馆，这个名字不难记吧，它是一个关于天文事件的软件。刚才我模拟的太阳系平面图也是用移动天文馆做的。现在我们可以尝试用这个软件模拟一下在樱顶实时看到的情况。

主持人：大家稍等一下。大家可以现在加一下武大天协的群，关注一下微信公众号和

b 站账号。

徐佳一(天协会长)：我们以后可能会通过 b 站账号用一些设备直播武大的星空，比如监控流星甚至行星之类的。大家如果没有时间去路边的话，以后也可以通过直播看一些深空天体，这就比刚刚肉眼看到的星星更震撼一点。

程鹏鑫：现在樱顶上如果没有光污染的话，我们能看到的目标还是比较多的，大家可以很明显地看到，这里就是南河三(图 2.8.36)。刚说到了冬季大三角，现在冬季大三角在春天的前半夜还是可以看见的。这里是参宿四，是红色的星星，然后天狼星。其实天狼星跟参宿四组成了一条连线，南河三在这个地方，参宿七就在那个地方，也是很明亮的一颗星星，毕宿五、火星在这里，现在火星不是很亮，它现在的亮度，大家在这里可以看到，现在的星等是 1.24 等，在最亮的时候它能达到负零点几等，这是一些比较亮的星，还有五车二。这一片区域主要是冬季星空。

图 2.8.36 冬季星空

春季星空的话看这里(图 2.8.37)，北斗七星，很明显。北极星在这里。刚才能看到的主要就是冬季星空，我们说的春季星空中的星一般都是在 12 点之后升上夜空中央的，所以我们调一下时间，调到大概 12 点的时候月亮也升起来了，我们在这里就能看到刚刚说的大角星、角宿、角宿一，这里的就是五帝座一，五帝座一稍微暗一点。再往之后一段时间，到了大概 4 点(图 2.8.38)是银河，银河开始升起来了，它出现的时间是随着季节的变化一点一点变早的，在夏季的话它大概在接近半夜的时候可以升起来。这是河鼓二、牛郎、织女一。这个就是天津四。这里绝对星等没跟大家介绍，大家可以去了解一下，它的绝对星等是非常高的，把它放在距地球 31 光年的地方，它的亮度是非常高的。这里就是夏季大三角，看这里，一颗隐藏起来的土星。现在看土星和木星没有那么容易看到。

图 2.8.37　春季大三角和北斗七星

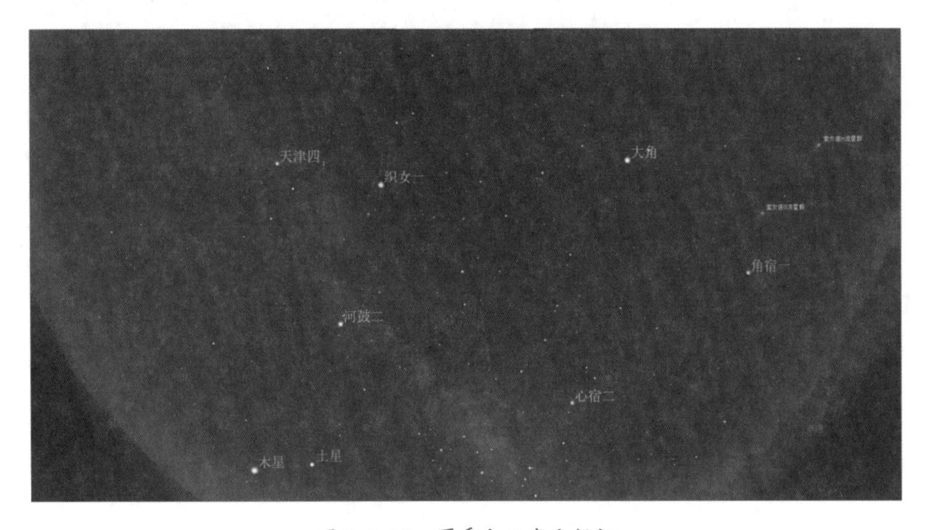

图 2.8.38　夏季大三角和银河

（主持人：钟其洋；摄影：魏聪；录音稿整理：杭蕾；校对：程昫、赵佳星）

3　星湖咖啡屋：GeoScience Café 榜样小传

编者按：“何妨云影杂，榜样自天成。”榜样未必传道授业，却自有引人追随的魅力，而追随者亦能在前行路上获益匪浅。本章收录了 GeoScience Café 10 篇蕴含榜样力量的人物自述，囊括留学、竞赛、科研、访学交流等不同领域。第一视角的叙述让我们身临其境，同赵金奇、刘山洪和张娜回忆留学旅途中的风景，同金炜桐探讨深空探索中的自主研发之路，同王晨捷畅谈科研与竞赛融合的产学研落地，同张强、吴源、张岩和陈雨劲细数科研心得，同庄莹描绘到顶级实验室交流访学的蓝图。我们仿佛能通过文字参与到他们的故事中，于是也能感悟“书山有路勤为径，学海无涯苦作舟”的刻苦钻研，“纸上得来终觉浅，绝知此事要躬行”的实践探索，“满眼生机转化钧，天工人巧日争新”的勇敢创新……榜样的力量是引领亦是相伴，他们向我们诠释着未来的多种可能，带领我们收获人生的多重精彩！

3.1　留学分享，砥砺前行

（赵金奇）

人物简介：赵金奇，武汉大学测绘遥感信息工程国家重点实验室2015级博士生。2018年7月至今，为武汉大学测绘遥感信息工程国家重点实验室讲师/博士后。

图3.1.1　赵金奇生活照

【正文】

我在2016年有幸获得国家留学基金委（CSC）公派联合培养博士研究生项目资助，并在2017年1月至2018年1月期间赴美留学。在此，我很荣幸受邀与大家分享一下我的留学经历和体会。

1. 机缘巧合，赴美留学

我有幸在一次国际会议上和我的外导相识，并在2016年上半年着手准备申请CSC公派联合培养博士研究生项目资助。我在申请CSC资助时投入了很多精力，在此我总结了几点实用的建议分享给有出国留学意向的同学们：

(1)多参加国内和国际会议，把握认识自身研究领域行业大佬的机会；

(2)外导的研究方向最好与自己的研究方向一致，或与你想从事的研究方向相关，通过深入交流和探讨，获得外导的认可，拿到邀请信；

(3)努力提高个人学术水平，因为个人已有的研究成果、导师学术影响力、国外高校研究所的国际影响力和研究水平通常也是 CSC 资助评审的重要参考；

(4)在向 CSC 提交申请时，要关注时间节点，提前准备材料，按时填报提交，申请过程中多与周围同学交流，互相帮助，避免在流程上犯低级错误。

如果我们在这几个方面把握好，获得资助的机会会更大一些。

图 3.1.2 赵金奇在美留学照

因为我从事的研究主要是 SAR 影像处理，刚好与国外导师的研究方向相关，加上外导在国内外的名气较大，所以我顺利地获得了 CSC 的项目资助，从中国“最美大学”(武汉大学)前往美国“最美大学”(Southern Methodist University，SMU，南卫理工会大学)。

2. 充实专业，扩展爱好

即将步入一个陌生环境，我非常忐忑不安，当时做的最坏打算就是天天以“啃胡萝卜”为生。但是当我抵达美国之后，外导的平易近人以及美国舍友的关怀备至，让这些不安都烟消云散，我也快速地融入了国外的环境。

国外的科研环境相对比较自由。大家在工作时比较专注，效率比较高，不会有太多的琐事分散他们的精力。在工作时间内，他们不玩手机，也很少用即时社交软件。如果组内有着急的事情，一般通过邮件、座机电话等联系。每天都会有“咖啡时间”，大家会互相交流讨论一些事情，也作为一种放松的方式。我外导对学生的指导非常细致，每周都会单独拿出时间去办公室和每个人讨论研究进展，包括如何写代码、该读哪些文章，还有一些

(a)　　　　　　　　(b)

图 3.1.3　SMU 校园风景

科研上的建议等，这个过程给了我很大的动力。

国外的教授和学生都按时上下班，很少加班，周六、周日一般不会去实验室。我们中国学生相对勤奋一些，在周六、周日买完一周生活必需用品后，都会选择去实验室加班。

当完成本职工作后，闲暇时光我一般选择去学校的健身房打球或者健身，国外学校的健身房规模很大，包括一个巨大的游泳池、一个攀岩馆和多个室内篮球场地等，这些都大大地丰富了我的日常闲暇时光。

(a)　　　　　　　　(b)

图 3.1.4　赵全奇的闲暇时光

学校放假时，我抓住了来之不易的机会，感受了美国的地域文化，逛了美东和美西，顺便体验了大游轮。

(a)

(b)

(c)

图 3.1.5 赵金奇感受美国地域文化

3. 参加会议，扩展视野

我在留学期间一共参加了两次会议。

一次是在沃斯堡(Fort Worth)举行的 IGARSS(the International Geoscience and Remote Sensing Symposium，IEEE 地球科学与遥感大会)会议。IGARSS 会议于 1981 年举行第一届，至今已经成功举行了多届。会议地点离我所在的城市较近，加上国内小组的成员都参加了，我起初担任了各位老师和同学的接机服务生。当在机场见到熟悉的面孔时，我感觉非常亲切和开心。我现在还深刻记得那天我从下午 4 点半一直接机到凌晨，但是完全感觉不到疲惫，异常开心。

在 IGARSS 会议期间，我主要学习了与自己研究方向相关的多个口头报告并展示了自己的研究成果。参加这次国际会议，我见到了不少之前只在论文中见过名字的大牛本人，并有机会与他们进行交流和讨论，非常充实。会后，我主要以“东道主”的身份带大家感受了一些带有得克萨斯风情的美食和斗牛表演，另外带大家去 Outlets(品牌直销购物中心)购物也是必须的。

另一次是跟随国外课题组参加在新奥尔良(New Orleans)举办的美国地球物理学会(American Geophysical Union，AGU)。AGU 成立于 1919 年，是全球最大的地球和空间科学国际会议，近年来，AGU 会议已发展成为全球交流和传递国际地球物理学跨学科的最新发现、趋势和挑战的最大平台。

这次会议我们选择从达拉斯驱车前往新奥尔良，一路上外导不断地抛出很多日常生活中出现的有意思的现象，并让我们用物理方法进行解释，让这一路都非常充实，也让我感受到了科学与生活同在。

抵达会场后，我们首先安排好自己的住宿，然后直接去注册会议。这次会议信息量很大，我和国外小组成员不约而同地开始研究与自己相关的专题并互相分享。由于会场非常

(a)

(b)

(c)

图 3.1.6 赵金奇参加 IGARSS 会议

大，每天的日常基本上就是从一个会场赶往另一个会场，非常充实。而我与一个朋友在专注参会时被记录了下来，并被大佬发送到了 Twitter 上。

4. 心得体会

得益于国家的大力资助，我们有了更好的科研环境和更多的出国深造机会。短短的一年出国交流时间，使我不仅在专业技术水平上得到了大幅的提升，也丰富了我的阅历，让我认识和结交了更多的朋友。

在国外的学习过程中，我也看到了国外研究人员的平易近人、对待科研的严谨态度和对自己研究领域的坚持探索、不断创新。我也希望我能够不断探索、脚踏实地，努力在自己的研究领域贡献自己的微薄之力。同时希望在读的硕士/博士研究生们能够好好利用测

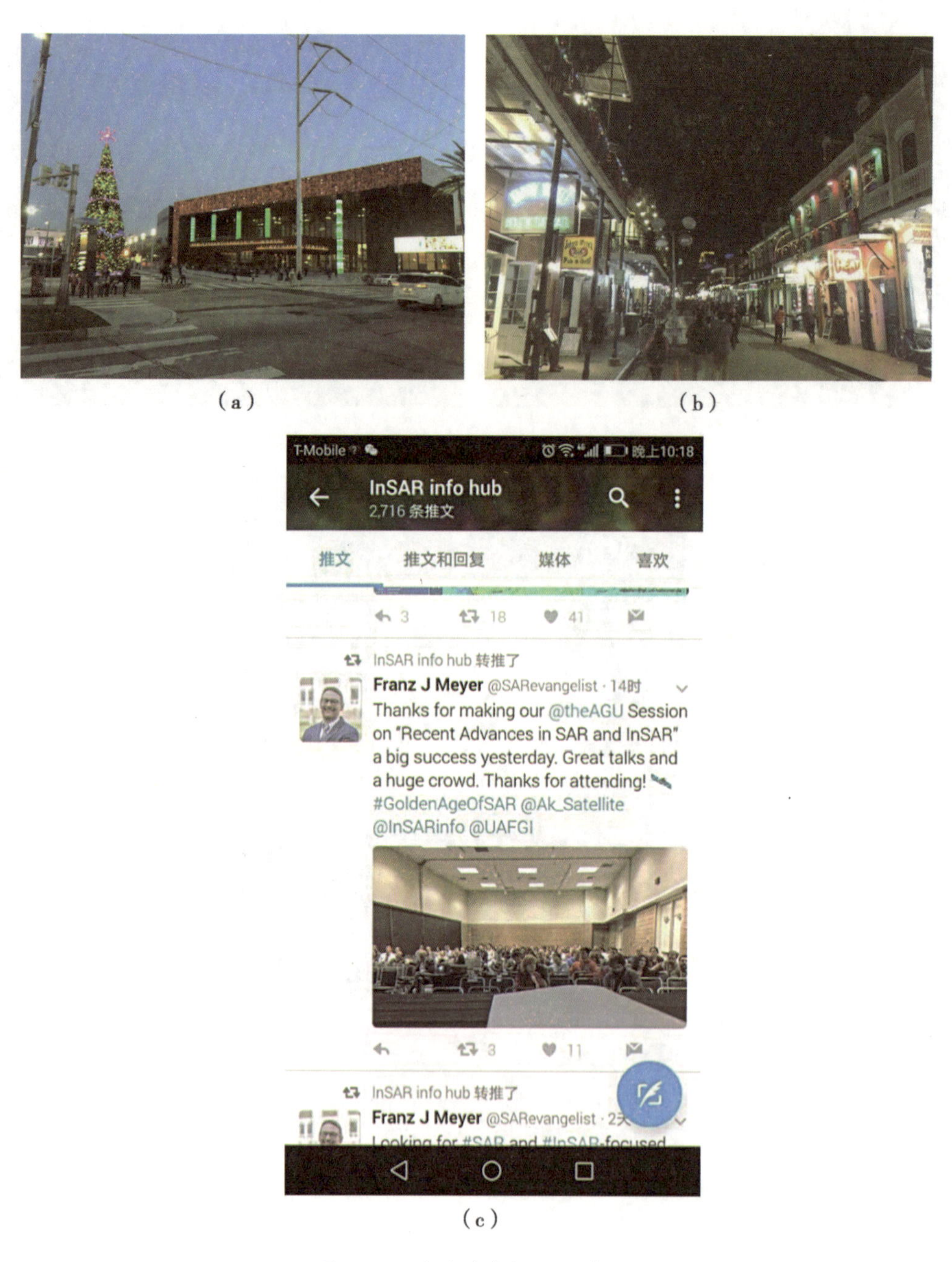

图 3.1.7　赵金奇参加 AGU 会议

绘遥感信息工程国家重点实验室这个优质的平台，大胆地去申请并争取国家提供的出国留学机会，多出去走走，取其精华，去其糟粕，将自己的所学贡献到祖国大地上。

（整理：凌朝阳；校对：陈佳晟）

3.2 在深空探索中迈过自主研发道路上的“坎儿”

(金炜桐)

人物简介：金炜桐，武汉大学测绘遥感信息工程国家重点实验室2017级博士生，师从李斐教授和鄢建国教授。2018年10月至2019年10月，赴德国慕尼黑联邦国防军大学进行公派联合培养。主要研究领域为小天体探测器精密定轨与引力质量解算。博士期间以第一作者在天文学MNRAS杂志上发表SCI论文1篇，EI论文1篇，中文核心1篇，在审SCI论文1篇，独立研制了兼具探测器精密定轨、小天体引力质量解算以及小天体星历解算三种功能的自主软件平台。曾获得金通尹奖学金、国家留学基金委奖学金、优秀学业奖学金、优秀研究生等奖项和荣誉称号。除了致力于科研之外，也积极参加各种校园活动，两次获得“武汉大学研究生十佳歌手”的称号。

图3.2.1 金炜桐生活照

【正文】

前记：咖啡屋的定位是“分享做人、做事、做学问的故事”，作为一个仍在科研之路上苦苦探索的博士，能够接到“咖啡屋”的邀请，我感到受宠若惊。转念一想，或许可以把我博士期间在自主研发的道路上遇到的些许坎坷做一个梳理，通过两个小故事把自己战胜坎坷的经历分享给读者。

1. 软件封锁——把自己“逼”上自主研发的道路

小时候，我心里一直都有一个“探索宇宙”的梦想。直到2015年暑假，我有幸进入武汉大学深空探测团队学习，在李斐教授和鄢建国教授的指导下，进行小天体探测器精密定轨的研究，终于圆了这颗藏在心底多年的“宇宙梦”。

进入团队以后，随着对探测器精密定轨这个方向的深入学习，我逐渐意识到这是一块真正难啃的“硬骨头”：

首先，由于深空探测这个领域涉及国家在未来太空权益方面的话语权，因此技术细节上比较敏感且开源度很低，这也意味着团队无法站在“巨人的肩膀”上解决问题，只能选择让自己先成为“巨人”——即从底层开始自主研发。

其次，探测器精密定轨并非聚焦在某一个算法或者某一个模型上，而是由若干理论、模型和算法组成的一个庞大的系统工程，涉及各个学科和技术的融合和交叉。为了保证每一个环节的正确性和数据处理的精度，必须对这一系列的交叉学科和技术进行深入的理解，而不能只了解大概的意思。

最后，小天体探测器的精密定轨是团队之前从未探索过的领域，尽管和传统意义上的卫星精密定轨原理基本一致，但在具体的技术实现上有很多“坑儿”和“坎儿”。

在我进入团队之前，我的师兄叶茂以月球探测器为主，初步搭建了一个体系完整的技术框架。本以为我的任务就是在这个框架上修修补补，把月球换成小天体就大功告成了，然而在研一下学期的时候，我被科研生涯中的第一道“坎儿”拦住了。

在研究过程中，一个比较重要的工作就是把一些中间结果与国际权威软件进行对比，确保计算精度一致。在实现一个测量理论模型的过程中，我无论如何都达不到和国际权威软件GEODYN-Ⅱ相同的计算精度，而同样的模型在月球、火星上都适用。一开始我认为是自己的代码实现错了，经过多方验证和比对，确认在代码实现上没有问题。紧接着我开始查阅文献，遗憾的是这样的技术细节几乎没有对口的文献提到，后来偶然间我在查看GEODYN-Ⅱ某个子函数的说明文档时，文档中特意提到了一种不适用的情况。经过一系列顺藤摸瓜的探索，我才发现原来问题出在引力时延的计算上，权威软件GEODYN-Ⅱ在计算引力时延项时用的是比较粗糙的近似值，但对于一些小天体任务的探测段而言，用近似值计算引力时延就会引起很大的误差。实际上，我确实是按照精确的数值实现的，之所以两者对不上是因为我们拿到的权威软件版本并不适用于小天体探测任务，适用于小天体探测任务的版本对中国是禁运的。拿着一个不对口的权威版本去对比，那当然得不到正确的结果。

惯性思维告诉我们首先要和那些权威的软件结果一样，但是在这种被封锁的情况下，又该如何继续呢？思来想去，解决的办法只有一个，那就是独立自主、自力更生，从基本原理开始自主实现，不断迭代直到彻底理解整个技术体系中的每一个细节为止。于是，我决定放慢速度，沉下心来尽可能把这些技术弄懂。为了对每一个细节加深理解并且让自主软件更适用于小天体探测任务，我决定先尽可能保留叶茂师兄搭建框架中可以共用的基础部分，其他部分全部推倒重来。就这样，我一步一步缓慢地向前“移动”，其间有幸参加了 AOGS(Asia-Oceania Geosciences Society)和 JpGU(Japan Geoscience Union)两个行星科学领域的国际会议(图 3.2.2)，最终搭建了具有自主知识产权的小天体探测器精密定轨软件的基本框架。然而时间不等人，等到这个基本框架搭建成功的时候已经是 2018 年 6 月了，同班的硕士同学已经毕业或者已经取得了丰硕的科研成果，而我整整三年只有一篇 EI 和一篇中文核心在手，我不禁怀疑自己是不是走错了路，直至出国联培一年的经历让我更加坚定了自己的路。

(a)2016 年参加 AOGS 会议

(b)2018 年参加 JpGU 会议

图 3.2.2　金炜桐参加行星科学会议

2. 出国联培——坚定自主研发的道路

出国联培前，我对这趟出国之旅是充满期待的，因为我的外导 Tom 博士曾在 2017 年年底来实验室做过讲座，在那时我们就已经详细制订了联培期间的工作计划。计划的主要内容是在 Tom 博士团队开发的软件基础上，做一些重力场模型方面的改进工作，可以发一篇不错的文章。然而到了德国以后，Tom 博士由于事务繁忙，没有来得及预留出模型改进的接口，如果我按照原来的计划继续进行下一步的工作，则需要他们团队开发的软件的全部源代码。源代码对于任何一个团队而言都是原始的技术积累，Tom 博士不愿意提供给我，我也是完全可以理解的。面对这种情况，在导师李斐教授和鄢建国教授的指导下，我更改了联培期间的工作计划，决定从我们国家的未来自主小行星任务入手，设计一个全面的模拟仿真实验。由于当时我们国家对未来的小行星任务没有具体规划，所以我需要从任务总体的角度设计仿真实验，我面临的第一个难题就是轨道设计，其对我而言是一个完全陌生的领域。于是我又从轨道设计的知识开始学起，然后一步一步设计实验，再到撰写文章。

（a）德国团队成员在吃中餐

（b）慕尼黑周边的美景

图 3.2.3 金炜桐在慕尼黑

虽然 Tom 博士对软件源代码讳莫如深，但在轨道设计、测量方案设计这样通用的技术领域里给予了我极大的帮助，并且在我压力很大的时候，带我领略了慕尼黑的美好风光和美味啤酒(图 3.2.3)。就这样，我进一步完善了自主软件平台，设计出了全新的全局参数解算子系统和小天体星历解算子系统，代码累计 4 万余行。与此同时，在 2019 年 8 月的时候，我终于投出了第一篇 SCI 文章，9 月末的时候，我收到了小修的修改意见。这个时候我不敢有一丝怠慢，生怕这篇来之不易的文章被拒稿，于是针对这个修改意见，我从 2019 年 10 月初一直修改到了 2019 年 12 月末。终于，疫情期间在家的时候，我收到了文章的接收通知，我还记得审稿人针对我的小修回复给出的意见，意见只有一句话："Very nice job fixing

Scientific Editor's Comments:
Editor
Comments to the Author:
I just have a few comments about your typesetting. You have misunderstood my comments on punctuation in your equations. The comma should be part of the equation and NOT put in front of the "where" at the start of the text immediately following the displayed equation. This applies to all of your equations (Eq. (1) through Eq. (6)). Please correct this error.
Also, you need to change the way a range of figures are mentioned in the text. E.g. on page 6 you write "Figs.5(a) ~ 5(d)" and "Figs.6(a) ~ 6(d)" using a tilde. These should be just "Figs.5(a)-5(d)" or even just "Figs.5(a-d)", etc. Please make the necessary changes. Your manuscript will then be accepted for publication.

Reviewer's Comments:
Reviewer: 1

Comments to the Author
Very nice job fixing things in the revision!

图 3.2.4 审稿人对金炜桐的小修回复给出的意见

things in the revision!” 虽然这篇期刊并非是一区 TOP，但也算是天文学领域中还不错的期刊。即使自己选择的这条自主研发道路过于“稳扎稳打”了，但总算看到了收获。

3. 缓解焦虑和压力的小 tips

我经常和别人开玩笑说，别人的博士生涯会遇到科研瓶颈，而我的博士生涯是由瓶颈组成的。在那些感到沮丧、焦虑、自我怀疑、自我拉扯又迅速自我和解的一段段过往片段里，又夹杂着他人的鼓励、肯定以及自身微小且孤独的成就感带来的安心和幸福。最后，我谨分享一些或多或少能够战胜焦虑的小 tips：

第一，多和知心朋友谈心。在自己压力太大的时候，一定要将情绪释放出来，有的时候在与朋友倾诉的过程中反而可以将自己的心路历程仔细梳理一遍，让事情更明朗。我很感激与我的好友叶茂、杨轩以及在德国联培期间办公室同事 Graciela 的一次次交谈。

第二，积极肯定自我的微小进步。发表 SCI 是博士生涯中一个很重要的事情，但并不代表着一定要等到文章录用才觉得自我价值实现了，实际上每推导出一个公式、复现一个模型，相比于之前那个没推导出公式、没复现出模型的自己都是一个巨大的进步，对于这种进步我们应该同样感到快乐。

第三，发展一项适合自己的业余爱好。适合自己的业余爱好不仅可以转移焦虑的情绪，而且可以重建自己的信心。我的业余爱好是唱歌，它确实带给了我很多自信和成就感。在硕博期间，我两次获得了武汉大学研究生“十佳歌手”称号（图 3.2.5），在院级和校级活动的舞台上演出了十余次，也算是我科研之余的意外收获。

武汉大学 2016 年“研究生十佳歌手大赛”获奖证明

为丰富校园文化，鼓励研究生发展业余兴趣爱好，武汉大学研究生会于 2016 年 4 月在全校开展了“武汉大学研究生十佳歌手大赛”，经评比，最终李璡等十名同学获得十佳歌手称号。

具体名次如下（六到八名排名不分先后）：

第一名：李璡 计算机学院

第二名：杨雨琪 信息管理学院

第三名：肖迪 新闻与传播学院

第四名：金炜桐 测绘遥感国家重点实验室

第五名：马嘉蕾 政治与公共管理学院

第六至八名：李一鸣（水利水电学院） 刘歆茹（经济与管理学院） 肖佳慧（外国语言文学学院）

第九至十名：李嘉南（传统文化研究中心） 丁晓汝（艺术学系）

特此证明

武汉大学研究生会

二〇一六年九月

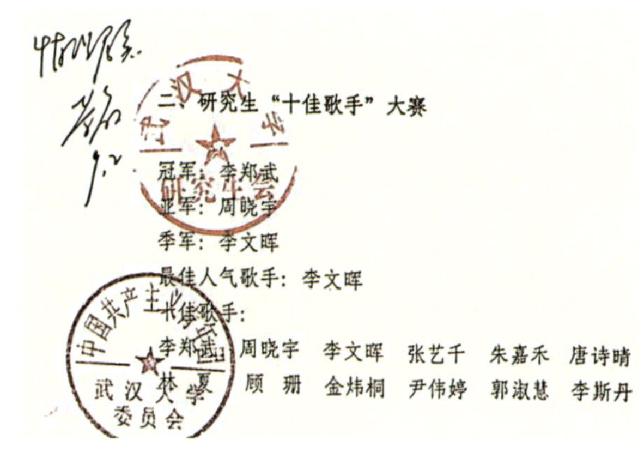

二、研究生“十佳歌手”大赛

冠军：李郑武

亚军：周晓宇

季军：李文晖

最佳人气歌手：李文晖

十佳歌手：

李郑武 周晓宇 李文晖 张艺千 朱嘉禾 唐诗晴

林夏 顾珊 金炜桐 尹伟婷 郭淑慧 李斯丹

图 3.2.5　武汉大学 2016 年研究生“十佳歌手”大赛成绩单

图 3.2.6 金炜桐参加 2016 年学院元旦晚会

4. 心得体会

祝愿读研读博的小伙伴们都能在自己的科研道路上披荆斩棘，在所谓"内卷"盛行的时代收获自己内心的安宁和平静。

（整理：凌朝阳；校对：林艺琳）

3.3　2020年的二三事

（刘山洪）

人物简介：刘山洪，武汉大学测绘遥感信息工程国家重点实验室2018级博士生，师从鄢建国教授。主要研究领域包括探测器精密定轨与定位、气态行星重力场特征、行星历表高精度建模等。博士期间以第一作者/学生一作发表SCI论文5篇(TOP期刊2篇)，EI论文3篇。曾获得国家留学基金委奖学金，博士研究生国家奖学金，金通尹奖学金，优秀研究生，优秀学业奖学金等各类奖学金。除了致力于科研之外，也积极参加各种校园活动，曾获得过红枫辩论赛亚军等，曾担任英文Café主席。

个人主页：https://www.researchgate.net/profile/Shanhong_Liu4

邮箱：shliu_whu@foxmail.com

图3.3.1　刘山洪生活照

【正文】

前记：星湖咖啡屋的定位是“分享做人、做事、做学问的故事”，作为一个仍在科研及人生路上探索的新人，资历尚浅不敢称经验分享，因此在接到“咖啡屋”的邀请后，备感荣幸之余也深感不知从何下笔。转念一想，世界在这一年发生了很多前所未有的变化，而我又置身于异国他乡，或许选取自己的几个日记片段和大家分享更有意思。

1. 疫情(2020 年 4 月 7 日)

今天是武汉开通离汉通道日，却仍是法国的“封城”日，但自己还是从心底里为祖国、为武汉感到高兴。尼斯充盈着春天的气息，不过悲伤的是过敏性鼻炎又犯了(花粉过敏症)。我和一个来自哈萨克斯坦的朋友在院子里打了一会儿网球。与其说是打球，还不如说是大家在院子里疯狂地跑了几圈，这算是隔离三周来为数不多的运动。我本来很热爱运动，可惜“封城”期间法国政府仅允许的慢跑运动，不在我的热爱范围之内。

今天，法国武大校友群里沸沸扬扬：学联的志愿者被抓了。这件事也和疫情有关，中国驻法国大使馆从上个星期开始，给在法留学生、访问学者等发放防疫包，今天正好是发放防疫包的高峰，因此有些发放站点排起了长队。下午巴黎的警察以破坏治安、妨碍管理为由，趁大使馆的工作人员离开间隙，把发放物资的志愿者抓了起来。后来大使馆出面交涉，警察局才把人放了出来，可是物资全都被没收了，万幸志愿者们都平安无事。从分享的图片上来看，其实排队远没有达到大排长龙的地步，同时大家也比较自觉地保持着社交距离。虽说在出行证明上，的确没有外出领取口罩这一项，但这不应该成为警察扣取防疫物资的理由。

由于疫情来得突然难以溯源，再加上少数外国人的偏见与诋毁，在国外的学子，尤其是武汉学子，在疫情这些日子里不免饱受歧视。法国作为欧洲自诩崇尚平等、博爱、自由的地方，也可见种族歧视的踪迹，真令人遗憾。消除歧视算得上是人类社会学里面的终极难题之一。

（a）法国疫情管控

（b）抢购一空的超市

（c）“全副武装”回国的航班

图 3.3.2　疫情期间的法国

2. 保持积极(2020年5月20日)

今天国内和法国的疫情均有所好转，近期也可以去实验室了，似乎一切都在慢慢回到正轨。我惊觉原来疫情之前那些平平淡淡的日子，来之不易。今天在实验室路边的草丛中又看到小野兔，见人直接一动不动，甚是可爱，可能是太久没有见到行人的缘故吧。或许是想出来“会晤”一下，供人拍照，然而今天办公室的氛围凝重。

(a)野兔

(b)实验室

图3.3.3 留学生活的日常

博士生的生活中，读文献、推公式、coding(编写代码)似乎是每天的常态，但这段时间压力尤其大。我做的参数敏感性分析不够好，原因也一直没找到。我的同事也在代码的海洋中无法自拔，她主攻的方向是行星固体潮和内部结构。Fienga老师组里做科研的宗旨是“挑战、创新和自主”，所以我们做的课题都要一步一步自己推导、敢于挑战权威、敢于去创新。

上午Fienga老师拿着一盒巧克力跑来办公室，笑盈盈地说：“我们和DLR(Deutsches Zentrum für Luft-und Raumfahr，德国宇航中心)的本子中了。”我和同事礼貌回应：“恭喜啊，太棒了，谢谢你。”然后接过巧克力。她立马补一句：“你们好像不在乎我的新项目，只在乎巧克力啊。”这句话一下把我们逗笑了。三个人来自三个国家，虽然文化背景不同，但幽默感都是相通的。没有想到，平常不苟言笑的老师也会在我们情绪低落的时候幽默一把，调节一下气氛。

3. 回到Café(2020年11月20日)

今天算是我回到实验室后第一次参加活动，国内已经完全走出疫情笼罩的阴霾，十分庆幸生活还能恢复如前，平平静静的生活才是真，还能齐聚四楼、共话科研更是一件美事。今天被邀请作为 Café 讲座的主讲人，分享的主题是“现代精密行星历表的构建”，这也是我在法国主攻的方向，参加完活动后感触良多。

以前在英文 Café 的时候，是作为组织者。我们会和讲座者商量主题，从观众角度提出一些内容需求。今天来中文 Café 作为讲述者，角色转变，发现挺有意思的。由于观众来自不同的领域，甚至不同学院，学术背景存在较大的差异，因此我在分享的时候会随着观众的情绪改变讲述的重点，会自觉匹配观众需求，这与学术报告和组会均存在很大差异。

为了找到和大家的默契，我一开始就从生活常识出发，以地球上春夏秋冬的缘由发问。可能由于这个事情太普通了，大家反而没有答到根本原因。听了我的阐述之后，观众们才恍然大悟，大家的固有思维被打破了，开始感兴趣，我继而切入讲座的主题。中途讲到公式的时候，讲座中不免要用数学模型来描述，作为学术分享也是绕不过去的，一开始讲就有几位同学开始打哈欠，因此在讲述中我就精简了推导的细节而着重解释物理含义。最后一个环节是科研 tips 分享，见大家更感兴趣，便把自己要讲的心得体会又扩展了一些。

几位组里的师弟师妹在小组会中就听过了其中的部分内容，也曾问过很多技术性细节问题，然而今天在我几乎不讲公式细节的报告中，他们竟然又问出了很高质量甚至关键性的问题。通过组织者和讲述者角色的互换，让我更加感受到分享是一门艺术，也是一门学问。同时，今天看到大家脑洞大开，也给了我诸多灵感，不禁内心感叹，科研永远没有终点，学习也永远需要不断努力。

图 3.3.4 Café 活动

4. 心得/感想/体会

2020年是十分特殊的一年，从异国他乡回到实验室，我希望能通过这几个小故事给大家分享我日常生活所思所想的点点滴滴和作为一个普通人经历的事。希望通过日记的表达形式能更加直接地和读者对话，见字如面。

（整理：马筝悦；校对：冯玉康）

3.4　从双创竞赛迈向产学研结合

（王晨捷）

人物简介： 王晨捷，武汉大学测绘遥感信息工程国家重点实验室2018级硕博连读生，师从罗斌教授，主要研究领域为智能机器人和动态视觉SLAM。发表SCI论文6篇，EI论文1篇，获国家发明专利授权5项。曾带队3次进入"互联网+"大赛全国总决赛，获得包括第四届中国"互联网+"大学生创新创业大赛全国总决赛银奖（全国60万个团队，前150名获金银奖）在内的省级或国家级创新创业双创比赛奖项共5项。

图3.4.1　王晨捷比赛获奖照

【正文】

1. 从事科研到参加比赛

大三时，我有幸提前进入罗斌老师研究组进行视觉SLAM相关的研究，正式开始自己的科研之旅。因为一直怀着对创业的热情，所以在进行科学研究的过程中，我也一直期待着可以去参加顶尖的双创比赛。

在我看来，科研与双创比赛是相互促进、相辅相成的。高校科研产生的创新性成果，经过双创竞赛的打磨，可以促进科研成果转化，进而解决实际的问题，打磨出可以应用的产品，这对于实现产学研结合和创业都有重大的意义。同时，在比赛过程中发现市场真正的需求痛点和工程性的问题，可以反过来指导自己进行科研创新的工作。

“互联网+”大学生创新创业大赛目前已经成为我国覆盖面最大、影响力最广的大学生创新创业盛会，涌现出了一大批科技含量高、市场潜力大、社会效益好的高质量项目。参加“互联网+”大赛，获得好成绩并打磨出一个完备的产品，是我一直以来的目标。因此，在第四届“互联网+”大赛开始前的数月我就在计划参赛，正好当时组内合作完成了一个室内变电站智能巡检机器人的样机，并在实际室内变电站进行了试用，在与老师以及师兄们商议后，我们以这个项目为主体参加了“互联网+”大赛。

图 3.4.2 王晨捷与队友参加“互联网+”大赛

2. 科研落地到终获大奖

从准备参赛到校赛到省赛再到国赛，是一个漫长又充满挑战的过程，前后历经了近十个月。在这个过程中，我们为了打磨最初的样机，不断地与用户和投资人沟通，去了解市场，发现真的需求痛点，并不断地思考与实验，来提升我们的项目。最终我们在全国 60 万个团队中脱颖而出，成了 150 个金银奖项目之一。我认为我们能够获奖的最关键因素，是我们成功地将自身的科研成果、优势技术进行了落地，解决了实际的需求痛点，让科研成果发挥出了社会价值。下面我将介绍这一过程。

在我们尝试用机器人在室内变电站实现无人化智能巡检的过程中，发现了许多难点，我们总结为以下三点：①不同于室外环境，室内变电站环境密闭，难以使用 GPS 等外部定位方式，定位困难，且室内通道狭窄，造成机器人导航避障难度大；②室内变电站的仪表分布复杂、遮挡严重，有许多分布于高处或狭窄处的仪表，机器人自动读表难度大；③室内变电站储存有无色无味的危险气体，一旦泄漏难以察觉，存在着一定的安全隐患。

这些难点使得现有的机器人智能巡检技术难以直接应用于室内变电站，因此我们结合自身的科研成果来解决这些问题，实现了室内变电站无人化巡检。

针对第一个难点，我们结合自身 SLAM、结构光以及导航避障相关的技术积累，通过多传感器融合的方式实现机器人厘米级定位，保证机器人在室内变电站环境中能够自主运动，安全有效地运行；针对第二个难点，我们结合机器人技术相关的积累，设计了一款工作半径高达 3.5m 的视觉伺服智能机械臂，通过机械臂运动来自动读取狭窄空间或者高处的仪表(图 3.4.3)；针对第三个难点，我们结合高光谱相关的知识，尝试通过多源影像融合实现有害气体的精准定位。

图 3.4.3　室内变电站巡检机器人读取高处空间的仪表

通过运用科研成果解决这些难点，我们将最初的样机打磨成了一个成熟的产品，实现了在室内变电站中利用机器人进行智能巡检，并在大赛中取得了好成绩。

3. 尝试量产到产品推出

后期在比赛以及团队计划的推动下，我们尝试将产品进行产业化并推向市场。由于生产能力、资金等方面的限制，我们很难直接将室内变电站巡检机器人进行量产，因此我们的第一步是将机器人相关通用技术进行积累整合。

在老师的指导以及和组内尹露、王伟、赵青师兄的合作下，我们于 2020 年 1 月推出了软硬件均自主设计的 Ruban 系列机器人核心控制器。Ruban 是一款高效稳定的工业级应用产品，搭载了我们自研的机器人建图、定位和导航算法，利用 Ruban 控制器我们可以快速实现与机器人相关的应用产品的部署与使用。

在 2020 年新冠疫情期间，我们在实验室的支持下，与武汉大学国家多媒体软件工程技术研究中心合作，依靠 Ruban 核心控制器，快速部署了医疗服务机器人“小珈”。该款机器人在雷神山医院上岗，担任医疗物资的配送任务。

以上的内容也呼应了我分享的主题，在参加双创比赛的过程中，促进科研成果转化去解决实际问题，打磨出可以实际应用和产业化的产品，同时用实际应用中发现的问题指导自己进行科研学习和工作，从而实现从双创竞赛迈向产学研结合。

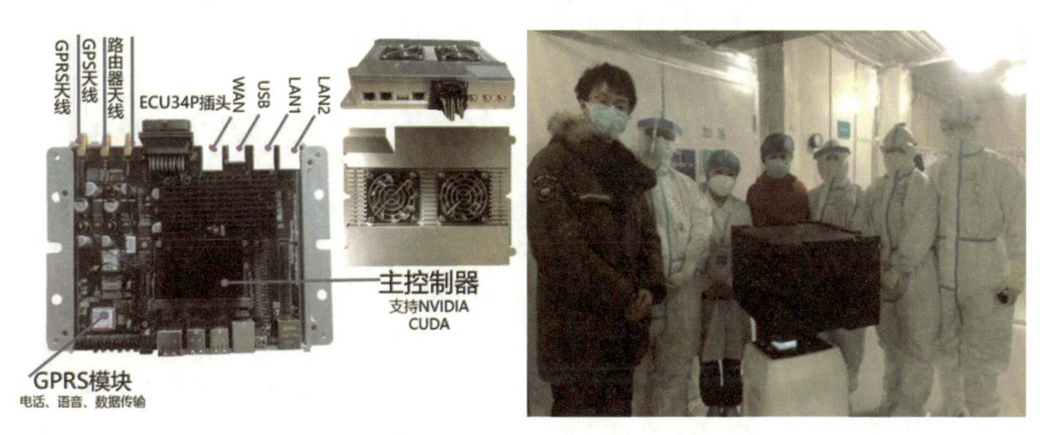

（a）Ruban系列机器人核心控制器　　（b）雷神山医院工作的医疗服务机器人“小珈”

图 3.4.4　Ruban 核心控制器与医疗服务机器人“小珈”

4. 建议与心得

最后是我在参加双创比赛过程中的心得体会，我总结为以下三点：

（1）科技创新是核心竞争力。我深刻地认识到科研创新带来的技术优势，这是目前创业和做许多事情的关键。以“互联网+”大赛中金奖项目为例，第四届“互联网+”大赛中大约有三分之二的项目都属于高校老师科研成果转化的项目，正是高校科研产生的创新性成果，才支撑他们获得这样的成绩。这也促使我更专注努力地做科研，并注重科研成果的转化。

（2）不适的环境更能磨炼自己。参加双创比赛，丰富了我的校园生活，让我跳出了原本的舒适圈，投入创业的磨炼与学习中，推动自己各方面能力的提升，如运用科研成果解决实际问题的能力、语言表达的能力等。

（3）团队合作才能产出大成果。双创比赛的经历，让我进一步认识到了团队合作的重要性。这次比赛能够获奖，最主要的原因不在于我个人，而在于学校的帮助、学院与老师的指导以及组内师兄们的大力支持与通力合作。所以，我们在注重培养自己能力的同时，更要学会在团队中进行合作，与团队一起努力，产出更大的成果。

（整理：凌朝阳；校对：林艺琳）

3.5 自强者的坚持、成长与革新

（张 强）

人物简介：张强，武汉大学测绘遥感信息工程国家重点实验室2019级博士生。师从张良培教授和袁强强教授，研究方向为遥感信息复原重建与深度学习。目前以第一作者/学生一作身份，在ESSD、ISPRS P&RS、IEEE TGRS等地学与遥感领域顶级期刊上发表SCI论文8篇(1区Top论文7篇)，EI论文4篇。谷歌学术总引用650余次，单篇最高被引200余次，2篇入选为ESI高被引论文。受邀担任2021年国际地学与遥感大会的分会场主席，以及IEEE TIP、IEEE TGRS、IEEE TCSVT等多个国际期刊的审稿人。先后荣获李小文遥感科学青年奖、武汉大学"研究生学术创新奖"特等奖(校长奖)、博士研究生国家奖学金、硕士研究生国家奖学金、"王之卓创新人才"特等奖、"中国大学生自强之星"等奖项荣誉。个人主页：qzhang95. github. io。

图3.5.1 张强生活照

【正文】

1. 坚持

我出生于辽宁省大连市一个不见经传的小山村，于2013年高考考入武汉大学测绘学院，2017 年保研至本院，2019 年硕士提前一年毕业，并在同年考取了武汉大学测绘遥感信息工程国家重点实验室的博士生，研究方向为遥感信息复原重建与深度学习，导师为张良培教授和袁强强教授。

2016 年 6 月起，在武汉大学张良培教授和袁强强教授的指导下，我开始进行遥感影像复原重建与深度学习理论方向的研究。记得刚开始接触自己的研究方向时，袁老师发给我大量的顶会、顶刊论文。面对前人的这些工作，我时常有种无从下手的感觉，觉得论文中的方法大多公式繁多，晦涩难懂；同时由于我的英语基础较差，阅读时我往往不知所云，这个过程十分痛苦。坚持阅读了半年后，我的英文文献阅读水平逐渐提高，基本可以做到脱离字典学习，也慢慢对当前的研究有了一定的了解。

此时，师门同级有的同学已经开始实验，而我还在学习基础理论和思路构建，进展缓慢，实验效果也不尽如人意。随后有同学开始撰写论文准备投稿，这段时间，我的内心十分焦躁，我也一度怀疑我到底能不能做得出来。参加学术会议的同学在前进的道路上继续高歌猛进，而我自己却连科研的门槛都没有触碰到。更重要的是，我不知何时才能解脱，也不知路在何方。那种绝望的感觉让人烦躁不安，我不停地叩问自己，到底哪里错了？自己是不是要选择放弃？

那段时间里，我甚至曾找过导师打算更换研究方向。袁老师听完我的“诉苦”，建议我做科研还是要有始有终，既然做了就要继续深挖，并现身说法，鼓励我永不言弃。研一上半年，我经常在武大信息学部和华中师范大学的操场上一圈又一圈地漫步，不断地反思：既然别人这么多年都能持之以恒地做科研，那我为什么不能坚持下来呢？就这样，我最终还是没有放弃希望，日复一日，坚持不懈地阅读论文、思考方法并进行实验。

图 3.5.2 张强的 2017 年感想总结

2. 成长

到 2017 年的最后一天，我仍然没有一篇被正式发表出来的文章。截至那时，我已累计被拒稿 7 次。但大组新生讲课的历练，张良培老师的鼓励与肯定，以及面对科研挫折和压力时的习惯与适应，使得我从最开始的失望郁闷，成长到现在的平淡如常，内心已无所畏惧。既然选择了远方，便只顾风雨兼程。

2018 年开始，漫长的辛劳付出终于有了回报：1 月，我的第一篇学术论文终于被 RS（Remote Sensing）接收；2 月，我的第二篇学术论文发表在遥感信息处理领域顶级期刊 IEEE TGRS（IEEE Transactions on Geoscience and Remote sensing）上；8 月，我的第三篇学术论文又发表于 IEEE TGRS 上，并在之后入选为 ESI 高被引论文。

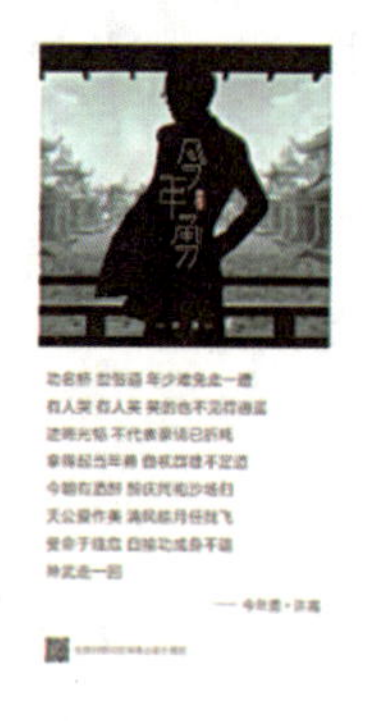

图 3.5.3 张强的 2018 年感想总结

2019 年开始，我又在之前方法的基础上继续展开研究，分别提出了三种改进方法。其中一篇学术论文被 Top 期刊 IEEE TGRS 接收，另外两篇论文则在 2020 年被遥感领域 Top 期刊 ISPRS P&RS（ISPRS Journal of Photogrammetry and Remote Sensing）接收。

3. 革新

极限尤可突破，至臻亦不可止。尽管已取得了上述几个成果，我并没有故步自封，而是开始自我革新，反思已有工作不足：原有的工作只考虑了单时相、小面积、单一噪声的场景，那么是否针对多时相、大面积、混合噪声等复杂环境进行处理？如何考虑用不同的影像数据先验信息进行改进？由此，我在 2020 年展开了新的研究工作，继

搬砖的小张

2019，完成了人生的多个新的节点：留守广埠屯继续走在了爆肝嗑盐的道路；当上了纯正血统的三武土鳖；出了趟日本岛国并秀了把乡村英语；有幸收获了学校的十大励志之星荣誉；搬到了武大的辣鸡新宿舍；想出了几个弱鸡的工作点子；实验意料之中得失败了n次；受邀在测绘院做了一次学术报告讲座；也继续保持着单身时间记录；有幸当了几个期刊的审稿人；也被编辑/审稿人一如既往得按在地上继续摩擦；算法代码/写作/数学还是辣鸡水平；人生哲学＆厚黑水平倒是略有提高...

2020，离家求学的第十年，在武汉的第七年，做科研的第四年...人生的戏剧性真的是难以想象，你永远不知道下一块巧克力是什么味道...不管如何，路一直都在。

2020，祝各位新春快乐，身体健康，阖家幸福！

附：由于我这个月从武汉回来（安全期还差2天），为了安全考虑，明天我就不出门拜年了，村里的家乡父老和小伙伴们也不用来我家找我拜年了。在此向各位提前问好！也祝还在武汉的同学们安全健康，春节快乐！要感谢你们，牺牲了全武汉市人的利益，来保证全国人民的安全！这份贡献值得铭记！国家与你们同在！

2020年1月24日 22:08　删除

评论　发送

图 3.5.4　张强的 2019 年感想总结

续尝试联合变分模型和深度网络，将模型驱动验和数据驱动的思路进行有机结合，相关文章投稿到了计算机视觉与模式识别领域的顶级会议 CVPR（Computer Vision and Pattern Recognition）；如何针对遥感反演定量产品进行处理，能否考虑进行空间/时间大尺度的产品应用，也有相关文章已在今年投稿至地学领域 Top 期刊 ESSD（Earth System Science Data）；此外，如何考虑强化学习、迁移学习在底层视觉任务中的使用，等等，也值得我后面继续展开研究。

图 3.5.5　2019 年 12 月，张强（左）与 IEEE Fellow、IEEE TGRS 前主编 Plaza 教授（右）进行学术交流

回首过去我已走过的求学之路，一个 2013 年高考考入武大的农村学生，一个貌不惊人、沉默胆怯、英语较差的小镇做题家，一个在当时都不能熟练使用计算机的土鳖，多年以后竟然会整天与英文文献、算法代码为伴，并在学术科研的这条曲折之路上且行且歌。

回望这五年来的科研之路，我从保守走到了开放，从自卑走到了自信，从迷茫走到了自强。通过不断地自我坚持、自我成长、自我革新，我才能最终超越自我，取得更高的成就。最后，附上一段节选自王勃的《滕王阁序》，与自强之路上的诸君共勉：

老当益壮，宁移白首之心？

穷且益坚，不坠青云之志！

（整理：谢梦洁；校对：陈佳晟）

3.6 我的科研成长之路

（吴　源）

人物简介：吴源，武汉大学测绘遥感信息工程国家重点实验室2019级博士生，师从陈锐志教授，2019年硕士毕业于中国科学院自动化研究所。主要研究领域为手机室内定位。硕士期间发表SCI论文1篇，EI论文1篇，获国家发明专利授权1项。博士期间获得2020 IPIN国际室内定位大赛冠军，在审SCI论文1篇。

图3.6.1　吴源生活照

摘要：从没碰过电脑的高中生，到最终推免到中科院自动化所；从完全不适合自己研究方向的"天坑"开局，到最终在硕士阶段完成1篇SCI、1篇EI；从不顺利的秋招，到考博至一流的实验室、一流的导师；从"拿亚军就是输了"的巨大压力，到最终带队获得2020 IPIN国际室内定位大赛冠军。吴源的科研成长之路绝不是一帆风顺的，但他的努力、他的坚持、他相信此刻的阴霾绝不会是自己人生至暗时刻的信念，带领他飞跃一片片乌云，抓住在困难中孕育的机遇。如果你曾处于或正处于人生的低谷，这篇文章将会带给你莫大的感动和坚持的信念。

【正文】

前记：非常荣幸能够接到“咖啡屋”的邀请。其实我感觉没什么出色的科研成果给大家分享，因为有许多同学都比我做得好得多。在这里我就给大家大致分享一下我走向科研之路的心路历程吧。

1.“误打误撞”走入科研之路

本科我的专业是计算机科学与技术，但是在上大学前，来自农村的我，根本没有碰过电脑，学习起来有些吃力，直到大学毕业我都感觉自己的编程能力非常糟糕，以至于到现在我都感觉自己读了一个假的计算机专业。那时候，我只能拼命将期末考试考好，以证明自己还跟得上。大二的时候，一个偶然的机会，我进入一个老师的实验室学习，目的是准备那一年暑期的电子设计大赛。在那里，我开始学习基本的嵌入式编程。当自己用代码控制单片机点亮 LED 灯的时候，一点小小的成就感油然而生，这让我有了进一步学习嵌入式编程的兴趣。那时候，我一下课就跑到实验室待着，一方面是瞎折腾板子，一方面是为了准备比赛。还记得那年为了比赛，我暑假没回家，待在学校，实验室空调还坏了，顶着40℃的高温，熬了三天三夜打比赛。测试当天，当看到自己写的代码和算法控制着小车完美完成测试目标时，我感觉自己做到了。我们如愿捧回了那年的电子设计大赛一等奖。除了比赛，我在实验室还接触到了发文章、写专利等与科研相关的事情，自己也尝试着发表论文和专利。这些看得见摸得着的小成就，给了自己不断向前的动力。这些经历，让我触摸到了科研的大门，但最终让我迈入科研大门的是我幸运地拿到了一个保研资格，同时还拿到了中科院自动化所和浙大软件学院的推免资格。我最终选择了中科院自动化所，从此

图 3.6.2　吴源与同学参加电子设计大赛

走向了读研的道路。

2. “塞翁失马，焉知非福”

拿到自动化所的推免资格后，由于我没有提前联系导师，等到所里通知可以联系导师签导师意向的时候，我心仪的导师和实验室全部没有名额了。而且当时通知选导师的时候，我还在回家的路上，这让我极其被动，也让我的读研之路一开始就不那么顺利。对于研究生而言，选对实验室和导师是非常关键的，我意识到了我的读研之路必定会困难重重。等我选了导师之后发现，我是我研究生导师的最后一个学生，我毕业后她就退休了。由于我的硕导连续几年没有招到学生，我没有师兄师姐，直到毕业后也没有师弟师妹，整个三年就只有我一个学生。光这一点，我就意识到了自己的研究生生涯不容乐观。

中科院的研究生，研一需要到中国科学院大学集中学习，研二再回所里进实验室做科研。2016 年，人工智能爆发，受到了各行各业的追捧，广阔的就业前景和不菲的工资待遇，让模式识别专业成了超热门专业。我记得当时上“模式识别”这门课程的时候，一个可容纳 200 人的阶梯教室，需要提前抢座位、占座位，否则只能去其他教室抬凳子，坐在过道里，要是再慢了甚至过道都没有了，只能站着听。从这种空前的学习热情和选课人数中，可见这门课有多么火爆。我的硕导从事的研究方向是基于惯性传感器（Inertial Measurement Unit，IMU）的人体姿态跟踪，就是将 IMU 绑在人的各个关节上，实时跟踪人的动作姿态，跟人工智能沾不上半点关系。好不容易进入中国人工智能最顶尖的研究所，却不能赶上人工智能这个风口，心底自然特别失落。我带着这种失落，研二回到了所里。硕士导师将我安排到了一间非常宽敞的实验室里。里面平时加上我总共就三个人，其中一个是老师，另一个是项聘，一天下来都说不了一句话。除了一日三餐跟室友一起吃饭以

图 3.6.3 吴源硕士时实验室的导师和同学

外，我感觉我与世隔绝了。硕导对我特别上心，回所后就交给我一堆五六年前开发的 IMU 硬件，在 VS2005 下开发的 XP 风格的软件系统和一堆不规范的文档。不出所料，这堆软硬件在我的 Win7 系统上根本跑不起来。接下来就是令人崩溃的找原因找 bug 的过程，由于开发这套软硬件的人早就毕业了，根本寻求不了帮助。导师的要求是把老软硬件在新的 Win10 系统上跑起来，然后再开发一套新的软硬件系统，这跟我想象中的科研生活有很大的不同。我就这样一个人，做着自己不认可的事，痛苦不言而喻。那个时候，我经常后悔自己选择读研，所以跟同学聊起自己近况的时候，我经常说的一句就是“塞翁失马，焉知非福”。对我而言，拿到保研资格，进入中科院自动化所就像获得一匹“骏马”，但当自己准备策马扬鞭，奔向人生新高度时，却狠狠地从马背上摔了下来。

面对这样一个天崩开局，我常常担心自己有一天会崩溃，所以我每天都在不断地调整自己的心态，告诉自己要乐观，事已至此，至少顺利毕业还能拿个学位证也不错。另外，我还找硕导沟通了很多次，说了自己的想法。硕导人也非常好，最终也做了一些妥协，同意我先做研究，先把小论文发表了再做项目，但是研究内容需要跟项目相关。我查阅了相关的文献，在基于 IMU 人体运动跟踪领域，有一个分支是跟踪人体行走轨迹的方向，即行人航迹推算(PDR)。我对此产生了一些兴趣，决定从这个方向开始研究。经过半年时间，我调研了这个领域近十年的近百篇论文，借着开题的机会，基于这些文献写了一篇英文综述，并投了自动化所主办的一个 EI 检索的国际期刊。当收到录用通知的时候，那种久违的小小的成就感，涌上心头，负面情绪也随之烟消云散。我继续做实验，实现自己的

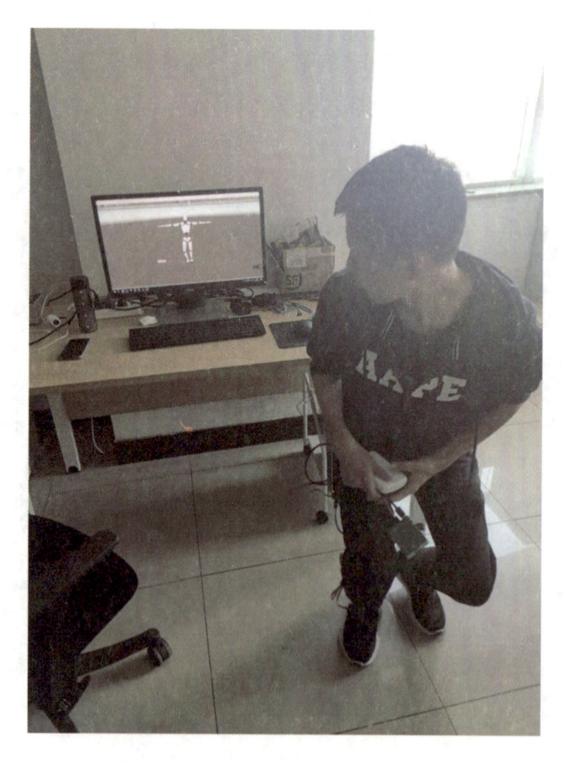

图 3.6.4 人体运动跟踪演示系统

想法，又发了一篇SCI论文，并提交了两项发明专利申请。这时已经进入研三，我答应了导师，要完成她的项目，所以放下了科研，找bug、改代码，那套老的软硬件在Win10上终于跑起来了，同时我还基于unity开发了一套新的演示系统，新的硬件也随之到位，并赶在毕业之前，为新的软硬件系统写好软著。

我的硕士经历告诉我，人生不会都是一帆风顺，有时候困难会接踵而至，但越是在困难的时候，越要给自己积极的心理暗示，越要努力，除此之外，我们别无选择。我那个时候常常告诉自己，如果这是人生的至暗时刻，那也不过如此；如果这还不算我的至暗时刻，那说明我还没有到该绝望的时候。

3.“柳暗花明又一村”

决定读博，有几方面原因。第一个是从众心理，当时我的两个室友，以及几个关系比较好的同学都选择了硕博连读，所以我也想着要不再读个博士。第二个是暂时没找到好的工作，当时研三上学期秋招的时候，由于忙着完成导师的项目，没花什么时间在找工作上，而且没有实习经历，再加上研究方向比较偏，所以找工作并不顺利。第三个是我还是想再提升一下自己，不只是拿个学历，同时也是提升自己的能力，而且我对科研并不排斥。

当时决定读博的时候比较晚，好多高校和研究所报名都截止了。最主要的是，很多导师名额很早就已经被预定了。我那个时候到处浏览国内各大高校学院的官网，看哪个学校还没有截止报名，再看导师介绍，联系导师。有的石沉大海，寥寥几个回复，基本上名额已占。就在我快心灰意冷的时候，我收到了武大牛小骥教授的邮件回复。牛老师回复说他的名额也满了，但是推荐我到陈锐志教授课题组，并把我的简历推荐给了陈老师。我随即电话联系了陈老师，终于得到了欢迎报考的答复。最终顺利进入陈锐志教授课题组，可谓“山重水复疑无路，柳暗花明又一村”。这里的一切都是我理想中的样子：一流的导师，一流的实验室。

刚到实验室不久，就接到了导师的任务——带队参加2020年的IPIN室内定位大赛(Indoor Positioning and Indoor Navigation)，并且必须拿冠军。用陈老师的话说就是“拿亚军就是输了，因为我们组参加的所有室内定位比赛全部拿了冠军”。由于我没有参加过以往相关比赛的经验，压力自然非常大。我和跟我同一届的李维以及大我们一届的余跃师兄组成了核心参赛队员。好在余跃师兄参加过两次室内定位大赛，所以在大方向上可以有比较好的把控。

由于疫情原因，IPIN2020会议直接取消，而比赛数据直到2020年8月才发布。我们在2020年3月开始准备比赛，当时正处在疫情期间，只能线上讨论，在家做实验。由于比赛数据没有发布，我们只好在前两年的比赛数据上做实验。我们经过讨论，总结出需要实现一个关键的PDR优化算法。因此，我也把主要精力花在攻克这个难关上。我当时每天翻阅文献、建模型、推公式、写代码、做实验，终于在几周后，一条漂亮的轨迹曲线终于出现在了屏幕上。我抑制着激动的心情，再尝试不同数据集，结果同样完美。随着这个

图 3.6.5　参赛团队成员

难题的攻破，我感觉我们已经在胜利的道路上前进一大半了。也许这就是做科研的乐趣吧，每当解决一个难题时，那种成就感会让自己觉得付出的一切都值得。

等到 2020 年的比赛数据发布时，我们终于回学校了，因此每天可以面对面交流和讨论，这是非常重要的。在讨论过程中，可以学到其他队员的好的想法，别人也可以比较准确地指出我的方法的局限性，当然有时候也会争论得面红耳赤。就这样，我们在离提交数据还有一个月时，有了第一版结果。在信心满满地给陈老师汇报时，却被泼了一盆冷水。陈老师指出了我们的一些致命的不足，比如航向用了自带输出而不是自己解算，这样就跟别人拉不开差距，而且存在一些明显不合理的轨迹，如果就这样的话，我们一定是拿不到奖的。带着沮丧的心情，我们打算重头再来，一点点地抠数据，抠细节，讨论方案。有时今天出的方案，明天再看自己又给否了。就这样迭代一版一版又一版，直到得到最终提交的数据前还在改。随着每一版的迭代，结果也在不断地改进。在提交前，最后一次给陈老师汇报结果时，终于得到了陈老师的肯定："这次的结果看起来不错，应该很有希望拿冠军的，你们可以提交了。"得到老师的肯定，我心中悬着大半年的大石头终于可以暂时放一放了。但是直到提交结果的最后一天，我们依然在讨论可以改进的地方，力求精益求精，哪怕精度能提高 1cm。在公布结果前，我们收到大会主席的邮件，希望我们可以在线上做一个 10~15 分钟的报告，介绍我们的系统。按照往年的惯例，会议有 15 分钟邀请前三名每组做 5 分钟报告，2020 年的会议流程是 winner 做 15 分钟报告，所以我们猜测我们至少应该进入前三了，并且很有可能是冠军。但是结果没有最终公布前，心里依然非常紧张。结果公布那天，当我看到 final winner 的队名是我们队的时候，激动的心情真的难以言表。这是我们团队的又一次胜利，也是我个人的一次突破。在这个过程中，我彻底体会到了团队的重要性，有效的合作往往是 1 加 1 大于 2 的。

我觉得自己的博士生涯可以说开了一个不错的头，也让我对未来几年的博士生涯充满信心。虽然比自己做得好得多的大有人在，但我还是喜欢按照自己的节奏来，跟自己比，才能不焦躁。

图 3.6.6　比赛主席宣布夺冠队伍

4. 总结感想

我非常喜欢“塞翁失马，焉知非福”这个故事。我觉得凡事就是这样，苦难中孕育着机遇，机遇中暗藏着危机，人生总是会起起伏伏，有得必有失。我们只需要保持一颗平常心，做好自己，不必患得患失。最后借用小米的一句 Slogan 送给自己也送给大家：永远相信美好的事情即将发生。

（整理：王妍；校对：王雪琴、陈佳晟）

3.7 功不唐捐，一个中等生的科研体验

（张　岩）

人物简介：张岩，武汉大学测绘遥感信息工程国家重点实验室2020级博士生。师从陈能成教授和李英冰副教授，研究方向为协同感知与知识服务。个人公众号为：协同感知与知识服务。目前以第一作者/通讯作者身份发表SCI/SSCI论文5篇（中科院1区Top论文3篇），中文学报1篇，出版专著1部（导师一作，学生二作），申请软件著作权2项。担任多个SCI/EI期刊与会议的审稿人。

图3.7.1　张岩个人照片

【正文】

前言：很荣幸收到“星湖咖啡屋”的邀请，我认真写下这篇文章，回顾自己科研路上踩过的坑，分享一下我以本科中等生走上科研之路的心路历程，希望与大家一起互相学习。

1. 功不唐捐，不怕拒稿

首先我想讲一下自己从一个学习成绩中等的本科生到发表第一篇中文文章的研究生这段时间的故事。

回想自己的本科时代，也不算特别优秀，当然也算不上差，就是普普通通的本科生。上课常常打瞌睡，也不积极占前排座位，按时上下课，心里没有什么成就感。

本科学习的一些课程，诸如“地球物理”“测量平差”和“大地测量”，其授课老师都是业内专家，但是这些测绘专业课距离生活实在是太遥远了。我无法想象大地水准面与高程控制网能给我自己的生活带来什么影响。我既看不见又摸不着，与李世石大战阿法狗这样抓人眼球的计算机热点话题相比，测绘显得不那么时髦。

在后来选方向时我果断选择了 GIS，本科有着很多奇奇怪怪的想法，但是受限于科研视野太窄以及动手能力太弱，都仅仅是空想。大创、美赛这些学科竞赛我一个都没参加，游戏水平也很差，成绩也一般，报考本学院的夏令营也被刷了。

等到大三结束的暑假，要准备考研了，我觉得这样下去不行。身体里经过河南高考拷打过的基因开始显著，我开始朝九晚八的复习备考生活，风雨无阻，听了无数次闭馆音乐，毕业记录显示进出图书馆 1637 次，这个习惯我一直坚持到了现在。

大概经过 4 个月的备考，考研成绩不好不坏，GPS 测量原理专业课竟然考了第一名（虽然现在做的内容与 GPS 没有任何关系）。但是这极大地提升了我的自信，让我意识到

图 3.7.2 图书馆打卡记录

功不唐捐，只要肯努力，什么时候都不算晚。

之后的学习就比较顺利了，在自己的努力下，我幸运地成了李英冰老师的最后一位硕士生(2018 级)。

这个时候自己的计算机编程能力也得到了一定的锻炼，天马行空的想法特别多，开始着手写第一篇中文论文。因为研究方向比较新，也没有师兄提供参考，我从提出想法到最终实现，一步一步地自己独立摸索，仅摘要和题目李老师与我就改了 5 版。还记得 2018 年的圣诞节我还跟李老师在办公室里讨论文章。从辣眼睛的初稿，一步一步地修改完善，大概 2019 年中旬完成并投出了自己的第一篇学术论文。

我这篇打磨了很久的文章“出师未捷”，第一次投就被拒稿了，拒稿意见只有寥寥几字：创新性不足。第二次投稿也被拒了之后，自己算是起了一个大早赶了一个晚集。身边也陆续有同学开始投稿，我也对自己的工作产生了质疑。

国内期刊的审稿流程比较慢，第三次投稿提交三个月以后，编辑跟我说没有找到合适的审稿人，这让我心中十分迷惑。最后编辑让我推荐了几位业内专家，走走停停兜兜转转，其间为了查询稿件状态我还专门写了一个脚本，每隔 12 个小时给我发邮件通报稿件状态(是不是有些疯狂)。

最后稿件被录用，心中的大石头算落了地。只记得排版的时候，每天早上 8 点(持续

阶段名称	处理人	提交时间	估计完成时间	实际完成时间
收稿	编辑部	2019-07-12	2019-07-12	2019-07-12
编务收稿	编辑部	2019-07-12	2019-07-19	2019-07-19
执行主编分审	编辑部	2019-07-19	2019-07-26	2019-07-19
学科编辑初审	编辑部	2019-07-19	2019-08-18	2019-07-22
外审	外审专家	2019-09-04	2019-10-09	2019-09-11
外审	外审专家	2019-10-22	2019-11-26	2019-10-22
执行主编终审	编辑部	2019-10-29	2019-11-05	2019-10-30
编辑加工	编辑部	2019-10-30	2019-11-06	2019-10-31
退修	责任编辑	2019-10-31	2019-11-07	2019-11-07
编辑加工	编辑部	2019-11-19	2019-11-26	2019-11-19
英文审查	英文编辑	2019-11-19	2019-11-24	2019-11-22
编辑加工	编辑部	2019-11-22	2019-11-29	2019-12-03
编辑加工	编辑部	2019-12-04	2019-12-11	2019-12-18
排版	编辑部	2019-12-18	2019-12-25	2020-01-13
排版完成	编辑部	2020-01-13	2020-01-20	2020-01-13
编辑校对	编辑部	2020-01-13	2020-01-20	2020-01-13
作者校对	编辑部	2020-01-13	2020-01-16	2020-01-16
定稿	编辑部	2020-02-19	2020-02-26	2020-02-20
待发稿	编辑部	2020-02-20	2020-02-27	2020-03-06
可刊	编辑部	2020-03-06	2020-03-13	2020-03-06
刊出	编辑部	2021-01-09	2021-01-23	2021-01-09

图 3.7.3　论文排版时间表

一周)，编辑就会给我打电话把我从床上喊醒，问我稿件排版的一些问题。

现在回想起来，通过这篇文章我熟悉了完整的科研流程，对我之后的学习起到了非常好的示范作用。出版后文章的下载量与引用量都很不错，直到现在依然是我最为得意的中文文章，唯一的遗憾是，因为没有审图号，很多地图都被改丑了。

2. 勤能补拙，注重过程

专硕时间真的是太紧张了，短短两年，其间又遇到了罕见的新冠肺炎疫情。等我报考博士的时候，我只有一篇需要小修但还没有录用的 SCI，尽管为了求快我投了一个开源杂志，但实际上直到博士考试结束后文章才被录用。

很感谢陈能成老师的知遇之恩，在没有 SCI 录用的情况下给了我报考国重的机会，否则我现在可能在某个公司写代码(2019 年秋招我也签了一份工作，自己没有把握博士能录取，如果不能继续读书想着也不能失业)。

由于疫情只能待在家里，2020 年的上半年我除了准备博士入学考试，就是写文章。我虽然出身工科院系，但是非常喜欢关注社会问题，写第一篇文章时学习的网络爬虫技术算是派上了用场。我搜集了疫情期间武汉市的新浪微博数据，想着能不能做一些工作让 GIS 在这场与疫情的战役中体现价值。我整理收集好的数据，有着林林总总的观点表达，映射世间百态。既有对国家抗疫政策以及医护人员的力挺，也有很多对疫情期间各种事件的评论，许多医疗资源的求助信息也包含其中。

作为一个 GISer，我发现这些微博很多是不含有地理属性的，也就是说从这些数据中你无法定位发博者的地理位置。虽然现在有很多方法，如可以利用 NER(命名实体识别)的方式来探测文本中的地理位置信息，但是大部分微博不含有对位置的描述。我抓取的 20 多万条数据仅有 5000 条含有可用位置信息，分布在武汉市 1000 多个兴趣点上。

我考虑能否利用文本中的语义信息对这些微博进行分类。我基于的假设是：在同一个

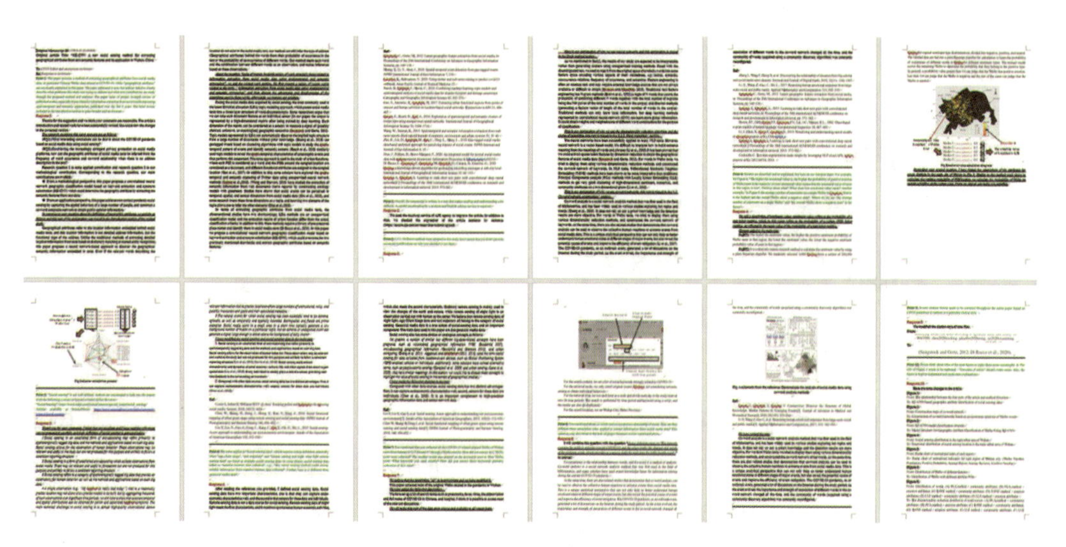

图 3.7.4　一审回复

位置或同一类位置的微博关注内容是类似的。我认为用户在武汉黄鹤楼的微博内容与在武汉江汉关的微博内容具有一定的相似性，即他们都含有旅游观光的属性。应该会与在火车站或者汽车站位置发送的微博有着显著的语义区别。社会感知的主体是人，诚然我们无法避免一些误差，但是在样本丰富的情况下，我认为还是具有一定的甄别可能。

基于这个想法以及自己在家里学习的深度学习技术，我解决了社交媒体数据中的语义对齐问题。我撰写了一篇文章，花了 3 个月左右投了一个二区杂志，但在十几天后被拒稿。文章没有送审就被毙掉真的是太不甘心了。第二次我鼓起勇气，投了 GIS 领域非常好的杂志 *Computers*，*Environment and Urban Systems*，副主编刘瑜老师第二天送审，当稿件变为 Under review 时我还是蛮开心的。又过了三个月，一审意见回来了，给了大修，虽然三个审稿人措辞比较严厉，但是对文章的创新性比较认可，回复整整写了 30 页。

修回一个月后审稿人返回意见，看了意见我就知道这篇文章有戏了。非常好的审稿人，专业程度以及认真程度令我敬佩，基本上二审就是一些建议，采纳与否交给我决定。又过了一段时间，这篇文章就被录用了。我还专门在微博上@了刘老师，并得到了他的回复，这让我非常开心，逐渐感受到我这个窄窄研究方向小圈子的乐趣。

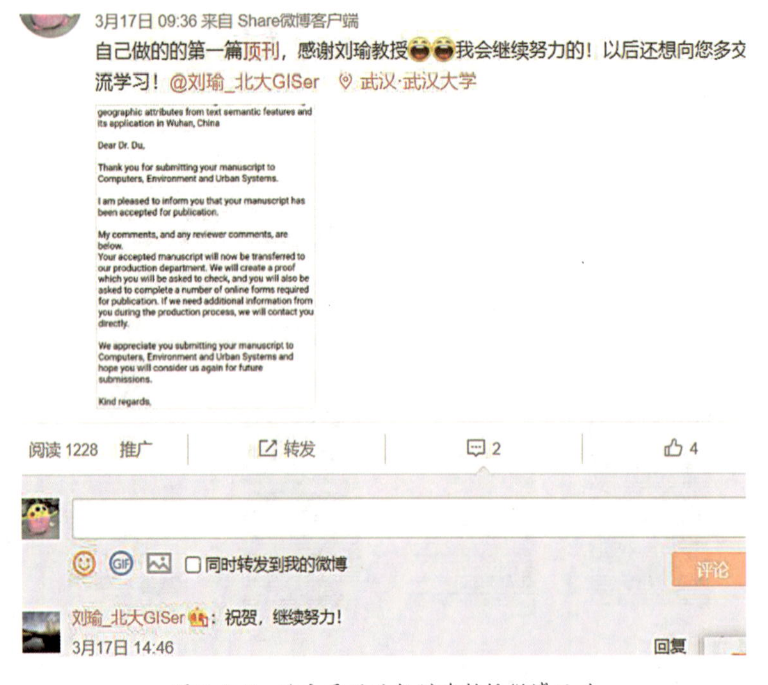

图 3.7.5 论文录用后与刘瑜教授微博互动

回顾这一路磕磕绊绊，我也有了一点点微小的投稿心得。投稿与拒稿是“科研小白”的必经之路，拒稿很正常，因为编辑的口味以及期刊的内容范围不同，不要对自己的工作质量妄自菲薄，我自己还有被国内核心的外审专家拒稿改为英文发表在 SCI 上的经历。

换个角度，审稿人都是小方向里的专家，即使被拒稿也会得到很优质的评审意见，根据意见认真修改后会对文章质量提升很大。如果文章被送审就意味着编辑对你的文章比较认可，即使最终被拒稿了，也可以根据返回的意见，弥补文章的不足。如果专家与编辑给修改机会就一定要认真修改，如果自己真的尽力了，那么无论结果如何都不需要怨悔。

你读过的每一篇论文，吸取的每一个知识，处理过的每一个数据都会成为你素材的一部分，也会是你灵感的来源，当多个类似的灵感碰撞起来，火候已有三分，原材料大致备齐，就可以着手来做文章。

我的第二篇一区文章从有想法、做实验到排版、到写作、到完成投稿一共只花了不到一个月，我认为这是厚积薄发的过程，得益于平常的知识积累。文章在春节返修，花了一周左右修回。之后的文章都波澜不惊，但是可以真真切切地感受到自己的科研综合水平相较于过去有了一些进步，同样的文章经过认真修改重做实验后提升很大。有一篇文章在 2020 年 3 月被审稿人“狂怼”以至于需要重写，认为我是一个写 SCI 的新手(实际上的确是)，而到 2021 年 3 月被夸成“pillar”。

This resubmitted paper is much enhanced based on the comments. It has good ordering in its reference citation. But, that's all. I asked to "Rewrite" the paper totally. But the authors still did not make any significant improvement in its logical structure and the contribution in its implications and suggestions! There are bunch of fancy graphs and common sense type of argument. Some of them just copied from the text book! It seems the authors are still on the leaning stage! The authors should read more papers from the SCI level of journals, and learn more from the articles.

这篇重新提交的论文在评论的基础上得到了很大的改进。其参考文献排序良好。但是，仅此而已。我要求彻底“重写”论文。作者在其逻辑结构和科研贡献上仍然没有做出任何显著的改进！有很多奇特的图表和常识类型的论证。有些只是从课本上抄的！看来作者路走偏了！作者应多阅读SCI级别期刊的论文，从文章中学习更多知识。

图 3.7.6 审稿人“狂怼”时的评审意见

The paper presents a very interesting approach... are very important in many applied fields, from which we can observe the sustainable planning of the territory, a better understanding of the movement of the population and the frequented routes. The study is very interesting in terms of the results obtained and the approach used; the manuscript may even be an important pillar for other studies aimed at analyzing population movement.

这篇论文提出了一个非常有趣的方法……在许多应用领域都非常重要，从中我们可以观察到领土的可持续规划，更好地了解人口的流动和经常出行的路线。这项研究的结果和使用的方法都非常有趣；这篇文章甚至可能成为其他分析人口流动研究的重要支柱。

图 3.7.7 文章修改后得到的赞美

基于中文文章打下的基础，我花了整整一年的时间在科研上入了门，算是一个萌新了。这里我给大家一点点微小的建议：

首先，GIS 本来就是一个与社会经济结合得相当紧密的学科，我们可以与复杂网络科学、计算机科学、信息管理科学积极地进行学科交叉。其次，了解世界上最好的实验室，并追踪“圈内”最优秀的科研成果，以达到“熟读唐诗三百首，不会作诗也会吟”的程度。

再者就是目前国际上出版的论文越来越多，我们在做科研时不单单要努力前行，更需要提升自己工作的影响力，树立自己的个人品牌，给自己贴一个科研标签。对自己出版的论文我会用中文撰写微信推送。在写作过程中的重新审视以及在与其他人的思想碰撞中，常常会有新的自己从来没有想过的想法。同样的研究以不同的研究视角来进行观察，会有“横看成岭侧成峰”的观感，让人酣畅淋漓恍然大悟。

3. 把论文写在祖国的大地上，用所学知识服务社会

我从小就喜欢地图，中学时买了一整套的历史地图集，小小地图，方寸之间，可以满足一个孩子对于世界的所有幻想。我与武大的缘分也从这个时候开始，书的扉页记录了这部书由武汉测绘学院参编，也就是今天的武汉大学信息学部，那个时候我还没有意识到我会与珞珈山、与东湖水产生多么迷人的关联碰撞。

在武大七年读书期间，我常常想我所学的知识能否给自己的家乡，给自己的祖国带来真真切切的贡献，践行“为天地立心，为生民立命，为往圣继绝学，为万世开太平”的格言，后来我有了一次践行的机会，下面给大家分享我的经历。

随着工作量的增加，编绘、制图队伍也相应地逐渐扩大。1957年编绘工作移到上海，在复旦大学内组成了一个五人小组，两三年内陆续增加到二十多人，从而在1959年成立了历史地理研究室。此后又陆续邀请了中央民族学院傅乐焕等、南京大学韩儒林等、科学院民族研究所冯家昇等、近代史研究所王忠等、云南大学方国瑜等参加各边区图的编绘工作，历史研究所、考古研究所等单位参加原始社会遗址图和其他图的编绘。编绘人员最多时达七八十人，长期参加者也不下二三十人。制图工作在五十年代末曾改由武汉测绘学院承担，六十年代初又移交国家测绘总局测绘科学研究所负责。主办单位仍沿用杨图委员会名称不改，范文澜改任顾问，具体领导工作主要由吴晗、尹达担任。

图 3.7.8　武汉测绘学院参编的《中国历史地图集》

在新冠肺炎疫情期间，为了减轻城市管理工作人员的负担以及减少人员聚集，我与黄舒哲师弟和郑翔同学在2020年一起开发并上线了城市随手拍系统，将自己的GIS知识服务于实际的生产应用。

虽然现在看起来系统并不是非常复杂，但我依然觉得很有意义，该系统目前已部署于临颍县城市管理局官方微信公众号，服务于家乡的70万居民，为建设美丽城市与智慧城市提供支持。

系统采用B/S架构，用户由官方公众号进入信息采集接口，系统根据用户GNSS定位数据以及请求的IP地址进行准确定位，利用智能手机对违章停车、公共设施损坏等城市不文明行为进行拍照，以及进行简单描述，管理人员即可在后台实时接收上报事件，并安排人员进行现场处理。该成果受到了城市居民和政府工作人员的一致好评，并获得了“武汉大学优秀实践成果”奖励。

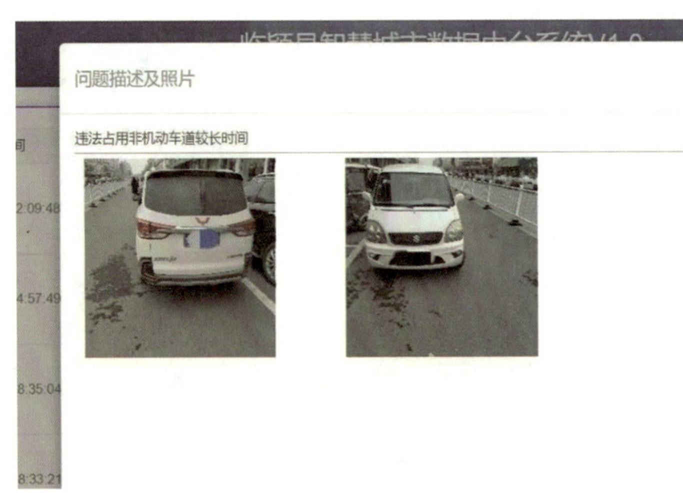

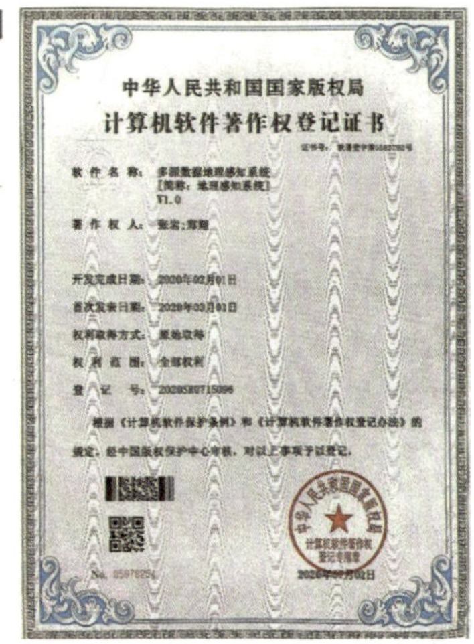
中华人民共和国国家版权局
计算机软件著作权登记证书

软件名称：多源数据地理感知系统
[简称：地理感知系统]
V1.0

开发完成日期：2020年02月01日
首次发表日期：2020年03月01日
权利取得方式：原始取得
权利范围：全部权利

根据《计算机软件保护条例》和《计算机软件著作权登记办法》的规定，经中国版权保护中心审核，对以上事项予以登记。

图 3.7.9　“城市随手拍”系统及证书

当自己的科研能够结合自己的爱好，真真切切地影响这个世界，做出一点微小改变的时候，我真的是太幸运了，也很感谢遇到的老师和同学。知识不再是故纸堆里泛黄的文字，而是我们认识世界和改造世界的有力武器。

我从一个华北小县城考学出来，倏然已经 7 年了。恍惚之间时间似乎还停留在 2014 年，转眼间却又已经走过了那么多路。我成了一名博士，一切好像做梦一样，自己好像也成了“科研人员”，这是我以前绝对无法想象、无法相信的。在科研这条路上沉浸已久，对我来说科研已经不是一种高大上的职业，但是我依然想保持我的初心，在地图上写写画画，做自己力所能及的事情，看一路走过来的风景，以及这似水流过的年华。

最后祝大家科研之路愉快，越努力，越幸运。

（整理：王思翰；校对：陈佳晟）

3.8 参加ICCV2019会议感想

（陈雨劲）

人物简介：陈雨劲，测绘遥感信息工程国家重点实验室2018级硕士生，师从陈锐志教授、涂志刚教授，主要研究计算机视觉中的动作与场景理解。发表SCI论文3篇（一作1篇），CCF-A类会议论文1篇。曾赴以色列理工学院和美国纽约州立大学布法罗分校交流和访问，并在腾讯AI Lab从事算法研究实习。

个人主页：https：//terencecyj. github. io/，邮箱：yujin. chen@ whu. edu. cn。

图3.8.1 陈雨劲生活照

【正文】

因文章"SO-HandNet：Self-Organizing Network for 3D Hand Pose Estimation with Semi-supervised Learning"被ICCV 2019（2019年国际计算机视觉大会）接收，我获得导师经费资助，于2019年10月27日至11月2日前往韩国首尔参加ICCV会议。ICCV会议由IEEE主办，在世界范围内每两年召开一次。在此，我很荣幸受邀来与大家分享我的参会体会。

手部三维姿态估计在动作分析、人机交互等方面起着至关重要的作用，我们的工作探究了如何从未标注的数据中学习额外的信息，使训练手部姿态估计算法使用更少的标注数据，同时，我们提出和设计了网络结构，提高了其在推理时的速度，并取得了更好的估计表现。

这是我第一次参加计算机视觉方面的国际性会议，因开会期间我尚在美国交流，在与导师商量后，我得到了导师项目资助，从美国往返韩国参会。

图 3.8.2 会议中心外的一处街景

此次会议在韩国首尔的 COEX 会议中心举行，会议包括主会议、Workshops(研习会)、Tutorials(短期课程)和展会等。主会议包括口头报告和海报报告。主会议期间每半天会先安排两个会场进行口头报告，被接收为口头报告展示(oral)论文的作者需要做口头演讲，并解答现场听者的问题；而海报报告则是给每篇被接收的文章分配展区，作者通过张贴海报来展示工作。Workshops 比正式会议的规模小，话题也更集中，一般一个 Workshop 会围绕一个话题展开，也会有邀请演讲，进行口头或海报展示，并可能会附带一些 Challenge(挑战赛)的颁奖及其获奖团队的报告。Tutorials 会邀请一些学者或专家就当前的热点专题做系统深入的讲座，有点类似于大学里半天或一天的短期课程。

在此次会议中，我主要做的是海报报告，并受邀参与了"Observing and Understanding Hands in Action"这个 Workshop 的报告。主办方会根据接收文章的主题分配海报报告的时间段和展台，一般半天的时间里会有 100 多篇文章的海报展示。海报报告时，海报所属文章的作者需要在自己的展报前，对感兴趣的围观者讲解自己文章的内容，并解答他们的问

图 3.8.3　大会开幕式

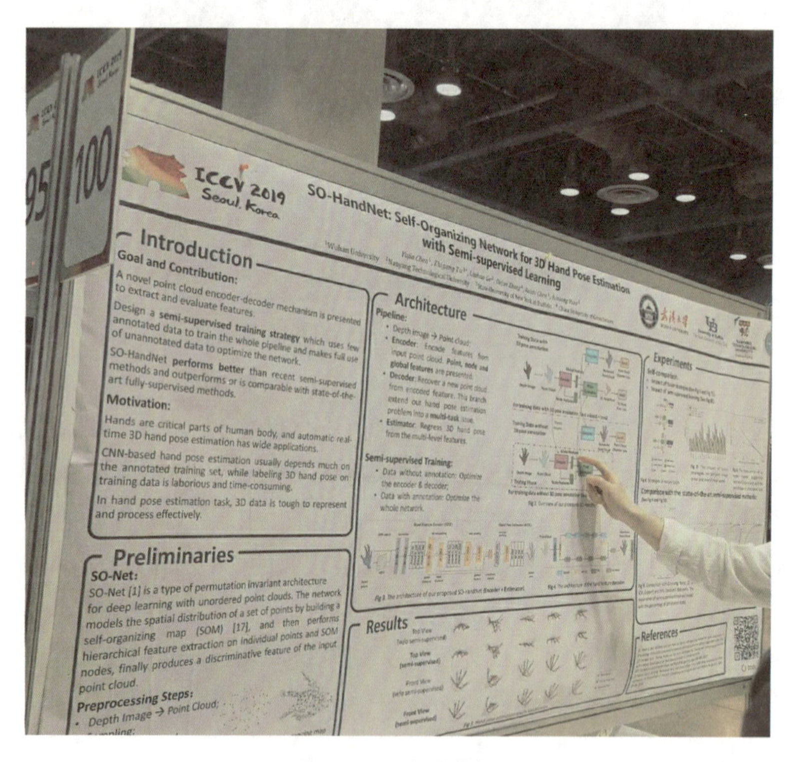

图 3.8.4　我的海报

题。比如我在做海报报告时，遇到了我之前一直在关注的马普所的一位老师，她看了我的海报内容后让我稍微介绍一下文章的主要贡献，并提出了一些问题。我也对她研究方向中的“人与场景的交互及生成”很感兴趣，和她聊了一些对这个研究方向的看法以及欧洲的科研生活等，并交换了联系方式。

除了海报汇报外，我也参加了很多其他作者的海报展示，包括与我相同主题的论文及其他一些我感兴趣的论文的展示。我觉得相比于口头报告，海报报告给参会者提供了更自由的交流平台。一般在一篇文章的展会区，我们有很大概率能见到作者并与其进行面对面的讨论。

图3.8.5　我参加的一个Workshop

除了在海报环节方便学者进行自主交流，会议的主办方还会专门安排时间和场合来帮助参会者进行交流(networking)，其中最官方的就是会议第一天或第二天晚上举办的reception(欢迎晚宴)。ICCV的reception在一个展厅举办，为方便大家交流没有安排固定的座位，大部分人站着，或三五成群，或各自端着酒杯在那聊天，非常热闹。晚宴会提供食物、饮料等。此次ICCV的举办方还安排了一些表演，像韩国某男团的街舞表演等。

图 3.8.6 欢迎晚宴

图 3.8.7 首尔塔

通过参加此次会议，我见到了许多知名的教授和研究员，他们中有著名算法的发明者，也有某些领域的革新者。在这之前，我拜读过很多他们的论文，此行终于见到了真人，并从他们的演讲和交流中受益匪浅。比如我遇到了计算机视觉中运动和人体重建方向的先驱、SMPL 和 MANO 等模型的发明者 Michael Black，他非常和蔼地回答了我提出的很多问题。在此次会议中，我也结识了很多在海内外高校学习的学生。

此次 ICCV 从 General Chairs、Program Chairs、Area Chairs 到论文作者，华人的名字随处可见。可见，近年来华人学者在 CV 领域作出了很大的贡献，在华人学术圈出现了很多有影响力的工作成果。作为比较年轻的与会者，我也为自己感到骄傲，并勉励自己不断进步。

最后，感谢实验室和指导老师们对我的大力支持。希望自己不忘初心，继续前行！

（整理：马筝悦；校对：陈佳晟）

3.9　新加坡 MIT 科研中心访问心得分享

（庄　莹）

人物简介：庄莹，测绘遥感信息工程国家重点实验室 2018 级硕士生，师从方志祥教授、毛庆洲教授，主要研究人群动态与情景感知。发表 SCI 论文 2 篇（一作 1 篇）、中文核心期刊 1 篇(一作)、IEEE 国际会议收录论文 1 篇(一作)；申请专利 1 项，获软件著作权 2 项；获湖北省大学生优秀科研成果三等奖。曾赴美国纽约州立大学奥尔巴尼分校和新加坡麻省理工科研中心(SMART)交流和访问，并曾在腾讯微信、阿里淘宝、小米大数据部实习。

图 3.9.1　个人照片

【正文】

1. 初识 SMART

自 2019 年 12 月至 2020 年 5 月期间，我有幸获得实验室的短期出国交流奖学金，赴新加坡麻省理工科研中心(SMART)进行交流访问。

首先介绍一下新加坡麻省理工科研中心，其全称为新加坡-麻省理工学院研究与技术联盟(Singapore-MIT Alliance for Research and Technology，SMART)，是由美国麻省理工学院(MIT)与新加坡国家研究基金会(NRF)于 2007 年合作建立的一家研究机构。SMART 是麻省理工学院在美国以外的第一个、也是迄今为止唯一一个研究中心。麻省理工学院的教职员工在 SMART 设有实验室，每年 MIT 的导师、博士后研究员和研究生也会到此处开展研究(SMART 官网：https：//smart. mit. edu/)。

图 3.9.2 SMART 图片(来源：SMART 官网)

目前，SMART 设有 5 个跨学科研究小组(IRG)，分别为抗生素耐药性(AMR)、制造个性化医学的关键分析(CAMP)、颠覆性和可持续性农业精确技术(DiSTAP)IRG、未来城市交通(FM)IRG、低能耗电子系统(LEES)。我所在的未来城市交通(FM)IRG 与 GIS 学科结合较为紧密，旨在为新加坡内外开发一种新的范式，用于规划、设计和运营未来的城市交通系统，以增强可持续性和社会福祉。

2. 曲折的申请过程

由于本科时去美国的交流经历给我留下了宝贵的人生经验，所以研究生期间我也一直十分期待能够有机会再出去交流一次。然而 2018 年国家留学基金委宣布取消公派硕士交流资助，曾一度浇灭了我的希望。但幸运的是，实验室推出了研究生出国(境)短期研修资助计划，培养具有国际学术视野的拔尖创新人才，这让我又重新燃起了希望。(这里不得不夸一下我们实验室提供的高平台机会和先进的育人理念，其他学院小伙伴都很羡慕！)

关于申报2019年实验室“研究生短期出国（境）研修资助项目”的通知

发布日期：Generate：2019-03-04 17:03:38 阅读次数：Reader：[2927]

根据《武汉大学关于深化培养机制改革全面提升学位与研究生教育水平的若干意见（武大字[2017]4号）》精神，为推进实验室研究生教育国际化进程，培养具有国际学术视野的拔尖创新人才，实验室决定开展研究生出国（境）短期研修资助工作，具体工作要求如下。

一、申请基本条件

1. 武汉大学在读全日制非定向研究生。
2. 身心健康状况符合出国（境）要求。
3. 具有良好的政治素质和学术品行。
4. 出国（境）研修计划应与本人的研究方向紧密相关，属于国际科技发展前沿，研修时间为1-3个月。

图 3.9.3 实验室研究生出国(境)短期研修资助项目介绍

实验室的资助申请每年有2次，分别是在3月底和9月底，在此之前需要提交申请并提前联系好外导，拿到邀请信并确定研究计划。但其实我是9月中旬才最终决定要申请交流，距离截止时间不到两周。虽然时间紧迫，但我还是决定一试，具体过程如下：

1）学校及导师选择

一开始我将目光锁定在欧洲的学校，也尝试联系了英国的外导，但是由于英国要求语言成绩且需要缴纳较高的学费，而我的雅思成绩已经过期，所以作罢。

之所以关注到新加坡的SMART科研中心，一是因为之前在看论文时看过署名该机构的文章而有些印象；二是我的导师曾介绍过师兄在此进修博士后。于是我搜索了SMART的官网，并对官网上所有导师的个人主页进行了研读，最终找到了与我的方向非常匹配的一名麻省理工的教授。

2）邮件联系

在联系导师之前，首先需要准备一份自己的CV（简历），一份研究计划，以及一封投稿信作为邮件正文。

（1）简历：和找工作的简历不同，它需要更加专注于自己的学术相关经历，包括教育背景、项目经历、研究方向、发表论文等。

（2）研究计划：结合国外导师及自己的研究方向，找到两者的结合点，提出一份研究计划。

（3）投稿信：自我介绍+研究方向+个人成果/能力+对导师研究的兴趣 & 匹配点+自身资源。

一开始我抱着试探的心情发出邮件，没想到外导第二天就回复了我，并让我进一步提供本科和硕士成绩单、两份writing samples（写作范文），以及三封专家推荐信。当时正值中秋假期，接到邮件时我正在回家的硬卧火车上，兴奋得差点跳起来，便拿出电脑用时断时续的热点信号回复邮件、准备材料。回到家的那几天也一直足不出户准备材料，最终赶在截止时间前准备完毕。

3）面试准备

提交资料之后就是面试阶段。我总共接受了两轮面试加一个限时任务的考验。

第一轮面试是视频面试，这是美国面试常见的一轮初选，考察面试者是否符合一些基本条件。我的面试官是新加坡的3名博士后师兄师姐，也是我所联系的外导的学生。面试主要围绕我简历中的项目经历、个人能力，我所提出的研究计划，以及一些考察研究思维能力的题目。

第一轮面试结束后，我又收到一个限时的任务，需要针对给出的研究背景和问题，写一份一页纸的研究方案和技术思路，于是我又马不停蹄地准备并在当天上交上去。

第三轮面试是演讲展示，除了第一轮的面试官，我的外导也会参加。我通过远程的形式，全英文分享了之前的一些项目研究，以及访问期间的研究计划，展示结束后还有问答环节。最终我的演讲展示获得了外导的肯定，他觉得研究非常有趣，并当场表示欢迎我去他的实验室进行访问交流。

4)行政流程及签证申请

拿到外导的邀请信后即可申请实验室奖学金资助，同时需要办理 SMART 的一些行政手续及新加坡签证。这里也有一段小插曲，由于 SMART 往年一般只接受新加坡本地或者美国麻省理工的学生，且今年中美关系紧张，SMART 机构的 CEO 中途也在犹豫是否批准我过去访问。而我的外导坚持学术无国界，不应该受到局势的影响，并多次写邮件帮我争取，这一点也让我非常感动。最终，经历了多轮考验及心情的跌宕起伏，我在飞抵新加坡的前三天终于收到了签证，有惊无险地开始了访问之旅。

3. 初识新加坡

在终于拿到签证抵达新加坡时，刚下飞机就感受到了新加坡满满的热情。新加坡是热带气候，终年夏天，植物繁盛，我第一次体验了在寒冬腊月差点热到中暑的感觉。在人文方面，新加坡人口密集，但以华人为主，很多地方可以直接用中文交流，所以毫无生疏感，街头巷尾也有很多中华传统美食。

图 3.9.4　新加坡机场

我所在的 SMART 科研中心位于新加坡国立大学(NUS)的校园内，有几栋独立的办公楼，同时可享用 NUS 的食堂、校车等服务，因此生活也很便利。

由于我联系的外导平时在美国麻省理工任教，所以我们主要在线上联系，带我的主要是一位麻省理工的博士后师兄。我在 SMART 的工作时间是每天早上 9 点到下午 6 点，主要的工作内容是无人车与行人的交通规划。

刚开始时需要进行一些文献的阅读与整理以及相关软件的学习，后续则基于我们的研究进行方案细化及实证研究。每周我会与博士后师兄进行一次进展讨论并调整方向。同时我们也会参加美国导师在麻省理工的线上组会，令我印象深刻的是，每次组会都会有几个人轮流分享自己的研究，其他同学则必须提出犀利的问题和建议，从而帮助分享者完善自己的研究。

图 3.9.5　SMART 实验室

刚到实验室时，研究机构的负责人还曾带我参观了他们的无人驾驶实验室，里面有他们研制的多代无人驾驶车辆，在校园里也经常可以见到测试车辆和记录参数的人员。

据悉，新加坡是一个在政策上对无人驾驶技术非常友好的国家，2014 年便成立了专门的委员会用于管理无人驾驶汽车，而新加坡陆路交通管理局(LTA)已经积极地和多家无人驾驶公司展开了合作。2016 年，由 SMART 科研中心孵化的 nuTonomy 公司就曾在新加坡开展了全球首个无人驾驶出租车试运营(载客)，同时 SMART 也曾研制过无人驾驶轮椅、无人驾驶电瓶车等，都已投入实际使用。

除了常规的研究学习，偶尔也会有一些美国麻省理工的教授过来举办讲座活动。讲座之后还会有茶歇，大家可以一边吃着点心一边社交，聊聊学术相关话题，我从中也学习到了很多。

图 3.9.6 SMART 的自动驾驶车辆(来源：SMART 官网)

图 3.9.7 麻省理工教授的学术报告

4. 疫情间的生活

2020 年春节，我和同在新加坡的好友一起准备了一顿丰盛的年夜饭。当时国内疫情刚刚爆发，新加坡还无人感染，但以防万一，我们在超市采购食材的时候也顺便囤了许多口罩和酒精等备用。事实证明，我们的预感是对的，随着春节后大量人员返回新加坡，很快疫情也开始逐步爆发。

一开始，疫情尚不严重，校园里戴口罩的也只有三三两两的亚洲面孔，此时大家仍然正常上班，但每天大厦都会进行消毒，学校食堂也提供了免费打包的服务；随着疫情的发展，新加坡政府开始出台不能聚集、社交距离应超过 1 米等政策，大部分企业开始实行 AB 轮班，但这仍然挡不住病毒扩散的步伐。最终，新加坡宣布严格管控措施，各家餐厅也不允许提供堂食，而我们也只能待在家中，通过网购等形式购买食物及生活用品。

在这个过程中，令我感受颇深的是新加坡真的是一个高度法制的国家。随着疫情的发展，政府可以紧急配合通过限制法令，对违反法令人员的处罚都做到有法可依。但由于防疫初期大家戴口罩意识不强、客工宿舍未进行安全隔离等原因，最终新加坡的感染人数还

图 3.9.8 异国他乡的年夜饭

图 3.9.9 新加坡的跨年烟花

是一直呈现爆炸式增长。

在疫情发展较为严重之后，我就基本待在家中，通过远程联系与博士后师兄及美国的导师展开交流，并继续我的研究。在此期间，我还与师兄一起将我们的初步研究成果在大组会上进行了展示，也得到了大家的一些建议和意见。同时，我们也会在组会上探讨疫情给各国带来的影响，我们可以围绕这一问题做哪些研究，如何为疫情贡献自己的一份力量等。

新加坡眼 >

昨天（4月8日），新加坡国会一口气进行三读，神速通过《Covid-19 (Temporary Measures) Bill》（冠病临时措施法案）。本法令授权部长制定一系列新条规，**给新加坡防疫措施提供法律依据**，包括从昨天开始实施的4周"断路器"系列措施及日后可能的加强版。

冠病-19（临时措施法案）		编号：19/2020
COVID-19 (Temporary Measures) Bill		Bill No: 19/2020
Date Introduced: 07.04.2020	Date of 2nd Reading: 07.04.2020	Date Passed: 07.04.2020
法案提呈日期：2020年4月7日	二读日期：2020年4月7日	通过日期：2020年4月7日

从提出法案到三读通过，只用了一天时间，足以见得在严峻疫情下，本次立法之迫切。法律是治国的基础，无律法，无以治国。即便面对严峻疫情，政府的管制行为仍须有法律依据，否则很容易涉嫌违宪。新法令的产生依据来自国会的立法。国会议员是每届大选由选民选出来的，因此，国会立法代表的是选民的意愿。

这一法案，授权卫生部在必要时，可关闭场所、限制行动与聚会等。也授权卫生部根据传染病法令任命包括警员、公务员和卫生部人员在内的执法人员，**针对违例个人、商家或机构采取行动。**

图 3.9.10　新加坡的神速立法(来源：“新加坡眼”公众号)

5. 个人心得

1)在国外交流申请经验方面，给各位感兴趣的同学建议如下：

(1)关注动态：学校国际交流部，院系官网，查找往年项目信息；

(2)积极准备：课程/科研准备、欧美语言准备；

(3)项目申请：

①选择导师：来源包括本领域大牛、名校官网、导师推荐、论文单位等；

②邮件申请：如果有资金资助可以注明，会增大录取的概率；

③准备面试：注重展示的能力，不仅要关注技术，更要关注研究的价值。

2)对本次交流经历，有如下的感触：

本次有幸与来自国际顶级学府的各位学者进行合作及交流，深刻感受到他们在研究创新时那种敢想敢做的思维。在他们看来，所有打破常规、颠覆世界的创新都是“可想象的”，他们愿意走在世界技术研究的前列，去做一些从未有过的探索，并企图引领下一个时代的潮流，这种精神其实是非常值得我们学习的。

以前可能觉得改变世界离我们太远，但实际上我们的测绘遥感学科已经名列世界前茅，我们青年学子也应当有这样的自信去承担起“影响世界”的重任，与君共勉！

（整理：曹书颖；校对：林艺琳）

3.10 慕尼黑工业大学中德双硕士学习心得分享

(张　娜)

人物简介：张娜，测绘遥感信息工程国家重点实验室2018级硕士生，师从吴华意教授、关雪峰副教授，主要研究方向为轨迹数据挖掘与城市交通速度预测。发表SCI论文1篇，申请软件著作权2项，获2019年研究生国家奖学金。研二赴德国慕尼黑工业大学宇航与大地测量学系攻读双硕士学位。

图3.10.1　个人照片

【正文】

前记：很荣幸被“星湖咖啡屋”邀请，分享我在德国交流学习的心得。其实我只是中德双硕士项目中的一名普通学生，还有很多优秀的师兄师姐和同级的同学参与该项目，在此我就提供一个窗口，给大家展示一下我们在这个项目中所学的内容，以及我个人的体验与感悟。

1. 初识 ESPACE——本土全英文授课

在本科毕业之际，我与来自武大测绘院、资环院的另外九名同学，共同报名了武汉大学与德国慕尼黑工业大学（TUM）合作的双硕士联合培养计划——ESPACE（Earth-oriented Space Science and Technology，面向地球的空间科学与技术）。这个项目已经有十余年的历史，每年都会从武大信息学部选派 10 名左右的学生去慕工大学习，研一阶段在测绘遥感信息工程国家重点实验室学习预备课程，研二起在 TUM 上课，研三可自行决定回武大还是留德国做毕设。

该项目的培养方案如下：

武汉大学与德国慕尼黑工业大学地球空间科学与技术双硕士项目整合国际一流高校慕尼黑工业大学、武汉大学学科优势，服务“高分辨率对地观测系统”“第二代卫星导航系统”重大科技专项，为中国航天科技集团、测绘局、卫星地面站等单位培养具有国际视野、掌握扎实的地球科学、测绘科学与技术等多学科专业知识、动手能力强的、能够从事卫星设计、控制、数据收发处理等实际操作和科研任务的硕士研究生，并从中选拔优秀人才继续深造攻读博士学位。

一、项目流程

本项目学制 3 年，最长不超过 5 年，具体安排如下：

1. 第一年从每年 9 月开始至次年 9 月结束。学生在武汉大学学习政治及专业课程，参与导师科研项目，获得相应学分。

2. 第二学年从每年 10 月开始至次年 10 月结束。赴慕尼黑工业大学进行课程学习，并定期向国内导师和管理人员汇报学习进展。第二学年年末，武汉大学与慕尼黑工业大学共同对学生进行课程成绩、科研能力、心理测试等方面的考核，并指导学生确定第三年的学习学校。

3. 第三学年从每年 10 月开始至次年 6 月结束，对于第三年在德国学习的学生，学年结束的时间可能会延长至 10 月。这一年学生完成课程学习，学位论文的相关研究，包括完成双方共同指导的硕士论文并进行论文答辩，通过答辩者会被分别授予武汉大学相应专业的硕士学位和慕尼黑工业大学的硕士学位。

二、招生名额

每年的参与人数不超过 10 名，根据学生的兴趣和项目的参与情况，此名额经双方同意后可以调整。

图 3.10.2　ESPACE 双硕士项目培养方案

在顺利通过面试之后，我正式加入了该项目。研一在武大的课程不多，以基础预备课程为主，主要包含四个方面的专业知识：测量平差、GNSS（Global Navigation Satellite System，全球导航卫星系统）、空间统计、信号处理，由于我本科所学的方向为 GIS（Geographic Information System，地理信息系统），对于卫星、测绘的了解较少，因此这一年的学习对于我来说挺吃力的。中国老师们采用英文授课的方式，课件基本上只有 PPT，没有对应的书籍资料，我常常需要重新翻阅本科留下的测量学课本，反复琢磨各种公式定理，才能顺利完成各种课后作业与结课论文。这一年，我一边跟着组里导师做科研任务，一边学习这些复杂的知识，焦灼难耐之时也产生过放弃的念头，但最终支撑我走下来的是对国外交流生活的渴望，是对另一种生活方式体验的追求。幸运的是，我们项目里的小伙伴都很上进，大家互帮互助，一起讨论作业，一起整理留德手续，最终我们都顺利地去到德国交流学习。

初识 ESPACE，我的心情从报名时的激动仰望，转换到全英文授课时的好奇与紧张，再到挣扎于专业知识时的失落与痛苦，我渐渐认识到，这个项目是有难度的，难度在于你需要多拿一个硕士学位，还是全德排名第一的 TUM 的硕士学位，因此它与一般的出国交换项目是不一样的，你需要付出别人两倍的汗水，甚至是三倍汗水，基于这样的认识，我也逐渐冷静下来，接受了第二年在德国更加严苛的课程安排。

2. 拓宽知识领域——德国忙碌的学习生活

到德国的新鲜劲儿还没缓过来，第二周就开始正式的课程学习了。我记的很清楚，第一堂课讲的是卫星轨道科学(Orbit Mechanics)，授课老师德语口音很重，翻 PPT 的速度非常快，还尤其喜欢讲解公式，整堂课一个半小时，坐在最后一排的我不仅看不清黑板，而且一句话都听不懂，看着那些外国学生们听得津津有味，我头一次体会到如坐针毡的感觉，这当头一棒让我明白了我与别人的差距，为了能听懂课程，此后的我开始认真预习，熟悉每个专业词汇的发音，并提前熟知课程内容大纲；每次上课，我也尽量坐到前排，努力适应老师的口音，大概一个半月之后，我终于跟上了课程的节奏，也逐渐能听懂德式口音与印度口音了。

这个小故事其实只是我留德学习经历的一瞥，这一年在对付课程内容上，我付出了大量的时间和精力，也就没有时间去做科研或者实习，而身处这种上课复习的大环境中，人难免会陷入一种为了考试而学习的状态，无法跳脱出来去思考学习这些知识的必要性以及去探索学习这些知识之后可以做哪些应用。当时的我的确是这样，我感觉自己在研究生一年级的时候还挺清楚自己的方向，但到了德国的第一学期，我回到了本科时候的状态：上课—作业—玩耍—复习—考试，因为身边同学大多也是这样，德国的硕士阶段只是上课，周一到周五的课表基本上是满的，不需要做科研发文章，所以在形式上和本科生没有太大不同。而课外的时间，我被欧洲美景和丰富多彩的生活所吸引，用来提升自己专业技能的机会被浪费了，这是我的一个反思，希望以后报名这个项目的同学可以在忙碌的课程学习之余多思考，保持自己的节奏和方向。

言归正传，分享一下我们在德国一年所学的内容：

- Introduction to Photogrammetry, Remote Sensing and Digital Image Processing(摄影测量、遥感和数字图像处理介绍)。这门课程是与我本科所学内容最相关的，教授会手绘共线方程，对于细节原理都讲解得很清楚，考试的题目也很丰富，要求学生掌握各种误差、畸变的缘由并且能够把过程绘制出来。
- Introduction to Satellite Navigation and Orbit Mechanics//Satellite Navigation and

Advanced Orbit Mechanics(卫星导航和轨道力学导论//卫星导航和先进轨道力学)。内容分为两大块：一是卫星轨道的知识，包括开普勒三大定律以及三种天体坐标系的转换，我们会学习不同类型的卫星的运行轨道差别，并且能够使用开普勒参数与星历表去计算和绘制卫星轨道，并推算卫星在太空中任意时刻的位置；二是GNSS定位的知识，包括伪距、相位观测方程，以及电离层、对流层改正等内容，平时编程task(任务)较多，考试时也基本上是公式计算题。

- Introduction to Earth System Science//Applied Earth Observation(地球系统科学导论//应用地球观测)。这门课是学起来最头疼的一门，因为完全没有理论基础，内容包括地球地质、大气海洋等自然科学，涵盖面非常广，但并非科普，而是会用数学、化学以及物理的各种公式、元素去解释推导，用英语学习的困难在于专业词汇实在太多。
- Satellite Processing and Microwave Remote Sensing(卫星处理与微波遥感)。这门课虽然包含两部分，但信号处理占了大部分课时，从最基本的虚数到傅里叶变换、Z变换，再到卷积过程，全部的数学原理都会学习到，平时的作业和考试也都很严格；微波遥感SAR(Synthetic Aperture Radar，合成孔径雷达)部分是在信号的基础上建立的知识体系。
- Numerical Modeling(数值建模)。包括拉格朗日插值、泰勒公式、偏微分方程等，老师每节课从头到尾都在手写公式，我们边抄边理解，考试和作业也基本都是做公式应用题。
- Applied Computer Science(应用计算机科学)。这门课是计算机科学的入门介绍，但我感觉比之前在国内学习得更系统一些，从二进制到Text(文本)再到计算机的逻辑gate(门)与数字电路，讲解得非常细致，然后再介绍了什么是算法和数据结构，总之还挺有意思的。
- Estimation Theory and Machine Learning(估计理论和机器学习)。内容从基本的概率论，到参数估计、时频估计到机器学习、深度学习都覆盖到了，老师讲解速度太快，基本跟不上，需要自己下来花很多工夫自学，因为考试内容很多也非常难。
- Ground and Space Segment Control(地面和空间段控制)。内容包括轨道动力学与地面观测站介绍两部分，轨道动力学从最基本的二体问题到刚体再到多体动力学，最终学习到惯性系统，并学会计算卫星速度与加速度，这块内容需要物理与矩阵知识；地面观测站部分会学习到不同卫星系统的负载与应用。
- Spacecraft Technology(航天器技术)。这门课属于宇航科学，我们将通过公式的学习了解到火箭发射的不同过程，我们也需要理解不同的推进剂、燃料以及喷射口形状对火箭发射的速度、加速度和高度的影响，甚至还需要通过各种微分方程、化学物理公式去推演火箭内舱的燃料燃烧过程，里面的压强、分子运动过程、密度等是怎么变化的，化学能是如何一步步转化为动能的，这些内容与传统的测绘、遥感、GIS差别很大。

从上面的课程安排来看，在 TUM 的学习的确拓展了我的知识面，使我从单一的 GIS 领域进入更为广阔的泛地球科学与宇航科学，我在本科所接触的遥感、摄影测量和 GIS 其实只是这个领域的一小部分，如图 3.10.3 所示：

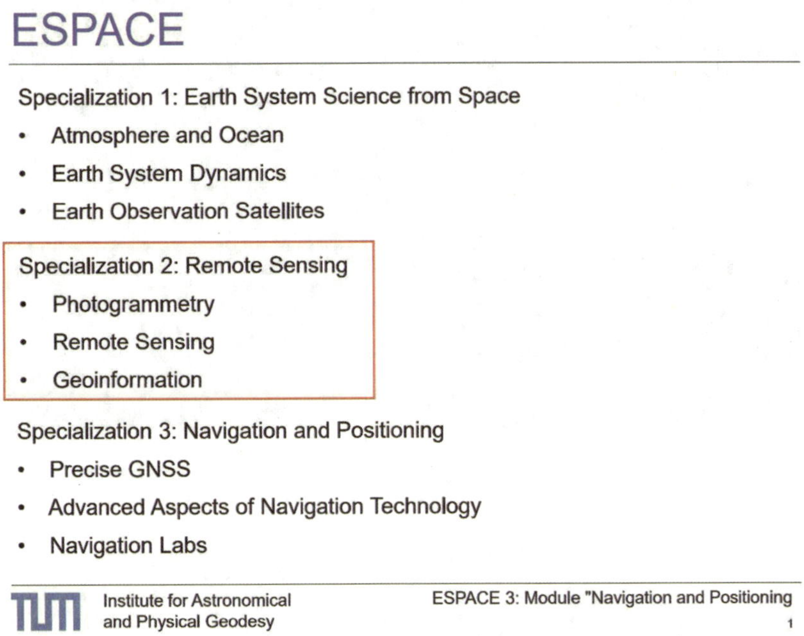

ESPACE
Specialization 1: Earth System Science from Space
• Atmosphere and Ocean
• Earth System Dynamics
• Earth Observation Satellites
Specialization 2: Remote Sensing
• Photogrammetry
• Remote Sensing
• Geoinformation
Specialization 3: Navigation and Positioning
• Precise GNSS
• Advanced Aspects of Navigation Technology
• Navigation Labs
Institute for Astronomical
and Physical Geodesy
ESPACE 3: Module "Navigation and Positioning
1

图 3.10.3 ESPACE 专业课程内容

研二的学习过程是很艰辛的，但的确锻炼了我的思考能力和动手能力，曾让自己望而生畏的知识，最终我也啃下来了，但总的来说，输入很多，消化时间不足，输出就很少；这每一门课程单拎出来都是一个大领域，我们一年的忙碌学习其实也是浅尝辄止，它让我觉得自己仿佛重新读了一次本科，专业叫作 ESPACE 的本科，如果想要深入其中某一个领域，则需要选择方向继续学习；同时，在 TUM 上课的过程让我窥见了教授们授课与做学问的细致与负责，那种不浮躁的研究精神值得每一个人学习。

3. 丰富人生体验——看看外面的世界

在德国这一年的收获还在于丰富了人生体验，在欧洲顶级学府学习的同时，能够参与国外的日常生活和娱乐，这是旅行所不能体验到的。

德国的假期非常多，我也尽量在假期多出去走走看风景。疫情之前的一学期，学习之余的生活十分丰富精彩，开学前去慕尼黑啤酒节狂欢，去因斯布鲁克小镇闲逛，万圣节去奥地利滑雪，周末去安联球场看比赛，圣诞节参加 Party(派对)，听音乐会，去阿尔卑斯山滑雪等，新奇的体验能够驱散学习上的枯燥，并让我对生活充满期待。虽然疫情爆发之后的网课生活很无聊，但天性喜欢旅游的我还是在边境解封之后，去了捷克布拉格、瑞士

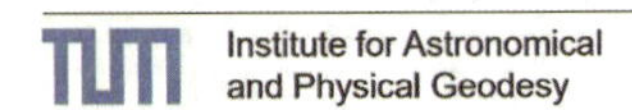

图 3.10.4 去卫星观测站参观

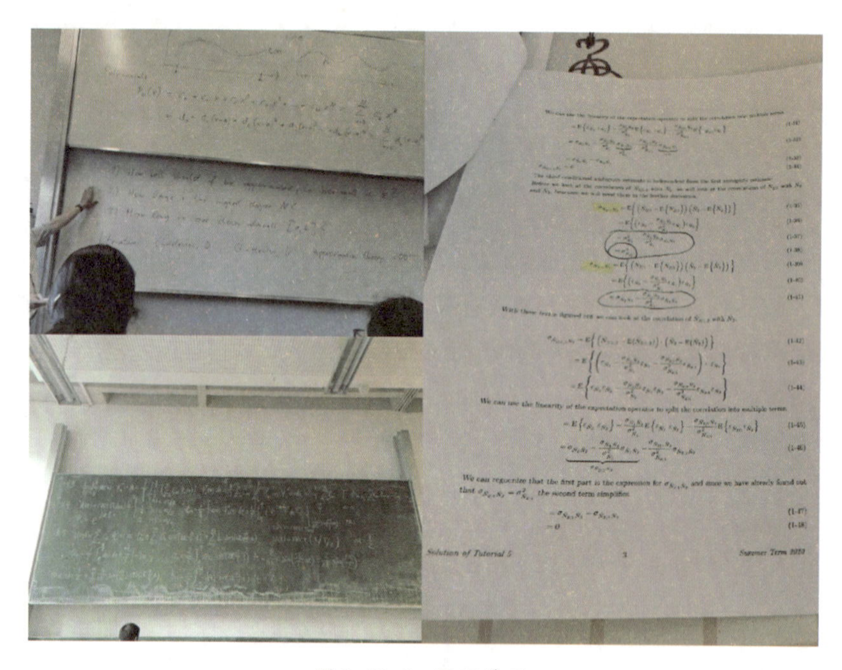

图 3.10.5 课程学习

苏黎世、德国新天鹅堡等相对安全的地方，在欣赏美丽的自然风景之外，我也有机会体验不同国家、不同文化的风土人情，自己的性情也逐渐变得淡然平和，眼里的世界也变得更广阔了。

除此之外，个人的生活技能也有了很大的提高，在异国他乡，日常的生活琐事处理、买菜做饭到各种手续的办理，都需要自己独立完成；疫情爆发后一个人在房间里面上网课，我也从一开始的不适慢慢调整到自律与自得，能够应对长时间的孤独了；回国前由于疫情严重，各种正常的回国途径都被阻碍，而我也做到了在认真复习之余，不断摸索各种方案并顺利返回祖国，这段经历非常磨炼一个人的意志，而我也算没有辜负这段青春年华。

总之，看看外面的世界，你才知道自己是多么渺小，你才知道自己所掌握的知识是远远不够的，也才能在差异里找寻到自己的价值；在国外的时候，我很少感受到来自周围的 peer pressure(同辈压力)，也不太介意别人的目光，但回到国内后，这种压力还是很明显，不过我相信我能逐渐调整过来，找到自己最舒适的状态。

另外，我觉得自己在这一年最大的遗憾是没有在德国实习，没有体会过将自己所学的知识进行应用是什么体验，也没能感受德国的企业文化，但疫情是无法预知的，我也只能做到我所能做的最好。

图 3.10.6　多彩课余生活

图 3.10.7 旅行美景

4. 心得与建议

对于我来说，研二期间在德国的学习和生活还是有很多收获的，不管在知识结构上，还是在心智状态上，都是一次成长。对想要出国交流的同学来说，我的建议是，提前确定好自己未来想要从事的方向，认真考虑自己想要报名的留学项目，看看它的培养计划是不是和自己期待的一致，最好是能够在自己想要做的方向上一直有积累，但如果现实出现偏差的话，也不要灰心，只要你不浪费时间、辜负岁月就行了，知识不会烂在肚子里，而且存在即合理。

对于想要报名 ESPACE 双硕士项目的同学，如果你的就业目标是互联网大厂，那我建议你不要报名这个项目，研二期间在国内有更多实习的机会让你试错；而如果你想在测绘、遥感、导航这个领域深耕或者你想读博，那么这个项目就是一个很好的机会。另外如果你只是想拥有一段留学经历，那就不用在乎最终的结果，报名后好好享受这段旅程就对了。

（整理：陈佳晟；校对：曹书颖）

附录一　薪火相传：
GeoScience Café 历史沿革

编者按：没有一段成长不曾经历曲折，11 年间无数师生的辛勤劳动耕耘出 GeoScience Café 这一以武汉大学为中心，辐射全国的地学科研交流活动品牌；没有一段历史不曾经历传承，本附录记录了 GeoScience Café 在 2020—2022 上半年的点滴故事，并邀请了 19 位 Café 人共同分享了“他/她与 GeoScience Café 的故事”，串联出 GeoScience Café 文化的印记。

材料一：《我的科研故事(第五卷)》新书发布会暨 GeoScience Café 2021 届毕业生欢送会

主持人：敬爱的老师、亲爱的同学们，大家晚上好！非常高兴各位老师和同学们能来到此次新书发布会暨毕业生欢送会的现场。我是主持人程昫，首先，请允许我介绍一下莅临此次活动的嘉宾：测绘遥感信息工程国家重点实验室主任——陈锐志老师；测绘遥感信息工程国家重点实验室党委书记——杨旭老师；实验室副主任——吴华意老师；实验室副主任——蔡列飞老师；实验室研究生工作办公室主任——关琳老师；遥感信息工程学院副教授，同时也是 Café 的创始人——毛飞跃老师，感谢你们的到来。

又是一个周五晚与大家相约在这个咖啡厅，今天并不是一场学术报告，对于 Café 来说是一个重要的时间节点。这个社团成立于 2009 年，如今已经走过 12 个年头。作为一个立足于研究生群体的社团，我们有幸扎根于走在测绘遥感领域前沿的国家重点实验室，同时依靠实验室各位领导、老师的支持与指导，在社团建设、工作制度与交流形式上不断创新。《我的科研故事》这一文集既是我们的工作成果，在另一个角度下又是我们工作过程的记录与见证。第一卷《我的科研故事》出版于 2016 年，发行这一文集，初心是让更多人了解研究生和他们老师的成果，同时鼓舞 Café 成员更好地组织开展学术交流活动。下面进入本场发布会的第一个环节，我们邀请到第五卷的主编代表王雪琴、修田雨师姐，她们将对书籍内容进行简单介绍，并分享自己在书稿整理和团队工作中的心得感悟，有请师姐。

附图 1.1　新书发布会现场

王雪琴：尊敬的各位老师、各位同学，大家晚上好，欢迎大家来参加《我的科研故事（第五卷）》的发布会。我是王雪琴，也是第五卷书籍的主要编者之一，接下来我将为大家简要介绍这一卷的基本情况：

第五卷收录了从 2019 年 4 月到 2020 年 6 月期间的 20 场报告。本卷沿用了以往的风格，将内容分为三大模块：模块一是特邀报告，我们有幸邀请到了勇攀学科高峰、探索学术前沿的七位智者分享他们的宝贵经验，包括边馥苓教授分享的做人做事做学问的故事，介绍了她将个人命运与学科发展相结合的一生，钟兴老师剖析航天遥感信息服务的需求和瓶颈，赵曦老师畅谈测量南极的奇妙之旅等；模块二是经典报告，收录了所邀请的六位博士和博士后所做的报告，包括旷俭博士介绍的智能手机多源室内定位算法，陈松博士讲述的惊心动魄的“珞珈山战‘疫’故事”等；模块三是人文/专题报告，本章收录了七篇有关就业求职、创业、留学、科研等不同领域的精彩报告，包括第二届校友交流会中优秀校友们的交流分享，万方师姐畅谈于金融界只身闯天地的经历，李韫辉师姐关于如何加入产品经理大军的分享等。第五卷不仅记录了一年多的时间内 Café 的日新月异和取得的成果，也记录了疫情期间，我们由线下讲座转为线上讲座的一个发展历程。第三个模块的后四篇就是疫情期间我们联合不同院校举办的特别系列线上讲座，主要以“科研经验分享”为主题，带来一些比较实用的分享。

作为第五卷书籍诞生的参与者与见证者，我也想在这里和大家分享我的一些感想。其一就是它的来之不易，本该在去年年底就出版的第五卷，因为疫情、书籍的篇幅、编辑那边工作的堆积等原因一直延期。也遇到过人手不足的情况，大家便一起想办法，最后就诞生了 Café 新的分支——文编部，后期的很多校对任务都得以顺利开展；也遇到过嘉宾因

附图 1.2　负责人代表王雪琴发言

为讲座部分内容涉密导致文稿不能发布，我们便重新大篇幅删改文稿，最终得到嘉宾满意的可以展示的图文内容。俗话说好事多磨，在不断的沟通协调与反复修改下，第五卷终于能够以如今的面貌呈现在大家的面前。这其中当然离不开各位老师的支持，也离不开各位编委的勠力同心。

其二是它带给我的收获与成长，虽然这卷书的编纂工作肯定会花费大量的时间与精力，但我参与了一本书从无到有的全过程，知道了其中流程与每一步的精雕细琢。它不仅锤炼了我的文字功底，要求我对每一句话进行推敲琢磨，甚至可以体会到古人因为诗句的某个字而改三载的感情；也教会了我沉下心来做好一件事，一步一个脚印，慢工出细活。如今，拿着这一本沉甸甸的书籍，我有着满满的成就感，也很感谢 Café 给了我这么一段难忘的经历。

最后要感谢每一位作报告的嘉宾和来听报告的观众们，感谢每一位在背后默默关注与支持我们的指导老师们，以及为第五卷的出版付出辛勤劳动的所有 Café 小伙伴们，大家的齐心协力才能有最后这卷书这样的展现，再次感谢大家对 GeoScience Café 的支持，谢谢大家！

修田雨：各位老师，各位同学，大家晚上好。我是修田雨，是这本书的主要负责人之一。今天很荣幸能在这里跟大家分享第五卷的故事。我是 2018 年加入的 Café，这是我负责的第二本书，我也曾负责过《我的科研故事（第四卷）》的出版。之前我在第四卷的新书发布会上分享过我在书籍整理和出版方面的一些感想和感受，今天我想讲一些关于第五卷的故事。

首先，我给大家道个歉，从 2016 年 Café 出版第一本书开始，我们一直保持一年一本的进度出版，2017 年的第二卷，2018 年的第三卷，2019 年的第四卷，然后 2020 年的第五卷——本该是这样的，但是这本书直到 2021 年才顺利和大家见面。确实，2020 年情况特殊，疫情影响了很多工作，但实际上对于我们书稿整理工作来说，影响并不大。相反，有些同学在家隔离，受限于工作环境，很多研究无法开展，所以愿意付出时间整理一些书稿。按照我们往年的时间安排，我们应该提前三个月将所有出版内容交给编辑，也就是在差不多 2020 年 6 月份的时候。但我们检查了稿件后发现只有 10 篇完成，而我们出版的书籍一般要收纳 20 篇左右。我感觉很奇怪，因为我们日常工作安排得很顺利，为什么进度相较于以前慢了这么多？我们检查其他几卷后发现了原因，虽然第一卷是 2016 年出版的，但那时 Café 已经成立了 7 年，前辈们花费了很多时间去实践和探索，也组织了很多优秀的讲座，这些讲座一点点沉淀，形成了《我的科研故事》系列。因此我们前几本书并非仅收录那一年中的报告，也有很多之前的报告。而在第四卷，我们已经把往届遗漏下来的稿件全放了进去，第五卷可以说是从零开始积累出来的，虽然多花了一点时间，但是我们成功地完成了这本书稿的整理。

正是因为从零开始，这本书很好地印证了 Café 这一年半多的成长历程，大家可以看到，这本书中收录了 20 篇稿子，其中有 7 篇是线上讲座的内容。我们往年的讲座大多邀请的是武大本校的学生、老师或者校友，但是今年由于无法在线下开展讲座，我们举办了很多线上的讲座。在这些讲座中，我们不再局限于武汉大学，邀请了很多其他学校的师生，像是同济大学、北京师范大学等，让他们的优秀硕士生和博士生来分享成果和学术经验，这使得我们报告的内容更加丰富，覆盖面更加广阔。同时我们也更新了书的附录，收录了我们参加的一些新的活动，像是“十大珞珈风云学子”武汉大学“十佳学生社团”“研究生学术科技节”等，同时还承办协办了一些国内国际会议，这些我们全都记录到了附录里。Café 通过这本书将她的成长和她无与伦比的生命力展现在大家面前，她并非一成不变，每一年、每一卷都有新的事物加入，让我们对她的未来充满着期待。

因为我经常参加 Café 的讲座活动，所以我很开心在这本书上看到了很多熟悉的面孔、熟悉的人，甚至很多熟悉的 PPT——有些在我手机上还存着，甚至还有一些提问——虽然没有写提问人的姓名，但是那是由我提出来的问题，就会油然而生一种亲切感，就好像这本书是记录了我的故事，我在这里学习与交流的科研故事，也希望大家能够像我一样多多参与 Café 的活动。可能在很久之后你再翻开这本书，你可以想起你之前参加的这些活动，你会想起曾经收获到的知识和快乐，你会觉得这本书是你非常珍重的回忆，是非常值得纪念的一本书。

最后，我想感谢一下大家，感谢所有参与 Café 报告的嘉宾与观众，感谢所有付出辛勤劳动的 Café 小伙伴们，感谢实验室老师们的支持以及编辑们的辛苦校对，出版了这么一本特别精美的书籍。希望 Café 越办越好，谢谢大家。

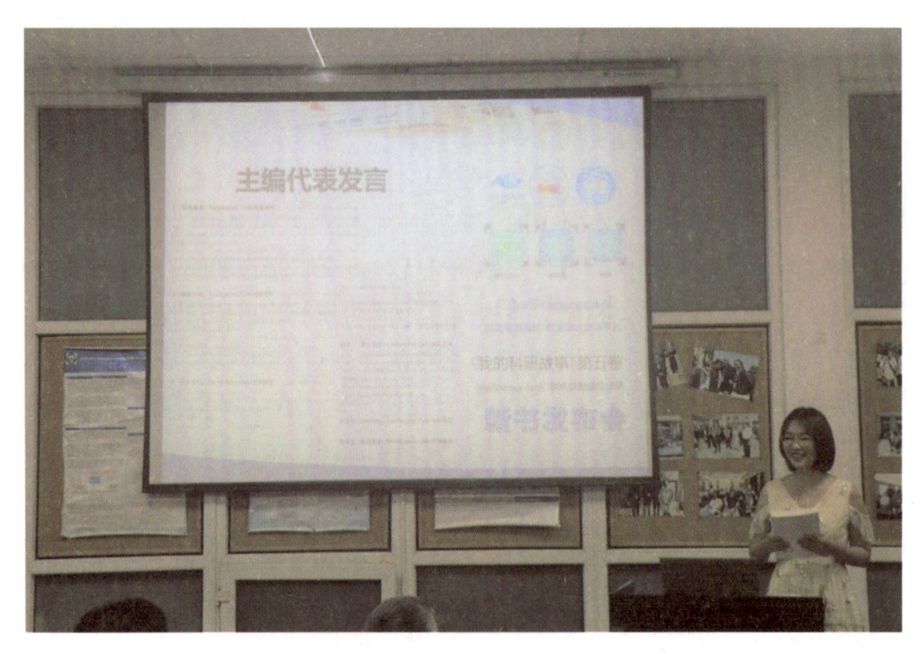

附图 1.3 负责人代表修田雨发言

主持人：我再补充两个感谢。首先感谢田雨姐和雪琴姐这次的分享，然后感谢我们第五卷的编辑团队，没有他们，就没有我们这本书。这本书的编纂工作，从报告嘉宾到文稿整理，包括现场举办的同学，我觉得三者都缺一不可，是相辅相成的。刚刚田雨姐谈及他们延误的种种因素，但我想正是因为延误才造成了巧合——新书发布会和毕业季撞上了，本次新书发布会也请到了 Café 的前社团成员，他们也是 2021 届的毕业生，一位是博士师兄，一位是本科毕业生，今晚或者说 6 月对他们而言是一个重要的时间节点，同时对 Café 而言也是一个重要的时间节点。在这个时间节点下，我们第五卷新书发布会刚好是他们毕业的时节，现在我们就有请他们两个上来谈一谈自己以前在社团工作的一些心得体会，包括在实验室学习或本科学习的一些经历。

彭宏睿：大家晚上好，我是彭宏睿，是 2021 届测绘学院地球物理系的本科毕业生。我是在 2017 年加入的 Café，当时的负责人是我们的必武师兄，他好像也刚好是今年博士毕业，所以我在 Café 也算是一个老成员了。

大一的时候我是通过我们 Café 的微信公众号了解到 Café。因为我学的是地球物理学，也算是地球科学里面相关的专业，所以我也希望通过加入 Café 来了解一些学术前沿信息，然后也吸收一些前辈们做科研或者是深造的经验经历来帮助自己。在 Café 里我参加了不少的讲座，也协办过一些导师信息分享会，还有博士生论坛的活动。在这个过程中，我一方面开阔了自己的眼界，另一方面也提高了一些个人能力。同时我也感受到了 Café 内部和谐的氛围，以及它带给我们广大的相关学科师生的价值，我觉得 Café 确确实实是实现了“谈笑间成就梦想”的理念。因为我保研本校读研，所以我以后也会经常来听 Café 的报告。最后祝 Café 未来能够越办越好，也祝大家毕业季快乐。

刘山洪：非常荣幸今天晚上能来参加这个发布会，这是我第二次参加了，我第一次参加是在 2016 年刚来实验室的时候，没想到现在毕业的时候又来参加了。

附图 1.4　毕业生代表彭宏睿发言

我想说几个点，第一点就是 Café 编书这个事的确很困难。我是英文 Café 2017 年、2018 年的负责人，我们当时也编纂了一本英文 Café 的合集。在编书的过程中，我们可能还面临语言的困难，我们需要一审、二审、三审，留学生和中国学生互相审读，所以这个过程我也知道是非常艰难的。今天听中文 Café 的伙伴们介绍，我又想起我们之前其实也是同样非常艰难的过程。

还有第二点，我想说的是在 Café 这几年我们收获的我觉得是远远大于我们所付出的。虽然我们平时利用科研之余的时间去投入这个社团，但是在这个社团中我们结识了很多的嘉宾，结识了很多志同道合的朋友，我觉得这个是很重要的一点。以至于现在我也认识了很多留学生，他们现在因为疫情可能不能回到实验室，但是我们常常保持沟通和交流，了解他们的情况怎么样，我们现在国内的情况又怎么样，如果没有 Café 这个平台的话，我们也很难和留学生之间建立起这样的联系。除此之外，我们和老师们也搭建了很强的连接关系。比如说我们 Café 遇到什么困难，基本上就会去找杨书记，去找蔡主任或者找关老师。我举一个印象比较深刻的例子，我记得在 2018 年的时候，好像是吉奥公司说他们不再赞助(Café)了，我不知道现在赞不赞助了，但是当时 Café 的水果好像是吉奥赞助的。然后我们本来就不富裕的大家庭，好像又要雪上加霜了，讲座的水果也无法提供给大家。后来杨书记就说这个没关系，我们说那既然他们不赞助了，我们为什么要叫吉奥(Geo)，我们要把这个冠名给去掉。然后杨书记又说这个冠名并不是他们公司的意思，这也是指我们自己的大学科，所以我们要把它保留，我们要把视野放得大一些，就算他们不赞助我们也要继续好好干，要干得更好。后来我们也继续坚持这么干下来了，于是这里就有了(我要说的)第三点。

附图 1.5　毕业生代表刘山洪发言

在过去的这一年半到两年之间，我因为出国留学和疫情，其实参与 Café 的次数是比较少的，但是后来回国了又参加了一次，我也很开心。由此第三点就是我们决定以后 Café 成员赚了钱之后，自己去搞一个基金来赞助 Café，我也不知道以后有没有能力来做这个事情。趁着现在毕业的时候，我就想，如果说未来我们可以达成这样的成就，或许我们也可以做这样的事情。所以说 Café 给了我们很多，我们也想以后反馈给它一些东西。最后一点就是祝福，无论是中文 Café 还是英文 Café，我希望它们能够越办越好，质量越来越高，谢谢大家。

主持人： 感谢师兄师姐，包括学弟的分享，作为一个立足于研究生的团体，我们始终有两个身份，一个是社团人，一个是科研人。其实我注意到刚刚师兄说到自己在出国留学前后对 Café 的活动参与较少，但是我记得你曾经是作为一期报告嘉宾来参与 Café 的活动，这也是很有意义的，能够激励我们 Café 社团内部的小伙伴们，紧紧地将社团工作和自己的科研结合起来，再次感谢师兄。

在进入本场发布会的最后一个环节前，我们想有必要为今天这个特殊的日子增加一点仪式感，所以我们 Café 运营的小伙伴们也准备了蛋糕，我们想请陈主任和杨书记来切第一刀。

附图 1.6 现场切分蛋糕

主持人： 那么接下来就进入我们最后一个环节，就是指导老师发言，我们首先邀请陈锐志主任发言。

陈锐志： 很高兴今天能来参加这个活动，我觉得 Café 是实验室一个很重要的平台。

我觉得有两种意义，第一个意义很简单，大家可以看到我们出了这么多本《我的科研故事》，在 Café 的活动中，同学们现场去分享科学上的故事，或者非科学的故事，跟我们学习、生活有关的故事都可以分享一下，所以我觉得 Café 在这方面是一个很重要的平台，“谈笑间成就梦想”是一个很好的理念。

第二个意义是它也是一个很重要的锻炼平台。除了知识和经验分享本身，它也很能够锻炼社团成员的综合能力。刚才上来讲话的那几个同学，你们从邀请这些专家们(来做讲座)，到最后落地成一本书，这整个流程是一个很完整的从无到有到落地的故事，这里面有很多工作。所以我要对我们 Café 的成员说，我相信你们付出了很多，现在你们邀请的都是一些阅历丰富的大专家，这些就是对你们和人打交道的能力的培养。整个社会上特别需要这种能力，这是对我们情商的锻炼，我觉得对同学们来说是一个很好的机会。整个 Café 平台也有很多榜样，从我们毛老师首创以来——到现在他已经是教授了——已经经历好多代了，以毛老师为代表，这个平台也确实锻炼了很多很多的同学们。

第三个我想说的是，我们说要在“谈笑间成就梦想”，而现在我们国家也处在实现梦想过程中的一个新的阶段，特别是在现在的大国竞争里面，科技的竞争非常关键。其实我们每个同学，包括我们老师们和实验室也承担着很重要的责任。像前两周习近平总书记的讲话，确实是阐述了我们国家目前在科技上的一些很重要的东西。按照我个人的理解，首先第一我们要做自主可控的技术，遥感这个领域本来国外的核心技术和核心软件就是不能出口的，所以我们一定要自主可控。我们对整个实验室也强调要自主创造，能够创新。第二是国家现在强调科技战略核心力量，重点实验室也是其中一个部分，所以我们也肩负着很重的任务。现在在国家规划中，国家重点实验室要跟国家实验室结合，成为一股很重要的国家战略科技力量，所以我们同学们肩负着更重要的目标。在你们的梦想里面，应该要把这些元素加进去。当然大国竞争里面，人才竞争是最重要的竞争，因此我们要注重人才培养。包括 Café 也是我们国重人才培养的一部分。我还注意到我们这个 PPT 前面有“继往开来，扬帆起航”几个字，现在我们国家处在一个新的发展阶段中，真的要进行大国竞争，要靠科技竞争，所以我们 Café 同学们之后可能真的要扬帆起航了，适应这个潮流，跟实验室一道成就你们更大的梦想。最后，我希望 Café 越来越好！

主持人：感谢陈主任的发言和祝福，那么下面我们有请杨书记上台分享。

杨旭：各位老师，各位同学，非常高兴能够参加《我的科研故事》第五卷的新书发布会。我之前也是在想我今天怎么分享自己的想法，因为前面一卷到四卷我也都有分享，分享之后也都记录在了书的附录里，反正大同小异。这次也是考验我能不能够标新立异，结果到刚才听大家讲的时候也一直都没有想到好的角度。但后来呢，陈主任提醒了我，大家看李院士在这个地方给我们提了一个词——“交流与分享”，我想，我就从“交流与分享”谈起吧。

交流是彼此之间的事情。思想的交流与汲取对我们来说非常重要。有一位哲学家讲过，你有一个苹果，我有一个苹果，我们交换一下，每个人手上还是一个苹果。但是呢我

附图 1.7　测绘遥感信息工程国家重点实验室主任陈锐志发言

有一份思想，你有一份思想，交换之后，我们就拥有了两个思想——可能还不止，还会碰撞出来新的思想。交流，能够达到我们分享思想价值、碰撞灵感火花的作用，这是“交流”的价值观。为什么后面又加了一个“分享”呢，我觉得它是对交流价值更高的一种升华。在交流中最高的境界是乐在其中——享受交流带给我们巨大的获得感和满足感。我想这一点无论对于在 Café 这个平台上做报告的同学，还是组织服务于报告的同学，都可以得到一种享受。我相信这也是我们这项工作从 2009 年以来，经过 12 年的耕耘与付出，持续到今天，仍然在兴旺地往前推进的一个根本动力所在。这是我想说的第一点。

第二点也是我刚刚想到的，还是要谈谈批判的精神。所谓批判精神，我以为有一层重要的含义，就是既否定外部世界，也更要否定我们内部的世界——相比之下，否定外部世界更容易，否定自己更难。我们总是抱着自己的成见，自己的那种惯性在生活、在学习。其实我们自己的一些东西有很大的局限性，我们通过交流就会发现别人的角度是那么的新颖，给自己以启发。通过交流，我们可能看到别人站的高度比我们更高，发现我们看到的只是很低的风景。所以说我就想谈谈我们“交流与分享”当中本身就体现着的这个批判的精神。批判自己，我个人认为就是一种学习的态度和方式。所谓学习，就是取人之长，补己之短——这其实就是在批判自己。我们要认识到自己的“无知”，这才是最大的“有知”。我想这也是“交流与分享”中天然包含着的“批判”的精神。因为我们不断地否定自己，不断地去汲取别人的长处，所以我们会看到更完整的世界，也会让我们站得更高看到一些共性和本质的东西。

第三点，我想要对在座的各位同学表示感谢和祝贺。我们在交流的时候，不管是做报告者，还是听报告的同学，都是在一起诠释着“交流”的主题，都是在一起收获着交流的价值和意义。还有很多报告结束之后的提问，听众对于报告人也给予了很好的启发。大家都有收获，这是值得祝贺的！这些成效的取得，得益于大家的参与和支持，所以也要向大家表示感谢！

最后，我还是要花一点时间谈谈我们的 Café 团队。Café 团队为组织交流活动付出了不懈努力。对一项工作拥有一时的热情，我觉得是比较容易的，但是要坚持却很难。坚持12 年，靠的是我们一届又一届同学的不懈努力和无缝接力。去年疫情给我们的教学和科研工作带来了很大冲击。到了 4 月份，实验室领导班子在想怎么推动实验室工作的时候，我就想到我们 Café 也停了好长时间，当时我跟黄文哲联系，我说我们现在是不是可以用线上的方式把 Café 的交流恢复起来。从这个时候开始，相当于是 Café 有史以来，在疫情条件的促发之下，第一次开始了线上的交流。之后仍然有疫情的这段时间里，我们 Café 线上交流的频率就非常高了。因为先前好长时间被停顿了，突然一下同学们就焕发出了热情，就那么短短几个月时间，我们做了大量的线上交流，我觉得这些工作对于同学们恢复学习的状态，起到了很好的促进作用。当然不仅仅是在这个方面，我们 Café 团队在服务于实验室工作的方方面面，都发挥了团队特有的能力和作用。我们实验室研究生的很多活动，都跟学术交流相关，Café 是承担这一块工作的主力之一，帮助实验室完成了很多重点工作。我想借这个机会向我们 Café 团队的各位同学表示衷心的感谢！

我们 Café 的同学一代一代地来，也一代一代地走，但是大家对 Café 的感情依旧是那么深。我想大家在这个平台上能有收获、有进步，大家能够一起共同地学习、成长、提高，这是我们的初心所在，也是我们感到特别享受的地方所在。

谢谢大家！

附图 1.8　测绘遥感信息工程国家重点实验室党委书记杨旭发言

主持人: 感谢杨书记对 Café 工作的肯定,我在这里也想感谢之前 Café 的师兄师姐们,真的是由于有他们的积累和积淀,我们现在的工作才能相对来说更体系化一些。刚刚杨书记有谈到"交流与分享"中的批判精神,其实我早大家几天拿到这本书,也读了一些故事,我想从另外一个角度说说"交流与分享"中的批判精神。其实从某种层面上来说这是一种榜样的力量。我在读这本书的过程中,我发现它不仅仅是科研成果的集合,更多的是一种做事方式的分享,一些工作经验的总结。而且由于文稿是基于录音整理的,里面的一些表达非常有亲切感。他们会谈及整理书稿过程中碰到的一些困难应该如何解决,以及最后怎么形成工作的闭环等,我觉得这对我们来说也是一种榜样的力量,让我们知道自己的不足,并且向他们靠近。那么下面就请吴主任来跟我们分享。

吴华意: 很高兴参加今天的活动,上一卷的新书发布会我也参加了,并发了言。现在回头去看,我感觉我上次的发言很好,今天的发言可能很难超过上次。上次我这样说:"构想一件事情很容易,但要落到实处很难;做一件事情很容易,但要做好很难;用心把事情做好容易,但要持之以恒地把事情做好很难。"刚才我在听大家发言的时候,忽然想起八百年以前陆游的两句诗"纸上得来终觉浅,绝知此事要躬行",告诉我们什么样的人能成功,怎样做事才能成功。今天的 Café 活动实际上给了这两句诗很好的"注释",陆游应该很高兴我们验证了他的诗。

在 Café 既往的活动中我也学习到了三点。

第一点,要参与,在参与的过程中学来的比从"纸上"学来的要好。参与分为几种状态,我被黄文哲拉来写代码、看书,也算是一种参与;参与了以后发现很好,下次我就自己悄悄地参与了;再后来,光自己参与不够,我还要把其他人也拉来参与。这就体现出了从被动参与到主动参与,再从主动参与到积极参与的过程。在参与的过程中,我们发现自己越来越重要、越来越有信心,这是自主参与的意义之一。三十多年前,我还在武大读研究生的时候,所学的课程基本上都是我们同学之间互相教学的。我们导师带了五个研究生——那个时候五个研究生已经非常多了——且经常出差,出差频率跟我们的李院士、龚院士差不多,天天在电视上或者去其他大学讲课,所以研究生的课程基本上都是我们自己给自己上。比如说,我负责上判别分析这门课,另外一个学生就负责上信息回归那门课,去给其他同学上课的人就得做准备,得把每一句话都搞清楚,然后讲出来,这种体验与被动听课是不一样的,在积极行动、自主参与的过程中学到的知识要比被动接受的知识深刻很多。

第二点,是团结协作。我参与过一些 Café 的活动,Café 邀请我的时候,一般会提前两个星期或者一个月发信息,如果我不回复,就会继续跟我联系;联系以后,过一个星期或两个星期会再次提醒我,到最后一天肯定会再提醒我一遍;讲座结束以后,还会与我进行之后写书等事宜的沟通。这个过程实际上是一个团结协作的过程,Café 的同学们各有分工,并彼此协助。同时,我们 Café 的成员和在讲台上作报告的人,实际上也是协作的关系,互动的过程有非常多的不确定性,在这一过程中,不善与人交流的同学可能会在同伴和嘉宾本人的鼓励下提升自己的交流积极性，拒绝过 Café 邀请的嘉宾也可能被我们多番邀请的真诚所打动，这种“协作”正是我们 Café 能成功办下来的原因之一。

最后一点，我觉得 Café 有一个非常值得学习的地方，就是传承的机制。我们有年轻的“老同志”带着年轻的“年轻同志”一步一步地传承了很多规则性、操作性的东西，比如：该怎么邀请嘉宾？如果邀请不到的话该怎么办？有突发状况又该怎么办？制度和文化使得我们 Café 的活动“不变形”，能够将 Café 内在和外在的品质一直传承下去。所以，制度和文化的建设很重要，即使是对琐碎小事的规范也能发挥很大的作用。总结一下，我从 Café 活动中体会到了三点，一要积极主动，二要团结协作，三要保证文化制度传承。有了这三点保证，我相信 Café 的活动可以一直做下去。

今年是中国共产党成立 100 周年，在 100 周年的时候，我们要学党史。那么我们再想一想，等我们的 Café 活动到了 1000 期的时候，是不是可以反过来再学学我们的 Café 史呢？到时候我们不仅可以写“我的科研故事”，还可以写“我们的 Café 历史”了。最后，感谢各位同学把我们的 Café 做的这么好，使得我们实验室在全国的声誉好上加好，祝贺我们的发布会活动成功，谢谢大家。

附图 1.9 测绘遥感信息工程国家重点实验室副主任吴华意发言

主持人：谢谢吴主任的分享，其实吴主任也给了我们 Café 内部成员一些启发，我们到底可以从 Café 工作中获得什么，比如学会如何团结合作、与人打交道等；还有如何去坚持做好一件事情，实践出真知的道理。接下来我们有请蔡列飞老师。

蔡列飞：同学们晚上好。我发现越到后面讲的压力越大，因为我们的这些师长、领导们都太有才了，还风趣幽默。其实我站在这里就感到很自豪，现在面对你们，就感到更自豪。因为你们是一群有情怀有梦想的人，所以你们才可以“谈笑间成就梦想”，我也相信将来你们肯定能“仗剑走天涯”。我就讲得简单一点，借用这本书紫色的封面送给你们一句话——爱你们一辈“紫”！

附图 1.10　测绘遥感信息工程国家重点实验室副主任蔡列飞发言

主持人：谢谢蔡主任，我们今天还有一位老师没有介绍，他是我们 Café 的创始人，现在是遥感信息工程学院的副教授毛飞跃老师，有请毛老师。

毛飞跃：首先，我跟各位老师有同感。我们这一系列书已经出了五卷了，每一卷的新书发布会我都来参加。我看了一下，我上一次发布会上的分享是和“我的科研故事”这个名字的由来有关。这个名字是张翔取的，起初我反对说“感觉好平凡，让人记不住”，但杨书记认为这个名字朴实，很有生命力。当时制作封面的同学叫秦雨，他的设计非常漂亮，现在仍被沿用，每一卷换一个颜色——或许是因为它很纯粹，所以换颜色也非常方便——放在一起五颜六色的。随着出的书越来越多，以后你们可能很难找到颜色了，开个玩笑，这是我上次分享的内容。

今天我有一个感触，看到我们一系列的书，看到我们已经办了 300 多期讲座，真切地感受到了刚刚各位老师都提到的——坚持的力量。坚持非常重要，我们为什么要坚持、谁在坚持、坚持什么，都是非常重要的事情，不是一个人的坚持就能把事情做好的。成立 Café 这样一个社团的想法刚开始是无意间被提出来的，当初开会的时候我随意提了一下，然后熊彪就去跟老师作汇报了，汇报之后说李院士、龚院士、杨书记等实验室的各位院士和领导们都很支持，所以一定要做。当时我对熊彪说，这个太难了，我打退堂鼓了，让他来牵头，结果我们两个负责人就这样形成了。那时候我研二，起初我心想一个学生能有多大力量，做这个工作太困难了，之后便是不断地做、不断地看，有问题的时候就去请教各位老师、请教杨书记，是他们内心对价值的把握和对社团的支持，还有各位同学的大力支持和各位 Café 成员的坚持，让我们能够坚持地走下来。现在 Café 已经扩展到全国，还有全球，凭借我们武大的校友和我们 GeoScience（地球科学）的同行们对我们这个活动的支持和坚持，一直办到现在，办了 300 多期讲座。我们的书和我们办的期数拿出来说的话，一般人都不敢相信我们能有这么多的工作量，且每一期、每本书保持这样的高质量，这是大家坚持的结果。至于坚持的东西到底是什么，我想可以用三个字总结——真、善、美。

“真”是实验室的老师能够培养研究生坚持真理的信仰，坚持每一件对学生有意义的事情。同学和老师们在求真、追求科研的过程中发现了一些实实在在的东西，都愿意将自己的沉淀分享到我们的平台，其中有很多非常优秀的、快毕业的学生会把他们的研究生时代做一个总结，所思所想包含很多真知灼见。以前我对研究生和大学生生活的想象，就像电影《美丽心灵》里呈现的那样，大家穿着整齐，在校园里互相讨论、争执，有时还会站到桌子上辩论，学术氛围非常浓郁。Café 就像是这些电影场景在现实世界的映射，在 Café 我们很轻松很舒服，这个地方就是我们成就梦想的地方。思及此，我看到我们目前所坐的藤椅，便感觉到很优美。

再就是“善”，各位同学、老师之所以在这里感到这么惬意，是因为大家在完成 Café

附图 1.11 GeoScience Café 创始人毛飞跃发言

工作的过程中都是从善意出发，在考虑要不要做、该怎么做、如何把握尺度的时候都是以善为本，会发自内心地考虑这样做是不是有利于大家、有利于传播，有利的话就会去做，并愿意付出。

然后是“美”，在求善的过程当中，我们经过不断地传承，已经做到了内在和外在的“美”。我们发行了一系列书册，书中的编辑、图片包括封面设计都很美；同学们在活动中负责主持控场，主持的言语和神态也很美；Café 的活动流程和注意事项简洁凝练，总结到位，同样是美的沉淀。Café 刚成立的时候，有位成员叫章玲玲，她来到实验室之后最强烈的感觉就是实验室的每位老师、每位学生看起来都比别人有气质，神态非常美。其实现在我也有这样的感觉，虽然“美”难以量化，但是体现在了方方面面，大家设计的 PPT、在活动中拍摄的照片乃至 Café 的服务，都非常漂亮，反映了大家做事情时候的审美。Café 的发展源自我们对真善美的坚持和追求，因而 Café 的成果也是真善美的呈现。我非常感谢各位，是我们大家对思想精神之美的追求，产生了思想，产生了文化，最后产生美感。

主持人：谢谢毛老师非常精彩的对“真善美”的分享。其实我是有意安排关老师压轴发言的，因为关老师是对 Café 日常事务接触最多的一位老师，我个人挺崇拜关老师的，她在做事态度还有做事方式上一直都很值得我们学习，日常接触中关老师的一些话也能给我们很大的启发。现在就有请关老师来给我们分享一下。

关琳：大家好。刚才杨书记还有吴老师都提到了，其实每个老师跟大家分享的时候都是有压力的，因为我们都希望能够在每一年的这个时候给大家一些新的想法或启发。今天我想说三点，第一点是回忆。我们 Café 这一次的发布会和以往不同，以往是在 10 月份，今年是在毕业季，所以我们同时也在欢送我们前面几届的成员(毕业)，比如说刘山洪。大概在一年前的分享里，我说我感觉 Café 是我的同事，其实在过去的这半年，我和一些学院交流，介绍我们办公室的组织的时候，已经把 Café 加进去了。它就像是在我们实验室的一个特殊的、不在编制之内的，但是又极其有力量的一个办公室，或者说是一个组织，帮我们做了很多有价值、有意义、能够给同学们带来启发的工作。

第二点是我刚刚听了吴老师女儿的演讲以后，我发现 Café 是一个能够让大家发现惊喜的地方。可能对于一次讲座，你看到了这个讲座的简介，你看到了讲座人的介绍，你大概能够知道他会说什么，但是正是因为观众中的藏龙卧虎，让我们还能够在这种交流和提问中，发现自己意想之外的好东西。我也想提一个小小的建议，我们可以每次搜集一些同学们的问题，提前把这些问题丢给嘉宾，让他们有所准备。在我们 Café 讲座的后半部分，可以有针对性地去解答大家的一些问题，或许就能够给我们的同学带来一些惊喜。

第三点我想分享的是最近一直让我觉得困扰的一个问题，就是我们今年即将入学的 2021 级同学是“00 后”了。“00 后”的同学和以前的同学还是有一些不同的——大家的目标性特别强，一入学就想着我的目标是选调生，我的目标是 BAT，我的目标是出国留学，所以大家在很精细地计算着自己研究生第一年干什么，第二年干什么，第三年干什么，每一份时间都是冲着这个目标去的。但是有的时候当我们朝着这个目标去努力的时候，却往往忽视了很多就在你身边可以去培育的能力。你不会发现自己的问题，因为你一直朝着这个目标在行动。所以我这一块分享的主题就是“问题”两个字，我觉得时时地自省，去发现自己的问题，并且想办法对自己进行改造，或者对自己现在的团队进行改革，是非常必需的。Café 的书已经出到第五卷了，我们的发布会到现在也办到了第五期，我们的团队换了一波又一波。那么现在我们面临着新的问题，我们也发现了这些问题，所以接下来我也希望 Café 的同学们能够面对这些问题，发挥集体的智慧，一起解决好，让 Café 始终焕发着它最吸引人的光彩。为同学们、为实验室的老师们、为更多的人们带来价值和快乐，谢谢大家。

附图 1.12　测绘遥感信息工程国家重点实验室研工办主任关琳发言

主持人：在筹备这次新书发布会的时候我自己也做了一些思考，首先是为什么想出这本《我的科研故事(第五卷)》，因为这本书对实验室有意义，对社团经验传承有意义，对社团之外的人就工作规划的制定也有一定的借鉴意义。还有就是我们在做社团工作的时候，到底能让社团成员收获什么，这也是关老师给我的一些建议和启发。那么本次的新书发布会暨毕业生欢送会到这里就圆满结束了，感谢大家的参与，感谢各位老师的祝福和寄语，最后，请大家一起上台合影留念。

附图 1.13 《我的科研故事(第五卷)》新书发布会暨 Café 2021 届毕业生欢送会合影留念

（主持人：程昫；摄影：王妍、陈佳晟；摄像：张崇阳；录音稿整理：陈佳晟、刘贝宁；校对：沈婷）

材料二：2021 年更新的 GeoScience Café 线上线下活动流程和注意事项

一、GeoScience Café 线下讲座活动流程和注意事项

活动流程	时间节点	经办人	需要完成的任务和注意事项
联系嘉宾	至少提前两周，尤其是小长假附近	当期负责人	1. 确定报告主题和报告时间； 2. 确定讲座后，建立 QQ 讨论组，包含本次负责人和两位辅助，以及新媒体、运营中心的联系人、Café 负责人； 3. 确定讲座分工，每期讲座的主要工作有：前期海报制作与张贴、礼物准备，现场主持、拍照、摄像、直播，后期新闻稿撰写、视频剪辑等； 4. 协助嘉宾填写嘉宾信息表
确定报告厅	在确定报告人之后立马执行	当期负责人安排	1. 在实验室网站上预订会议室(四楼休闲厅 50 人以内，二楼报告厅 100 人左右)
海报制作及发布	务必在周二晚上前完成	当期负责人安排	1. 务必按时完成，发到团队群里，大家共同检查错误，并立即修改(很重要)； 2. 海报发给嘉宾审核，确定海报终稿； 3. 周二晚将海报的 PDF 或 PNG 格式发给打印店，打印 7 张，A1 大小； 4. 在实验室网站、实验室走廊电子屏幕、二楼报告厅门口的小电视机中发布报告电子海报； 5. 编辑讲座宣传推送，发布在公众号上
张贴海报及宣传	周三	当期所有参与人员	1. 在各个学院张贴海报：资环院、遥感院、测绘院、实验大楼、二教、实验室、星湖大楼(如果允许张贴纸质海报)； 2. 编辑 QQ 宣传语，将连同海报的 QQ 宣传语发给官方 QQ (3134824186)，官方 QQ 将在各个 QQ 群里面发布(GeoScience Café Ⅰ、Ⅱ、Ⅲ、Ⅳ群，各学院各年级群)； 3. 在已建立的各学院讲座联系群中，发动其他学院的同学帮忙转发 QQ 宣传语/微信推送

续表

活动流程	时间节点	经办人	需要完成的任务和注意事项
人员安排	周四之前	当期负责人	1. 再次提醒嘉宾报告时间和地点； 2. 如果嘉宾是老师，需要准备礼物，嘉宾如果是学生则给以现金酬劳； 3. 可以预先查看嘉宾 PPT，如有必要则给予修改意见，并询问 PPT 是否可以转 PDF 后公开，如果可以，讲座之后，加上 Café 水印后上传 QQ 群
借设备	周五下午	当期负责人安排	1. 联系摄影协会的同学借相机； 2. 取设备，确保相机、录音笔、摄像机、麦克风充电电池都有电
买水果	活动开始前一小时	当期负责人安排	1. 联系 GeoScience Café 负责人，告知讲座举办地，根据预计的报告人数买水果，一般为 7 盘，如果在二楼报告厅可以增加到 20 盘； 2. 给嘉宾准备一瓶水
准备酬劳和礼物等	活动开始前一小时	当期负责人安排	1. 嘉宾如果是学生，打印酬劳表，请嘉宾签字； 2. 准备 4 本《我的科研故事》书籍，一本写好赠语，放在帆布包中送给嘉宾，剩下的作为提问奖励，每本书都要盖章
布置会场	活动开始前一小时	当期所有参与人员	1. 摆放桌椅和水果； 2. 调试投影、电脑、麦克风(换上我们的充电电池)、录音笔、激光笔 ； 3. 晚上 6：30 在四楼休闲厅大触摸屏上播放暖场 PPT； 4. 提前和负责开实验室门的师傅沟通，让门常开；如果师傅不在，留一个人提前半小时开门； 5. 把嘉宾 PPT、问卷反馈 PPT、合影 PPT 拷贝在投影所连接的电脑中
与嘉宾见面	活动开始前半小时	当期负责人安排	1. 给嘉宾送上水、激光笔； 2. 告诉嘉宾话筒产生杂音的消除方法，不要站得太靠后
开始报告	活动中	当期负责人安排	1. 打开录音笔(只有当录音笔绿灯闪烁时才表示正在录音，录音笔录音的同时 USB 连接电脑避免没电，同时采用手机同步录音)； 2. 开始拍照、摄像； 3. 主持人开场白，介绍当期嘉宾的简历； 4. 嘉宾开讲； 5. 主持人致谢，并简单总结其报告内容； 6. 引导现场观众提问、交流； 7. 引导现场观众填写反馈问卷； 8. 主持人谢幕

续表

活动流程	时间节点	经办人	需要完成的任务和注意事项
整理会场	活动结束后	当期负责人安排	1. 全体人员合影(要有 Café 的背景)； 2. 给嘉宾送上纪念品，劳务表签字； 3. 请嘉宾在留言簿上留言； 4. 整理桌椅； 5. 关掉投影仪(合影完成之后再关掉投影仪和电脑)； 6. 取出麦克风的充电电池并充电； 7. 将视频、录音文件等导出(录音、录像文件需要从内存卡里剪切，确保内存卡下次使用时有足够的内存)； 8. 清理果盘和垃圾
清点物品	活动结束后	当期所有人员	根据物资清单表逐条目对照清点，清点在的物品，在对应表格打钩，若出现物品丢失，及时告诉运营中心的设备管理小组
资料整理	活动结束后	当期负责人	1. 将录音文件发给工作群，并通知文稿负责人，由文稿负责人将录音文件转写成 Word 文档； 2. 若嘉宾允许视频上传，则安排运营中心同学对视频进行简单剪辑； 3. 撰写新闻稿(注意在照片上加上 Café 水印)； 4. 讲座负责人联系设备管理人把当期的所有资料录音、录像上传到网盘；讲座负责人把海报、PPT、新闻稿、活动信息表、照片收集整理好，上传到网盘； 5. 对本次报告进行总结，填写《讲座工作总结本》(电子版)
发布活动资料	活动结束后	当期负责人	1. 征询嘉宾意见，请嘉宾提供可以共享的资料版本，首页加上 GeoScience Café 的 logo，转成 PDF 版本，在四个 QQ 大群中发布； 2. 若本期讲座视频可以上传至 B 站，负责人联系运营 B 站的同学，让该同学联系讲座负责人上传视频； 3. 当期负责人与讲座负责人沟通本期讲座质量，考虑是否收录进《我的科研故事》文集
写新闻稿	下周一之前	当期负责人	1. 第一次初稿仿照之前的新闻稿写，多看几期新闻稿，注意一定要概略；新闻稿字数在 2000~4000 字； 2. 联系文稿负责人获取讲座的录音转写文档； 3. 初稿写好后，由其余两位同学检查一遍，再交由讲座负责人审核一遍； 4. 发给报告人审核； 5. 在实验室网站(给 Café 宣传负责人官方 QQ)和公众号(给新媒体)中发布

续表

活动流程	时间节点	经办人	需要完成的任务和注意事项
整理录音稿（若讨论后决定选入文集）	最好在一个月之内		1. 负责人安排人员整理录音稿； 2. 整理完之后给报告人修改； 3. 最后交给审稿人； 4. 删掉录音文件的拷贝，保证录音文件的唯一性

备注：

拍照片不仅是为了纪念，最重要的是为了保证新闻稿的照片使用。新闻稿一般使用 4~5 张照片，拍摄过程中随时检查这几张照片的质量，如果不行要马上在现场补照。

第 1 张：开场抓拍，报告人和 PPT 同时出现的照片，看到正面脸，PPT 上是讲座标题。

第 2 张：报告人作报告的照片，一定要清晰，看到正面脸。

第 3 张：观众听报告的现场照片，最好在人最多的时候照相，尽量体现坐得很满，活动火爆。

第 4 张：观众提问环节的照片。

第 5 张：观众和嘉宾交流的照片（如果有就拍，放在新闻稿中）。

第 6 张：团队和嘉宾合影的照片。

（2013 年 4 月李洪利统制，2017 年 3 月陈必武、孙嘉等修订，2018 年 4 月龚婧等修订，2019 年 6 月董佳丹等修订，2020 年 12 月黄文哲等修订，2021 年 1 月陶晓玄、张崇阳等修订）

二、GeoScience Café 线上讲座流程及注意事项

线上讲座的流程与线下讲座基本一致，只是在预约会议室、讲座直播等方面略有不同，现将线上讲座额外注意事项整理如下：

活动流程	时间节点	负责人	需要完成的任务和注意事项
确认腾讯会议房间	在上一期讲座结束当天	当期负责人	申请腾讯会议，并记录下会议号
现场工作分配与准备	讲座开始前	当期负责人和辅助	1. 讲座现场分工如下：主持人、直播、截屏留念与观众提问整理； 2. 提前下载会议软件和直播软件，提前测试
讲座开始布置	讲座开始前半小时	当期负责人和辅助	1. 联系嘉宾，检查 PPT 播放是否正常，声音是否清晰； 2. 播放暖场 PPT； 3. 直播软件准备妥当； 4. 工作人员修改备注名字； 5. 设置成员入会静音
线上讲座现场	讲座进行中	当期负责人和辅助	1. 讲座正式开始之前几分钟，开启直播和录屏； 2. 注意讲座时观众峰值数目和观众单位组成，截图记录下来
寄送礼物	讲座结束后	当期负责人	1. 收集嘉宾对 GeoScience Café 的寄语； 2. 收集嘉宾的地址，邮寄《我的科研故事》

（2020 年 4 月黄文哲等统制，2022 年 1 月陶晓玄、张崇阳等修订）

三、GeoScience Café 讲座直播流程及注意事项

1. 直播分类

GeoScience Café 讲座直播以直播软件为核心来管理各个输入视频流，实现不同场景的直播，达到“即插即用”的效果。主要直播场景分类如下：

直播分类	操作要点	硬件需求	软件需求
现场视频+屏幕分享	直播软件+腾讯会议+摄像机	两台电脑(嘉宾电脑与直播电脑)、摄像机、三脚架、视频转换器、HDMI 或 USB 线、网线	1. 嘉宾电脑与直播电脑都安装腾讯会议；2. 直播电脑安装支持摄像机或视频转换器的驱动；3. 直播电脑安装直播软件
仅现场视频	直播软件+摄像机	一台电脑(用于直播)、摄像机、三脚架、视频转换器、HDMI 或 USB 线、网线	1. 直播电脑安装支持摄像机或视频转换器的驱动；2. 直播电脑安装直播软件
仅屏幕分享	直播软件+腾讯会议	两台电脑(嘉宾电脑与直播电脑)、网线	1. 嘉宾电脑与直播电脑都安装腾讯会议；2. 直播电脑安装直播软件

其中类型一最复杂，腾讯会议提供嘉宾 PPT 的屏幕分享，摄像机提供报告现场的实景，如附图 2.1 所示。其他两种直播即在此基础上进行变化。

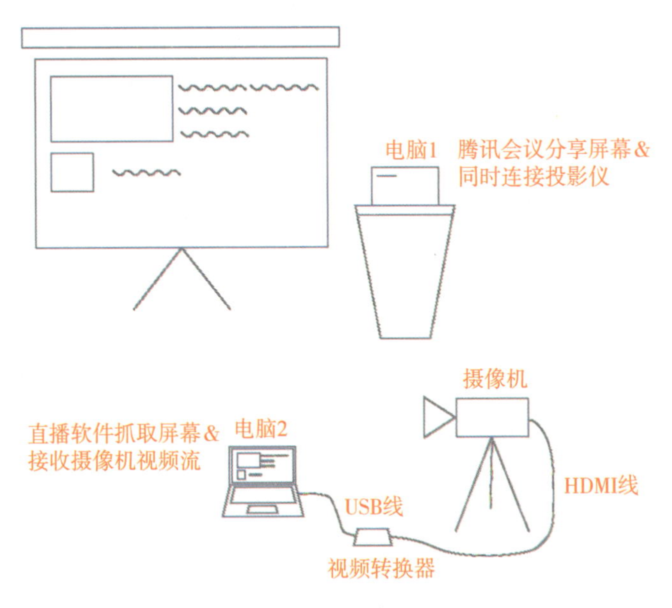

附图 2.1　现场视频+屏幕分享直播示意图

2. 直播软件使用

不同直播软件使用流程大体相似，基本遵循：①设置标题等基本信息；②设置需要推送的平台(推流码)；③添加输入视频流(腾讯会议屏幕、摄像机视频流等)；④开始录屏、直播。此处以 bilibili 直播姬为例，介绍流程如下：

(1)登录直播软件；

(2)修改标题；

(3)“添加素材”→“窗口”，选择抓取腾讯会议屏幕；

(4)“添加素材”→“摄像头”，软件自动检测摄像头，选择即可，同时将摄像头静音；

(5)“添加素材”→“图片”，添加 Café 的 logo；

(6)系统声音打开，麦克风声音静音；

(7)开始录制，开始直播；

(8)结束后停止录制，停止直播。

附图 2.2　哔哩哔哩直播姬使用

(2022 年 1 月张崇阳等修订)

四、B 站上传讲座视频/录屏流程

1. 时间节点：讲座当天上传视频。

2. 上传流程

(1)接收当期负责人提供的剪辑好的视频以及嘉宾 PPT 首页的截图。

(2)登录 B 站，点击“投稿管理”→“投稿”→“上传视频”(附图 2.3~图 2.4)。

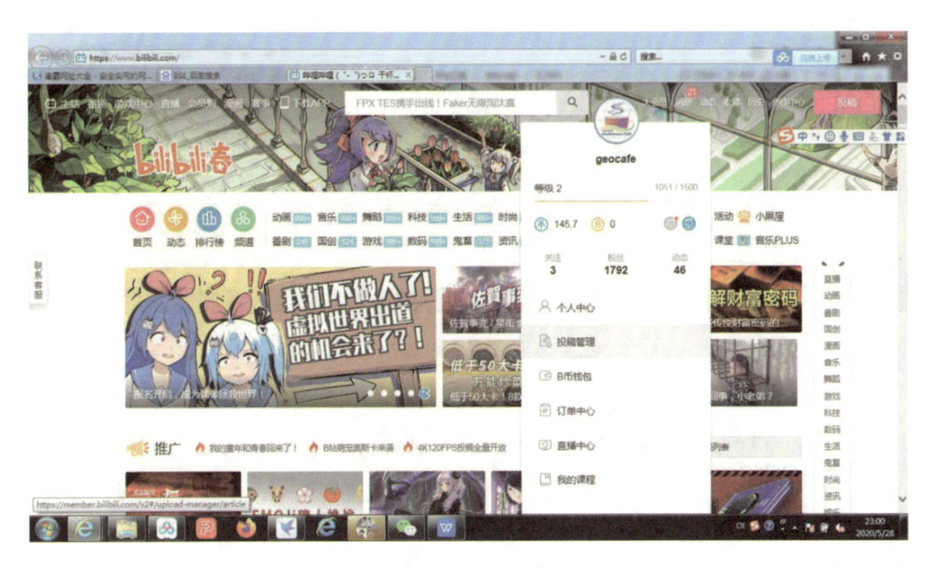

附图 2.3　B 站首页

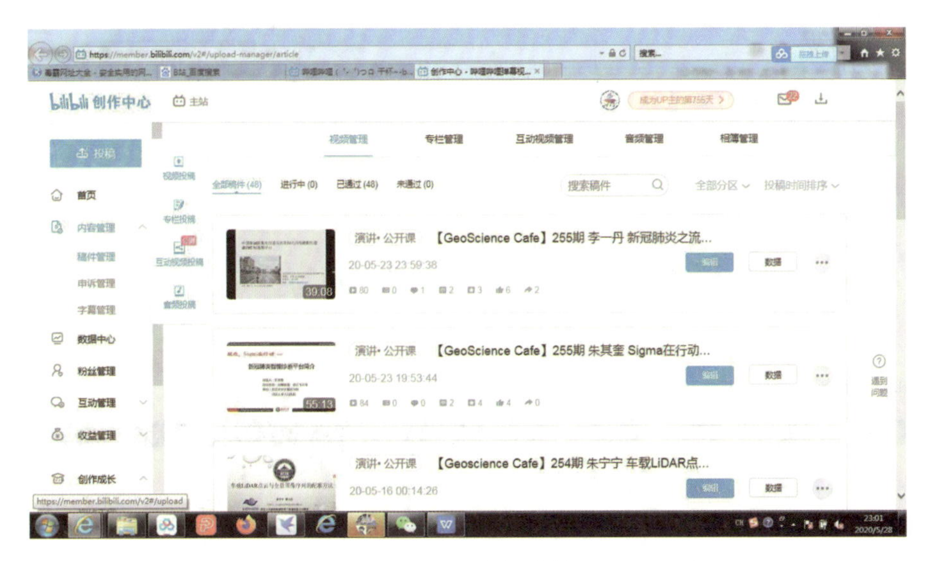

附图 2.4　B 站投稿管理

(3)上传封面(附图 2.5)，即上传收到的嘉宾 PPT 首页的截图，如果尺寸不合格，可以向当期负责人重新要一份。

附图 2.5　投稿内容填写 1

(4)类型选择“自制”，分区选择“演讲・公开课”(必须要选)，表明视频的类型(附图 2.6)。

附图 2.6　投稿内容填写 2

(5)标题一栏的书写格式：【GeoScience Café】×××期 嘉宾姓名 报告题目。

如：【GeoScience Café】255 期 朱其奎 Sigma 在行动——新型肺炎智能诊断平台简介

(6)标签一栏根据当期讲座内容选取或者手动添加。

(7)简介一栏虽然为非必填，但可以提供本期讲座的海报和新闻稿。对讲座的介绍可以自由发挥，尤其注意额外的两点内容：一是“海报传送门：www...（网址）”，二是“新闻稿传送门：www...（网址）”。相应的网址到 GeoScience Café 的微信公众号中找到当期推送，将网址复制，问卷反馈的网址可固定。

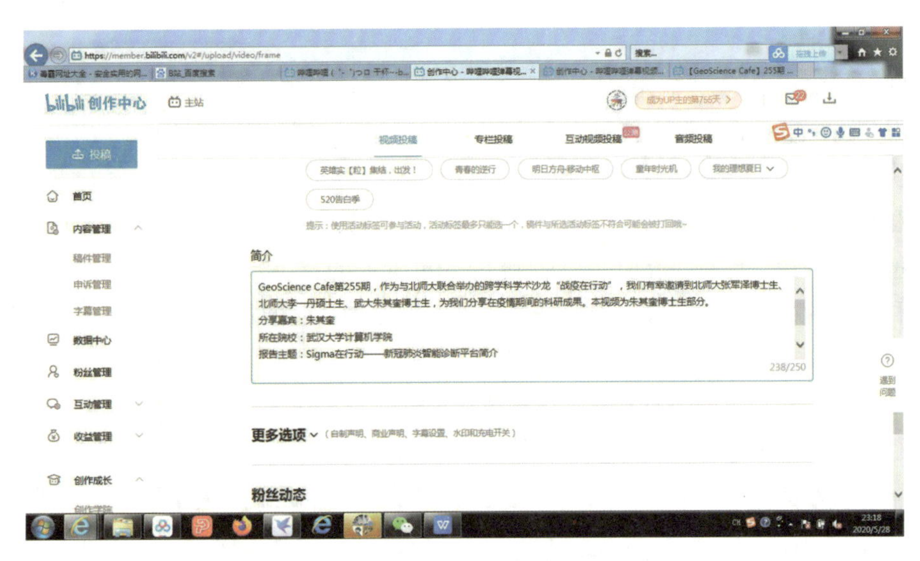

附图 2.7　投稿内容填写 3

例：

GeoScience Café 第 255 期，作为与北师大联合举办的跨学科学术沙龙“战疫在行动”，我们有幸邀请到北师大张军泽博士生、北师大李一丹硕士生、武大朱其奎博士生，为我们分享在疫情期间的科研成果。本视频为朱其奎博士生部分。

分享嘉宾：朱其奎

所在院校：武汉大学计算机学院

报告主题：Sigma 在行动——新冠肺炎智能诊断平台简介

海报传送门：https：//mp. weixin. qq. com/s/DgbMZkznJuF6V3fXASaUQQ

新闻稿传送门：(待添加)

问卷反馈：https：//www. wjx. cn/jq/74279734. aspx

编辑工作已经完成，点击“立即投稿”。

(8)注意查看稿件的审核状态，可能发生视频审核不通过的情况，应及时申诉。

(9)由于新闻稿出来的时间会晚一周，需要在新闻稿推送后，再次编辑添加新闻稿的网址。

(2020 年 6 月丁锐等修订)

材料三：GeoScience Café 成员感悟

遇见即是上上签

王　宇

不知不觉加入 Café 这个大家庭已经 1 年多了，还记得去年第一次参加月会拿到《我的科研故事(第四卷)》的欣喜，转眼间竟也要迎来《我的科研故事(第六卷)》的出版，时间过得真快!

我和 Café 的缘分源于 2019 年夏天，时值保研之际，我第一次来到武汉这个城市，参加实验室的夏令营，也有幸在夏令营听到 Café 负责人的宣讲，当时便对这样一个充满学术底蕴和气质的社团满怀向往。所以在研究生开学之初，我便加入了 Café，成为新部门办公室的一员。

但是对于 Café，我的归属感并不是一蹴而就的。或许由于本科一直在学生会工作，我对学生组织的印象是“完善”“关怀”和“约束”的，而我感受到的 Café 是“自由”“扁平”的，二者之间明显的差异让我一下子无法快速适应。而这份归属感，一直到我成为部长之后，与 Café 的小伙伴们有了更多“共患难”的经历之后，才逐渐坚定起来。直到现在，我也能更加理解并感激 Café 的这种社团气质，作为一个学术交流的垂类社团，它的“自由”和“扁平”弱化了部门之间的边界，更加强调一个大集体，同时也赋予了每个成员更大的权利，每个人都可以代表 Café 去邀请嘉宾，成为 Café 对外的名片。

除了归属感，这一年对 Café 最深刻的印象是“传承”，很多往届的 Café 负责人，即使已经不在社团工作，但是也会一直关注 Café 的发展，经常参加 Café 的月会，经常会给我们许多建设性的意见。那回归到主题，《我的科研故事》又何尝不是一种传承呢？从第一卷到第六卷，它记录的不只是嘉宾的科研故事，也记录了 Café 的故事。大家常说，“铁打的 Café，流水的我们”，我想，能够在《我的科研故事》上留下自己的名字，也不至于是雁过无痕、叶落无声。若干年后的 Café 成员们，回看这一卷卷的书籍，想必也能追溯到 Café 成长的痕迹吧。

在我短暂的两年研究生生涯中，能够和 Café 一起同行，能够跟这么多优秀的小伙伴一起工作，是我的幸事。在《我的科研故事》第六卷出版之际，祝福 Café 越来越好!

我与文稿

王　妍

《我的科研故事(第六卷)》中的每一篇书稿，从一场讲座开始，到整理成稿，到几次校对，最后到几轮审定，我都是见证者、参与者。

文编部面向 21 级新生的第一次会议，我和佳晟向同学们介绍了一篇文稿在成型的过程中，我们 Café 为此付出的努力。一位同学有点感慨地说："之前就看过《我的科研故事》，当时还以为这么精美的文稿是由嘉宾独立写就的，没想到是由 Café 那么多位同学在讲座语音的基础上接力完成的。"

没错，《我的科研故事》既是关于科研创新的故事，也是浸润了 Café 每一位同学的努力的故事，更是 Café 会一直坚持书写下去的故事。

我与 Café

魏敬钰

一年的时光流逝飞快，不知不觉间加入 Café 已经一年有余，在这段宝贵的经历里，我从 Café 讲座的听众到讲座的组织者，再到为 Café 的新媒体推送做出自己的贡献，其间种种难忘的记忆，在此时回想起来也是充满了温暖与感动。

与 Café 的初识是在大一，几乎是在初入大学最懵懂的时候发现了 Café 的宝藏讲座，虽然那时对讲座内容还不是很了解，但已是高山仰止，心向往之。大二上学期加入 Café 新媒体，平时编辑预告、推送新闻稿，也负责过讲座的筹备，在这个过程中不仅在每次的讲座中有收获，还从各位优秀的学长学姐身上学到了很多知识，学长学姐们还会给作为本科生的我提出建议，不论是在知识学习还是办事经验方面，Café 都教会了我很多。在接任新媒体部长一职后，我将更多的精力投入 Café 的组织工作当中，刚开始对微信公众号的运营还不太了解，一篇推文要反复修改、来回审核，才能推出，就是这样还是出过几次错误，好在 Café 的学长学姐们和上一任的雅梦姐都不厌其烦地告诉我如何改正、如何顺利流畅地编辑推文，终于摸索出适合 Café 新媒体的编辑过程。现在的新媒体工作推送说明已经经过了很多版的修改，公众号栏目也在 6 月进行了一次大改，更加适合新讲座推送的编辑与添加，流程变得更加完善，这些都是一路走来每一位 Café 小伙伴的汗水积累，我也为自己的参与感到满足与自豪。

最后，衷心祝愿 Café 这个温暖的大家庭越来越好！

相约 Café，相知相守

冯玉康

不知不觉中已经和 Café 相守一年有余，还记得第一次接触 Café 是在 2018 年的一次线下讲座，当时就被它的学术探讨氛围深深地吸引，但当时对于活动的幕后组织者团队还知之甚少。2020 年 9 月刚刚进入研究生生活的我也是抱着一种对学术的向往正式加入 Café 大家庭，并在 12 月成了运营中心部长。

首先进入 Café 每个人都要经历的就是做讲座负责人，在两名同学的协助下负责一场讲座活动的整个过程，我当时尽管有做讲座辅助人员的经历，但是独立负责还是有些诚惶诚恐。后来在 Café 负责人师兄师姐的帮助下，还是有条不紊地圆满完成了任务，尤其令我印象比较深刻的是每次办完讲座后师兄师姐都会叮嘱我们进行工作的复盘，对其中做得不好的地方加以总结，避免以后再犯。这种严谨态度让我感受到了团队工作的一丝不苟与精益求精。我也在一次次的讲座举办负责的任务中收获了成长，同时承办的几次讲座中与嘉宾的直接对话也让我对自己的研究方向有了更加深刻的认识。这也让我意识到在 Café 做的工作是一件很有意义的事情。

成为 Café 运营中心部长后，工作比以前还是多了许多，从图书礼物购买到设备管理，再到活动举办组织，都是对自己的一个考验。我个人的感受就是运营中心要时刻做好 Café 的后勤保障工作，为整个团队提供所需的支持。在这之中也是在运营中心团队小伙伴的支持帮助下，顺利组织了每次月会以及聚餐春游等活动。在十佳社团的竞选晚会中，我也很荣幸参与到风采展示的舞台剧表演中。总之在 Café 会有一群志同道合的伙伴和你一起努力，让每个人都能拥有强烈的归属感。

情不知所起，一往而深。很幸运当初选择了 Café 而成为其中一分子，也很高兴能在这个团队发光发热尽自己一份力。希望 Café 的未来光明而灿烂！

我的 Café 记忆

陈佳晟

“谈笑间成就梦想”

第一次听说 GeoScience Café 是疫情期间旁听毛飞跃老师的“科技写作”线上课程，当时大三的我对科研还十分懵懂，但依然毫无抵抗地被这样一个“谈笑间成就梦想”的社团所吸引。2020 年 8 月我加入 Café，开启了我学生生涯的又一段独特的旅程。多年以后，翻开《我的科研故事》第 N 卷，相信我会回想起当年我在国重 Café 收获的许许多多的“第一次”，认识的许许多多非常优秀的人。

讲座

我参与并负责的第一期讲座是 271 期李天伦“随心灵去漂流——疫情期间旅拍札记”，是一期以摄影为主题的人文类讲座，也是我第一次主持一场讲座，我还专门制作了人文类专属背景的海报，在讲座中学习到了很多人文摄影的经验，同时嘉宾的阐述让我又拓宽了对摄影的理解，至今仍令我记忆犹新。

在 Café 待了一年多的时间，完成了不少新奇的任务，但我始终认为最有成就感的事莫过于自己邀请嘉宾并举办了一场成功的讲座，我自己参与的 306 期胡瑞敏教授讲座和李仲玢、王梦秋、许艳青三位遥感院教授的讲座都给我留下了深刻的印象。讲座是 Café 梦开始的地方，是 Café 的精神内核所在，十年如一日的周五讲座是 Café 独有的浪漫。

《我的科研故事》

2021 年，作为 Café 的文稿负责人，肩上的担子着实不轻，但大概是信念和兴趣所在，每次在分发任务或整理校对时倒也不觉枯燥，一本书从前期讲座举办到文字稿的成形再到最终印刷出版真的很不容易，是整个 Café 团队共同参与的结果，记录了 Café 一年来的主要工作，当然也离不开讲座嘉宾们的配合与实验室的大力支持，每个流程都环环相扣，最终才能沉淀出一本本厚厚的图书。在书里读者能身临其境般与院士、知名学者、前辈学长们交流对话，了解他们的精彩故事中经历的酸甜苦辣，得以更好地去为自己的人生鲜艳上色，每当想到这些，我的内心总是充满了温暖与力量。

杨旭书记

2020 年秋天初次见面，杨书记给我的感觉就和一般的老师很不一样，同杨书记交流有如沐春风之感，一些蕴含哲理的话常常能令人豁然开朗，在过去的十余年里，他对 Café 的指导和关心帮助真的很多，由衷地感谢杨书记对 Café、对我们个人的支持与鼓励。杨书记说 Café 是“以奉献为价值，以参与为乐趣，因纯粹而轻松、而自在、而自由”，2021 年夏天他调职离开了国重，在为杨书记制作 Café 纪念册的过程中，我再次感受到了 Café 十余年里的传承与发展，曾经的许多成员都为杨书记手写了寄语，这个过程中历届的负责人又集结起来为同一件事而奋斗，难忘在星湖楼三楼会议室的夜晚，那一张张照片和寄语令人动容。

“快乐海盗船”

没想到转眼间我就在 Café 待了这么长时间了，2022 年，于我于 Café 都是崭新的一年。谁能想到首次的迎新舞会办得那样耀眼璀璨；谁能想到在社团大伙的齐心协力下我们真的拿下了十佳社团；谁能想到“珈山撷英 · 指点迷津”“研途指南”系列的相继推出，UPINLBS 2022 国际会议的协办，Café 这艘巨轮正坚定地驶向更广阔的天地；谁能想到和快乐海盗船的大家成了这么好的朋友；谁能想到在收集成员感悟的时候发现大家竟然都写得如此深情，真心想说一句：谢谢！很高兴遇见各位！

很喜欢之前雅梦师姐的一句感言“我们终将离开，但 Café 的发展就是我们奋斗过的痕迹”，我想在我年轻的生命中在 Café 奋斗的记忆将令我永远难忘，祝愿 Café 在未来的日子里不忘初心，推陈出新，越办越好！

我和 Café 的故事

张崇阳

最初加入 Café 的主要目标是希望尽快融入研究生生活，而在 Café 的一年中，我收获的却远远超过这些。

因为要参与直播工作，所以过去一年的讲座，我基本都听过。各位老师和师兄师姐们的研究思路、方法等让我获益良多。牛小骥老师讲授的惯导时间同步内容在日后的科研中给了我很大启示；宦麟茜师姐分享的视觉三维重建领域的科研经历也让我深深折服。“仰之弥高，钻之弥坚”，在 Café 聆听的学术报告，也潜移默化，成为我科研路上前进的动力。

在 Café 我还学习到了很多书本以外的东西。Café 的讲座直播，让我学到了很多直播方面的技能，如设备使用、软件操作等。记得见面会时，鹏超师兄给我们演示如何使用摄像机，那时我便对直播这个“新鲜玩意”产生了浓厚的兴趣。之后在晓玄师姐、程眴师姐的耐心指导下，经过一年的学习和实践，我也可以独立承担起一次讲座的直播工作。而这在一年以前，是不可想象的。

加入 Café，也让我遇见一群志同道合的伙伴。一年中我们一起聚餐、出游，一起承担工作的压力，一起聆听智者的话语。这些回忆也将成为我研究生生涯的一抹亮色。

Café 是我付出最多，也是收获最多的社团，真心希望 Café 能够越来越好！

感恩遇见

程 眴

研一开始前的暑假，我和刚认识没多久的小姐妹外出实习，借住在滞留北京的同事的一居室里。下班回家的路上，我俩总是津津乐道于今日所得所感，在聊天声中走入楼下的生鲜超市，采买蔬菜瓜果，再上楼做饭、锻炼。浸润在珍贵的友情之中，我越发体会到和志同道合的伙伴一起成长与奋斗的幸福感与意义，这也成了我加入 Café 的契机与目的。

回顾这一年在 Café 的日子，我却发现，在 Café 的收获远不止友谊。

感谢 Café 的指导老师们。陈锐志主任求真务实的精神，杨旭书记每一语中的教诲，吴华意老师的幽默风趣，蔡列飞老师的温柔与那些探索性的新想法，关琳老师言传身教的那些解决问题的逻辑，以及毛飞跃老师的真诚与热心，这些都是 Café 坚实的后盾。

感谢 Café 小伙伴们。那些嬉戏玩闹却不乏探索、成长与共同进步的日子，成为我最珍藏的回忆。

感谢每场讲座嘉宾带来的经历与故事。Café 的每场讲座里，都在讲述着成功与成功的多样性，以及失败的意义。写下这段文字之际，我也马上面临着人生的重大节点。每当遇到困难时，我总是会打开一本《我的科研故事》，看看测国重前辈们的故事，告诉自己，我还有很多可能性。

与 Café 相伴的日子

陶晓玄

Café 与我的故事，始于教学实验大楼门前张贴的海报，那时的她，是我心中圣洁的学术殿堂。怀着对学术自由的憧憬，2020 年的暑假，我正式成为了 Café 的小伙伴，逐渐一步步解锁 Café 的神秘背后。

最初从跟着师兄师姐按部就班地办讲座，到带着师弟师妹们“升级打怪”，克服讲座中的一个个小问题，“业务能力”不断提高的同时，我对 Café 的情感也在一点点变化着。从开始的社团身份属性和一月一度的参与每周讲座的深度负责，Café 早已成为我研究生生活中不可分割的一部分，深入骨髓，是归属，也是在实验室的另一个“家”。

在 Café，我修炼了十八般武艺：主持、策划、剪辑、直播……每一样都告诉我勇于尝试没有错；在 Café，我认识了一群可爱的人儿，收获了最纯洁的友谊；在 Café，我见识到了各色嘉宾的多样人生，也可以更加勇敢放手追逐心中理想。我想说，我在 Café 收获了更加完整的自己。

Café 带来的成长往往是全面和深刻的。还记得在 Café 我负责的第一场现场直播，用“按下葫芦浮起瓢”形容一点不为过，解决了直播中无声音、直播画面出现卡顿的问题，成员进入会议的提示音又持续打断讲座……正是这次讲座事故，让我清晰地意识到认真筹备是多么重要，plan B 在 plan A 失效时又是多么珍贵。Café 带给我的每一次“成长”都值得纪念和珍藏。

时光转瞬即逝，在 Café 的一年半，回忆起，仍犹如昨日，我愿将其定义为充实且快乐的日子。与 Café 一起度过的每一个周五、每一张记录讲座现场的合照、一起 DIY 的纪念册、一起行走在南昌的街头，每一件都是细碎而美好的回忆……我想无论何时何地，只要提起 Café，心中便会涌起回忆的热浪，美好而浪漫。

最后祝愿所有 Café 的伙伴们都能在与 Café 相伴的日子里收获感动与美好！

与 Café 的故事

马筝悦

2020 年暑假偶然看到了 Café 的招新推送，我便加入了这个大家庭。不久后迎来了月会和第一次聚餐，作为社恐的我与刚认识的师兄师姐们也聊得很开心，感受到 Café 轻松包容的气氛。如今在 Café 已一年有余，在这里的每一个瞬间仍清晰如昨。

最初对工作不太熟练，但仍然得到了大家的鼓励与肯定；后来也尝试了更多的内容，比如整理星湖咖啡屋文稿、与毕业生对接等。接触的工作越多，越发现 Café 在不同方面的认真严谨：讲座、直播、文稿等都形成了完整的流程，嘉宾邀请、线上宣传与成果整理都对接得有条不紊。同时，Café 也是一个充满包容与关怀的大家庭：讲座后观众和嘉宾会在一起探讨学术，月会时会为当月过生日的小伙伴庆祝，老师们也会定期与 Café 成员交流工作。

Café 是我 2021 年的重要组成部分，很高兴在这里参与了一些活动，见证了一些时刻。第 300 期讲座、《我的科研故事(第五卷)》新书发布会、准备十佳社团和社团文化节、为毕业师兄师姐制作毕业纪念册……当时的紧张、激动和感慨，回想起来仍历历在目。当然，更不必说和大家一起聚餐聊天、环东湖骑行的开心时刻，在这里，的确收获到了许多不一样的体验与感受。

Café 的老师们认真负责，关心 Café 与大家的发展；小伙伴们都是那么地友好热情，互相鼓励与帮助。在这里，我感受到了交流的重要性，感受到了大家对于学术的热爱与赤诚，这些都是激励我前行的动力与养分，这一切，都离不开 Café 的开放、自由、包容。

这一段记忆弥足珍贵，谢谢 Café 的老师、同学们，也祝愿 Café 越来越好。

我在 GeoScience Café 的日子

罗慧娇

我抱着学习的态度、锻炼自己的想法和交流开放的心态，于 2020 年 9 月加入了 GeoScience Café 这个大家庭，结识了许多志同道合的好友，并在此度过了大学本科的最后两个学期。Café 是一个温暖而包容的大家庭，特别注重细节和仪式感，倾听并尊重每一位成员的想法，重视人与人之间的交流，每个人都能在这里找到一种归属感。

在 Café 工作的这段时间，我和我的小伙伴们认真学习举办讲座活动的流程，积极参与到讲座活动的筹备工作中，互相体谅，互帮互助，配合默契，注重细节，严谨负责，尽自己最大的努力办好每一场讲座活动，为嘉宾营造一个舒适有序的分享氛围，为观众们提供一个开放包容的学习交流平台。我们在实践中学习，对结束的讲座活动进行总结，反思存在的问题，并在一次次的思维碰撞中解决问题，完善筹备讲座活动的流程，力求带给嘉宾们和观众们更好的体验。

在 Café 的悉心培养下，从第一次协助同伴成功举办一场讲座活动到第一次自己成功组织一场讲座活动，我学到了很多有用的技能，锻炼了与人合作交流的能力，养成了许多良好的习惯，观察到了自己的进步和成长。Café 的仪式感、包容、尊重和鼓励给我带来了许多温暖和感动，我相信在 Café 的这段难忘的成长经历会对我今后的人生带来许多积极的影响，我会带着 Café 给予我的精神财富迈向人生的下一阶段，成就更好的自己。

Café 印象

张晓曦

清楚记得第一次接触 Café 是 2020 年的 1 月 2 号，来国重偶遇一波同学拿着有 logo 的旗帜和条幅在门口拍照留念，等待同学的我被邀请做摄影师。拍摄完很好奇了解了一下社团，发现该社团的许多讲座都非常有意义，之前在一个校园活动中无意还帮拉过票。询问社团成员以后招不招新以及招新的要求，社团的两个同学非常耐心热情细致地跟我讲得很清楚，并邀请我一起拍照参加下期的活动。社团小伙伴们都很友善，整个氛围非常好，当天见到的社团老师也和蔼可亲。于是在新的学期我就加入了社团，但因学习工作缘故，时常不能到现场，(非常惭愧)只能在工作群默默支持关注并转发社团活动。每一期讲座和活动都认真地看并推荐给其他感兴趣的小伙伴(反馈都非常好)，大家都说我们社团的讲座和活动非常有意义，既有实验室专业相关的科普知识，也有人文社科浪漫情怀的主题，每一期的嘉宾不是大牛就是知名专家学者或者充满正能量的师兄师姐，仅仅是参与分享给大家的这些讲座就已经让我收获了很多平时没有学到的知识。在 Café 工作群两年才知道，每一期活动大到标题海报小到标点符号，包括后期的录音文稿整理以及线上线下的统筹，每个主题每个字都是小伙伴们认认真真仔仔细细做了很多功课和工作，大家一起推敲修改好多次才做好呈现出来的。所以说我觉得这是个很优秀的很棒的集体责任感很强的团体，能加入这样的团体一起学习成长我感到很开心。谢谢 Café 让我收获了一群新的小伙伴，并学习到了非常酷的知识！

我的 Café 故事

王　畅

加入 Café，留任 Café，选择和它一起成长，或许是我迈入研究生阶段做的第一件对我来说意义非凡的事情。这是一个奇妙的团队，它奇在一个人完成不了的事，但当我们聚在一起，就能所向披靡。

每一场讲座带给我的都是不同的宝贵的体验，而我作为 Café 家庭的一员参与到讲座中，更让我有归属感，也更有聆听的欲望。做好每一次前期准备，掌控好每一次讲座现场，组织好每一次有趣的活动，科研的严肃在 Café 也能津津乐道。

Café 的故事一本书怎能写完呢，它的故事每天还在上演，它每天陪着我们前行，它的故事还一直在我们心中，我们的脚下还一直有 Café 给予的力量。与 Café 一起，拥抱未来。

GeoScience Café，在谈笑间成就梦想！

董明玥

虽然我早在大一时就听闻《我的科研故事》和 GeoScience Café 的大名，却直到迈入研究生阶段才正式加入，大概是因为太崇敬了吧，猜想这是一个诞生科学思想的地方，在本科时只敢远远地瞻仰。然而当我终于来到这里时，才感到相见恨晚。这里的人都是那么的温暖而亲切，就像一个大家庭，无论来自哪个学院、哪个年级，我们总能在这里收获最真挚的友谊。还记得招新面试时师兄师姐们热情的笑容让我激动不已；记得第一次操场见面会时，伴着夏天的暖风和吉他我们玩着游戏唱着歌，一遍遍熟记下每个人的名字；记得第一次月会聆听前辈们的故事，如沐春风，备受振奋……

短短半年的时光里，曾经陌生的面孔变得熟悉得不能再熟悉，而我也从会为讲座紧张一整周的萌新，仿佛一夜之间就成长为了 Café 的负责人。还记得上一届的负责人晓玄姐曾对我说过："有付出就会有收获，当需要承担起这个责任时，你自然而然就不能也不会再胆怯。"如今想来确是如此。每周讲座的组织筹办、嘉宾的邀请、每期讲座新闻稿的审核、月会的组织……当一个个任务接踵而至时，我体会到了负责人的工作并不轻松，但也让我有了越来越强的使命感，促使我去不断思考 Café 的价值和未来进一步发展的可能。我的小伙伴们也是如此。我们不断地有了新的想法并畅谈，去撞击出新的火花，然后非常认真地去完成。于是有了第一个"十佳社团"的荣誉称号，有了第一个充满震撼力的宣传视频，有了第一个求职指南就业沙龙……可能这就是 Café 的生命力之所在吧，怀揣一颗赤诚之心，毫无保留、无拘无束地“在谈笑间成就梦想”。

从这个口号的提出到传承至今已经过去十三年了，十三年间可以改变很多事，却丝毫没有淡去 Café 的信念和传承。每每想到这里我都深受感动。一代又一代的 Café 人在这里书写了他们的青春篇章，并用他们的故事滋润和哺育着后人。很荣幸我能成为他们中的一员，并无愧于 Café 的精神。衷心希望 Café 的火种能一直传递下去，直到永远！

“快乐海盗船”的故事

马占宇

故事开始于 2021 年的冬天，11 个青年一行人带着五十几个“小喽啰”登上了一艘探险船，据靠岸的船员们说，能登上这艘船的人都是天选之子，并在这艘船上见证世人未曾见过的奇观，于是六十余人满怀憧憬，乘船向未知的远方驶去。

“快乐海盗船”这个船名是船长畅姐取的，为什么取这个名字船上无人知晓，据说与中国的一句民间俗语有关。船长是个雷厉风行、又酷又飒的女子，她享有船上所有大小事务的最终拍板权，她的终极武器是@全体成员，在某个风和日丽的午后，或者群星璀璨的夜晚，她常会拿起这个武器挥向全体船员，常会惊得船员一身冷汗。但也正是因为有了畅姐和明玥姐，整艘船也得以平稳运行。明玥姐是船上的二号人物，碰到所有船员时都笑靥如花，但当船员们没有完成好任务或者写新闻稿拖拖拉拉或者上传视频拖拖拉拉时，这位二号人物会拿出连畅姐都没有的飒能量督促船员们完成任务。经历过的船员们都知道，当那一刻来临时，他们要么赶紧干活，要么当场跳船。

副船长是梦子，本来古今中外都是没有副船长这个职务的，但她一上船就快速钦定自己为副船长，船上的人也就默认了。人如其名，副船长是一位凡人在梦里才能见到的仙女子，每经过一座岛屿、经历一次探险任务，都是梦子船长带着几位船员一起用新闻稿记录每次探险的收获。去年做这件事情的人是晟大哥，他是个老实中夹杂着些许狡黠、随和中搭配着些许幽默的关键人物。一般来说，在船上待一年就靠岸休息了，但由于晟大哥工作得太出色，被船员们苦苦挽留在船上了。筝悦也是船上的另一位老船员，但是她的实际年龄是十一人当中最年轻的，所谓“年少有为”说的就是如筝悦般的船员了。

提到去年就在船上的老船员，还有一位就是阳哥了。与晟大哥不同，阳哥是个狡黠中不带一丝老实、幽默中不带一丝随和的老领导，他带领着另外三位船员——毛子哥、琪姐和小马哥一起直播每次探险活动，据这三位下属介绍，阳哥自带一股阴阳之气，船上几乎所有船员都经历过阳哥的阴阳，能压制住这股阴阳之气的唯有正义的晟大哥，压制之法就是比阳哥更阴阳。值得一提的是，阳哥和毛子哥不和其他船员们一起靠岸，他俩在中途前往古时候神圣罗马帝国的所在地，开始新一轮的探险活动。

主管船上财政大权的是一个叫泉哥的人，在每月一次的例行狂欢活动中，泉哥会为所有船员们带来饕餮盛宴，这与他对美食和美酒的执着偏好是分不开的。大为大哥负责向外界传播每次探险活动的预告和新闻稿，在他的经营下，我们这艘海盗船声名远扬。听说靠岸前大为大哥还为今年的探险活动做了一首绝美的散文诗，让我们共同期待。

不知不觉，船就要靠岸了，但船上的故事绝不止于此，“开放日”活动、新年舞会、冲击“十佳社团”、信操迎新等这些故事我都会永远珍藏在心底。这一年，船上所有的老师、师兄师姐和小伙伴们都已经成了家人，每周五晚上共同准备的讲座，每一场共同构思的大型活动，每一次对社团现状的反思讨论……这一年时光见证了我们每个人的笑颜，我也将所有小伙伴们镌刻着青春的笑颜记在了心底。如果有幸在未来的某时某刻撞上某个船员，我们一定会热情相拥，就像抱住了那段同在一艘船上的美好时光。在多年之后，读着这一年的新闻稿，打开这一年的聊天记录，翻看这一年的视频相册，发生在 2021 年和 2022 年“快乐海盗船”上的故事就会再次上演。

我和 Café 的故事

赵　泉

Café 是什么？对我来说是学习科研的好帮手，是团结友爱的大家庭，更是宝贵的精神家园。

从首次参加讲座的收获满满，到萌生加入 Café 的想法；从信操见面会的初识，到无话不谈的信任；从生日聚会的欢声笑语，到十佳评选时的紧张与期待。Café 的故事串联起了许多美好的回忆，在我的青春中留下了浓墨重彩的一笔，成为枯燥平凡生活中的一抹亮色。

或许若干年后还会想起，有那么一群学生聚在一起，能够邀请各个领域的大咖举办讲座，还能够把自己的科研故事出版成书，是多么难能可贵的一件事。无论是与李院士的面对面采访，发表 *Nature*“大牛”的经验交流，就业考试的经历分享，还是天文科普，甚至考古研究，在 Café 的收获大大拓宽了我的视野，远远超过书本上所能学到的内容。聆听前辈们的真知灼见和宝贵经验，使我不再拘泥于眼前的一事一物，而是延伸到更深入和更广阔的天地。

十多年的一代代 Café 成员接力坚守，才有了 Café 今天的成就，愿 Café 这面旗帜永远飘扬！

我的 Café 故事

阮大为

白驹过隙，时过境迁。原谅我太久未曾执笔，找不到合适的语句去倾诉这密密麻麻的情思。

聚散有时。Café 于我，是弱水三千我独取的那一瓢，我于 Café，则是播撒的万千种子中那幸运的其中一颗。很幸运与 Café 结识，在这个温暖的大家庭中度过这段温馨难忘的时光。不论是信操初识时与大家围坐一圈的笑谈，还是实验室四楼报告厅里共同忙碌的身影，都是一起并肩同行的最好回忆。我听人说，无论何时处于何种阶段，都需要给自己的回忆留下痕证。所以我在 Café，奋笔书写青春，而回忆无休无止。

两株草木并生，则彼此相依互相缠绕，永生在对方最近的身侧。而万千草木共盛，则万般璀璨且生生不息。Café 的故事便是这样的，这个故事将由很多人撰写，从扉页到最新的篇章，很多次都觉得多幸运能成为其中一个小小的执笔者。而这故事将会一直传承，从第一卷启航，到如今的第六卷，再到之后的很多很多卷。

我不知道 Café 的故事将会延续多久，希望是永远永远，尽管我将暂别。那些短暂的相遇，短暂的美好，会不会在心里埋下长久的种子。我越来越相信，用爱来连接着的人，一定会重逢，在某个时间，某个地点，以某个现在的我无法想象的形式，又或许在彼此的脑海和广袤的银河星海里，我们早已经无数次电波碰撞，无数次喜悦相逢。

最后，祝福 Café，也祝福你我。

刚好遇见你，刚好遇见自己

许梦子

"流光容易把人抛，红了樱桃，绿了芭蕉"，日月如梭，瞬息光阴，晃眼间与 Café 相识相知已有一年。每每回想来时路，心中的感恩之情仍然如同一汩清泉，源源不断，伴随着我一步步地成长。

这一年，很感谢 Café 的指导老师们，他们如长明的灯塔，教诲不倦，在繁忙的事务之余为我们指点迷津。他们亦师亦友，恰如缕缕春风，吹散我前行的迷雾。

这一年，很感谢 Café 的伙伴们，他们如随行的影子，身临左右，一起为社团更美好的发展添砖加瓦。他们朝夕陪伴，好似篇篇文稿，记录成长的足迹。

这一年，很感谢 Café 的嘉宾们，他们如闪耀的榜样，披荆斩棘，向我们分享学业与生活中的故事与心得。他们倾力相助，仿佛声声鼓响，激励奋进的灵魂。

还未进入 Café 之前，我曾担忧过，我会不会不适应新的社团氛围，毕竟每一期讲座涉及的专业领域千差万别。然而，令我惊喜的是，这些顾虑在老师们和同学们的帮助下一一打消，这也是我在 Café 感悟最深的一点——求同存异。

我越发地明白，我们处在一个团体中必须尽可能地步调一致，寻求共同点，一同携手迈进，才能发挥团队精神的作用。但是与之并进的，是要尊重每一个人的不同，给予每一个人展现自我的平台与空间，把个人的亮点转变成团体前进的动力，以此激发我们的积极主动性，增强归属感，为团队的发展注入新的活力。求同存异，让我们可以更好地学会尊重彼此，学会友好合作，学会接纳与包容，学会学习与生活。

从邀请嘉宾到组织安排人员，再到海报制作、通知发布和现场布置，以及同步直播、拍照主持和新闻稿撰写等，这些规范流程让我快速上手。大大小小讨论会的策划、每一期讲座的实施、《我的科研故事》文稿的整理、《星湖咖啡屋》专栏的筹备等，细碎的时光里留下的都是成长与进步。

Café 如一杯醇厚咖啡，回忆往昔仍唇齿留香。

Café 若一颗永夜明珠，黑暗之中仍熠熠生辉。

Café 似一位北方佳人，安静伫立仍倾国倾城。

“年年岁岁花相似，岁岁年年人不同”。我挥手，以往的路已经远走；我回望，社团创办的梦依旧还在。作为 Café 人，我将铭记培育之情，带着这份感动继续努力奋斗，脚踏实地，仰望星空。

Café，因为刚好遇见你，也刚好遇见一个更好的自己。

祝愿 Café 的影响力更加庞大，培养更多的人才，未来更加辉煌，更加美好！

我的 Café 回忆

毛井锋

一直在想多年后，当我回想起我的武大研究生时光，我会想到什么？是机房的夜战，是宿舍的畅聊，是工网的网球，还是小明的肉串……这一切犹如一颗颗闪亮的星星，挂在我的脑海里。但在这记忆的星空中，那轮最耀眼的明月一定属于 GeoScience Café。

初与 Café 结缘是 2021 年 5 月的一场出国讲座，从此 Café 便成为我人生道路的一盏明灯。在这里，我接触到了各类方向的老师教授，这让我充分拓宽知识眼界，加深学科理解。在这里，我接触到了优秀出众的师兄师姐，这让我学习前辈经验，规划人生道路。在这里，我接触到了能力出众的技术大牛，这让我了解行业发展，积累就业资源。伴随着 Café 的每一场讲座之旅，我也从台下的聆听者逐步变为台后的组织者。每一次直播，每一篇新闻，每一场月会，Café 总能带给我成长与快乐。

当然，Café 带给我的远远不止这些。当踏上“海盗船”船板的那一刻起，我注定将经历人生的一场非凡之旅。忘不了和安琪在超市里晕头转向，犹豫不决；忘不了和梦子在音乐中互相踩脚，狼狈不堪；忘不了和崇阳小马蹲在乌黑的影厅里，一边直播讲座，一边谈天说地；忘不了与畅畅、佳晟坐在艺术学院的大厅里，一边录着视频一边观赏着毕业大戏；忘不了讲座后被明玥催促着赶写新闻稿；也忘不了月会前叮嘱泉哥多定几个鸡腿堡；忘不了和大为在桌游桌上“尔虞我诈”；忘不了和筝悦在蛋糕桌前高唱祝福。新年舞会，冲击“十佳”，操场迎新，日常讲座，我们在汗水中收获成长的印迹，我们在欢笑中收获珍贵的情谊。

海盗船缓缓地驶向岸边，但 Café 的故事却还远远未到终点，这是关于传承与发扬的故事，这也是关于创新与进步的故事，每一位书写者都用他们的青春构筑着新的篇章。希望 Café 的故事能够一直写下去，而作为 Café 人，我也将牢记 Café 精神，心怀感恩之心，继续前行。

此时此刻，望向慕尼黑深夜的星空，时光仿佛回到了 2021 年 9 月和海盗船伙伴们初识的那个夜晚，大家一同记着名字，吃着零食，聊着对于 Café 的憧憬与期待。而从那一刻起，我们便注定将一同“在谈笑间成就梦想”。

2022 年 10 月 31 日凌晨于慕尼黑

我和 Café 的故事

王　剑

我最初了解 Café 是还在中国矿业大学(北京)读硕士时，那时是通过别人分享的宣传海报看到了感兴趣的一期，然后就加 QQ 群、关注 B 站账号与微信公众号三连，自此一直对 Café 有关注。这个阶段主要是观看、学习感兴趣的讲座视频、阅读公众号推文，也对武大与 Café 产生了向往。

后来我如愿来到武大读博，线下听的第一期讲座是 315 期卢晓燕师姐的学术讲座，当时感觉暖场音乐很好听、现场氛围好棒、讲座内容很硬核、嘉宾与社团成员很优秀、水果也很香甜。之后也参加了一次国重实验室主办的活动，认识了一些 Café 的朋友。随后因对科研的热情与充实生活、结识朋友的想法，我正式加入了 Café。

在 Café 的这段时间，我觉得 Café 是个非常棒的组织，不仅举办囊括科研、求职、人际交往等方面的讲座，让我得以提升能力、拓宽眼界，更让我认识了许多优秀的同学朋友与同行前辈，还举行了许多团建活动来增进友谊、放松解压。让我形容 Café 的话，我觉得“守正创新、开放包容”最为贴切。

总之，Café 是我心目中武大最好的社团，没有之一!

材料四：GeoScience Café 的日新月异

一、GeoScience Café 新媒体的发展

微信公众号“GeoScienceCafe”和 bilibili 主页“武大 GeoScienceCafe”是目前 GeoScience Café 的主要新媒体平台。

作为 GeoScience Café 的主要新媒体之一，微信公众号“GeoScienceCafe”以“小咖”的形象为用户及时推送每期讲座预告、讲座内容速递、星湖咖啡屋系列活动等 Café 相关活动动向，并不定期转推测绘遥感领域的前沿讲座信息。自 2014 年 10 月 1 日建立以来，公众号不断在功能和内容上进行完善，努力为一直关注 GeoScience Café 的朋友们提供更加便捷的线上服务。2017 年开始，公众号每年年底进行年终讲座盘点并举行留言送书活动，受到了朋友们的广泛支持。公众号用户量呈逐年上升趋势，从 2015 年的 61 人，2016 年的 305 人，2017 年的 1282 人，2018 年的 2570 人，2019 年的 4710 人，2020 年的 8448 人，2021 年的 9705 人，在 2022 年 3 月 12 日突破 1 万，截至 2022 年 4 月 17 日，订阅总用户量已达 10179 人。

2016 年至今(2022 年 4 月 17 日)累计发出图文 708 篇，随着 GeoScience Café 影响力的扩大，推送阅读量逐年上升。2020 年 11 月至 2022 年 4 月，公众号共推送图文 157 篇，其中 70 篇阅读数超过 600。最高的阅读量来自“【星湖咖啡屋】第 27 期：张娜 —— 慕尼黑工业大学中德双硕士学习心得分享”，达 2671 次。

bilibili 主页“武大 GeoScienceCafe”作为 GeoScience Café 的另一种形式的新媒体，为大家提供了观看往期精彩视频的平台。GeoScience Café 活动的每期视频经嘉宾允许后，会上传至 bilibili 主页“武大 GeoScienceCafe”(https://space.bilibili.com/323070303/)。2018 年 Café 视频平台由优酷(http://i.youku.com/geosciencecafe)转到 bilibili，截至目前已上传 106 个视频，累计播放量达 8.3 万，截至统计时间 2022 年 4 月 21 日，粉丝数已达 7148 人。其中，播放量达 500 次以上的有 73 期，达 1000 次以上的有 21 期。单期播放量最高达 8642 次，为“【GeoScience Cafe】227 期-境外访学经历-认识更好的自己-高华-冯鹏”。

此外，Café 还提供了 bilibili 直播，致力于让更多的受众通过更便捷的方式来认识 GeoScience Café，了解武汉大学在测绘遥感领域的研究工作，并参与到相关主题的讨论与交流中。随着工作流程的逐渐成熟，目前已基本解决画面与音频质量问题，观众对直播质量的反馈越来越好。同时，直播内容不仅限于 Café 讲座，也扩展到了实验室举办的各类会议活动，取得了较好反响。

(2017 年 4 月史祎琳、王源撰写，2019 年 4 月杨舒涵修改，2020 年 11 月王雅梦修改，2021 年 11 月魏敬钰、冯玉康修改，2022 年 4 月阮大为、赵安琪修改)

二、GeoScience Café 功能型党支部建设

GeoScience Café 在办好讲座、服务师生的同时，也积极响应武汉大学校团委的号召，为进一步加强社团内党团基层组织建设，推进社团中学生党员、团员和成员的思想政治教育，于 2020 年 9 月正式成立了功能型党支部。

截至 2021 年 12 月，党支部共有正式党员 9 人，预备党员 3 人，共青团员 23 人。党支部成立以来，充分发挥社团活动组织上的优势，将思想引领融入 Café 月会和社团自发活动中，鼓励社团成员于活动中切身感受并体悟吾辈青年应具有的精神品格。一年来，Café 组织参与了系列党建活动：2021 年 3 月 9 日，Café 成员参与“伟大精神谱系，百年奋进风华”武汉大学研究生党员党史学习教育系列活动启动仪式暨全国高校党史接力宣讲会；2021 年清明，参与“缅怀革命先烈，弘扬红色志愿”清明节祭奠英烈等活动，社团成员自发组织前往红色地标城市南昌参观八一起义纪念馆，开展党史及红色文化学习；2021 年 11 月 18 日，社团指导老师关琳老师带领成员集体学习“十九届六中全会公报和习近平总书记关于青少年学生成长的重要要求摘编”等党的创新理论。2022 年 1 月 20 日，社团成员代表采访李德仁院士，深入学习“科研报国精神”。

Café 的功能型党支部建设受到了校团委等各方的关注。2021 年 4 月 7 日，湖北团省委书记周森锋一行莅临实验室特地考察指导了 Café 工作(附图 4.1)。2021 年是 Café 党建工作的起点，上述系列活动是 Café 党建工作的宝贵经验，在此基础上，Café 应当因“地”制宜，将党建活动办得更具社团特色、更加贴近社团成员。

附图 4.1 湖北团省委书记周森锋莅临指导

(2022 年 1 月陶晓玄撰写)

三、承办协办国内国际会议

GeoScience Café 在经过一年线上讲座的摸索后，形成了完善成熟的线上活动开展流程，并以此为桥梁，顺利与国内外会议主办方达成合作，成功完成了 2021 年智能定位与感知学术研讨会的承办与 2021 年中国行为地理学术年会暨第十七次空间行为与规划学术研讨会的协办工作。

2021 年智能定位与感知学术研讨会于 2021 年 5 月 22 日召开(附图 4.2)，以“智能定位与感知”为主题，邀请了国内外 13 个单位的 17 名学者，围绕北斗+5G、视觉+AI、导航定位、自动驾驶等四大领域前沿理论和重大应用的最新进展展开交流和讨论。此次会议线下会场与线上直播同时进行，直播工作由 GeoScience Café 全程负责，以 Café 的 B 站账号为媒介进行，吸引了 3800 名观众在线观看，收获了师生们的一致好评，也进一步丰富了 GeoScience Café 线上会议承办的经验。

附图 4.2　2021 年智能定位与感知学术研讨会

2021 年中国行为地理学术年会于 2021 年 11 月 20 日至 21 日举办(附图 4.3)，由中国地理学会行为地理专业委员会主办，武汉大学测绘遥感信息工程国家重点实验室等单位承办。会议以线上会议和网络直播为主。大会线上报告人气峰值达到 1.8 万，8 个分论坛参加人数均在 3000 人以上。其中 GeoScience Café 为大会的筹办提供了设备支持与技术支持。一方面，GeoScience Café 为武汉分会场提供了摄像机、直播电脑、视频转换器等硬件设备；另一方面，GeoScience Café 也和主办方一起进行直播方案测试、直播软件测试等，为大会的顺利召开作出了重要贡献。

2022 年 3 月 18 日至 19 日，室内定位、导航与位置服务(UPINLBS 2022)国际会议在武汉大学召开(附图 4.4)。由中国测绘学会、武汉大学测绘遥感信息工程国家重点实验室等单位承办，GeoScience Café 协办。其中 GeoScience Café 为大会提供人员、设备以及技术等方面的支持，为大会顺利召开提供重要保障。本次会议采用线上线下相结合的方式，设

附图 4.3　中国行为地理学术年会开幕式武汉分会场

置一个主会场与 17 个分论坛进行同步直播。为期两天的会议同时在线人数超过 3000 人，累计访问超过 3 万人次，影响广泛。

附图 4.4　GeoScience Café 成员与参会师生合影

（2022 年 4 月陶晓玄、张崇阳撰写）

四、“风扬珞珈，雨润山人”——校友经验交流系列分享活动的开展

校友文化在高校精神文化传承中发挥着重要作用，是高校影响社会、社会影响高校的有力纽带，也是提高高校办学影响力、社会影响力的可靠途径。为了当面向优秀校友学习与交流，依托于实验室及老师们的支持，GeoScience Café 于 2020 年 11 月初开展了“风扬珞珈，雨润山人”——校友经验交流系列分享活动，邀请重点实验室及信息学部其他院系的优秀校友，为我们分享他们的人生经历与经验感悟，扬起珞珈风尚，滋润山人心境。

通过实验室老师们的推荐及同学们的评选，我们采用线下讲座交流和线上直播互动相结合的方式，并借助微信公众号和 B 站等新媒体方式进行讲座内容的共享，让活动受惠于更多武大人和校外人，传播珞珈精神。

截至 2022 年 3 月初，系列活动已举办 14 期，反响良好，涵盖领域十分丰富，包括就业求职指导、应用技术前沿、创业、留学、科考经历分享等，观众的参与积极性较高。应邀的校友不仅与同学们分享了他们的人生经验，而且解答了同学们的许多疑惑。往后，“风扬珞珈，雨润山人”——校友经验交流系列分享活动还会继续举办，力求让更多的同学受益。

（2020 年 12 月王雪琴撰写，2022 年 3 月陈佳晟修改）

五、GeoScience Café 第 300 期讲座举办

依托于实验室老师的支持，GeoScience Café 第 300 期讲座于 2021 年 5 月 8 日晚举行（附图 4.5、4.6），嘉宾为四川大学公共管理学院副教授李诗颖，讲座主题为“应对压力与焦虑：如何真正爱与接纳自己”。

本期讲座采用线下交流与线上直播互动相结合的方式，通过微信公众号和 bilibili 等新媒体平台实现讲座内容共享，讲座现场超过 50 人参加，互动交流频繁，观众反响良好。

嘉宾首先带领观众正确认识和评估压力与焦虑，并通过引入“安静自我”“正念”与“流”等概念，教授了一些缓解压力焦虑的小方法。李诗颖老师提到，很多时候我们看不到世界的全貌，焦虑的东西也许是不存在的。活在当下并接受未来的不确定性、无条件地接纳自己，可以在一定程度上缓解压力与焦虑。

第 300 期讲座的成功举办是一个重要的节点，一届又一届 Café 成员们践行着“谈笑间成就梦想”的理念，坚持学术交流与分享，同时充满人文关怀，涉猎更多专业之外的领域。学术讲座是 Café 的核心与底色；人文讲座则是 Café 系列讲座中不可缺少的部分，是枯燥科研生活中的一阵清新宜人之风。系列讲座的举办，为实验室同学们丰富学科知识、学习优秀榜样、拓展知识体系、发展兴趣爱好提供了良好的契机，也在学科交叉中为科研

带来新的启迪。

从 2009 年创办至今，GeoScience Café 每一期讲座的成功举办，都离不开实验室老师与同学们的支持。新的节点，GeoScience Café 将继续扬起风帆、破浪前行，举办更加优质、多元的讲座，更好地服务实验室以及其他院校的师生群体。

附图 4.5　李诗颖老师作精彩报告

附图 4.6　李诗颖老师与全体观众合影留念

（2022 年 4 月马筝悦、陈佳晟撰写）

六、GeoScience Café 主办协办实验室大型活动

2022 年 1 月 18 日晚，GeoScience Café 主办实验室第一届“花样年华之舞，青春寻梦之旅”师生迎新年舞会(附图 4.7)。在曼妙的音乐和五彩斑斓的灯光中，男士们风流倜傥，女士们风姿绰约，老师与同学们载歌载舞，沉醉其中。这是 GeoScience Café 在老师们的鼓励和指导下，首次尝试举办文艺活动，在学习科研的同时陶冶情操，让师生们在“成就梦想”的道路上，也能拥有丰富多彩、富有情趣的生活。

附图 4.7　GeoScience Café 主办实验室 2022 年迎新舞会

2021 年 12 月 19 日，GeoScience Café 参与协办 2021 年 LIESMARS 开放日暨建党百年科技报国成果展。简单有趣的飞镖投掷游戏和趣味答题吸引了大量师生的参与(附图 4.8)，Café 成员还作为讲解员带领游客们了解“珞珈一号”等卫星的设计与研发情况。作为开放日重要环节的 GeoScience Café 第 318 期讲座“光学卫星遥感影像高精度智能处理与实时服务”则为师生们讲述了国家科技进步一等奖背后的故事。作为实验室重要的学术类社团，GeoScience Café 近年来也越来越多地参与到实验室的一系列大型活动中。

附图 4.8　GeoScience Café 协办 2021 年 LIESMARS 开放日

（2022 年 5 月陈佳晟撰写）

七、GeoScience Café 荣获武汉大学“十佳学生社团”的称号

2021 年 5 月 13 日，经过一个月的准备，历经学校初审考核、现场答辩等环节，GeoScience Café 最终从全校 400 多个学生社团中脱颖而出，以总分第六的优异成绩荣获武汉大学 2021—2022 学年度“十佳学生社团”称号(附图 4.9)。武汉大学“十佳学生社团”评选活动是由武汉大学团委和学生社团指导中心组织举办的代表学校社团最高荣誉的活动。社团的前辈们代代传承下来的精神和工作支撑着现在的 Café 取得了“十佳学生社团”的好成绩，这也是 2009 年社团成立以来，第一次获此殊荣。

Café 一直以来重视思想传承，从最初的一方书桌，到如今的累计 200 余名成员，300 多期讲座，15 万参与人次，一代代 Café 人书写着灿烂篇章。在未来的日子里，Café 会继续创新发展，不断为同学们带来更多优质讲座，让广大师生在交流与分享中感受科研的魅力，迸发思想的火花。

附图 4.9　GeoScience Café 首次荣获武汉大学“十佳学生社团”荣誉称号

（2022 年 5 月王畅撰写）

材料五：后记

“呦呦鹿鸣，食野之苹，我有嘉宾，鼓瑟吹笙。”GeoScience Café 已经陪伴大家度过了十多个年头，300 多个难忘的周五傍晚。从业界泰斗到千人计划、长江学者，再到科研牛人、求职/创业达人，他们无私地和我们分享他们成功路上的经验与汗水。这些精彩不应该仅仅留存在当晚的回忆里。如何让这些经验得到更广泛的传播，能够在更大的时间和空间范围中使更多的人获益？这就是《我的科研故事》系列丛书的意义所在。

《我的科研故事(第一卷)》出版于 2016 年 10 月，内容覆盖范围为 GeoScience Café 第 1—100 期学术交流活动，包括 5 期特邀报告和 24 期精选报告，时间跨度为 2009 年到 2015 年 5 月。《我的科研故事(第二卷)》内容覆盖范围为 GeoScience Café 第 101—136 期学术交流活动，包括 6 期特邀报告和 9 期精选报告，时间跨度为 2015 年 6 月到 2016 年 7 月。《我的科研故事(第三卷)》内容覆盖范围为 GeoScience Café 第 137—186 期学术交流活动，包括 10 期特邀报告和 13 期精选报告，时间跨度为 2016 年 8 月到 2018 年 1 月。《我的科研故事(第四卷)》内容覆盖范围为 GeoScience Café 第 187—219 期学术交流活动，包括 9 期特邀报告、8 期精选科研报告和 7 期精选人文报告，时间跨度为 2018 年 2 月—2019 年 1 月。《我的科研故事(第五卷)》内容覆盖范围为 GeoScience Café 第 220—257 期学术交流活动，包括 7 期特邀报告、6 期精选报告和 7 期专题报告，时间跨度为 2019 年 2 月—2020 年 6 月。《我的科研故事(第六卷)》内容覆盖范围为 GeoScience Café 第 258—306 期学术交流活动，包括 7 期特邀报告、8 期精选报告和 10 期榜样小传，时间跨度为 2020 年 7 月—2021 年 9 月。

年轻的 GeoScience Café 在这十余年间从未停止成长的脚步，团队规模不断扩大，目前设立了四个部门：办公室、运营中心、新媒体中心和文编部。办公室的职能是社团文件资料及财务管理。运营中心的职能是增强团队内部的凝聚力，具体负责团队建设与活动组织，例如月会和素质拓展。新媒体中心的职能是扩大宣传面，提升品牌形象，主要负责 Café 的微信公众号运营及 QQ 群维护。文编部的职能是负责社团文字编辑相关工作，并辅助《我的科研故事》系列丛书顺利出版，把握好“文字关”。

回首过去的一年多，GeoScience Café 的发展遇到过许多阻碍，但终能乘风破浪，找到属于它的前进方向。

2020 年 9 月，GeoScience Café 开始了新一轮的秋季招新，组建了拥有 74 名成员的“Café2020 小伙伴夸夸群”。同时，Café 积极响应武汉大学校团委的号召，在实验室指导下成立功能型党支部，进一步加强社团内党团基层组织建设。

2020 年 11 月，“风扬珞珈，雨润山人”校友经验交流系列分享活动正式启动，为同学们搭建了与优质校友交流学习的桥梁。

2021 年 5 月，GeoScience Café 参与 2021 年智能定位与感知学术研讨会的承办，负责全程直播工作，这是 Café 开拓的直播技术在学术会议上的首次亮相。5 月 8 日，GeoScience Café 第 300 期讲座成功举办，李诗颖老师引领大家应对压力与焦虑，学会真正爱与接纳自己。

2021 年 6 月，GeoScience Café 举办了《我的科研故事(第五卷)》发布会，现场来了许多 Café 的老朋友及粉丝们。

2021 年 9 月，新一年的秋季招新再度开启。9 月 24 日，GeoScience Café 第 306 期讲座，由胡瑞敏教授带来的“如何成为一名优秀的研究生”成功举办，反响热烈，为众多年轻学子指引了方向。

2022 年 5 月，历经初审考核，现场答辩等环节，GeoScience Café 以总分第六的优异成绩首次荣获武汉大学“十佳学生社团”荣誉称号。

“谈笑间成就梦想”，简短的口号，诚挚的愿望，思想的火花在这里碰撞，学术的成果在这里交流，人生的选择在这里畅谈。GeoScience Café，在谈笑之间成就我们的梦想！

(2017 年 3 月孙嘉、郝蔚琳撰写，2019 年 7 月董佳丹、龚婧修订，2020 年 11 月王雪琴修订，2022 年 6 月陈佳晟、董明玥、阮大为修订)

附录二　中流砥柱：GeoScience Café 团队成员

编者按： 在 GeoScience Café 品牌成长的背后，站着一批又一批的 GeoScience Café 团队成员，他们穿梭于台前幕后，孕育了一期又一期精彩绝伦的学术交流活动。本附录尽可能准确地记录了 2021—2022 学年在 GeoScience Café 工作过的成员名字和部分合影照片，见证 GeoScience Café 羽翮已就。

● 指导教师

杨必胜　陈锐志　秦后国　杨晓光　杨　旭　吴华意　张　婧　汪志良　董　震
陈碧宇　蔡列飞　关　琳

● 负责人

2009.03—2010.09：熊　彪　毛飞跃
2010.09—2011.08：毛飞跃　陈胜华　瞿丽娜
2011.09—2012.08：毛飞跃　李洪利
2012.09—2013.08：李洪利　李　娜
2013.09—2014.02：李洪利　李　娜
2014.03—2015.02：张　翔　刘梦云
2015.03—2016.01：肖长江　刘梦云
2016.01—2016.12：孙　嘉　陈必武
2017.01—2017.11：陈必武　许　殊　孙　嘉
2017.12—2018.10：龚　婧　郑镇奇　么　爽
2018.11—2019.11：董佳丹　杨婧如　李　涛　修田雨
2019.12—2020.12：黄文哲　李　皓　王雪琴　丁　锐　王雅梦　卢祥晨
2021.01—2021.12：程　晌　陶晓玄　杨鹏超　陈佳晟　马筝悦　张崇阳　王　宇
王　妍　冯玉康　魏敬钰
2022.01 至今：王　畅　董明玥　陈佳晟　张崇阳　马筝悦　马占宇　赵　泉
许梦子　赵安琪　毛井锋　阮大为

● 其他成员

2009.9—2010.8：袁强强　于　杰　刘　斌　郭　凯　陈胜华
2010.9—2011.8：焦洪赞　李　娜　张　俊　李会杰　李洪利
2011.9—2012.8：李　娜　张　俊　李会杰　刘金红　唐　涛　张　飞　李凤玲
王诚龙
2012.9—2013.8：毛飞跃　刘金红　唐　涛　张　飞　李凤玲　付琬洁　宋志娜
章玲玲　赵存洁　程　锋　刘文明
2013.9—2014.8：毛飞跃　李凤玲　付琬洁　宋志娜　章玲玲　赵存洁　董　亮
程　锋　张　翔　刘梦云　李文卓
2014.9—2015.8：毛飞跃　李洪利　李　娜　董　亮　程　锋　李文卓　郭　丹
熊绍龙　韩会鹏　孙　嘉　张闺臣　钟　昭　肖长江
2015.9—2016.8：毛飞跃　李洪利　李　娜　董　亮　李文卓　郭　丹　熊绍龙
韩会鹏　孙　嘉　张闺臣　钟　昭　肖长江　张少彬　李韫辉
张宇尧　简志春　徐　强　王彦坤　王　银　张　玲　杨　超
2016.9—2017.11：毛飞跃　李洪利　李文卓　张　翔　郭　丹　韩会鹏　肖长江
张少彬　李韫辉　张宇尧　简志春　徐　强　王　银　张　玲
杨　超　幸晨杰　刘梦云　阚子涵　黄雨斯　徐　浩　杨立扬

沈高云　陈清祥　戴佩玉　刘　璐　马宏亮　赵颖怡　雷璟晗
李传勇　王　源　许慧琳　赵雨慧　袁静文　李　茹　赵　欣
顾芷宁　张　洁　霍海荣　许　杨　金泰宇　张晓萌

2017.12—2018.8：毛飞跃　李洪利　张　翔　肖长江　孙　嘉　陈必武　许　殊
李韫辉　张　玲　幸晨杰　刘梦云　黄雨斯　徐　浩　沈高云
陈清祥　戴佩玉　刘　璐　马宏亮　赵颖怡　雷璟晗　李传勇
王　源　许慧琳　赵雨慧　袁静文　李　茹　赵　欣　顾芷宁
张　洁　许　杨　史祎琳　于智伟　纪艳华　王宇蝶　顾子琪
赵书珩　韦安娜　曾宇媚　杨支羽　龚　瑜　彭宏睿　黄宏智
云若岚　陈博文　崔　松　邓　玉　唐安淇　胡中华　王璟琦
邓　拓　刘梓荆　杨舒涵

2018.9—2019.8：毛飞跃　张　翔　孙　嘉　陈必武　许　殊　龚　婧　郑镇奇
么　爽　杨舒涵　于智伟　许慧琳　戴佩玉　许　杨　张　洁
史祎琳　马宏亮　黄雨斯　龚　瑜　王宇蝶　韦安娜　彭宏睿
赵书珩　陈博文　崔　松　唐安琪　邓　拓　云若岚　陈菲菲
米晓新　夏幸会　张彩丽　张逸然　崔宸溶　李俊杰　刘　骁
卢祥晨　王雅梦　杜卓童　李雪尘　王　琦　李　皓　薛婧雅
陈佑淋　程露翎　王葭泐　李　敏　王浩男　赵　康　陈　敏

2019.9—2020.8：董佳丹　修田雨　杨婧如　李　涛　王翰诚　米晓新　韩佳明
何佳妮　黄宏智　李浩东　刘婧婧　刘梓锌　马宏亮　彭宏睿
舒　梦　田　雅　王葭泐　王　昕　伍讷敏　许　杨　薛婧雅
张文茜　张晓曦　赵　康　程露翎　王克险　熊曦柳　徐明壮
杨美娟　张艺群　龚　婧　卢小晓　么　爽　邱中航　赵佳星
郑镇奇　杜卓童　陈佳晟　胡承宏　刘　林　刘广睿　罗慧娇
王　妍

2020.9—2021.8：黄文哲　王雪琴　丁　锐　李　皓　王雅梦　卢祥晨　赵　澍
王思翰　胡　凯　张　硕　陈俊博　胡锦康　王　圣　赵旭辉
林艺琳　郭真珍　王浩成　赵　辉　钟其洋　侯翘楚　魏　聪
江　柔　郑伟业　孙上哲　龚书诚　胡承宏　刘广睿　罗慧娇
刘　林　凌朝阳　曹书颖　宋泽荣　沈张骁

2021.9 至今：程　晌　陶晓玄　王　宇　王　妍　魏敬钰　冯玉康　王　剑
石曦冉　林欣创　佘　可　房庭轩　赵康宇　李新宇　李宛琦
张　莉　王浩宇　高济远　王思翰　胡　凯　陈俊博　胡锦康
王　圣　张　颖　赵旭辉　赵　澍　林艺琳　郑伟业　曹书颖
沈张骁　凌朝阳　高天乙　冯　锐　刘贝宁　邵子轩　王天骄
沈　婷　刘　寒　刘欣瑞　周体又　杨婉羚　窦天阳　窦新玉

程昫，女，测绘遥感信息工程国家重点实验室 2020 级硕士研究生，摄影测量与遥感专业。师从黄先锋教授，研究方向为计算机视觉、三维重建。于 2020 年 9 月加入 GeoScience Café，参与了第 266、269、273、276、290 期、292—304 期的讲座筹备与开展工作。

联系方式：344115758@ qq. com。

陶晓玄，女，测绘遥感信息工程国家重点实验室 2020 级硕士研究生，摄影测量与遥感专业。师从陈亮教授，研究方向是多源融合室内定位。于 2020 年 9 月加入 GeoScience Café，参与了第 290 期起至 2021 年底各期讲座的筹备和开展，参与 Café 官方 QQ 及 bilibili 账户“武大 GeoScienceCafe”的运营。

联系方式：taoxiaoxuan@ whu. edu. cn。

杨鹏超，男，资源与环境科学学院 2020 级硕士研究生，人文地理学专业。师从孔雪松副教授，研究方向为产业用地效率评价与空间优化配置。于 2020 年 9 月加入 GeoScience Café，主要参与了自 2020 年 12 月至 2021 年 6 月期间 Café 系列讲座的筹备与开展。

联系方式：yangpc@ whu. edu. cn。

陈佳晟，男，测绘遥感信息工程国家重点实验室 2021 级硕士研究生，地图学与地理信息系统专业。师从张彤教授，研究方向是遥感影像解译、GIS 覆盖优化建模。于 2020 年 9 月加入 GeoScience Café，参与了多期讲座的筹办工作，并负责了第六卷书稿的出版工作。

联系方式：386509698@ qq. com。

马筝悦，女，城市设计学院 2018 级本科生，城乡规划专业。于 2020 年 9 月加入 GeoScience Café。参与了 GeoScience Café 第 270、272、281、292、296、300、310、312、315 期讲座的筹备和开展，并协助完成其他工作。

联系方式：mazhengyue666@ 126. com。

张崇阳，男，测绘遥感信息工程国家重点实验室 2021 级硕士研究生，大地测量学与测量工程专业。师从庄园教授，研究方向为组合导航。于 2021 年 3 月加入 GeoScience Café。参与多期讲座的筹备和开展。

联系方式：cy_ zhang@ whu. edu. cn。

王宇，女，测绘遥感信息工程国家重点实验室 2020 级硕士研究生，资源与环境专业。师从王艳东教授，研究方向为城市大数据分析与挖掘。于 2020 年 9 月加入 GeoScience Café，参与多期校友系列讲座的筹备和开展，同时参与经费管理、社团指导中心对接等工作。

联系方式：2295691301@ qq. com。

王妍，女，测绘遥感信息工程国家重点实验室 2020 级硕士研究生，资源与环境专业，师从李熙教授，研究方向为夜光遥感，于 2020 年 9 月加入 GeoScience Café。参与了第 279、285 期讲座的筹备和开展，参与了星湖咖啡屋的工作以及《我的科研故事》第五、六卷的筹备工作。

联系方式：1246694718@ qq. com。

魏敬钰，女，测绘学院 2019 级本科生，测绘工程专业。于 2020 年 9 月加入 GeoScience Café，参与了多期讲座的筹备开展，参与官方公众号"GeoScienceCafe"的运营。

联系方式：2414120240@ qq. com。

冯玉康，男，遥感信息工程学院 2020 级硕士研究生，资源与环境专业。师从乐鹏教授，研究方向是深度学习多源变化检测。于 2020 年 9 月加入 GeoScience Café，并于 12 月成为运营中心负责人，参加多期讲座筹备开展和社团月会活动组织开展工作。

联系方式：fengyukang2016@ whu. edu. cn。

黄文哲，女，测绘遥感信息工程国家重点实验室 2019 级硕士研究生，地图学与地理信息系统专业。师从陈泽强副研究员，研究方向是产品融合。于 2019 年 9 月加入 GeoScience Café。参与并监督了多期讲座的筹备和开展，参与 Café 官方公众号“GeoScienceCafe”及 bilibili 账户“武大 GeoScienceCafe”的运营、协助星湖大讲坛等工作的开展。

联系方式：814855471@ qq. com。

王雪琴，女，测绘遥感信息工程国家重点实验室 2019 级硕士研究生，地图制图学与地理信息工程专业。师从陈能成教授，研究方向是土壤水分的时空挖掘与感知。于 2019 年 9 月加入 GeoScience Café，参与了多期讲座的筹办与开展，并负责了第五卷书稿的出版工作。

联系方式：1755607561@ qq. com。

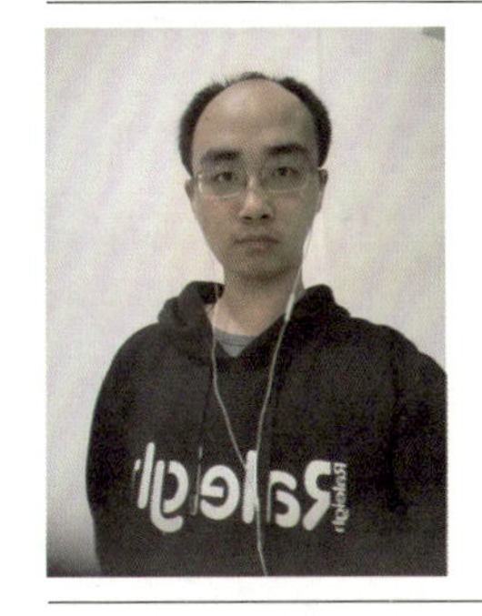

丁锐，男，中国南极测绘研究中心 2019 级硕士研究生，摄影测量与遥感专业。师从刘婷婷副教授，研究方向是冰川动力学模拟。于 2019 年 9 月加入 GeoScience Café。参与多期讲座的筹备与开展，负责讲座设备的使用与调试，视频 B 站上传等工作。

联系方式：dingruilxm@ whu. edu. cn。

李皓，男，遥感信息工程学院 2018 级硕士研究生，地图学与地理信息系统专业。师从乐鹏教授，研究方向是图神经网络、出行推荐等。于 2019 年 4 月加入 GeoScience Café。参与 GeoScience Café 多期讲座的筹备和开展。参与 Café 官方公众号“GeoScienceCafe”的运营。

联系方式：leehomm@ foxmail. com。

王雅梦，女，遥感信息工程学院 2018 级硕士研究生，摄影测量与遥感专业。师从季顺平教授，研究方向是遥感图像检索。于 2018 年 9 月加入 GeoScience Café。任新媒体运营部部长，负责 Café 官方公众号“GeoScienceCafe”的管理和运营。组织了 230 期、244 期的学术交流活动并参与 227、228 期的辅助工作。

联系方式：648323137@ qq. com。

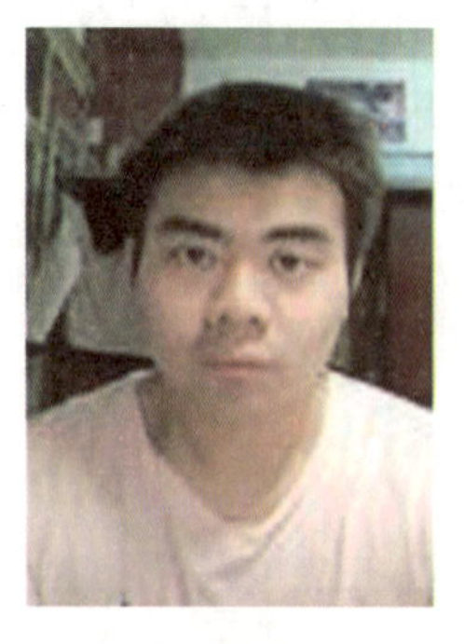

卢祥晨，男，测绘遥感信息工程国家重点实验室 2018 级硕士研究生，测绘工程专业。师从陈亮教授，研究方向是卫星信号处理。于 2018 年 9 月加入 GeoScience Café。参与了 GeoScience Café 第 219、226 期的学术交流活动组织，以及部分讲座的协助工作。

联系方式：809724048@ qq. com。

赵澍，男，西南石油大学地球科学与技术学院地理信息科学专业 2019 级本科生，2021 年 3 月加入 GeoScience Café。主要参与讲座的宣传海报制作、录音稿整理校对、公众号推文制作以及线上宣传工作。

联系方式：zs17743608929@ 163. com。

王思翰，男，测绘学院导航工程 2019 级本科生。于 2020 年 9 月加入 GeoScience Café，参与了第 268、275、287、299、315 期等讲座的筹备和开展以及推送排版审核工作。

联系方式：sihanwang0202@ gmail. com。

胡凯，男，遥感信息工程学院 2019 级本科生，地理信息工程方向，2021 年 3 月加入 GeoScience Café 新媒体，担任编辑等工作。

联系方式：2577074998@ qq. com。

张硕，男，测绘遥感信息工程国家重点实验室 2021 级硕士研究生，摄影测量与遥感专业。师从吴华意教授，研究方向为高性能地理计算、基于 ABM 的 COVID-19 疫情传播模拟等。于 2020 年 9 月加入 GeoScience Café。参与了第 266、268、277 期讲座的筹备和开展以及新闻稿的撰写工作。

联系方式：SYkirk@ whu. edu. cn。

陈俊博，男，测绘遥感信息工程国家重点实验室 2021 级硕士研究生，摄影测量与遥感专业。导师是王密教授，研究方向为卫星几何数据处理。于 2020 年 9 月加入 GeoScience Café。在 Café 新媒体部门负责公众号排版工作。

联系方式：youxiangcjb1201@163. com。

胡锦康，男，中国科学院空天信息创新研究院 2021 级直博生，地图学与地理信息系统专业。师从张兵研究员，研究方向为小麦植被参量的深度学习反演。于 2019 年 9 月加入 GeoScience Café。参与了 Café 官方公众号的运营。

联系方式：1325153037@ qq. com。

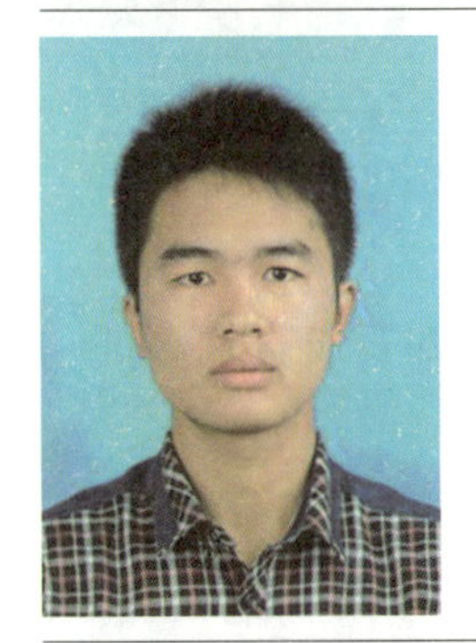

王圣，男，中国地质大学(武汉)计算机学院 2021 级硕士研究生，专业为计算机科学与技术。师从王力哲教授，研究方向为基于先验知识的深度学习在遥感语义分割方向的应用，于 2020 年 9 月加入 GeoScience Café。在 Café 的主要任务是负责微信公众号讲座预告和新闻稿的排版和推送。参与了第 270、278、287 期的微信推文排版和推送工作。

联系方式：528755362@ qq. com。

赵旭辉，男，遥感信息工程学院 2020 级博士研究生，摄影测量与遥感专业。师从高智教授，研究方向为 SLAM 与智能无人系统。于 2020 年 9 月加入 GeoScience Café。参与了第 281 期、284 期讲座、IGWG 圆桌论坛等活动的筹备和开展。参与了“GeoScienceCafé”官方公众号日常内容的编辑、审核、推送等运营工作。

联系方式：zhaoxuhui@ whu. edu. cn。

林艺琳，女，测绘学院 2018 级本科生，测绘工程专业。师从程承旗教授，研究方向为地理大数据。于 2020 年 9 月加入 GeoScience Café。参与了第 145、296、309 期等讲座的筹备和开展。

联系方式：adelalin2000@ gmail. com。

郭真珍，女，测绘遥感信息工程国家重点实验室 2020 级硕士研究生，电子信息专业。师从龚威教授和毛飞跃教授，研究方向是大气遥感——气溶胶和云交互等。于 2020 年 9 月加入 GeoScience Café。参加了第 269、271、273、283、285 和 300 期讲座的筹备与开展以及新闻稿撰写的工作。

联系方式：guozhenzhen@ whu. edu. cn。

王浩成，男，测绘遥感信息工程国家重点实验室 2020 级硕士研究生，地图制图学与地理信息系统专业，师从向隆刚教授，研究方向是时空数据流式计算。于 2020 年 9 月加入 GeoScience Café，参与了第 279、280 期讲座的筹备。

联系方式：hihaochengw@ outlook. com。

赵辉，男，测绘遥感信息工程国家重点实验室 2020 级硕士研究生，资源与环境专业。师从熊汉江教授，研究方向为三维 GIS。于 2021 年 3 月加入 GeoScience Café。参与了第 296、297、298 期等讲座的筹备和开展。

联系方式：1076245624@ qq. com。

钟其洋，女，资源与环境科学学院 2020 级硕士研究生，地图学与地理信息系统专业。师从郭庆胜教授，研究方向为多尺度数据融合与地图自动综合。于 2020 年 9 月加入 GeoScience Café。参与第 292 期等讲座的筹备和开展。

联系方式：529433136@ qq. com。

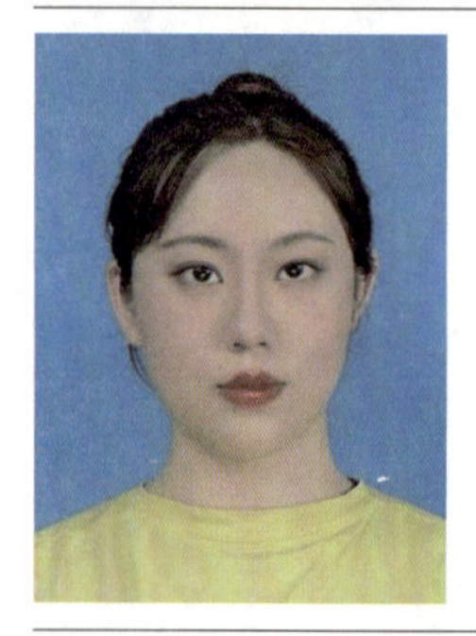

侯翘楚，女，测绘遥感信息工程国家重点实验室 2020 级硕士研究生，资源与环境专业。师从李必军教授，研究方向是高精度地图。于 2020 年 9 月加入 GeoScience Café。参与了 GeoScience Café 第 285、287、300 期讲座的筹备、开展及主持工作。

联系方式：hqc2020@ whu. edu. cn。

魏聪，男，西藏大学 2019 级硕士研究生，生态学专业，师从武汉大学遥感学院张鹏林教授，研究方向为生态遥感、青藏高原生态系统变化监测、基于 SAR 与光学影像相结合的洪水监测方法研究。2020 年 9 月加入 GeoScience Café，参与了第 282、289 期讲座的筹备与开展。

联系方式：576237270@ qq. com。

江柔，女，遥感信息工程学院 2019 级硕士研究生，测绘工程专业。师从孟小亮教授，研究方向是地理信息系统。于 2021 年 3 月加入 GeoScience Café。参与了第 301、310 期讲座的筹备和开展，以及数篇录音稿的整理与文稿校对。

联系方式：rjiang@ whu. edu. cn。

郑伟业，男，遥感信息工程学院 2019 级本科生，地理信息工程方向。2021 年 4 月加入 GeoScience Café。负责第 299、311 期讲座的筹备和开展工作。

联系方式：2559747620@ qq. com。

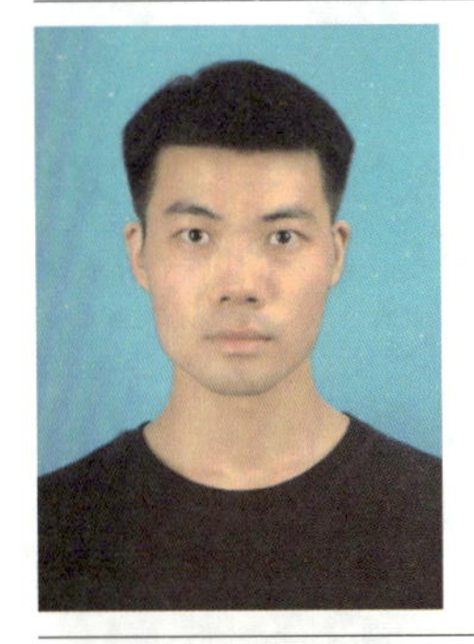

孙上哲，男，测绘遥感信息工程国家重点实验室 2020 级硕士研究生，摄影测量与遥感专业。师从杨必胜教授、陈驰特聘副研究员，研究方向为基于影像和点云的实例分割、无人机 SLAM。于 2020 年 9 月加入 GeoScience Café。参与了第 274 期讲座的筹备与开展、设备管理、B 站账号运营等工作。

联系方式：SSZ@ whu. edu. cn。

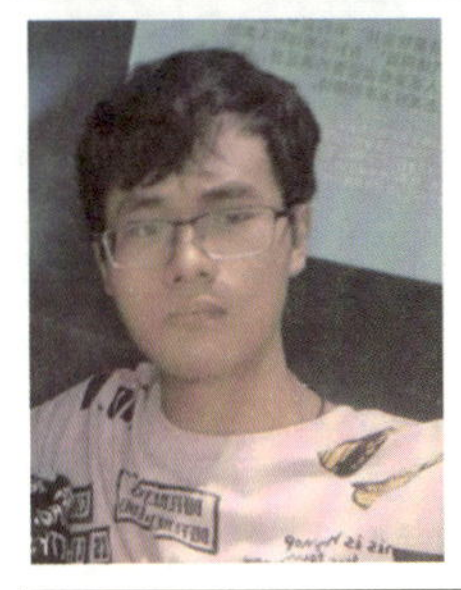

龚书诚，男，测绘学院 2019 级本科生，测绘工程专业。于 2021 年上半年加入 GeoScience Café，在运营部参与过 Café 的直播，并参与了 301 期讲座的辅助工作。

联系方式：2019302141233@ whu. edu. cn。

胡承宏，女，测绘遥感信息工程国家重点实验室 2020 级硕士研究生，资源与环境专业。师从陈能成教授，研究方向为交通环境综合感知。于 2020 年 9 月加入 GeoScience Café。参与了第 302 期讲座的筹备和开展以及第五卷书稿的校对等工作。

联系方式：1325153037@ qq. com。

刘广睿，女，测绘遥感信息工程国家重点实验室 2020 级硕士研究生，资源与环境工程专业。导师王磊，研究方向为 GNSS 导航定位。于 2020 年 9 月加入 GeoScience Café，加入文编部门，参与《我的科研故事(第五卷)》编辑工作。

联系方式：lliuguangrui@ 163. com。

罗慧娇，女，测绘学院 2017 级本科生，地球物理学专业。本科期间师从汪海洪副教授，研究方向是大地测量学，应用小波分析算法对断层的重力数据进行处理以实现断层检测及参数反演。于 2020 年 9 月加入 GeoScience Café。参与了第 276、291 期讲座的筹备和开展以及新闻稿的撰写工作。

联系方式：2667483272@ qq. com。

刘林，女，华中农业大学资源与环境学院 2018 级本科生，地理信息科学专业。于 2020 年 9 月加入 GeoScience Café。参与第 272、285、295 期等讲座的筹备和开展。

联系方式：LiuLinTongXue@ yeah. net。

凌朝阳，男，测绘遥感信息工程国家重点实验室地图制图学与地理信息工程专业 2021 级硕士研究生，师从吴华意教授，研究方向为时空数据关联与挖掘，于 2020 年 12 月加入 GeoScience Café。参与了多期讲座文稿的整理、校对工作。

联系方式：2672658408@ qq. com。

曹书颖，女，测绘学院2020级本科生，测绘工程专业。导师是陈震中教授，研究方向为distangling在reasoning中的应用。于2020年12月加入GeoScience Café，参与了第299、330期等讲座的筹备和新闻稿、文稿编辑工作。

联系方式：shuyingcao7@gmail.com。

宋泽荣，男，测绘遥感信息工程国家重点实验室2020级硕士研究生，资源与环境专业。师从王密教授，研究方向是高分辨率卫星遥感影像预处理。于2021年3月加入GeoScience Café。参与了第270期新闻稿撰写和292期讲座的筹备和开展。

联系方式：2020286190153@whu.edu.cn。

沈张骁，男，测绘学院2020级本科生，测绘工程专业。于2021年9月加入GeoScience Café。参与了第309、318、325、335期讲座的筹备和开展，以及第六卷部分文章的校对和定稿工作。

联系方式：shenzhangxiao@whu.edu.cn。

王畅，女，测绘遥感信息工程国家重点实验室2021级硕士研究生，地图学与地理信息系统专业。师从熊汉江教授，研究方向为深度学习的图像处理。于2021年9月加入GeoScience Café，担任Café 2021—2022年的负责人，负责了多期讲座的筹办组织，积极协助实验室了举办了多场包括学术交流、人文交流在内的活动，协助星湖大讲坛等工作的开展，整体把控Café的运营工作。

联系方式：2581979332@qq.com。

董明玥，女，测绘遥感信息工程国家重点实验室2021级直博生，摄影测量与遥感专业。师从龚健雅院士、郑先伟副研究员，研究方向为三维语义建模。于2021年9月加入GeoScience Café。参与了第306、310、316期等讲座的筹备和开展、新闻稿撰写。参与了文稿撰写和校对的工作。

联系方式：dmy25148@whu.edu.cn。

马占宇，男，测绘遥感信息工程国家重点实验室 2022 级硕士研究生，摄影测量与遥感专业，师从杨必胜教授，研究方向为遥感影像植被分类。于 2021 年 12 月加入 GeoScience Café，担任运营中心负责人，参与了第 321、322、323、324、328、335、337、339、341 期讲座的筹备和开展。

联系方式：2018302130085@ whu. edu. cn。

赵泉，男，测绘遥感信息工程国家重点实验室 2021 级直博生，摄影测量与遥感专业。师从王密教授，研究方向为遥感影像辐射处理与智能分析。于 2021 年 9 月加入 GeoScience Café，参与了第 308、312、318、321、331 期等讲座的筹备和开展以及新闻稿的撰写工作。任办公室部长，负责财务和社团材料管理等工作。

联系方式：hbsszq@ whu. edu. cn。

赵安琪，女，测绘遥感信息工程国家重点实验室 2022 级硕士研究生，地图学与地理信息系统专业，师从吴华意教授、桂志鹏副教授，研究方向为地图检索与推荐。于 2021 年 9 月加入 GeoScience Café，职务为运营中心部长。

联系方式：aqzhao@ whu. edu. cn。

毛井锋，男，测绘遥感信息工程国家重点实验室 2021 级硕士研究生，大地测量学与测量工程专业，WHU-TUM ESPACE 双硕士。师从柳景斌教授，研究方向为多源室内外融合的感知定位。于 2021 年 6 月开始参与 GeoScience Café 工作，9 月正式加入 GeoScience Café，担任运营中心副部长，重点负责 GeoScience Café 历期讲座的现场把控与直播，Café 内部月会与迎新会的组织与筹办等工作。

联系方式：jingfengm99@ gmail. com。

许梦子，女，测绘遥感信息工程国家重点实验室 2021 级硕士研究生，遥感科学与技术专业。师从钟燕飞教授，研究方向为高分辨率城市遥感场景理解的应用与分析。于 2021 年 9 月加入 GeoScience Café。参与了多期讲座的筹备、开展与新闻稿撰写，以及《我的科研故事》书稿的整理与校对。

联系方式：xumengzi@ whu. edu. cn。

阮大为，男，测绘学院 2021 级硕士研究生，资源与环境专业。师从罗年学教授，研究方向为应急 GIS 与风险评估。于 2021 年 9 月加入 GeoScience Café，参与了第 313、314、317 期等讲座的筹备和开展，并参与了从 317 期至 2022 年底每一次讲座预告和新闻稿的推送审核工作。

联系方式：sysq739@ 163. com。

王剑，男，测绘学院 2021 级博士研究生，摄影测量与遥感专业。师从闫利教授，研究方向是多源遥感数据融合监测。于 2022 年 3 月加入 GeoScience Café。参与了第 328、329、344 期讲座的筹备、开展以及新闻稿的撰写工作。

联系方式：wj_ sgg@ whu. edu. cn。

石曦冉，女，遥感信息工程学院 2019 级本科生，遥感科学与技术专业。于 2022 年 3 月加入 GeoScience Café。参与了第 325、333 期讲座的筹备和开展以及新闻稿的撰写工作。

联系方式：728964514@ qq. com

林欣创，男，测绘遥感信息工程国家重点实验室 2021 级硕士研究生，大地测量学与测量工程专业。师从陈锐志教授，研究方向为声学室内定位。于 2021 年 9 月加入 GeoScience Café。参与了第 306、334 期讲座的筹备与开展工作以及会议工作。

联系方式：linxinchuang@ whu. edu. cn。

佘可，男，遥感信息工程学院 2019 级本科生，遥感科学与技术专业。于 2022 年 3 月加入 GeoScience Café，参与了第 323、327 期讲座的筹备和开展。参与了 Café 官方 B 站账号“武大 GeoScienceCafe”的运营。

联系方式：1416156494@ qq. com。

房庭轩，男，遥感信息工程学院 2019 级本科生，遥感科学与技术专业遥感仪器方向。于 2022 年 3 月加入 GeoScience Café。参与了第 322、339 期等讲座的开展和筹备。

联系方式：ftx. arrow@ qq. com。

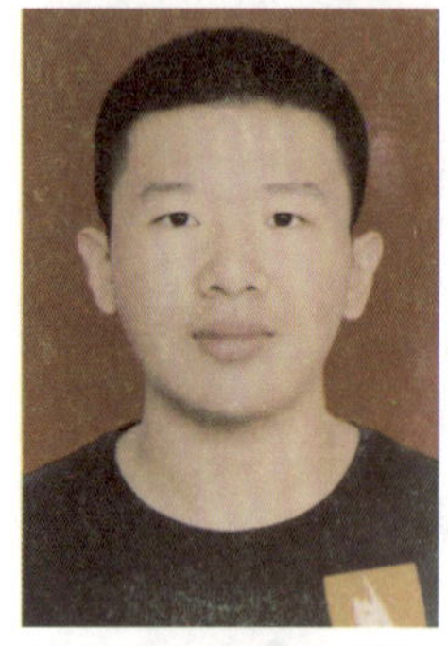

赵康宇，男，中国地质大学(武汉)地理与信息工程学院 2020 级本科生，遥感科学与技术专业。于 2022 年 3 月加入 GeoScience Café。参与了第 324、328 期讲座的筹备和开展，以及 Café 官方公众号星湖咖啡屋栏目第 31 期推文的排版。

联系方式：staffpencil@ cug. edu. cn。

李新宇，女，青岛大学物理科学学院 2018 级本科生，光电信息科学与工程专业。于 2021 年 9 月加入 GeoScience Café。参与了第 327、333 期讲座的筹备和开展及 Café 官方公众号“GeoScienceCafe”的运营。

联系方式：xyll999@ 163. com。

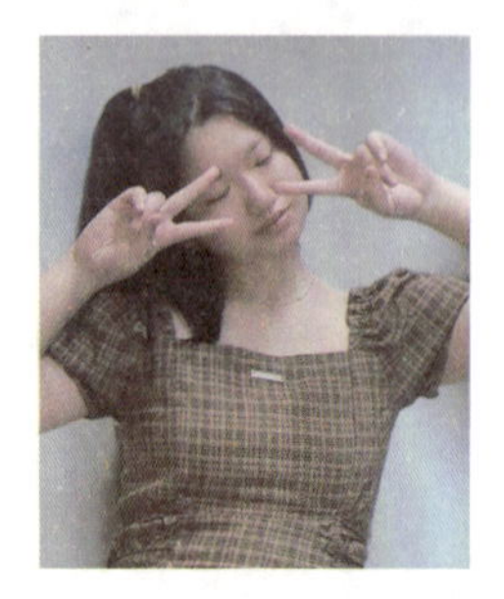

李宛琦，女，遥感信息工程学院 2019 级本科生，遥感科学与技术专业。于 2021 年 9 月加入 GeoScience Café。参与了第 322、325、332、333 期等讲座的筹备开展及后期新闻稿的整理与撰写、公众号推文排版与审核等工作。

联系方式：2019302060134@ whu. edu. cn。

张莉，女，测绘遥感信息工程国家重点实验室 2021 级博士研究生，资源与环境专业。师从李治江教授，研究方向为遥感影像语义分割，于 2021 年 9 月加入 GeoScience Café。参与了第 307、314 期等讲座的筹备以及开展工作。

联系方式：zhangli0826@ whu. edu. cn。

王浩宇，男，测绘遥感信息工程国家重点实验室 2022 级硕士研究生，资源与环境专业。师从杨必胜教授，研究方向为深度学习与目标检测。于 2021 年 11 月加入 GeoScience Café。参与了第 319 期的筹备工作，参加了第 308、311、315、332 期等讲座的推送工作。

联系方式：spacewang@ whu. edu. cn。

高济远，男，资源与环境科学学院 2021 级本科生，地理信息系统专业。于 2022 年 3 月加入 GeoScience Café。参与了第 323、325、328 期讲座的筹备和开展。

联系方式：gjyuan2021@ gmail. com。

张颖，女，测绘遥感信息工程国家重点实验室 2021 级硕士研究生，地图制图学与地理信息工程专业，师从吴华意、关雪峰教授，研究方向是时空数据挖掘、深度学习等。于 2022 年 4 月加入 GeoScience Café。参与了部分讲座的筹备、开展和公众号宣传工作。

联系方式：yingz_ whugis@ whu. edu. cn。

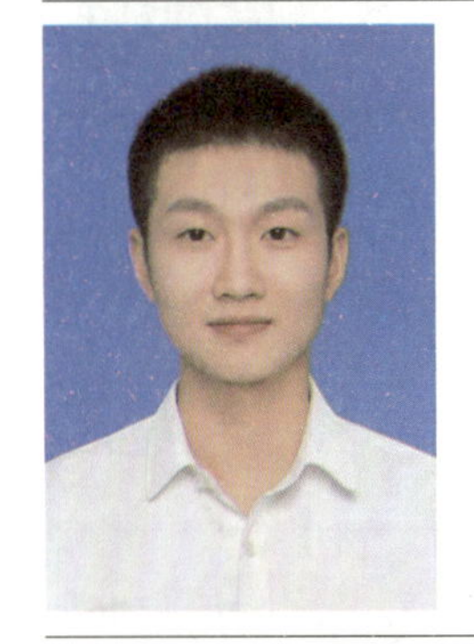

高天乙，男，遥感信息工程学院 2018 级本科生，遥感科学与技术专业。于 2021 年 9 月加入 GeoScience Café。参与了第 307、309 期讲座的筹备和开展以及新闻稿的撰写工作。

联系方式：gaotiantian001@ vip. qq. com。

冯锐，男，测绘遥感信息工程国家重点实验室 2021 级硕士研究生，地图学与地理信息系统专业。师从方志祥教授，研究方向为人群时空动态建模。于 2021 年 9 月加入 GeoScience Café。参与了第 316、318 期讲座的筹备与开展，以及书稿的整理与校对工作。

联系方式：whu2021206190013@ whu. edu. cn。

刘贝宁，女，测绘遥感信息工程国家重点实验室 2022 级硕士研究生。师从黄先锋教授，研究方向为三维重建。于 2022 年 3 月加入 GeoScience Café。参与了第 330 期讲座的筹备和开展以及新闻稿的撰写与修改等工作。

联系方式：Berlin000000@ whu. edu. cn。

邵子轩，男，测绘遥感信息工程国家重点实验室 2021 级硕士研究生，遥感科学与技术专业。师从李熙教授，研究方向是夜间灯光遥感。于 2022 年 3 月加入 GeoScience Café。参与了第 327 期讲座的筹备、开展及第十期星湖大讲坛的新闻稿撰写工作。

联系方式：shaozixuan@ whu. edu. cn。

王天骄，女，测绘遥感信息工程国家重点实验室 2021 级硕士研究生，资源与环境专业。师从张彤教授，研究方向是交通流预测。于 2021 年 9 月加入 GeoScience Café。参与了第 329、334 期讲座的筹备与开展以及新闻稿的撰写工作。

联系方式：wangtianjiao@ whu. edu. cn。

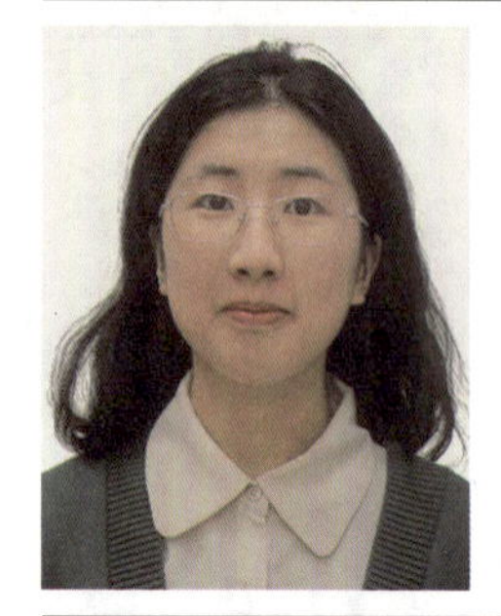

沈婷，女，测绘学院 2019 级本科生，导航制导与控制专业。师从李星星教授，研究方向是视觉惯性里程计。于 2022 年 9 月加入 GeoScience Café，参与第六卷部分文章的定稿工作。

联系方式：1370221679@ qq. com。

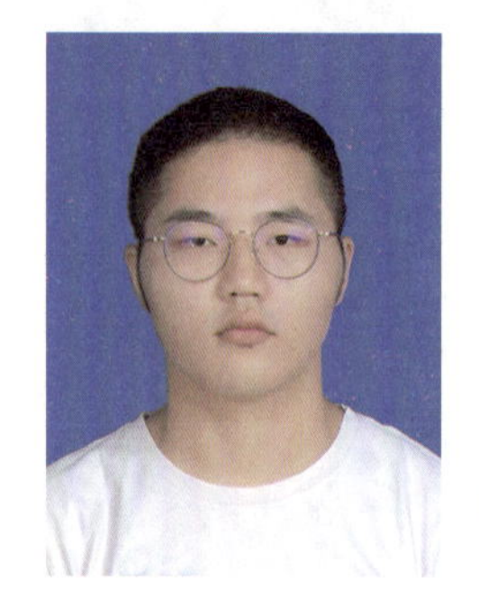

刘寒，男，测绘遥感信息工程国家重点实验室 2022 级硕士研究生，资源与环境专业。师从陈亮教授，研究方向是室内外无缝定位。于 2022 年 8 月加入 GeoScience Café。参与了第 8 届青年地理信息科学论坛中“城市遥感影像解译方法和应用”报告的图片修订工作。

联系方式：liu. han@ whu. edu. cn。

刘欣瑞，女，测绘遥感信息工程国家重点实验室 2022 级硕士研究生，地图学与地理信息系统专业。师从李锐教授，研究方向是人口流动建模。于 2022 年 9 月加入 GeoScience Café。

联系方式：xinruiliu@ whu. edu. cn。

周体又，男，测绘遥感信息工程国家重点实验室 2022 级硕士研究生，遥感科学与技术专业。师从王密教授，研究方向为光学遥感卫星的高精度姿态确定与相机标定，于 2022 年 9 月加入 GeoScience Café。参与了第 343 期讲座的筹备与开展。

联系方式：tiyouzhou@ whu. edu. cn。

杨婉羚，女，测绘遥感信息工程国家重点实验室 2022 级硕士研究生，大地测量学与测量工程专业。师从鄢建国教授，研究方向为小行星精密定轨。于 2022 年 9 月加入 GeoScience Café。

联系方式：2022206190036@ whu. edu. cn。

窦天阳，男，遥感信息工程学院 2022 级本科生，空间信息与数字技术专业。于 2022 年 9 月加入 GeoScience Café。参与了第 343 期讲座的新闻稿撰写。

联系方式：dou-ty0827@ outlook. com。

窦新玉，男，长安大学 2018 级本科生，地理信息科学专业。于 2021 年加入 GeoScience Café，参与了 306、308、313 期讲座的筹备及新闻稿撰写工作。

联系方式：2018902883@ chd. edu. cn

● 团队合照精选

第一排左起分别是：冯玉康、毛井锋、陶晓玄、程昫、毛飞跃老师、阮大为、高天乙、陈俊博、张崇阳；第二排左起分别是：陈佳晟、林欣创、王妍、赵泉、沈张骁、董明玥、马筝悦

第一排左起分别是：董佳丹、毛飞跃老师、杨旭老师、修田雨；第二排左起分别是：李皓、张崇阳、黄文哲、杨婧如、陶晓玄、郑镇奇

第一排左起分别是：修田雨、毛飞跃老师、杨晓光老师、吴华意老师、陈锐志老师、蔡列飞老师、关琳老师、程昫、王畅、马占宇、陶晓玄；第二排左起分别是：董明玥、杨婧如、魏敬钰、许梦子、赵安琪、林艺琳、马筝悦、阮大为、陈佳晟；第三排左起分别是：王浩宇、陈俊博、董佳丹、毛井锋、林欣创、龚书诚、冯玉康、赵泉、高天乙、张崇阳

第一排左起分别是：赵安琪、薛艺楠老师、董明玥、王宇、关琳老师、陈佳晟、王妍、许梦子、江柔、张莉；第二排左起分别是：赵泉、杨浩霄、高天乙、沈张骁、龚书诚、董佳丹、陶晓玄、阮大为；第三排左起分别是：李皓、马占宇、王畅、杨晶、修田雨、冯锐、陈俊博；第四排左起分别是：林欣创、张崇阳、郑镇奇、冯玉康

附录三　往昔峥嵘：GeoScience Café 历届嘉宾

编者按：转眼间，GeoScience Café 已过"外傅之年"，方寸讲台流动过无数嘉宾的灵感与韬略，丰盈的思想铸就了 GeoScience Café 的核心吸引力。本附录完整收录了第 1 期到第 306 期 GeoScience Café 的所有嘉宾信息，他们在讲台上的风采和语言里的智慧，印刻在了书页间。

GeoScience Café 第 1 期(2009 年 4 月 24 日)	
演讲嘉宾：谢俊峰	演讲题目：基于星敏感器的卫星姿态测量
演讲嘉宾：胡晓光	演讲题目：计算机软件水平考试经验谈
演讲嘉宾：张云生	演讲题目：基于近景影像的建筑物立面三维自动重建方法
GeoScience Café 第 2 期(2009 年 5 月 8 日)	
演讲嘉宾：李乐林	演讲题目：基于等高线族分析的 LiDAR 建筑物提取方法研究
演讲嘉宾：程晓光	演讲题目：一种从离散点云中准确追踪建筑物边界的方法
演讲嘉宾：张帆	演讲题目：当文化遗产遭遇激光扫描——数字敦煌初探
GeoScience Café 第 3 期(2009 年 5 月 15 日)	
演讲嘉宾：邱志伟	演讲题目：顾及相干性的星载 SAR 成像算法研究
演讲嘉宾：赵珊珊	演讲题目：星载 InSAR 图像级仿真
演讲嘉宾：彭芳媛	演讲题目：基于特征提取的光学影像与 SAR 影像配准
GeoScience Café 第 4 期(2009 年 5 月 22 日)	
演讲嘉宾：袁名欢	演讲题目：基于自适应推进的建筑物检测
演讲嘉宾：付东杰	演讲题目：基于粒子群优化算法的遥感最适合运行尺度的研究
GeoScience Café 第 5 期(2009 年 6 月 5 日)	
演讲嘉宾：栾学晨	演讲题目：3S 技术与智能交通——交通中心研究工作概述
演讲嘉宾：马盈盈	演讲题目：基于层次分类与数据融合的星载激光雷达数据反演
GeoScience Café 第 6 期(2009 年 6 月 12 日)	
演讲嘉宾：钟成	演讲题目：LiDAR 辅助高质量真正射影像制作
演讲嘉宾：高志宏	演讲题目：基于多源遥感数据的城市不透水面分布估算方法研究
GeoScience Café 第 7 期(2009 年 6 月 19 日)	
演讲嘉宾：黑迪	演讲题目：毕业生专题之飞跃重洋
演讲嘉宾：朱春皓	演讲题目：毕业生专题之飞跃重洋
演讲嘉宾：胡君	演讲题目：毕业生专题之飞跃重洋
演讲嘉宾：欧阳怡强	演讲题目：毕业生专题之飞跃重洋

GeoScience Café 第 8 期(2009 年 9 月 25 日)	
演讲嘉宾：陆建忠	演讲题目：Coupling Remote Sensing Retrieval with Nume-rical Simulation for SPM Study
GeoScience Café 第 9 期(2009 年 11 月 6 日)	
演讲嘉宾：钟燕飞	演讲题目：关于科研和写作的几点体会
GeoScience Café 第 10 期(2009 年 11 月 13 日)	
演讲嘉宾：胡晓光	演讲题目：摄影选材与思路
GeoScience Café 第 11 期(2009 年 11 月 27 日)	
演讲嘉宾：Marcin Uradzinski	演讲题目：The Usefulness of Internet-based (NTrip) RTK for Precise Navigation and Intelligent Transportation Systems
演讲嘉宾：于杰	演讲题目：在读研究生因私出国手续办理
GeoScience Café 第 12 期(2009 年 12 月 4 日)	
演讲嘉宾：黄亮	演讲题目：分布式空间数据标记语言
GeoScience Café 第 13 期(2009 年 12 月 11 日)	
演讲嘉宾：曾兴国	演讲题目：空间认知在中华文化区划分中的应用模型探究
演讲嘉宾：张翔	演讲题目：居民地综合中的模式识别与应用
GeoScience Café 第 14 期(2009 年 12 月 18 日)	
演讲嘉宾：麦晓明	演讲题目：科技创新与专利入门
GeoScience Café 第 15 期(2010 年 1 月 8 日)	
演讲嘉宾：李妍辉	演讲题目：专利的法律保护
演讲嘉宾：刘敏	演讲题目：测绘遥感科学与环境法学的关系
GeoScience Café 第 16 期(2010 年 3 月 12 日)	
演讲嘉宾：黄昕	演讲题目：高分辨率遥感影像处理与应用
GeoScience Café 第 17 期(2010 年 3 月 19 日)	
演讲嘉宾：杜全叶	演讲题目：新一代航空航天数字摄影测量处理平台——数字摄影测量网格(DPGrid)
GeoScience Café 第 18 期(2010 年 4 月 1 日)	
演讲嘉宾：王腾	演讲题目：合成孔径雷达干涉数据分析技术及其在三峡地区的应用

GeoScience Café 第 19 期(2010 年 4 月 23 日)	
演讲嘉宾：曹晶	演讲题目：交通时空数据获取、处理、应用
GeoScience Café 第 20 期(2010 年 5 月 21 日)	
演讲嘉宾：杜博	演讲题目：高光谱遥感影像亚像元目标探测
GeoScience Café 第 21 期(2010 年 6 月 3 日)	
演讲嘉宾：罗安	演讲题目：基于语义的空间信息服务组合及发现技术
GeoScience Café 第 22 期(2010 年 6 月 11 日)	
演讲嘉宾：林立文	演讲题目：出国留学的利弊分析和申请过程介绍
演讲嘉宾：李凡	演讲题目：出国留学的利弊分析和申请过程介绍
演讲嘉宾：程晓光	演讲题目：出国留学的利弊分析和申请过程介绍
GeoScience Café 第 23 期(2010 年 6 月 22 日)	
演讲嘉宾：瞿莉	演讲题目：基于动态交通流分配系数的网络交通状态建模与分析
GeoScience Café 第 24 期(2010 年 10 月 15 日)	
演讲嘉宾：张洪艳	演讲题目：高光谱影像的超分辨率重建
GeoScience Café 第 25 期(2010 年 10 月 22 日)	
演讲嘉宾：马盈盈	演讲题目：基于多平台卫星观测的大气参数反演方法研究
GeoScience Café 第 26 期(2010 年 10 月 29 日)	
演讲嘉宾：陈龙	演讲题目：“中国智能车未来挑战赛”亚军团队解读“智能驾驶无人车 SmartVII 系统”
演讲嘉宾：麦晓明	演讲题目：“中国智能车未来挑战赛”亚军团队解读“智能驾驶无人车 SmartVII 系统”
演讲嘉宾：张亮	演讲题目：“中国智能车未来挑战赛”亚军团队解读“智能驾驶无人车 SmartVII 系统”
演讲嘉宾：方彦军	演讲题目：“中国智能车未来挑战赛”亚军团队解读“智能驾驶无人车 SmartVII 系统”
GeoScience Café 第 27 期(2010 年 11 月 5 日)	
演讲嘉宾：于之锋	演讲题目：基于 HJ-1A/B CCD 影像的中国近岸和内陆湖泊水环境监测研究——以南黄海和鄱阳湖为例

GeoScience Café 第 28 期(2010 年 11 月 12 日)	
演讲嘉宾：陆建忠	演讲题目：遥感与 GIS 应用：从流域到湖泊——以鄱阳湖为例
GeoScience Café 第 29 期(2010 年 11 月 19 日)	
演讲嘉宾：蒋波涛	演讲题目：GIS 技术人员的自我成长
演讲嘉宾：王东亮	演讲题目：矢量道路辅助的航空影像快速镶嵌
GeoScience Café 第 30 期(2010 年 11 月 26 日)	
演讲嘉宾：救护之翼组织	演讲题目：一切“救”在身边
GeoScience Café 第 31 期(2010 年 12 月 10 日)	
演讲嘉宾：胡晓光	演讲题目：赴美参加 ASPRS 2010 会议见闻
GeoScience Café 第 32 期(2010 年 12 月 14 日)	
演讲嘉宾：史振华	演讲题目：新西伯利亚交流报告会
演讲嘉宾：沈盛彧	演讲题目：新西伯利亚交流报告会
演讲嘉宾：陈喆	演讲题目：新西伯利亚交流报告会
演讲嘉宾：史磊	演讲题目：新西伯利亚交流报告会
演讲嘉宾：顾鑫	演讲题目：新西伯利亚交流报告会
GeoScience Café 第 33 期(2011 年 3 月 11 日)	
演讲嘉宾：毛飞跃	演讲题目：分享科研与写作的网络资源
GeoScience Café 第 34 期(2011 年 3 月 25 日)	
演讲嘉宾：周宝定	演讲题目：“车联网”应用之“公路列车”
GeoScience Café 第 35 期(2011 年 4 月 15 日)	
演讲嘉宾：孙婧	演讲题目：可视媒体内容安全研究
GeoScience Café 第 36 期(2011 年 4 月 22 日)	
演讲嘉宾：万雪	演讲题目：SIFT 算子改进及应用
GeoScience Café 第 37 期(2011 年 5 月 6 日)	
演讲嘉宾：呙维	演讲题目：四位青年教师畅谈学习和科研方法
演讲嘉宾：陆建忠	演讲题目：四位青年教师畅谈学习和科研方法
演讲嘉宾：马盈盈	演讲题目：四位青年教师畅谈学习和科研方法
演讲嘉宾：张洪艳	演讲题目：四位青年教师畅谈学习和科研方法

GeoScience Café 第 38 期(2011 年 5 月 27 日)	
演讲嘉宾：袁强强	演讲题目：基于总变分模型的影像复原及超分辨率重建
GeoScience Café 第 39 期(2011 年 6 月 24 日)	
演讲嘉宾：李晓明	演讲题目：大规模三维 GIS 数据高效管理的关键技术
演讲嘉宾：张云生	演讲题目：香港交流访问经历
GeoScience Café 第 40 期(2011 年 9 月 16 日)	
演讲嘉宾：刘大炜	演讲题目：全脑奇像记忆法基础——数字信息记忆以及英语单词记忆
演讲嘉宾：李凤玲	演讲题目：全脑奇像记忆法基础——数字信息记忆以及英语单词记忆
GeoScience Café 第 41 期(2011 年 10 月 21 日)	
演讲嘉宾：Steve McClure	演讲题目：Social Network Analysis, Social Theory and Convergence with Graph Theory
GeoScience Café 第 42 期(2011 年 11 月 12 日)	
演讲嘉宾：曹晶	演讲题目：武汉大学第六届学术科技文化节之“博士生学术沙龙”走进“GeoScience Café”
演讲嘉宾：邹勤	演讲题目：武汉大学第六届学术科技文化节之“博士生学术沙龙”走进“GeoScience Café”
演讲嘉宾：常晓猛	演讲题目：武汉大学第六届学术科技文化节之“博士生学术沙龙”走进“GeoScience Café”
GeoScience Café 第 43 期(2011 年 12 月 2 日)	
演讲嘉宾：田馨	演讲题目：走进“GeoScience Café”——Summary of FRINGE 2011 and International Exchange Experiences
GeoScience Café 第 44 期(2011 年 12 月 2 日)	
演讲嘉宾：邵远征	演讲题目：走进“GeoScience Café”——网络环境下对地观测数据的发现与标准化处理
GeoScience Café 第 45 期(2012 年 1 月 6 日)	
演讲嘉宾：屈孝志	演讲题目：三个签约腾讯同学的经验分享
演讲嘉宾：陈克武	演讲题目：三个签约腾讯同学的经验分享
演讲嘉宾：李超	演讲题目：三个签约腾讯同学的经验分享

GeoScience Café 第 46 期(2012 年 2 月 17 日)	
演讲嘉宾：毛飞跃	演讲题目：大气激光雷达算法研究和科研经验分享
GeoScience Café 第 47 期(2012 年 2 月 24 日)	
演讲嘉宾：黄昕	演讲题目：高分辨率遥感影像处理与应用
GeoScience Café 第 48 期(2012 年 3 月 23 日)	
演讲嘉宾：魏征	演讲题目：2012 年武汉大学地理信息科学技术文化节博士沙龙系列活动“LiDAR 之夜”
演讲嘉宾：方莉娜	演讲题目：2012 年武汉大学地理信息科学技术文化节博士沙龙系列活动“LiDAR 之夜”
演讲嘉宾：陈驰	演讲题目：2012 年武汉大学地理信息科学技术文化节博士沙龙系列活动“LiDAR 之夜”
GeoScience Café 第 49 期(2012 年 4 月 13 日)	
演讲嘉宾：张乐飞	演讲题目：遥感影像模式识别研究暨第一篇 SCI 背后的故事
GeoScience Café 第 50 期(2012 年 5 月 4 日)	
演讲嘉宾：栾学晨	演讲题目：第一篇 SCI 背后的故事——城市道路网模式识别研究
GeoScience Café 第 51 期(2012 年 5 月 21 日)	
演讲嘉宾：陈泽强	演讲题目：“第一篇 SCI 背后的故事”之传感器整合关键技术研究
GeoScience Café 第 52 期(2012 年 6 月 1 日)	
演讲嘉宾：胡腾	演讲题目：无人机影像的稠密立体匹配技术研究
GeoScience Café 第 53 期(2012 年 6 月 8 日)	
演讲嘉宾：李华丽	演讲题目：“第一篇 SCI 背后的故事”之高光谱遥感影像处理研究
GeoScience Café 第 54 期(2012 年 6 月 21 日)	
演讲嘉宾：李家艺	演讲题目：第四届 Whispers 会议感受与体会
GeoScience Café 第 55 期(2012 年 9 月 14 日)	
演讲嘉宾：栾学晨	演讲题目：参加第 21 届 ISPRS 大会和出国交流的感受与体会
演讲嘉宾：张乐飞	演讲题目：参加第 21 届 ISPRS 大会和出国交流的感受与体会

GeoScience Café 第 56 期(2012 年 9 月 21 日)	
演讲嘉宾：史磊	演讲题目："第一篇 SCI 背后的故事"之极化合成孔径雷达(PolSAR)图像处理研究
GeoScience Café 第 57 期(2012 年 10 月 12 日)	
演讲嘉宾：谢潇	演讲题目：赴俄罗斯参加 GeoMIR 2012 学术交流的感受与体会
演讲嘉宾：曹茜	演讲题目：赴俄罗斯参加 GeoMIR 2012 学术交流的感受与体会
演讲嘉宾：黎旻懿	演讲题目：赴俄罗斯参加 GeoMIR 2012 学术交流的感受与体会
GeoScience Café 第 58 期(2012 年 10 月 19 日)	
演讲嘉宾：徐川	演讲题目：这些年，我们一起走过的日子："水平集理论用于 SAR 图像分割及水体提取"
GeoScience Café 第 59 期(2012 年 10 月 26 日)	
演讲嘉宾：冯炼	演讲题目：水环境遥感研究——以鄱阳湖为例
GeoScience Café 第 60 期(2012 年 11 月 02 日)	
演讲嘉宾：吴华意	演讲题目：从地理数据的共享到地理信息和知识——兼谈学术过程中的有效沟通技巧
GeoScience Café 第 61 期(2012 年 11 月 23 日)	
演讲嘉宾：张乐飞	演讲题目：高光谱数据的线性、非线性与多维线性判别分析方法
GeoScience Café 第 62 期(2012 年 12 月 7 日)	
演讲嘉宾：李慧芳	演讲题目：多成因遥感影像亮度不均匀性的变分校正方法研究
GeoScience Café 第 63 期(2013 年 3 月 8 日)	
演讲嘉宾：袁伟	演讲题目：不做沉默的人
GeoScience Café 第 64 期(2013 年 3 月 15 日)	
演讲嘉宾：张志	演讲题目：缔造最完美的 PPT 演示
GeoScience Café 第 65 期(2013 年 3 月 29 日)	
演讲嘉宾：凌宇	演讲题目：2013 求职分享报告
演讲嘉宾：欧晓玲	演讲题目：2013 求职分享报告
演讲嘉宾：孙忠芳	演讲题目：2013 求职分享报告
GeoScience Café 第 66 期(2013 年 5 月 17 日)	
演讲嘉宾：胡楚丽	演讲题目：对地观测网传感器资源共享管理模型与方法研究

GeoScience Café 第 67 期(2013 年 6 月 14 日)	
演讲嘉宾：石茜	演讲题目："第一篇 SCI 背后的故事"之高光谱影像分类研究
GeoScience Café 第 68 期(2013 年 9 月 13 日)	
演讲嘉宾：焦洪赞	演讲题目："第一篇 SCI 背后的故事"之科研心得体会
GeoScience Café 第 69 期(2013 年 10 月 25 日)	
演讲嘉宾：李洪利	演讲题目：新西伯利亚国际学生夏季研讨会交流体会
演讲嘉宾：李娜	演讲题目：新西伯利亚国际学生夏季研讨会交流体会
GeoScience Café 第 70 期(2013 年 11 月 22 日)	
演讲嘉宾：张云菲	演讲题目：多源矢量空间数据的匹配与集成
GeoScience Café 第 71 期(2013 年 11 月 29 日)	
演讲嘉宾：李星星	演讲题目：实时 GNSS 精密单点定位及非差模糊度快速确定方法研究
GeoScience Café 第 72 期(2013 年 12 月 13 日)	
演讲嘉宾：王晓蕾	演讲题目：地理空间传感网语义注册服务
GeoScience Café 第 73 期(2014 年 1 月 3 日)	
演讲嘉宾：刘立坤	演讲题目：美国北得克萨斯大学访学经历分享
GeoScience Café 第 74 期(2014 年 2 月 28 日)	
演讲嘉宾：毛飞跃	演讲题目：大气激光雷达数据反演和论文写作经验谈
GeoScience Café 第 75 期(2014 年 3 月 28 日)	
演讲嘉宾：陈敏	演讲题目：遥感影像线特征匹配研究
GeoScience Café 第 76 期(2014 年 4 月 25 日)	
演讲嘉宾：郑杰	演讲题目：地理空间数据可视化之美
GeoScience Café 第 77 期(2014 年 5 月 9 日)	
演讲嘉宾：程晓光	演讲题目：一种非监督的 PolSAR 散射机制分类法
GeoScience Café 第 78 期(2014 年 5 月 16 日)	
演讲嘉宾：熊彪	演讲题目：机载激光雷达三维房屋重建算法与读博经验谈
GeoScience Café 第 79 期(2014 年 5 月 23 日)	
演讲嘉宾：王挺	演讲题目：高光谱遥感影像目标探测的困难与挑战
GeoScience Café 第 80 期(2014 年 6 月 19 日)	

演讲嘉宾：刘湘泉	演讲题目：2014 求职/考博经验分享报告
演讲嘉宾：李鹏鹏	演讲题目：2014 求职/考博经验分享报告
演讲嘉宾：颜士威	演讲题目：2014 求职/考博经验分享报告
演讲嘉宾：朱婷婷	演讲题目：2014 求职/考博经验分享报告
GeoScience Café 第 81 期(2014 年 9 月 19 日)	
演讲嘉宾：李昊	演讲题目：空间信息智能服务组合及其在社交媒体空间数据挖掘中的应用
GeoScience Café 第 82 期(2014 年 9 月 26 日)	
演讲嘉宾：曾玲琳	演讲题目：基于 MODIS 的农业遥感应用研究
GeoScience Café 第 83 期(2014 年 10 月 10 日)	
演讲嘉宾：冯如意	演讲题目：高光谱遥感影像混合像元稀疏分解方法研究
GeoScience Café 第 84 期(2014 年 10 月 17 日)	
演讲嘉宾：黄荣永	演讲题目：由最近点迭代算法到激光点云与影像配准
GeoScience Café 第 85 期(2014 年 10 月 31 日)	
演讲嘉宾：李家艺	演讲题目：高光谱遥感影像分类研究
GeoScience Café 第 86 期(2014 年 11 月 5 日)	
演讲嘉宾：武辰	演讲题目：遥感影像火星地表 CO_2 冰层消融监测研究及法国留学经历
演讲嘉宾：郭贤	演讲题目：遥感影像火星地表 CO_2 冰层消融监测研究及法国留学经历
GeoScience Café 第 87 期(2014 年 11 月 21 日)	
演讲嘉宾：曾超	演讲题目：时空谱互补观测数据的融合重建方法研究
GeoScience Café 第 88 期(2014 年 11 月 27 日)	
演讲嘉宾：吴华意	演讲题目：大牛的 GIS 人生
演讲嘉宾：孙玉国	演讲题目：大牛的 GIS 人生
GeoScience Café 第 89 期(2014 年 12 月 5 日)	
演讲嘉宾：朱映	演讲题目：高分辨率光学遥感卫星平台震颤研究
GeoScience Café 第 90 期(2014 年 12 月 12 日)	
演讲嘉宾：刘冲	演讲题目：城市化遥感监测
GeoScience Café 第 91 期(2014 年 12 月 19 日)	

<table>
<tr><td>演讲嘉宾：方伟</td><td>演讲题目：TLS 强度应用</td></tr>
<tr><td colspan="2">GeoScience Café 第 92 期(2014 年 12 月 26 日)</td></tr>
<tr><td>演讲嘉宾：幸晨杰</td><td>演讲题目：中德双硕士生活一瞥</td></tr>
<tr><td>演讲嘉宾：喻静敏</td><td>演讲题目：中德双硕士生活一瞥</td></tr>
<tr><td colspan="2">GeoScience Café 第 93 期(2015 年 3 月 13 日)</td></tr>
<tr><td>演讲嘉宾：袁乐先</td><td>演讲题目：我眼中的南极</td></tr>
<tr><td colspan="2">GeoScience Café 第 94 期(2015 年 3 月 20 日)</td></tr>
<tr><td>演讲嘉宾：李建</td><td>演讲题目：多源多尺度水环境遥感应用研究与野外观测经历分享</td></tr>
<tr><td colspan="2">GeoScience Café 第 95 期(2015 年 3 月 27 日)</td></tr>
<tr><td>演讲嘉宾：马昕</td><td>演讲题目：地基差分吸收 CO_2 激光雷达的软硬件基础</td></tr>
<tr><td colspan="2">GeoScience Café 第 96 期(2015 年 4 月 3 日)</td></tr>
<tr><td>演讲嘉宾：
Michael Jendryke</td><td>演讲题目：Urban dynamics in China</td></tr>
<tr><td colspan="2">GeoScience Café 第 97 期(2015 年 4 月 17 日)</td></tr>
<tr><td>演讲嘉宾：冷伟</td><td>演讲题目：珈和遥感创业经验分享</td></tr>
<tr><td colspan="2">GeoScience Café 第 98 期(2015 年 4 月 24 日)</td></tr>
<tr><td>演讲嘉宾：史绪国</td><td>演讲题目：雷达影像形变监测方法与应用研究</td></tr>
<tr><td colspan="2">GeoScience Café 第 99 期(2015 年 5 月 8 日)</td></tr>
<tr><td>演讲嘉宾：张文婷</td><td>演讲题目：好工作是怎样炼成的?</td></tr>
<tr><td>演讲嘉宾：罗俊沣</td><td>演讲题目：好工作是怎样炼成的?</td></tr>
<tr><td>演讲嘉宾：王帆</td><td>演讲题目：好工作是怎样炼成的?</td></tr>
<tr><td>演讲嘉宾：张学全</td><td>演讲题目：好工作是怎样炼成的?</td></tr>
<tr><td colspan="2">GeoScience Café 第 100 期(2015 年 5 月 13 日)</td></tr>
<tr><td>演讲嘉宾：李德仁</td><td>演讲题目：李德仁院士讲“成功”</td></tr>
<tr><td colspan="2">GeoScience Café 第 101 期(2015 年 5 月 15 日)</td></tr>
<tr><td>演讲嘉宾：王晓蕾</td><td>演讲题目：答辩 PPT 早知道</td></tr>
<tr><td colspan="2">GeoScience Café 第 102 期(2015 年 5 月 22 日)</td></tr>
<tr><td>演讲嘉宾：李英</td><td>演讲题目：美国留学感悟</td></tr>
<tr><td colspan="2">GeoScience Café 第 103 期(2015 年 6 月 3 日)</td></tr>
</table>

演讲嘉宾：王乐	演讲题目：从武大学生到美国教授一路走来的经历
GeoScience Café 第 104 期(2015 年 6 月 5 日)	
演讲嘉宾：向涛	演讲题目：来，我们谈点正事儿——遥感商业应用(创业)
GeoScience Café 第 105 期(2009 年 6 月 25 日)	
演讲嘉宾：陶灿	演讲题目：为爱而活：音乐伴我一路前行
GeoScience Café 第 106 期(2015 年 9 月 18 日)	
演讲嘉宾：叶茂	演讲题目：月球重力场解算系统初步研制结果
GeoScience Café 第 107 期(2015 年 9 月 24 日)	
演讲嘉宾：秦雨	演讲题目：地图之美：纸上的大千世界
GeoScience Café 第 108 期(2015 年 10 月 16 日)	
演讲嘉宾：罗庆	演讲题目：留学达拉斯——UTD 学习生活经验分享
GeoScience Café 第 109 期(2015 年 10 月 23 日)	
演讲嘉宾：赵伶俐	演讲题目：极化 SAR 典型地物解译研究
GeoScience Café 第 110 期(2015 年 10 月 13 日)	
演讲嘉宾：许明明	演讲题目：高光谱遥感影像端元提取方法研究
GeoScience Café 第 111 期(2015 年 11 月 6 日)	
演讲嘉宾：Pedro	演讲题目：西班牙人眼中的中德求学之路
GeoScience Café 第 112 期(2015 年 11 月 13 日)	
演讲嘉宾：韩舸	演讲题目：CO_2 探测激光雷达技术应用与发展及论文写作经验分享
GeoScience Café 第 113 期(2015 年 11 月 20 日)	
演讲嘉宾：熊礼治	演讲题目：遥感影像共享时代的安全性挑战
GeoScience Café 第 114 期(2015 年 11 月 27 日)	
演讲嘉宾：臧玉府	演讲题目：多源激光点云数据的高精度融合与自适应尺度表达
GeoScience Café 第 115 期(2015 年 12 月 4 日)	
演讲嘉宾：王珂	演讲题目：水文观测传感网资源建模与优化布局方法研究
GeoScience Café 第 116 期(2015 年 12 月 11 日)	
演讲嘉宾：任晓东	演讲题目：GNSS 高精度电离层建模方法及其相关应用
GeoScience Café 第 117 期(2015 年 12 月 18 日)	

演讲嘉宾：樊珈珮	演讲题目：基于时空相关性的群体用户访问模式挖掘与建模
GeoScience Café 第 118 期(2016 年 1 月 8 日)	
演讲嘉宾：严锐	演讲题目：数据挖掘：数据就是财富
GeoScience Café 第 119 期(2016 年 1 月 15 日)	
演讲嘉宾：桂志鹏	演讲题目：第四范式下的 GIS——一个武大人的 GIS 情怀
GeoScience Café 第 120 期(2016 年 3 月 4 日)	
演讲嘉宾：贺威	演讲题目：基于低秩表示的高光谱遥感影像质量改善方法研究
GeoScience Café 第 121 期(2016 年 3 月 11 日)	
演讲嘉宾：张觅	演讲题目：计算机视觉优化在遥感领域的应用——以鱼眼相机标定和人工地物显著性检测为例
GeoScience Café 第 122 期(2016 年 3 月 18 日)	
演讲嘉宾：康朝贵	演讲题目：城市出租车活动子区探测与分析
GeoScience Café 第 123 期(2016 年 3 月 25 日)	
演讲嘉宾：申力	演讲题目：学习科研经历分享
GeoScience Café 第 124 期(2016 年 3 月 31 日)	
演讲嘉宾：汪韬阳	演讲题目：太空之眼：高分辨率对地观测
GeoScience Café 第 125 期(2016 年 4 月 8 日)	
演讲嘉宾：屈猛	演讲题目：我在武大玩户外
GeoScience Café 第 126 期(2016 年 4 月 15 日)	
演讲嘉宾：袁梦	演讲题目：“最强大脑”圆梦之旅
GeoScience Café 第 127 期(2016 年 4 月 22 日)	
演讲嘉宾：郑先伟	演讲题目：面向 3D GIS 的高精度 TIN 建模与可视化
GeoScience Café 第 128 期(2016 年 5 月 6 日)	
演讲嘉宾：王梦秋	演讲题目：基于 MODIS 观测的大西洋马尾藻时空分布研究
GeoScience Café 第 129 期(2016 年 5 月 13 日)	
演讲嘉宾：颜会闾	演讲题目：人文筑境：珞珈山下的古建筑
GeoScience Café 第 130 期(2016 年 5 月 20 日)	
演讲嘉宾：佘冰	演讲题目：网络约束下的时空数据
GeoScience Café 第 131 期(2016 年 5 月 27 日)	

<table>
<tr><td>演讲嘉宾：陈锐志</td><td>演讲题目：移动地理空间计算——从感知走向智能</td></tr>
<tr><td colspan="2">GeoScience Café 第 132 期(2016 年 6 月 3 日)</td></tr>
<tr><td>演讲嘉宾：杨曦</td><td>演讲题目：武大吉奥云技术心路历程——三年走向高级研发经理</td></tr>
<tr><td colspan="2">GeoScience Café 第 133 期(2016 年 6 月 17 日)</td></tr>
<tr><td>演讲嘉宾：卢宾宾</td><td>演讲题目：地理加权模型——展现空间的“别”样之美</td></tr>
<tr><td colspan="2">GeoScience Café 第 134 期(2016 年 6 月 23 日)</td></tr>
<tr><td>演讲嘉宾：苏小元</td><td>演讲题目：从计算机博士到电台台长——旅美华人学者的人文情怀</td></tr>
<tr><td colspan="2">GeoScience Café 第 135 期(2016 年 6 月 24 日)</td></tr>
<tr><td>演讲嘉宾：冯明翔</td><td>演讲题目：考博 & 就业专场——经历交流会</td></tr>
<tr><td>演讲嘉宾：刘文轩</td><td>演讲题目：考博 & 就业专场——经历交流会</td></tr>
<tr><td>演讲嘉宾：马志豪</td><td>演讲题目：考博 & 就业专场——经历交流会</td></tr>
<tr><td colspan="2">GeoScienceCafé 第 136 期(2016 年 7 月 1 日)</td></tr>
<tr><td>演讲嘉宾：张帆</td><td>演讲题目：Deep Learning for Remote Sensing Data Analysis</td></tr>
<tr><td colspan="2">GeoScience Café 第 137 期(2016 年 9 月 23 日)</td></tr>
<tr><td>演讲嘉宾：班伟</td><td>演讲题目：GNSS 遥感的研究与进展</td></tr>
<tr><td colspan="2">GeoScience Café 第 138 期(2016 年 10 月 14 日)</td></tr>
<tr><td>演讲嘉宾：郭靖</td><td>演讲题目：导航和低轨卫星精密定轨研究</td></tr>
<tr><td colspan="2">GeoScience Café 第 139 期(2016 年 10 月 21 日)</td></tr>
<tr><td>演讲嘉宾：李礼</td><td>演讲题目：全景及正射影像拼接研究</td></tr>
<tr><td colspan="2">GeoScience Café 第 140 期(2016 年 10 月 28 日)</td></tr>
<tr><td>演讲嘉宾：勾佳琛</td><td>演讲题目：行走的力量</td></tr>
<tr><td colspan="2">GeoScience Café 第 141 期(2016 年 11 月 4 日)</td></tr>
<tr><td>演讲嘉宾：宋晓鹏</td><td>演讲题目：基于卫星遥感的区域及全球尺度土地覆盖监测</td></tr>
<tr><td colspan="2">GeoScience Café 第 142 期(2016 年 11 月 11 日)</td></tr>
<tr><td>演讲嘉宾：雷芳妮</td><td>演讲题目：土壤湿度反演与水文数据同化</td></tr>
<tr><td colspan="2">GeoScience Café 第 143 期(2016 年 11 月 18 日)</td></tr>
<tr><td>演讲嘉宾：张豹</td><td>演讲题目：联合 GPS 和 GRACE 数据探测冰川质量的异常变化</td></tr>
</table>

GeoScience Café 第 144 期(2016 年 11 月 25 日)	
演讲嘉宾：柳景斌	演讲题目：智能手机室内定位与智能位置服务
GeoScience Café 第 145 期(2016 年 12 月 2 日)	
演讲嘉宾：季青	演讲题目：北极海冰遥感研究进展及“七北”海冰现场观测
GeoScience Café 第 146 期(2016 年 12 月 8 日)	
演讲嘉宾：Sarah Yang, R. P. L. S.	演讲题目：The Life of a Surveyor in Texas
GeoScience Café 第 147 期(2016 年 12 月 16 日)	
演讲嘉宾：李杰	演讲题目：遥感影像的空-谱联合先验模型研究
GeoScience Café 第 148 期(2016 年 12 月 23 日)	
演讲嘉宾：杨龙龙	演讲题目：直击就业——经验交流会：互联网实习与面试，轻松应对
演讲嘉宾：高露妹	演讲题目：直击就业——经验交流会：个人 Job Hunting 经验分享
演讲嘉宾：李琰	演讲题目：直击就业——经验交流会：腾讯对产品经理的要求与标准
演讲嘉宾：刘飞	演讲题目：直击就业——经验交流会：求职经验在这里
GeoScience Café 第 149 期(2016 年 12 月 29 日)	
演讲嘉宾：彭漪	演讲题目：基于遥感光谱数据的植被生长监测
GeoScience Café 第 150 期(2017 年 1 月 6 日)	
演讲嘉宾：张磊	演讲题目：美国联合培养留学感悟
GeoScience Café 第 151 期(2017 年 3 月 3 日)	
演讲嘉宾：鲁小虎	演讲题目：聚类分析和灭点提取研究
GeoScience Café 第 152 期(2017 年 3 月 10 日)	
演讲嘉宾：唐伟	演讲题目：InSAR 对流层延迟校正及大气水汽含量反演
GeoScience Café 第 153 期(2017 年 3 月 17 日)	
演讲嘉宾：张翔	演讲题目：面向干旱监测的多传感器协同方法研究
GeoScience Café 第 154 期(2017 年 3 月 24 日)	
演讲嘉宾：桂祎明	演讲题目：一个中国背包客眼中的伊斯兰世界

GeoScience Café 第 155 期(2017 年 3 月 31 日)	
演讲嘉宾：王锴华	演讲题目："学科嘉年华-博士学术沙龙"——热膨胀对 GNSS 坐标时间序列的影响研究
演讲嘉宾：旷俭	演讲题目："学科嘉年华-博士学术沙龙"——基于智能手机端的稳健 PDR 方案
特邀嘉宾：李德仁院士、杨元喜院士、龚健雅院士	
GeoScience Café 第 156 期(2017 年 4 月 7 日)	
演讲嘉宾：王美玉	演讲题目：独爱那一抹绿
GeoScience Café 第 157 期(2017 年 4 月 14 日)	
演讲嘉宾：赵辛阳	演讲题目：美国宪法的诞生
GeoScience Café 第 158 期(2017 年 4 月 20 日)	
演讲嘉宾：凌云光技术集团	演讲题目：科学成像技术研讨会
GeoScience Café 第 159 期(2017 年 4 月 28 日)	
演讲嘉宾：范云飞	演讲题目：旧体诗词的音乐性漫谈
GeoScience Café 第 160 期(2017 年 5 月 5 日)	
演讲嘉宾：王德浩	演讲题目：从 RocksDB 到 NewSQL——商业数据库的发展趋势
GeoScience Café 第 161 期(2017 年 5 月 12 日)	
演讲嘉宾：陈维扬	演讲题目：心理学与生活
GeoScience Café 第 162 期(2017 年 5 月 19 日)	
演讲嘉宾：董燕妮	演讲题目：高光谱遥感影像的测度学习方法研究
GeoScience Café 第 163 期(2017 年 6 月 10 日)	
演讲嘉宾：傅鹏	演讲题目：时序遥感分析——算法和应用
GeoScience Café 第 164 期(2016 年 6 月 2 日)	
演讲嘉宾：沈焕锋	演讲题目：资源环境时空连续遥感监测方法与应用
GeoScience Café 第 165 期(2017 年 6 月 2 日)	
演讲嘉宾：李志林	演讲题目：研究生学习是从技能到智慧的全面提升
GeoScience Café 第 166 期(2017 年 6 月 9 日)	
演讲嘉宾：杜文英	演讲题目：洪涝事件信息建模与主动探测方法研究
GeoScience Café 第 167 期(2017 年 6 月 10 日)	

演讲嘉宾：范子英	演讲题目：经济学研究方法兼谈夜光遥感数据在经济学中的应用
GeoScience Café 第 168 期(2017 年 6 月 16 日)	
演讲嘉宾：王心宇	演讲题目：基于无人机遥感的区域供暖管网热能泄漏检测
演讲嘉宾：卢云成	演讲题目：基于无人机遥感的区域供暖管网热能泄漏检测
演讲嘉宾：贾天义	演讲题目：基于无人机遥感的区域供暖管网热能泄漏检测
演讲嘉宾：徐瑶	演讲题目：基于无人机遥感的区域供暖管网热能泄漏检测
演讲嘉宾：向天烛	演讲题目：基于无人机遥感的区域供暖管网热能泄漏检测
GeoScience Café 第 169 期(2017 年 6 月 23 日)	
演讲嘉宾：杨健	演讲题目：荧光激光雷达及其对农作物氮胁迫定量监测的研究
GeoScience Café 第 170 期(2017 年 9 月 19 日)	
演讲嘉宾：史硕	演讲题目：LiDAR Team Research Report
演讲嘉宾：毛飞跃	演讲题目：LiDAR Team Research Report
GeoScience Café 第 171 期(2017 年 9 月 23 日)	
演讲嘉宾：Christopher Small	演讲题目：基于遥感的地表过程时空动态研究
GeoScience Café 第 172 期(2017 年 9 月 28 日)	
演讲嘉宾：Prof. Jean Brodeur	演讲题目：ISO/TC 211 Standardization initiative on geog-raphic information ontology
演讲嘉宾：C. Douglas O' Brien	演讲题目：ISO/TC 211 WG6 Imagery
GeoScience Café 第 173 期(2017 年 9 月 29 日)	
演讲嘉宾：钟燕飞	演讲题目：RSIDEA 研究组导师信息分享会
GeoScience Café 第 174 期(2017 年 10 月 9 日)	
演讲嘉宾：翟晗	演讲题目：高光谱遥感影像稀疏子空间聚类研究
GeoScience Café 第 175 期(2017 年 10 月 20 日)	
演讲嘉宾：袁伟	演讲题目：如何高效学习演讲
GeoScience Café 第 176 期(2017 年 10 月 23 日)	
演讲嘉宾：苏铭彻	演讲题目：创客苏铭彻："硅谷精神"中的教育理念人工智能工程师求学新概念

<table>
<tr><td colspan="2">GeoScience Café 第 177 期(2017 年 11 月 3 日)</td></tr>
<tr><td>演讲嘉宾：祁昆仑</td><td>演讲题目：基于关联基元特征的高分辨率遥感影像场景分类</td></tr>
<tr><td colspan="2">GeoScience Café 第 178 期(2017 年 11 月 17 日)</td></tr>
<tr><td>演讲嘉宾：李加元</td><td>演讲题目：多模态影像特征匹配及误匹配剔除</td></tr>
<tr><td colspan="2">GeoScience Café 第 179 期(2017 年 11 月 24 日)</td></tr>
<tr><td>演讲嘉宾：张祖勋</td><td>演讲题目：背后的故事——我国首套数字摄影测量系统</td></tr>
<tr><td colspan="2">GeoScience Café 第 180 期(2017 年 12 月 1 日)</td></tr>
<tr><td>演讲嘉宾：汪志良</td><td>演讲题目：新西伯利亚“3S”见闻与“一带一路”</td></tr>
<tr><td>演讲嘉宾：康一飞</td><td>演讲题目：新西伯利亚“3S”见闻与“一带一路”</td></tr>
<tr><td>演讲嘉宾：安凯强</td><td>演讲题目：新西伯利亚“3S”见闻与“一带一路”</td></tr>
<tr><td colspan="2">GeoScience Café 第 181 期(2017 年 12 月 8 日)</td></tr>
<tr><td>演讲嘉宾：肖雄武</td><td>演讲题目：无人机影像实时处理与结构感知三维重建</td></tr>
<tr><td colspan="2">GeoScience Café 第 182 期(2017 年 12 月 15 日)</td></tr>
<tr><td>演讲嘉宾：袁鹏飞</td><td>演讲题目：直击就业——就业经验分享</td></tr>
<tr><td>演讲嘉宾：杨羚</td><td>演讲题目：直击就业——就业经验分享</td></tr>
<tr><td>演讲嘉宾：贾天义</td><td>演讲题目：直击就业——就业经验分享</td></tr>
<tr><td>演讲嘉宾：王若曦</td><td>演讲题目：直击就业——就业经验分享</td></tr>
<tr><td colspan="2">GeoScience Café 第 183 期(2017 年 12 月 29 日)</td></tr>
<tr><td>演讲嘉宾：胡凯</td><td>演讲题目：使用科学计量学探索科研之路</td></tr>
<tr><td colspan="2">GeoScience Café 第 184 期(2018 年 1 月 5 日)</td></tr>
<tr><td>演讲嘉宾：秦雨</td><td>演讲题目：CorelDRAW 竟有这种操作——学长的地图设计学习笔记</td></tr>
<tr><td colspan="2">GeoScienceCafé 第 185 期(2018 年 1 月 12 日)</td></tr>
<tr><td>演讲嘉宾：李小曼</td><td>演讲题目：信息革命的传播学解释</td></tr>
<tr><td colspan="2">GeoScience Café 第 186 期(2018 年 1 月 14 日)</td></tr>
<tr><td>演讲嘉宾：卢萌</td><td>演讲题目：空间数据挖掘与空间大数据探索与思考</td></tr>
<tr><td colspan="2">GeoScience Café 第 187 期(2018 年 1 月 19 日)</td></tr>
<tr><td>演讲嘉宾：潘迎春</td><td>演讲题目：光荣属于希腊 伟大属于罗马</td></tr>
<tr><td colspan="2">GeoScience Café 第 188 期(2018 年 3 月 16 日)</td></tr>
</table>

<table>
<tr><td>演讲嘉宾：杨雪</td><td>演讲题目：基于众源时空轨迹数据的城市精细路网获取研究</td></tr>
<tr><td colspan="2">GeoScience Café 第 189 期(2018 年 3 月 30 日)</td></tr>
<tr><td>演讲嘉宾：李艳霞</td><td>演讲题目：高德地图数据生产前沿技术分享</td></tr>
<tr><td>演讲嘉宾：王拯</td><td>演讲题目：高德地图数据生产前沿技术分享</td></tr>
<tr><td>演讲嘉宾：刘章</td><td>演讲题目：高德地图数据生产前沿技术分享</td></tr>
<tr><td colspan="2">GeoScience Café 第 190 期(2018 年 3 月 31 日)</td></tr>
<tr><td>演讲嘉宾：John Lodewijk van Genderen</td><td>演讲题目：How to Write SCI Research Papers and How to Find a Job after Graduation</td></tr>
<tr><td colspan="2">GeoScience Café 第 191 期(2018 年 4 月 4 日)</td></tr>
<tr><td>演讲嘉宾：赵羲</td><td>演讲题目：海冰遥感的不确定性与局限</td></tr>
<tr><td colspan="2">GeoScience Café 第 192 期(2018 年 4 月 13 日)</td></tr>
<tr><td>演讲嘉宾：龙洋</td><td>演讲题目：大规模遥感影像智能检索系统</td></tr>
<tr><td colspan="2">GeoScience Café 第 193 期(2018 年 4 月 20 日)</td></tr>
<tr><td>演讲嘉宾：佘敦先</td><td>演讲题目：气候变化背景下中国干旱的变化趋势</td></tr>
<tr><td colspan="2">GeoScience Café 第 194 期(2018 年 4 月 26 日)</td></tr>
<tr><td>演讲嘉宾：陈亮</td><td>演讲题目：基于机会信号的室内外无缝定位与导航研究</td></tr>
<tr><td colspan="2">GeoScience Café 第 195 期(2018 年 4 月 27 日)</td></tr>
<tr><td>演讲嘉宾：许磊</td><td>演讲题目：季节尺度的降雨及干旱预测方法</td></tr>
<tr><td>演讲嘉宾：胡顺</td><td>演讲题目：土壤水分及叶面积指数在作物生长数据同化模拟中的应用</td></tr>
<tr><td colspan="2">GeoScience Café 第 196 期(2018 年 5 月 4 日)</td></tr>
<tr><td>演讲嘉宾：聂晗颖</td><td>演讲题目：亲密关系中的心理真相</td></tr>
<tr><td colspan="2">GeoScience Café 第 197 期(2018 年 5 月 11 日)</td></tr>
<tr><td>演讲嘉宾：张觅</td><td>演讲题目：基于深度卷积网络的遥感影像语义分割层次认知方法</td></tr>
<tr><td colspan="2">GeoScience Café 第 198 期(2018 年 5 月 18 日)</td></tr>
<tr><td>演讲嘉宾：陈仕坤</td><td>演讲题目：亿级产品背后，都有一个产品经理</td></tr>
<tr><td colspan="2">GeoScience Café 第 199 期(2018 年 5 月 25 日)</td></tr>
<tr><td>演讲嘉宾：李必军</td><td>演讲题目：从导航与位置服务到无人驾驶</td></tr>
</table>

GeoScience Café 第 200 期(2018 年 6 月 6 日)	
演讲嘉宾：石蒙蒙	演讲题目：就业经验交流分享会
演讲嘉宾：简志春	演讲题目：就业经验交流分享会
演讲嘉宾：梁艾琳	演讲题目：就业经验交流分享会
GeoScience Café 第 201 期(2018 年 6 月 8 日)	
演讲嘉宾：董震	演讲题目：地基多平台激光点云协同处理与应用
GeoScience Café 第 202 期(2018 年 6 月 15 日)	
演讲嘉宾：李斌	演讲题目：应用特征向量空间过滤方法降低遥感数据回归模型的不确定性
GeoScience Café 第 203 期(2018 年 6 月 29 日)	
演讲嘉宾：曾江源	演讲题目：被动微波土壤水分反演——原理、观测、算法与产品
GeoScience Café 第 204 期(2018 年 9 月 10 日)	
演讲嘉宾：倪凯	演讲题目：立足中国，面向量产——禾多科技自动驾驶解决方案
演讲嘉宾：骆沛	演讲题目：立足中国，面向量产——禾多科技自动驾驶解决方案
演讲嘉宾：戴震	演讲题目：立足中国，面向量产——禾多科技自动驾驶解决方案
GeoScience Café 第 205 期(2018 年 9 月 19 日)	
演讲嘉宾：程涛	演讲题目：智慧城市与时空智能
GeoScience Café 第 206 期(2018 年 9 月 21 日)	
演讲嘉宾：季顺平	演讲题目：智能摄影测量时代
GeoScience Café 第 207 期(2018 年 10 月 12 日)	
演讲嘉宾：孟庆祥	演讲题目：GIS 工程建设中相关问题的探讨
GeoScience Café 第 208 期(2018 年 10 月 19 日)	
演讲嘉宾：朱祺琪	演讲题目：面向高分辨率遥感影像场景语义理解的概率主题模型研究
GeoScience Café 第 209 期(2018 年 10 月 26 日)	
演讲嘉宾：冷伟	演讲题目：遥感应用的产业环境

GeoScience Café 第 210 期(2018 年 11 月 2 日)	
演讲嘉宾：刘博铭	演讲题目：华中地区大气边界层与污染传输的研究
GeoScience Café 第 211 期(2018 年 11 月 16 日)	
演讲嘉宾：李明	演讲题目：基于三维模型与图像的智能手机视觉定位技术
GeoScience Café 第 212 期(2018 年 11 月 23 日)	
演讲嘉宾：何涛	演讲题目：遥感定量化监测地表特征参量-算法研究、全球产品生产和气候环境应用
GeoScience Café 第 213 期(2018 年 11 月 29 日)	
演讲嘉宾：贾涛	演讲题目：复杂地理网络的结构分析与时空演化
GeoScience Café 第 214 期(2018 年 12 月 7 日)	
演讲嘉宾：郑星雨	演讲题目：室内定位大赛参赛经验分享
GeoScience Café 第 215 期(2018 年 12 月 13 日)	
演讲嘉宾：朱炜	演讲题目：当前就业形势与求职应对
GeoScience Café 第 216 期(2018 年 12 月 20 日)	
演讲嘉宾：彭敏	演讲题目：融人文情怀于科技工作
演讲嘉宾：姚佳鑫	演讲题目：融人文情怀于科技工作
演讲嘉宾：赵望宇	演讲题目：融人文情怀于科技工作
GeoScience Café 第 217 期(2018 年 12 月 21 日)	
演讲嘉宾：彭旭	演讲题目：求职面试经验分享
演讲嘉宾：刘晓林	演讲题目：求职面试经验分享
演讲嘉宾：朱华晨	演讲题目：求职面试经验分享
演讲嘉宾：宋易恒	演讲题目：求职面试经验分享
GeoScience Café 第 218 期(2018 年 12 月 28 日)	
演讲嘉宾：任畅	演讲题目：OpenStreetMap 参与体验及利用
GeoScience Café 第 219 期(2019 年 1 月 4 日)	
演讲嘉宾：王磊	演讲题目：跨入低轨卫星导航增强时代——“珞珈一号”卫星导航增强系统研究进展
GeoScience Café 第 220 期(2019 年 1 月 11 日)	
演讲嘉宾：宋时磊	演讲题目：中国茶叶的全球化与帝国兴衰

GeoScience Café 第 221 期(2019 年 3 月 15 日)	
演讲嘉宾：琳雅	演讲题目：通过色彩更好地了解自己
GeoScience Café 第 222 期(2019 年 3 月 22 日)	
演讲嘉宾：尹家波	演讲题目：基于多源数据的全球气候响应研究：大气热力学视角
演讲嘉宾：赵金奇	演讲题目：多时相极化 SAR 影像变化监测研究：以城市内涝和湿地监测为例
GeoScience Café 第 223 期(2019 年 3 月 29 日)	
演讲嘉宾：郭波	演讲题目：就业数据分析与经验分享
演讲嘉宾：熊畅	演讲题目：就业数据分析与经验分享
GeoScience Café 第 224 期(2019 年 4 月 12 日)	
演讲嘉宾：胡艳	演讲题目：专利基本知识及专利申请流程
GeoScience Café 第 225 期(2019 年 4 月 19 日)	
演讲嘉宾：熊朝晖	演讲题目：一只熊的行迹
GeoScience Café 第 226 期(2019 年 4 月 26 日)	
演讲嘉宾：李聪	演讲题目：深度学习下的遥感应用新可能
GeoScience Café 第 227 期(2019 年 5 月 10 日)	
演讲嘉宾：高华	演讲题目：香港的奇妙“旅行”—— 香港访学见闻与感悟汇报
演讲嘉宾：冯鹏	演讲题目：访学大溪地
GeoScience Café 第 228 期(2019 年 5 月 17 日)	
演讲嘉宾：时芳琳	演讲题目：如何撰写和发表高影响力期刊论文
GeoScience Café 第 229 期(2019 年 5 月 24 日)	
演讲嘉宾：潘元进	演讲题目：基于大地测量观测研究青藏高原质量迁移与全球气候变化响应
GeoScience Café 第 230 期(2019 年 5 月 31 日)	
演讲嘉宾：蔡家骏	演讲题目：香港中文大学博士申请经验分享
演讲嘉宾：陈雨璇	演讲题目：考博心路历程
演讲嘉宾：王超	演讲题目：拥抱金融科技的未来

演讲嘉宾：王振林	演讲题目：选调生经验分享
GeoScience Café 第 231 期(2019 年 9 月 20 日)	
演讲嘉宾：龚江昆	演讲题目：基于信杂比(SCR)的雷达动目标检测方法
GeoScience Café 第 232 期(2019 年 9 月 27 日)	
演讲嘉宾：丁晓颖	演讲题目：视觉注意力模型在三维点云中的应用
演讲嘉宾：张文	演讲题目：现代测量技术在填筑碾压施工质量控制中的应用
演讲嘉宾：时洪涛	演讲题目：多频率、多角度和多时相的全极化 SAR 观测数据在土壤含水量反演方法中的应用潜力
GeoScience Café 第 233 期(2019 年 10 月 11 日)	
演讲嘉宾：旷俭	演讲题目：捷联 PDR 辅助的智能手机多源室内定位算法研究
GeoScience Café 第 234 期(2019 年 10 月 18 日)	
演讲嘉宾：潘增新	演讲题目：基于主被动卫星观测的气溶胶-云三维交互及其气候效应研究
GeoScience Café 第 235 期(2019 年 10 月 25 日)	
演讲嘉宾：万方	演讲题目：人生中最后一份职业——创业或投资
GeoScience Café 第 236 期(2019 年 11 月 1 日)	
演讲嘉宾：张舸	演讲题目：博士后申请经验分享会
GeoScience Café 第 237 期(2019 年 11 月 8 日)	
演讲嘉宾：张雯	演讲题目：谈谈我的留学生活
GeoScience Café 第 238 期(2019 年 11 月 15 日)	
演讲嘉宾：李文青	演讲题目：用 coding 的思路做产品经理——从科研到产品的转型之路
GeoScience Café 第 239 期(2019 年 11 月 22 日)	
演讲嘉宾：宋蜜	演讲题目：科研写作与助教的一点经验
演讲嘉宾：何欣	演讲题目：工作二三事
演讲嘉宾：黄百川	演讲题目：新加坡南洋理工大学见闻海外交流申请方法
GeoScience Café 第 240 期(2019 年 11 月 29 日)	
演讲嘉宾：张士伟	演讲题目：抗战、布雷顿森林谈判与中国大国身份的确立

GeoScience Café 第 241 期(2019 年 12 月 6 日)	
演讲嘉宾：李韫辉	演讲题目：就业经历分享——如何加入产品经理大军
GeoScience Café 第 242 期(2019 年 12 月 13 日)	
演讲嘉宾：彭程威	演讲题目：研究生竞赛那些事
演讲嘉宾：兰猛	演讲题目：研究生竞赛那些事
演讲嘉宾：黄宝金	演讲题目：基于行人关联的蒙面伪装身份识别
GeoScience Café 第 243 期(2019 年 12 月 20 日)	
演讲嘉宾：孙嘉	演讲题目：高光谱激光雷达植被生化参数遥感定量反演
GeoScience Café 第 244 期(2019 年 12 月 27 日)	
演讲嘉宾：许刚	演讲题目：城市土地扩张与人口增长的关联机制及演化模型
GeoScience Café 第 245 期(2020 年 3 月 11 日)	
演讲嘉宾：李英冰	演讲题目：空间分析在新冠肺炎防控中的应用
GeoScience Café 第 246 期(2020 年 4 月 17 日)	
演讲嘉宾：何达	演讲题目：5 年科研感悟分享
GeoScience Café 第 247 期(2020 年 4 月 21 日)	
演讲嘉宾：喻杨康	演讲题目：浅谈如何在科研中发现和解决问题
演讲嘉宾：徐凯	演讲题目：从 idea 到 SCI 论文发表——关于科研那些你想知道的事
GeoScience Café 第 248 期(2020 年 4 月 24 日)	
演讲嘉宾：周屈	演讲题目：疫情期间的科研持续性
演讲嘉宾：刘计洪	演讲题目：InSAR 三维地表形变监测及科研经验分享
GeoScience Café 第 249 期(2020 年 4 月 28 日)	
演讲嘉宾：周汝琴	演讲题目：科研工作入门——以 LiDAR 点云数据处理为例
GeoScience Café 第 250 期(2020 年 5 月 1 日)	
演讲嘉宾：吴冲	演讲题目：做能解决实际问题的 GISer——以疫情防控系统开发应用为例
演讲嘉宾：代文	演讲题目：学术发展之路与公派出国留学：机遇与挑战
GeoScience Café 第 251 期(2020 年 5 月 4 日)	

演讲嘉宾：毕奇	演讲题目：面向局部语义表达的深度学习遥感场景分类方法研究与经验分享
演讲嘉宾：雷少华	演讲题目：审稿人视角下的学术论文撰写与留学经验分享
GeoScience Café 第 252 期(2020 年 5 月 7 日)	
演讲嘉宾：钟兴	演讲题目：从遥感卫星到信息服务
GeoScience Café 第 253 期(2020 年 5 月 8 日)	
演讲嘉宾：何琳	演讲题目：基于区域的图像层次分割评价方法
GeoScience Café 第 254 期(2020 年 5 月 15 日)	
演讲嘉宾：张强	演讲题目：旧瓶装新酒：科研 idea 进阶之路
演讲嘉宾：朱宁宁	演讲题目：光学图像与 LiDAR 点云的配准
GeoScience Café 第 255 期(2020 年 5 月 22 日)	
演讲嘉宾：张军泽	演讲题目：全球落实可持续发展目标的途径与应对重大疫情的挑战
演讲嘉宾：李一丹	演讲题目：新冠肺炎之流行病统计学研究
演讲嘉宾：朱其奎	演讲题目：战疫，Sigma 在行动——新冠肺炎智能诊断平台简介
GeoScience Café 第 256 期(2020 年 5 月 29 日)	
演讲嘉宾：戚海蓉	演讲题目：基于深度学习的光谱分解——如何融入物理约束？
GeoScience Café 第 257 期(2020 年 6 月 5 日)	
演讲嘉宾：杨其全	演讲题目：人类活动对地表温度的影响——以城市化和灌溉为例
演讲嘉宾：陈松	演讲题目：珞珈山战役——武汉大学新冠肺炎临床救治工作与科研成果介绍

GeoScience Café 第 258 期(2020 年 6 月 6 日)

演讲题目： 时空 GIS 与公共卫生事件

演讲嘉宾：方志祥， 男，武汉大学教授/博导，中国地理信息产业协会理论与方法工作委员会委员、中国城市科学研究会高级会员和城市大数据专业委员会委员、世界交通运输大会智慧公交系统技术委员会委员、ACM SIGSpatial China 创会委员等。发表论文 100 余篇(其中 SCI/SSCI 论文 68 篇)，获得 2018 年湖北省科技进步二等奖和 2019 年教育部科技进步二等奖。联系方式：zxfang@ whu. edu. cn。

演讲题目： 知微见著：从市政服务大数据到城市空间结构

演讲嘉宾：关庆锋， 中国地质大学(武汉)教授、博士生导师。研究方向为时空大数据、空间计算智能和高性能空间计算。主持科研项目包括国家自然科学基金、科技部重点研发计划、教育部高等学校博士学科点专项基金、国土资源部地质信息技术重点实验室、湖北省自然科学基金等。在 *PNAS*、*ISPRS*、*AAAG* 等国际期刊发表 SCI/SSCI 学术论文 50 余篇。获高校 GIS 创新人物奖，主持湖北省自然科学基金“杰出青年”项目。联系方式：guanqf@ cug. edu. cn。

演讲题目： 城市遥感影像解译方法与应用

演讲嘉宾：黄昕， 珞珈特聘教授。获“全国百篇优秀博士学位论文”、国家优秀青年科学基金、入选中组部人才计划。长期从事遥感影像处理与应用研究，已在 *RSE*、*ES&T*、*IEEE-TGRS*、*ISPRS-J* 等国际刊物发表论文 150 余篇，SCI 引用 5000 余次。担任 *Remote Sensing of Environment*、*IEEE JSTARS*、*IEEE GRSL* 等国际期刊的副主编/编委。获美国摄影测量与遥感协会 Boeing 奖、John I. Davidson 主席奖；4 次获省部级一等奖。

演讲题目： 地理点模式的挖掘

演讲嘉宾：裴韬， 中国科学院地理科学与资源研究所研究员，博士生导师，资源与环境信息系统国家重点实验室副主任，城市大数据专委会副主任委员，国家杰出青年基金获得者，国家重点研发专项“地理大数据挖掘与模式发现”负责人。已在国内外期刊发表论文 100 余篇，出版专著 6 部，主要研究兴趣包括：地理大数据挖掘、多元时空统计等，主持并完成自然科学基金、863、973 等课题 20 余项，曾获测绘科技进步奖一等奖、北京市科技新星称号、中国科学院卢嘉锡青年人才奖和第十一届全国青年地理科技奖。

演讲题目：大气污染暴露时空建模与服务

演讲嘉宾：邹滨，中南大学教授，博导，地球科学与信息物理学院副院长，教育部重点实验室副主任，全国高校 GIS 创新人物。入选首批全国高校黄大年式教师团队，获全国地理信息科技进步特等奖 1 项、全国测绘科技进步二等奖 2 项、湖南省首届科技创新奖 1 项等奖励，主持国家重点研发计划课题、国家自然科学基金等项目 30 余项，发表论文 100 余篇(其中 SCI/SSCI 论文 65 篇)，出版著作 6 部，获国家发明专利与计算机软件著作权 40 项。联系方式：210010@csu.edu.cn。

GeoScience Café 第 259 期(2020 年 6 月 12 日)

演讲题目：重新思考 GIS 场模型——来自空间人文学与社会科学的探索与实践

演讲嘉宾：张海平，男，南京师范大学地理科学学院博士后，师从汤国安。主要从事 GIS 时空建模与地理可视化方面的理论与方法研究，以及城市地理、社会文化地理方面的量化分析等应用研究。在 *TGIS*、*IJGI*、《地理研究》、《地理与地理信息科学》等国内外杂志发表论文十余篇，以作者身份参与完成 GIS 原理类教材一部，获得“全国十大城市数据师个人贡献奖”“GIS 新秀奖”等数项全国性奖项。联系方式：gissuifeng@163.com。

GeoScience Café 第 260 期(2020 年 6 月 19 日)

演讲题目：陈锐志团队：疫情安全感知与追踪

演讲嘉宾：郑星雨，所在团队曾代表武汉大学参加 2018 年 5 月美国标准与技术研究院(NIST)举办的基于智能手机端比赛，获得比赛冠军，2018 年 9 月参加法国第九届国际室内定位与室内导航大会(IPIN)室内定位比赛手机组冠军，2018 年 11 月获北京室内导航定位比测场景一冠军。联系方式：380407078@qq.com。

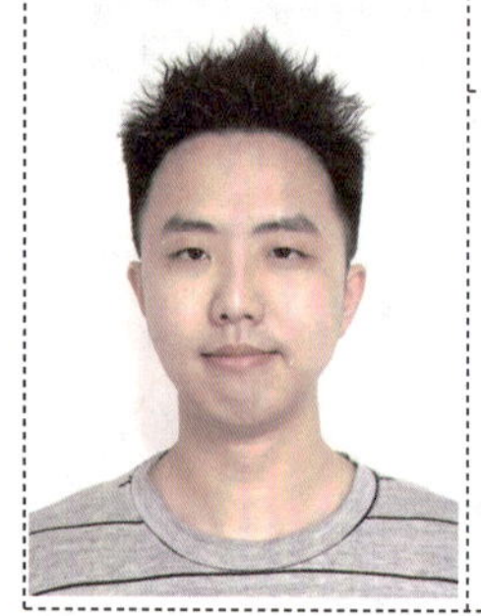

演讲题目：从创业尝试到北美 PHD：我的心路历程与认知重构

演讲嘉宾：孙一璠，武汉大学资源与环境科学学院 2020 届优秀硕士毕业生，师从苏世亮教授。主要研究方向为城市与社会公正、土地可持续利用。发表 SCI/SSCI 论文 4 篇，中文论文若干。硕士两年斩获包括国奖在内的多项奖学金共计 3.9 万元。获华盛顿大学 Geography PhD 全奖录取，正向 GeoAI、Fake Geography 转型。联系方式：sunyifan.whu@gmail.com。

GeoScience Café 第 261 期(2020 年 6 月 26 日)

演讲题目：基于深度学习的遥感影像语义分割与变化检测方法介绍

演讲嘉宾：张晨晓，男，师从武汉大学测绘遥感信息工程国家重点实验室乐鹏教授。第一作者发表 SCI 论文 3 篇。获得博士国家奖学金，中海达奖学金等。联系方式：zhangchx@ whu. edu. cn。

GeoScience Café 第 262 期(2020 年 7 月 3 日)

演讲题目：卫星遥感下的湖泊悬浮物时空动态监测

演讲嘉宾：曹志刚，中国科学院南京地理与湖泊研究所 2017 级博士生。以第一作者在 *Remote sensing of environment*，*ISPRS Journal of Photogrammetry and Remote Sensing* 和 *International Journal of Applied Earth Observation and Geoinformation* 等遥感期刊发表 SCI 论文 7 篇，先后获得国家奖学金(硕士、博士)、中国科学院南京分院伍宜孙奖学金、南京分院院长特别奖等奖项。2019 年受国家留学基金委资助前往美国加州大学圣巴巴拉分校地球研究所进行联合培养。联系方式：zgcao@ niglas. ac. cn。

GeoScience Café 第 263 期(2020 年 7 月 10 日)

演讲题目：中国高分辨率高精度近地表细颗粒物遥感反演研究

演讲嘉宾：韦　晶，男，北京师范大学(遥感科学国家重点实验室、全球变化与地球系统科学研究院)和美国马里兰大学(大气与海洋科学系、地球系统科学交叉研究中心)联合培养博士。截至目前，共发表学术论文 70 余篇，包括以第一/通讯作者在 *RSE*、*ES&T*、*JGR*、*ACP* 和 *TGRS* 等国际顶级期刊发表 SCI 论文 20 余篇，总被引 700 余次，H-index 为 16，2 篇入选 ESI 全球热点(TOP<0. 1%)论文，4 篇入选 ESI 全球高被引(TOP<1%)论文，1 篇入选 JGR 亮点论文。担任 *RSE*、*ISPRS*、*JGR*、*TGRS*、*EP* 和 *AE* 等 10 余个国际知名 SCI 期刊审稿人；荣获李小文遥感科学青年奖。联系方式：weijing_rs@ 163. com。

GeoScience Café 第 264 期(2020 年 7 月 17 日)

演讲题目：未来智慧城市探索

演讲嘉宾：史文中，国际欧亚科学院院士，现任香港理工大学讲座教授、土地测量及地理资讯学系系主任、智慧城市研究院院长、武汉大学-香港理工大学空间信息联合实验室主任、武汉大学荣誉讲座教授。曾任国际摄影测量与遥感学会第二专业委员会主席、香港地理信息系统学会主席、担任多个国际学术期刊的编委。发表 SCI 论文 200 余篇，出版专著 15 部。2012 年获国际摄影测量与遥感学会颁发“王之卓”奖；2007 年获国务院颁发“国家自然科学奖二等奖”。

GeoScience Café 第 265 期(2020 年 7 月 27 日)

演讲题目：实时遥感智能服务团队揭秘

演讲嘉宾：眭海刚，博士，武汉大学二级教授、博士生导师，测绘遥感信息工程国家重点实验室主任助理，先进技术研究院十一研究室主任，珞珈特聘教授，王之卓青年科学家，武汉大学对地观测与导航技术国家创新团队骨干成员，湖北省“双创战略团队”首席，光谷 3551 人才，国际数字地球学会中国国家虚拟地理环境专业委员会委员，云操作系统研发与应用技术学术委员会委员。

GeoScience Café 第 266 期(2020 年 9 月 18 日)

演讲题目：视觉关系检测概述及 CVPR 投稿经历分享

演讲嘉宾：米黎，遥感信息工程学院 2018 级硕士研究生，模式识别与智能系统专业，师从陈震中教授。以第一作者/第一学生作者身份在 *ISPRS Journal of Photogrammetry and Remote Sensing* 和 *IEEE Transactions on GeoScience and Remote Sensing* 发表论文各 1 篇，以第一作者身份在 *CCF-A* 类会议 2020 *IEEE/CVF Conference on Computer Vision and Pattern Recognition*（CVPR 2020）发表论文 1 篇，曾获得“华为杯”第十六届中国研究生数学建模比赛一等奖。联系方式：milirs@ whu. edu. cn。

GeoScience Café 第 267 期(2020 年 9 月 25 日)

演讲题目：激扬青春志，基层展宏图——“博士镇长团”介绍与经验分享

演讲嘉宾：**葛孟钰**，武汉大学遥感信息工程学院 2017 级摄影测量与遥感专业博士研究生，武汉大学“博士生宣讲团”副团长，多次获得优秀研究生标兵，优秀共产党员，优秀学生干部，研究生实习实践优秀个人等荣誉。2018 年 7 月—2019 年 1 月参加武汉大学首届“博士镇长团”项目，只身走进大山，挂职于十堰市张湾区方滩乡人民政府，任副乡长，分管国土、规划、交通、旅游、厕所革命，协助负责精准扶贫、村两委换届等领域。对地方所作贡献获得了校地双方的高度认可，先后受到光明日报红船初心特刊、新华社每日电讯、武汉大学新闻网等媒体采访报道。联系方式：380407078@ qq. com。

GeoScience Café 第 268 期(2020 年 9 月 27 日)

演讲题目：解锁“卫星新闻”新玩法

演讲嘉宾：**李梦婷**，现任新华社记者。曾获中国新闻奖、新华社创新奖特等奖、北京新闻奖等奖项。新中国成立 70 周年刷屏之作“60 万米高空看中国”系列报道主创人员。现负责新华社卫星新闻内容策划、现场云原创新闻报道，主要研究跨领域融媒体新闻生产、深度新闻短视频产品。

GeoScience Café 第 269 期(2020 年 10 月 9 日)

演讲题目：机载 LiDAR 点云控制航空影像摄影测量

演讲嘉宾：**陶鹏杰**，武汉大学遥感信息工程学院特聘副研究员，摄影测量与遥感博士。主要从事航空航天摄影测量的研究工作，包括卫星影像高精度几何处理、光学影像密集匹配与三维重建、“云控制”摄影测量等。主持和参与国家自然科学青年基金各 1 项，主持国家重点研发计划子课题 1 项，参与 973 计划、国家重点研发计划、高分对地观测系统重大专项等科研课题 10 余项；发表 SCI/EI 论文 20 余篇；拥有软件著作权 4 项。研发的 VirtuoZoSat 软件累计销售 1000 多套，销售额达 2000 余万，是我国测绘生产单位卫星影像空三和立体测图的主要作业软件。联系方式：pjtao@ whu. edu. cn。

GeoScience Café 第 270 期(2020 年 10 月 16 日)

演讲题目：低轨导航增强 GNSS：精密定位、星座设计

演讲嘉宾：马福建，武汉大学测绘学院 2018 级博士研究生，师从张小红教授。研究兴趣为低轨导航增强、精密单点定位。攻读硕/博士期间发表多篇 SCI/EI 论文，曾获研究生国家奖学金、卫星导航科技进步特等奖等奖励。联系方式：fjmasgg@ whu. edu. cn。

GeoScience Café 第 271 期(2020 年 10 月 18 日)

演讲题目：随心灵去漂流——“疫情”期间旅行摄影(旅拍)札记

演讲嘉宾：李天伦，本科毕业于辽宁大学，现为武汉大学新闻与传播学院在读研究生，研究方向为传播学理论方向的广播电视研究，爱好旅行和摄影，有 6 年的摄影经验，曾拍摄了大量的人文、风光、纪实、写真等多种题材的摄影作品，在胶片摄影和数码摄影领域均有涉猎，对于摄影拥有一定的认识和见解。联系方式：telenlee @ 163. com。

GeoScience Café 第 272 期(2020 年 10 月 23 日)

演讲题目：地理学中预测的不确定性问题

演讲嘉宾：许磊，武汉大学测绘遥感信息工程国家重点实验室 2018 级博士研究生，师从陈能成教授。研究兴趣为地理时空预测、遥感数据同化。在 *Remote Sensing of Environment*、*Water Resources Research*、*JGR-Atmospheres*、*Journal of Hydrology*、*Climate Dynamics* 等期刊发表论文 11 篇。曾获武汉大学学术创新一等奖、国家奖学金等荣誉奖励。联系方式：1036883178@ qq. com。

GeoScience Café 第 273 期(2020 年 10 月 30 日)

演讲题目：乡村的衰退与重构——兼谈科研的逻辑思路

演讲嘉宾：孔雪松，武汉大学资源与环境科学学院副教授，硕士生导师，武汉大学第十三届“尊师爱学——我最喜欢的十佳优秀教师”，中国人民大学土地政策与制度研究中心特聘研究员。主要从事国土空间规划、城乡土地利用转型及其生态效应评价等领域研究，主持国家自然科学基金、中国博士后科学基金和地方发展规划类研究课题多项。在国内外期刊发表论文 90 余篇，参编教材 3 部，获省部级科研奖项 3 项、授权专利 2 项。

GeoScience Café 第 274 期(2020 年 10 月 31 日)

演讲题目：做学生的良师益友

演讲嘉宾：杨必胜，男，博士，博士生导师，武汉大学测绘遥感信息工程国家重点实验室副主任，“万人计划”科技创新领军人才(2019)，科技部中青年科技领军人才(2018)，国家杰出青年基金获得者(2017)，教育部新世纪优秀人才，湖北省杰出青年基金获得者。长期从事三维地理信息获取与分析方面的理论与方法研究，创新性提出“广义点云(ubiquitous point cloud for mobile mapping)”科学概念，担任国际学术大会“Laser Scanning 2017”联合主席、*ISPRS Journal of Photogrammetry and Remote Sensing* 期刊编委(2015—)、国际摄影测量与遥感学会点云处理工作组联合主席(2016—2020)、国际大地测量学会(IAG)激光扫描测量工作组主席(2011—)和 *ISPRS Journal of Photogrammetry and Remote Sensing*、*Computers & Geosciences* 期刊客座编辑。联系方式：bshyang@whu. edu. cn。

GeoScience Café 第 275 期(2020 年 11 月 6 日)

演讲题目：遥感植被生态，一路追梦前行

演讲嘉宾：田丰，男，河北饶阳人。在 *Nature* 子刊、*RSE*、*GCB* 等期刊上发表和合作发表论文 20 多篇，被引近千次；获丹麦哥本哈根大学最佳理学博士论文奖；主持欧盟“Horizon 2020”玛丽·居里学者个人项目(博后)和国家自然科学基金项目(青年)；担任 LDD 遥感副编辑，RSE 优秀审稿人。联系方式：tian. feng@whu. edu. cn。

GeoScience Café 第 276 期(2020 年 11 月 7 日)

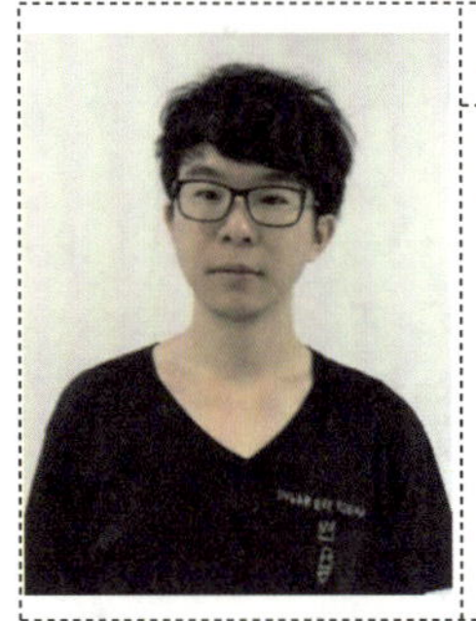

演讲题目：语音助手中的自然语言理解技术

演讲嘉宾：张帆，测绘遥感信息工程国家重点实验室 2017 届博士研究生，师从张良培教授，发表 SCI 论文 5 篇，Google Scholar 引用 1000+次。曾任职于阿里巴巴人工智能实验室-天猫精灵算法专家。目前任职于小米人工智能部-小爱同学，负责自然语言处理算法部分。联系方式：zhangfan20@xiaomi. com。

GeoScience Café 第 277 期(2020 年 11 月 13 日)

演讲题目：非典型性电影独立制片

演讲嘉宾：赵望舒，武汉大学艺术学院博士研究生。武汉大学独资长片电影《朱英国》的联合制片、联合编剧、摄影指导。主创影片曾获全美最佳短片竞赛电影节奖项；阿拉斯加国际电影节奖项。联系方式：Unclewangfilm@ hotmail. com。

GeoScience Café 第 278 期(2020 年 11 月 13 日)

演讲题目：城市化与国土空间优化

演讲嘉宾：焦利民，武汉大学珞珈特聘教授，博导。主要从事城市化与国土空间优化等方面的教学和科研工作。主持国家自然科学基金项目四项，参加国家重点研发计划等多项。曾获首届十佳“全国高校青年土地资源管理专家”、武汉大学十佳“我心目中的好导师”等称号。获得国家科技进步二等奖、地理信息科技进步特等奖和一等奖、测绘科技进步一等奖等奖励。

GeoScience Café 第 279 期(2020 年 11 月 14 日)

演讲题目：互联网行业见闻及工作经验分享

演讲嘉宾：杜堂武，男，本科就读于武汉大学遥感信息工程学院，硕士毕业于武汉大学测绘遥感信息工程国家重点实验室。曾参与 Singapore ETH Center 三维重建 NUS 校园项目；就职百度期间“See you again 加德满都”获得艾菲全场大奖，获得纽约时报报道；申请并获得有多个国内外专利；参与完成从零到一搭建高德高精地图作业平台；构建 Shopee User Profile 系统，AutoBanner 系统(参考阿里鹿班系统)。联系方式：tangwudu@ gmail. com。

GeoScience Café 第 280 期(2020 年 11 月 20 日)

演讲题目：现代高精度行星历表中的关键问题

演讲嘉宾：刘山洪，博士期间以第一作者/学生一作发表 4 篇 SCI 论文(Top 期刊 2 篇)，2 篇 EI 论文。曾获得国家留学基金委奖学金，博士研究生国家奖学金，金通尹奖学金等。曾担任英文咖啡主席。联系方式：shliu_whu@ foxmail. com。

GeoScience Café 第 281 期(2020 年 11 月 28 日)

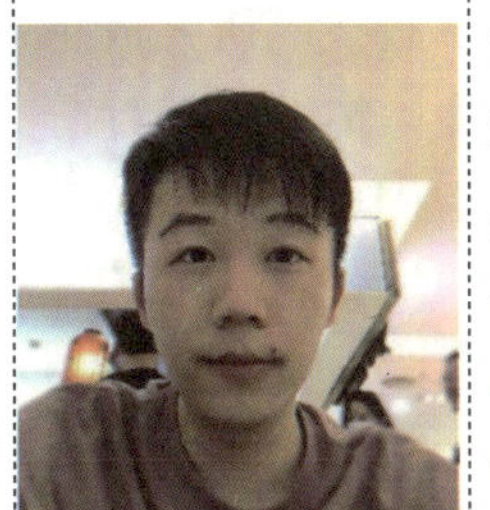

演讲题目： 面向地理目标的遥感视觉理解

演讲嘉宾：郑卓， 武汉大学测绘遥感信息工程国家重点实验室 2020 级博士生。以第一作者/学生一作身份，在 *ISPRS P&RS*，*TGRS* 等遥感领域权威期刊上发表 SCI 论文 3 篇(一区 Top 3 篇)，国际计算机视觉顶级会议 CVPR 1 篇，EI 会议论文 3 篇；目前担任 *IEEE TGRS*，*IEEE JSTARS*，*IJCV* 等 SCI 期刊审稿人，曾获 CVPR 2020 地球视觉研讨会 SpaceNet 6 竞赛研究生组冠军；IEEE 地球科学与遥感协会(GRSS)数据融合大赛亚军；美国国防创新部 xView2 全球竞赛第四名；2020 年武汉大学“研究生学术创新奖”特等奖；2018 年实验室优秀硕士新生奖；个人主页：zhuozheng. top。

GeoScience Café 第 282 期(2020 年 11 月 27 日)

演讲题目： 我们登顶了

演讲嘉宾：胡炜， 上海华测导航技术股份有限公司副总裁，中国测绘学会教育专委会副主任委员，全国测绘地理信息行业职业教育教学指导委员会委员，教育部工程教育认证专家，全国几十所大学客座教授，先后在国内外 100 多所大学报告，深受师生欢迎。联系方式：317371932@ qq. com。

GeoScience Café 第 283 期(2020 年 12 月 5 日)

演讲题目： 时空大数据与地理人工智能支持下的场所情绪与感知计算

演讲嘉宾：康雨豪， 美国威斯康星大学麦迪逊分校地理系博士研究生，Google X 实验室副研究员。2018 年取得武汉大学 GIS 专业理学学士学位。2019 年夏在麻省理工学院 Senseable City Lab 访问；2018 年夏在摩拜单车算法组实习；2017 年夏在北京大学遥感所访问。主要研究方向包括基于场所的空间分析与建模，地图学，地理人工智能，社会感知等。发表学术论文 30 余篇，担任 CEUS、EPB 等多种学术期刊审稿人。曾入围珞珈十大风云学子 20 强，获多项最佳论文/海报奖项，拥有专利与软件登记 7 项。发起了介绍全球 GIS 项目和学校相关信息的“GIS 留学院校指南”项目，目前社区近千人。联系方式：yuhao. kang@ wisc. edu。

GeoScience Café 第 284 期(2020 年 12 月 11 日)

演讲题目：专题地图制图的文化转向

演讲嘉宾：苏世亮，武汉大学资源与环境科学学院教授。研究成果先后应用于我国多个省、市的城市总规修编、地理国情综合统计分析和国土空间规划。入选 2019 年 Elsevier 发布的中国高被引学者（Chinese Most Cited Researchers）榜单。联系方式：shiliangsu@ whu. edu. cn。

GeoScience Café 第 285 期(2020 年 12 月 15 日)

演讲题目：日本北海道大学交换留学及求职经历分享

演讲嘉宾：赵丽娴，测绘遥感信息工程国家重点实验室 2017 级硕士研究生，师从李熙副教授。主要研究兴趣为夜光遥感，硕士在读期间发表 SCI 论文 2 篇、核心期刊论文 1 篇，获研究生国家奖学金。课余时间自学日语并通过 N1 级考试，2019 年 10 月至 2020 年 9 月作为交换留学生前往日本北海道大学交流学习。在日期间，取得了空间信息测量领域多家大型企业的内定。联系方式：lixian_ zhao @ whu. edu. cn。

GeoScience Café 第 286 期(2020 年 12 月 20 日)

演讲题目：地信行业工作经验分享

演讲嘉宾：程立君，测绘遥感信息工程国家重点实验室 2006 届硕士研究生，师从王艳东教授，北京世纪国源科技股份有限公司总经办任研发副总裁，软件研发中心任技术总监。曾在北京北方数慧系统技术有限公司软件研发部任高级软件研发工程师，北京吉威数源信息技术有限公司工程技术研究中心任业务总监。

GeoScience Café 第 287 期(2020 年 12 月 25 日)

演讲题目：无人机实时摄影测量与智能三维测图

演讲嘉宾：肖雄武，工学博士，武汉大学测绘遥感信息工程国家重点实验室特聘副研究员、硕导。兼任中国测绘学会卫星遥感应用工作委员会委员。入选武汉市最高层次人才计划。主持研制了无人机实时摄影测量系统 DirectMap 和多源遥感数据建筑物智能三维测图系统。申请发明专利 12 项，发表学术论文 30 余篇，其中 SCI 论文 11 篇、EI 期刊论文 10 篇。近 3 年，获得中国测绘学会和自然资源部“测绘科技进步奖二等奖”(排名第 3)、科技部“中国精品科技期刊顶尖学术论文”、中国遥感委员会“遥感科技期刊优秀论文奖”等科技奖励。联系方式：xwxiao@ whu. edu. cn。

GeoScience Café 第 288 期(2020 年 12 月 28 日)

演讲题目：基于 IPIN 大赛的室内定位方法探讨

演讲嘉宾：李维，测绘遥感信息工程国家重点实验室博士研究生。

演讲题目：COVID-19 流行背景下我国城市 PM 空气污染影像分析

演讲嘉宾：樊智宇，城市设计学院博士研究生。

演讲题目：支撑“生态优先 绿色发展”的空间格局演变定量评估

演讲嘉宾：夏函，资源与环境科学学院博士研究生。

GeoScience Café 第 289 期(2021 年 5 月 28 日)

演讲题目：定位驱动智慧城市

演讲嘉宾：庄园，2019 年入选国家级人才计划青年项目。主持/参与中国与加拿大资助的科研项目 6 项。在国际权威期刊及会议(包括 AAAI 等 AI 顶级会议)上发表论文 70 余篇，以第一、通讯作者身份在 *IEEE Commun. Surv. & Tut.* (IF = 22.973)，*IEEE IoT J.*，*IEEE J. Solid-St. Circ.* 等 SCI 期刊上发表论文 30 余篇。获美国导航年会 ION GNSS+最佳论文奖、IEEE 举办的世界室内定位竞赛手机组冠军等 10 余项学术奖励。任 *IEEE Access* 期刊副编辑、*IEEE IoT J.* 和 *Satellite Navigation* 专刊客座编辑。申请专利 11 项(其中：美国专利 2 项、国际专利 2 项)，获批专利 11 项，专利产业化 3 项。联系方式：yuan. zhuang@ whu. edu. cn。

GeoScience Café 第 290 期(2021 年 1 月 10 日)

演讲题目：测绘毕业生的互联网创业之旅

演讲嘉宾：张振宇，测绘遥感信息工程国家重点实验室 2012 届硕士生，作为极验(Geetest)联合创始人兼 CTO 带领技术团队打造全新的行为式验证码产品，彻底革新了可以称为互联网上使用最广的一个细分工具产品，服务了超过 29 万家的大中小型网站。公司先后获得国际顶级风投红杉资本、IDG 的数千万美元融资，成为网络安全领域的一个新兴科技企业。联系方式：zzy@ geetest. com。

GeoScience Café 第 291 期(2021 年 3 月 5 日)

演讲题目：引力波天文学：量子力学与相对论的完美结合

演讲嘉宾：范锡龙，男，武汉大学物理科学与技术学院教授。2016 年基础物理学特别突破奖(因参与发现引力波与 LVC 成员一同分享)。主持国家自然科学基金优秀青年基金，湖北省自然科学杰出青年基金。2018 年湖北省先进工作者，享受国务院政府津贴。联系方式：xilong. fan@ whu. edu. cn。

GeoScience Café 第 292 期(2021 年 3 月 5 日)

演讲题目：面向自动驾驶的高精地图

演讲嘉宾：向哲，研究兴趣为地图、测绘技术、地图平台架构。获得发明专利 30+项；国际顶级期刊会议论文 10+项。有多年地图生产及一线互联网企业的服务经验，带领高德完成在线自动化地图生产平台，实现了国际领先的高度自动化地图生产，创新了作业模式 & 质检模式；效率增加 20 倍，为数亿人提供了高质量和高鲜度的地图服务。联系方式：Zhe. xiang@ alibaba-inc. com。

GeoScience Café 第 293 期(2021 年 3 月 12 日)

演讲题目：互联网职业规划讨论分享

演讲嘉宾：凌宇，本科就读于武汉大学遥感信息工程学院，硕士就读于武汉大学测绘遥感信息工程国家重点实验室，为 2013 年武汉大学优秀毕业生。现任阿里电商国际中台，AE& 国际供应链团队 TL；曾就职于蚂蚁国际，DANA 初创成员(印尼第二大电子钱包)；曾获菜鸟网络 2015 年度飞鹰奖，从 0 到 1 建立快递分单系统(全菜鸟 2 人获奖)。联系方式：lingyu. ly@ alibaba-inc. com。

GeoScience Café 第 294 期(2021 年 3 月 26 日)

演讲题目： 众星何历历——共赏中国古代星空舞台

演讲嘉宾： 武汉大学天文爱好者协会，简称武大天协，是一个成立于 2013 年的年轻学术社团。我们因对星空共同的热爱而相聚，致力于普及天文知识，做星空下的引路人。这里既是武大天文爱好者的大本营，也是结识各地名校同好者收获友谊的平台。科学奥义、星辰之美，在这里我们四海为友，共同探寻与自然的联结。微信公众号：武大天协。

GeoScience Café 第 295 期(2021 年 4 月 2 日)

演讲题目： 对地观测数据的机器学习解译

演讲嘉宾：贺威， 毕业于武汉大学测绘遥感信息工程国家重点实验室，师从张良培教授、张洪艳教授。在国际学术期刊 *TPAMI*、*TCYB*、*TIP*、*ISPRS*、*TGRS* 等以及顶级会议 *CVPR*、*ECCV* 上发表论文 20 余篇，担任 *TPAMI*、*RSE*、*ICML*、*ICLR*、*CVPR*、*ICCV* 等 40 多个期刊与顶级会议审稿人，在理研工作期间获日本 RIKEN 研究激励奖、日本遥感协会最佳论文奖。联系方式：wei. he@ riken. jp。

GeoScience Café 第 296 期(2021 年 4 月 10 日)

演讲题目： 工业互联网下的智能制造信息化建设

演讲嘉宾：易华蓉， 2006 届测绘遥感信息工程国家重点实验室毕业生，现任沃尔核材股份有限公司副总裁。深圳市沃尔核材股份有限公司于 2007 年上市，现旗下子公司多达 50 余家，销售额高达 40 亿元，热缩材料产量世界第一，是热缩行业的龙头企业。

演讲嘉宾：黄华慧， 吉林大学研究生毕业，从事互联网行业 13 年，现任沃尔核材集团工业互联网研发部系统架构师，主要研究方向是智能制造 PaaS 平台的建模实现，平台产品已服务全国及海外 500 余家各类业态的客户，对全国及海外 21000 余家关联企业进行了用户部署。

GeoScience Café 第 297 期(2021 年 4 月 16 日)

演讲题目：智慧城市、智能无人系统与创业分享

演讲嘉宾：张亮，2015 年博士毕业于测绘遥感信息工程国家重点实验室，硕博士期间主要研究方向为智能无人系统。博士毕业后创立深圳市智绘科技有限公司，曾获得深圳市创新创业资助、重点技术攻关项目资助、可持续发展项目资助以及战略性新兴产业资助，现为国家高新技术企业、广东省机器人协会常务理事单位、深圳市智能网联汽车协会理事单位及深圳市机器人协会理事单位，主要从事智慧城市软件开发及数据服务、智能机器人研发等，产品已服务于政府部门、华为、顺丰、电网、万科、金科等几十家大型企事业单位。联系方式：zl@ iskyfly. com。

GeoScience Café 第 298 期(2021 年 4 月 23 日)

演讲题目：互联网公司的就业与选择

演讲嘉宾：王卫，2011 年加入阿里巴巴淘宝网，负责交易平台的开放；2013 年负责淘宝从 PC 到移动化的商品和交易的转型；2017 年负责手机淘宝内容领域步入视频化；2019 年负责用户关系和淘宝社区的构建。联系方式：393756915@ qq. com。

GeoScience Café 第 299 期(2021 年 4 月 30 日)

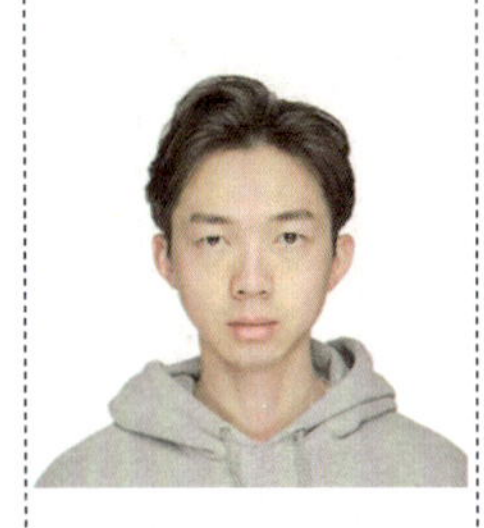

演讲题目：测绘研究生在计算机视觉领域的科研与博士申请经历分享

演讲嘉宾：陈雨劲，测绘遥感信息工程国家重点实验室 2018 级硕士研究生，师从陈锐志教授、涂志刚研究员。在实验室期间发表一作论文 4 篇，包含计算机视觉领域顶级会议(ICCV 2019、CVPR 2021)和一区期刊 *IEEE Transactions on Image Processing*。担任 *CVPR*、*ICCV*、*AAAI* 等会议和 *T-CSVT*、*JVCI*、*MVAP* 等期刊的审稿人。曾赴以色列理工学院交流、美国纽约州立大学布法罗分校访问、与 UC Berkeley BAIR Lab 科研合作，并在腾讯 AI Lab 从事算法研究实习。曾获测绘遥感信息工程国家重点实验室优秀硕士新生奖、研究生国家奖学金。收获慕尼黑工业大学计算机视觉方向的全奖 PhD offer。联系方式：yujin. chen@ whu. edu. cn。

GeoScience Café 第 300 期(2021 年 5 月 8 日)

演讲题目：应对压力与焦虑：如何真正爱与接纳自己

演讲嘉宾：李诗颖，本科毕业于北京大学，硕士、博士毕业于谢菲尔德大学，研究领域为社会心理学与心理健康。现为四川大学公共管理学院社会学与心理学系副教授。曾对凉山彝族自治州的彝族青少年儿童进行大规模心理健康调查，对百名艾滋病孤儿进行心理干预。教授课程包括“临床心理学”“发展心理学”“社会心理学”。

GeoScience Café 第 301 期(2021 年 5 月 14 日)

演讲题目：惯性导航在地球空间信息技术中的时空传递作用

演讲嘉宾：牛小骥，武汉大学卫星导航定位技术研究中心教授，惯性导航与组合导航学科带头人，清华大学博士，加拿大卡尔加里大学博士后，曾任美国 SiRF 公司上海研发中心高级研究员。长期从事惯性导航与组合导航研究，带领团队研制了高精度组合导航数据处理软件、低成本高精度车载组合导航方案、A-INS 高铁轨道检测小车等多项代表性应用成果。主持国家重点研发计划课题 1 项，自然科学基金面上项目 2 项，以及横向应用课题多项。累计发表学术论文 100 余篇；获批国家发明专利 30 余项，美国专利 2 项。指导学生多次获得美国导航学会(ION)优秀学生论文奖、IPIN 国际室内定位比赛冠军等国内外学术奖项。联系方式：xjniu@ whu. edu. cn。

GeoScience Café 第 302 期(2021 年 6 月 4 日)

演讲题目：夜光遥感的历史、现状与展望

演讲嘉宾：李熙，武汉大学测绘遥感信息工程国家重点实验室教授，博士生导师，亚洲开发银行(ADB)国际顾问。发表 SCI 论文 30 余篇，是 *Science Advances*、*RSE* 等 30 多种国际期刊的审稿人。主持国家重点研发计划、国家自然科学基金等多个国家级项目。研究成果曾经获得国务院办公厅、联合国安理会采纳或引用，曾被《纽约时报》、《科学美国人》、CCTV 等 600 余家国际媒体报道。联系方式：li_rs@ 163. com。

GeoScience Café 第 303 期(2021 年 5 月 30 日)

演讲题目：多频率多星座 GNSS 快速精密定位关键技术

演讲嘉宾：李昕，武汉大学测绘学院 2018 级博士研究生，师从李星星、张小红教授。主要从事 GNSS 快速精密定位及增强关键技术研究，攻读硕博期间发表 SCI/EI 论文 13 篇，曾获卫星导航定位科技进步特等奖、国家奖学金、美国导航学会优秀学生论文奖等奖励。联系方式：lixinsgg@ whu. edu. cn。

GeoScience Café 第 304 期(2021 年 6 月 19 日)

演讲题目：ESPACE 校友经验分享

演讲嘉宾：胡敬良，武汉大学遥感信息工程学院 2011 级硕士研究生，慕尼黑工业大学硕士、博士、博后。联系方式：hujingliang1@ gmail. com。

演讲题目：ESPACE 校友经验分享

演讲嘉宾：傅梅杰，资源与环境科学学院 2014 级硕士研究生。现在德国就业。联系方式：Meijiefu2016@ gmail. com。

演讲题目：ESPACE 校友经验分享

演讲嘉宾：刘菲，测绘遥感信息工程国家重点实验室 2017 级硕士研究生，师从吴华意教授。研究兴趣为目标检测、灾害预警、气候变化。现在德国就业。联系方式：Liufei520667@ outlook. com。

演讲题目：我眼中的 ESPACE

演讲嘉宾：华远盛，2014 级硕士研究生，Data Science in Earth Observation，TUM x DLR 博四。研究兴趣为遥感、深度学习、多标签分类、语义分割、小样本学习。联系方式：yuansheng. hua @ dlr. de。

演讲题目： ESPACE 校友经验分享

演讲嘉宾：叶浩， 2012 级硕士研究生，现回国就职。

GeoScience Café 第 305 期(2021 年 9 月 17 日)

演讲题目： 新型基础测绘服务新时代智慧城市建设

演讲嘉宾：葛亮， 测绘遥感信息工程国家重点实验室 2013 届博士研究生，目前任职于天津市测绘院有限公司，测绘七院副院长，高级工程师，注册测绘师。发表论文 17 篇，其中 SCI 检索 7 篇。主持参与院内、省部级科研课题 10 项。获得省部级奖项 16 项，拥有软件著作权 19 项，申报专利 5 项，参与国家标准编写 2 项，地方标准编写 11 项，参与撰写专著 2 部。两次获得天津市规划局系统“青年岗位能手”称号，获得 2019 年天津市测绘学会优秀科技工作者称号。联系方式：geliang0021@ 126. com。

GeoScience Café 第 306 期(2021 年 9 月 24 日)

演讲题目： 如何成为一名优秀的研究生

演讲嘉宾：胡瑞敏， 珞珈杰出学者，二级教授，国务院政府特殊津贴获得者，获第五届中国青年科技奖、第七届中国青年科技创新奖和湖北省十大杰出青年奖。获湖北省科学技术进步奖、教育部科技进步奖、公安部科技进步奖等多项奖励。曾任武汉大学学术委员会副主任委员、计算机学院/国家网络安全学院院长。现任国家网络空间安全 2030 重大专项计划专家组成员，国家先进音视频标准专家组音频组执行主席。担任国家重点研发计划(在研)和重大科技专项(已结题)首席专家，曾任海康威视公司第一任研究院院长、TCL 公司技术顾问、美亚柏科研究所首席科学家，和华为、科大讯飞等公司长期合作。先后主持四项多媒体大数据信息处理和网络空间自然行为与社会理解领域国家自然科学基金重点项目，指导研究生获互联网+金奖、智慧城市大赛特等奖、移动终端大赛一等奖、CCF 优秀博士论文奖、ACM 中国优秀博士论文和中国图形图像学会优秀博士论文提名奖。联系方式：hrm1964@ 163. com。